黑龙江省精品图书出版工程
“十三五”国家重点出版物出版规划项目
材料科学研究与工程技术系列

# 现代惯性摩擦焊技术

# Modern Inertia Friction Welding Technology

王敬和　马成立　著

## 内容简介

本书是作者学习国外先进惯性摩擦焊技术，结合我国实践经验撰写的一本关于现代惯性摩擦焊技术的著作。

全书共分 15 章。第 1 章主要介绍摩擦焊的原理，惯性摩擦焊与连续驱动摩擦焊和混合驱动摩擦焊的区别；第 2～7 章主要介绍摩擦焊的工艺，惯性摩擦焊的参数计算，惯性摩擦焊的能量与变形量之间的关系，摩擦焊缝的形成过程，各种金属材料的摩擦焊接；第 8 章主要介绍摩擦焊与电子束焊和连续驱动摩擦焊等的主要区别；第 9 章主要介绍摩擦焊接头的质量控制与检验；第 10～11 章主要介绍各国的摩擦焊机型号和技术指标以及摩擦焊用的工装；第 12～15 章主要介绍典型航空构件的惯性摩擦焊过程和质量检验。

本书适用于从事航空、航天、舰船、汽车、机车、石油和焊接等工作的科研院所的科研人员，大专院校的师生及生产企业单位的设计人员、工程技术人员、技术工人和检验人员的学习和参考。

**图书在版编目(CIP)数据**

现代惯性摩擦焊技术/王敬和，马成立著. —哈尔滨：哈尔滨工业大学出版社，2022.8

ISBN 978-7-5603-8653-9

Ⅰ.①现… Ⅱ.①王…②马… Ⅲ.①摩擦焊 Ⅳ.①TG453

中国版本图书馆 CIP 数据核字(2020)第 017745 号

策划编辑 许雅莹 闻 竹
责任编辑 李青晏 闻 竹
封面设计 刘长友
出版发行 哈尔滨工业大学出版社
社 址 哈尔滨市南岗区复华四道街 10 号 邮编 150006
传 真 0451-86414749
网 址 http://hitpress.hit.edu.cn
印 刷 哈尔滨博奇印刷有限公司
开 本 787mm×1092mm 1/16 印张 25 字数 605 千字
版 次 2022 年 8 月第 1 版 2022 年 8 月第 1 次印刷
书 号 ISBN 978-7-5603-8653-9
定 价 58.00 元

# 前　言

本书共15章，是一部关于摩擦焊技术的著作，其中许多研究成果和论述的内容是国内从未发表过的。

本书是作者自1979年参加公司购买国产的第一台连续驱动摩擦焊机调试和投产至1998年引进美国400 t惯性摩擦焊机调试和投产的经验总结；也是作者自参加摩擦焊生产和科研的40多年来，纵观国内外摩擦焊技术的发展动态，结合本企业的重大科研的攻关，吸收世界两大摩擦焊体系（欧洲、日本与我国连续驱动摩擦焊和美国惯性摩擦焊技术）的最新研究成果撰写的。

国内正在研究的摩擦焊领域前沿和从未有研究过的摩擦焊领域课题，书中都有深入的研究和精辟的论述：

(1)摩擦焊接头的连接机理。

(2)摩擦焊缝的形成过程。

(3)惯性摩擦焊缝超细晶粒形成的机理。

(4)如何焊出与母材等强度，甚至稍高于母材强度的焊缝？

(5)摩擦焊缝形成过程中，由于时间短，不具有固体扩散推动力，因此不会产生固相扩散作用。

(6)提出了摩擦焊变形量的增长，为二次曲线增长规律，而不是按等比直线增长规律，这对于今后焊缝质量控制特别重要。

(7)根据试验确定的各种材料的能量曲线，可以直接查出多大直径或壁厚的零件焊接所需要的能量和压力，再根据公式就可以算出焊机所需的转速、转动惯量和油缸的压力，也就是焊接参数，这将给国家节省大量的试验件和经费。

(8)如何焊出高精度、大直径压气机整体摩擦焊转子鼓筒？

惯性摩擦焊技术是世界上最先进的连接技术之一。它是利用存储在飞轮系统里的动能，通过一个与飞轮连接的转动工件与另一个不转动的工件表面，在压力作用下，相互摩擦生热而焊到一起的一种焊接工艺。其焊缝是锻造的、超细晶粒的、等轴晶粒的组织，强度等于甚至稍高于母材的强度，在军工制造业领域，具有广阔的发展前景。一台先进的现代航空发动机，从整体上来说，可以认为是采用各种焊接方法连接的。因此，可以说连接技术是结构制造的关键技术，也是确保发动机结构完整性不可或缺的手段。先进连接技术的研究与开发直接关系到现代航空发动机的质量、寿命和可靠性，所以，要大力研究和开发先进的摩擦焊连接技术，使它尽快地应用到我国的航空、航天、机车、舰船等制造业中，以推动我国军工制造业的高质量发展。

在引进学习和吸收国外先进技术的基础上，总结经验、提高我国的军工制造业水平，这是每个军工业者义不容辞的责任。作者以书中论述的精湛技艺，奉献给我国的军工制造业和广大军工业者，以促进我国军工制造业的发展。

航空发动机压气机转子和涡轮转子通过轴来连接，轴承来支撑，构成航空发动机转子系统，是航空发动机的核心部分。

从前的转子鼓筒是由机械紧固原理组装起来的，例如，榫头与榫槽、高强螺栓与法兰、销钉与销孔等。但每一个连接都对转子鼓筒的长期服役提出了考验，每一个连接都增加了发动机的质量（重量），增加了复杂性，以致提高了成本和降低了寿命。

理想的转子鼓筒应为一个整体材料制造的，从而保证了结构的尺寸精度和稳定性，降低了质量（重量）并减少了应力集中。这在采用大推重比、高转速并在减少压气机和涡轮级数的新型发动机的转子系统设计上将具有决定性的意义。为了达到这个目的，现在把几个压气机盘设计成一个整体结构。可是，从大的实心锻件上机械加工出整体转子鼓筒，材料利用率很低，机械加工成本很高，而且大厚截面的锻件，锻造性能和质量很不理想。

过去制造发动机转子鼓筒曾进行过几次尝试，每次出现的问题一般都是由熔焊的铸造焊缝组织或弱而脆的钎焊连接的界面而引起破坏。急需要找到一种可靠的连接方法，使得接头的强度与母材等强度或优于母材。而惯性摩擦焊工艺正是这样一种固态连接方法，它能够满足发动机转子鼓筒焊接的所有技术和经济指标的要求，是几十年来焊接工作者想寻找的一种最理想、最可靠的连接方法。因此，今后在军工制造业中要大力推广和广泛应用这种先进的焊接连接技术，推动我国军工事业的发展。

本书在写作和出版过程中，承蒙中国航发北京航空材料研究所刘效方同志、中国航发沈阳黎明航空发动机有限责任公司曲伸和祝文卉同志、哈尔滨工业大学出版社许雅莹同志的大力支持和帮助，在此一一表示衷心的感谢。

由于作者的知识和经验有限，疏漏和不足之处实为难免，恳请广大读者给予指正。

作　者

2022 年 1 月

# 常用符号

| 符号 | 名称 | 单位 |
| --- | --- | --- |
| $a$ | 线加速度 | $m/s^2$ |
| AC | 空冷 | |
| $D$ | 零件外径 | mm |
| $d$ | 管件内径 | mm |
| $E_g$ | 附图上能量，在实心棒时： | J |
| | 在空心管时： | $J/mm^2$ |
| $E_{\Delta L}$ | 形成变形量的能量 | J |
| $E_L$ | 损失能量 | J |
| $E_t$ | 焊接总能量 | J |
| $E_u$ | 顶锻能量 | J |
| $F_g$ | 附图上载荷，在实心棒时： | N |
| | 在空心管时： | MPa |
| $F_{ge}$ | 几何能量系数 | |
| $F_{gl}$ | 几何载荷系数 | |
| $F_{me}$ | 材料能量系数 | |
| $F_{ml}$ | 材料载荷系数 | |
| $F_f$ | 摩擦载荷 | N |
| $F_t$ | 焊接载荷 | N($F_t = F_W = F_f$) |
| $F_u$ | 顶锻载荷 | N |
| Flat | 端跳 | mm |
| $g$ | 重力加速度 | $m/s^2$ |
| HFZ | 热力影响区 | |
| $I_j$ | 聚焦电流 | mA |
| $I_s$ | 电子束焊束流 | mA |
| $J_x$ | 转动惯量 | kg · $m^2$($J_x = mr^2$) |
| $\Delta L_t$ | 焊接变形量 | mm($\Delta L_t = \Delta L$) |
| $\Delta L_s$ | 摩擦变形量(烧损量) | mm |
| $\Delta L_d$ | 镦短量 | mm(惯性焊 $\Delta L_t = \Delta L_s + \Delta L_d$) |
| $\Delta L_u$ | 顶锻变形量 | mm(连续焊 $\Delta L_t = \Delta L_s + \Delta L_d + \Delta L_u$) |

| 符号 | 名称 | 单位 |
|---|---|---|
| $M_A$ | 制动扭矩 | N·m |
| $M_c$ | 焊接夹具等的惯性力矩 | N·m |
| $M_f$ | 飞轮组的惯性力矩 | N·m |
| $M_I$ | 惯性力矩 | N·m |
| $Mr$ | 摩擦扭矩 | N·m |
| $M_u$ | 顶锻压力形成的摩擦扭矩 | N·m |
| $n_f$ | 摩擦转速 | r/min |
| $n_t$ | 焊接转速 | r/min($n_t = n_f$) |
| $n_u$ | 顶锻转速 | r/min |
| OC | 油冷 | |
| $p_c$ | 焊机压力表值 | MPa |
| $p_f$ | 摩擦压力 | MPa |
| $p_t$ | 焊接压力 | MPa($p_t = p_f$) |
| $p_u$ | 顶锻压力 | MPa |
| $S_c$ | 焊机油缸面积 | $mm^2$ |
| $S_p$ | 零件焊接面积 | $mm^2$ |
| $t_d$ | 保压时间 | s |
| $t_f$ | 摩擦时间 | s |
| $t_t$ | 焊接时间 | s($t_t = t_f$) |
| $t_u$ | 顶锻时间 | s |
| TIR | 径跳 | mm |
| $U_j$ | 加速电压 | kV |
| $v_t$ | 主轴速度(线速度) | m/min |
| WC | 水冷 | |
| $\delta$ | 管件壁厚 | mm |
| $\varepsilon$ | 角加速度 | $rad/s^2$ |
| $\Delta$ | 配合间隙 | mm |

# 摩擦焊术语

**1. 线速度**[$v_t$(m/min)],也称表面线速度或速度:是焊接开始时焊接接触表面外径上的线速度,也就是当开始焊接时焊件外表面上的线速度。

**2. 焊接转速**[$n_t$(r/min)],也称摩擦转速($n_f$):是在摩擦焊接开始时,主轴的转动速度。线速度与焊接转速之间的关系如下:

$$v_t=\frac{2\pi r\cdot n_t}{1\ 000}$$

式中 $v_t$——线速度,m/min;

$r$——零件转动半径,mm;

$n_t$——焊接转速,r/min。

**3. 顶锻转速** $n_u$(r/min):在采用双级压力焊接时,施加顶锻压力时主轴的转动速度。

**4. 轴向推力** $F_t$(N),也称推力、推力载荷:是由惯性焊连接两个金属制件所要求的载荷,是由焊机油缸将载荷传递给工件。其大小取决于焊接接触面的表面积和在焊接温度下相应材料的强度。

**5. 焊接载荷** $F_w$(N):在双级压力焊接时,起始轴向推力载荷。当达到焊接速度时,它自动施加。

**6. 焊接压力** $p_t$(MPa),也称摩擦压力($p_f$):在施加焊接载荷时,单位焊缝面积上轴向推力载荷值。

**7. 顶锻载荷** $F_u$(N):在双级压力焊接时,第二次施加的轴向推力。当达到顶锻速度时,自动施加该载荷。

**8. 顶锻压力** $p_u$(MPa):在设置顶锻载荷时,单位焊缝面积上轴向推力载荷值。

**9. 焊机压力表值** $p_c$(MPa):由液压油缸施加的液压力表控制,由螺纹型阀门调节。该压力表值乘上油缸面积即为轴向推力。对于每台焊机压力表值与有效的轴向推力载荷之间的关系是确定的,为使用方便由焊机的所有者或操作者绘制成图表:

$$p_c=\frac{F_t}{S_c}$$

**10. 转动惯量** $J_x$,也称总飞轮质量:它由辅助工装、夹套、夹盘、飞轮、飞轮连接器、主轴和旋转工件等能量储存系统组成,$J_x=mr^2$($kg\cdot m^2$)。

**11. 焊接单位面积能量** $E_g$($J/mm^2$):焊缝单位面积上要求输入的能量值。

**12. 焊接总能量** $E_t$(J):是焊缝单位面积上能量值乘以焊缝面积,该值必须储存在旋转的飞轮系统中。

$$E_t=E_g\times S_p$$

式中 $S_p$——零件焊接结合面面积，$mm^2$。

**13. 旋转半径** $r$(mm)：由回转中心到飞轮轮缘之间的直线距离。

**14. 接头几何系数：**

(1)能量系数 $F_{ge}$：对于不同接头的几何形状(棒材或管材结合面)，动能的常数系数是不同的，需通过试验来确定。

(2)载荷系数 $F_{gl}$：对于不同接头的几何形状(棒材或管材结合面)，轴向推力载荷的常数系数是不同的，需要通过试验来确定。

**15. 材料系数：**

(1)能量系数 $F_{me}$：对于不同的材料，要求动能的常数系数不同，需通过试验来确定。

(2)载荷系数 $F_{ml}$：对于不同的材料，要求轴向推力的载荷系数不同，需通过试验来确定。

**16. 摩擦时间** $t_f$(s)，也称焊接时间 $t_t$(s)：从焊件接触摩擦开始到焊机主轴停车的时间间隔。

**17. 顶锻时间** $t_u$(s)：从施加顶锻载荷开始到顶锻载荷完全停止的时间间隔。

**18. 减速时间** $t$(s)：从焊机主轴转速开始降低到主轴完全停止转动的时间间隔。

**19. 保压时间** $t_d$(s)：焊机主轴停止转动后，保持一段焊接压力的时间间隔。

**20. 焊接变形量** $\Delta L$(mm)，也称缩短量或轴向位移量：摩擦焊接过程中，在摩擦压力和扭矩的作用下，在焊态下，接头金属轴向总的缩短量。

**21. 摩擦变形量** $\Delta L_s$(mm)，也称磨损量或烧损量：摩擦焊接过程中，在摩擦压力和扭矩的作用下，由于机械摩擦接头金属轴向的缩短量。

**22. 顶锻变形量** $\Delta L_u$(mm)：在双级压力焊接时，在顶锻压力作用下，接头金属轴向的缩短量。

**23. 镦短量** $\Delta L_d$(mm)，也称镦锻量：摩擦焊接过程中，在摩擦压力和扭矩的作用下，由于接头区的镦粗接头金属轴向的缩短量。在多级焊缝组合件焊接时，此量不可忽视。

**24. 摩擦变形速度** $v_f$(mm/s)：在摩擦加热过程中，焊缝金属的轴向缩短速度，通常以平均摩擦变形速度(摩擦变形量与摩擦时间之比)来表示。

**25. 顶锻变形速度** $v_u$(mm/s)：在顶锻压力作用下，焊缝金属的轴向缩短速度，通常以平均顶锻变形速度(顶锻变形量与顶锻时间之比)来表示。

**26. 飞边**：从摩擦焊接连接的结合面上挤出或排除的金属，它大约出现在实心棒结合面焊缝的外径表面上或者管材结合面焊缝的外径和内径表面上。

**27. 飞轮**：可以装在焊机主轴上的一组钢轮以增加其转动惯量。既可以配备单个的飞轮，也可以配备规定的成组的飞轮，每个飞轮上标印有额定转动惯量。

**28. 飞轮连接器**：用以连接飞轮的主轴工装。

**29. 摩擦表面**，也称摩擦副的结合面或者分界面：焊件接触摩擦的交界面。

**30. 真实接触表面**：在推力载荷作用下，两工件各轮廓峰接触表面的总和。

**31. 表观接触表面**：在推力载荷作用下，两工件名义尺寸下的接触表面。

**32. 热力影响区**(HFZ)：在摩擦焊接过程中，从焊缝边缘开始的母材，因受热和力的联合影响作用，能够产生最后的微观组织和机械性能变化的那部分金属的宽度区。当用酸腐蚀时，HFZ 呈现出与母材金属不同的颜色，它的晶粒往往被拉长，性能比母材还要好，这部分金属被称为热力影响区(HFZ)，以区别其他焊接方法的热影响区(HAZ)。

**33. 热影响区**(HAZ)：在焊接过程中，从焊缝边缘开始的母材，因受热的影响，能够产生最后的微观组织变化的那部分金属的宽度区。当用酸腐蚀时，HAZ 呈现出与母材金属不同的颜色，它的晶粒容易长大，往往成为接头的最薄弱区之一。

**34. 冶金缺口(冶金尖角)**：在摩擦焊接过程中，在焊缝两飞边之间形成的 V 形冶金缺口。如果它伸入到零件直径或壁厚中就成为了冶金缺口缺陷。

**35. 摩擦扭矩** $Mr$(N · m)：在摩擦焊过程中，摩擦表面上的摩擦力与回转半径之积，即

$$Mr=\frac{2}{3}\pi p_{\mathrm{f}}\mu R^{3}$$

它属于摩擦副上的内力矩。

**36. 惯性力矩**：在摩擦焊过程中，当主轴脱开旋转动力之后，主轴上具有的转动惯量($J_x=mr^2$)所形成的力矩，即

$$M_{\mathrm{I}}=J_x\cdot\varepsilon=mr^2\cdot\varepsilon=mr^2\cdot\frac{a}{r}=\frac{Wr\cdot a}{q}(\mathrm{N\cdot m})$$

**37. 未连接**，也称未焊合：即焊缝区未能产生完全的冶金连接的部分。

# 目　　录

# 第1章 摩擦焊接的原理与分类

## 1.1 摩擦焊接的基本原理

### 1.1.1 基本原理

摩擦焊接是一种固态焊接方法，更确切地说，应该是一种塑态焊接方法。即在摩擦压力作用下，通过一个工件转动与另一个不转动的工件端面做相对摩擦运动时产生的热来加热接触表面，当两工件的接触表面加热达到黏塑性状态时，迅速顶锻(或不顶锻)、刹车(或不刹车)，再维持一段预定的时间，而焊到一起的一种焊接方法，实质上是一种热压焊接方法。

生产中的摩擦焊接是一种自动化焊接过程。对于圆截面工件的摩擦焊接过程，可以分为下面四个阶段，见表1.1。

**表1.1 圆截面工件的摩擦焊接过程**

| 阶段 | 特点 | 图示 |
| --- | --- | --- |
| 装夹准备阶段 | 启动焊机，装夹两工件于主轴和尾座滑台夹套上 | |
| 加压接触阶段 | 移动尾座滑台，使两工件在轴向压力作用下压在一起 | $F_f$ $F_f$ |
| 摩擦生热阶段 | 一个工件转动，另一个工件不转动，使两工件的接触表面相互摩擦，而产生局部加热 | $n$ $F_f$ $F_f$ |
| 顶锻焊接阶段 | 当两工件的接触表面加热达到黏塑性状态时，迅速顶锻(或不顶锻)、刹车(或不刹车)，再维持一段预定的时间，焊接过程完成 | $F_u$ $F_u$ |

### 1.1.2 摩擦焊接的特点及应用范围

**1.摩擦焊接的特点**

(1)摩擦焊接头质量好、力学性能高。

摩擦焊接头是在推力和扭矩的联合作用下形成的，金属焊缝发生黏塑性变形和再结晶，因此，摩擦焊缝为锻造的超细晶粒组织；又由于摩擦焊缝为固相焊接，因此摩擦焊缝不产生与熔化和凝固有关的冶金缺陷，如粗大的柱状晶、偏析、气孔、夹杂和裂纹等；又由于摩擦焊接头为整体同步均匀加热，受热、受力均匀，热输入速度快、时间短，受热变形区小，因此，摩擦焊接头可以达到与母材等强度，甚至稍高些的要求。

(2)摩擦焊接头质量稳定、可靠、再现性好。

摩擦焊过程由机器控制，焊接质量不依赖于操作人员的技术水平和工作态度；焊机参数少，容易监控；焊接过程对参数波动不敏感；焊前对工件准备要求不严格；焊接的冶金过程由摩擦焊的“自清理”“自保护”和“自强化”的机制得到可靠的保证。

(3)摩擦焊接高效、节能、低耗。

摩擦焊接过程很快，几秒钟至十几秒钟即可以焊接一个零件；摩擦焊机液压装夹简单、快捷，因此，摩擦焊的速度比其他焊接方法快一倍至一百倍；摩擦焊所需功率比闪光焊节省75%，仅为其他传统焊接方法的20%；摩擦焊接过程中，不需焊条和焊药，不需保护气体和真空，仅在大气中就可以焊接。

(4)焊件尺寸精度高。

由于摩擦焊为固态焊接，其加热过程具有能量密度高、热输入速度快，且沿整个摩擦表面同步、均匀加热等特点，因此焊接变形小。又由于航空上用的摩擦焊设备精度高和参数控制严格，因此，焊件尺寸精度可达到：

①径跳小于或等于0.15 mm。

②端跳小于或等于0.15 mm。

③轴向公差小于或等于±0.25 mm。

(5)工艺适应性广。

摩擦焊不仅可以焊接普通碳素钢、合金钢，而且可以焊接可焊性较差的、沉淀强化的高温合金、高强钛合金和超高强度钢等。特别易于焊接异种材料，对于粉末冶金材料的连接，摩擦焊更是首选工艺方法。

(6)环境卫生好。

摩擦焊现场没有火花、弧光、射线，没有有毒气体和烟尘，没有大的振动和噪声，直接在大气中焊接。因此是个较理想的焊接方法。

**2. 应用范围**

(1)受接头形状限制。

摩擦焊的零件至少要有一件是可回转的，对于那些不能回转的零件，必须采取特殊的措施才能焊接，如线性摩擦焊接、轨迹摩擦焊接、定向摩擦焊接和搅拌摩擦焊接等。

(2)受母材成分限制。

对于那些含有游离状态石墨，硫、铅和碲等元素含量[①]超过0.13%规定值的合金，由于摩擦系数小或者形成脆性接头，摩擦焊会遇到很大的困难，需要今后进一步研究。

(3)受材料可锻性限制。

对于那些可锻性很差或不可锻的材料，摩擦焊也会遇到很大的困难，需要采取一些措施，如加垫片等进行焊接。

---

① 除特别标注外，均指质量分数。

# 1.2　摩擦焊接头的连接机理

## 1.2.1　摩擦焊接头的连接过程

惯性摩擦焊接头的连接过程可以分为四个阶段，如图 1.1 所示，即初始摩擦阶段（*ab*）、不稳定摩擦阶段（*bcd*）、稳定摩擦阶段（*de*）和停车保压阶段（*e* 点以后）。

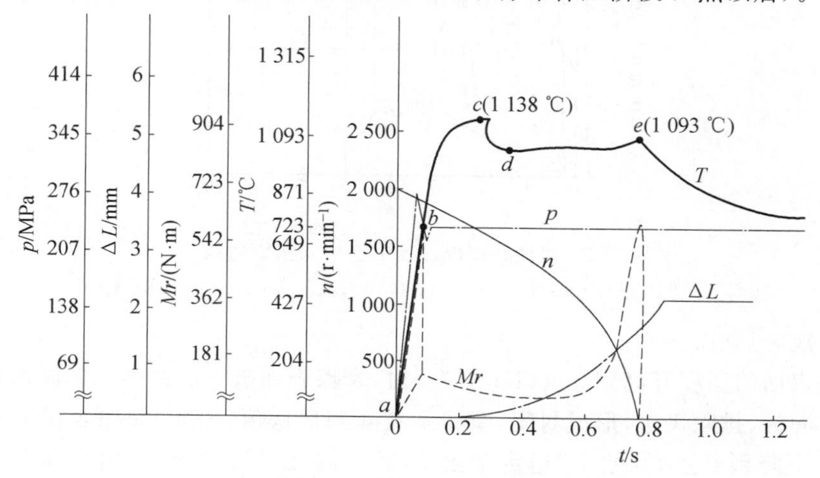


图 1.1　惯性摩擦焊接头的连接过程

（GH4169，$\phi25$ mm×$\phi20$ mm×2.5 mm，$mr^2=0.4$ kg · m²）

**1. 初始摩擦阶段**

由图 1.1 看出，在初始摩擦阶段（*ab*），由于摩擦压力逐渐增大和初始很高的转速，摩擦表面上凸凹不平，互相压入的轮廓峰迅速产生机械犁削和塑性变形，破坏了摩擦表面的晶粒，使真实接触面积迅速扩大和增多。首先在外圆三分之二左右壁厚处形成某些环形的加热区，摩擦压力逐渐增大，转速降低，摩擦扭矩增大，摩擦表面上的温度也随之升高，摩擦系数增大。当摩擦压力增大到最大的稳定值 *b* 点时，加热的环形区也迅速扩展达到最大，真实接触表面达到最大，摩擦力也迅速增大到最大值。因此，产生摩擦扭矩的前峰值，温度也随之升高到 723 ℃左右。这时摩擦表面间由于温度较低和摩擦过程中加速形成的氧化表面膜、吸附层及污染层的作用，金属间还没能产生任何的黏着，属于金属间的干摩擦阶段，以机械犁削和塑性变形为主，摩擦表面间还没能产生飞边，因此摩擦扭矩比较平稳地上升到前峰值，如图 1.2 所示。

**2. 不稳定摩擦阶段**

在不稳定摩擦阶段（*bcd*），随着摩擦过程的进行，摩擦压力稳定在一个预定的范围内，摩擦表面及其周围的金属温度继续升高，强度下降，塑性提高，机械犁削作用减弱，表面逐渐磨平，分子黏着作用加强，转速降低，摩擦扭矩经过一段过渡下降到一个稳定值，即所谓平衡扭矩阶段。在这个阶段的开始，摩擦表面间在外圆三分之二左右壁厚处先加热的环形区上，开始局部形成了黏着—剪切—黏着，扭矩峰值开始波动较大，如图 1.2 所示，机械

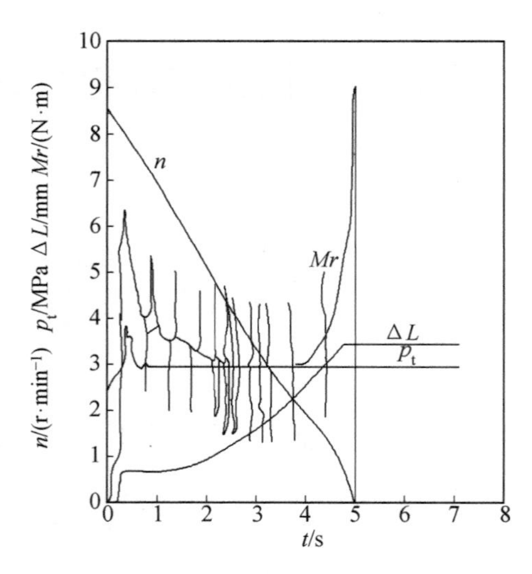


图 1.2 惯性摩擦焊过程中参数和扭矩曲线

($n\times500$,$p_t\times350$,$\Delta L\times2$,$Mr\times16.3$,GH4169,$\phi$20 mm,$mr^2=0.68$ kg · m$^2$)

能不断地转换为热能。

当摩擦表面的温度升高到 $c$ 点(1 138 ℃)时,摩擦表面被一层磨碎了的高温黏塑性变形层金属所润滑,排除飞边,形成封闭,摩擦系数降到最低值,因此,摩擦表面的温度越过峰值($c$ 点),下降到 $d$ 点,开始了"稳定摩擦阶段"。因此,惯性摩擦焊缝最高温度点在不稳定摩擦阶段,而连续驱动摩擦焊缝在顶锻刹车阶段。

**3. 稳定摩擦阶段**

在稳定摩擦阶段($de$),随着焊缝金属氧化膜、污染层和吸附层的排除和更新,摩擦表面产生了纯净的高温黏塑性变形层金属(简称塑性变形层金属或塑性层金属),通过摩擦进行了强烈的搅拌和机械的混合,形成了一个接合完好、分布均匀的中间高温黏塑性变形层固溶体(这时,它的摩擦系数和温度基本上保持不变),通过它连接两个被焊的零件。剪断—连接—剪断不停地在这个固溶变形层体里发生,因此,扭矩不断地产生波动,如图1.2 所示。

**4. 停车保压阶段**

随着摩擦速度的降低,摩擦副间高温黏塑性变形层体及其周围金属的温度也随之降低,强度增大,扭矩上升。一旦塑性变形层金属温度降到 $e$ 点,其连接强度增大到高于飞轮的剪切强度时,主轴立刻停车,速度变化率达到最大,摩擦系数达到最大,扭矩达到最大,形成后峰值扭矩,摩擦表面高温黏塑性变形层体及其周围金属在摩擦压力和后峰值扭矩的联合作用下,得到了充分的锻造和变形,迅速产生了再结晶,再保压一段时间,接头形成。

### 1.2.2 摩擦焊接的热源

**1. 研究摩擦焊接热源的意义**

摩擦焊接是在摩擦压力作用下,通过两个工件接触表面的相对旋转摩擦运动,产生的摩擦加热，使被焊金属迅速达到黏塑性状态而焊接到一起。因此，被焊金属的摩擦表面及随后形成的高温黏塑性变形层体金属的摩擦和变形，便形成了摩擦焊的热源。所以，深入研究摩擦表面和高温黏塑性变形层金属的摩擦和变形，已成为摩擦焊物理和力学冶金的重要课题。摩擦焊接过程中一系列物理和力学冶金现象均发生在这里，如能量的转换，热量的产生和散失，高温黏塑性金属的变形和移动、连接和剪切、保护和强化，焊缝的动态再结晶和冷固等。

**2. 热源的产生和特点**

(1)在初始摩擦阶段。

在初始摩擦阶段，摩擦表面的热量主要靠金属表面的犁削和塑性变形的干摩擦产生。它依赖于材料的性质和表面状态。对于导热性不好、强度较高的材料，如不锈钢、高温合金和钛合金，焊接过程中，热量易积累，摩擦表面易达到焊接温度。对于导热性好、强度较低的材料，如铝和铜合金，焊接过程中，热量很不容易积累，摩擦表面不易达到焊接温度。因此，对于调质处理的材料，从热量积累的观点出发，调质后的焊接要比其他状态(如退火)焊接好一些。

(2)在不稳定和稳定摩擦阶段。

在不稳定和稳定摩擦阶段，摩擦焊接的热源已经由一个摩擦表面发展、增厚连接成为一个摩擦旋转层体。这个摩擦旋转层体就是高温塑性变形层金属，也就是摩擦焊的焊缝，如图 1.5 所示的焊缝。它具有下列特点：

①高温黏塑性变形层金属的状态。高温黏塑性变形层金属处于高温、高压与空气隔绝的真空腔体内，呈黏塑性固溶体状态，周围被一层塑性壳保护着，它具有固定的强度和塑性。对于 GH4169 合金来说，高温黏塑性变形层金属的强度相当于盘件焊接时施加的焊接压力($p_f$=295.7 MPa)。焊接过程中要保护好这个腔体，排除污染层，防止氧化。

②高温黏塑性变形层金属的温度。高温黏塑性变形层金属的温度一般低于熔点，应在该材料的锻造温度范围内。因为摩擦加热的功率受到摩擦界面上摩擦系数的制约，会形成一个温度闭环控制自平衡过程，保持摩擦界面最高温度点低于该材料的熔点，如图 1.1和图 1.3 所示。

图 1.3　摩擦界面温度闭环控制自平衡过程

GH4169 合金的熔点为 1 260～1 320 ℃，锻造温度为 1 020～950 ℃，摩擦界面的温度为 1 138～916 ℃，详见 1.2.4 节和图 1.4。

③高温黏塑性变形层金属的组织。从宏观上看，高温黏塑性变形层金属是一个机械混合的固溶体。在直径和圆周方向上，经摩擦搅拌比较均匀；在轴向经摩擦形成一层一层的层状结构，如图 1.5 和第 6 章图 6.5 所示。

从微观上看，高温黏塑性变形层金属是单一的奥氏体固溶体组织，没有 $\gamma'$ 和 $\gamma''$ 强化

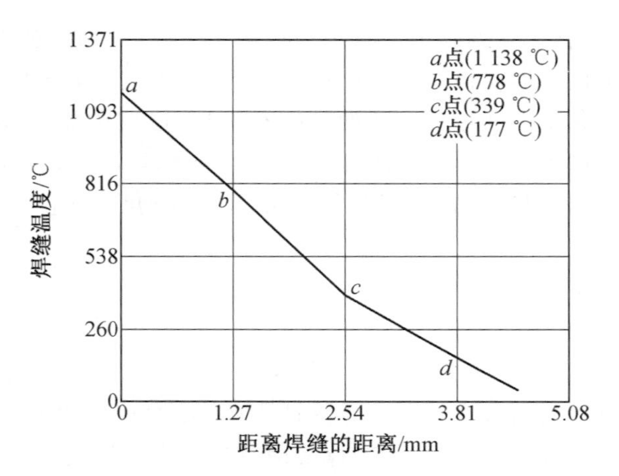


图 1.4 惯性摩擦焊接头横断焊缝的温度分布

(接头形状影响温度的分布,GH4169,焊缝 $\delta$=4.9 mm,零件 $\delta$=15 mm)

图 1.5 惯性摩擦焊缝金相组织×50

(中间细晶区为高温黏塑性变形层金属(焊缝))

(GH4169,$\phi$20 mm,$mr^2$=0.68 kg · m$^2$,$p_f$=350 MPa,$n$=4 300 r/min,$t$=4.58 s)

相及 δ 相。因为摩擦焊瞬间温度高于金属的固溶温度,一般强化相都会溶入高温黏塑性变形层固溶体中,且黏塑性变形层的容积又小、又薄,冷却速度又快,来不及析出。

④高温黏塑性变形层金属的厚度。高温黏塑性变形层金属的厚度是不均匀的,一般是中间薄、周边厚,通常最薄部分厚度为 0.064~0.72 mm,它不仅取决于焊机参数,还取决于被焊金属材料、接头形式和尺寸。

⑤高温黏塑性变形层金属的位置。高温黏塑性变形层金属的位置一般位于结合面上,但有时随着焊接过程的进行,在纵轴方向上移动。

当被焊金属材料和接头结构及尺寸相同时,它基本上位于摩擦界面上;当被焊金属材料和接头结构及尺寸不同或伸出夹头长度不同时,它开始在结合面上形成,随着摩擦过程的进行,它会向散热不好端转移,离开原有的分界面,在工件散热不好端的一侧形成。

⑥高温黏塑性变形层金属的形状。在同种材料焊接时,高温黏塑性变形层金属基本上垂直焊件的轴线成为一个圆凹形或者平面形;但在高温强度不同种材料焊接时,塑性层的形状往往呈现出圆凸形,中间凸向强度较低的材料一边,如图 1.5 和第 6 章图 6.5 及图

6.8 所示。

(3)停车保压阶段。

在停车保压阶段,摩擦焊的热源已经停止加热,形成的高温塑性层金属被挤出的就形成了飞边;剩下的高温黏塑性层金属,在摩擦压力和扭矩的联合作用下,经过动态再结晶,就形成了锻造的、超细晶粒的、等轴晶粒组织的焊缝。

**3. 焊好接头的必要条件**

(1)在摩擦焊接头焊接界面上,要能生成高温黏塑性变形层金属,它必须由被焊的两种金属材料组成才能焊牢;如果接头只产生飞边变形,未能产生共同的塑性变形层金属,则无法焊接到一起的,也就是说接头产生了飞边变形,不是接头焊上的必要条件,只能说明接头达到了金属某种变形温度,没能达到焊接温度。

(2)要排除适当的飞边,既要排除接触表面封闭前形成的吸附层、污染层和表面氧化膜,又要排除封闭后一些纯净金属的飞边。产生过量的飞边,对接头质量没有不良的影响。

(3)焊接任何一种材料,若要形成高温黏塑性变形层金属,都要有一个最低点圆周线速度,低于这个极限速度就不能形成高温黏塑性变形层金属,如低碳钢,连续驱动摩擦焊为 0.5 m/s,惯性摩擦焊为 1 m/s。

## 1.2.3 摩擦焊缝的连接机理

**1. 熔化焊缝的连接机理**

在研究摩擦焊缝的连接机理之前,先来研究熔化焊缝的连接机理。

有人说熔化焊是一个局部铸造的小冶金过程,即两个被焊零件通过高温电弧进行局部加热,在惰性气体保护下,使两个被焊母材金属的接缝迅速熔化,形成一个公共的液态熔池,这个熔池在液态金属密度差、表面张力差和电磁力及重力等力的驱动下,发生强烈的对流和搅拌、溶解和化合等一系列冶金反应,形成一个较为均匀的"液态固溶体",这就是液态金属的焊缝。当停止加热时,液态金属焊缝在自然状态下迅速冷却、凝固和结晶,形成一个公共的、铸造的、枝晶组织的焊缝,将两个被焊零件牢固地铸焊到一起,这就是熔化焊缝的连接机理,它的简单过程如图 1.6(a)所示。

**2. 摩擦焊缝的连接机理**

如果说熔化焊是一个铸造的小冶金过程,那么,摩擦焊就是一个锻造的小冶金过程,即两个被焊零件通过一个旋转一个不旋转,在强大的摩擦压力和扭矩的联合作用下,相互摩擦生热来加热两个接触端面,使两个被焊母材金属迅速产生高温黏塑性变形层金属,形成一个公共的高温黏塑性变形层体(即熔化焊的熔池)。它在旋转摩擦力作用下,发生强烈的搅拌,机械的混合、溶解和化合等一系列冶金反应,形成一个相当均匀的"黏塑性固溶体"(这个固溶体很重要,是表明两种金属焊上的标志),这就是塑态金属的焊缝。当摩擦终止时,塑态金属焊缝在摩擦压力和扭矩的联合作用下,迅速冷却、强固和再结晶,形成一个公共的、锻造的、等轴晶粒组织的焊缝,将两个被焊零件牢固地锻焊到一起,这就是摩擦焊缝的连接机理。因此,锻造冶金的一些理论完全适用于摩擦焊接,它的简单过程如图 1.6(b)所示。

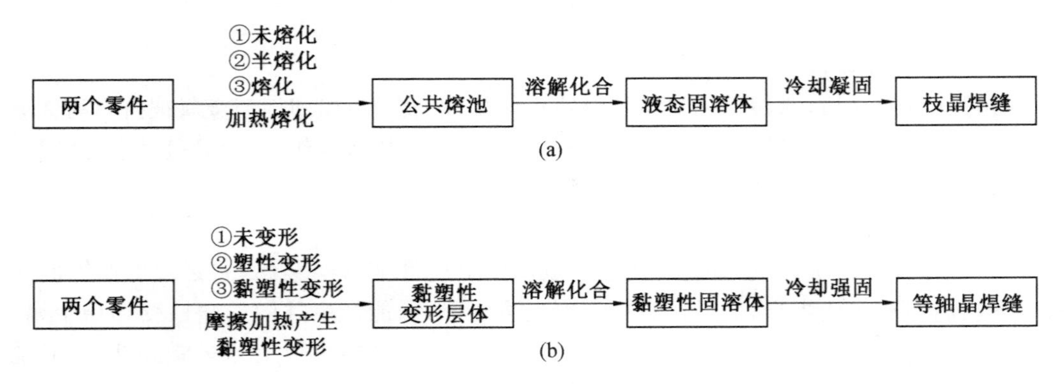


图 1.6　摩擦焊和熔化焊缝的连接机理

由图 1.6 可以看出：

(1)熔化焊缝的连接关键是加热熔化这一步，这一步做好了，其后每一步都是由工序和金属内部力量控制的，只有这一步走好了，形成公共熔池、溶解和化合成液态固溶体、冷却凝固成枝晶焊缝，就自然形成了。

(2)如果加热熔化没做好(如加热未熔化，或者加热半熔化)，那么下面的步骤就进行不下去了，也就自然焊不出合格的焊缝了。

(3)同理，摩擦焊缝的连接关键是加热产生黏塑性变形。如果摩擦加热未产生金属的黏塑性变形，相当于图 1.1 上的 *ab* 段；或者加热形成塑性变形，相当于图 1.1 上的 *bc* 段前一些，未到 *c* 点，那么都不会获得合格的焊缝，因为形不成“黏塑性固溶体”。只有加热达到黏塑性状态，相当于图 1.1 上的 *cd* 段以后，才能获得合格的等轴晶粒的焊缝。

这里必须强调，两个被摩擦焊的零件，一定要共同生成一个公共的完整的高温黏塑性变形层体。这一点十分重要，也就是说两个被焊零件，在摩擦焊接过程中，都要产生高温黏塑性变形层金属，在摩擦压力作用下，共同形成一个公共混合的高温黏塑性变形层金属焊缝，这种焊缝才能焊牢。如果两个被焊零件中，只有局部生成了高温黏塑性变形层金属，或者只有一件生成了高温黏塑性变形层金属，而另一件没有生成，那么，这种局部或者单方面高温黏塑性变形层金属组成的焊缝，只能说是钎焊连接的焊缝，它将达不到摩擦焊缝所要求的性能。

### 1.2.4　惯性摩擦焊缝形成超细晶粒的机理

**1. 对于 GH4169 合金要想获得超细晶粒的锻件，其锻造工艺**

(1)要严格控制加热温度。

①始锻温度为 1 010～1 020 ℃。

②终锻温度为 900～950 ℃。

(2)要有足够的变形量，在 70%以上。

(3)应变速度要快，如锤锻大于水压机锻。

按上述工艺锻造的 GH4169 合金，可获得 8～10 级晶粒度的锻件。

**2. 摩擦焊缝获得超细晶粒的机理**

由上述摩擦焊缝的连接机理看出，摩擦焊接过程实质是一个可控的锻造热加工过程。

对于 GH4169 合金摩擦焊来说，如图 1.1 所示，它完全满足上述锻造热加工工艺要求，具体机理如下。

(1)加热温度。

由图 1.1 中看出，在 20 世纪 70 年代惯性摩擦焊研制初期，摩擦表面的最高温度为 1 138 ℃，停车瞬间温度为 1 093 ℃，当时摩擦表面的圆周线速度为 8.9 m/s。由于焊缝温度高，晶粒容易长大。

80 年代后期，世界各国倾向采用“大压力、大转动惯量和低转速”的“低温焊接法”进行焊接，焊接结合面最高温度只有 950 ℃左右，其表面线速度为 2.66 m/s，而这个温度也正好处在 GH4169 合金固溶处理温度(945～965 ℃)范围内，因此，摩擦焊的两个接头金属在摩擦力作用下很容易溶解化合，形成一个均匀的固溶体焊缝。

在转动惯量一定的情况下，摩擦焊缝的温度是由摩擦速度和摩擦压力综合控制的，一般情况下，在摩擦压力一定时，随着摩擦速度的提高，摩擦表面的温度在提高；在摩擦速度一定时，随着摩擦压力的提高，摩擦表面的温度也在提高，并且比摩擦速度提高得还要快，但是它必须建立在一定速度基础上。因此，在摩擦副的结合面上，为了获得高温黏塑性变形层金属，对于低碳钢规定了最低表面摩擦速度，没有规定最低摩擦压力(见 1.2.2 节)。

而在 90 年代焊接 GH4169 金属盘焊缝时，使用的表面线速度只有 2.5 m/s，比 80 年代的速度还低，使用的摩擦压力 $p_f$=295.7 MPa，正好相当于 GH4169 合金盘 900 ℃锻造时的强度(294 MPa)，也说明焊盘的温度在 900 ℃左右。因此，焊缝的温度基本上接近 GH4169 合金要求的终锻温度范围(950～900 ℃)。

因为焊缝温度过高，超过 1 020 ℃，对于 GH4169 合金来说，δ 相溶解，晶粒迅速长大；而温度过低，低于 850 ℃，合金的变形抗力增大，同时 δ 相又以针状析出，影响合金的性能。因此，停车时控制摩擦焊缝的温度在 900～950 ℃是获得超细晶粒焊缝的首要条件。

(2)要有足够的变形速度和变形量。

要有足够的变形速度是说明合金在变形时，时间要短，变形要快，这有利于晶粒的变形、破碎和形核，防止晶粒长大。

要有足够的变形量是说明合金在变形过程中，每部分都要产生变形，防止死区，也是强调变形越充分、越完全，越容易形核，随后再结晶时晶粒越细。

在摩擦焊接过程中，在强大的摩擦压力和扭矩的联合作用下，摩擦表面的温度迅速升高，摩擦表面及其近区的金属质点沿摩擦表面上径向和切向力的合成方向做相对圆周高速摩擦运动而摩擦出高温黏塑性变形层金属(它像两块石磨磨出的大酱面一样)，它的每个晶粒、每个晶胞都受到了强烈地、反复地变形和磨碎，形成了大量的晶核，积聚了大量的变形能，启动了大量的滑移系，导致位错密度增高，再结晶驱动力增大，变形量达到了 100%。

同时，从摩擦加热到冷却强固只有几秒到十几秒钟的时间，它比轧制薄板和锤锻锻件的变形速度还要快很多，而且冷却速度相当迅速，只有生核，没有长核的机会。因此，当摩擦停止，冷却强固时，会形成完全的再结晶的等轴细晶粒组织的焊缝，它的晶内和晶界都被大量的位错绕线和滑移界面所缠绕着，接头被强化，如图 1.7 所示。

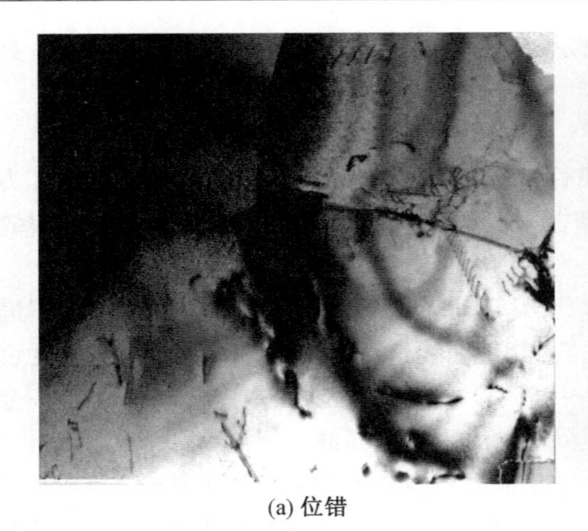

(a) 位错

(b) 滑移

图 1.7 惯性摩擦焊缝晶内的位错和滑移(×40 000)
(GH4169,$\phi$22 mm)

因此,接头强度要等于或略高于母材强度。摩擦焊缝的晶粒度与焊前母材的原始晶粒度也有关,焊前母材晶粒越细,焊后焊缝晶粒也越细,如图 1.5 和图 5.28 所示,反之亦然。

### 1.2.5 关于摩擦焊缝的扩散和超塑性问题

**1. 关于摩擦焊接过程中的扩散问题**

固体扩散是在晶体点阵中进行的原子跃迁过程。固体扩散需具备下列四个条件,缺一不可。

(1)温度要足够高。固体扩散是依靠原子热激活而进行的过程。因此,扩散需要有足够高的温度。摩擦焊界面上的温度一般比同种材料扩散焊的温度要低些,但仍接近。

(2)时间要足够长。摩擦焊的时间一般只有几秒或者十几秒钟的时间;而扩散焊,最容易扩散焊的金属如铝合金也要 1 min 以上,因此,摩擦焊接过程是来不及进行扩散的。

(3)扩散原子要固溶。摩擦焊被焊的两种金属,通过高温黏塑性变形层金属的摩擦,形成均一的固溶体,具有扩散的一个条件。

(4)扩散要有推动力。扩散推动力可以是浓度梯度差、应力梯度差,或者表面自由能差造成。而摩擦焊高温黏塑性变形层金属为两种被焊金属的均一固溶体,这三种推动力都不存在。因此,在摩擦焊接过程中,由于摩擦焊时间短,不具备扩散推动力,扩散作用来不及实现,像熔焊一样,可以忽略不计。

**2. 关于摩擦焊焊缝金属超塑性问题**

目前国内具有超塑性的、用于生产的金属材料只有两种,即钛合金和铝合金。因此,在摩擦焊过程中形成的高温黏塑性变形层金属是否具备超塑性,也只能由这两种金属决定。

在 TC17 合金摩擦焊时,使用的摩擦压力为 37.19 MPa,也就是说,使高温黏塑性变形层金属产生塑性变形层的压强需要 37.19 MPa;而钛合金(TC4)达到超塑性状态时,变形压力不超过 2 MPa。因此，TC17 合金焊缝达到超塑性状态，还有很大的距离。随着摩擦焊和超塑性理论的发展，高温黏塑性变形层金属是否具备超塑性状态，还有待于今后进一步的研究。

## 1.3　摩擦焊接的分类

按能量特点和摩擦运动形式不同对摩擦焊接方法进行分类。

### 1.3.1　按能量特点分类

摩擦焊接是将机械能通过摩擦转换成热能的一种热压焊接方法，在旋转摩擦焊接中，主要可分为连续驱动摩擦焊接（或直接驱动摩擦焊接、普通摩擦焊接，或者连续焊）、惯性摩擦焊接（或飞轮摩擦焊接、储能摩擦焊接、惯性焊接）和混合驱动摩擦焊接（介于连续驱动摩擦焊接和惯性摩擦焊接之间）三种。

**1. 连续驱动摩擦焊接原理及其特点**

(1)简单原理。

连续驱动摩擦焊接是摩擦焊接的一种。其中焊接所需要的能量是通过在一段预定焊接时间内将焊机主轴直接连接到驱动马达上而获得的。连续驱动摩擦焊机示意图如图 1.8 所示。

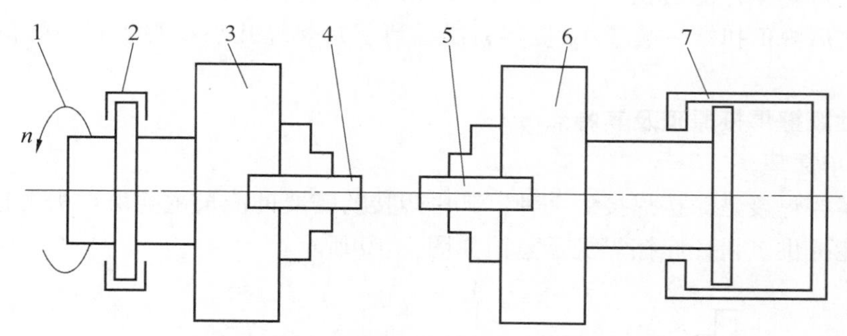


图 1.8　连续驱动摩擦焊机示意图

1—主轴驱动系统；2—制动器；3—回转夹紧装置；4—回转工件；5—非回转工件；6—夹紧装置；7—液压油缸

在连续驱动摩擦焊接中，其中的一个工件装夹在马达驱动的主轴夹套上，而另一个工件装夹在不转动的中间滑座夹套上。当焊接开始时，马达驱动主轴上工件以预定恒速旋转，尾座油缸将摩擦压力通过滑座加到转动工件上。当两个工件相互接触摩擦时，便产生了热量。这种摩擦持续一段预定的时间或达到预定的轴向缩短量，即整个焊接表面加热到黏塑性状态时，把驱动马达断开，并同时施加制动力使旋转工件停止转动，同时增加摩擦压力（顶锻力），即刹车与顶锻同时进行，再保持一段预定的时间，焊接完成。连续驱动摩擦焊接参数特性之间的关系如图 1.9 所示。

(2)特点。

连续驱动摩擦焊接与惯性摩擦焊接比较，具有下列特点。

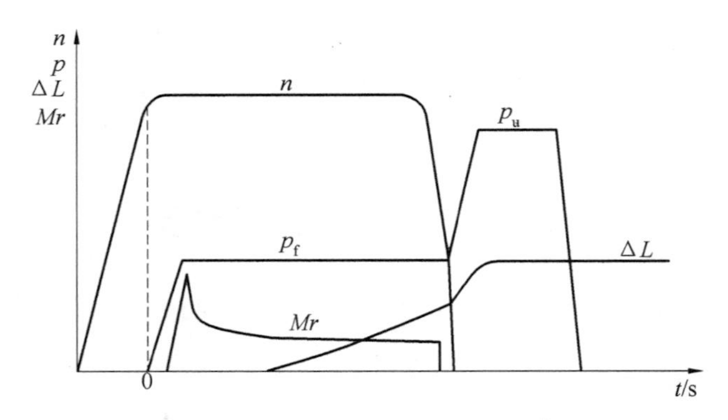


图 1.9 连续驱动摩擦焊接参数特性之间的关系

①实心工件所需焊接力较小,可用相同吨位的焊机焊接更大的工件(增加焊接时间)。

②如在焊接结束时使用制动器,则可减少摩擦扭矩,使夹具寿命延长。

③焊接实心工件时可采用较低的转速。

④对于焊前公差较大工件(±1.27 mm),可以直接焊成长度公差为±0.38 mm 的焊接件(变形量控制)。

⑤焊接好的两工件之间的角定位偏差可达到±1°。

⑥对于焊接不同的零件,无须更换飞轮。

⑦目前可焊零件的面积为 7～31 400 $mm^2$($\phi$3～$\phi$200 mm)。

⑧它的后峰值扭矩一般较小(被制动器抵消了),焊缝几乎没有受到后峰值扭矩的锻造作用。

**2. 惯性摩擦焊接原理及其特点**

(1)简单原理。

惯性摩擦焊接是摩擦焊接的一种。其中焊接所需要的能量主要由焊机飞轮上所储存的旋转动能提供。惯性摩擦焊机示意图如图 1.10 所示。

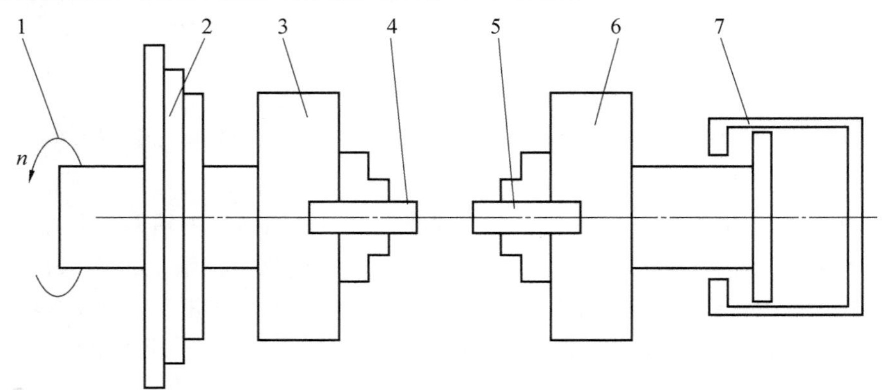


图 1.10 惯性摩擦焊机示意图

1—主轴驱动系统;2—飞轮组;3—回转夹紧装置;4—回转工件;

5—非回转工件;6—夹紧装置;7—液压油缸

在惯性摩擦焊接中,其中的一个工件装夹在能转动的带飞轮的主轴夹套上,而另一个工件装夹在不转动的中间滑台夹套上，当焊接开始时，将飞轮加速到预定转速以储存所需要的能量。然后将驱动马达脱开，并用摩擦压力通过滑台把工件压在一起，使接触端面在压力作用下相互摩擦，随着过程的进行，飞轮速度不断地降低，将飞轮上所储存的动能逐渐转变为接触表面上摩擦所产生的热能加热焊接表面，随着温度的升高，焊接表面不断地产生粘连和剪切。当焊接表面达到黏塑性状态，使整个焊接表面上粘连的强度大于飞轮旋转的剪切强度时，主轴立刻停车，将摩擦压力再继续保持一段预定的时间，焊接过程完成。惯性摩擦焊接参数特性之间的关系如图 1.11 所示。

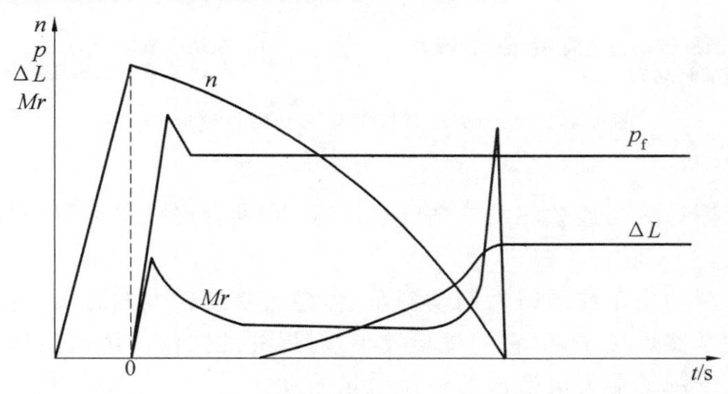


图 1.11　惯性摩擦焊接参数特性之间的关系

(2)特点。

惯性摩擦焊接与连续驱动摩擦焊接比较，具有下列特点。

①焊接时间短，热力影响区窄。

②焊缝受到更大的后峰值扭矩的作用，产生更大的锻造加工。

③焊接参数少($n$ 和 $p_f$)，容易监控。

④对大多数材料和几何形状接头来说，参数都可以预先计算。因此，这种焊接工艺参数可以进行数学放大，即可以用缩小形样件来研制大型部件的焊接。

⑤由于主轴速度随摩擦过程在变化，因此可通过测定主轴速度的变化率来间接测量摩擦扭矩。

⑥焊接过程中不需要离合器和制动器。

⑦可焊更大断面的零件，目前可焊管形零件面积为 45.2～145 160 $mm^2$。

**3. 混合驱动摩擦焊接原理及其特点**

(1)简单原理。

混合驱动摩擦焊接是介于连续驱动摩擦焊接和惯性摩擦焊接之间的一种焊接方法。它的焊机结构就是连续驱动摩擦焊机，只是在控制减速时间和顶锻时间上扩大了调整范围。因此，如果在连续驱动摩擦焊接中，不施加制动力，便会得到较大的后峰值扭矩(可以在切断旋转动力之前，就施加顶锻力或在主轴完全停止之后施加顶锻力)，这就接近于惯性摩擦焊接和连续驱动摩擦焊接之间的焊接了。这种焊接方法在此提出是因为厂家和用户都在强调和应用这种方法，它的后峰值扭矩对焊缝有较大的锻造作用是连续驱动摩擦焊接方法的一个改进和提高。

混合驱动摩擦焊接参数特性之间的关系如图 1.12 所示。

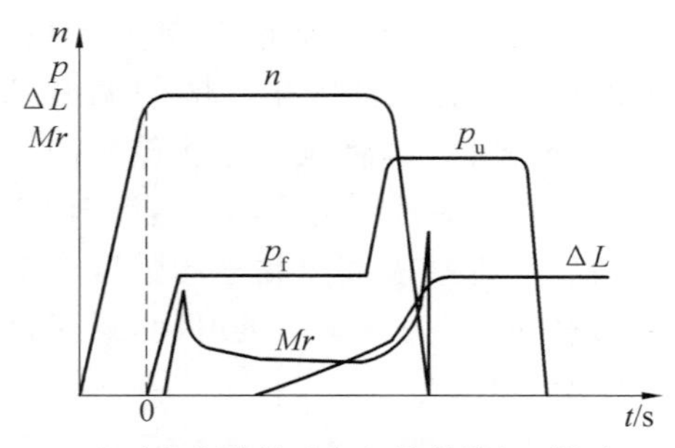

(a) 在切断旋转动力之前,就施加顶锻力,不施加制动力

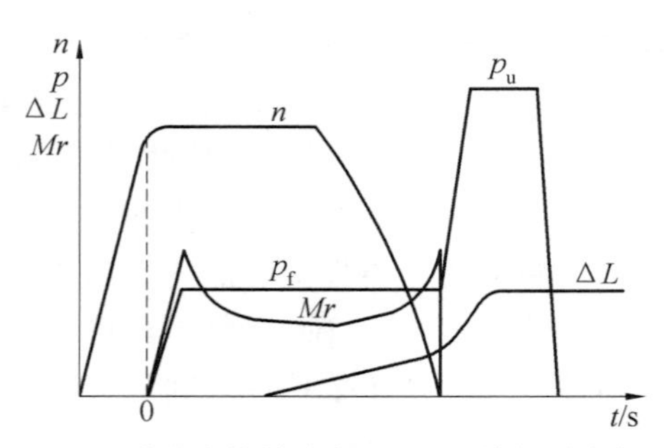

(b) 在切断旋转动力之后，不施加制动力，直到主轴停止后施加顶锻力

图 1.12　混合驱动摩擦焊接参数特性之间的关系

(2)特点。

混合驱动摩擦焊接与连续驱动摩擦焊接比较,除具有连续驱动摩擦焊接的特点之外,还具有下列特点。

①由于没有制动刹车或顶锻后制动刹车,焊缝会受到较大的后峰值扭矩的锻造作用,这就接近于惯性摩擦焊接了,但它的扭矩较小,对焊缝的强化作用远不如惯性摩擦焊接。

②减少了由于制动器失灵造成的焊接质量波动。

③后一种混合驱动摩擦焊接法如图 1.12(b)所示,如果主轴转动惯量不大,后峰值扭矩也就接近连续驱动摩擦焊接了。

**4. 三种摩擦焊接方法后峰值扭矩的比较**

摩擦焊接后峰值扭矩直接影响摩擦焊缝的金属组织和力学性能。因此,先后研究出了连续驱动摩擦焊接(顶锻和刹车同步)、惯性摩擦焊接(一般无顶锻和刹车)和混合驱动摩擦焊接(顶锻超前和滞后,无刹车)三种摩擦焊接方法。那么,这三种摩擦焊接工艺方法在焊接同一种零件时,哪种工艺方法的后峰值扭矩最大呢?

根据轴受力偶矩作用下平衡的原理,先来研究被焊两摩擦副所受到的力矩作用。

(1)在主轴脱离旋转动力之后,在停车之前,两摩擦副的焊缝截面上受到的惯性力矩和扭矩的作用(图 1.9、图 1.11 和图 1.12)如下。

① 在惯性摩擦焊时(这时摩擦刚刚开始):

$$M_c + M_f - Mr \gg 0$$

② 在连续驱动摩擦焊时(摩擦已近尾声):

$$M_c - Mr > 0$$

③ 在混合驱动摩擦焊时(摩擦已近尾声):

a. 顶锻超前:

$$M_c - M_u > 0$$

b. 顶锻滞后:

$$M_c - Mr > 0$$

式中　$M_c$—— 焊接夹具、主轴等的惯性力矩,N·m;

$M_f$—— 飞轮组的惯性力矩,N·m;

$Mr$—— 摩擦扭矩,N·m;

$M_u$—— 顶锻压力形成的摩擦扭矩，N·m。

(2) 当主轴突然停车时，两摩擦副焊缝截面上受到的外力矩——惯性力矩、内力矩以及摩擦扭矩，应处于平衡状态，即大小相等，方向相反，同时产生，同时存在，那么

$$\sum M_x = 0$$

因此

① 在惯性摩擦焊时：

$$M_c + M_f - Mr = 0$$

$$M_c + M_f = Mr \tag{1.1}$$

② 在连续驱动摩擦焊时：

$$M_c - Mr - M_A - M_u = 0$$

$$M_c = Mr + M_u + M_A \tag{1.2}$$

式中 $M_A$—— 制动力矩，N·m；

$M_u$—— 顶锻力矩，N·m。

③ 在混合驱动摩擦焊时：

a. 顶锻超前：

$$M_c - M_u = 0$$

$$M_c = M_u \tag{1.3}$$

b. 顶锻滞后：

$$M_c - Mr = 0$$

$$M_c = Mr \tag{1.4}$$

(3) 两摩擦副上惯性力矩和扭矩的计算。

① 摩擦扭矩(内力矩)：

$$Mr = \frac{2}{3}\pi p_f \mu r^3$$

② 顶锻扭矩(内力矩)：

$$M_u = \frac{2}{3}\pi p_u \mu r^3$$

③ 飞轮组惯性力矩(外力矩)：

$$M_f = J_x \varepsilon = m_f r_f^2 \varepsilon = m_f r_f^2 \frac{a}{r_f} = \frac{W_f r_f a}{g} \tag{1.5}$$

式中 $J_x$—— 飞轮的转动惯量，$J_x = mr^2$，$kg \cdot m^2$；

$\varepsilon$—— 角加速度，$rad/s^2$；

$a$—— 线加速度，$a = \varepsilon r$，$m/s^2$；

$W_f$—— 飞轮的重力，N；

$r_f$—— 零件或飞轮的半径，m；

$g$—— 重力加速度，$m/s^2$。

④ 同理，夹具组惯性力矩(外力矩)为

$$M_c = \frac{W_c r_c a}{g} \tag{1.6}$$

由式(1.5) 和式(1.6) 中看出：

a. 随着飞轮和夹具等的重力($W_f$) 增加，或者半径($r$) 的加长，飞轮和夹具等的惯性力矩($M_f$、$M_c$) 增加。

b. 随着飞轮和夹具等的速度变化率$\left(a=\frac{dv}{dt}\right)$的增加，飞轮和夹具等的惯性力矩($M_f$、$M_c$) 增加。

c. 由此看出，惯性力矩($M_f$、$M_c$) 的大小随着摩擦力的变化也在变化，因为摩擦速度变化率$\left(a=\frac{dv}{dt}\right)$在变化，所以，它的大小也在变化。

(4) 三种摩擦焊接方法后峰值扭矩的比较。

① 惯性摩擦焊接方法后峰值扭矩最大。

由式(1.1) ～ (1.6) 中看出：

$$Mr = M_f + M_c$$

即

$$\frac{2}{3}\pi p_f \mu r^3 = \left(\frac{W_f r_f}{g} + \frac{W_c r_c}{g}\right)a \tag{1.7}$$

由式(1.7) 中看出：

a. 在摩擦扭矩中，只有摩擦系数($\mu$) 是变量，其余参数在焊接过程中可以认为是不变的常量。

b. 在飞轮和夹具等的惯性力矩中，只有速度变化率$\left(a=\frac{dv}{dt}\right)$是变量，其余参数均可认为是不变的常量；在两摩擦副的摩擦界面上，由于转速的降低，焊缝金属的冷固，粘连摩擦系数增大，摩擦扭矩增大，因此主轴突然停车，造成主轴速度变化率$\left(a=\frac{dv}{dt}\right)$增大，使式(1.7) 达到平衡。因此，惯性摩擦焊接后峰值扭矩最大，它克服两种惯性力矩。

c. 由此看出，惯性摩擦焊接后峰值扭矩在同一种零件焊接时，主要由外力矩－惯性力矩和外力－摩擦压力(顶锻压力) 决定的。惯性力矩和摩擦压力越大，摩擦扭矩越大。当然，在不同的零件焊接时，摩擦焊接后峰值扭矩还与被焊材料($\mu$) 和被焊零件直径($D$) 有关。

② 混合驱动摩擦焊接后峰值扭矩次之。

a. 顶锻超前(式(1.3))：

$$M_u = M_c$$

即

$$\frac{2}{3}\pi p_u \mu r^3 = \frac{W_c r_c a}{g}$$

$$\frac{2}{3}\pi p_f \mu r^3 + \frac{2}{3}\pi(p_u - p_f)\mu r^3 = \frac{W_c r_c a}{g} \tag{1.8}$$

由式(1.8) 中看出：

在主轴停止转动的瞬间，摩擦焊缝截面上受到一个较大力矩的作用：

A. 这个力矩($M_u$) 就是由摩擦压力增大($p_u$)，使惯性力矩($M_c$) 增大造成。

B. 如果焊机夹具和主轴等的转动惯量($mr^2$)较大，焊缝还会受到更大一些峰值扭矩$\left(\frac{W_c r_c a}{g}\right)$的作用。

b. 顶锻滞后(式(1.4))：

$$Mr = M_c$$

即

$$\frac{2}{3}\pi p_f \mu r^3 = \frac{W_c r_c a}{g} \tag{1.9}$$

由式(1.9)中看出，在主轴停止转动的瞬间，摩擦焊缝截面上只受到一个惯性力矩($M_c$)的作用。

③ 连续驱动摩擦焊接后峰值扭矩最小，几乎等于零，有(式(1.2))

$$M_u + Mr + M_A = M_c$$

$$\frac{2}{3}\pi p_u \mu r^3 + \frac{2}{3}\pi p_f \mu r^3 + M_A = \frac{W_c r_c a}{g}$$

由该式中知道，在夹具等惯性力矩($M_c$)被制动力矩($M_A$)制动时，即 $M_c = M_A$ 时，有

$$M_u + Mr = 0$$

(5) 试验证明。

据有关资料已经得到证明，混合驱动摩擦焊接(顶锻超前)后峰值扭矩远远大于连续驱动摩擦焊接后峰值扭矩，连续驱动摩擦焊接后峰值扭矩几乎等于零，如图 1.13 所示。

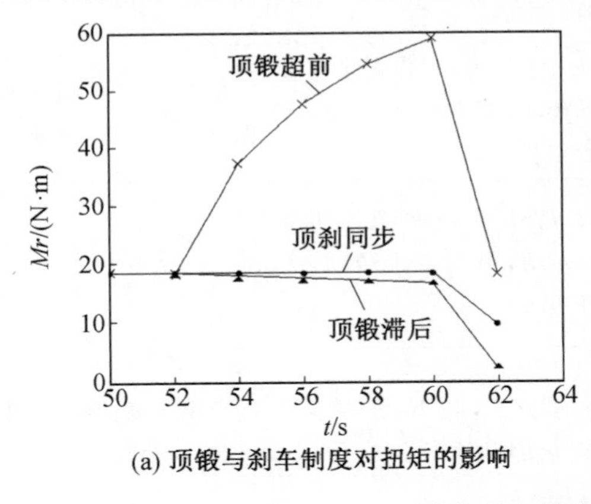

(a) 顶锻与刹车制度对扭矩的影响

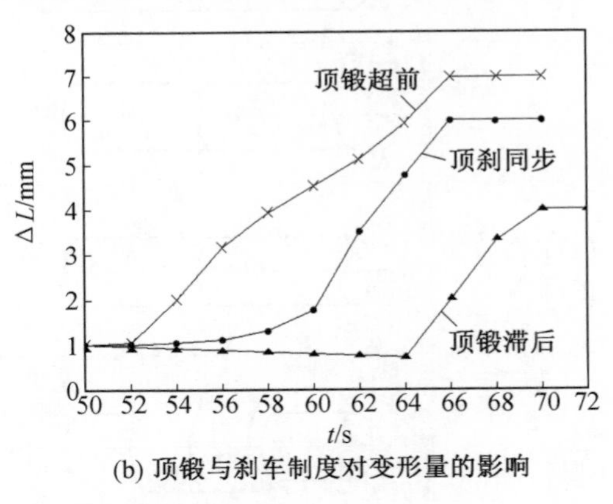

(b) 顶锻与刹车制度对变形量的影响

图 1.13　顶锻与刹车制度对摩擦焊接后峰值扭矩的影响

### 1.3.2　按摩擦运动形式分类

按工件在摩擦焊接过程中相对摩擦运动形式不同，摩擦焊接可以分为普通旋转运动摩擦焊接、派生旋转运动摩擦焊接和特殊运动形式摩擦焊接，如图 1.14 所示。

由图 1.14 看出，目前世界上已存在 11 种摩擦焊接方法。这些焊接方法的简单原理和特点对比见表 1.2。普通旋转运动摩擦焊接方法是最基本的，应用最为广泛。世界上生产的大多数摩擦焊接头约占 99% 以上，从手动工具到航空发动机压气机转子部件均为采用这种方法焊接的。其余的摩擦焊接方法都是从这种最基本的焊接方法派生出来的，

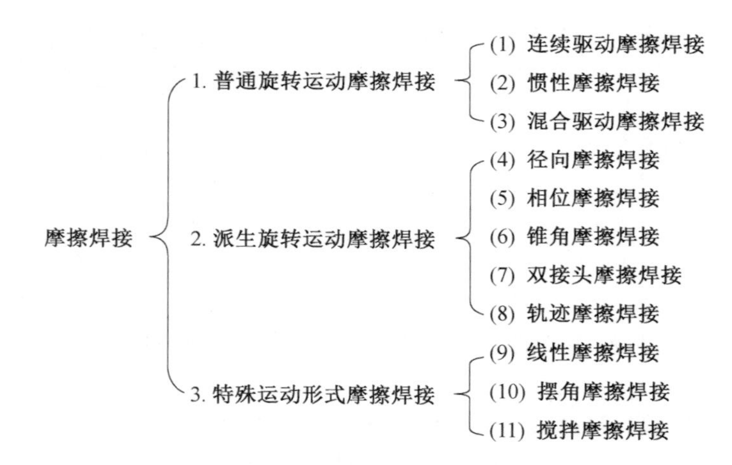


图 1.14　按摩擦运动形式分类的摩擦焊接方法

是这种最基本焊接方法的补充和扩大，目前有些方法已用于生产，但大多数还在研制和开发中。

**表 1.2　按摩擦运动形式分类的摩擦焊接方法的特点**

| 名称 | 接头示意图 | 特点 | 应用范围 |
| --- | --- | --- | --- |
| 连续驱动摩擦焊接 | | 在压力作用下，一件在电机带动下转动，另一件不转动，顶锻和刹车同步进行 | 可焊棒形零件最大面积 $S_{max}=31\ 400\ mm^2$ |
| 惯性摩擦焊接 | | 在压力作用下，一件在飞轮带动下转动，另一件不转动，无顶锻和刹车 | 可焊管形零件最大面积 $S_{max}=145\ 160\ mm^2$ |
| 混合驱动摩擦焊接 | | 在压力作用下，一件在电机带动下转动，另一件不转动，无顶锻和刹车 | 可焊棒形零件最大面积 $S_{max}=31\ 400\ mm^2$ |
| 径向摩擦焊接 | | 在轴向压力作用下，外侧零件旋转，内侧零件不旋转 | 适于钢轴外径上青铜衬套的焊接 |
| 相位摩擦焊接 | | 在压力作用下，一个板件转动，另一板件不转动，转动件在固定相位上停止，完成焊接 | 适于形材的焊接 |
| 锥角摩擦焊接 | | 要焊的两个邻接表面设计成与轴线成 30° ~ 60° | 适于管与管和棒与棒的焊接 |

**续表1.2**

| 名称 | 接头示意图 | 特点 | 应用范围 |
|---|---|---|---|
| 双接头摩擦焊接 | 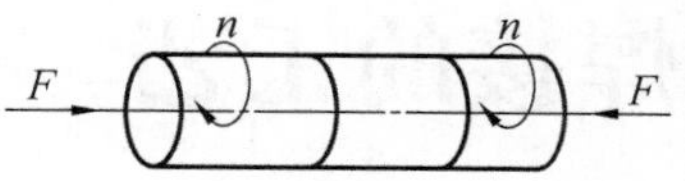 | 两端工件转动，中间工件不转动，一次同时焊接两个接头 | 适于同时焊接两个接头零件 |
| 轨迹摩擦焊接 | 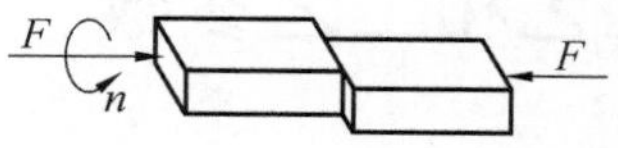 | 在压力作用下，其中一件沿其轴线转动，另一件不转动，且两工件轴线不在一条线上 | 适于不在一个中心线上两零件的焊接 |
| 线性摩擦焊接 | 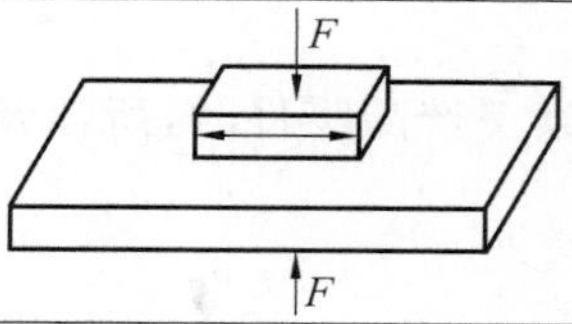 | 在压力作用下，其中一件沿直线方向以一定振幅和频率做往复运动，另一件不运动 | 适于航空发动机风扇叶轮的焊接，已得到应用 |
| 摆角摩擦焊接 | 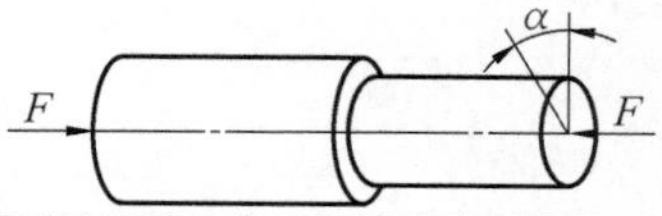 | 在压力作用下，其中一件以一定角度和频率做往复摆动，另一件不运动 | 适于不同心件的焊接 |
| 搅拌摩擦焊接 | 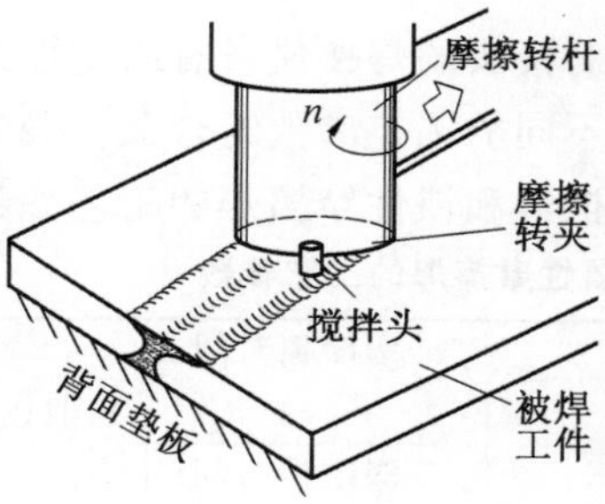 摩擦转杆<br>摩擦转夹<br>搅拌头<br>背面垫板<br>被焊工件 | 搅拌摩擦焊接（Friction Stir Welding，FSW）的连接是通过高速旋转的搅拌头，迅速钻入被焊零件的接缝中，进行摩擦加热，很快在搅拌头周围产生一层很薄的黏塑性变形层金属并排边进入轴肩与接缝表面之间。与此同时，搅拌头的轴肩与接缝表面的接触，也迅速产生辅助摩擦加热，共同混合摩擦出新的黏塑性变形层金属。当搅拌头沿接缝向前移动时，将搅拌头前边摩擦出的新的黏塑性变形层金属，在旋转摩擦力作用下，在轴肩与背面垫板的密封保护下，不断地后移，去填满搅拌头前移留下的空腔，形成焊缝。焊缝的深度由搅拌头的长度决定 | 适于铝、镁、铜和钛合金板材对焊接，已在航空器上得到应用 |

# 第 2 章　摩擦焊接的工艺

## 2.1　摩擦焊接的工艺和工艺参数

### 2.1.1　摩擦焊接的工艺

摩擦焊接的工艺是指利用摩擦焊接方法焊接某一产品零件时，所涉及的技术和技术标准，以下均属于摩擦焊接的工艺范畴。

(1)焊接的材料和材料的可焊性。

(2)焊前接头的清理。

(3)焊接的工艺参数。

(4)焊接接头的形式、尺寸和准备。

(5)焊接的次序和过程。

(6)焊接设备的选择和使用。

(7)焊前和焊后的热处理。

(8)焊后接头的检验和质量标准等。

### 2.1.2　连续驱动摩擦焊和惯性摩擦焊的工艺参数

连续驱动摩擦焊和惯性摩擦焊的工艺参数对接头的焊接质量有决定性的影响，因此，它们的正确选择和合理使用是十分重要的。而不同的工艺参数组合又代表着不同的焊接热循环和循环过程中的不同特点。连续驱动摩擦焊和惯性摩擦焊的工艺参数见表 2.1 。

表 2.1　连续驱动摩擦焊和惯性摩擦焊的工艺参数

<table>
<tr><td rowspan="2">连续驱动<br>摩擦焊</td><td rowspan="3">转速 $n$<br>/(r · min$^{-1}$)</td><td>一级摩擦压力<br>$p_{f1}$/MPa</td><td rowspan="2">—</td><td>一级摩擦时间<br>$t_{f1}$/s</td><td rowspan="2">顶锻压力<br>$p_u$/MPa</td><td rowspan="2">顶锻时间<br>$t_u$/s</td></tr>
<tr><td>二级摩擦压力<br>$p_{f2}$/MPa</td><td>二级摩擦时间<br>$t_{f2}$/s</td></tr>
<tr><td>惯性<br>摩擦焊</td><td>摩擦压力<br>$p_f$/MPa</td><td>转动惯量<br>$mr^2$/(kg · m$^2$)</td><td>—</td><td>—</td><td>—</td></tr>
</table>

### 2.1.3　工艺参数的功用

**1. 转速($n$)和摩擦压力($p_f$)**

转速与摩擦压力的组合是摩擦焊接两个最重要的焊接参数。它决定两个被焊工件是否能够焊接上，它对焊接结合面的温度、高温黏塑性变形层金属的形成、焊接结合面轴向两侧温度的分布、摩擦扭矩及变形量都有决定性的影响。

摩擦速度是决定摩擦界面上产生高温黏塑性变形层金属的最主要条件，但它不是决定高温黏塑性变形层金属变形的主要条件；摩擦压力不是决定摩擦界面上产生高温塑性变形层金属的主要条件，但它确是决定高温黏塑性变形层金属变形的主要条件。对于低碳钢，当摩擦速度 $v_t<0.5$ m/s 时，无论摩擦压力多大，都不会产生高温黏塑性变形层金属，因为摩擦界面上的温度不够；但当摩擦速度 $v_t>0.5$ m/s 时，决定摩擦界面上高温黏塑性变形层金属变形的是摩擦压力。一个优质的实心棒焊接接头，将沿焊缝中心结合面两边形成等厚度的热力影响区(HFZ)，飞边应是足够的，但不过多。为达到一个最佳的连接，每个焊缝应有最小的能量要求，超过这个限度，虽对焊缝质量无害，但会引起过量的飞边，造成浪费。

(1)转速($n$)。

对于每一种材料组合，为了获得优质的焊缝性能，工件的圆周线速度可在很宽的范围内调节。对于低碳钢棒焊缝的正常速度：连续驱动摩擦焊为 0.5～3 m/s，惯性摩擦焊为 1～3 m/s。但有些应用为了制造出良好的焊缝，使用的速度超出了这个范围也是有的。

随着速度的变化，可改变加热区的形状和飞边的大小。较低的速度倾向于减少中心的加热和产生较大的、粗糙的、不均匀的飞边。较高的速度倾向于减少周边的加热和产生较小的、光滑的、均匀的飞边。对于有些给定的应用，较大的改变速度到不能达到充分地加热，不能形成优质的连接，也是可能的。过低的速度可能造成中心加热不足，不能形成连续的高温塑性变形层金属，破坏了中心的连接；而太高的速度会使结合面上周边加热不足，不能形成连续的高温塑性变形层金属，也破坏了周边的连接。

对于每种金属材料的组合，可适用很宽的速度范围。为获得优质焊缝，可通过试验选择速度范围。

对于惯性摩擦焊速度，可通过本书附录 A 中的附表和能量曲线，再通过参数计算获得；对于连续驱动摩擦焊速度，通常由设备的速度来决定，再配以摩擦压力的调节而获得合理的参数匹配。

下面是连续驱动摩擦焊接转速对焊缝和热力影响区形状、厚度和位置的影响，如图2.1 所示。

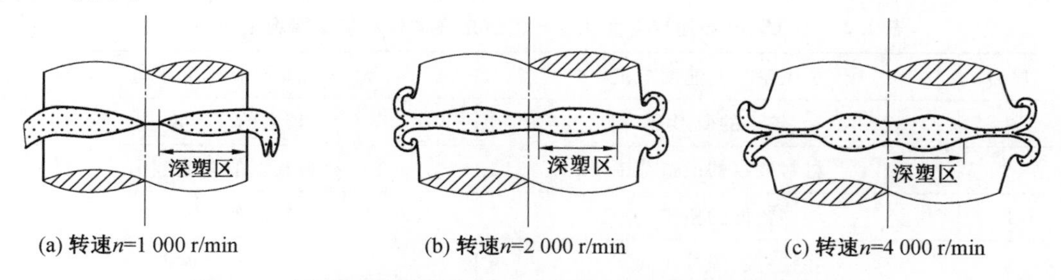


图 2.1　连续驱动摩擦焊接转速对焊缝和热力影响区形状的影响
(低碳钢，$\phi$19 mm，轴向压力为 86 MPa)

由图 2.1 中看出，连续驱动摩擦焊接的加热区在一定的摩擦压力下，是由摩擦速度决定的。在一定速度范围内，随着摩擦速度的提高，周边加热充分，中心加热不足；超过一定速度范围，随着摩擦速度的提高，中心加热充分，周边加热不足。

(2)摩擦压力($p_f$)。

为获得优良的焊缝性能,摩擦压力也可以在很宽的范围内调节。但与速度的影响相反,例如,较低的摩擦压力倾向于与较高的速度产生同样的结果,也就是减少了周边的加热和飞边的大小;较高的摩擦压力,倾向于与较低的速度产生同样的结果,也就是减少了中心的加热和形成较大的飞边。

摩擦压力的选择是以排出高速摩擦过程中被氧化的金属和有害杂质,使纯净的金属得以紧密的连接并获得最小的变形量为原则。摩擦压力的大小与被焊接材料和接头尺寸有关,也受其他焊接参数的影响。

惯性摩擦焊的摩擦压力可通过本书的参数曲线和数学计算获得;连续驱动摩擦焊的摩擦压力可通过试验和经验来确定。

摩擦压力可以很好地与速度配合,找到最佳的焊接结果。

**2. 转动惯量($mr^2$)**

(1)功用。

转动惯量($mr^2$)是惯性摩擦焊接一个特有的焊接参数。在焊接过程中,它是不变的。转动惯量是用于产生单位焊缝上所要求的动能和适当的飞轮锻造作用的一个最重要的焊接参数。飞轮的锻造作用随着转速的降低、扭矩的提高而增大。但速度的降低,对于每种材料只能降到它的焊接性能所要求的水平,对于低碳钢,该速度约为 1 m/s。在进行金属摩擦焊接时,总的锻造作用由大的扭矩和轴向载荷共同作用组成。因为锻造作用总是在规定材料大约同样速度范围开始,而该速度范围与扭矩大小(旋转锻造)有关。它取决于飞轮的尺寸和质量。相当水平的动能,通过变换速度,可以配以较大的飞轮或者配以较小的飞轮来达到。然而,多数转动锻造作用用较大的飞轮(低速度)比用较小的飞轮(高速度)容易达到,因为焊缝在一个很大的转动惯量作用下。

(2)飞轮的影响。

每一种材料都有一个速度范围,在同样总能量情况下,可以用低速度配以大飞轮情况下获得,也可以用高速度配以小飞轮情况下获得。在这两种情况下焊接的基本不同点见表 2.2。

**表 2.2　小飞轮一高速度与大飞轮一低速度在同样总能量情况下的不同点**

| 序号 | 小飞轮一高速度规范 | 大飞轮一低速度规范 |
| --- | --- | --- |
| 1 | 较小的变形量 | 较大的变形量 |
| 2 | 材料较窄的锻造范围 | 材料较宽的锻造范围 |
| 3 | 较低的扭矩 | 较高的扭矩 |
| 4 | 较短的焊接时间 | 较长的焊接时间 |
| 5 | 较小的热力影响区 | 较大的热力影响区 |
| 6 | 外观光滑的飞边 | 外观粗糙的飞边 |
| 7 | 较高的焊缝区温度 | 较低的焊缝区温度 |

近几年的研究表明，好多厂家和用户倾向于采用大飞轮－低速度的所谓“低温焊接法”来焊接某些金属和合金，获得了非常理想的结果。

(3)惯性摩擦焊参数之间的关系。

惯性摩擦焊的参数可以通过相当宽的范围调整而不影响焊缝的质量。这就允许参数的变化，使其能够优选焊缝区的特性并能够保证焊缝区的完整性。惯性摩擦焊接能量($E$)、摩擦压力($p_f$)和转速($n$)对焊缝和热力影响区形状的影响如图 2.2 所示。

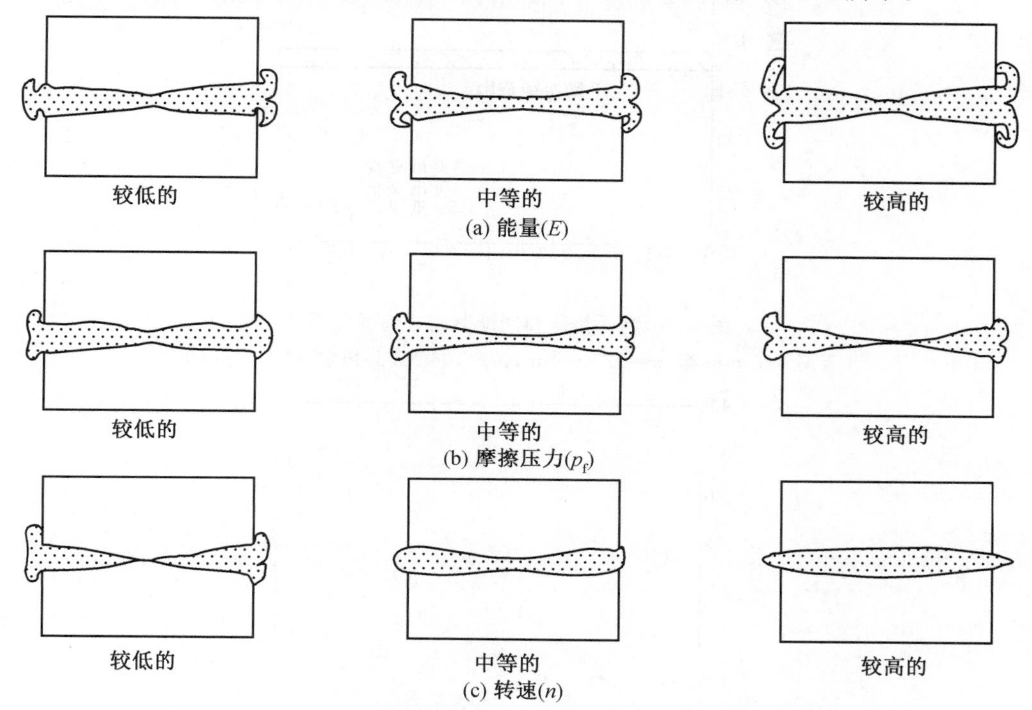


图 2.2　惯性摩擦焊的参数对焊缝和热力影响区形状的影响

由图 2.2 看出，在惯性摩擦焊接的结合面上，形成的焊缝和热力影响区的形状与大小是由焊接参数决定的。随着能量和摩擦压力的提高以及摩擦速度的降低，中心加热不足，周边加热提高，飞边增大；相反，随着能量和摩擦压力的降低以及摩擦速度的提高，中心加热提高，周边加热减少不多，飞边减小。

**3. 减速阶段与顶锻压力($p_u$)**

(1)减速阶段。

近来研究表明，减速阶段也是连续驱动摩擦焊接过程中一个很重要的阶段，它直接影响接头的质量。

在制动刹车阶段，也就是减速阶段，由于转速从预定的速度逐渐降到零点，摩擦扭矩随着转速的降低，从平衡扭矩迅速地增大到后峰值扭矩，轴向缩短速度也大大增加，这就是减速阶段的特点，如图 2.3 和图 2.4 所示。这时，如果在停车前就施加顶锻压力，后施加制动力或者在停车后施加顶锻压力，这时焊缝会受到较大的后峰值扭矩和顶锻压力的联合锻造作用，焊缝的性能会得到较大的改善，这就是混合驱动摩擦焊接方法中两种焊接循环方式的突出特点。

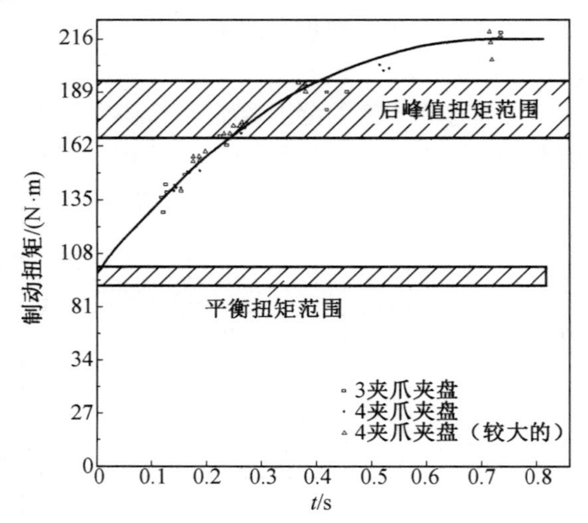


图 2.3 制动扭矩和制动时间之间的关系

（碳钢 $\phi$18 mm 棒，$n$=975 r/min，$p_f$=106 MPa，恒定 $\Delta L$=5 mm）

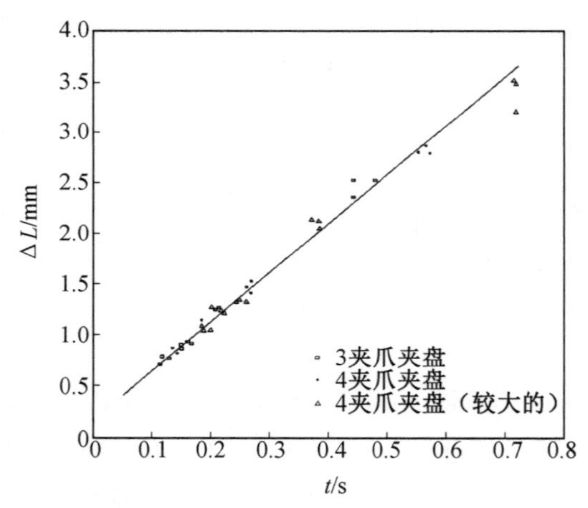


图 2.4 变形量和制动时间之间的关系

（碳钢 $\phi$18 mm 棒，$n$=975 r/min，$p_f$=106 MPa，恒定 $\Delta L$=5 mm）

如果顶锻和制动刹车同步施加，几乎没有减速阶段，扭矩完全被制动系统消耗掉，焊缝就不会得到较大的后峰值扭矩的锻造作用，如图 2.5 所示，这就是连续驱动摩擦焊方法的特点。

(2)顶锻压力($p_u$)。

顶锻压力也是摩擦焊接最重要的焊接参数之一。顶锻焊接阶段是利用足够的顶锻压力，使焊缝区及其邻近金属承受适当的锻造作用，产生足够的黏塑性变形并使焊缝区冷固强化，形成致密的焊接接头。

过大的顶锻压力会产生过多的接头飞边，造成不必要的浪费；顶锻压力太小，黏塑性变形层金属得不到适当的压缩和变形，这会降低接头的性能。

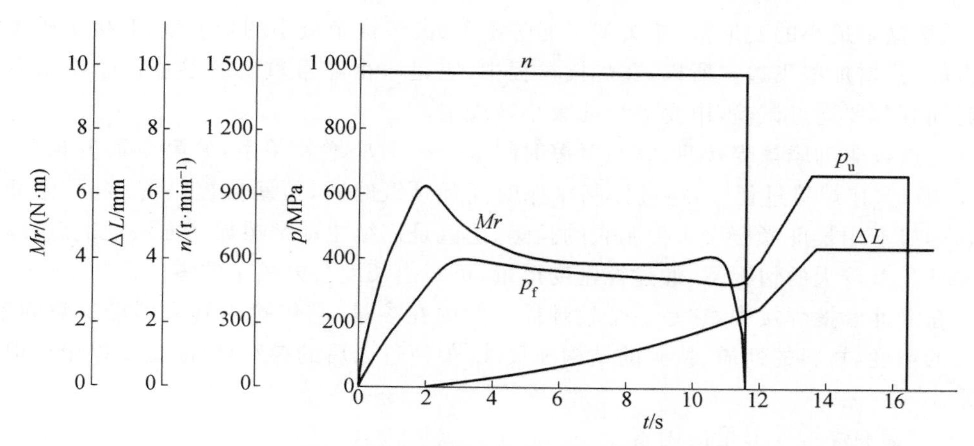


图 2.5　连续驱动摩擦焊接实测扭矩曲线

(GH4169，$\phi$18 mm×150 mm 棒，顶锻和制动刹车同步)

碳钢在连续驱动摩擦焊接时，顶锻压力一般为摩擦压力的 2～3 倍。

顶锻压力的大小也与被焊材料和接头尺寸有关。并受其他焊接参数的影响。

**4. 摩擦时间($t_f$)和顶锻时间($t_u$)**

(1)连续驱动摩擦焊的摩擦时间和顶锻时间。

在连续驱动摩擦焊接时，摩擦时间和顶锻时间是控制焊接过程的主要焊接参数，它将决定接头的摩擦加热程度、轴向变形量的大小和能量的消耗。摩擦时间和顶锻时间太短，结合面加热不足，容易形成中心加热不够；摩擦时间和顶锻时间太长，轴向变形量和飞边过大，造成不必要的浪费。

在连续驱动摩擦焊接时，一般情况下，摩擦加热时间与轴向变形量呈一一对应变化关系，因此，常常以轴向变形量的多少来控制摩擦焊接的时间和接头的质量。

(2)强规范和弱规范。

在连续驱动摩擦焊接时，根据材料对接头性能的不同要求，可以采用两种不同的规范进行焊接。在被焊材料可焊性较好时，如高温合金和不锈钢等，可以采用转速较低、摩擦压力较大和摩擦时间较短的“强规范”进行焊接；当被焊材料可焊性较差时，如工具钢、含碳量(质量分数)大于或等于 0.35%的钢材，为防止接头产生淬火和裂纹，可以采用较高的摩擦速度、较低的摩擦压力和较长的摩擦时间的“弱规范”进行焊接，虽然加热功率较小，但消耗能量较大。

(3)惯性摩擦焊接的摩擦时间。

在惯性摩擦焊接时，当被焊工件尺寸固定时，摩擦加热时间是一个焊接内在参数，它依赖于其他的焊接参数和被焊材料，是一个不可控制的辅助参数。

**5. 焊接变形量($\Delta L$)**

(1)参数对焊接变形量的影响。

焊接变形量也是机调一个内在参数，它的大小依赖于其他焊接参数的组合。但在焊接过程中，它是一个直观量，可以直接用肉眼观察它的大小，而且通过观察和测量它的大小可以控制接头的焊接质量。一般情况下，因为接头的焊接质量，由一个最小的变形量决定，低于这个最小的变形量，接头就可能焊不上；高于这个最小的变形量，对接头质量不是有害的，只增加些飞边。所以，在焊接过程中，它是一个非常重要的参量。摩擦压力和摩擦时间等都要通过试验，由变形量的大小来决定。

在连续驱动摩擦焊接时，它与摩擦时间呈一一对应增长关系，见第 6 章表 6.15 中的 $\Delta L$。因此，在焊接过程中，通过控制摩擦时间和顶锻时间，可间接控制变形量，也可以直接在焊机上用长度光栅尺来控制它的长短，这就是连续驱动摩擦焊接方法的优点，即焊前在零件公差较大的情况下，通过控制变形量，可焊出长度公差较小的零件。

在惯性摩擦焊接中，它是一个较难控制的内在参量，它依赖于其他焊接参数的组合、参数的精度、材料的性质、接头的结构和尺寸，但通过以后的参数计算，也可以粗略地计算出来。

(2)影响焊接变形量的因素。

影响摩擦焊接变形量的因素较多，主要有以下几点。

①焊接参数。

a. 转速($n$)，随着摩擦转速的提高，变形量提高如图 2.9(d)所示。

b. 焊接压力($p_t$)，随着焊接压力的提高，变形量提高，如图 2.9(a)所示。它比转速、转动惯量影响更为显著。

c. 焊接时间($t_t$)，随着摩擦焊接时间的增长，变形量增长，见第 6 章表 6.15。

d. 转动惯量($mr^2$)，随着转动惯量的增加，变形量增加，如图 2.9(g)所示。

②材料硬度(HRC)。随着材料硬度的提高，在参数不变的情况下，变形量减小，见第 5 章图 5.10。

a. 当材料硬度 HRC 为 45 时，$\Delta L=5$ mm。

b. 当材料硬度 HRC 为 15 时，$\Delta L=7.5$ mm。

③焊接顺序。焊接顺序对变形量的影响如图 2.6 所示。

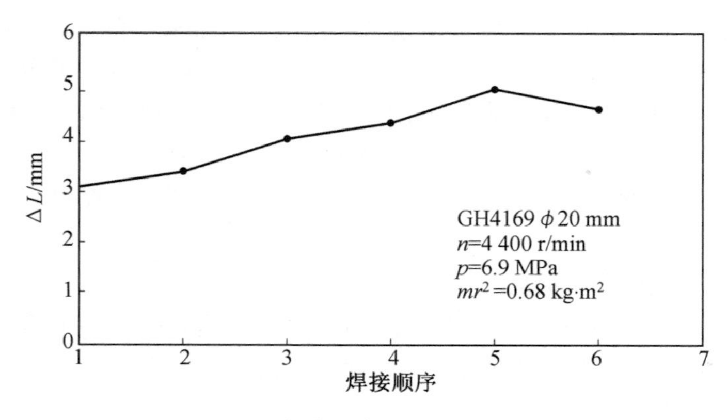


图 2.6 焊接顺序对变形量的影响

由图 2.6 中看出，随着焊接顺序的往后，变形量逐渐增加，这是由于刚焊接第一个接头时，机床的夹头和床头都比较凉，吸热较多，随着焊接顺序的往后，夹头和床头的温度逐渐升高，吸热减少，因此在同样参数情况下，变形量逐渐增长，直到第 5 个接头才稳定下来。

为减少焊接顺序对变形量的影响，可先开动机床，使夹头和床头都得到适当的预热；或者采用油温控制机床温度方法，使焊机在固定油温范围内工作。

④伸出夹具接头的长度。

在同样参数情况下，随着焊件伸出夹具的长度增加，接头散热减少，变形量增加。试验证明（接头尺寸为 $\phi$70 mm×$\phi$62 mm×300 mm GH4169 合金），当焊件伸出夹具接头的长度，一端为 103 mm，另一端为 107 mm 时，变形量为 7.66 mm；当焊件伸出夹具接头的长度，一端减少为 23 mm，另一端减少为 27 mm 时，变形量为 6.69 mm。两种长度下的变形量相差 0.97 mm。

⑤TC17 摩擦焊接头尺寸，如图 2.7 所示。

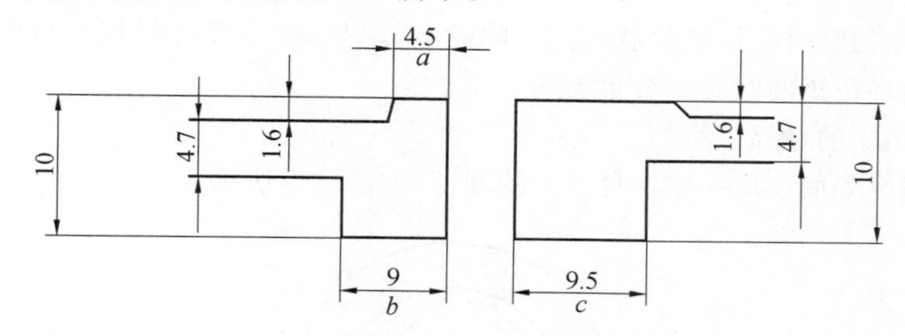


图 2.7　TC17 摩擦焊接头尺寸

a. 凸台（4.5 mm）尺寸对变形量（$\Delta L$）的影响。当接头尺寸 $a$=4.5 mm、$b$=9 mm、$c$=9.5 mm 时，用 65.5 J/mm$^2$ 能量焊接，变形量 $\Delta L$=3.86 mm；而当接头尺寸 $a$=3.5 mm、$b$=7 mm、$c$=7.5 mm 时，用 59.5 J/mm$^2$ 能量焊接，变形量 $\Delta L$=3.86 mm。单位面积能量差为 6 J/mm$^2$。

b. 接头面积变化对变形量（$\Delta L$）的影响，见表 2.3，GH4169 外径 $D$=352～353 mm，内径 $d$=344～345 mm，壁厚 $\delta$=4 mm。

**表 2.3　$S_p$ 与 $\Delta L$ 关系**

| 接头面积 $S_p$/mm$^2$ | $mr^2$ /(kg·m$^2$) | $n$ /(r·min$^{-1}$) | $p_c$ /MPa | $F_t$ /N | $t$/s | $E_t$ /J | $E_g$ /(J·mm$^{-2}$) | $\Delta L$ /mm |
|---|---|---|---|---|---|---|---|---|
| 4 417.41 | 3 147.6 | 124 | 8.632 | 1 284 948 | 3.47 | 264 467 | 59.87 | 3.40 |
| 4 633.54 | 3 147.6 | 129 | 8.632 | 1 284 948 | 3.85 | 286 225 | 61.77 | 3.43 |
| 4 519.28 | 3 147.6 | 130 | 8.632 | 1 284 948 | 3.83 | 290 680 | 64.32 | 3.68 |
| 4 775.73 | 3 147.6 | 135 | 8.632 | 1 284 948 | 3.98 | 313 470 | 65.64 | 4.34 |

由表 2.3 可以看出：

A. 在零件被焊面积不变的情况下，随着单位面积上能量增加，总能量增加，变形量随之增加。

B. 如果保持单位面积上能量不变，如 $E_g$=59.87 J/mm$^2$，则随着零件被焊面积增加或减少，总能量增加或减少，那么，变形量应该变化不大。

C. 如果零件被焊面积增加，单位面积上能量增加，总能量也增加，那么，变形量随单位面积上能量增加而增加，总面积变化对变形量影响不大。

**6. 摩擦扭矩($Mr$)**

(1)研究摩擦扭矩的意义。

摩擦扭矩是摩擦焊接过程中一个很重要的内在参数。它随摩擦时间变化的过程，能够反映出摩擦加热的功率和摩擦系数随摩擦时间而变化的规律。因此，研究摩擦扭矩的形成机制、变化规律、影响因素，对于了解和掌握摩擦焊的机理、高温黏塑性变形层金属的形成、对接头的锻造作用的能力都是十分重要的。

摩擦扭矩不是一个焊接参数，而是由焊接参数、被焊工件材料和尺寸决定的焊接内在参数。焊接过程中，它是一个动态参量，随摩擦时间而变化，影响因素较多，波动较大。因此，测量某一点的瞬时扭矩值没有多大实际意义，但是，测量摩擦焊接过程中后峰值扭矩和整个焊接循环扭矩曲线是十分重要的。

(2)摩擦扭矩的计算。

首先在摩擦表面上取一个半径为 $r$ 的圆环，如图 2.8 所示。

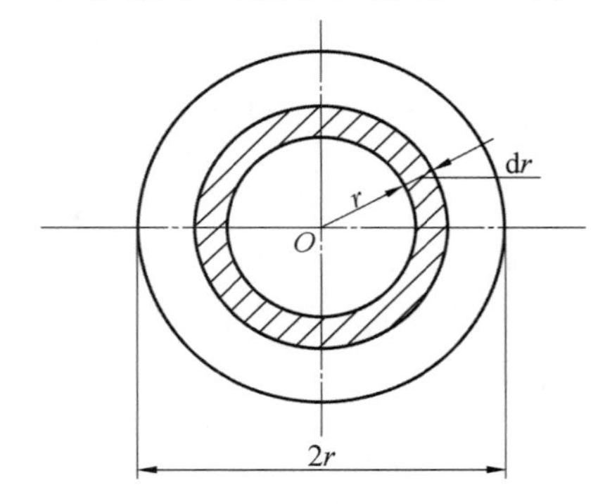


图 2.8 实心棒摩擦扭矩的计算

圆环的宽度为 $dr$，其面积为

$$ds = 2\pi r dr$$

假设作用在摩擦表面半径方向上的摩擦压力($p_f$)和摩擦系数($\mu$)为常数时，作用在圆环面积上的摩擦力为

$$dF_f = p_f \mu ds = p_f \mu 2\pi r dr$$

那么，以 $O$ 点为圆心的摩擦扭矩为

$$dMr = r dF_f = 2\pi p_f \mu r^2 dr$$

将上式两边积分，可以得到摩擦表面上总的摩擦扭矩：

$$Mr = \frac{2}{3}\pi p_f \mu r^3 \tag{2.1}$$

式中 $p_f$—— 摩擦压力，MPa；

$\mu$—— 被焊材料的摩擦系数；

$r$—— 被焊零件摩擦表面半径，mm。

由式(2.1)看出，摩擦扭矩($Mr$)是摩擦副焊缝截面上的一个内力扭矩，只与摩擦压力($p_f$)、摩擦系数($\mu$)和旋转零件摩擦表面的半径($r$)有关。

(3) 影响摩擦扭矩的因素。

① 旋转零件摩擦表面的半径($r$)。随着旋转零件摩擦表面半径($r$)的加长,摩擦扭矩($Mr$)随半径($r$)呈立方关系增加,摩擦表面直径越大,摩擦副承受摩擦扭矩的能力越大。

② 摩擦力($F_f$)。随着摩擦表面上摩擦力($F_f=\mu F_t$)的增加,摩擦扭矩($Mr$)呈正比关系增加。

摩擦力取决于表面层的物理、力学性质,它由两部分组成,即分子部分和机械部分。分子部分主要是切开黏附,甚至是粘连结点的剪力;机械部分主要是一个表面的轮廓峰在另一个表面上的犁削力,即

$$F_f=F_{fa}+F_{fd}=\mu_a F_N+\mu_d F_N \tag{2.2}$$

式中　$F_{fa}$—— 分子黏附部分的摩擦力,N;

$F_{fd}$—— 机械变形部分的摩擦力,N;

$F_N$—— 法向载荷(也就是焊接载荷),N;

$\mu_a$—— 分子黏附部分的摩擦系数;

$\mu_d$—— 机械变形部分的摩擦系数。

在初始摩擦阶段和不稳定摩擦阶段的前期,摩擦表面还没有全部产生塑性变形,因此,金属间的摩擦以机械变形部分的摩擦力为主;在稳定摩擦阶段,摩擦表面全部产生黏塑性变形,纯净金属间产生摩擦,因此,以分子黏附,甚至分子粘连部分的摩擦力为主,它的大小不受黏塑性层金属厚度的影响。

由式(2.2)中看出,在摩擦焊接过程中,法向载荷($F_N$)即轴向载荷或者焊接载荷,可以看作是一个常数,那么,摩擦力($\mu F$)仅与摩擦系数有关。

③ 摩擦系数($\mu$)。在金属的摩擦加热过程中,摩擦系数由小变大,通过峰值,以后又由大变中,平衡在一个固定数值上;在摩擦表面的冷固过程中,摩擦系数又由中变大,达到另一个峰值。摩擦系数的这个变化规律与摩擦表面的温度变化有密切的关系。在常温下,GH4169合金的摩擦系数较小,650～750 ℃时较大,1 100～1 200 ℃时最小。随着接头的冷固,分子间粘连的摩擦系数迅速增大(见第1章图1.1)。因此,在摩擦焊接过程中,真正影响摩擦系数的主要因素如下。

a. 工件表面准备情况:不平度、粗糙度、氧化膜和污垢等。

b. 摩擦表面的真实接触面积。

c. 摩擦表面的温度,在摩擦焊接过程中,它是影响摩擦系数的最主要因素。

至于工件材料和周围介质,可以认为在摩擦焊接过程中是不变的。摩擦压力只有在双级摩擦焊时,才有所变化。

(4) 惯性力矩和后峰值扭矩。

① 在主轴脱离开旋转动力之后,在停止之前,连续驱动摩擦焊两摩擦件的焊缝截面上受到的惯性力矩和扭矩的作用为

$$M_c-Mr>0$$

式中　$M_c$—— 夹具、主轴等的惯性力矩,N·m;

$Mr$—— 摩擦扭矩,N·m。

② 当主轴突然停止时，两摩擦件焊缝截面上受到的惯性力矩和扭矩应处于平衡状态：

$$\sum M_x = 0$$

即

$$M_c - Mr - M_u - M_A = 0$$

式中 $M_A$—— 制动力矩，N·m；

$M_u$—— 顶锻力矩，N·m。

由该式中知道，当惯性力矩（$M_c$）被制动力矩（$M_A$）制动时，有

$$M_c = M_A$$

所以

$$Mr + M_u = 0$$

说明在连续驱动摩擦焊时，后峰值扭矩几乎等于零。

③ 如果上述过程不施加制动力矩（$M_A$）和顶锻力矩（$M_u$），惯性力矩（$M_c$）全被摩擦扭矩（$Mr$）消耗掉，则

$$Mr = M_c$$

即

$$\frac{2}{3}\pi p_f \mu r^3 = J_c \varepsilon = m_c r_c^2 \cdot \frac{a}{r_c} = \frac{W_c}{g} r_c a \tag{2.3}$$

式中 $J_c$—— 夹具和主轴等的转动惯量，kg·m²；

$\varepsilon$—— 角加速度，$\varepsilon = a/r$，rad/s²；

$a$—— 线加速度，m/s²；

$W_c$—— 夹具和主轴等的重力，N；

$r_c$、$r$—— 夹具和零件的半径，m；

$g$—— 重力加速度，m/s²。

由式（2.3）看出：

a. 摩擦扭矩（$Mr$）不仅受本身摩擦副焊缝截面上参数（$p_f$、$\mu$ 和 $r$）的影响，更受主轴和夹具等形成的惯性力矩（$M_c$）的影响。

b. 焊机的夹具和主轴等重力（$W_c$）越重，或者半径（$r_c$）越长，后峰值扭矩（$Mr$）越大，这是连续驱动摩擦焊增加后峰值扭矩的根本办法。

c. 主轴等的速度变化率（$a = \frac{dv}{dt}$）越大，后峰值扭矩（$Mr$）越大。

d. 有时，可以用速度变化率（$a = \frac{dv}{dt}$）间接地测出摩擦扭矩（$Mr$），即

$$Mr \approx \frac{dv}{dt}$$

e. 如果将主轴上再增加飞轮，即

$$Mr = M_c + M_f$$

式中 $M_f$—— 飞轮的惯性力矩，N·m。

那么，将会获得更大的后峰值扭矩。这就是惯性摩擦焊会获得更大的后峰值扭矩的原因。但是总的惯性力矩为

$$M_I = M_f + M_c$$

式中　$M_I$—— 惯性摩擦焊机上总的惯性力矩，N·m。

因此，只能是：

$$M_f + M_c \geqslant Mr(\text{旋转和停止})$$

(5) 前、后峰值扭矩产生的条件。

前、后峰值扭矩是摩擦焊接过程中摩擦副上产生的两个内力矩，由于产生的条件不同，影响因素也不同。

焊接过程中，由于外力矩不变，对前峰值扭矩的影响显露不出来；而后峰值扭矩，在主轴脱离开旋转动力之后，主轴上所具有的惯性力矩一下子暴露出来，严重地影响后峰值扭矩的大小。因此，下面再做一简要对比说明。

① 前峰值扭矩。

a. 产生的条件。

A. 摩擦压力由 $0 \rightarrow p_f(\max)$。

B. 真实接触面积 $S_0 \rightarrow S_{\max}$($S_0$ 为局部接触面积)。

C. 温度要上升到产生局部塑性变形，摩擦系数增大，但结合面上还没有产生飞边。对于 GH4169 合金的温度大约在 723 ℃。

b. 影响因素。

A. 与摩擦压力上升速度有关，上升速度快，前峰值扭矩出现得早。

B. 与摩擦压力大小有关。

C. 与摩擦系数有关。

D. 与被焊零件直径有关。

② 后峰值扭矩。

a. 产生的条件。

A. 温度：低于结合面的最高温度点温度(图 1.1)。

B. 时间：停车的瞬间。

C. 大小：与停车瞬间主轴所具有的惯性力矩 $M_I$ 有关；与制动力矩 $M_A$ 有关；与摩擦压力 $p_f$ 大小有关；与焊接过程中结合面直径大小有关；如果零件不同，还与被焊零件材料($\mu$) 和半径($R$) 有关。

b. 影响因素。外力影响因素如下。

A. 与停车瞬间主轴所具有的惯性力矩有关，即与包括主轴、夹具和飞轮等在内的质量成正比；与主轴的速度变化率($a=\dfrac{dv}{dt}$) 成正比；与主轴、夹具和飞轮的半径($R$) 成正比。

B. 与摩擦压力 $p_f(p_u)$ 成正比。

内力影响因素有：与被焊零件材料($\mu$) 有关；与被焊零件结合面半径($R$) 大小有关。

### 2.1.4　惯性摩擦焊 $p_f$、$n$ 和 $mr^2$ 对 $\Delta L$、$t$ 和 $Mr$ 的影响

惯性摩擦焊 $p_f$、$n$ 和 $mr^2$ 对 $\Delta L$、$t$ 和 $Mr$ 的影响如图 2.9 所示。

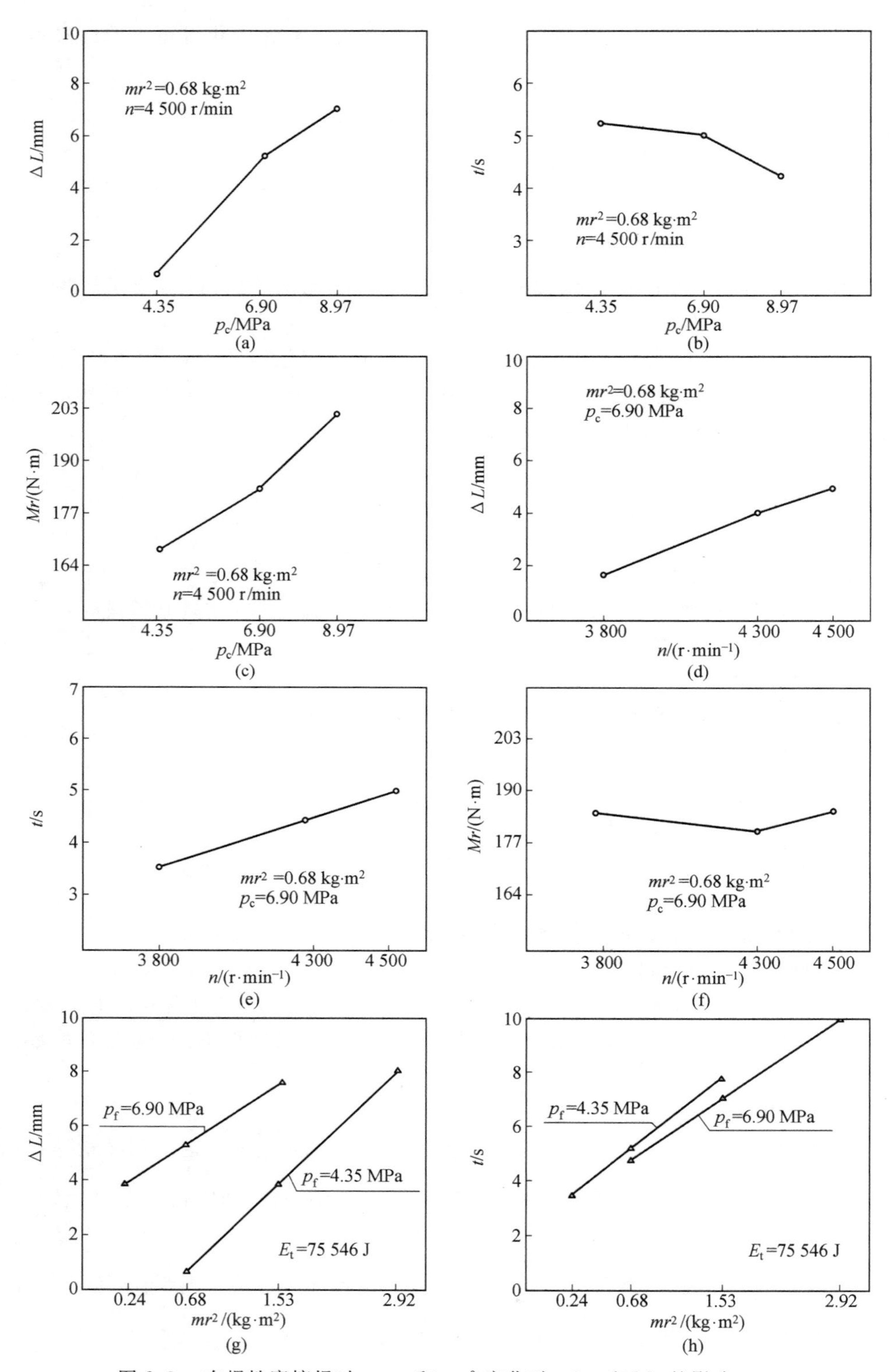


图 2.9　在惯性摩擦焊时，$p_f$、$n$ 和 $mr^2$ 变化对 $\Delta L$、$t$ 和 $Mr$ 的影响

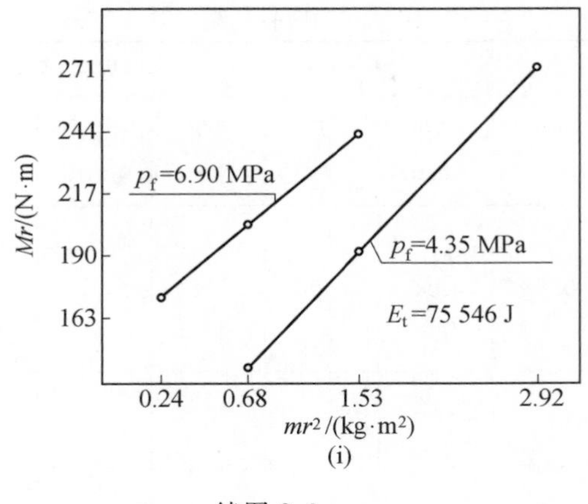


续图 2.9

由图 2.9 中看出：

(1) 当 $mr^2$ 和 $n$ 不变时，随 $p_f$ 增大，$\Delta L$ 和 $Mr$ 增大，$t$ 下降。

(2) 当 $mr^2$ 和 $p_f$ 不变时，随 $n$ 增大，$\Delta L$ 和 $t$ 增大，$Mr$ 几乎不变，但 $p_f$ 的变化对 $\Delta L$ 的影响要比 $n$ 大得多。

(3) 在焊接能量 $E$ 不变时，在相同压力 $p_f$ 下，随 $mr^2$ 增加，$\Delta L$、$t$ 和 $Mr$ 均增加。

## 2.1.5　参数对 $\Delta L$、$t$、$Mr$、未连接、飞边表面裂纹和 HFZ 的影响

参数对 $\Delta L$、$t$、$Mr$、未连接、飞边表面裂纹和 HFZ 的影响见表 2.4 和图 2.10。

**表 2.4　参数对 $\Delta L$、$t$、$Mr$、未连接、飞边表面裂纹和 HFZ 的影响**

| 焊接参数 | | | | 焊接结果 | | | | | |
|---|---|---|---|---|---|---|---|---|---|
| $n$ /(r·min$^{-1}$) | $p_c$ /MPa | $E$ /J | $mr^2$ /(kg·m$^2$) | $\Delta L$ /mm | $t$ /s | $Mr$ /(N·m) | 未连接 /mm | 飞边表面裂纹 | 低倍金相照片 ×1.25 |
| 3 800 | 0.6 | 53 703 | 0.68 | 1.82 | 3.70 | 176 | 无 | 有 | |
| 4 300 | 0.6 | 68 767 | 0.68 | 4.08 | 4.58 | 188 | 无 | 无 | |
| 4 500 | 0.6 | 75 309 | 0.68 | 4.88 | 5.04 | 163 | 无 | 有 | |
| 4 300 | 4.3 | 68 767 | 0.68 | 0.54 | 5.08 | 172 | 0.1～0.2 | 无 | |

**续表2.4**

| 焊接参数 | | | | 焊接结果 | | | | | |
|---|---|---|---|---|---|---|---|---|---|
| $n$ /(r·min$^{-1}$) | $p_c$ /MPa | $E$ /J | $mr^2$ /(kg·m$^2$) | $\Delta L$ /mm | $t$ /s | $Mr$ /(N·m) | 未连接 /mm | 飞边表面裂纹 | 低倍金相照片×1.25 |
| 4 300 | 6.9 | 68 767 | 0.68 | 4.08 | 4.58 | 188 | 无 | 无 | |
| 4 300 | 8.97 | 68 767 | 0.68 | 6.90 | 4.56 | 186 | 无 | 无 | |

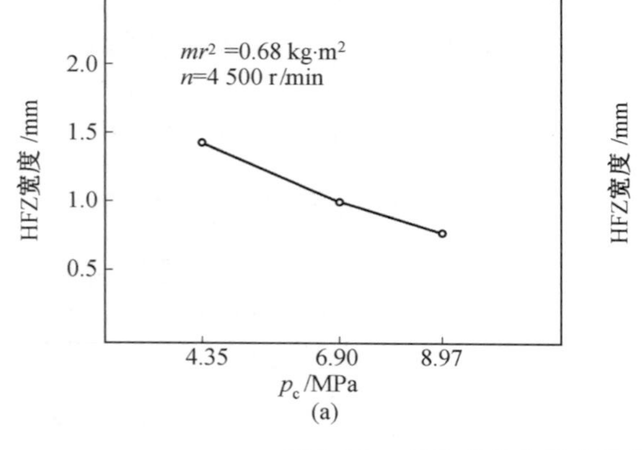


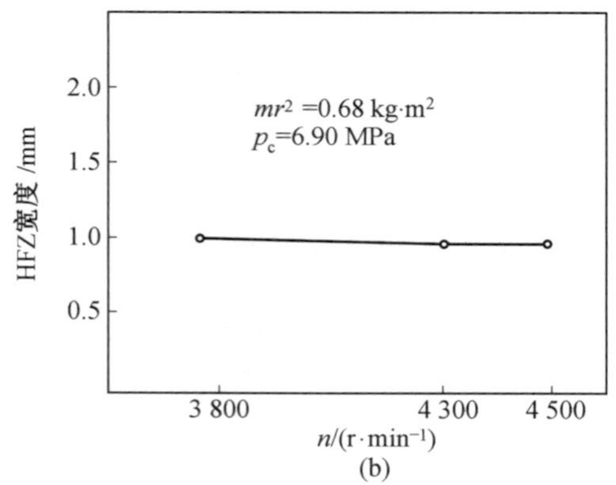


图 2.10 参数对热力影响区(HFZ)宽度的影响

由表 2.4 和图 2.10 中看出：

(1) 在 $mr^2$=0.68 kg·m$^2$、$n$=4 300 r/min、$p_c$=6.9 MPa时，能焊出无缺陷的焊缝。

(2) 飞边表面上横向裂纹，对焊缝质量影响不大，即飞边上有裂纹，焊缝内部不一定有裂纹。

(3) 飞边($\Delta L$) 太小时，由于塑性变形层金属加热不足，容易引起飞边 V 形尖角伸入。

(4) 在转速一定时，随着摩擦压力($p_c$) 增加，热力影响区(HFZ) 宽度减小；而在摩擦压力($p_c$) 一定时，随着转速($n$) 在一定范围内增加，HFZ 宽度变化不大。

## 2.2 摩擦焊接头的设计

### 2.2.1 对摩擦焊接头的设计要求

旋转摩擦焊的特点使它只适合于与旋转轴线垂直表面零件的焊接；随后又发展到锥

角斜对接表面和径向对接表面零件的焊接。因此,在设计和选择摩擦焊接头形式时,要充分考虑以下各点。

(1)要焊的接头中,必须有一个接头能够回转。

(2)摩擦焊接头的接触表面要垂直回转零件的轴线,避免中间凹陷。

(3)避免采用薄壁管($\delta \leqslant 1$ mm)和板接头形式。

(4)考虑焊机容量大小来设计接头。

(5)设计的接头结构要满足机械摩擦强度、发热和散热等平衡条件的要求。

(6)作为一般规则,零件的最小横截面积和被夹持的表面面积分别应大于焊接表面面积,以防止焊接过程中零件的滑动和最小截面的变形。

(7)留出飞边储留槽接头的设计等。

## 2.2.2 摩擦焊接头的形式

根据以上设计要求,在生产中已经实现的接头形式,按其功用、特点分为4种,见表2.5~2.8。其中6种摩擦焊接头的基本形式占整个摩擦焊接头总数的99%以上。

**表2.5 6种摩擦焊接头的基本形式**

| 接头形式 | 示意图 | |
|---|---|---|
| | 焊前 | 焊后 |
| 1.棒同棒 | 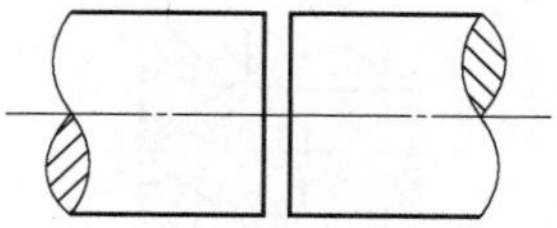 | 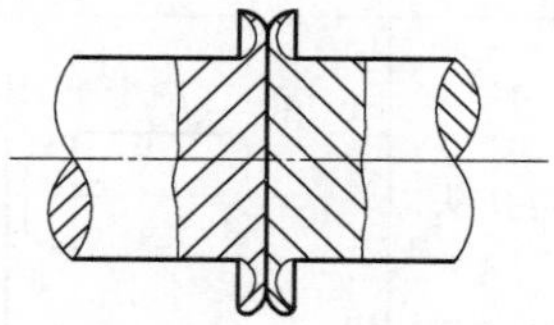 |
| 2.管同管 | 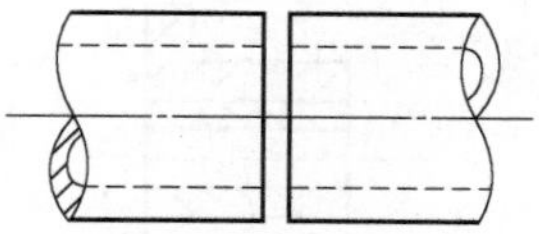 | 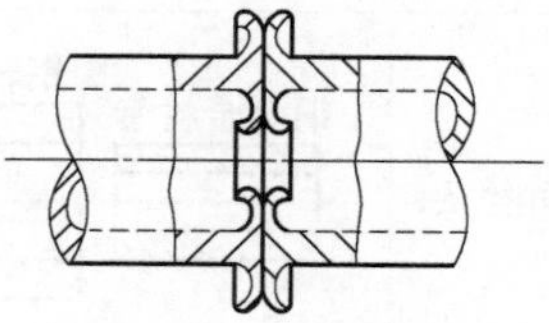 |
| 3.管同棒 | 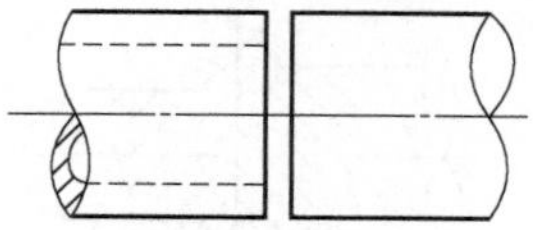 | 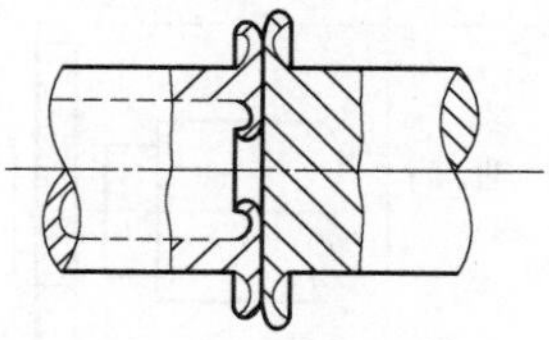 |
| 4.棒同板 | 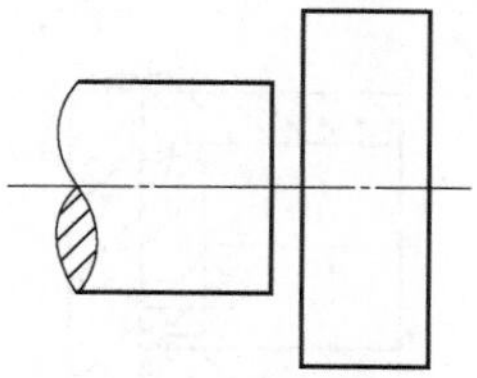 | 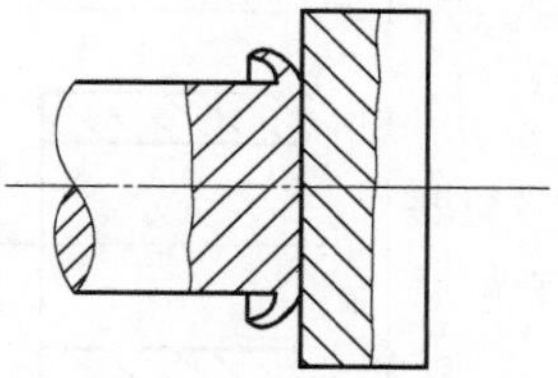 |

续表2.5

| 接头形式 | 示意图 | |
|---|---|---|
| | 焊前 | 焊后 |
| 5.管同板 | 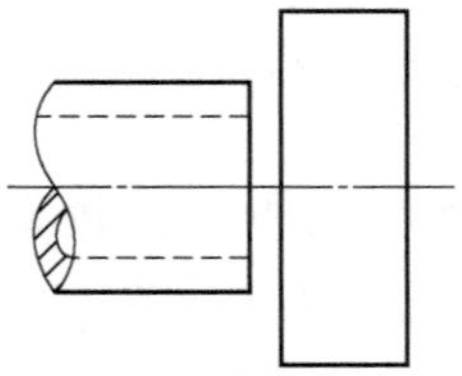 | 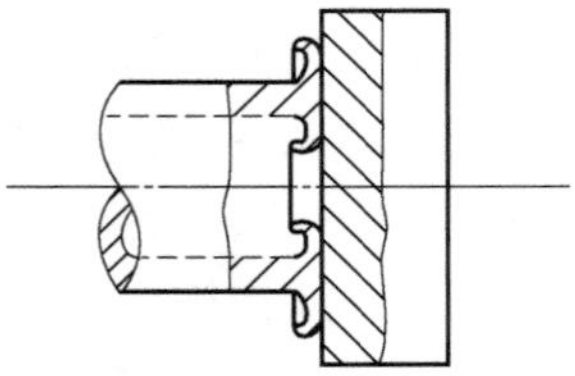 |
| 6.管同盘 | 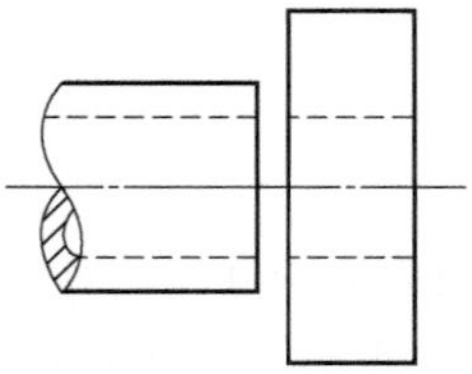 | 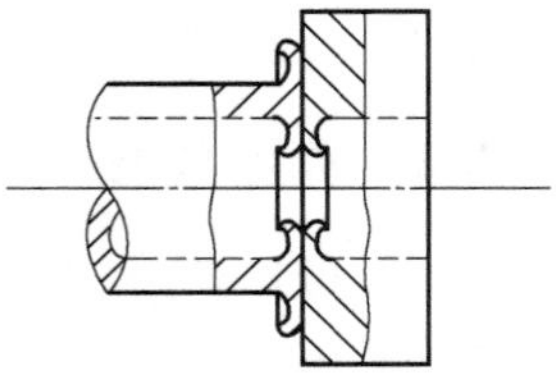 |

表 2.6　摩擦焊接头的特殊形式

| 接头形式 | 示意图 | | 特点 |
|---|---|---|---|
| | 焊前 | 焊后 | |
| 1.锥角接头 | 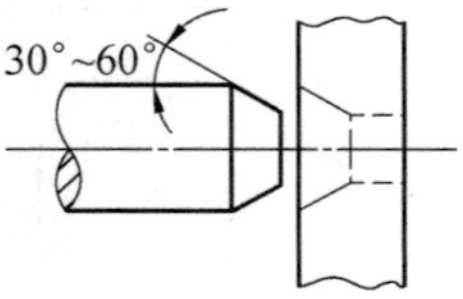 30°~60° | 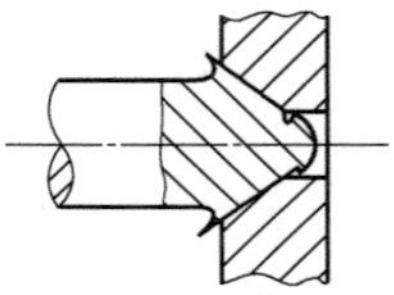 | 焊接面积较大,强度较高,且定心好;对于强度较高材料,采用较小锥角 |
| 2.径向接头 | 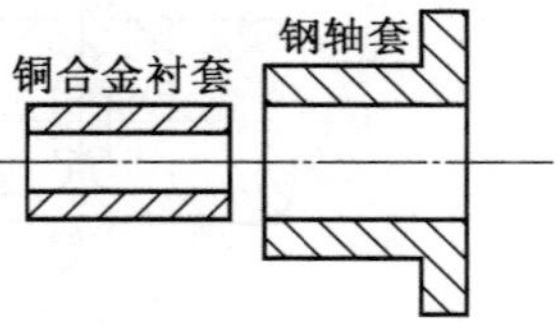 铜合金衬套 钢轴套 | 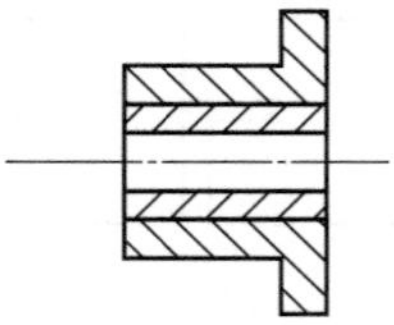 | 主要用于焊接铜合金轴瓦和衬套 |
| 3. 带轴肩接头 | 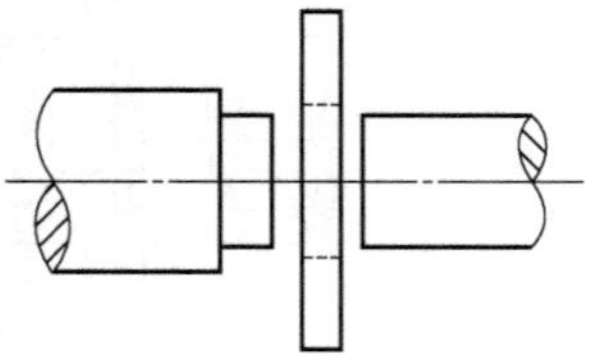 | 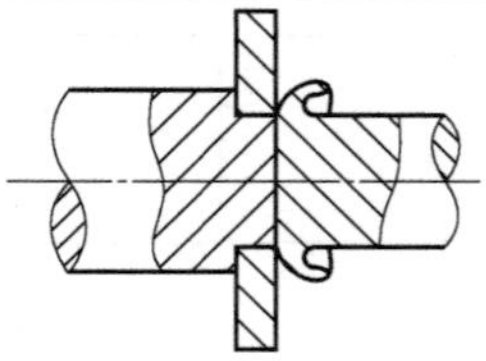 | 由摩擦焊同时连接三个零件接头 |
| 4.带飞边槽管板接头 | 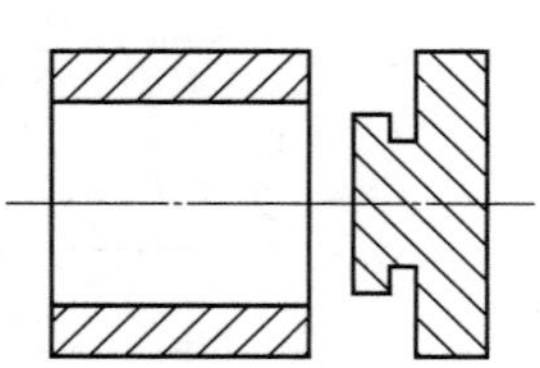 | 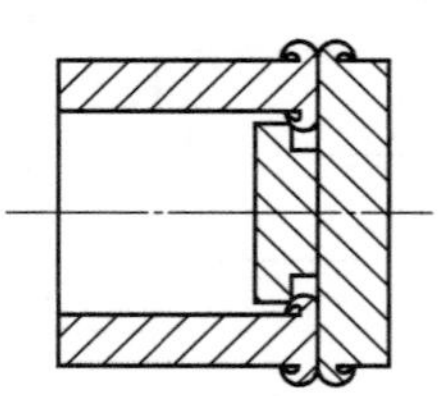 | 设计带有飞边储留槽的接头,焊后内腔不用去除飞边而直接使用 |

续表2.6

| 接头形式 | 示意图 | | 特点 |
|---|---|---|---|
| | 焊前 | 焊后 | |
| 5. 带飞边槽管接头 | 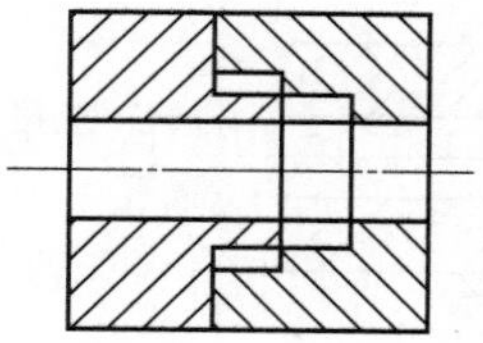 | 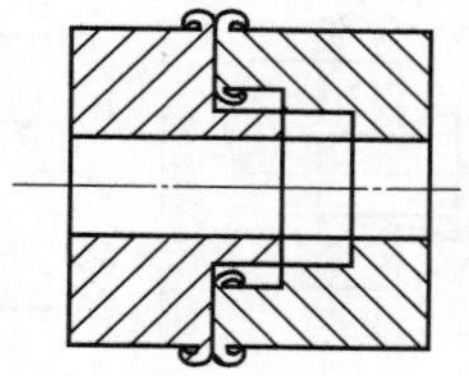 | 设计带有飞边储留槽的管接头 |
| 6. 等直径接头 | 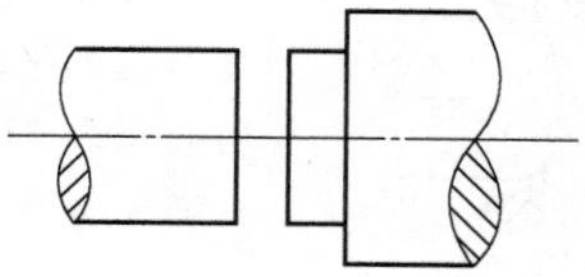 | 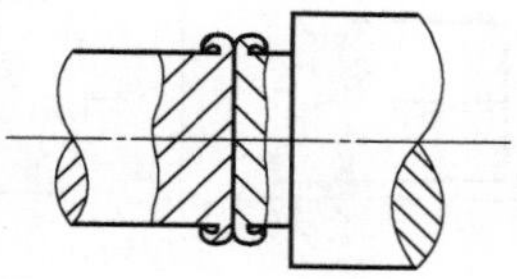 | 不同直径零件焊接设计成等直径接头 |
| 7. 带去除冶金尖角的接头 | 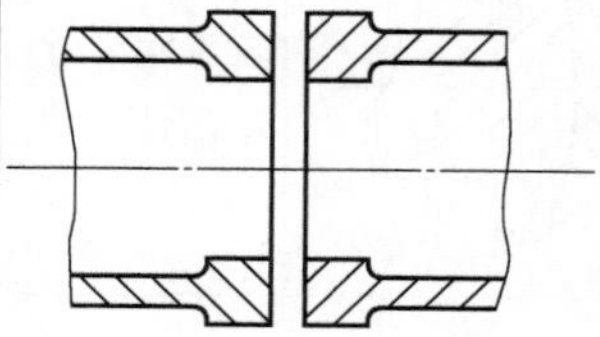 | 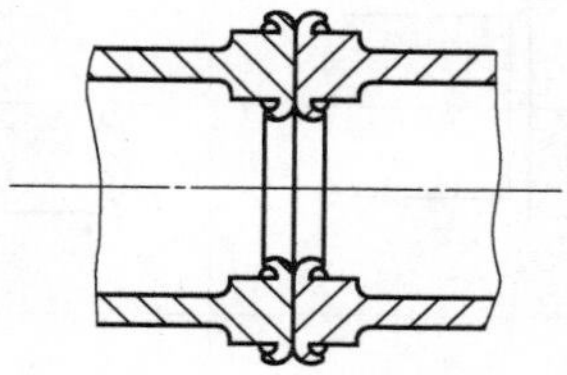 | 某些高强钢和合金焊后飞边之间有时有冶金尖角伸入，一般为 0.3 mm，设计接头时应考虑 |

表 2.7　减轻焊机容量接头形式

| 接头形式 | 示意图 | | 特点 |
|---|---|---|---|
| | 焊前 | 焊后 | |
| 1. 中间凸起接头设计 | 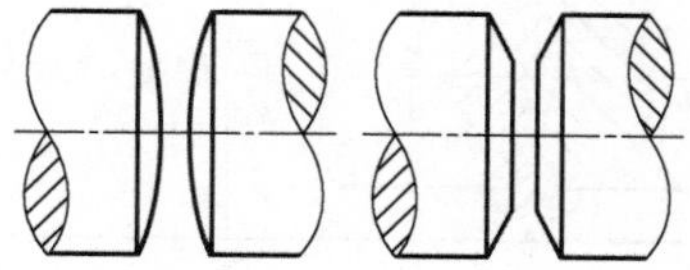 | 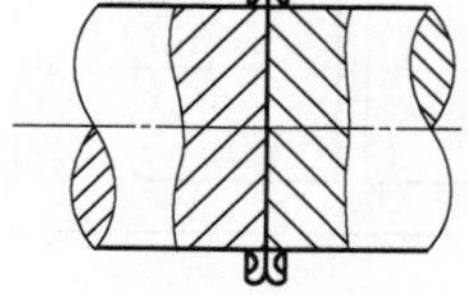 | 降低焊机功率，减少中心未焊合 |
| 2. 中心减轻孔接头设计 | 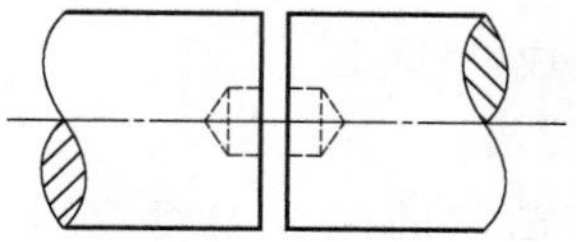 | 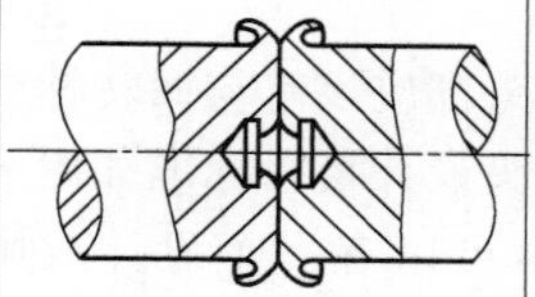 | 降低焊机功率，减少中心未焊合 |

表 2.8　不同种金属摩擦焊接头形式

| 接头形式 | 示意图 | | 特点 |
| --- | --- | --- | --- |
| | 焊前 | 焊后 | |
| 1. 楔形接头 | 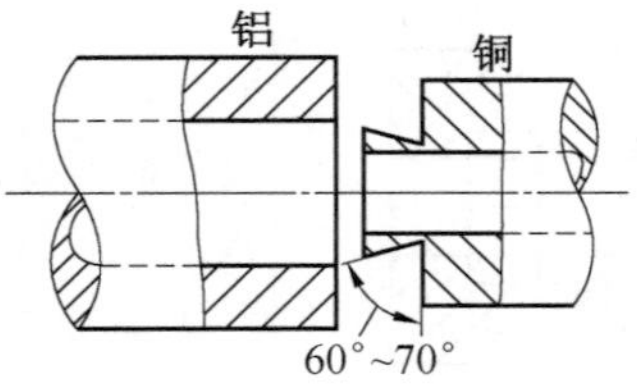 铝　铜　60°~70° | 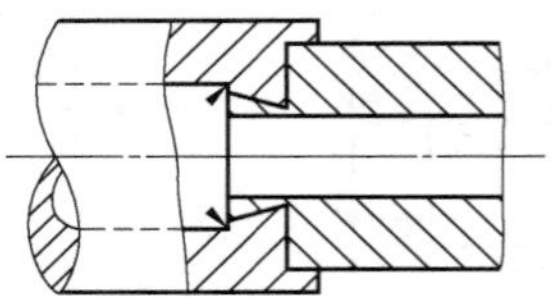 | 增加连接面积，提高接头强度 |
| 2. 不同直径对接头 | 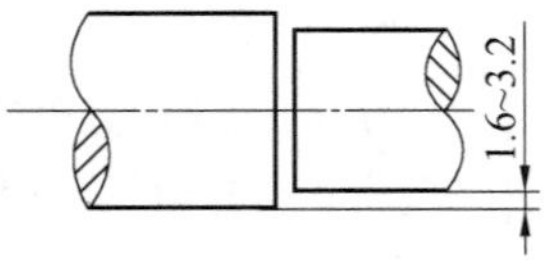 1.6~3.2 | 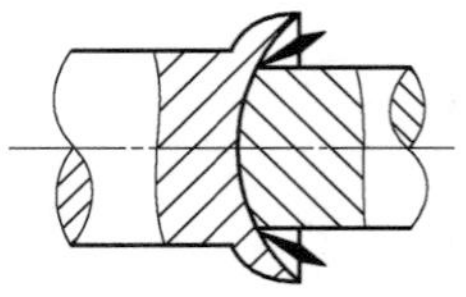 | 改善焊接工艺性(使热量和变形达到平衡)，减少软材料面飞边，接头直径差随直径增大而增大 |
| 3. 钢铝材料对接头 | 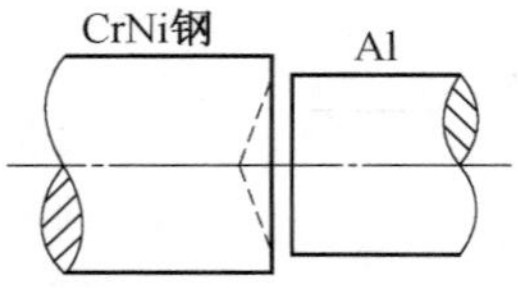 CrNi钢　Al | 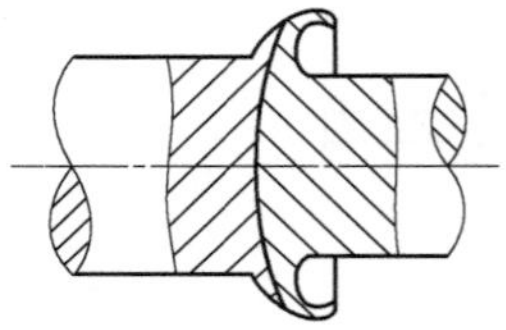 | 减少铝合金飞边改善焊接工艺性 |
| 4. 钢铜材料对接头 | 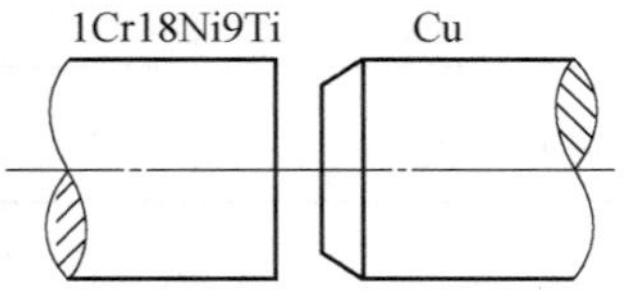 1Cr18Ni9Ti　Cu | 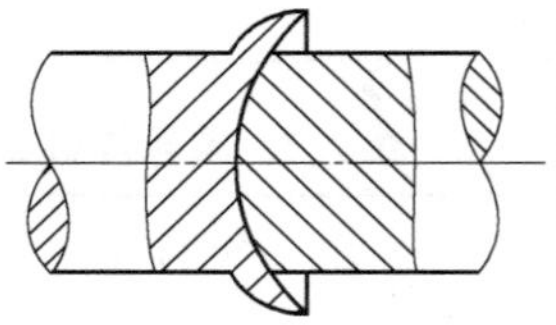 | 改善焊接工艺性(使热量和变形达到平衡)，减少铜接头面飞边，接头直径差随接头直径增大而增大 |
| 5. 相同直径对接头 | 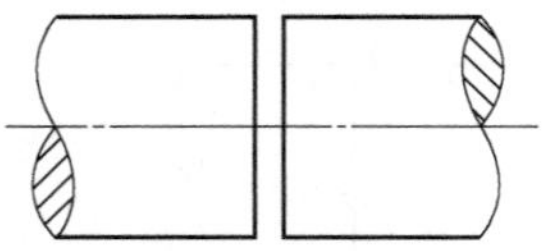 | 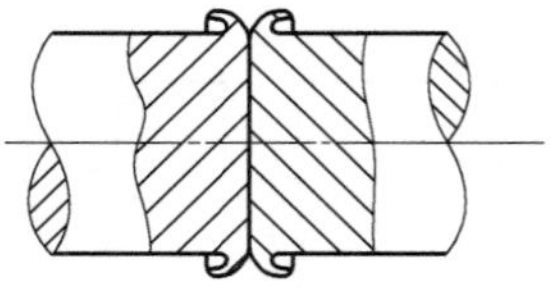 | 焊接时软材料端加防边模 |

### 2.2.3　某些接头的设计尺寸标准

(1)所有被焊接头都应该有与回转轴线加工成 90°的配合表面。

(2)某些特殊接头设计尺寸标准如图 2.11 所示。

(3)被焊接头中，可以有一个设计成中心带凸起的配合表面，凸起的尺寸标准如图 2.12所示。

(4)中心带凹下的配合表面，焊接时容易残留污物和氧化膜应避免选取，如图 2.13 所示。

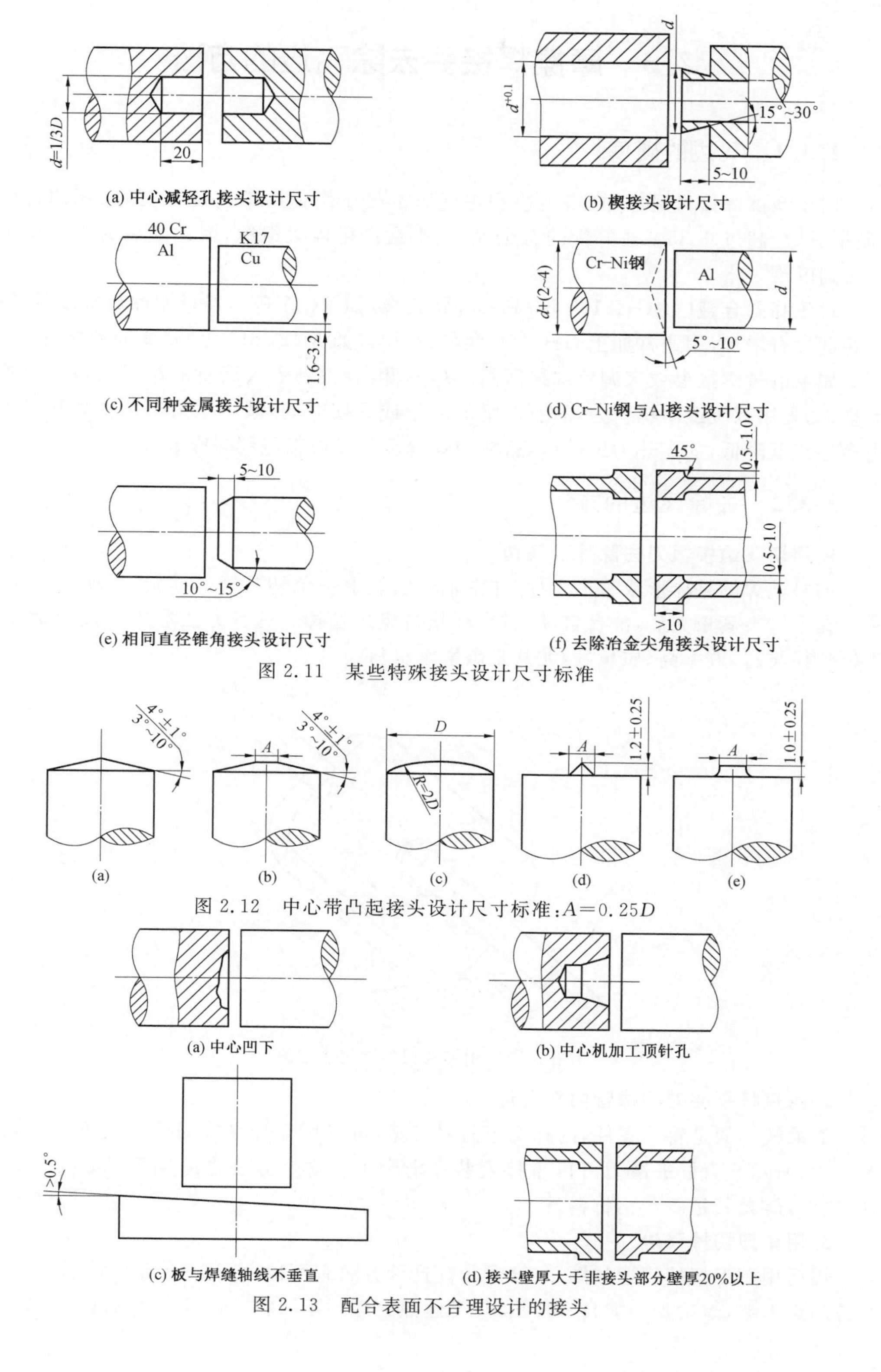


图 2.11　某些特殊接头设计尺寸标准

图 2.12　中心带凸起接头设计尺寸标准：$A=0.25D$

图 2.13　配合表面不合理设计的接头

# 2.3　摩擦焊接头去除飞边的方法

## 2.3.1　飞边的硬度

由于摩擦焊接为局部加热，飞边和焊缝区都处于高速冷却速度下，如果钢的含碳量（质量分数）超过0.35%或等价的合金元素，都会产生淬火组织，因此随后的飞边加工将会遇到困难。

对于高温合金（如GH4169等）和高强钛合金（如TC17等），经过摩擦焊接以后，飞边的硬度没有增加，用通常加工GH4169合金的刀具（如M42、B15等）就能加工掉飞边。

如果通过焊接参数来调整焊接区的冷却速度，会得到令人满意的结果，如：①增加变形量；②采用双级或阶梯压力焊接；③增加能量或焊接时间，减小压力等。使焊接区和飞边冷却速度降低，加宽热力影响区，就能使焊缝区和飞边都得到缓冷处理。

## 2.3.2　去除飞边的方法

**1. 用切飞边模板刀去除外径飞边**

如果被焊的是棒形或管形零件，在主轴端安装上一个切飞边的模板刀，如图2.14所示。在主轴夹套松夹后，滑台自动后退，趁热将飞边切掉。这种方法适用于批量生产，加工掉外径飞边，效率高、质量好，尤其是碳素钢材料。

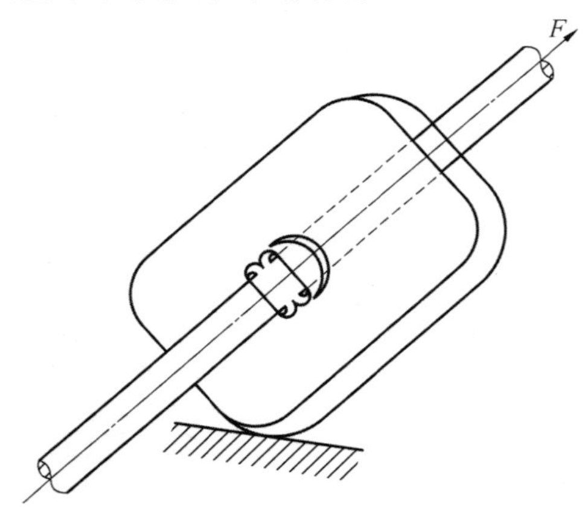


图2.14　用模板刀切除飞边方法

**2. 用直杆平冲刀冲掉管内孔飞边**

如果被焊的是管形零件，内孔飞边需要去除，可以用直杆平冲刀将内孔飞边去除，如图2.15所示。直杆平冲刀可以直接安装在滑台上。这个方法也适用于批量生产，效率高、质量好，尤其是碳素钢材料。

**3. 用车刀切掉飞边**

焊后用车刀切掉飞边如图2.16所示。这种方法有两种途径：一种是摩擦焊机上本身配备的走刀架，焊后走刀架自动伸出，焊工趁热直接用车刀将零件的飞边加工掉。这种方

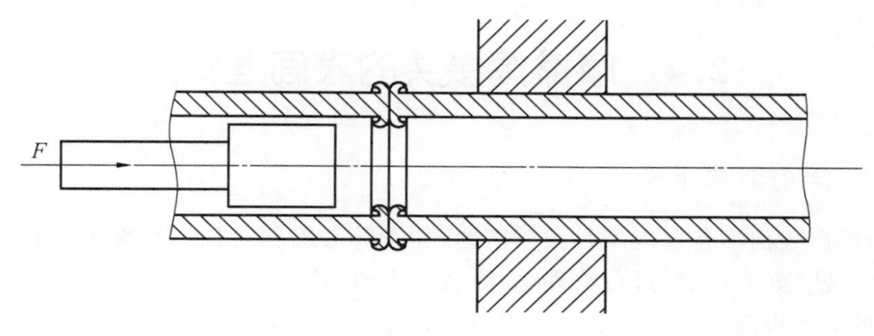


图 2.15　用直杆平冲刀冲掉管内孔飞边方法

法对于加工掉淬硬钢的飞边非常有利，现代摩擦焊机上均配备有这种装置。另一种方法是焊后送车床上加工，对于一些重要的零组件还是要采用这种方法加工，但对于淬硬钢这种方法不可取。

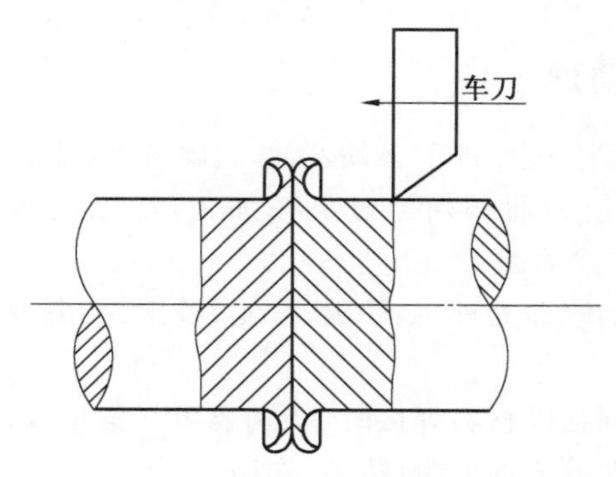


图 2.16　用车刀切掉飞边方法

**4. 保留飞边**

有些不太重要的零件组，如发动机上的护母螺栓，其接头为管板结构，焊后不要去除飞边，可以留着直接使用，如图 2.17 所示，或留出飞边储留槽等。

图 2.17　发动机上保留摩擦焊接头飞边的护母螺栓照片(×1.24)

## 2.4 摩擦焊接头的表面准备

### 2.4.1 焊前表面准备

摩擦焊焊前表面准备要求不是太严格的，如下等表面都可以进行摩擦焊接。但焊前必须用机械方法(如吹砂等)进行清理，去除氧化皮和污物。

(1)机械加工表面。

(2)剪切表面。

(3)锯割表面。

(4)砂轮切割表面。

(5)锻造表面。

### 2.4.2 焊前表面清理

(1)所有待焊零件的配合表面焊前必须除油，去除灰尘、油脂、氧化物和其他杂质。

(2)重要的零组件焊前表面必须经过机械加工，加工表面的粗糙度 $Ra$ 要不低于 1.6 μm并且焊前要用丙酮除油。

(3)焊前所有耐摩擦的表面处理，如渗碳、渗氮、磷化、镀铬、镀镉和镀锌的硬化表面层均应去除。

(4)在不同材料或不同强度材料焊接时，特别要重视强度较高材料的焊前表面清理。因为这两种材料焊接时，摩擦表面的“自清理”作用减弱。

(5)当接头由铝和铜焊接时，接合面处有时会产生金属间化合物(脆性相)，应采用双级加压方式进行焊接，可成功地以飞边形式将结合面处的金属间化合物排除。

(6)用于清理零件的任何工艺都不应导致母材金属的晶间腐蚀、晶界氧化或合金沉淀。

(7)用于清理零件的任何工艺不准带入、撳入母材的颗粒。

# 第3章 惯性摩擦焊的参数计算

## 3.1 参数计算的重要意义

只有能量公式($E=(mr^2 \cdot n^2)/183$),没有能量曲线,这个公式没有意义,计算不出具体的数据。然而,没有这个理论公式指导,人们也无法作出这么多的能量曲线。

能量曲线与理论公式的结合给惯性摩擦焊技术带来了强大的生命力,它把被焊零件尺寸与焊机的功能(转速、转动惯量和压力)有效地联系起来。即多大的零件尺寸(直径或壁厚),需要多少焊接能量,在曲线上可查;然后按查到的能量和压力,再通过公式运算,变换到焊机上的转速、转动惯量和油缸压力,成为要找的焊接参数。这将给国家节省大量的经费和贵重的航空试验材料。

只有有了理论公式和能量曲线的指导,惯性摩擦焊机才有了量化的概念。即摩擦焊缝需要多少能量,焊机就能给出多少能量。如果没有理论公式和能量曲线的指导,做出的惯性摩擦焊机也不能成为真正意义上的惯性摩擦焊机,因为它焊不出100%达到与母材金属等强度,甚至稍高于母材金属强度的焊缝。

能量曲线是根据大量的试验数据作出的,但它符合摩擦焊缝形成的$Y=bx^2$曲线增长规律,因此它是正确的。

## 3.2 惯性摩擦焊的参数

惯性摩擦焊(也称惯性焊)是利用存储在飞轮系统里的动能和推力载荷,使两个金属件之间产生摩擦生热而连接到一起的一种焊接方法。

惯性摩擦焊是由转动惯量($mr^2$)、转速($n$)和轴向推力($F_t$)三个参数控制焊接质量的。由$mr^2$和$n$确定要存储动能的数量,而$F_t$提供最初的摩擦力和相应的锻压力。

转动惯量($mr^2$)是可变的,以满足各种焊接零件能量调整的需要,由减少或增加外部飞轮来达到。每种型号焊机的最小转动惯量由主轴、弹簧夹套、夹盘和待焊的零件等组成,不包括飞轮或飞轮连接器等辅助件。飞轮按规定要求更换。在参数计算中,转动惯量被称为总的飞轮质量或$mr^2$。

线速度($v_t$),在速度控制器上,可以通过计算机键盘来调节。通过试验研究来确定许多规定金属组合的速度范围。它们的变化与规定的金属组合及接头的几何形状有关。结果良好的焊缝可能与这些中的某一个速度有关。为维持给定的能量,增加线速度,需相应减小转动惯量,即减少飞轮的质量或数量;相反地,降低线速度,应增加飞轮的质量或数量来保持同样能量水平。经常应用由这种相互关系制成的参数调节,达到规定的冶金连接。

轴向推力载荷($F_t$)很容易调整到所要求的水平,在油缸回路内由简单的调整液压力达到,该参数控制的目的是使其由飞轮系统产生的动能全部消耗掉为止。在焊接周期内轴向推力既可以保持恒定,也可以改变。随着每种惯性焊机的不同,改变推力的能力也不同。按这种特性,在周期开始时,可以施加较低的轴向推力载荷,然后,当线速度降到规定值时,按已测量到的转速,固态速度控制器自动开始增加油缸的液压力即增加了轴向推力载荷,在这种转速下,这两种不同推力载荷的使用,直接关系到焊接速度和顶锻速度。它们由计算机在固态速度控制器上调节,以转速($n$)来表示。

上述所有参数:转动惯量($mr^2$)、线速度($v_t$)和轴向推力载荷($F_t$)以及两级加压焊接的焊接转速($n_t$)和顶锻转速($n_u$)均可以计算。该计算可以根据传统的物理公式,通过试验研究,在多种材料和接头几何形状的情况下,以碳钢材料为基础,补充以各种系数;也可以以已有金属材料的能量和载荷的曲线为依据,单独直接进行计算。规定的计算方法对于实心棒和空心管材料以及不同的金属材料焊缝是不同的。然而,每种情况都包含待制造的焊缝所要求的动能和推力载荷的确定,并将这些值转变成焊机参数。

### 3.2.1 材料的影响

由惯性摩擦焊接待连接的材料种类,来考虑焊接参数的计算。比较软的材料如铝、普通低碳钢或钛合金,要求较低的动能和推力来达到很好的连接;而对于高强度材料如普通高碳钢或合金钢,则相反。一般讲具有高强度的材料,要求达到与锻造和变形等同的较高的能量和推力,在低强度的材料时,也要求用与锻造和变形等同的较低的能量和载荷来达到。具体给定材料承受轴向载荷的能力,可能限定在参数计算中考虑。

待焊的材料也影响线速度。通常线速度是没有限定的,因为超过大多数材料速度范围,也可以达到成功地连接。然而,从一种材料到另一种材料最佳速度是可以变化的。同样,随着同种材料接头几何形状(实心棒或管的结合面)的不同,这些范围也要变化。

各种材料的材料能量系数($F_{me}$)和载荷系数($F_{ml}$)通过试验来确定。速度范围同样通过试验来确定。材料系数和速度范围见附录 A 中附表Ⅰ。

### 3.2.2 接头几何形状的影响

焊接接头结合面的几何形状直接影响惯性摩擦焊接的参数,例如,棒同板接头比同样直径棒同棒接头需要较快的加热速度。棒同板接头邻接结合面的是一个大的金属板件的容积与棒同棒接头结合面比较会引起很大热容量的降低。这是焊接时由接头结合面向两边很快的热传导造成。为补偿这种几何因素的影响,加热速度必须提高。这可以由提高能量和轴向推力来达到。

事实上焊接接头结合面的几何形状既可以是实心棒材,也可以是空心管材。管材结合面焊缝通常比实心结合面焊缝要求较低的能量和推力,因为飞边金属能够从内径($d$)和外径($D$)两个表面上挤出,而实心棒材仅能从外径($D$)表面上挤出。

各种焊接接头几何能量系数($F_{ge}$)和载荷系数($F_{gl}$)规定见附录 A 中附表Ⅱ。

# 3.3　焊接参数的计算

惯性摩擦焊技术已成功地用于多种金属组合的焊接，多数应用于工业生产中，包括钢同钢的焊接。一般情况下，钢在室温下有很高的强度，在高温下有很好的塑性。因此，根据惯性摩擦焊的特点，推力和扭矩不能使冷状态金属从焊缝区中挤出，只有在高温下才能做到。也就是说，用多少能量才能使金属升温达到黏塑性状态，再用多大的推力载荷才能使高温黏塑性金属产生黏塑性变形，从焊缝区中挤出，两者将保持一定的关系。因而，焊接钢的参数相对不是很严格的，可以在很宽的参数范围内变化。而且载荷同能量比值，随接头结合面尺寸的改变，将保持恒定(即 $F/E=C$)。

与钢比较，其他金属也表现出类似的焊接特性并可以用同样方式进行计算。然而，有一些金属的反映不同，这些金属必须以其他途径进行研究。这里列出的参数计算方法是对棒材和管材结合面焊接接头单独提出的。管材结合面接头的数据必须乘以各自焊缝的面积，因为该数据是在单位面积上提出的。

为什么棒材用总的推力(N)和能量(J)，而管材用单位压力(MPa)和能量($\mathrm{J/mm^2}$)？这是试验者自行设计的。棒材用(N 和 J)，还是用(MPa 和 $\mathrm{J/mm^2}$)；管材用(MPa 和 $\mathrm{J/mm^2}$)，还是用(N 和 J)均可以。只是棒材用($\mathrm{N}/S_p$ 和 $\mathrm{J}/S_p$)时，数值太小；而管材用($\mathrm{MPa}\times S_p$ 和 $\mathrm{J/mm^2}\times S_p$)时，数值又太大，试验时计算起来费事而已。

## 3.3.1　参数计算——等式换算

**1. 已掌握的知识**

(1)已知待焊材料和接头的几何形状。

(2)要求的能量，J。

(3)要求的圆周速度，m/min。

(4)要求的载荷，N。

**2. 待确定的知识**

(1)总的飞轮质量或要求的惯量 $mr^2$，$\mathrm{kg\cdot m^2}$。

(2)要求的焊接速度 $v_t$，m/min。

(3)要求的压力表值 $p_c$，MPa。

**3. 参数计算的数学式或等式换算**

(1)能量、飞轮惯量、速度的换算。

①能量可由下式表示：

$$E=\frac{1}{2}mv^2$$

式中　$E$——能量，J；

$m$——飞轮质量，kg；

$v$——线速度，m/min。

②能量也可换算成下式：

$$E=\frac{1}{2}\frac{W}{g}v^2$$

式中 $W$——飞轮重力，N；

$g$——重力加速度，$g=9.8\ \mathrm{m/s^2}$。

③用转速代替线速度，即

$$v=\frac{2\pi r\times n}{60}\quad (\mathrm{m/s})$$

因此

$$E=\frac{1}{2}\times\frac{W}{g}\times\left(\frac{2\pi rn}{60}\right)^2$$

式中 $r$——旋转零件的半径，m；

$n$——旋转零件的转速，r/min。

由以上公式得出

$$E=\frac{1}{2}\times m\times\frac{\pi^2 r^2 n^2}{900}$$

$$E=\frac{mr^2\cdot n^2}{183}\quad (\mathrm{kg\cdot m})\qquad (3.1)$$

式中 $mr^2$——飞轮转动惯量，$\mathrm{kg\cdot m^2}$；

$E$——能量，J；

183——单位换算系数。

④重新整理项目后得

$$mr^2=\frac{E\times 183}{n^2}\qquad (3.2)$$

⑤再整理项目后得

$$n=\sqrt{\frac{E\times 183}{mr^2}}\qquad (3.3)$$

⑥将线速度换算为转速，即

$$v=\frac{\pi D\cdot n}{1\ 000}\quad (\mathrm{m/min})$$

式中 $v$——线速度，m/min；

$D$——零件直径，mm。

整理项目后得

$$n=\frac{1\ 000v}{\pi D}\quad (\mathrm{r/min})\qquad (3.4)$$

(2)零件焊接结合面面积的计算。

①实心棒结合面面积为

$$S_p=\frac{\pi D^2}{4}$$

或

$$S_p = \pi R^2$$

式中　$S_p$——实心棒结合面面积，$mm^2$；

$D$——实心棒结合面直径，mm；

$R$——实心棒结合面半径，mm。

②空心管结合面面积为

$$S_p = \frac{\pi}{4}(D^2 - d^2)$$

或

$$S_p = \pi(R^2 - r^2)$$

式中　$S_p$——空心管结合面面积，$mm^2$；

$D$——空心管结合面外径，mm；

$d$——空心管结合面内径，mm；

$R$——空心管结合面外径半径，mm；

$r$——空心管结合面内径半径，mm。

### 3.3.2　计算实心棒结合面参数

**1. 计算实心棒结合面的焊接参数步骤**

(1)确定总的能量。

①选择合适的系数。

a. 从附图中选择能量($E_g$)。

b. 从附表中选择材料能量系数($F_{me}$)。

c. 从附表中选择几何能量系数($F_{ge}$)。

②计算总的能量($E_t$)。

总的能量＝从附图中查到的能量×影响系数

即

$$E_t = E_g \times F_{me} \times F_{ge} \tag{3.5}$$

式中　$E_t$——总的能量，J；

$E_g$——棒接头时单位为 J，管接头时单位为 $J/mm^2$。

(2)确定总的载荷。

①选择合适的系数。

a. 由附图中选出轴向推力载荷($F_g$)。

b. 由附表中选择材料载荷系数($F_{ml}$)。

c. 由附表中选择几何载荷系数($F_{gl}$)。

②计算总的载荷($F_t$)。

总的载荷＝附图中查到的载荷×影响系数

即

$$F_t = F_g \times F_{ml} \times F_{gl} \tag{3.6}$$

式中　$F_t$——总的载荷，N；

$F_g$——轴向推力载荷，N。

③选择压力表值(由使用焊机油缸推力与压力表关系图中选取)。

(3)确定总的飞轮惯量($mr^2$)。

①选择试验表面速度($v_t$)。选择中等范围速度 $v_t=457.2$ m/min(附表Ⅰ)是通常适用于所有厚度范围的表面线速度，但高碳钢壁厚小于 6.35 mm 的管件除外。对于薄壁管，使用 762～914.4 m/min 速度范围。

②将 $v_t$ 换算为 $n$，则

$$n=\frac{1\ 000\times v_t}{\pi D}$$

式中 $v_t$——试验线速度，m/min；

$D$——被焊零件直径，mm。

③计算总的飞轮惯量($mr^2$)，由(1)中②，使用预先确定的总能量($E_t$)，由(3)中②确定 $n$，则

$$mr^2=\frac{E_t\times 183}{n^2}$$

式中 $mr^2$——试验总的飞轮惯量，kg·m²；

$E_t$——总的焊接能量，J。

④为了用于(4)的计算，选择现有焊机最接近的 $mr^2$ 值。

(4)确定所要求的焊接转速($n$)。

①使用已确定的值计算焊接转速($n$)。

$$n=\sqrt{\frac{E_t\times 183}{mr^2}}$$

式中 $E_t$——总的焊接能量，J；

$mr^2$——试验总的飞轮惯量，kg·m²。

②要求的焊接参数。

总的焊接能量($E_t$)=答案见(1)中②。

总的焊接载荷($F_t$)=答案见(2)中②。

③焊机参数值。

$mr^2$=答案见(3)中④。

焊接速度=答案见(4)中①。

焊机压力表值=答案见(2)中③。

**2. 计算实心棒结合面参数举例(1)**

问题：计算待焊的两个 $\phi$25 mm 棒材(碳钢 1020)的焊接参数，实心棒的焊接接头如图 3.1 所示。

(1)确定总的焊接能量($E_t$)。

①选择合适的系数。

a. 由附图Ⅰ中按直径查出 $\phi$25 mm 碳钢棒的能量($E_g$)为

$$E_g=41\ 950\ \text{J}$$ 附图Ⅰ

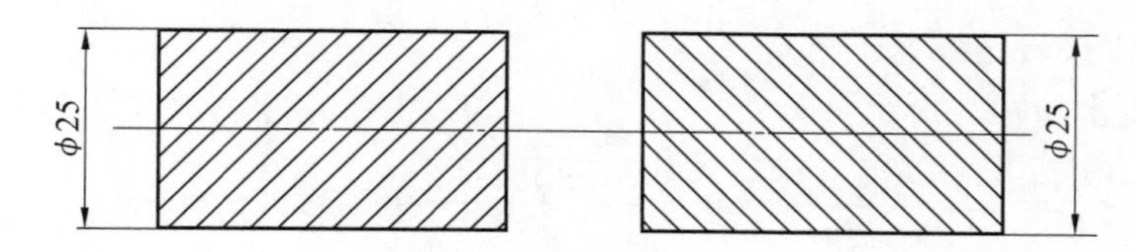


图 3.1　实心棒的焊接接头

注:接头几何形状=棒同棒

b. 材料能量系数($F_{me}$)(碳钢 1020)为

$$F_{me}=1.0$$ 附表 Ⅰ

c. 几何能量系数($F_{ge}$)(棒同棒)为

$$F_{ge}=1.0$$ 附表 Ⅱ

②计算总的焊接能量($E_t$)。

总能量($E_t$)=由附图 Ⅰ 中查到的能量($E_g$)×系数

即

$$E_t=E_g\times F_{meg}\times F_{ge}=41\ 950\times1.0\times1.0=41\ 950(\text{J})$$

(2)确定总的载荷($F_t$)。

①选择合适的系数。

a. 由附图 Ⅰ 中($\phi$25 mm)查到轴向推力载荷($F_g$)为

$$F_g=68\ 900\ \text{N}$$ 附图 Ⅰ

b. 材料载荷系数($F_{ml}$)(碳钢 1020)为

$$F_{ml}=1.0$$ 附表 Ⅰ

c. 几何载荷系数($F_{gl}$)(棒同棒)为

$$F_{gl}=1.0$$ 附表 Ⅱ

②计算总的载荷($F_t$)。

总的载荷($F_t$)=由附图 Ⅰ 中查到的载荷($F_g$)×系数

即

$$F_t=F_g\times F_{ml}\times F_{gl}=68\ 900\times1.0\times1.0=68\ 900(\text{N})$$

③选择压力表值(由使用焊机油缸推力与压力表关系图中选取),假设为 7.322 MPa。

(3)确定总的飞轮惯量($mr^2$)。

①选择试验表面速度($v_t$)(碳钢 1020)为

$$v_t=457.2\ \text{m/min}$$ 附表 Ⅰ

②换算试验表面速度($v_t$)为转速($n$),有

$$n=\frac{1\ 000\times v_t}{\pi D}=\frac{1\ 000\times457.2}{3.141\ 6\times25}=5\ 821(\text{r/min})$$

③计算飞轮惯量($mr^2$),即

$$mr^2=\frac{E_t\times183}{n^2}=\frac{41\ 950\times183}{5\ 821^2}=0.227(\text{kg}\cdot\text{m}^2)$$

④由使用焊机的不同值中选出最接近计算出的($mr^2$)值并按(4)进行计算(假设为0.25 kg · m²)。

(4)确定焊接转速($n$)。

①焊接转速($n$)为

$$n=\sqrt{\frac{E_t\times 183}{mr^2}}=\sqrt{\frac{41\ 950\times 183}{0.25}}=5\ 541(\text{r/min})$$

②要求的焊接参数为

总的焊接能量为

$$E_t=41\ 950\ \text{J}$$

总的焊接载荷

$$F_t=68\ 900\ \text{N}$$

③焊机参数值为

$$mr^2=0.25\ \text{kg}\cdot\text{m}^2$$

$$n=5\ 541\ \text{r/min}$$

$$p_c=7.3\ \text{MPa}$$

**3. 计算实心棒和法兰结合面参数举例(2)**

问题：计算 $\phi$25 mm 棒(合金钢 8620)同外径 $\phi$152 mm 法兰(碳钢 1018)焊接参数，实心棒同法兰的焊接接头如图 3.2 所示。

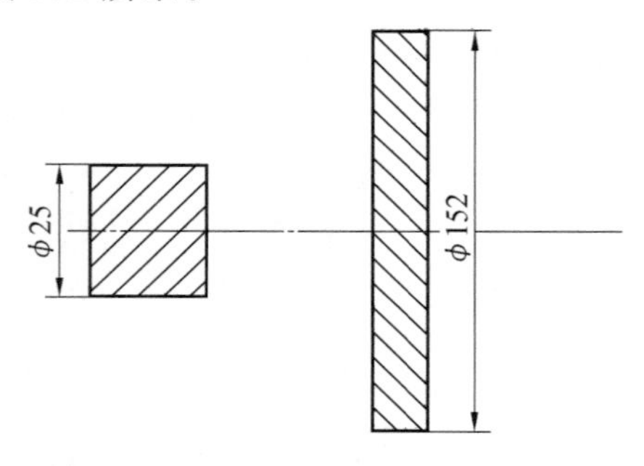


图 3.2　实心棒同法兰的焊接接头

注：接头几何形状＝棒同板

(1)确定总的焊接能量($E_t$)。

①选择合适的系数。

a. 由附图Ⅰ中按直径查出 $\phi$25 mm 碳钢棒的能量为

$$E_g=41\ 950\ \text{J}\qquad\text{附图Ⅰ}$$

b. 材料能量系数($F_{me}$)(合金钢 8620)为

$$F_{me}=1.1(\text{与附图Ⅰ曲线材料不同})\qquad\text{附表Ⅰ}$$

c. 几何能量系数($F_{ge}$)(棒同板)为

$$F_{ge}=1.2\qquad\text{附表Ⅱ}$$

②计算总的焊接能量($E_t$)。

总的焊接能量($E_t$)＝由附图Ⅰ中查到的能量($E_g$)×系数

即

$$E_t=E_g\times F_{me}\times F_{ge}=41\ 950\times 1.1\times 1.2=55\ 374(\text{J})$$

(2)确定总的载荷($F_t$)。

①选择合适的系数。

a. 由附图Ⅰ中($\phi$25 mm)查到轴向推力载荷($F_g$)为

$$F_g=68\ 900\ \text{N}$$　附图Ⅰ

b. 材料载荷系数($F_{ml}$)(合金钢 8620)为

$$F_{ml}=1.1$$(与附图 1 曲线材料不同)　附表Ⅰ

c. 几何载荷系数($F_{gl}$)(棒同板)为

$$F_{gl}=1.1$$　附表Ⅱ

②计算总的焊接载荷($F_t$)。

总的焊接载荷($F_t$)=由附图Ⅰ中查到的载荷($F_g$)×系数

即

$$F_t=F_g\times F_{ml}\times F_{gl}=68\ 900\times1.1\times1.1=83\ 369(\text{N})$$

③选择压力表值(由使用焊机油缸推力与压力表关系图中选取),假设为 8.83 MPa。

(3)确定总的飞轮惯量($mr^2$)。

①选择试验表面速度($v_t$)(合金钢 8620)为

$$v_t=457.2\ \text{m/min}$$　附表Ⅰ

②换算试验表面速度($v_t$)为转速($n$),有

$$n=\frac{1\ 000\times v_t}{\pi D}=\frac{1\ 000\times457.2}{3.141\ 6\times25}=5\ 821(\text{r/min})$$

③计算飞轮惯量($mr^2$)为

$$mr^2=\frac{E_t\times183}{n^2}=\frac{55\ 374\times183}{5\ 821^2}=0.299(\text{kg}\cdot\text{m}^2)$$

④由使用焊机的不同值中选出最接近计算出的($mr^2$)值并按(4)进行计算(假设为0.25 kg·m²)。

(4)确定焊接转速($n$)。

①计算焊接转速($n$)。

$$n=\sqrt{\frac{E_t\times183}{mr^2}}=\sqrt{\frac{55\ 374\times183}{0.25}}=6\ 367(\text{r/min})$$

②要求的焊接参数为

总的焊接能量为

$$E_t=55\ 374\ \text{J}$$

总的焊接载荷为

$$F_t=83\ 369\ \text{N}$$

③焊机参数值为

$$mr^2=0.25\ \text{kg}\cdot\text{m}^2$$

$$n=6\ 367\ \text{r/min}$$

$$p_c=8.83\ \text{MPa}$$

### 3.3.3　计算空心管结合面参数

**1. 计算空心管结合面的焊接参数步骤**

(1)确定焊接能量($E_t$)。

①选择合适的系数。

a. 由附图中选择能量($E_g$)。

b. 材料能量系数($F_{me}$)。

c. 几何能量系数($F_{ge}$)。

②计算总的焊接能量($E_t$)。

焊接能量=焊接面积×附图中选择能量×系数

即

$$E_t=\frac{\pi}{4}(D^2-d^2)\times E_g\times F_{me}\times F_{ge} \tag{3.7}$$

式中　$E_t$——总的焊接能量,J;

$D$——外径,mm;

$d$——内径,mm;

$E_g$——单位面积上能量,J/mm²。

(2)确定总的载荷($F_t$)。

①选择合适的系数。

a. 由附图中选择轴向推力载荷($F_g$)。

b. 材料载荷系数($F_{ml}$)。

c. 几何载荷系数($F_{gl}$)。

②计算总的焊接载荷($F_t$)。

总的焊接载荷=焊接面积×附图中选择载荷×系数

即

$$F_t=\frac{\pi}{4}(D^2-d^2)\times F_g\times F_{ml}\times F_{gl} \tag{3.8}$$

式中　$F_t$——总的焊接载荷,N;

$D$——外径,mm;

$d$——内径,mm;

$F_g$——单位面积上载荷,MPa。

③选择压力表值(由使用焊机油缸推力与压力表关系图中选取)。

(3)确定总的飞轮惯量($mr^2$)。

①选择试验表面速度($v_t$)。选择中间范围值(457.2 m/min),通常所有碳钢材料的试验表面线速度均为这个值。但是,对于高碳钢,棒材和管材除外。

②换算试验表面线速度($v_t$)为转速($n$),有

$$n=\frac{1\ 000\times v_t}{\pi D}$$

式中　$v_t$——试验表面线速度,m/min;

$D$——被焊零件外径，mm。

③计算总的飞轮惯量($mr^2$)。由(1)中②的总能量($E_t$)及(3)中②的转速($n$)得

$$mr^2=\frac{E_t\times 183}{n^2}$$

式中　$mr^2$——总的飞轮惯量，$kg \cdot m^2$；

$E_t$——总的焊接能量，J。

④由使用焊机的不同值中选出最接近计算出的总的飞轮惯量($mr^2$)值并按(4)进行计算。

(4)确定焊接转速($n$)。

①计算焊接转速($n$)。

$$n=\sqrt{\frac{E_t\times 183}{mr^2}}$$

式中　$E_t$——总的焊接能量，J；

$mr^2$——总的飞轮惯量，$kg \cdot m^2$。

(2)要求的焊接参数为

总的焊接能量($E_t$)=答案见(1)中②。

总的焊接载荷($F_t$)=答案见(2)中②。

(3)焊机参数值为

$mr^2$=答案见(3)中④。

$n$=答案见(4)中①。

$p_c$=答案见(2)中③。

**2. 计算空心管结合面参数举例(1)**

问题：计算碳钢 1020 两管的焊接参数(外径为 $\phi 50$ mm，内径为 $\phi 25$ mm)，管同管的焊接接头如图 3.3 所示。

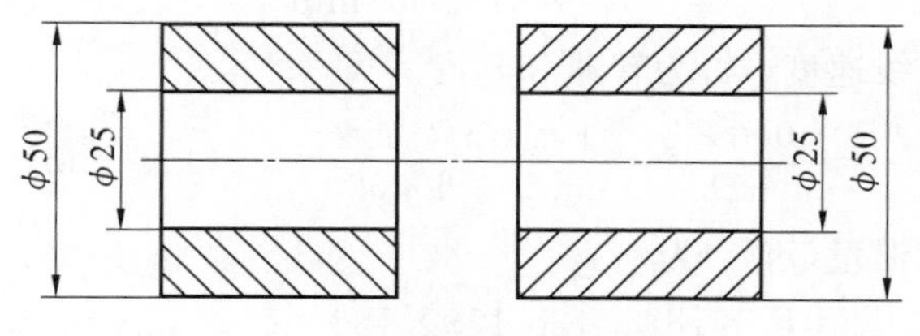


图 3.3　管同管的焊接接头

注：接头几何形状=管同管

(1)确定焊接能量($E_t$)。

①选择合适的系数。

a. 由附图Ⅳ中按管壁厚 12.5 mm 选择能量($E_g$)为

$$E_g=85\ J/mm^2 \qquad \text{附图Ⅳ}$$

b. 材料能量系数($F_{me}$)(碳钢 1020)为

$$F_{me}=1.0 \qquad \text{附表Ⅰ}$$

c. 几何能量系数($F_{ge}$)(管同管)为

$$F_{ge}=1.0$$ 附表Ⅱ

②计算总的焊接能量($E_t$)。

$$E_t=\frac{\pi}{4}(D^2-d^2)\times E_g\times F_{me}\times F_{ge}$$

$$=\frac{\pi}{4}(50^2-25^2)\times 85\times 1.0\times 1.0$$

$$=125\ 173(\text{J})$$

(2)确定总的载荷($F_t$)。

①选择合适的系数。

a. 由附图Ⅳ中按管壁厚 12.5 mm 选取单位轴向推力载荷($F_g$)为

$$F_g=139.7\ \text{MPa}$$ 附图Ⅳ

b. 材料载荷系数($F_{ml}$)(碳钢 1020)为

$$F_{ml}=1.0$$ 附表Ⅰ

c. 几何载荷系数($F_{gl}$)(管同管)为

$$F_{gl}=1.0$$ 附表Ⅱ

②计算总的焊接载荷($F_t$)。

$$F_t=\frac{\pi}{4}(D^2-d^2)\times F_g\times F_{ml}\times F_{gl}$$

即

$$F_t=\frac{\pi}{4}(50^2-25^2)\times 139.7\times 1.0\times 1.0=205\ 725.7(\text{N})$$

③选择压力表值(由使用焊机油缸推力与压力表值关系图中选取,假设为 6.55 MPa)。

(3)确定总的飞轮惯量($mr^2$)。

①选择试验表面速度($v_t$)(碳钢 1020)为

$$v_t=457.2\ \text{m/min}$$ 附表Ⅰ

②换算试验表面线速度($v_t$)为转速($n$),有

$$n=\frac{1\ 000\times v_t}{\pi D}=\frac{1\ 000\times 457.2}{3.141\ 6\times 50}=2\ 911(\text{r/min})$$

③计算总的飞轮惯量($mr^2$)为

$$mr^2=\frac{E_t\times 183}{n^2}=\frac{125\ 173\times 183}{2\ 911^2}=2.70(\text{kg}\cdot\text{m}^2)$$

④由使用焊机的不同值中选出最接近计算出总的飞轮惯量的($mr^2$)值,并按(4)进行计算(假设为 3.0 kg · m²)。

(4)确定焊接转速($n$)。

①计算焊接转速($n$)为

$$n=\sqrt{\frac{E_t\times 183}{mr^2}}=\sqrt{\frac{125\ 173\times 183}{3}}=2\ 763(\text{r/min})$$

②要求的焊接参数为

总的焊接能量为

$$E_t=125\ 173\ \text{J}$$

总的焊接载荷为

$$F_t=205\ 725.7\ \text{N}$$

③焊机参数值为

$$mr^2=3.0\ \text{kg}\cdot\text{m}^2$$
$$n=2\ 763\ \text{r/min}$$
$$p_c=6.55\ \text{MPa}$$

**3. 计算空心管结合面参数举例(2)**

问题：计算 $\phi$50 mm 棒(合金钢 4320)同 $\phi$152 mm 法兰(碳钢 1018)焊接参数。法兰壁厚为 12.7 mm，中心直径为 $\phi$25 mm 孔，棒同盘的焊接接头如图 3.4 所示。

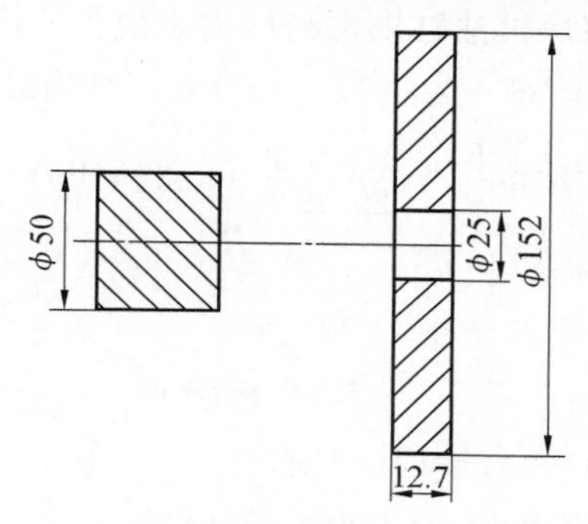


图 3.4　棒同盘的焊接接头

注：接头几何形状＝板同管

(1)确定总焊接能量($E_t$)。

①选择合适的系数。

a. 由附图Ⅳ中按管壁厚 12.5 mm 选择焊接能量($E_g$)为

$$E_g=85\ \text{J/mm}^2 \qquad \text{附图Ⅳ}$$

b. 材料能量系数($F_{me}$)(合金钢 4320)为

$$F_{me}=1.1 \qquad \text{附表Ⅰ}$$

c. 几何能量系数($F_{ge}$)(板同管)为

$$F_{ge}=1.2 \qquad \text{附表Ⅱ}$$

②计算总的焊接能量($E_t$)。

$$E_t=\frac{\pi}{4}(D^2-d^2)\times E_g\times F_{me}\times F_{ge}$$

即

$$E_t=\frac{\pi}{4}(50^2-25^2)\times 85\times 1.1\times 1.2=165\ 228.5(\text{J})$$

(2)确定总的载荷($F_t$)。

①选择合适的系数。

a. 由附图Ⅳ中按管壁厚 12.5 mm 选取单位轴向推力载荷($F_g$)为

$$F_g=139.7\ \text{MPa} \qquad \text{附图Ⅳ}$$

b. 材料载荷系数($F_{ml}$)(合金钢 4320)为

$$F_{ml}=1.1$$　附表Ⅰ

c. 几何载荷系数($F_{gl}$)(板同管)为

$$F_{gl}=1.1$$　附表Ⅱ

②计算总的焊接载荷($F_t$)。

$$F_t=\frac{\pi}{4}(D^2-d^2)\times F_g\times F_{ml}\times F_{gl}$$

即

$$F_t=\frac{\pi}{4}(50^2-25^2)\times 139.7\times 1.1\times 1.1=248\ 928(\mathrm{N})$$

③选择压力表值(由使用焊机油缸推力与压力表值关系图中选取,假设为 8.3 MPa)。

④也可用焊机的油缸面积($S_c=29\ 991\ \mathrm{mm}^2$)除以推力载荷($F_t$),即

$$p_c=\frac{F_f}{S_c}=\frac{248\ 928}{29\ 991}=8.3(\mathrm{MPa})$$

(3)确定总的飞轮惯量($mr^2$)。

①选择试验表面速度($v_t$)(合金钢 4320)为

$$v_t=457.2\ \mathrm{m/min}$$　附表Ⅰ

②换算试验表面线速度($v_t$)为转速($n$),有

$$n=\frac{1\ 000\times v_t}{\pi D}=\frac{1\ 000\times 457.2}{3.141\ 6\times 50}=2\ 911(\mathrm{r/min})$$

③计算试验飞轮惯量($mr^2$)为

$$mr^2=\frac{E_r\times 183}{n^2}=\frac{165\ 228.5\times 183}{2\ 911^2}=3.56(\mathrm{kg\cdot m^2})$$

④由使用焊机的不同值中选出最接近计算出的飞轮惯量($mr^2$)值,并按(4)进行计算(假设为 4.687 2 kg·m²)。

(4)确定焊接转速($n$)。

①计算焊接转速($n$)为

$$n=\sqrt{\frac{E_t\times 183}{mr^2}}=\sqrt{\frac{165\ 228.5\times 183}{4.687\ 2}}=2\ 539.8(\mathrm{r/min})$$

②要求的焊接参数为

总的焊接能量为

$$E_t=165\ 228.5\ \mathrm{J}$$

总的焊接载荷为

$$F_t=248\ 928\ \mathrm{N}$$

③焊机参数值为

$$mr^2=4.687\ 2\ \mathrm{kg\cdot m^2}$$

$$n=2\ 539.8\ \mathrm{r/min}$$

$$p_c=8.3\ \mathrm{MPa}$$

### 3.3.4 计算高温合金盘同钢轴结合面参数举例

问题:计算合金钢 4340 轴同 Inco713 高温合金盘焊接参数。轴的结合面尺寸外径为$\phi$27 mm,内径尺寸为 $\phi$17.5 mm(壁厚为 4.8 mm);涡轮盘尺寸结合面上内径为$\phi$19 mm(壁厚为 3.0 mm)。钢轴同涡轮盘的焊接接头如图 3.5 所示。

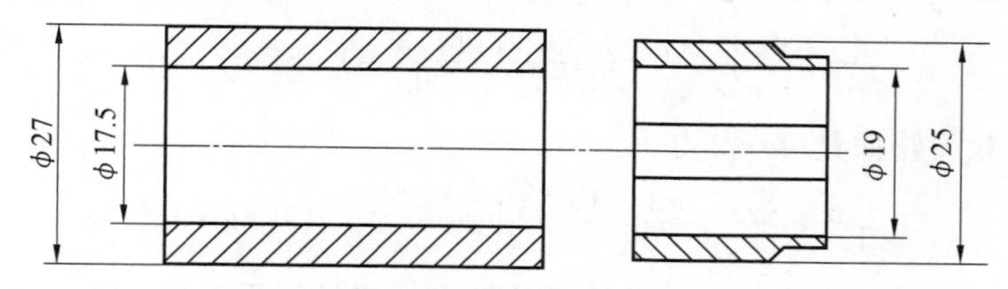


图 3.5　钢轴同涡轮盘的焊接接头

注:接头几何形状=管同管

(1)确定总的焊接能量($E_t$)。

①选择合适的系数。

a. 由附图Ⅸ中按薄管壁厚(3.0 mm)选择焊接能量($E_g$)为

$$E_g = 79.8\ \text{J/mm}^2 \quad \text{附图Ⅸ}$$

b. 材料能量系数($F_{me}$)为

$$F_{me} = 1.0 \quad \text{附表Ⅰ}$$

c. 几何能量系数($F_{ge}$)为

$$F_{ge} = 1.0 \quad \text{附表Ⅱ}$$

②计算总的焊接能量($E_t$)。

$$E_t = \frac{\pi}{4}(D^2 - d^2) \times E_g \times F_{me} \times F_{ge}$$

$$= \frac{\pi}{4}(25^2 - 19^2) \times 79.8 \times 1.0 \times 1.0 = 16\ 546(\text{J})$$

(2)确定总的载荷($F_t$)。

①选择合适的系数。

a. 由附图Ⅸ中按薄管壁厚(3.0 mm)选取单位轴向推力载荷($F_g$)为

$$F_g = 262.2\ \text{MPa} \quad \text{附图Ⅸ}$$

b. 材料载荷系数($F_{ml}$)为

$$F_{ml} = 1.0 \quad \text{附表Ⅰ}$$

c. 几何载荷系数($F_{gl}$)(管同管)为

$$F_{gl} = 1.0 \quad \text{附表Ⅱ}$$

②计算总的焊接载荷($F_t$)。

$$F_t = \frac{\pi}{4}(D^2 - d^2) \times F_g \times F_{ml} \times F_{gl}$$

$$= \frac{\pi}{4}(25^2 - 19^2) \times 262.2 \times 1.0 \times 1.0 = 54\ 366(\text{N})$$

③选择压力表值(由使用焊机油缸推力与压力表值关系图中选取),假设

为5.62 MPa。

(3)确定总的飞轮惯量($mr^2$)。

①选择试验表面线速度($v_t$)为

$$v_t = 114.3\ \text{m/min} \qquad \text{附表 I}$$

②换算试验表面线速度($v_t$)为转速($n$),有

$$n=\frac{1\ 000\times v_t}{\pi D}=\frac{1\ 000\times 114.3}{3.141\ 6\times 25}=1\ 455(\text{r/min})$$

③计算试验飞轮惯量($mr^2$)为

$$mr^2=\frac{E_t\times 183}{n^2}=\frac{16\ 546\times 183}{1\ 455^2}=1.43(\text{kg}\cdot\text{m}^2)$$

④由使用焊机的不同值中选出最接近计算出的飞轮惯量($mr^2$)值,并按(4)进行计算(假设为 2.13 kg · m²)。

(4)确定焊接转速($n$)。

①计算焊接转速($n$)为

$$n=\sqrt{\frac{E_t\times 183}{mr^2}}=\sqrt{\frac{16\ 546\times 183}{2.13}}=1\ 192(\text{r/min})$$

②要求的焊接参数为

总的焊接能量为

$$E_t=16\ 546\ \text{J}$$

总的焊接载荷为

$$F_t=54\ 366\ \text{N}$$

③焊机参数值为

$$mr^2=2.13\ \text{kg}\cdot\text{m}^2$$

$$n=1\ 192\ \text{r/min}$$

$$p_c=5.62\ \text{MPa}$$

### 3.3.5 计算角焊缝参数

**1. 角焊缝特点**

(1)角焊缝。

由惯性摩擦焊要连接的两个工件表面,可以不垂直于它们水平的或纵向的轴线,带锥角的或渐细表面的焊缝是可行的。这些角焊缝接头,两邻接表面通常设计成 30°～60°。一般情况下,大角度对应于最容易锻造的材料,如普通碳钢推挤一个工件通过另一个工件成孔的可能性减至最小;相反,小角度对应于最不易锻造的材料,如高温合金,因为小角度很容易“一个工件穿过另一个工件”。

(2)接头的几何形状。

角焊缝要求连接结合面的几何形状为管状,因此,焊接参数通常按管材结合面方法进行计算。曾将锥形结合面认为特殊接头形式,并由此引出几何形状系数的选择。为了解决这些特性,应用下列经验法则:

①棒同管焊接接头。邻接表面有同等尺寸的外径，但有不同尺寸的内径。

②管同板焊接接头。邻接表面有两个不同尺寸的外径和内径，见附表Ⅱ几何形状的细节。

(3)焊接面积。

锥形角焊缝焊接面积具有角焊缝的特点。焊接面积($S_p$)可以按下列方法确定：

$$S_p=\frac{\pi}{2}(D+d)W$$

式中　$S_p$——焊接面积，mm²；

$D$——工件的最大直径，mm；

$d$——工件的最小直径，mm；

$W$——工件间角接触面的斜面长度，mm。

(4)角焊缝参数计算的步骤。

①计算能量($E_t$)可由下式表示：

$$E_t=\pi\times\frac{D+d}{2}\times W\times E_g\times F_{me}\times F_{ge}$$

②计算载荷($F_t$)可由下式表示：

$$F_t=\pi\frac{D+d}{2}\times W\times F_g\times F_{ml}\times F_{gl}$$

(5)角推力关系式。

总载荷($F_t$)的计算值要求载荷垂直施加到结合面上，这个值必须换算成焊机的推力载荷，换算可按下式进行(图 3.6)：

$$T=\frac{F_t}{\sin\alpha}$$

式中　$T$——焊机推力载荷，$\alpha$ 角轴向总的载荷，N；

$F_t$——垂直施加于连接表面上的载荷，N；

$\alpha$——三角形 $F_t$ 侧对应角，连接表面和焊缝中心线之间的夹角。

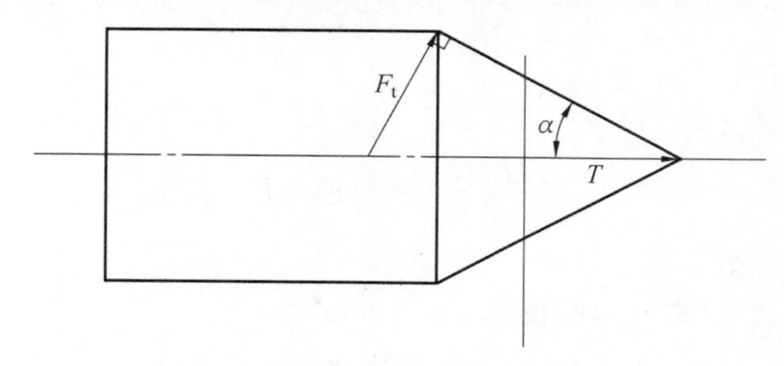


图 3.6　锥角接头的压力计算

**2. 计算角焊缝参数举例**

问题：$\phi$25 mm GH4169 合金轴与叶轮采用角焊缝进行连接，计算焊接参数，接头尺寸如图 3.7 所示。

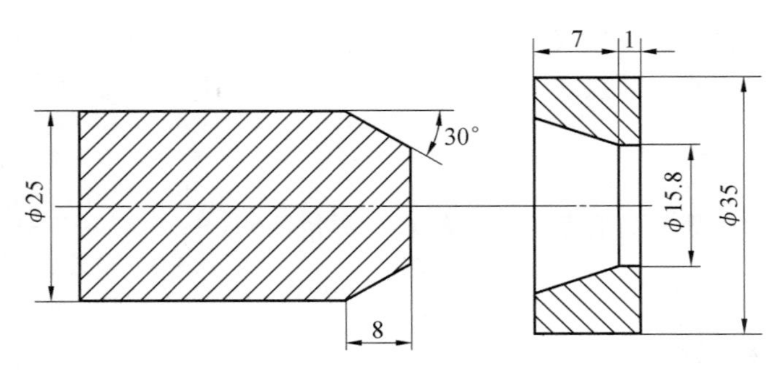


图 3.7　GH4169 合金轴与叶轮角焊缝的锥角接头

注：接头几何形状＝管同管

(1)计算能量($E_t$)。

①能量($E_t$)计算式为

$$E_t=\pi\times\frac{D+d}{2}\times W\times E_g\times F_{me}\times F_{ge}$$

②选择合适的系数。

a. 由附图Ⅹ中按斜面长度 9.2 mm 选择焊接能量($E_g$)为

$$E_g=70.35\ \text{J/mm}^2$$ 附图Ⅹ

b. 材料能量系数($F_{me}$)为

$F_{me}=1.0$(与附图Ⅹ曲线材料同)

c. 几何能量系数($F_{ge}$)为

$$F_{ge}=1.0$$ 附表Ⅱ

d. 斜面长度($W$)(图 3.7)为

$$W=\frac{8}{\cos 30^\circ}=9.2(\text{mm})$$

③能量($E_t$)计算。

$$E_t=3.141\ 6\times\frac{25+15.8}{2}\times 9.2\times 70.35\times 1.0\times 1.0=41\ 479.4(\text{J})$$

(2)计算载荷($F_t$)。

①载荷($F_t$)计算式为

$$F_t=\pi\times\frac{D+d}{2}\times W\times F_g\times F_{ml}\times F_{gl}$$

②选择合适的系数。

a. 由附图Ⅹ中选取($F_g$)(斜面长度为 9.2 mm)为

$$F_g=291.2\ \text{MPa}$$ 附图Ⅹ

b. 材料载荷系数($F_{ml}$)为

$F_{ml}=1.0$(与附图Ⅹ曲线材料同)

c. 几何载荷系数($F_{gl}$)(管同管)为

$$F_{gl}=1.0$$ 附表Ⅱ

③载荷($F_t$)计算。

$$F_t=3.1416\times\frac{25+15.8}{2}\times9.2\times291.2\times1.0\times1.0=171\,696(\mathrm{N})$$

④焊机推力载荷($T$)计算。

a. 焊机推力载荷($T$)计算式为

$$T=\frac{F_t}{\sin\alpha}=\frac{171\,696}{\sin 30^\circ}=343\,392(\mathrm{N})$$

b. 假设焊机油缸面积 $S_c=9\,677.4\ \mathrm{mm}^2$,则

$$p_t=\frac{T}{S_c}=\frac{343\,392}{9\,677.4}=35.48(\mathrm{MPa})$$

(3)计算速度($v_t$)。

①选择试验表面线速度($v_t$)。

a. 选 $v_t=160$ m/min。 附表 I

b. 将线速度($v_t$)换算为转速($n$),有

$$n=\frac{1\,000\times v_t}{\pi D}=\frac{1\,000\times160}{3.141\,6\times20.4}=2\,496.5(\mathrm{r/min})$$

式中,$D$ 为斜面最大和最小直径平均值。

(4)确定试验飞轮惯量($mr^2$)。

①计算试验飞轮惯量($mr^2$)。

$$mr^2=\frac{E_t\times183}{n^2}=\frac{41\,479.4\times183}{2\,496.5^2}=1.22(\mathrm{kg\cdot m^2})$$

②由使用焊机的不同值中选出最接近计算出的 $mr^2$ 值,并按(5)进行计算(假设选择的 $mr^2=2.13\ \mathrm{kg\cdot m^2}$)。

(5)再次计算焊机转速($n$)。

$$n=\sqrt{\frac{E_t\times183}{mr^2}}=\sqrt{\frac{41\,479.4\times183}{2.13}}=1\,888(\mathrm{r/min})$$

(6)焊机的参数值为

$$mr^2=2.13\ \mathrm{kg\cdot m^2}$$
$$n=1\,888\ \mathrm{r/min}$$
$$p_c=35.48\ \mathrm{MPa}$$

### 3.3.6 双级(阶梯)压力惯性摩擦焊接参数的计算

**1. 特点**

惯性摩擦焊机既可以设有一级轴向推力载荷,也可以设置双级轴向推力载荷。双级的加压特点是允许在焊接周期内连续施加同一水平的两级焊接载荷。但经常是在焊接开始时施加一个较小载荷,随后施加一个较大载荷,一直维持到焊接结束。在计算机速度控制器上调整键盘,自动地控制这个变化。焊接载荷在焊接速度起动时开始施加,顶锻载荷在顶锻速度起动时施加。

双级压力惯性摩擦焊接既可以用于实心棒结合面,也可以用于空心管结合面焊接上。

使用这种方法容许降低焊缝区的硬度，增加实心棒结合面焊缝中心总的热量，促进热脆性同非热脆性材料的焊接并减少工装的磨损。下面是采用这种方法焊接钢的一些特点。

(1)降低硬度。

使用这种方法可以实现降低高淬硬钢(正火钢除外)焊缝区和飞边的硬度。较低的起始焊接载荷和长的焊接周期时间有利于结合面上的传热并且由结合面上的热传导造成很宽的热力影响区，这种辅助的加热往往会缓慢地降低加热区和周边金属的冷却速度，有效地降低焊缝的硬度，它可以代替焊后回火工序。

(2)增加中心加热。

实心棒结合面焊缝的中心加热可以由增加中心加热的方法来达到，如采用较高的焊接速度或增加飞轮的惯量或者推力载荷，帮助达到最适宜的变形量和消除倾向中心产生的缺陷。然而，这些能量的增加将导致变形量的增加。而应用较低的起始载荷进行双级压力焊接将产生较低的加热速度，随后通过顶锻压力达到所要求的变形量。这种方法经常用于低碳钢(即普通碳钢或合金钢)的焊接。低碳钢比要求平稳加热的高碳钢要求更高的加热线速度。同样，当使用焊机速度的范围小于所要求的焊接速度时，双级压力焊接可以以较低的线速度提供所要求的加热。

(3)更好地焊接热脆性与非热脆性的材料。

应用这种方法可以更容易地焊接热脆性与非热脆性材料。发动机双金属阀门经常采用这种方法连接。许多用于阀门接头的材料是热脆性材料，而用于阀门杆的低合金钢不表现出热脆性。一个正常的焊接周期往往易在焊缝周边上留下一个很小的非连接金属带。为此，一种解决方法是提高易锻材料(如低合金钢)阀门杆的外径；另一种方法是采用双级压力方式焊接，在零件停止之前提高顶锻压力。

(4)减少工装的磨损(夹套、垫圈和夹具等)。

为减少工装的磨损，可以由减少载荷的方法来实现。一个低的起始焊接载荷可以减少工装的弯曲和振动，然后通过使用较高的顶锻载荷达到焊缝最有效地连接。

随着双级压力惯性摩擦焊接的应用，双级焊接压力和速度均可进行计算。由总的载荷和速度确定的这些值，分别用于确定焊机的顶锻载荷和顶锻速度，随后确定焊机的焊接载荷和焊接速度。焊接载荷通常为顶锻载荷的 1/3。焊接速度通常稍大于顶锻速度，为顶锻速度的 105%。

**2. 计算双级压力实心结合面参数**

问题：如何计算双级压力实心结合面焊接参数。

(1)确定总能量($E_t$)和起始顶锻能量($E_u$)。

①选择合适的系数。

a. 由附图中选择能量($E_1$)(双级压力按零件直径选择能量和载荷)。

b. 由同一图中选择能量($E_2$)。

c. 材料能量系数($F_{me}$)。

d. 几何能量系数($F_{ge}$)。

②计算总的能量($E_t$)和顶锻能量($E_u$)。

a. 总的能量为

$$E_t = E_1 \times F_{me} \times F_{ge}$$

b. 顶锻能量为

$$E_u = E_2 \times F_{me} \times F_{ge}$$

(2)确定总的载荷($F_t$)和顶锻载荷($F_u$)。

①选择合适的系数。

a. 由附图中选择载荷($F_1$)(双级压力按零件直径选择能量和载荷)。

b. 由同一图中选择载荷($F_2$)。

c. 材料载荷系数($F_{ml}$)。

d. 几何载荷系数($F_{gl}$)。

②计算总的焊接载荷($F_t$)和顶锻载荷($F_u$)。

a. 总的焊接载荷为

$$F_t = F_1 \times F_{ml} \times F_{gl}$$

b. 顶锻载荷为

$$F_u = F_2 \times F_{ml} \times F_{gl}$$

③选择压力表值,由使用焊机油缸的推力同压力表关系图中选取。

(3)确定总的飞轮惯量($mr^2$)。

①选择试验表面线速度($v_t$)。选择中等范围值,即

$$v_t = 457.5\ \text{m/min}(\text{钢})$$ 附表Ⅰ

②换算试验表面线速度($v_t$)为转速($n$),有

$$n = \frac{1\ 000 \times v_t}{\pi D}$$

③计算总的飞轮惯量($mr^2$)。由(1)中②和步骤(3)中②的转速($n$),使用总能量($E_t$),有

$$mr^2 = \frac{E_t \times 183}{n^2}$$

④选择使用焊机最接近的 $mr^2$ 值,按(4)进行计算。

(4)确定要求的焊接和顶锻速度($n$)。

①用已确定的值计算焊接和顶锻速度($n$)。

a. 焊接速度为

$$n_t = \sqrt{\frac{E_t \times 183}{mr^2}}$$

b. 顶锻速度为

$$n_u = \sqrt{\frac{E_u \times 183}{mr^2}}$$

②焊接参数要求。

a. 总的能量($E_t$),由(1)计算。

b. 顶锻能量($E_u$),由(1)计算。

c. 总的载荷($F_t$),由(2)计算。

d. 顶锻载荷($F_u$),由(2)计算。

③焊机参数值。

a. $mr^2$，由(3)计算。

b. $n_t$，由(4)计算。

c. $n_u$，由(4)计算。

压力表值(MPa)为

a. $p_{ct}$，由(2)计算。

b. $p_{cu}$，由(2)计算。

**3. 计算双级压力实心结合面参数举例**

问题：计算焊接 $\phi$50 mm 直径棒同板(碳钢 1045)的参数，双级压力实心棒同板的焊接接头如图 3.8 所示。

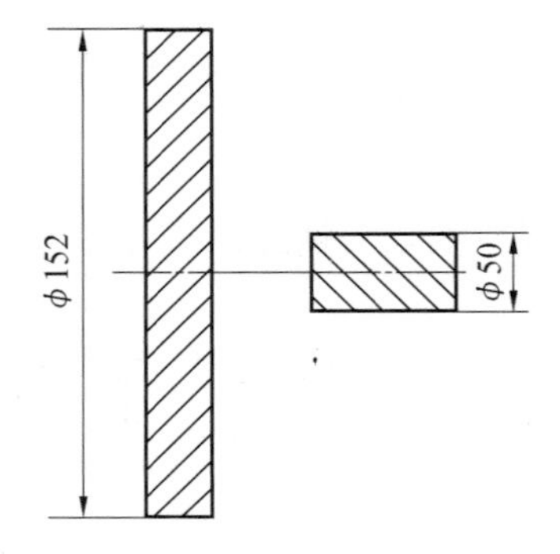


图 3.8 双级压力实心棒同板的焊接接头

注：几何形状＝棒同板

(1)确定总能量($E_t$)和顶锻能量($E_u$)。

①选择合适的系数。

a. 由附图Ⅴ中选择能量($E_1$)(直径 $\phi$50 mm)为

$$E_1=241\ 300\ \text{J} \qquad \text{附图Ⅴ}$$

b. 由同一附图Ⅴ中选择能量($E_2$)为

$$E_2=126\ 900\ \text{J} \qquad \text{附图Ⅴ}$$

c. 材料能量系数($F_{me}$)(碳钢 1045)为

$$F_{me}=1.15 \qquad \text{附表Ⅰ}$$

d. 几何能量系数($F_{ge}$)(棒同板)为

$$F_{ge}=1.2 \qquad \text{附表Ⅱ}$$

②计算总的能量($E_t$)和顶锻能量($E_u$)。

$$E_t=E_1\times F_{me}\times F_{ge}=241\ 300\times1.15\times1.2=332\ 994(\text{J})$$

$$E_u=E_2\times F_{me}\times F_{ge}=126\ 900\times1.15\times1.2=175\ 122(\text{J})$$

(2)确定焊接载荷($F_t$)和顶锻载荷($F_u$)。

①选择合适的系数。

a. 由附图Ⅴ中选择载荷(直径 $\phi$50 mm)为

$$F_1=110\ 230\ \text{N} \qquad \text{附图Ⅴ}$$

b. 由同一图中选择载荷为

$$F_2 = 342\ 665\ \text{N}$$ 附图Ⅴ

c. 材料载荷系数(碳钢1045)为

$$F_{ml} = 1.2$$ 附表Ⅰ

d. 几何载荷系数(棒同板)为

$$F_{gl} = 1.1$$ 附表Ⅱ

②计算总的焊接载荷($F_t$)和顶锻载荷($F_u$)。

a. 总的焊接载荷为

$$F_t = F_1 \times F_{ml} \times F_{gl} = 110\ 230 \times 1.2 \times 1.1 = 145\ 503.6(\text{N})$$

b. 顶锻载荷为

$$F_u = F_2 \times F_{ml} \times F_{gl} = 342\ 665 \times 1.2 \times 1.1 = 452\ 317.8(\text{N})$$

③由使用焊机油缸的推力与压力表关系图上选取压力表值,假设如下。

a. 焊接压力为

$$p_{ct} = 4.92\ \text{MPa}$$

b. 顶锻压力为

$$p_{cu} = 15.3\ \text{MPa}$$

(3)确定总的飞轮惯量($mr^2$)。

①选择试验表面线速度($v_t$)(碳钢1045)。

$$v_t = 426.5\ \text{m/min}$$ 附表Ⅰ

②换算试验表面线速度($v_t$)为转速($n$),有

$$n = \frac{1\ 000 \times v_t}{\pi D} = \frac{1\ 000 \times 426.5}{3.141\ 6 \times 50} = 2\ 715(\text{r/min})$$

③计算总的飞轮惯量($mr^2$)。由(1)中②和(3)中②的$n$,使用总能量($E_t$),有

$$mr^2 = \frac{E_t \times 183}{n^2} = \frac{332\ 994 \times 183}{2\ 715^2} = 8.27(\text{kg} \cdot \text{m}^2)$$

④选择使用焊机最接近计算的$mr^2$值,假设$mr^2 = 7.99\ \text{kg} \cdot \text{m}^2$。

(4)确定要求的焊接速度和顶锻速度($n$)。

①用已确定的值计算焊接速度和顶锻速度($n$)。

a. 焊接转速$n_t$为

$$n_t = \sqrt{\frac{E_t \times 183}{mr^2}} = \sqrt{\frac{332\ 994 \times 183}{7.99}} = 2\ 762(\text{r/min})$$

b. 顶锻转速$n_u$为

$$n_u = \sqrt{\frac{E_u \times 183}{mr^2}} = \sqrt{\frac{175\ 122 \times 183}{7.99}} = 2\ 003(\text{r/min})$$

②焊接参数要求为

$$E_t = 332\ 994\ \text{J}$$

$$E_u = 175\ 122\ \text{J}$$

$$F_t = 145\ 503.6\ \text{N}$$

$$F_u = 452\ 317.8\ \text{N}$$

③焊机参数值为

$$mr^2 = 7.99\ \text{kg} \cdot \text{m}^2$$

$$n_t = 2\ 762\ \text{r/min}$$

$$n_u = 2\ 003\ \text{r/min}$$

$$p_{ct} = 4.92\ \text{MPa}$$

$$p_{cu} = 15.3\ \text{MPa}$$

## 3.4 焊缝的改进

上述介绍的参数计算步骤，在大多数钢的情况下，也可以推广到普通金属材料，在首次试验或仅以少数试验时，通常能够获得优质焊缝。然而，在个别焊缝达到最佳结果时，在焊接参数方面会产生少许的波动。最佳焊缝应包括如下几方面。

(1)在整个连接的结合面上有一个均匀的 HFZ。

(2)满足要求的变形量长度。

(3)改善飞边形态。

(4)消除冶金尖角。

(5)减少焊缝区的硬度。

(6)消除焊缝区缺陷。

焊接参数是可以调整的，因为焊接参数对大多数金属材料来讲是相对的、非临界的，优质焊缝可能在速度($n$)、推力($F$)、飞轮质量($mr^2$)很宽范围内变化。

### 3.4.1 长度磨损与变形量

在与其他对焊方法比较时，惯性摩擦焊的长度磨损和变形量是较小的。众所周知，一般一个令人满意的变形量，应该允许用中等范围的参数来完成，因为中等范围的参数允许焊机和材料最广泛可能的调整范围。然而，如果需要减少飞边到最低限度，通常可由降低能量值，通过降低转速、减少飞轮质量来完成。

### 3.4.2 焊机容量的改进

**1. 焊接时从内部评价焊机的容量**

当焊接时，一般的原则是在推力载荷($F_t$)和能量($E_t$)之间维持可焊接的关系来评定焊机的容量：

$$F_t \times E_t = C(\text{常数})$$

当给定的焊缝硬度过高时，可通过调整参数降低硬度水平。如按下式降低载荷10%，能量应增加多少，硬度才能降下来？

$$F_{t1} \times E_1 = K_1$$

则

$$E_2 = \frac{K_1}{0.9\,F_{t1}}$$

式中　$F_{t1}$——原始载荷，N；

$E_1$——原始能量，J；

$K_1$——常数；

$E_2$——要求的新的能量，J。

**2. 焊接时从外部评价焊机的容量**

当一个需要或要完成给定焊缝时，其允许从外部评价专用焊机的容量。在惯性摩擦焊工艺和惯性摩擦焊机两者之间有很宽的适应性范围，它们本身提供了一个多变的操作，其允许从外部评价焊机的容量。

(1)转动惯量($mr^2$)。

参数计算指出所要求的 $mr^2$ 小于可用专用焊机的最小 $mr^2$，可采用下列措施解决。

①承认可能过多的焊接变形量。

②使用双级或阶梯压力焊接，消耗掉过量的能量。

③联合使用较低的线速度和双级压力(促进中心加热)。

④降低线速度(如降低到 122 m/min)和中心凸起接头设计。

相反，如参数计算指出所要求的 $mr^2$ 大于可用专用焊机的 $mr^2$ 范围，并且提出的待焊材料(如钢同钢)不是很敏感的，措施如下.

①增加线速度，也就是增加所要求的能量水平。

②棒材的最大线速度应限制在 762 m/min 以下；管材可到 1 524 m/min 以下。然而，必须要认真试验，保证飞轮不要超过它的最大安全速度限度。

(2)转速。

参数计算指出所要求的转速大于可用专用焊机的速度范围，可采用下列措施解决。

①使用中心凸起接头设计并降低线速度(如降至 122 m/min)进行焊接。

②使用双级或阶梯压力焊接，促进中心加热。

③降低焊接压力(轴向推力载荷)促进中心加热。

(3)轴向推力载荷。

①如果参数计算指出所需要的焊接压力小于 1.38 MPa，而该压力是惯性摩擦焊机液压系统正常的最小网络压力，那么就必须考虑使用高推力载荷进行焊接。如果是棒形零件，提高推力载荷倾向于减少中心的加热，可通过提高线速度、使用中心凸起接头设计进行挽救；如果是管形零件，提高推力载荷会造成焊缝硬度的提高，这可通过焊后进行消除应力处理。

②如果参数计算要求的推力载荷超出专用焊机的容量很多，可按下列措施进行有效的焊接，可由增加实心结合面的能量来代替推力载荷，大约要求增加推力载荷 50%的能量。那么，在正常情况下，这种方法需要每 2.7 J 能量代替 4.45 N 推力，在使用这种方法时，需要仔细观察，限制零件的线速度，最大到 762 m/min。

因此，对于这种焊缝，最好由增加飞轮数量、减小速度来有效地增加能量。

2.7 J 能量可以代替 4.45 N 推力，是根据 $F_g/E_g=C$ 的原理设定出来的。经试验证明，$F_g/E_g=1.65$ 时，较为合适，即正好用最小的能量使金属升温达到黏塑性状态，再用最小的推力载荷使高温黏塑性金属产生塑性变形，从焊缝区中挤出，形成最小的飞边。这时推力与能量两者的比值，再化简即为 4.45 N/2.7 J=1.65，这个比例对碳钢更为合适，如高温合金 $F_g/E_g>3$ 也存在。

### 3.4.3 能量的损失

理论上，惯性摩擦焊接过程，包括所有储存的能量都用于焊接接头加热上，因此，当主轴停止时，便形成了焊缝。然而，实际上，这些能量中还有一部分，则完全用于热传导到夹具以至主轴上，即

$$E_t=E_{\Delta L}+E_L \tag{3.9}$$

式中 $E_t$——总的计算的能量，J；

$E_{\Delta L}$——形成飞边或变形量的能量，J；

$E_L$——通过热传导到夹具，再到主轴上损失的能量，J。

如果焊接用很大的飞轮（约焊机的中等参数范围），储存很多能量，而摩擦焊接损失的能量与总能量比较很小时，那么，可以不考虑这个问题。然而，焊接时如果没有飞轮，总的能量不大，就要考虑这个问题了，并且要注意油温和主轴的效率。

如在 250B 焊机上，主轴和外部夹盘的转动惯量为

$$mr^2=3.2\ \text{kg}\cdot\text{m}^2$$

主轴在 47.6 s 内，从 2 000 r/min 缓慢地停止，没有焊接，则总的能量为

$$E_t=\frac{mr^2\times n^2}{183}=\frac{3.2\times 2\ 000^2}{183}=69\ 945(\text{J})$$

也就是说，每秒在主轴上损失能量为

$$\frac{E_t}{t}=\frac{69\ 945}{47.6}=1\ 469(\text{J/s})$$

如果焊某一个零件在 4 s 内完成，那么理论上焊接该零件要求 69 945 J 能量，花费 4 s，将在主轴上损失能量为

$$E_L=1\ 469\times 4=5\ 876(\text{J})$$

这说明焊接该焊缝损失能量为 8.4%。因此，理论上至少有一部分能量要消耗在焊机的终端上，必须增加 5%～10%的能量才能焊好该零件。

如果每道焊缝使用很高的能量值（如 1 355 820 J），该能量在 250B 焊机上为中等参数范围，则焊接期间主轴上能量损失很难看得清楚。

### 3.4.4 焊接给定长度

没有专用夹具，焊接不可能保证零件要求的长度。在焊机允许的参数范围内进行焊接零件，每道焊缝都应该获得同样的能量。因此，至少理论上，如果材料、焊接面积和接头结构是相同的话，那么每道焊缝应该形成同样的飞边或长度缩短。然而，焊机里的速度、压力控制方面的公差和反馈到摩擦时间上的变化，会造成变形量方面的公差为平均值的±5%。

对于 $\phi$50 mm 棒材的正常变形量为 6 mm,按上述参数控制方面的公差,焊后变形量变化应为±0.3 mm。对此,焊接时必须追加上焊件表面准备方面的变化和由于直径公差带来面积的变化等,正常给机械加工试件所能得到的长度公差为变形量的±7%,即试件长度公差为($L$±0.42)mm,这还不包括两个试件焊前提供给焊机的长度公差。

### 3.4.5 用长度缩短量控制焊接质量

同样条件下,也不允许用惯性摩擦焊机焊接给定的最终长度,但可以间接用作质量控制检验。

假设实验室已研究了焊接参数,要求长度缩短量为 6 mm,且控制试验超过了 3 000 件,生产实际表明变化±0.5 mm。众所周知,同样参数给予同样缩短量,即

材料+表面+能量+载荷=缩短量+公差

因此,如果任一个试件超差为 5 mm 或 7 mm,说明某些外力或材料中某些因素发生了变化,引起了长度公差变化。如热处理的氧化皮,已经留在焊缝中,必然影响缩短量的变化并可能造成焊缝发脆,甚至形成氧化物夹杂。

通过以上的论述,说明使用长度缩短量可间接地控制焊接质量。

### 3.4.6 提高焊机的容量

在某个焊机上焊接零件时,焊机的容量显得太小,不是载荷不足就是没有足够的飞轮组获得所需要的能量。

根据焊机的有效参数范围,如果该零件可以在低速下能够焊接,则可以利用提高飞轮转速的额定值。

在大多数情况下,可先考虑载荷不足,如需要的焊接载荷超过该焊机容量的 20%,按一般规律,可以给焊缝增加能量,即每增加 4.45 N 推力,相当增加2.7 J能量。

例如:在附图Ⅱ中找到 $\phi$50 mm 钢棒的正常参数:载荷为 389 226 N,能量为237 269 J,而已有焊机仅能供给载荷为 323 391 N,可以用能量来补偿载荷不足的差额:

$$389\ 226-323\ 391=65\ 835=65\ 835/4.45\times 2.7=39\ 945(\mathrm{J})$$

该焊缝所需要的参数如下。

①最大载荷为:323 391 N。

②相应能量为:237 269+39 945=277 232(J)。

③再计算转速 $n$ 和相应的 $mr^2$ 值。

上述只是一个方法,而不是一个公式,需要根据第一次焊接结果来调整能量。

## 3.5 用小样件研制大型部件的焊接参数

### 3.5.1 研制条件

(1)小样件必须与大型件壁厚相同。

(2)小样件必须与大型件结构相同。

### 3.5.2　用小样件研制大型部件的焊接参数

问题：计算 GH4169 $\phi$70 mm 管件的焊接参数（壁厚 4 mm）。

**1. 进行 $\phi$70 mm 小样件摩擦焊试验**

（1）确定总的能量（$E_t$）。

①由附图Ⅹ中按壁厚 4 mm 选取单位能量（$E_g$），即

$$E_g = 52.5\ \text{J/mm}^2 \qquad \text{附图Ⅹ}$$

②计算总能量（$E_t$）。

$$E_t = \frac{\pi}{4}(D^2 - d^2) \times E_g = \frac{3.141\,6}{4}(70^2 - 62^2) \times 52.5 = 43\,542.6(\text{J})$$

（2）确定总的载荷（$F_t$）。

①由附图Ⅹ中按壁厚 4 mm 选取单位轴向载荷（$F_g$），即

$$F_g = 291.18\ \text{MPa} \qquad \text{附图Ⅹ}$$

②计算总的载荷（$F_t$）。

$$F_t = \frac{\pi}{4}(D^2 - d^2) \times F_g = \frac{3.141\,6}{4}(70^2 - 62^2) \times 291.18 = 241\,499.6(\text{N})$$

（3）确定飞轮惯量（$mr^2$）。

①选择小样件表面线速度（$v_t$），即

$$v_t = 160\ \text{m/min} \qquad \text{附表Ⅰ}$$

②将线速度（$v_t$）换算成转速（$n$），则

$$n = \frac{1\,000 \times v_t}{\pi D} = \frac{1\,000 \times 160}{3.141\,6 \times 70} = 727(\text{r/min})$$

③计算飞轮惯量（$mr^2$）。

$$mr^2 = \frac{E_t \times 183}{n^2} = \frac{43\,542.6 \times 183}{727^2} = 15(\text{kg} \cdot \text{m}^2)$$

（4）确定 300B 焊机参数。

①计算压力表压力（$p_c$）。

$$p_c = \frac{F_t}{S_c} = \frac{241\,499.5}{40\,129} = 6(\text{MPa})$$

式中　$F_t$——焊接总的载荷，N；

$S_c$——300B 焊机油缸面积，$S_c = 40\,129\ \text{mm}^2$。

②300B 焊机参数。

$$mr^2 = 15\ \text{kg} \cdot \text{m}^2$$

$$n = 727\ \text{r/min}$$

$$p_c = 6\ \text{MPa}$$

（5）焊接试验结果。

$$\Delta L = 2.36\ \text{mm}$$

**2. 根据 $\phi$70 mm 小样件焊接结果，研制 GH4169 合金 $\phi$420 mm，壁厚为 4 mm 大型件的焊接参数和焊接结果**

(1)确定总的能量($E_t$)和总的载荷($F_t$)。

$$E_t=\frac{\pi}{4}(D^2-d^2)\times E_g=\frac{3.141\ 6}{4}(420^2-412^2)\times 52.5=274\ 450.2(\mathrm{J})$$

$$F_t=\frac{\pi}{4}(D^2-d^2)\times F_g=\frac{3.141\ 6}{4}(420^2-412^2)\times 291.18=1\ 522\ 179.1(\mathrm{N})$$

(2)确定飞轮惯量($mr^2$)。

①计算转速。

$$n=\frac{1\ 000\times v_t}{\pi D}=\frac{1\ 000\times 160}{3.141\ 6\times 420}=121.3(\mathrm{r/min})$$

②计算飞轮惯量。

$$mr^2=\frac{E_t\times 183}{n^2}=\frac{274\ 450.2\times 183}{121.3^2}=3\ 413.4(\mathrm{kg\cdot m^2})$$

③选取某 480 t 焊机上最近的 $mr^2$，如 $mr^2=3\ 582\ \mathrm{kg\cdot m^2}$，则

$$n=\sqrt{\frac{E_t\times 183}{mr^2}}=\sqrt{\frac{274\ 450.2\times 183}{3\ 582}}=118.4(\mathrm{r/min})$$

(3)计算焊机压力表压力($p_c$)。

$$p_c=\frac{F_t}{S_c}=\frac{1\ 522\ 179.1}{137\ 664.24}=11(\mathrm{MPa})$$

式中　$F_t$——焊机轴向推力载荷，N；

$S_c$——某 480 t 焊机油缸面积 137 664.24 $\mathrm{mm^2}$。

(4)某 480 t 焊机参数。

$$mr^2=3\ 582\ \mathrm{kg\cdot m^2}$$

$$n=118.4\ \mathrm{r/min}$$

$$p_c=11\ \mathrm{MPa}$$

(5)焊接试验结果。

①因为与 300 B 焊机上小样件的单位面积上的能量和压力均相等，说明单位面积上发热条件相同。

②壁厚和结构上相似，说明单位面积上散热条件也相同，因此，大型部件的变形量应该与小样件的变形量相等，即 $\Delta L=2.36$ mm。

# 第 4 章　惯性摩擦焊能量与变形量之间的关系

惯性摩擦焊的能量与变形量之间是一一对应的正比直线增长关系？还是曲线增长关系？本章通过精确的焊接试验和理论公式推导，证明了惯性摩擦焊所使用的能量与变形量之间为二次曲线关系，即抛物线形式的增长规律。

## 4.1　能量与变形量之间关系曲线的绘制

### 4.1.1　0001—001 试验环的焊接

焊接参数的计算如下。

(1)选取试验环的结构和尺寸见表 4.1 和图 4.1。

表 4.1　试验环的尺寸

| 部位 | 环 1 | 环 2 |
| --- | --- | --- |
| 外径 $D$/mm | 411 | 411 |
| 内径 $d$/mm | 403 | 403 |
| 壁厚 $\delta$/mm | 4 | 4 |
| 结合面面积 $S_p$/mm$^2$ | 5 115 | 5 115 |
| 高度 $h$/mm | 150 | 150 |

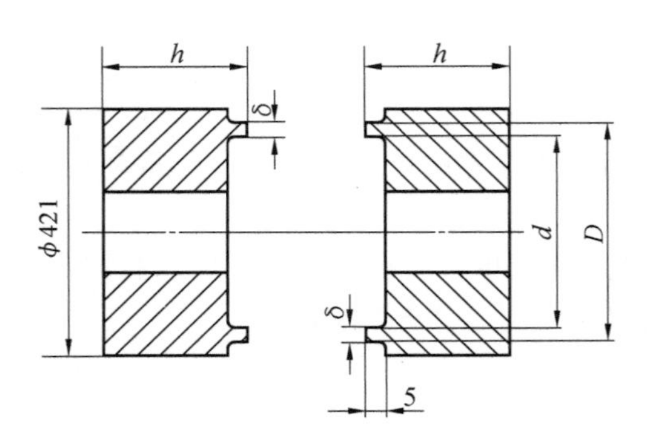


图 4.1　试验环的结构和尺寸

(2)选用焊机。

选用某 400 t 焊机，它的油缸面积：

$$S_c = 148\ 973.9\ \text{mm}^2$$

(3)试验材料。

选用 GH4169 合金。

(4)计算焊接参数。

①确定总的能量($E_t$)。

a. 由附图Ⅺ中查找单位能量($E_g$)。

$$E_g = 52.5\ \text{J/mm}^2$$ 附图Ⅺ

b. 材料能量系数($F_{me}$)。

$$F_{me} = 1.0$$

c. 几何能量系数($F_{ge}$)(管同管)。

$$F_{ge} = 1.0$$ 附表Ⅱ

d. 计算总能量($E_t$)。

$$\begin{aligned} E_t &= S_{pl} \times E_g \times F_{me} \times F_{ge} \\ &= 5\ 115 \times 52.5 \times 1.0 \times 1.0 \\ &= 268\ 537.5(\text{J}) \end{aligned}$$

②确定总的载荷($F_t$)。

a. 由附图Ⅺ中查找单位轴向载荷($F_g$)。

$$F_g = 291.18\ \text{MPa}$$ 附图Ⅺ

b. 材料载荷系数($F_{ml}$)。

$$F_{ml} = 1.0$$

c. 几何载荷系数($F_{gl}$)(管同管)。

$$F_{gl} = 1.0$$ 附表Ⅱ

d. 计算总的载荷($F_t$)。

$$\begin{aligned} F_t &= S_{pl} \times F_g \times F_{ml} \times F_{gl} \\ &= 5\ 115 \times 291.18 \times 1.0 \times 1.0 \\ &= 1\ 489\ 385.7(\text{N}) \end{aligned}$$

③选择焊机压力表值($p_c$)。

$$p_c = \frac{F_t}{S_c} = \frac{1\ 489\ 385.7}{148\ 973.9} = 10(\text{MPa})$$

式中　$S_c$——焊机油缸面积($S_c = 148\ 973.9\ \text{mm}^2$)。

④确定总的转动惯量($mr^2$)。

a. 选择表面速度($v_t$)。

$$v_t = 160\ \text{m/min}$$ 附表Ⅰ

b. 换算成转速($n$)。

$$n = \frac{1\ 000\ v_t}{\pi D} = \frac{1\ 000 \times 160}{3.141\ 6 \times 411} = 124(\text{r/min})$$

c. 计算转动惯量($mr^2$)。

$$mr^2 = \frac{E_t \times 183}{n^2} = \frac{268\ 537.5 \times 183}{124^2} = 3\ 169(\text{kg} \cdot \text{m}^2)$$

⑤选择某 400 t 焊机上最接近的转动惯量,如

$$mr^2 = 4\ 976.5\ \text{kg} \cdot \text{m}^2$$

⑥确定焊机转速($n$)。

$$n=\sqrt{\frac{E_t\times183}{mr^2}}=\sqrt{\frac{268\ 537.5\times183}{4\ 976.5}}=99(\mathrm{r/min})$$

⑦要求的焊机参数。

转动惯量：　　$mr^2=4\ 976.5\ \mathrm{kg\cdot m^2}$

主轴转速：　　$n=99\ \mathrm{r/min}$

焊机压力表压力：　　$p_c=10\ \mathrm{MPa}$

总能量：

$$E_t=\frac{mr^2\cdot n^2}{183}=\frac{4\ 976.5\times99^2}{183}=266\ 528.3(\mathrm{J})$$

(5)进行焊接试验。

焊接结果得变形量 $\Delta L=2.36$ mm。

### 4.1.2　0002—001 试验环的焊接

**1. 焊接参数的计算**

(1)试验环焊前尺寸见表 4.2。

**表 4.2　试验环焊前的尺寸**

| 部位 | 环 3 | 环 4 |
|---|---|---|
| 外径 $D$/mm | 411 | 411 |
| 内径 $d$/mm | 403 | 403 |
| 壁厚 $\delta$/mm | 4 | 3.96 |
| 结合面面积 $S_p/\mathrm{mm^2}$ | 5 115 | 5 114.5 |
| 高度 $h$/mm | 145 | 145 |

(2)计算焊接参数。

按 0001—001 试验环的 $E_t$ 与 $\Delta L$ 之间的关系，任选一点变形量如 $\Delta L=3.0$ mm，然后，按此变形量计算焊接参数：

$$E_1\rightarrow2.36\ \mathrm{mm}$$

$$E'_2\leftarrow3.0\ \mathrm{mm}$$

则

$$E'_2=\frac{266\ 528.3\times3}{2.36}=338\ 807.2(\mathrm{J})$$

$$n=\sqrt{\frac{E_t\times183}{mr^2}}=\sqrt{\frac{338\ 807.2\times183}{4\ 976.5}}=110(\mathrm{r/min})$$

$$E_2=\frac{mr^2\cdot n^2}{183}=\frac{4\ 976.5\times110^2}{183}=329\ 047.3(\mathrm{J})$$

$$mr^2=4\ 976.5\ \mathrm{kg\cdot m^2}$$

$$p_c=10\ \mathrm{MPa}$$

(3)焊接结果。

$$\Delta L=3.78\ \text{mm}$$

**2. 绘制 $E_g$ 与 $\Delta L$ 之间的关系曲线**

根据 0001—001 与 0002—001 两试验环试验结果,可以绘制 $E_g$ 与 $\Delta L$ 之间的关系曲线,两点坐标为

$$E_g=\frac{266\ 528.3}{5\ 115}=52(\text{J/mm}^2)\rightarrow\Delta L=2.36\ \text{mm}$$

$$E_g=\frac{329\ 047.3}{5\ 114.5}=64(\text{J/mm}^2)\rightarrow\Delta L=3.78\ \text{mm}$$

连接 1—2 两点成一直线如图 4.2 所示。

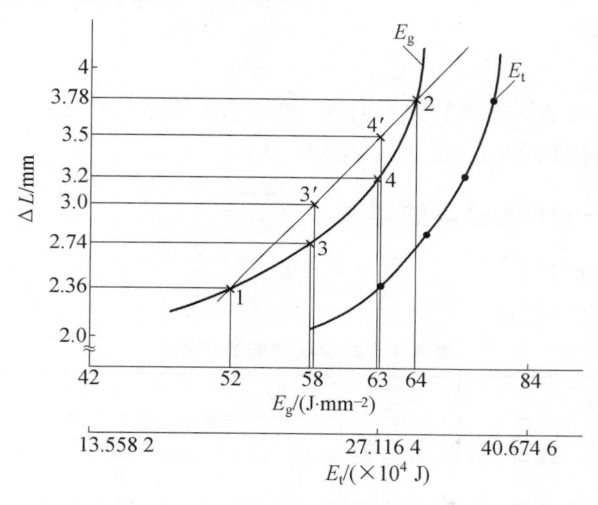


图 4.2　$E_g$、$E_t$ 与 $\Delta L$ 之间的曲线关系

## 4.1.3　0003—001 环的焊接

焊接参数的计算如下。

(1)试验环焊前的尺寸,见表 4.3。

**表 4.3　试验环焊前的尺寸**

| 部位 | 环 3 | 环 4 |
|---|---|---|
| 外径 $D$/mm | 411 | 411 |
| 内径 $d$/mm | 403 | 403 |
| 壁厚 $\delta$/mm | 3.96 | 4 |
| 结合面面积 $S_p$/mm² | 5 114.5 | 5 115 |
| 高度 $h$/mm | 140 | 140 |

(2)计算焊接参数。

为了绘制该曲线,从图 4.2 中看出,在 $\Delta L=2.36\sim3.78$ mm 上,任意选取 $\Delta L=3.0$ mm处点 3′,则该点能量为

$$E'_{g3}=58\ \text{J/mm}^2$$

$$E'_{t3}=58\times S_p=58\times 5\ 114.5=296\ 641(\text{J})$$

则

$$n=\sqrt{\frac{E_t\times 183}{mr^2}}=\sqrt{\frac{296\ 641\times 183}{4\ 976.5}}=104(\text{r/min})$$

$$p_c=10\ \text{MPa}$$

$$E_{t3}=\frac{mr^2\times n^2}{183}=\frac{4\ 976.5\times 104^2}{183}=294\ 130(\text{J})$$

$$E_{g3}=\frac{294\ 130}{5\ 114.5}=57.5(\text{J/mm}^2)$$

(3)焊接结果。

$$\Delta L=2.74\ \text{mm}$$

(4)继续绘制 $E_g$ 与 $\Delta L$ 之间的关系曲线,如图 4.2 所示。将 $\Delta L=2.74$ mm 与 $E_{g3}=57.5\ \text{J/mm}^2$ 交会点画到曲线上,得到真实的 3 点。

### 4.1.4 0004—001 试验环的焊接

焊接参数的计算如下。

(1)试验环焊前尺寸见表 4.4。

表 4.4 试验环焊前的尺寸

| 部位 | 环 3 | 环 4 |
|---|---|---|
| 外径 $D$/mm | 411 | 411 |
| 内径 $d$/mm | 403 | 403 |
| 壁厚 $\delta$/mm | 4.0 | 4.0 |
| 结合面面积 $S_p/\text{mm}^2$ | 5 115 | 5 115 |
| 高度 $h$/mm | 135 | 135 |

(2)计算焊接参数。

按上述同样方法,设定 $\Delta L=3.5$ mm 处点 4′,从图 4.2 中看出:

$$E'_{g4}=63\ \text{J/mm}^2$$

$$E'_{t4}=63\times 5\ 115=322\ 245(\text{J})$$

$$n=\sqrt{\frac{E_t\times 183}{mr^2}}=\sqrt{\frac{322\ 245\times 183}{4\ 976.5}}=108(\text{r/min})$$

因此,焊机参数为

$$mr^2=4\ 976.5\ \text{kg}\cdot\text{m}^2$$

$$p_c=10\ \text{MPa}$$

$$E_{t4}=\frac{4\ 976.5\times 108^2}{183}=317\ 190.7(\text{J})$$

$$E_{g4}=\frac{E_{t4}}{S_p}=\frac{317\ 190.7}{5\ 115}=62(\text{J/mm}^2)$$

(3)焊接结果。

$$\Delta L = 3.2\ \text{mm}$$

(4)继续绘制 $E_g$ 与 $\Delta L$ 之间的关系曲线如图 4.2 所示。

将 $\Delta L=3.2$ mm 点画到图 4.2 $E_g$ 曲线上，得到真实的 4 点坐标(3.2、62)，将 1、2、3 和 4 点连成一曲线，即为 $E_g$ 与 $\Delta L$ 之间的关系曲线。同样道理，也可作出 0001—002 的 $E_g$ 与 $\Delta L$ 之间的关系曲线见表 4.5 和图 4.3。

**表 4.5　GH4169 试验环焊接数据**

| 序号 | 编号 | $S_p$/mm² | $mr^2$ /(kg · m²) | $n$ /(r · min⁻¹) | $F_t$ /N | $E_t$ /J | $E_g$ /(J · mm⁻²) | $\Delta L$ /mm |
|---|---|---|---|---|---|---|---|---|
| 1 | 0001—001 | 5 115 | 4 976.5 | 99 | 1 489 739 | 266 528.3 | 52 | 2.36 |
| | 0003—001 | 5 114.5 | 4 976.5 | 104 | 1 489 739 | 294 130 | 57.5 | 2.74 |
| | 0004—001 | 5 114.5 | 4 976.5 | 108 | 1 489 739 | 317 190.7 | 62 | 3.20 |
| | 0002—001 | 5 114.5 | 4 976.5 | 110 | 1 489 739 | 329 047.3 | 65.4 | 3.78 |
| 2 | 0001—002 | 4 703 | 4 062 | 114 | 1 400 355 | 289 205 | 61.4 | 2.66 |
| | 0003—002 | 4 738 | 4 062 | 118 | 1 400 355 | 309 856.4 | 65 | 3.51 |
| | 0002—002 | 4 779 | 4 062 | 120 | 1 400 355 | 320 449 | 67 | 3.84 |

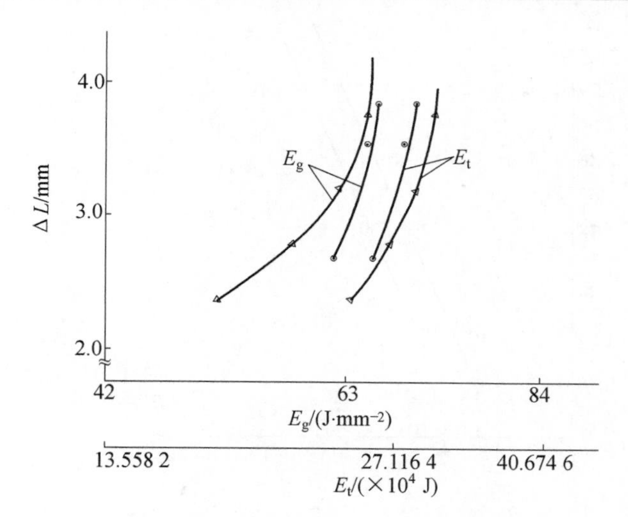


图 4.3　$E_g$、$E_t$ 与 $\Delta L$ 之间的关系曲线

## 4.2　$E_g$ 和 $E_t$ 与 $\Delta L$ 之间的几条线是曲线不是直线（兼论摩擦焊变形量的形成过程）

### 4.2.1　有曲线也有直线

上述做的这两组试验见表 4.5 和图 4.2 与图 4.3，有曲线也有直线。

### 4.2.2　有的资料中绘成了直线

有的资料中，将 $E_g$ 与 $\Delta L$ 之间的关系绘成了直线，如图 4.4 与图 4.5 所示，见表 4.6 与表 4.7。

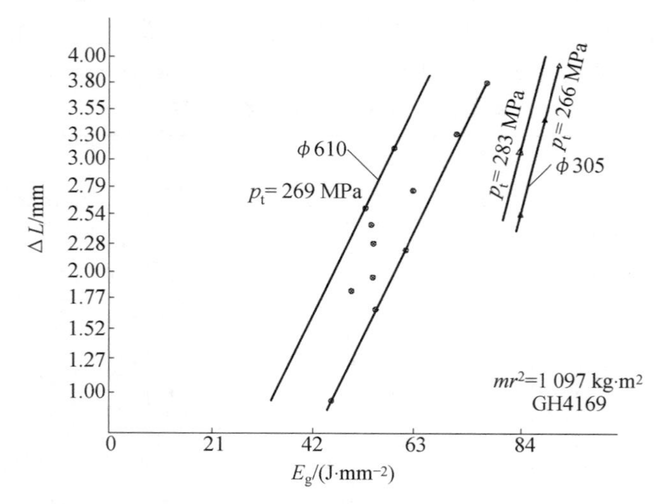


图 4.4　TF39 发动机摩擦焊试验环 $E_g$ 与 $\Delta L$ 之间的关系

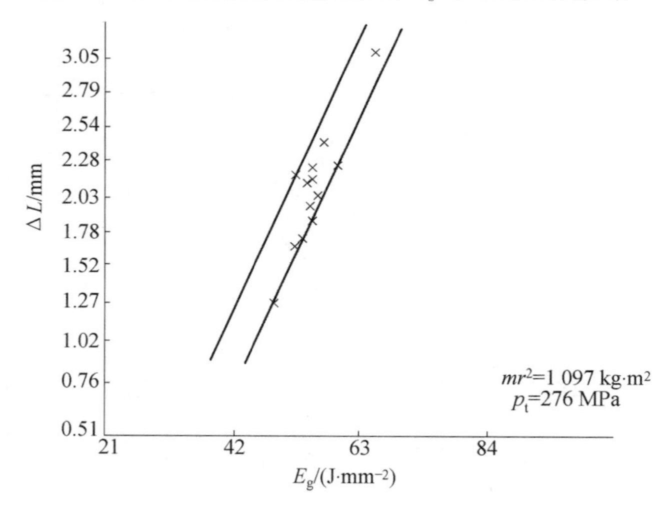


图 4.5　TF39 发动机压气机 14～16 级盘摩擦焊 $E_g$ 与 $\Delta L$ 之间的关系

**表 4.6　TF39 发动机试验环摩擦焊结果**

**(GH4169 合金,$\phi$610 mm×4.7 mm, $mr^2$＝1 097 kg · m$^2$, 400B)**

| 编号 | $n$/(r · min$^{-1}$) | $v_t$/(m · min$^{-1}$) | $p_t$ /MPa | $t_t$/s | $E_g$/(J · mm$^{-2}$) | $\Delta L$/mm | 尺寸精度/mm | |
|---|---|---|---|---|---|---|---|---|
| | | | | | | | Flat | TIR |
| 25－27 | 346 | 661 | 262 | 3.1 | 81.0 | 1.68 | 0.3 | 0.5 |
| 16－21 | 330 | 625 | 268 | 3.4 | 75.0 | 3.86 | 0.127 | 0.48 |

续表4.6

| 编号 | $n$/(r·min$^{-1}$) | $v_t$/(m·min$^{-1}$) | $p_t$/MPa | $t_t$/s | $E_g$/(J·mm$^{-2}$) | $\Delta L$/mm | 尺寸精度/mm | |
|---|---|---|---|---|---|---|---|---|
| | | | | | | | Flat | TIR |
| 1—2 | 310 | 587 | 268 | 3.6 | 67.2 | 3.23 | 0.28 | 0.37 |
| 20—30 | 288 | 552 | 268 | 2.5 | 57.3 | 3.09 | 0.29 | 0.37 |
| 11—14 | 274 | 521 | 273 | 2.8 | 52.5 | 1.73 | 0.127 | 0.89 |
| 24—26 | 296 | 566 | 266 | 3.2 | 59.6 | 2.77 | 0.2 | 0.66 |
| 22—25 | 278 | 532 | 264 | 2.8 | 52.3 | 2.29 | 0.127 | 0.86 |
| 1—29 | 294 | 562 | 261 | 3.9 | 58.2 | 2.24 | 0.05 | 1.0 |
| 17—31 | 257 | 488 | 266 | — | 45.2 | 1.02 | 0.23 | 0.46 |
| 10—18 | 273 | 517 | 275 | 2.8 | 52.5 | 1.96 | 0.06 | 0.53 |
| 26—27 | 277 | 529 | 273 | 2.8 | 52.5 | 2.62 | 0.15 | 0.46 |
| 16—21 | 273 | 517 | 277 | 2.8 | 52.5 | 2.44 | 0.2 | 0.46 |
| 23—28 | 266 | 504 | 272 | 2.6 | 48.3 | 1.85 | 0.1 | 0.41 |

**表 4.7　TF39 发动机压气机 14～16 级盘摩擦焊结果**
**(GH4169 合金，$\phi$610×4.7 mm，$mr^2$＝1 097 kg·m$^2$，400B)**

| 编号 | $n$/(r·min$^{-1}$) | $v_t$/(m·min$^{-1}$) | $p_t$/MPa | $t_t$/s | $E_g$/(J·mm$^{-2}$) | $\Delta L$/mm | 尺寸精度/mm | |
|---|---|---|---|---|---|---|---|---|
| | | | | | | | Flat | TIR |
| 16—15 | 266 | 507 | 272 | 2.6 | 48.3 | 1.27 | 0.089 | 0.076 2 |
| 15—14 | 273 | 523 | 270 | 2.8 | 50.4 | 1.65 | 0.165 | 0.305 |
| 16—15 | 278 | 531 | 272 | 2.7 | 52.5 | 2.13 | 0.127 | 0.089 |
| 16—15 | 275 | 527 | 272 | 2.5 | 51.5 | 2.20 | 0.074 | 0.10 |
| 16—15 | 277 | 530 | 268 | 2.8 | 51.5 | 1.19 | 0.10 | 0.165 |
| 15—14 | 280 | 536 | 273 | 2.7 | 53.1 | 2.16 | 0.10 | 0.267 |
| 14—FL | 278 | 527 | 273.3 | 2.7 | 53.1 | 1.85 | 0.178 | 0.686 |
| 15—14 | 277 | 530 | 273.3 | — | 51.5 | 1.67 | 0.10 | 1.143 |
| 15Spacer | 277 | 529 | 273 | 3.2 | 52.3 | 1.85 | 1.397 | — |
| 15Spacer | 289 | 552 | 275 | 1.5 | 54.8 | 0.178 | — | — |
| 14—FL | 281 | 533 | 281 | 2.4 | 55.7 | 1.47 | 0.025 | 1.143 |
| 14—FL | 289 | 549 | 276 | 2.9 | 56.7 | 2.26 | 0.050 8 | 0.32 |
| 15Spacer | 316 | 607 | 253 | 2.9 | 60.3 | 3.048 | — | — |
| 16—15 | 282 | 539 | 277 | 2.5 | 53.6 | 2.24 | 0.050 8 | 0.19 |
| 15—14 | 283 | 541 | 280 | 2.6 | 53.6 | 2.08 | 0.050 8 | 0.178 |
| 14—FL | 286 | 543 | 276 | 2.4 | 55.4 | 2.46 | 0.025 | 0.076 2 |

### 4.2.3　是曲线不是直线且为 $y=bx^2$ 的抛物线

根据试验数据和分析证明，这些线是曲线，不是直线，而且是 $y=bx^2$ 的抛物线。按 $y=bx^2$ 可画出无数条曲线，如图 4.6 所示，这些曲线定义为抛物线。

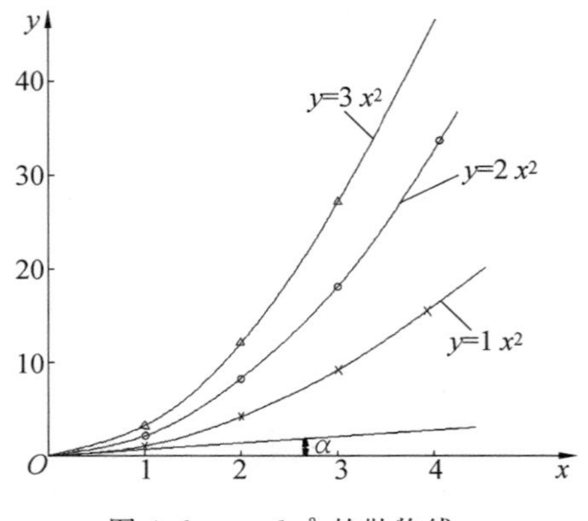


图 4.6　$y=bx^2$ 的抛物线

**1. 试验环的变形量($\Delta L$)**

试验环的变形量($\Delta L$)随转速($n$)增加，不是按等比直线增加，而是按抛物线形式增加，见表 4.8 和图 4.2 与图 4.3 曲线。

表 4.8　GH4169 合金试验环 $\Delta L$ 与 $n_t$ 之间的关系

| 转速 $n_t/(\mathrm{r\cdot min^{-1}})$ | 99 | — | 104 | — | 108 | — | 110 |
|---|---|---|---|---|---|---|---|
| 转速差 $\Delta n/(\mathrm{r\cdot min^{-1}})$ | — | 5 | — | 4 | — | 2 | — |
| 变形量 $\Delta L$/mm | 2.36 | — | 2.74 | — | 3.20 | — | 3.78 |
| 变形量差 $\Delta$/mm | — | 0.38 | — | 0.46 | — | 0.58 | — |
| 每转变形量差 $\frac{\Delta}{\Delta n}$/mm | — | 0.076 | — | 0.115 | — | 0.290 | — |

由表 4.8 中看出，在低转速时，两试验环的转速差很多，但变形量相差很少；在高转速时，两试验环的转速差很少，变形量相差很多，说明变形量的增长规律不是按等比直线增长，而是按抛物线形式增长。

**2. 实心棒单个接头的 $\Delta L$**

实心棒单个接头的 $\Delta L$ 随转速($n$)增加，不是按等比直线，而是按抛物线形式增加，见表 4.9。

由表 4.9 中看出，在初始摩擦阶段，消耗很多的能量(转速)，才能形成 1 mm 的变形量；而在摩擦的中期和后期，消耗相对少的能量(转速)，就能产生 1 mm 的变形量，这也说明变形量的增长不是按等比直线增长，而是按抛物线形式增长。

**表 4.9　GH4169 合金实心棒($\phi 20$)变形量($\Delta L$)的形成过程**

**(220B 焊机,$p_c = 6.9$ MPa,$mr^2 = 0.68$ kg · m$^2$)**

| | | | | | | | |
|---|---|---|---|---|---|---|---|
| 1 | $\Delta L$/mm | 0 | 1 | 2 | 3 | 3.12 | 3.16 |
| | $t$/s | 2.6 | 0.75 | 0.6 | 0.1 | 0.2 | |
| | $n$/(r · min$^{-1}$) | 4 134 | 1 500 | 849 | 223 | 15 | 0 |
| | 转速差 $\Delta n$ /(r · min$^{-1}$) | 2 634 | 651 | 626 | 208 | 15 | |
| 2 | $\Delta L$/mm | 0 | 1 | 2 | 3 | 3.4 | — |
| | $t$/s | 2.4 | 0.65 | 0.65 | 0.2 | — | |
| | $n$/(r · min$^{-1}$) | 4 026 | 1 565 | 992 | 388 | 32 | 0 |
| | 转速差 $\Delta n$ /(r · min$^{-1}$) | 2 461 | 573 | 604 | 356 | 32 | |

### 3. TF39 发动机的 ΔL 也为抛物线形式增长

如果把表 4.6 和表 4.7 中某些等压力数据,按转速大小顺序重新排列,绘制成 $E_g$ 与 $\Delta L$ 曲线,它也为抛物线形式,见表 4.10 和表 4.11 及图 4.7。

**表 4.10　TF39 发动机试验环 $E_g$ 与 ΔL 数据重新排列**

**(GH4169 合金,$\phi 610$ mm×4.7 mm,$mr^2 = 1\ 097$ kg · m$^2$)(表 4.6)**

| 编号 | $n$/(r · min$^{-1}$) | $p_t$/MPa | $E_g$/(J · mm$^{-2}$) | $\Delta L$/mm |
|---|---|---|---|---|
| 17—31 | 257 | 266 | 45.2 | 1.02 |
| 22—25 | 278 | 264 | 52.3 | 2.29 |
| 20—30 | 288 | 268 | 57.3 | 3.09 |
| 24—26 | 296 | 266 | 59.6 | 2.77 |
| 1—2 | 310 | 268 | 67.2 | 3.23 |
| 16—21 | 330 | 268 | 75.0 | 3.86 |

**表 4.11　*TF39* 发动机压气机 14～16 级盘摩擦焊数据重新排列(表 4.7)**

| 编号 | $n$/(r · min$^{-1}$) | $p_t$/MPa | $E_g$/(J · mm$^{-2}$) | $\Delta L$/mm |
|---|---|---|---|---|
| 16—15 | 266 | 272 | 48.3 | 1.27 |
| 15—14 | 273 | 270 | 50.4 | 1.65 |
| 16—15 | 275 | 272 | 51.5 | 2.20 |
| 16—15 | 277 | 273 | 52.3 | 1.85 |
| 15—14 | 280 | 273 | 53.1 | 2.16 |
| 15—Spacer | 283 | 276 | 56.7 | 2.26 |

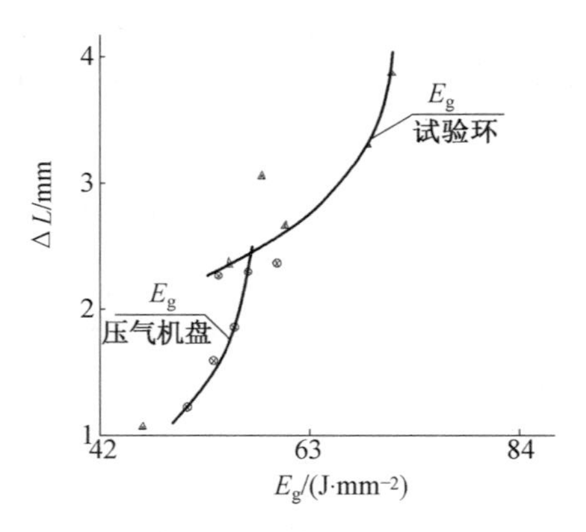


图 4.7　TF39 发动机压气机盘和试验环的 $E_g$ 与 $\Delta L$ 之间的关系曲线

(GH4169 合金，$\phi$610 mm×4.7 mm，$mr^2$=1 097 kg·$m^2$)

**4. 实心棒单个接头 ΔL 的形成过程**

实心棒单个接头 $\Delta L$ 的形成过程，也是按抛物线形式增长，如图 4.8 所示。

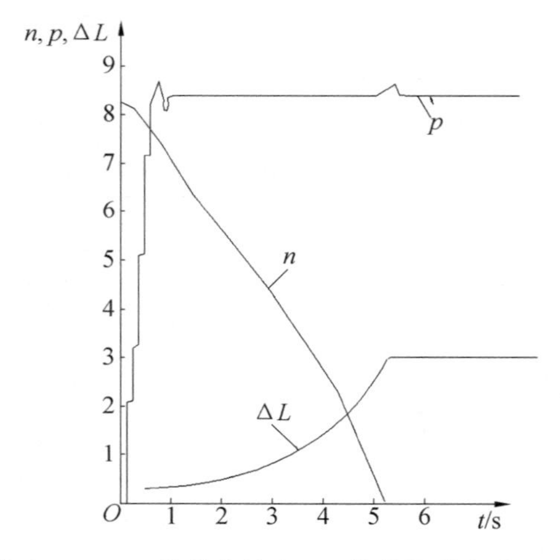


图 4.8　GH4169 合金 $\phi$20 mm 棒单个接头 $\Delta L$ 曲线的形成过程(计算机打印记录)

以上这些曲线均为 $y=bx^2$ 的抛物线形式，它正确地反映了这些试验变形量的形成过程：当初始摩擦阶段，大部分能量用来预热零件两端头、夹具和主轴与滑座等，一段时间内产生很小的变形量，见表 4.8 和表 4.9。

由表 4.8 中看出，在 99 和 104 转之间差 5 转，变形量差 0.38 mm；而在 108 和 110 转之间差 2 转，变形量差 0.58 mm。

由表 4.9 中看出，在开始摩擦时，产生 1 mm 的变形量，要消耗 2 634～2 461 转能量；而在摩擦终止前，产生 1 mm 的变形量只消耗 626～604 转能量。

**5. 变形量(ΔL)与能量($E_g$)之间的关系就是 $y=bx^2$ 之间的关系**

因为

$$E=\frac{mr^2 \cdot n^2}{183}$$

式中　$mr^2$——转动惯量，$kg \cdot m^2$；

$n$——主轴转速，r/min；

183——单位换算系数。

焊接过程中，随转速增加，能量($E$)呈平方关系增加，变形量($\Delta L$)也呈平方关系增加，转动惯量($mr^2$)和焊接压力($p_c$)在焊接过程中可以认为是不变的常数。因此，当摩擦焊接的总能量为

$$E_t = E_{\Delta L} + E_L$$

式中　$E_t$——摩擦焊接的总能量，J；

$E_{\Delta L}$——形成变形量的能量，J；

$E_L$——焊接过程中损失的能量，J。

如果不考虑能量损失，则

$$E_t = E_{\Delta L} = \frac{mr^2 \cdot n^2}{183} = bn^2$$

那么

$$b = \frac{mr^2}{183} = \tan\alpha\text{(图 4.6)} \tag{4.1}$$

或者

$$b = \frac{E_{\Delta L}}{n^2} = \tan\alpha\text{(图 4.6)} \tag{4.2}$$

因此看出：

(1)变形量随能量或者转速增加，呈抛物线形式增加。

(2)抛物线的上升斜率，在摩擦压力和转速一定时，随转动惯量增加而加快(式(4.1))即摩擦焊缝变形量增长速度加快，反之亦然。

(3)抛物线的上升斜率，在摩擦压力和转动惯量一定时，随摩擦速度增加而减慢(式(4.2))，即摩擦焊缝变形量增长速度减慢，反之亦然。

(4)在双级阶梯压力焊接时，变形量也会变成带阶梯式的抛物线形式曲线见图 1.12(a)中的 $\Delta L$。

摩擦焊缝变形量的增长规律与电阻点焊时熔核的增长规律基本上相似，即

$$Q_C = 0.24 I^2 R t \tag{4.3}$$

式中　$Q_C$——焊点熔核所需能量，J；

$I$——点焊时有效值电流，A；

$R$——被焊零件的电阻，Ω；

$t$——点焊时间，s。

# 4.3　能量曲线的用途

## 4.3.1　应用 $E_g$ 曲线，预见 $\Delta L$ 和 $n$

从上述分析看到，在同种材料和同样接头结构情况下，$E_g$ 与 $\Delta L$ 之间按抛物线形式

变化，呈一一对应的关系，有一个变形量，在能量曲线上就能找到一个对应的能量值；反之，有一个能量值 $E_t$，就能找到一个变形量值。

**1. 已知变形量($\Delta L$)，求能量值($E_g$)**

例如，在焊接某一个同材料、同结构和尺寸的多级组件时，如果焊接的第一条焊缝变形量未达到图纸要求，这时就要根据图纸要求的变形量如 $\Delta L=3.0$ mm，求所需要的能量值 $E_g$ 和转速($n$)，如图 4.9 所示。

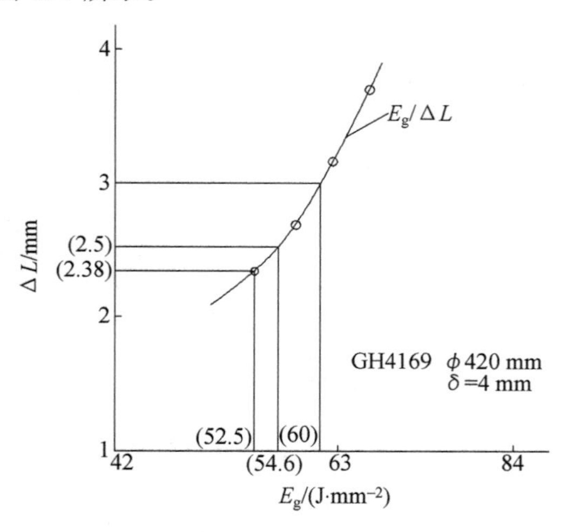


图 4.9　试验环 $E_g$ 与 $\Delta L$ 之间的曲线关系

如果被焊试验环结合面面积为 $S_p=5\ 115\ \text{mm}^2$(表 4.1)，而由图 4.9 上查出，当 $\Delta L=3.0$ mm时，$E_g=60\ \text{J/mm}^2$，则

$$E_t=E_g\times S_p=60\times5\ 115=306\ 900(\text{J})$$

$$n=\sqrt{\frac{E_t\times183}{mr^2}}=\sqrt{\frac{306\ 900\times183}{4\ 976.5}}=106(\text{r/min})$$

这里已知转动惯量 $mr^2$、零件壁厚 $\delta$ 和焊接压力 $p_f$。

**2. 已知能量($E_g$)，求变形量($\Delta L$)**

按本章的计算方法，已经计算出了焊接能量 $E_g$，如果想预先知道变形量，可以按该曲线直接查到。如：$E_g=54.6\ \text{J/mm}^2$，则

$$\Delta L=2.5\ \text{mm}$$

这里必须建立在同种材料、同样接头结构和尺寸的情况下。

### 4.3.2　$E_g$ 与 $\Delta L$ 和 $E_g$ 与 $\delta$(或 $D$)曲线之间的区别

**1. 附图Ⅰ～Ⅺ能量、载荷同直径或壁厚关系曲线特点**

由附图Ⅰ～Ⅺ中看出，共 11 幅曲线，可分为 6 类 4 种走向。

(1)6 类。

①碳钢。

a. 实心棒(附图Ⅰ、Ⅱ、Ⅲ)的 $E_g$ 和 $F_g$ 随直径($D$)增加，呈下凹上升曲线增加。

b. 空心管(附图Ⅳ)的 $E_g$、$F_g$ 随壁厚($\delta$)增加，呈上凸上升曲线增加，至壁厚为 35 mm

以上，能量和压力保持不变。

②双级阶梯压力（碳钢棒）（附图Ⅴ、Ⅵ）$E_g$、$F_g$随直径（$D$）增加，呈下凹上升曲线增加。

③铝管同板（附图Ⅶ）的 $E_g$ 随壁厚增加，呈上凸加快上升曲线增加；$F_g$ 随壁厚增加，呈上凸较慢上升曲线增加。

④铜同铝棒（附图Ⅷ）的 $E_g$ 和 $F_g$ 随直径（$D$）增加，呈下凹上升曲线增加。

⑤高温合金同钢管（附图Ⅸ）的 $E_g$ 随壁厚增加，其值不变；$F_g$ 随壁厚增加，呈上凸上升曲线增加。

⑥高温合金管（附图Ⅹ和Ⅺ）的 $E_g$ 随壁厚增加，呈上凸上升曲线增加；$F_g$ 随壁厚增加，其值不变。

（2）4 种走向。

①实心棒（附图Ⅰ、Ⅱ、Ⅲ，附图Ⅴ、Ⅵ和附图Ⅷ）的 $E_g$ 和 $F_g$ 随直径增加，呈下凹上升曲线增加。

②空心管（附图Ⅳ和附图Ⅶ）的 $E_g$ 和 $F_g$ 随壁厚增加，呈上凸上升曲线增加。

③高温合金同钢（管同管）零件（附图Ⅸ）的 $F_g$ 随壁厚增加，呈上凸上升曲线增加；而 $E_g$ 保持不变呈一平直线。

④高温合金管（附图Ⅹ和Ⅺ）的 $E_g$ 随壁厚增加，呈上凸上升曲线增加；而 $F_g$ 随壁厚增加，保持不变呈一平直线。

**2. 实心棒的 $E_g$ 和 $F_g$ 曲线与空心管的不同的原因**

实心棒的 $E_g$ 和 $F_g$ 曲线与空心管的不同是由于实心棒在摩擦焊接过程中，随直径（$D$）增加，只能向外径方向排出飞边，排边比较困难，需要的 $E_g$ 和 $F_g$ 较多，因此呈下凹上升曲线，上升得比较慢，消耗能量较多；而空心管在摩擦焊接过程中，随壁厚增加，它可以向内外径两边排出飞边，排边比较容易，需要的 $E_g$ 和 $F_g$ 较少，因此呈上凸上升曲线，上升得比较快，但当壁厚达到一定厚度以后，排边均比较困难，曲线不再上升（附图Ⅳ）。

**3. $E_g$ 和 $F_g$ 与 $D(\delta)$ 关系曲线分析**

由附图Ⅰ～Ⅷ中看出，随实心棒直径或空心管壁厚增大，焊接该曲线上的零件时，所需要的能量和压力均按二次抛物线增加，也就是说，随零件直径或空心管壁厚增大，焊接时所需要的摩擦压力和摩擦速度都要增加，说明摩擦速度和摩擦压力是等价的按比例增加，也说明焊接这种零件的焊机，摩擦速度和摩擦压力都必须能够无级调节。

由附图Ⅸ、Ⅹ和附图Ⅺ中看出，随空心管壁厚增加，焊接该曲线上的零件时，所需要的能量增加，摩擦压力可以保持不变；也可以随着摩擦压力增加，所需要的能量保持不变。在这里，说明摩擦速度和摩擦压力不是等价的按比例增加。也就是说焊接这种零件的焊机，可以固定一个速度不变，如国内的连续驱动摩擦焊机，只有一个恒速，焊接不同直径零件时，只调节焊接压力；也可以固定一个恒压，焊接不同直径零件时，只调节摩擦速度，这就是惯性摩擦焊机。

**4. $E_g/\Delta L$ 与 $E_g/D(\delta)$ 曲线的关系**

$E_g/D(\delta)$ 曲线是焊接范围内所有直径（$D$ 或 $\delta$）零件焊接时，所需要的最低能量值曲线。也就是说有一个零件直径（$D$ 或 $\delta$），就能在该曲线上找到焊接该零件（$D$ 或 $\delta$）时，所需要的最低能量值（$E_g$）。

既然，已知零件（$D$ 或 $\delta$）并在 $E_g/D(\delta)$ 曲线上找到了焊接该零件所需要的能量值（$E_g$），那么，用这个能量值（$E_g$）焊接该零件产生的变形量可以直接在 $E_g/\Delta L$ 曲线上查到。因此，$E_g/D(\delta)$ 曲线是焊接范围内所有直径（$D$ 或 $\delta$）零件焊接时，所需要的能量曲线；而 $E_g/\Delta L$ 是该曲线上某一个固定零件（$D$ 或 $\delta$）焊接时，所需能量（$E_g$）与变形量（$\Delta L$）的关系曲线。

**5. $E_g/D(\delta)$ 曲线的用途**

附图Ⅰ～Ⅺ曲线是用来求不同直径（$D$）实心棒和不同壁厚（$\delta$）空心管能够产生最小飞边焊上所需能量曲线，这些曲线也必然为

$$y=bx^2$$

的抛物线形式。它随着零件直径（$D$ 或 $\delta$）增加，往外排出飞边逐渐困难，所需能量有所增加。但应用这些曲线计算的焊接参数是否都能焊上？是过飞边焊上？还是中等飞边焊上？还是最小飞边焊上？

对于壁厚为 4 mm 的 GH4169 管件，焊接所需单位能量为

$$E_g=52.5\ \mathrm{J/mm^2} \qquad \text{附图Ⅺ}$$

那么，应产生多大的变形量呢？根据 $E_g$ 与 $\Delta L$ 曲线，它可以解决上述提出的问题如图4.9所示。

当 $E_g=52.5\ \mathrm{J/mm^2}$ 时，则

$$\Delta L=2.38\ \mathrm{mm}$$

这里，$E_g$ 与 $\Delta L$ 曲线必须与 $E_g$ 和壁厚曲线在同等壁厚、同等接头结构上使用。

**6. 证明能量曲线为二次曲线增长规律**

（1）当金属产生黏塑性变形层金属时，各种直径 $D(\delta)$ 上的金属单位面积上的压力（$F_g$）应该是固定不变的，即

$$F_t/S_p=C$$

那么

$$F_t=C\cdot S_p$$

①当为棒时：

$$F_t=C\cdot S_p=C\times\frac{1}{4}\pi D^2=bx^2$$

②当为管时：

$$\frac{F_t}{S_p}=C$$

那么

$$F_t=C\cdot S_p=C\times\frac{1}{4}\pi(D^2-d^2)=bx^2$$

$$F_g=\frac{F_t}{S_p}=\frac{bx^2}{S_p}=b_1x^2$$

同理也可以证明，随 $D(\delta)$ 增加，$E_g$ 和 $E_t$ 也为二次曲线增长规律，当 $F_t/E_t=C$ 时，$F_t$ 和 $D(\delta)$ 曲线与 $E_t$ 和 $D(\delta)$ 曲线两者重合，即为 $E_t$ 与 $F_t$ 能量曲线。

（2）因为摩擦焊的旋转零件接触的面积均为圆周形，无论是棒、管，还是管板，它们的

接触摩擦面积均为 $S_p = 1/4\pi D^2$，所以在圆周面积上进行摩擦生热，它所做的功，产生的能量、压力均为二次曲线关系，因为圆面积为二次方。

**7. 能量和载荷最小值的确定**

用最小的能量使金属升温达到黏塑性状态，再用最小的推力载荷使高温黏塑性金属产生塑性变形，从焊缝区中挤出，形成最小的缩短量（假设 $\Delta L = 2.36$ mm），这时载荷与能量两者的比值（低碳钢）化简后为 $F_g/E_g = 22/13.5 = 4.45/2.7 = 1.65$，如附图Ⅰ所示。

而高温合金由于强度高、硬度大，所能承受的摩擦压力大，因此，两者的比值也大，即 $F_g/E_g = 3.28$。这说明在高温合金摩擦焊接时，用最小的能量使金属升温达到黏塑性状态，再用比低碳钢最小的推力载荷还要大得多的最小推力载荷，才能使高温黏塑性金属产生黏塑性变形，从焊缝区中挤出，形成最小的缩短量（假设 $\Delta L = 2.36$ mm），这时载荷与能量两者的比值化简后为 $F_g/E_g = 69/21 = 3.28$，如附图Ⅹ所示。

因此，能量（$E_g$）和载荷（$F_g$）的最小值是通过试验验证出来的，试验的规则为 $F_g/E_g = C$。不同的金属材料，这个常数不同。

**8. 能量曲线是怎样做出来的**

(1)已掌握的知识。

①形成一个接头的载荷（$F_t$）与能量（$E_t$），两者的比值应为一个恒量，即

$$\frac{F_t}{E_t} = C$$

②能量计算公式：

$$E = \frac{mr^2 \cdot n^2}{183} (\text{kg} \cdot \text{m})$$

③确定试验接头的最小载荷与能量的比值和最小的缩短量，如低碳钢，即

$$\frac{F_g}{E_g} = 4.45/2.7 = 1.65$$

假设这时的缩短量：

$$\Delta L = 2.36 \text{ mm}$$

(2)进行焊接试验和画能量曲线图如附图Ⅳ所示。

首先用 5 mm 壁厚管进行焊接试验（管的直径大小与 $F_g$ 和 $E_g$ 关系不大），调整 $mr^2$ 和 $n$，按经验选出一个 $mr^2$ 和 $n$ 值，计算出 $E_g$，再用相关的推力载荷，即

$$F_g = 1.65\ E_g$$

进行焊接试验，当缩短量 $\Delta L = 2.36$ mm 时，记录下 $E_{g5}$（$F_{g5}$），然后画出与壁厚 5 mm 管的交点 $a_5$，得出能量曲线的原点。然后再以同样的方式进行 10 mm 壁厚管的焊接试验，调整 $mr^2$ 和 $n$，计算出 $E_g$，再用相关的推力载荷进行焊接试验，当缩短量 $\Delta L = 2.36$ mm 时，记录下 $E_{g10}$（$F_{g10}$），然后画出与壁厚 10 mm 管的交点 $a_{10}$，得出能量曲线的第 2 点，随后继续试验壁厚 15 mm、壁厚 20 mm、壁厚 25 mm 管等，得出能量曲线的 $a_{15}$、$a_{20}$、$a_{25}$ 等点，连接 $a_5$，$a_{10}$，$a_{15}$，$a_{20}$，$a_{25}$ 等点，便得出附图Ⅳ低碳钢管的能量曲线图。

# 4.4　压力对变形量的影响

## 4.4.1　压力是否能产生能量

**1. 压力与变形量的关系**

压力与变形量的关系见表 4.12。

**表 4.12　压力对变形量的影响(GH4169 合金,$\phi$70 mm 管)**

| 编号 | 试件尺寸 | | | 焊接参数 | | | | | 变形量 |
|---|---|---|---|---|---|---|---|---|---|
| | $D$ /mm | $d$ /mm | $S_p$ /$mm^2$ | $n$/(r·$min^{-1}$) | $mr^2$ /(kg·$m^2$) | $p_c$ /MPa | $F_t$ /N | $E_g$ /(J·$mm^{-2}$) | $\Delta L$ /mm |
| 3—01 | 69.85 | 61.7 | 838.7 | 650 | 16.6 | 6 | 243 476.7 | 45.9 | 6.21 |
| 4—01 | 60.6 | 61.97 | 787 | 650 | 16.6 | 5.2 | 207 508.8 | 48.9 | 5.86 |
| 6—01 | 70.1 | 61.97 | 845 | 720 | 9.3 | 6 | 243 476.7 | 31.27 | 4.42 |
| 9—01 | 70.1 | 61.7 | 871 | 720 | 9.3 | 4.8 | 193 674.6 | 30.3 | 3.54 |
| 12—01 | 70.1 | 61.7 | 871 | 670 | 7.4 | 4.8 | 193 674.6 | 20.9 | 1.51 |
| 13—01 | 69.85 | 61.7 | 838.7 | 670 | 7.4 | 6 | 243 476.7 | 14.0 | 2.35 |

由表 4.12 中看出:

3—01 与 4—01——推力差:243 476.7—207 508.8=35 968(N)

变形量差:6.21—5.86=0.35(mm)

6—01 与 9—01——推力差:243 476.7—193 674.6=49 802.1(N)

变形量差:4.42—3.54=0.88(mm)

12—01 与 13—01——推力差:243 476.7—193 674.6=49 802.1(N)

变形量差:2.35—1.51=0.84(mm)

这就是说,在 $E_g$ 接近时,由于推力的变化(35 968～49 802.1 N),相应变形量也变化(0.35～0.88 mm)。那么,这就相当于两者单位面积上压力 $F_t/S_p$ 的比值,也应接近于两者变形量($\Delta L$)的比值:

(1) $$\frac{F_{t1}/S_{p1}}{F_{t2}/S_{p2}}=\frac{243\ 476.7/838.7}{207\ 508.8/787}=1.101\approx\frac{\Delta L_1}{\Delta L_2}=\frac{6.21}{5.86}=1.060$$

(2) $$\frac{F_{t1}/S_{p1}}{F_{t2}/S_{p2}}=\frac{243\ 476.7/845}{193\ 674.6/871}=1.295\approx\frac{\Delta L_1}{\Delta L_2}=\frac{4.42}{3.54}=1.248$$

(3) $$\frac{F_{t1}/S_{p1}}{F_{t2}/S_{p2}}=\frac{243\ 476.7/838.7}{193\ 674.6/871}=1.306\approx\frac{\Delta L_1}{\Delta L_2}=\frac{2.35}{1.51}=1.556$$

这说明,随着 $F_t/S_p$ 的提高,$\Delta L$ 呈对应关系增加。

**2. 压力使变形量增加的原因**

(1)在 $E_g$ 恒定时,压力增加,使更多的塑性金属挤出造成变形量 $\Delta L$ 增加,因为压力由焊机油缸上的 4.8 MPa 增加到 6 MPa(表 4.12),相当于焊件接头单位面积界面上压力由 222 MPa 提高到 290 MPa。而这时界面上塑性层的塑性相当于锻造温度(1 020～920 ℃)以上的塑性，塑性很好还有一定的强度，因此，焊接接头界面上增加 68 MPa(290－222＝68 MPa)压力，足以使变形量增加 0.84～0.88 mm。也就是说，在 222 MPa 压力时，可能将 1 020 ℃以上温度的塑性金属全部挤出；而在 290 MPa 压力时，有可能将 920 ℃以上温度的塑性金属全部挤出，因而使变形量提高了。

(2)按能量公式，压力不能增加能量，见第 3 章式(3.1)：

$$E_t = \frac{mr^2 \cdot n^2}{183}$$

式中　$E_t$——焊接所需能量，J；

$mr^2$——飞轮的转动惯量，kg · m²；

$n$——主轴转速，r/min；

183——单位换算系数。

由第 3 章式(3.1)中看出，用于惯性摩擦焊的能量大小，也就是用于接头摩擦生热、形成变形量的能量 $E_t$ 大小与惯性摩擦焊的摩擦压力 $p_t$ 大小没有关系，惯性摩擦焊的摩擦压力既不能增加能量，也不能减少能量。

更确切地说，摩擦压力不能增加飞轮系统里储存的能量，却能增加摩擦界面上所消耗的能量。因为摩擦压力越大，摩擦力越大，在摩擦界面上摩擦力所做的功越多，即

$$W_W = \frac{2}{3}\pi p_t n \mu R^3 t \qquad (4.4)$$

式中　$p_t$——摩擦压力，MPa；

$n$——主轴转速，r/min；

$\mu$——摩擦系数；

$R$——旋转零件摩擦界面上半径，mm；

$t$——摩擦时间，s。

由式(4.4)中看出，摩擦压力能加速或延缓飞边的挤出时间和大小。在第 3 章 3.4.6 节中知道，大约每增加 4.45 N 推力，相当于增加 2.7 J 的能量。

### 4.4.2　摩擦压力与变形量之间的关系是曲线不是直线

在做 GH4169 合金 $\phi$20 mm 棒材惯性摩擦焊试验时，曾做过在相同能量下，改变焊接压力，观察变形量的变化规律的试验，结果见表 4.13 和图 4.10。

**表 4.13　GH4169 合金 $\phi$20 mm 棒摩擦压力对变形量的影响**

| 焊接参数 | | | | | | | 焊接 | 结果 |
|---|---|---|---|---|---|---|---|---|
| $n$ /(r · min⁻¹) | $mr^2$ /(kg · m⁻²) | $E_t$ /J | $p_c$ /MPa | $F_t$ /N | $p_t$ /MPa | $t$ /s | $\Delta L$ /mm | $\frac{\Delta L}{p_t}$ /(mm · MPa⁻¹) |
| 4 300 | 0.68 | 68 767.2 | 4.35 | 104 528 | 320 | 5.19 | 0.64 | 0.002 0 |
| 4 300 | 0.68 | 68 767.2 | 6.9 | 165 917.9 | 508 | 4.79 | 4.50 | 0.008 86 |
| 4 300 | 0.68 | 68 767.2 | 8.97 | 215 693 | 660 | 4.57 | 7.06 | 0.010 7 |

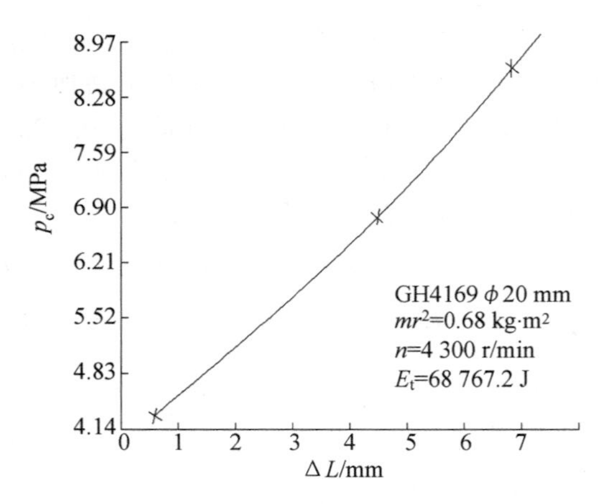


图 4.10　摩擦压力对变形量的影响

(1)由表 4.13 中看出：

①在低变形量($\Delta L$=0.64 mm)时，单位压力上变形量增加为 0.002 mm/MPa。

②在中等变形量($\Delta L$=4.5 mm)时，单位压力上变形量增加为 0.008 86 mm/MPa。

③在较大变形量($\Delta L$=7.06 mm)时，单位压力上变形量增加为 0.010 7 mm/MPa。

说明随着焊接压力增加，变形量增加越来越快，属于二次曲线增加。

(2)由图 4.10 中也看出，这是一条下凹上升的二次曲线。说明随着焊接压力增加，变形量呈二次曲线增加。

(3)物理意义。

①在开始摩擦时，摩擦表面需加热一段时间后才能形成塑性变形层金属，在未形成塑性变形层金属之前，即使增加一些压力，也不会产生多大变形量。

②当摩擦到界面上形成塑性变形层金属以后，随着摩擦压力的增加，变形量才会加快增加。

③当摩擦到较大飞边时，摩擦表面不但形成了塑性变形层，并且在塑性变形层金属周围的金属也得到了预热、软化，因此，随着摩擦压力的增加，变形量会迅速增加。

### 4.4.3　随着直径($D$)和壁厚($\delta$)的增加，对 $F_g$ 的影响见附图 Ⅰ 和 Ⅹ

(1)因为实心棒零件的面积，随着零件直径($D$)的增加呈平方关系增加，即

$$S_p=\frac{1}{4}\pi D^2$$

而对于每种金属材料焊接过程中，结合面上单位面积的焊接压力应为常数即

$$\frac{F_t}{S_p}=p_g=C(\text{常数})$$

因此，在计算实心棒参数时，能量曲线上(附图 Ⅰ)的焊接载荷($F_t$)也必须随 $D$ 呈平方关系增加即

$$F_t=C\times S_p=C\times\frac{1}{4}\pi D^2$$

这样，才能使：

$$\frac{F_t}{S_p}=C(\text{常数})$$

(2)而空心管零件，随着壁厚的增加，单位面积上的压力是不变的，如附图Ⅹ所示。这也是为了保持每种金属材料焊接过程中，结合面上单位面积上的焊接压力不变，即

$$\frac{F_t}{S_p}=C(\text{常数})$$

因此，在计算空心管参数时，能量曲线上的单位压力是不变的。

又由于实心棒比空心管排边较难、较慢，因此，曲线上升较慢，成为下凹上升曲线；而空心管排边较易、较快，因而成为上凸上升曲线，如附图Ⅰ和Ⅳ所示。

(3)随着空心管壁厚($\delta$)的增加，单位面积上的压力($F_g$)呈上凸上升二次曲线增加，而能量值($E_g$)不变，呈平直线也是有的，如附图Ⅸ所示。该曲线的形成过程就是连续驱动摩擦焊的能量形成过程曲线，固定能量(转速 $n$)，调整焊接压力，这与附图Ⅹ正好相反。这说明，当焊接速度达到要求范围的焊接速度时，只调节焊接压力，如连续驱动摩擦焊只有一个焊接速度，也能满足焊接工艺的要求；反过来，当摩擦压力达到要求范围的摩擦压力时，只调节焊接速度，如附图Ⅹ所示，也能满足某些材料的焊接工艺要求。

## 4.5　不同壁厚管接头能量和变形量之间的关系

### 4.5.1　不同壁厚管接头能量和变形量之间的关系

不同壁厚管接头能量和变形量之间的关系见表 4.14 和图 4.11。

**表 4.14　不同壁厚管接头能量和变形量之间的关系(GH4169，$\phi$70 mm)**

| 试件编号 | 试件尺寸 | | | 焊接参数 | | | | | 焊接结果 |
|---|---|---|---|---|---|---|---|---|---|
| | $D$ /mm | $d$ /mm | $S_p$ /mm² | $n$/(r·min⁻¹) | $mr^2$ /(kg·m²) | $p_c$ /MPa | $t$ /s | $E_g$/(J·mm⁻²) | $\Delta L$/mm |
| 10—01 | 70 | 61.7 | 871 | 740 | 16.9 | 6 | 3.25 | 58.1 | 4.80 |
| 11—01 | 69.85 | 61.9 | 813 | 690 | 16.9 | 6 | 2.75 | 54.2 | 3.20 |
| 12—01 | 70 | 61.7 | 871 | 670 | 16.9 | 6 | 2.5 | 47.7 | 1.90 |
| 13—01 | 69.85 | 61.7 | 838.7 | 670 | 16.9 | 6 | 2.25 | 49.5 | 2.35 |
| 81—01 | 69.85 | 54.1 | 1 567.7 | 700 | 38.6 | 11.4 | 4.75 | 66.1 | 2.35 |
| 82—01 | 69.85 | 53.8 | 1 554.8 | 600 | 38.6 | 11.4 | 2.25 | 48.97 | 0.31 |
| 83—01 | 69.85 | 54.1 | 1 567.7 | 760 | 38.6 | 11.4 | 5.75 | 77.9 | 4.64 |
| 84—01 | 69.85 | 53.8 | 1 554.8 | 660 | 38.6 | 11.4 | 3.5 | 59.3 | 0.76 |

由表 4.14 和图 4.11 看出：

(1)不同壁厚的管接头，能量与变形量之间的关系也是按抛物线的规律在变化。

(2)在同样变形量的情况下，当 $\Delta L=2.35$ mm 时，$E_{g4}=49.98$ J/mm²，$E_{g8}=70.98$ J/mm²；反之，当 $E_g=49.98$ J/mm²，$\Delta L_4=2.35$ mm，$\Delta L_8=0.38$ mm。这是因为在厚壁管焊接

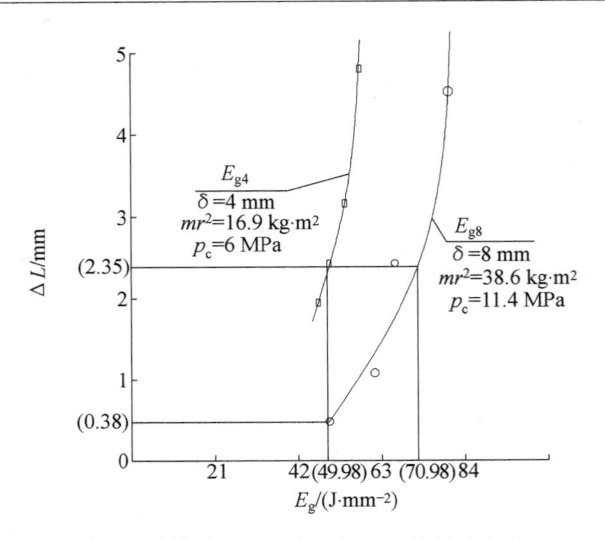


图 4.11 不同壁厚管接头能量和变形量之间的关系(GH4169,ϕ70 mm)

时,由于往外排边比薄壁管困难,因此,在同样变形量的情况下需要较多的能量。

### 4.5.2 不同直径、壁厚管接头在同样变形量的情况下,能量($E_g$)水平问题

不同直径、壁厚管接头在同样变形量的情况下,能量($E_g$)水平问题见表 4.15。

表 4.15 不同直径、壁厚管接头在同样变形量的情况下,能量($E_g$)水平问题

| 试件编号 | 试件尺寸 | | | 焊接参数 | | | | 焊接结果 ΔL/mm | 由能量曲线上按壁厚计算 $E_g$ /(J · mm²) |
|---|---|---|---|---|---|---|---|---|---|
| | D /mm | d /mm | $S_p$ /mm² | n /(r · min⁻¹) | $p_c$ /MPa | $F_t$ /N | $E_g$/(J · mm⁻²) | | |
| 13—01 | 69.85 | 61.7 | 838.7 | 670 | 6 | 243 476.7 | 49.5 | 2.35 | 52.5 |
| 81—01 | 69.85 | 54.1 | 1 567.7 | 700 | 11.4 | 455 589 | 66.1 | 2.35 | 66.15 |
| 01—01 | 411 | 402.9 | 5147 | 99 | 10 | 1 498 589.7 | 52.0 | 2.36 | 52.5 |

由表 4.15 中看出:

(1)在同样壁厚(δ=4 mm)、同样变形量的情况下,焊接 01—01 环比焊接 13—01 管需要更多的能量,这是因为在理论上焊接这两种接头产生同样的变形量,需要的单位能量($E_g$)应该是相等的,但大直径零件和小直径零件结构有些差异。

(2)在同样直径(ϕ70 mm)、同样变形量的情况下,壁厚大的管件(4 mm 与 8 mm)焊接所需要的单位能量较多。

(3)实际焊接所需能量(49.5 J/mm²、66.1 J/mm² 和 52.0 J/mm²)均比理论计算的能量(52.5 J/mm²、66.15 J/mm² 和 52.5 J/mm²)稍小些,反过来说,按理论计算的能量是可靠的。

# 第5章　同种金属材料的摩擦焊接

## 5.1　金属材料的摩擦焊接特性

### 5.1.1　摩擦焊接的金属材料和材料组合

实际应用研究表明，摩擦焊接可以焊接的金属材料比其他一些常规焊接方法焊接的金属材料更为广泛，它能够焊接绝大部分可锻的金属材料。从低碳钢到合金钢，从铝合金到高温合金，特别对于那些热物理和力学性能相差较大的，用一般常规焊接方法无法完成的异种金属材料，都能够成功地采用摩擦焊接方法进行焊接。摩擦焊接能够焊接的金属材料和材料组合如图5.1所示。

### 5.1.2　评定金属材料摩擦焊接性应考虑的因素

摩擦焊接性是指金属材料在摩擦焊过程中形成与母材等强度、等塑性接头的能力。评定摩擦焊接性主要应考虑的因素见表5.1。

表5.1　评定金属材料摩擦焊接性的因素

| 因素 | 对焊接性的影响因素 |
|---|---|
| 互溶性 | 两种相互溶解的材料，才能摩擦焊接。同种材料比异种材料通常更易焊接 |
| 材料的可锻性 | 可锻的金属材料通常均能摩擦焊接；脆性材料难于摩擦焊接，特别是具有“热脆性”的材料，不推荐摩擦焊接 |
| 摩擦系数 | 通常摩擦系数低的材料难于摩擦焊接 |
| 热物理和力学性能 | 两种材料导热系数和高温力学性能相差较大的材料，摩擦焊接有一定的困难 |
| 脆性相的形成 | 凡是能够形成脆性相的金属材料，需采用加大顶锻压力，减少焊接时间的所谓“低温焊接法”焊接或采用双级压力规范焊接 |
| 碳当量 | 碳当量太高的材料难于摩擦焊接，但它比一般焊接方法影响要小得多 |

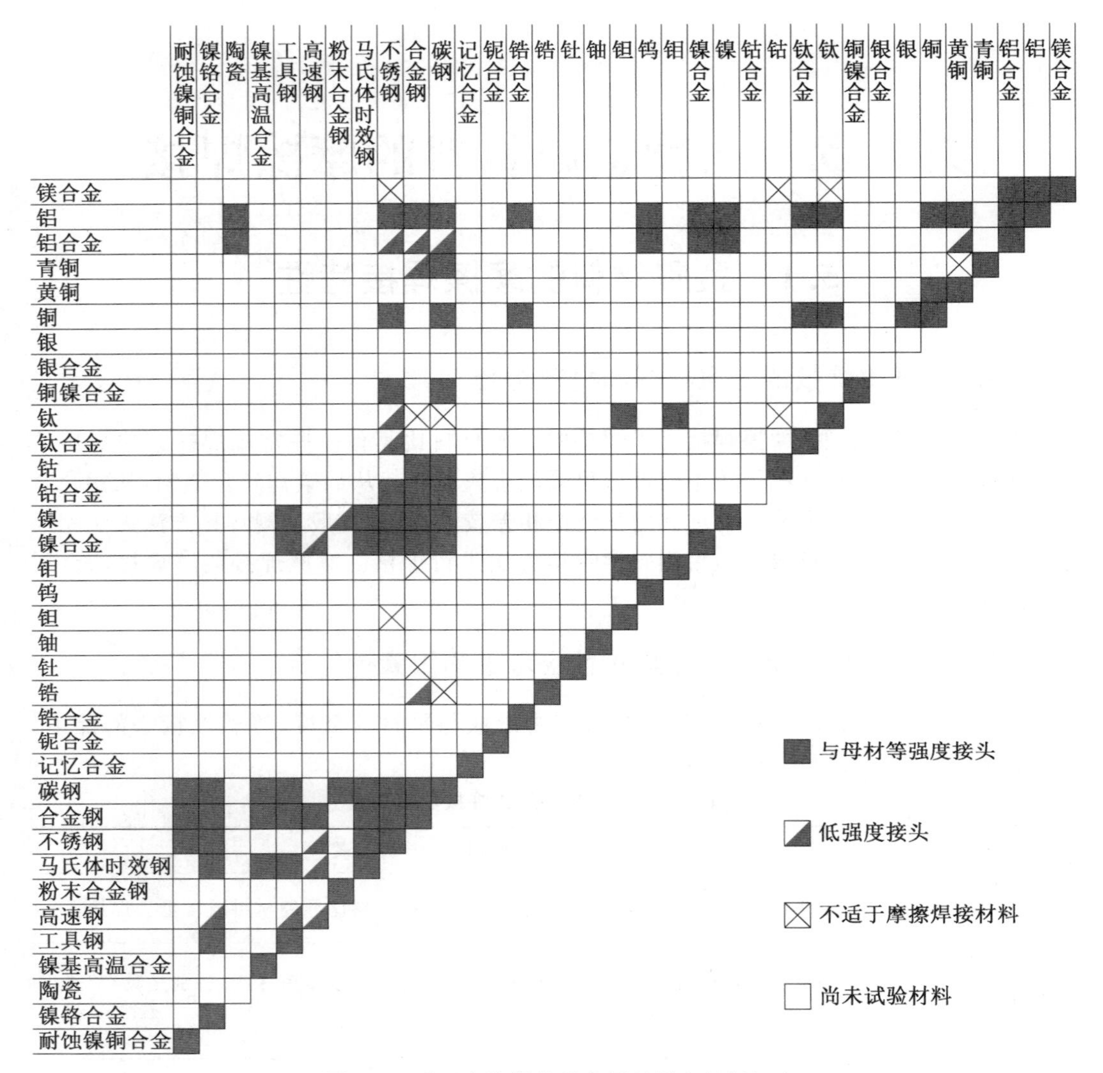


图 5.1　适于摩擦焊接的金属材料和材料组合

### 5.1.3　可摩擦焊接的常见同种和异种金属材料和材料组合

可摩擦焊接的常见同种和异种金属材料和材料组合见表 5.2 和表 5.3。

**表 5.2　可摩擦焊接的常见同种金属材料和材料组合**

| 同种金属材料 | | |
|---|---|---|
| 碳钢同碳钢 | 铝合金同铝合金 | 镍同镍 |
| 烧结钢同烧结钢 | 铜同铜 | 钴合金同钴合金 |
| 不锈钢同不锈钢 | 钼同钼 | 钛及钛合金同钛及钛合金 |
| 工具钢同工具钢 | Waspalloy 同 Waspalloy | 锌合金同锌合金 |
| 合金钢同合金钢 | 镍合金同镍合金 | Inconel 合金同 Inconel 合金 |

表 5.3　可摩擦焊接的常见异种金属材料和材料组合

| 异种金属材料 | |
|---|---|
| 高速钢同各种钢 | 铝青铜同中碳钢 |
| 烧结钢同锻造钢 | 钴基合金同钢 |
| 不锈钢同 Inconel 合金 | 不锈钢同 17－4PH |
| 不锈钢同碳钢 | 铜同铝 |
| 铝同中碳钢 | 铜同碳钢 |
| 镍基合金同钢 | 铜同各种黄铜 |

### 5.1.4　不推荐摩擦焊接的金属材料

不推荐摩擦焊接的金属材料见表 5.4。

表 5.4　不推荐摩擦焊接的金属材料

| 材料 | 特性 |
|---|---|
| 锡和铝青铜合金 | 含铅和锡超过 0.3%形成脆性接头 |
| 含铅、硫和碲超过 0.15%的钢 | 摩擦焊接形成脆性接头 |
| 容易产生“热脆性”的合金 | 形成脆性接头 |
| 渗层表面 | 形成脆性接头 |
| 铸铁 | 游离石墨减少摩擦加热 |

### 5.1.5　同种金属材料的摩擦焊接性

摩擦焊接是一种固态焊接方法。摩擦焊接过程中不是因两种金属的熔化、相互溶解和化合而连接到一起的，而是因摩擦界面上两种金属通过相互摩擦产生的塑性变形层金属，相互机械混合、溶解、化合和再结晶而连接到一起。因此，摩擦焊接能够焊接的金属材料范围比熔化焊接的要广泛得多。

低碳钢和低合金钢有很好的摩擦焊接特性，在很宽的参数范围内均能获得优质接头。但要获得与母材等强度的焊缝，需采用大压力、低转速的“低温焊接法”焊接，减轻焊缝的高温退火。某些高合金钢如工具钢、马氏体不锈钢等，虽然参数范围较窄，但也会获得性能良好的接头。随着金属材料低温和高温强度的提高，一般需要增大摩擦压力和顶锻压力进行焊接。

由于摩擦焊接加热和冷却时间很短，接头淬硬倾向很大。因此，当钢的碳当量很高时，需考虑焊后进行回火处理，防止接头开裂。当钢的碳当量为 0.2%～0.4%时，不需要焊后热处理，就可以获得优良的摩擦焊接头；当碳当量为 0.4%～0.5%时，接头可在焊态下使用，也不需要焊后热处理；当碳当量为 0.5%～0.8%时，焊后接头要进行回火处理，防止开裂。高温合金和钛合金也有很好的摩擦焊特性，在很宽的参数范围内均能获得优质接头。特别是钛合金比高温合金更容易摩擦焊接。

# 5.2　低碳钢的连续驱动摩擦焊接

## 5.2.1　试验条件

(1)试验用料。

试验用试棒：$\phi$18 mm×75 mm 和 $\phi$25 mm×75 mm。

(2)低碳钢的化学成分(质量分数)见表 5.5。

**表 5.5　试验用料的化学成分**

| 钢的牌号 | 状态 | 化学成分/% | | | | |
|---|---|---|---|---|---|---|
| | | C | Si | Mn | p | s |
| 25 钢 | 冷轧棒 | 0.25 | 0.35 | 1.0 | 0.040 | 0.040 |

注：$\sigma_b$=525～555 MPa，$\delta_5$=14%～16%。

(3)试验设备。

连续驱动摩擦焊机，最大推力为 20 t，转速 $n_1$=975 r/min，$n_2$=1 825 r/min。

(4)焊接压力和变形量。

使用单级压力($p_f$=$p_u$)和恒定变形量($\Delta L$=5 mm)。

## 5.2.2　参数对变形量和平衡扭矩的影响

(1)摩擦压力对平衡扭矩的影响如图 5.2 所示。

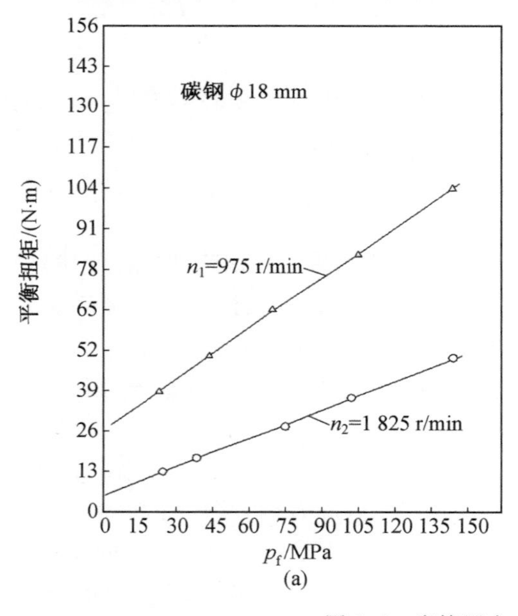


(a)

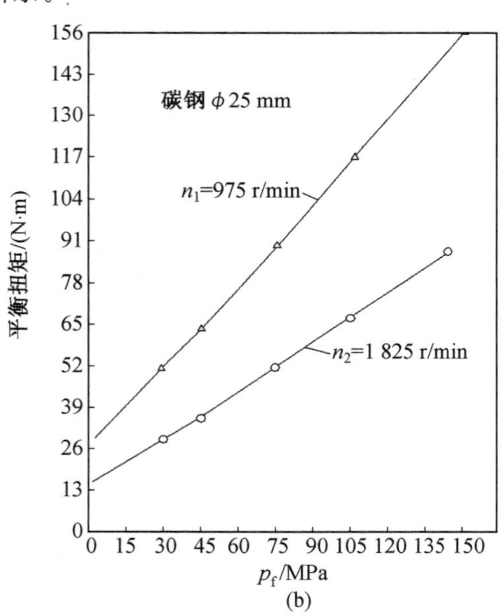


(b)

图 5.2　摩擦压力对平衡扭矩的影响

由图 5.2 中看出：

①随摩擦压力提高，平衡扭矩增加。

②随零件直径增大，在相同焊接压力下，平衡扭矩提高。

③在相同零件直径和相同摩擦压力下，随转速提高，平衡扭矩减小。

(2)摩擦压力对变形速度的影响如图 5.3 所示。

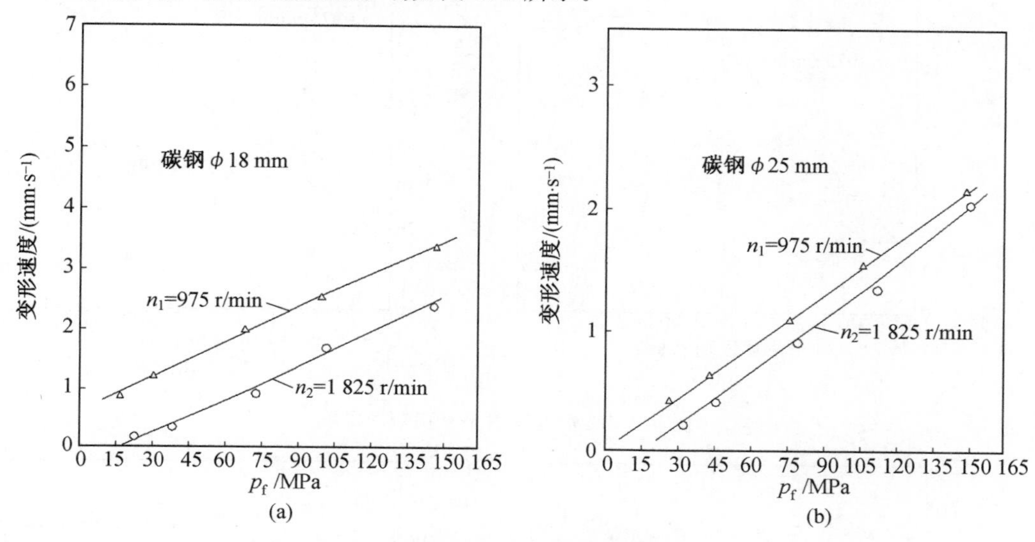


图 5.3　摩擦压力对变形速度的影响

由图 5.3 中看出：

①随着摩擦压力的提高，变形速度增加。

②随零件直径增大，在相同焊接压力下，变形速度减小。

③在相同零件直径和相同摩擦压力下，随转速提高，变形速度减小。

(3)变形速度对平衡扭矩的影响如图 5.4 所示。

由图 5.4 中看出：

①随着变形速度(mm/s)提高，平衡扭矩增加。

②随零件直径增大，在相同变形速度下，平衡扭矩增大。

③在相同零件直径和变形速度下，随转速提高，平衡扭矩减小。

(4)摩擦压力和转速对接头硬度分布的影响如图 5.5 所示。

由图 5.5 中看出：

①母材为冷轧状态，焊缝区为高温退火状态，因此，焊缝区硬度最低，热力影响区(HFZ)次之，母材硬度最高。

②随着转速的提高，焊缝区逐渐加宽，硬度降低。

③随着摩擦压力的提高，焊缝区逐渐变窄，硬度提高，因此，焊接中易采用这种大压力和低转速的“低温焊接法”焊接。

(5)摩擦压力对焊缝形状和金属组织的影响。

①摩擦压力对焊缝形状的影响如图 5.6 所示。由图 5.6 中看出，根据摩擦压力的不同，摩擦焊缝可以分为如下两种形式。

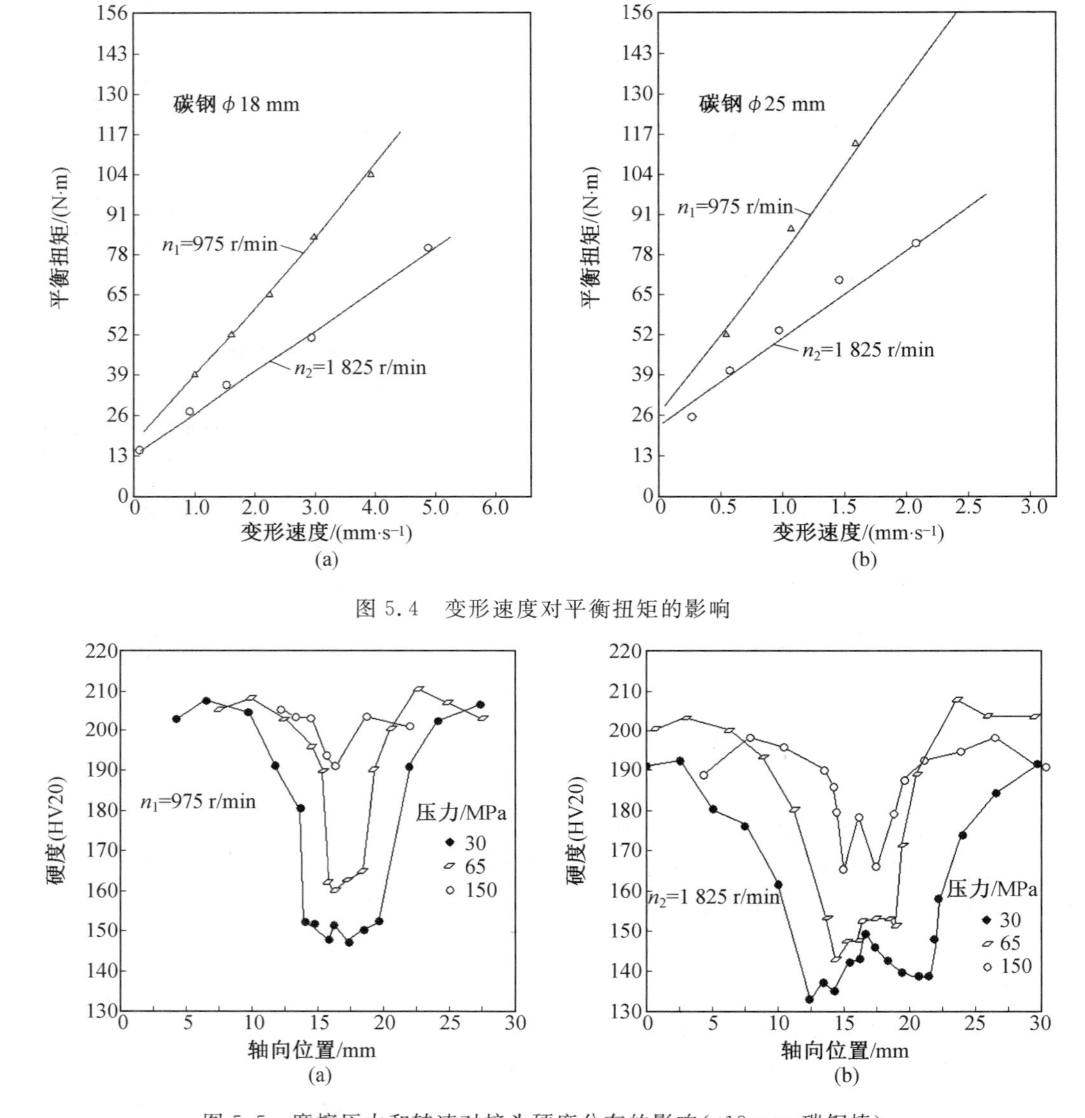


图 5.4 变形速度对平衡扭矩的影响

图 5.5 摩擦压力和转速对接头硬度分布的影响($\phi$18 mm 碳钢棒)

a. 在较低压力时，焊缝和 HFZ 的形状几乎呈平行的、较宽的两个边界线，中间很薄的一层塑性变形层金属(图 5.6(e)～(h))被称为小压力焊缝。

b. 在较高压力时，在棒的中心焊缝和 HFZ 受到更多的“压缩”作用，形成中间窄、两边宽的双锥面焊缝(图 5.6(a)～(d))，被称为大压力焊缝。

也可看出，对于 $\phi$18 mm 和 $\phi$25 mm 的两个工件，在给定的焊接压力下，较高的回转速度产生较宽的 HFZ，与较低的速度比较时，减少了急剧的“压缩”作用。

仔细观察图 5.6(e)～(h)，结合面区的扩大明显超过工件的直径。试验表明，焊接期间随着压力的减小，结合面直径逐渐增大。而在某些小压力、高速度时，结合面周边还有大量的未连接区(图 5.6(f)、(h))，直到摩擦压力由 30 MPa、45 MPa 增大到 75 MPa 方可消除。

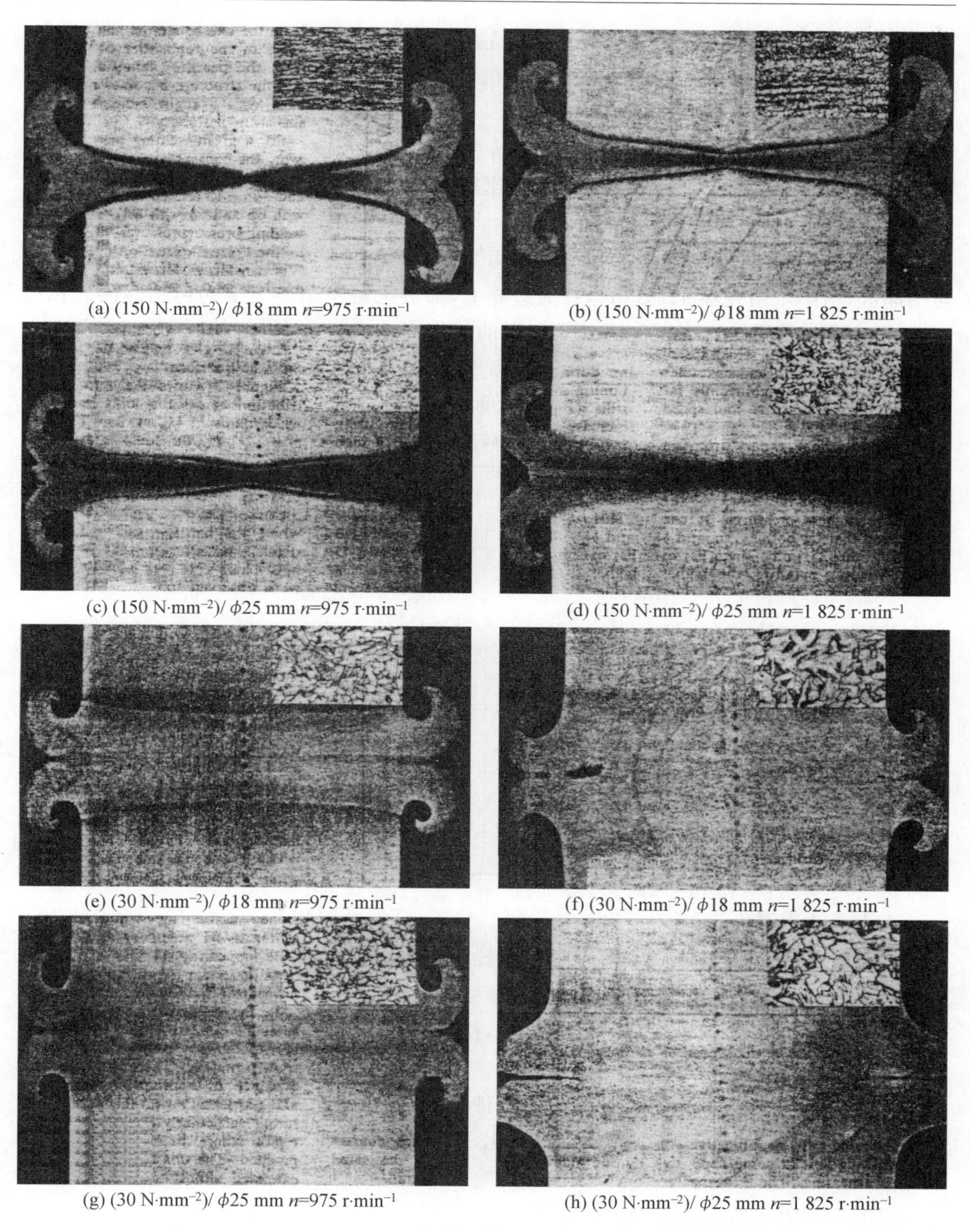

(a) (150 N·mm$^{-2}$)/ $\phi$18 mm $n$=975 r·min$^{-1}$

(b) (150 N·mm$^{-2}$)/ $\phi$18 mm $n$=1 825 r·min$^{-1}$

(c) (150 N·mm$^{-2}$)/ $\phi$25 mm $n$=975 r·min$^{-1}$

(d) (150 N·mm$^{-2}$)/ $\phi$25 mm $n$=1 825 r·min$^{-1}$

(e) (30 N·mm$^{-2}$)/ $\phi$18 mm $n$=975 r·min$^{-1}$

(f) (30 N·mm$^{-2}$)/ $\phi$18 mm $n$=1 825 r·min$^{-1}$

(g) (30 N·mm$^{-2}$)/ $\phi$25 mm $n$=975 r·min$^{-1}$

(h) (30 N·mm$^{-2}$)/ $\phi$25 mm $n$=1 825 r·min$^{-1}$

图 5.6　摩擦压力对焊缝形状和金属组织的影响(碳钢)

②摩擦压力对焊缝金属组织的影响如图 5.6 所示。

在棒的中心结合面区的微观组织一般比母材要细化得多，提高轴向压力时，就改变了结合面区的性质。在低压时，焊缝和 HFZ 的金相组织一般接近粗大的魏氏组织，在高压时，焊缝和 HFZ 呈等轴晶粒并逐渐变成细晶粒组织。特别对于 $\phi$18 mm 棒，在两种转速下，在高压 150 MPa 时，有很细的等轴晶粒在结合面上产生。由于周边转速高，晶粒尺寸有些长大。

在给定的焊接压力下，在提高速度时，晶粒尺寸也长大，对于 $\phi$18 mm 和 $\phi$25 mm 的棒（图 5.6(a)～(h)），在较低焊接压力和高速度时，在结合面上和 HFZ 中，会导致形成粗大的魏氏组织。

在低压时，焊缝的 HFZ 进一步呈现出两个区域：整个结合面上呈现出一个不完全的再结晶区，另一个出现在 HFZ 和母材的边界上，那里也是一个不完全的再结晶区。在高压时，从 HFZ 到母材的边界仅出现了轻微的组织变化，然而，那里有了相当大的塑性变形和母材组织的重新取向，特别在中心区，那里的 HFZ 受到很大的“压缩”。

(6)摩擦压力和转速对接头性能的影响见表 5.6。

**表 5.6　摩擦压力和转速对接头性能的影响**

| 焊机参数 | | $\phi$18 mm 棒 | | | $\phi$25 mm 棒 | | |
|---|---|---|---|---|---|---|---|
| $n/(r \cdot min^{-1})$ | $p_f$/MPa | $\sigma_b$/MPa | 强度系数/% | $\delta_5$/% | $\sigma_b$/MPa | 强度系数/% | $\delta_5$/% |
| 975 | 30 | 510 | 95 | 9.1 | 483 | 90 | 10.1 |
| | 45 | 510 | 95 | 10.4 | 493 | 92 | 9.0 |
| | 75 | 552 | 100 | 7.4 | 500 | 93 | 8.0 |
| | 105 | 565 | 100 | 7.5 | 521 | 97 | 8.9 |
| | 150 | 572 | 100 | 11.9 | 531 | 99 | 12.9 |
| 1 825 | 30 | 476 | 89 | 15.8 | 455 | 77 | 5.2 |
| | 45 | 476 | 89 | 13.5 | 469 | 87 | 11.8 |
| | 75 | — | — | — | 493 | 92 | 9.0 |
| | 105 | 531 | 99 | 7.9 | 510 | 94 | 7.5 |
| | 150 | 559 | 100 | 7.1 | 524 | 98 | 8.0 |

由表 5.6 中看出：

①在摩擦转速一定时，随着摩擦压力的提高，接头强度提高，塑性下降不明显，这是因为结合面温度低，焊缝金属未受软化影响。

②在摩擦压力一定时，随着转速的提高，接头强度下降，塑性变化不大，这是因为结合面温度高，焊缝金属受软化影响。

③在相同摩擦压力和转速情况下，随工件直径增大，接头强度下降，这是因为大直径接头排边困难，结合面温度高，焊缝金属软化，并且周边线速度相对增大，接头接合不好。

(7)轴向缩短速度对接头抗拉强度的影响，如图 5.7 所示。

由图 5.7 中看出：

①随轴向缩短速度提高，接头强度逐渐提高。

②随工件直径增大，在相同轴向缩短速度下，接头强度下降。

③在轴向缩短速度达到 2 mm/s 以上时，接头强度才能达到与母材等强度要求。这一结论很重要，也许只有大压力焊缝才能达到这一要求。

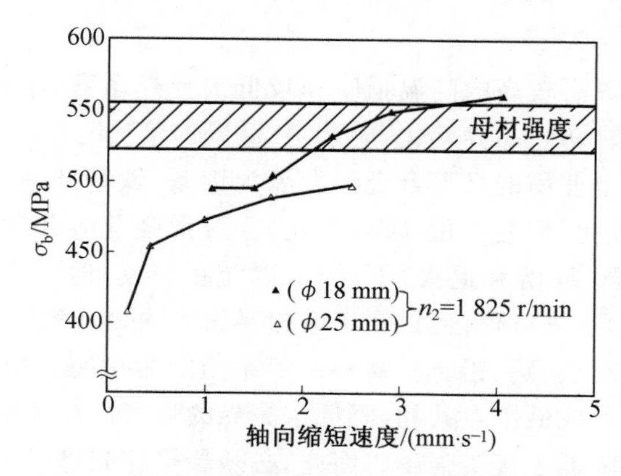


图 5.7　轴向缩短速度对接头抗拉强度的影响

### 5.2.3　结论

(1)平衡扭矩、轴向缩短速度和峰值扭矩很大程度上与焊接压力呈对应关系变化，而与回转速度大约呈相反关系变化。

(2)减速阶段特性相似于惯性焊接结束时的情况。在减速阶段扭矩上升到峰值，在焊接结合面上产生很大的扩展。

(3)摩擦压力、转速和工件直径影响峰值扭矩。随着制动时间的延长，峰值扭矩增加。

(4)热力影响区(HFZ)的宽度和外形以及结合面上最终的晶粒尺寸，由焊接压力和回转速度两者决定。较高的焊接压力产生较窄的焊缝、紧缩的 HFZ 及较细的晶粒组织。一般来说，提高转速比提高压力影响要小得多。

(5)对于冷轧钢棒，焊缝和 HFZ 的硬度一般比母材要低些。对于给定速度，焊缝的硬度值与焊接压力有关；在同样焊接压力下，高转速时产生低硬度的焊缝。

(6)随着摩擦压力的提高，结合面的强度逐渐提高，较低速度和较高压力产生较高强度的焊缝；较高速度和较低压力产生较高塑性和较低强度的焊缝，因为焊缝金属软化程度不同。

(7)大压力焊缝和 HFZ 形状为中间薄、两边厚的双锥面形状，小压力焊缝和 HFZ 为等厚度的双等边形状。

(8)在焊接压力一定时，随着转速的提高，结合面温度提高，焊缝金属软化强度降低；在焊接速度一定时，随着焊接压力提高，结合面温度降低，焊缝金属强度提高。

## 5.3　高温合金的摩擦焊接

### 5.3.1　高温合金的摩擦焊接特性

高温合金具有较高的强度和塑性，特别是高温抗氧化性和热强性，其可在400～1 050 ℃的氧化和热气腐蚀条件下，承受复杂应力并且能长期可靠地工作，并具有很好的摩擦焊接特性，在各种热处理状态下，在很宽的参数范围内，均能获得优质接头。但在焊接过程中仍要注意下列问题。

(1)由于高温合金具有较高的高温强度和较低的导热系数,摩擦焊接时,需要较高的摩擦压力和较低的转数,防止晶界熔化,应采用“低温焊接法”。

(2)目前航空工业上使用的高温合金已发展为镍基、铁基和钴基三大系列,而镍基和铁基合金又分为固溶强化、沉淀强化(时效硬化)和弥散强化等几种类型。一般熔化焊这些合金需要在软化状态(固溶和退火)下进行,以防止裂纹;但摩擦焊接要求在硬化状态(固溶强化和沉淀强化)下进行焊接,以利于摩擦界面上的热量积累和减少塑性变形。

(3)多种高温合金对硫、磷、铅、锡、锑和铋等杂质非常敏感。由于它们在铁和镍中溶解度很低,易在晶界上形成低熔点共晶,降低了晶界的强度。在摩擦焊接过程中易在焊缝周围形成晶界熔化等,降低了接头强度。因此,必须严格控制母材的杂质和减少摩擦焊接时间。

(4)在高温合金熔化焊时,焊缝易产生热裂纹,热影响区易产生晶界液化裂纹。但在摩擦焊接时,在焊缝冷却收缩时,由于使用强大的摩擦压力,两者均不易产生。

### 5.3.2 GH4169 合金的惯性摩擦焊接

**1. 试验条件**

(1)试验用料。

试验试棒 $\phi$20 mm×110 mm。

(2)试验状态。

①锻态+惯性焊+时效。

②锻态+时效+惯性焊+退火。

③锻态+时效+惯性焊+时效。

④锻态+固溶+惯性焊+时效。

⑤锻态+固溶+时效+惯性焊+退火。

(3)热处理制度。

①固溶:(955±10)℃×1 h+AC。

②时效:720×8 h+FC,55 ℃/h 到 620 ℃×8 h+AC。

③退火:620 ℃×4 h+AC。

(4)GH4169 合金的化学成分(质量分数)见表 5.7。

**表 5.7 GH4169 合金的化学成分**

| 名称 | 化学成分/% | | | | | | | | | | |
|---|---|---|---|---|---|---|---|---|---|---|---|
| | C | Mn | Si | S | P | Ni | Cr | Mo | Ti | Al | Fe | Nb+Ta |
| 复验 | 0.02 | 0.35 | 0.16 | 0.002 | 0.005 | 52.53 | 18.5 | 2.97 | 0.97 | 0.53 | 19.15 | 5.04 |
| 标准 | 0.02~0.06 | ≤0.35 | ≤0.35 | ≤0.002 | ≤0.015 | 50~55 | 17~21 | 2.8~3.3 | 0.75~1.15 | 0.3~0.7 | 余 | 5~5.5 |

(5)GH4169 合金力学性能复验结果见表 5.8。

**表 5.8　GH4169 合金力学性能**

| 状态 | 拉伸性能 | | | | | 持久性能 | | | | |
|---|---|---|---|---|---|---|---|---|---|---|
| | $T$/℃ | $\sigma_b$/MPa | $\sigma_{0.2}$/MPa | $\delta_5$/% | $\psi$/% | $T$/℃ | $\sigma$/MPa | $t$/h | $\delta_5$/% | 晶粒度 |
| 直接时效 | 20 | 1 420 | 1 250 | 27 | 50 | 650 | 690 | 6 410 | 10 | 10 |
| | | 1 460 | 1 280 | 28 | 46 | 650 | 690 | 64 | 10 | 10 |
| | 650 | 1 190 | 1 030 | 17 | 23 | 650 | 690 | 6 210 | 80 | — |
| | | 1 190 | 1 030 | 22 | 27 | 650 | 690 | 62 | 10 | — |
| 标准 | 20 | 1 450 | 1 240 | ≥10 | ≥15 | 650 | 690 | ≥25 | ≥5 | — |
| | 650 | 1 170 | 1 000 | ≥12 | ≥15 | 650 | 690 | ≥25 | ≥5 | — |

(6)试验设备。

220B 惯性摩擦焊机,参数如下。

转速 $n$　　0～6 000 r/min

推力 $F_t$　　72 284～578 269 N

转动惯量 $mr^2$　　0.24～25.3 kg · m$^2$

**2. 惯性摩擦焊参数对接头性能的影响**

(1)焊前的参数计算。连接形式:棒同棒。

①选取能量和相应系数。

a. $E_g=22\ 371$ J　　附图Ⅰ

b. $F_{me}=3.0$　　附表Ⅰ

c. $F_{ge}=1.0$　　附表Ⅱ

$$E_t=E_g\times F_{me}\times F_{ge}=22\ 371\times3.0\times1.0=67\ 113(\text{J})$$

②选取载荷和相应系数。

a. $F_g=36\ 697.8$ N　　附图Ⅰ

b. $F_{ml}=4.0$　　附表Ⅰ

c. $F_{gl}=1.0$　　附表Ⅱ

$$F_t=F_g\times F_{ml}\times F_{gl}=36\ 697.8\times4\times1=146\ 791(\text{N})$$

d. 220B 焊机油缸面积。

$$S_c=24\ 064.5\ \text{mm}^2$$

e. 压力表压力。

$$p_c=\frac{F_t}{S_c}=\frac{146\ 791}{24\ 064.5}=6.1(\text{MPa})$$

③选取线速度。

$$v_t = 175.3 \text{ m/min} \quad \text{附表 I}$$

a. 换算成转速。

$$n = \frac{1\,000 \times v_t}{\pi d} = \frac{1\,000 \times 175.3}{3.141\,6 \times 20} = 2\,790 (\text{r/min})$$

b. 计算转动惯量。

$$mr^2 = \frac{E_t \times 183}{n^2} = \frac{67\,113 \times 183}{2\,790^2} = 1.57 (\text{kg} \cdot \text{m}^2)$$

c. 选取 220B 焊机最接近的 $mr^2$ 值，如 $mr^2 = 0.68 \text{ kg} \cdot \text{m}^2$ 或 $mr^2 = 1.5 \text{ kg} \cdot \text{m}^2$。

d. 当 $mr^2 = 0.68 \text{ kg} \cdot \text{m}^2$ 时，有

$$n = \sqrt{\frac{E_t \times 183}{mr^2}} = \sqrt{\frac{67\,113 \times 183}{0.68}} = 4\,250 (\text{r/min})$$

当 $mr^2 = 1.5 \text{ kg} \cdot \text{m}^2$ 时，有

$$n = \sqrt{\frac{67\,113 \times 183}{1.5}} = 2\,861 (\text{r/min})$$

④焊机参数如下。

$$mr^2 = 0.68 \text{ kg} \cdot \text{m}^2 \quad n = 4\,250 \text{ r/min} \quad p_c = 6.1 \text{ MPa}$$

$$mr^2 = 1.5 \text{ kg} \cdot \text{m}^2 \quad n = 2\,861 \text{ r/min} \quad p_c = 6.1 \text{ MPa}$$

(2)验证计算的参数见表 5.9。

**表 5.9 GH4169 合金($\phi$20 mm)惯性摩擦焊试验结果(2 状态)**

| 试件编号 | $n/(\text{r} \cdot \text{min}^{-1})$ | $p_c$/MPa | $mr^2$/(kg·m$^2$) | $E_t$/J | $t$/s | $Mr$/(N·m) | $\Delta L$/mm | 接头示意图 |
|---|---|---|---|---|---|---|---|---|
| 21 | 2 861 | 6.1 | 1.5 | 67 093 | 7.72 | 195 | 4.64 |  |
| 22 | 3 400 | 6.1 | 1.5 | 94 754 | 8.05 | 186 | 4.90 | 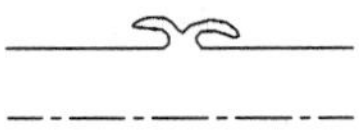 |
| 23 | 4 250 | 6.1 | 0.68 | 67 117 | 5.23 | 174 | 3.76 | 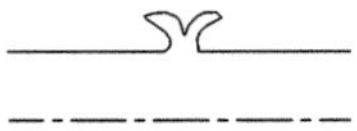 |
| 24 | 4 250 | 6.9 | 0.68 | 68 706 | 4.58 | 188 | 4.08 | 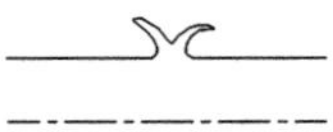 |

由表 5.9 中看出：

①计算的参数从变形量上看比较合适，只是飞边上有些微小的裂纹。

②适当增加转速或减小压力可以消除飞边上的裂纹。

(3)转速和压力对接头性能的影响见表 5.10 和图 5.8。

**表 5.10　转速和压力对接头性能的影响(GH4169 合金，$\phi$20 mm，2 状态)**

| 焊接参数 | | | | 室温拉伸性能 | | | | | 断裂位置 | 强度系数 $\eta$/% |
|---|---|---|---|---|---|---|---|---|---|---|
| $n$/(r·min$^{-1}$) | $p_c$/MPa | $mr^2$/(kg·m$^2$) | $\Delta L$/mm | 编号 | $\sigma_b$/MPa | $\sigma_{0.2}$/MPa | $\delta_5$/% | $\psi$/% | | |
| 3 800 | 6.9 | 0.68 | 1.82 | 01 | 1 360 | 1 160 | 11 | 51 | 焊缝 | 99.6 |
| | | | | 02 | 1 300 | 1 100 | 8.0 | 33 | 焊缝 | |
| | | | | 03 | 1 120 | 1 090 | 2.4 | 11 | 焊缝 | |
| | | | | 平均 | 1 260 | 1 116 | 7.1 | 31.7 | — | |
| 4 500 | 6.9 | 0.68 | 4.88 | 11 | 1 350 | 1 080 | 9 | 48 | 母材 | 104 |
| | | | | 12 | 1 300 | 1 070 | 10 | 51 | 焊缝 | |
| | | | | 13 | 1 310 | 1 090 | 9 | 50 | 焊缝 | |
| | | | | 平均 | 1 320 | 1 080 | 9.3 | 49.7 | — | |
| 4 300 | 6.9 | 0.68 | 4.08 | 21 | 1 410 | 1 230 | 12 | 51 | 焊缝 | 108 |
| | | | | 22 | 1 370 | 1 210 | 10 | 48 | 焊缝 | |
| | | | | 23 | 1 320 | 1 180 | 16 | 51 | 焊缝 | |
| | | | | 平均 | 1 367 | 1 207 | 12.7 | 50 | — | |
| 4 300 | 4.35 | 0.68 | 0.54 | 31 | 1 150 | 870 | 6.0 | 29 | 焊缝 | 99 |
| | | | | 32 | 1 170 | 830 | 8.4 | 29 | 焊缝 | |
| | | | | 33 | 1 420 | 1 250 | 2.4 | 48 | 母材 | |
| | | | | 平均 | 1 247 | 983.3 | 12.8 | 35.3 | — | |
| 4 300 | 8.97 | 0.68 | 6.90 | 41 | 1 390 | 1 230 | 8.8 | 49 | 焊缝 | 107 |
| | | | | 42 | 1 350 | 1 250 | 13 | 49 | 焊缝 | |
| | | | | 43 | 1 330 | 1 230 | 4.4 | 29 | 焊缝 | |
| | | | | 平均 | 1 357 | 1 237 | 8.7 | 42.3 | — | |
| 母材平均值 | | | | | 1 265 | 1 100 | 20.5 | 50.5 | — | — |

(4)变形量对接头性能的影响如图 5.9 所示。

由表 5.10 和图 5.8 及图 5.9 中看出：

①在中等飞边 $\Delta L = 4.08$ mm 时，用 $n = 4\ 300$ r/min、$p_c = 6.9$ MPa、$mr^2 = 0.68$ kg·m$^2$所焊的接头强度和塑性最高。

②在小飞边 $\Delta L$=0.54 mm、1.82 mm 时，由于加热不足，形成的塑性层不够充分，接

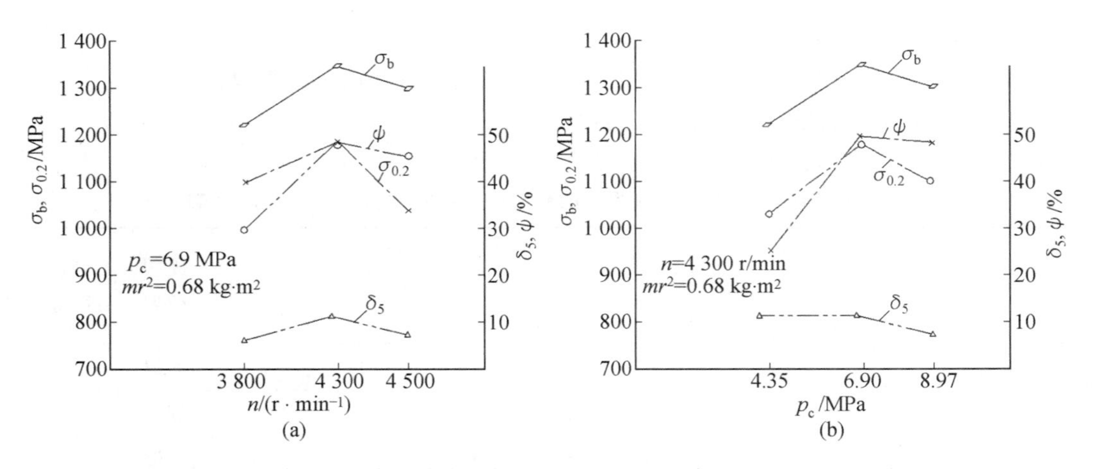


图 5.8　转速和压力对接头性能的影响(GH4169 合金,$\phi$20 mm 2 状态)

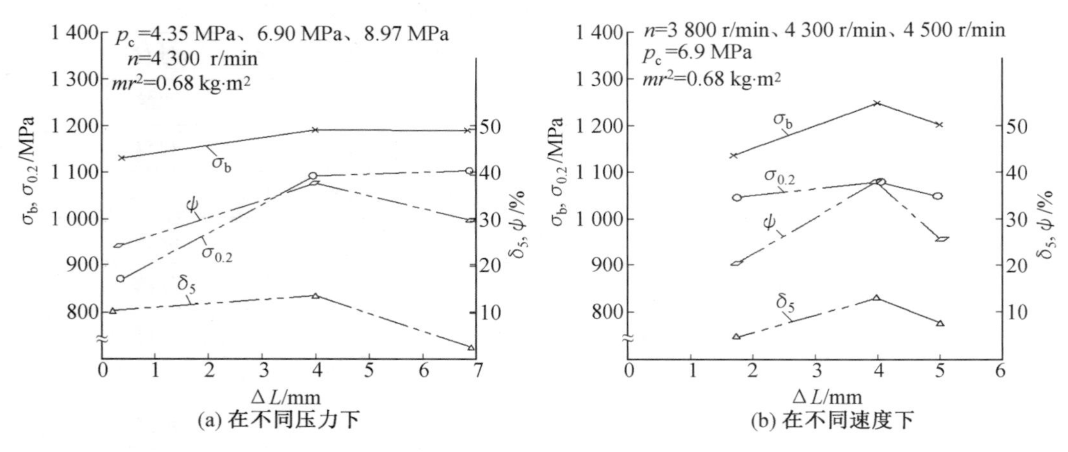


图 5.9　变形量对接头性能的影响(GH4169 合金 $\phi$20 mm 2 状态)

头强度和塑性不够稳定,但在 $\Delta L=1.82$ mm 时,接头性能已接近母材强度,说明接头有一个最小变形量强度标准。

③在大飞边 $\Delta L=6.9$ mm 时,接头强度变化不大,塑性有所下降。

④由于焊缝为退火状态,而母材为时效状态,因此大部分接头断在焊缝上。但综合考虑,惯性焊接头强度等于或稍高于母材强度的结论还是得到了证明。

**3. 状态对接头性能的影响**

(1)焊前状态对接头的 HRC、$\Delta L$、$t$ 和 $Mr$ 的影响如图 5.10 所示。

由图 5.10 中看出:

①在同一参数下,“1”和“4”状态变形量 $\Delta L$ 和扭矩 $Wr$ 较大,摩擦时间 $t$ 较短;而“2”“3”“5”状态相反。这是因为“1”和“4”状态焊前材质较软,飞边增大,接头直径镦粗(0.85～1.55 mm)的结果。

②焊前五种状态的硬度曲线正好与图中 $\Delta L$ 曲线方向相反,即硬度越高,变形量 $\Delta L$ 越小。

③GH4169 合金固溶和锻态的硬度大约为时效状态的 1/3,而变形量之比正好相反,时效状态的变形量大约为固溶和锻态的 2/3。

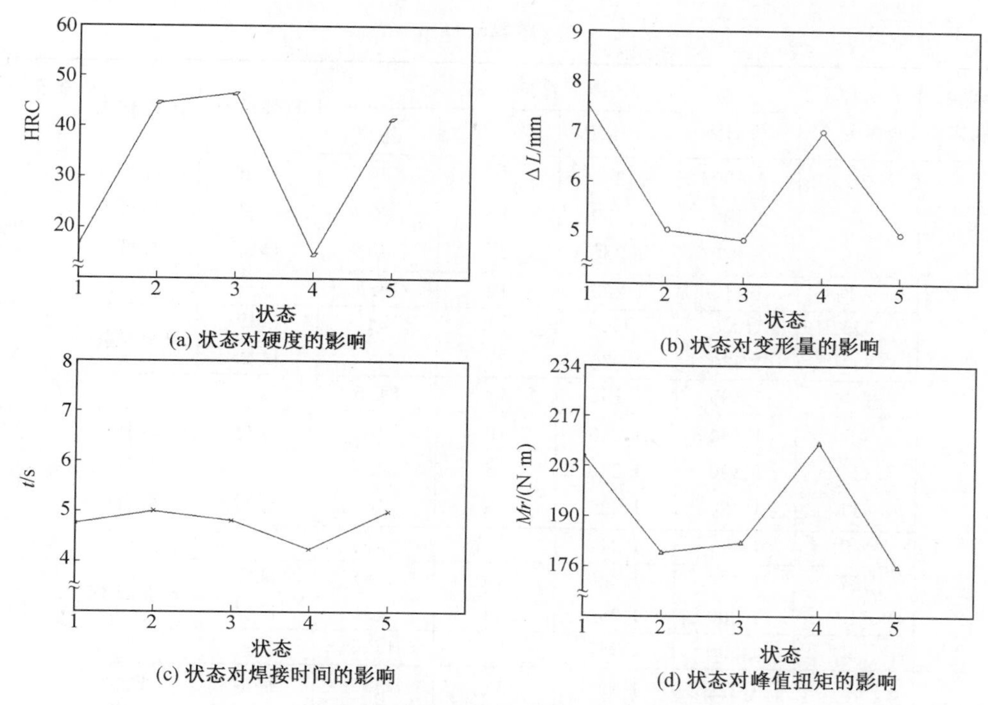

(a) 状态对硬度的影响
(b) 状态对变形量的影响
(c) 状态对焊接时间的影响
(d) 状态对峰值扭矩的影响

图 5.10　焊前状态对接头的 HRC、$\Delta L$、$t$ 和 $Mr$ 的影响

(注:各点间连线只是为了比较,以下同)

(2)状态对接头室温拉伸性能的影响见表 5.11 和图 5.11。

**表 5.11　状态对接头室温拉伸性能的影响**

| 试验状态 | 试棒编号 | 室温性能 | | | | 断裂位置 | 试件种类 | 强度系数 $\eta$ /% |
|---|---|---|---|---|---|---|---|---|
| | | $\sigma_b$/MPa | $\sigma_{0.2}$/MPa | $\delta_5$/% | $\psi$/% | | | |
| 1 | 119 | 1 380 | 1 240 | 16 | 48 | 母材 | 焊件 | 100.5 |
| | 110 | 1 400 | 1 260 | 16 | 51 | 母材 | 焊件 | |
| | 111 | 1 410 | 1 270 | 15 | 50 | 母材 | 焊件 | |
| | 平均 | 1 397 | 1 257 | 15.7 | 49.7 | — | — | |
| | 114 | 1 380 | 1 210 | 22 | 48 | 试棒 | 母材试棒 | 100 |
| | 115 | 1 400 | 1 250 | 22 | 48 | 试棒 | | |
| | 平均 | 1 390 | 1 230 | 22 | 48 | — | — | |
| 2 | 283 | 1 410 | 1 230 | 12 | 51 | 焊缝 | 焊件 | 108 |
| | 284 | 1 370 | 1 210 | 10 | 48 | 焊缝 | 焊件 | |
| | 217 | 1 320 | 1 180 | 16 | 51 | 焊缝 | 焊件 | |
| | 平均 | 1 367 | 1 207 | 12.7 | 50 | — | — | |
| | 22 | 1 110 | 930 | 18 | 53 | 试棒 | 母材试棒 | 100 |
| | 2105 | 1 420 | 1 270 | 23 | 48 | 试棒 | | |
| | 平均 | 1 265 | 1 100 | 20.5 | 50.5 | — | — | |

续表5.11

| 试验状态 | 试棒编号 | 室温性能 | | | | 断裂位置 | 试件种类 | 强度系数 $\eta$ /% |
|---|---|---|---|---|---|---|---|---|
| | | $\sigma_b$/MPa | $\sigma_{0.2}$/MPa | $\delta_5$/% | $\psi$/% | | | |
| 3 | 38 | 1 400 | 1 290 | 17 | 49 | 母材 | 焊件 | 104 |
| | 39 | 1 420 | 1 280 | 19 | 49 | 母材 | 焊件 | |
| | 310 | 1 420 | 1 280 | 20 | 48 | 母材 | 焊件 | |
| | 平均 | 1 415 | 1 282 | 19 | 48.8 | — | — | |
| | 311 | 1 200 | 960 | 14 | 54 | 试棒 | 母材试棒 | 100 |
| | 314 | 1 530 | 1 370 | 22 | 49 | 试棒 | | |
| | 平均 | 1 365 | 1 165 | 18 | 51.5 | — | — | |
| 4 | 49 | 1 480 | 1 260 | 18 | 46 | 母材 | 焊件 | 102 |
| | 410 | 1 390 | 1 260 | 16 | 42 | 母材 | 焊件 | |
| | 411 | 1 380 | 1 220 | 13 | 48 | 母材 | 焊件 | |
| | 平均 | 1 417 | 1 247 | 15.7 | 45.3 | — | — | |
| | 417 | 1 400 | 1 280 | 23 | 48 | 试棒 | 母材试棒 | 100 |
| | 418 | 1 380 | 1 250 | 23 | 49 | 试棒 | | |
| | 平均 | 1 390 | 1 265 | 23 | 48.5 | — | — | |
| 5 | 59 | 1 320 | 1 120 | 11 | 45 | 焊缝 | 焊件 | 93 |
| | 510 | 1 330 | 1 160 | 11 | 48 | 焊缝 | 焊件 | |
| | 511 | 1 332 | 1 150 | 11 | 48 | 焊缝 | 焊件 | |
| | 平均 | 1 327 | 1 143 | 11 | 47 | — | — | |
| | 513 | 1 420 | 1 280 | 22 | 45 | 试棒 | 母材试棒 | 100 |
| | 518 | 1 430 | 1 250 | 15 | 45 | 试棒 | | |
| | 平均 | 1 425 | 1 265 | 18.5 | 45 | — | — | |

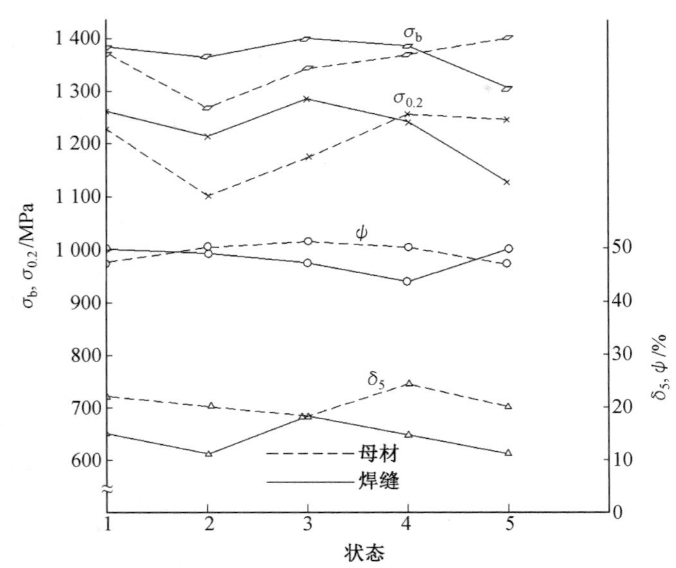


图 5.11　状态对接头室温拉伸性能的影响

由表 5.11 和图 5.11 中看出：

①从断裂位置上看，“1”“3”“4”状态最好，接头均断在母材上；“2”“5”状态较差，接头均断在焊缝上。这是由于“1”“3”“4”状态焊缝为时效状态，而“2”“5”状态焊缝为退火状态。

②除“5”状态外，“1”“2”“3”“4”状态接头强度均等于或高于母材强度。

③综合分析五种状态，“1”“3”“4”状态接头性能最好，强度和塑性最高。

(3)状态对接头高温性能的影响见表 5.12 和图 5.12。

**表 5.12　状态对接头高温性能的影响**

| 试验状态 | 试棒编号 | 高温性能(650 ℃) | | | | 断裂位置 | 试件种类 | 强度系数 $\eta$ /% |
|---|---|---|---|---|---|---|---|---|
| | | $\sigma_b$/MPa | $\sigma_{0.2}$/MPa | $\delta_5$/% | $\psi$/% | | | |
| 1 | 13 | 1 170 | 1 070 | 11 | 45 | 母材 | 焊件 | 113 |
| | 14 | 1 130 | 995 | 9 | 25 | 母材 | 焊件 | |
| | 15 | 1 190 | 760 | 12 | 19 | 母材 | 焊件 | |
| | 平均 | 1 163 | 942 | 10.7 | 29.7 | — | — | |
| | 11 | 1 030 | 950 | 10 | 15.5 | 试棒 | 母材试棒 | 100 |
| | 12 | 1 030 | 945 | 9.5 | 14.5 | 试棒 | | |
| | 平均 | 1 030 | 947.5 | 9.75 | 15 | — | — | |
| 2 | 288 | 1 020 | 920 | 7.5 | 36 | 母材 | 焊件 | 88 |
| | 289 | 1 090 | 950 | 8.0 | 38 | 焊缝 | 焊件 | |
| | 290 | 1 070 | 935 | 8.0 | 35 | 母材 | 焊件 | |
| | 平均 | 1 060 | 935 | 7.8 | 36.3 | — | — | |
| | 21 | 1 145 | 325 | 11 | 19 | 试棒 | 母材试棒 | 100 |
| | 215 | 1 240 | 1 110 | 16 | 46 | 试棒 | | |
| | 平均 | 1 193 | 718 | 14 | 33 | — | — | |
| 3 | 32 | 1 230 | 1 070 | 16 | 48 | 母材 | 焊件 | 100 |
| | 33 | 1 220 | 1 080 | 13 | 48 | 母材 | 焊件 | |
| | 34 | 1 210 | 1 030 | 17 | 45 | 母材 | 焊件 | |
| | 平均 | 1 220 | 1 060 | 15 | 47 | — | — | |
| | 31 | 1 200 | 970 | 17.5 | 40 | 试棒 | 母材试棒 | 100 |
| | 312 | 1 240 | 1 080 | 17.0 | 45 | 试棒 | | |
| | 平均 | 1 220 | 1 025 | 17.25 | 43 | — | — | |
| 4 | 43 | 1 120 | 955 | 14 | 45 | 母材 | 焊件 | 101 |
| | 44 | 1 140 | 995 | 17 | 42 | 母材 | 焊件 | |
| | 45 | 1 150 | 1 000 | 14 | 42 | 母材 | 焊件 | |
| | 平均 | 1 137 | 983 | 15 | 44 | — | — | |
| | 41 | 1 110 | 1 010 | 15 | 29 | 试棒 | 母材试棒 | 100 |
| | 42 | 1 140 | 1 010 | 17 | 37 | 试棒 | | |
| | 平均 | 1 125 | 1 010 | 16 | 33 | — | — | |

续表5.12

| 试验状态 | 试棒编号 | 高温性能(650 ℃) | | | | 断裂位置 | 试件种类 | 强度系数 $\eta$ /% |
|---|---|---|---|---|---|---|---|---|
| | | $\sigma_b$/MPa | $\sigma_{0.2}$/MPa | $\delta_5$/% | $\psi$/% | | | |
| 5 | 53 | 1 210 | 1 040 | 16 | 45 | 焊缝 | 焊件 | 111 |
| | 54 | 1 180 | 1 020 | 13 | 33 | 焊缝 | 焊件 | |
| | 55 | 990 | 860 | 12 | 44 | 焊缝 | 焊件 | |
| | 平均 | 1 127 | 973 | 14 | 41 | — | — | |
| | 51 | 990 | 820 | 13.5 | 45 | 试棒 | 母材试棒 | 100 |
| | 52 | 1 040 | 870 | 8.0 | 36 | 试棒 | | |
| | 平均 | 1 015 | 845 | 11 | 41 | — | — | |

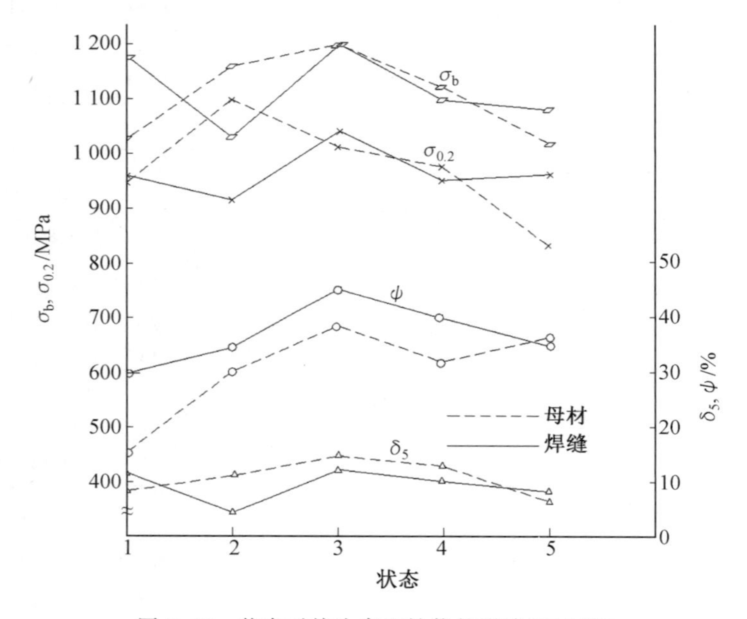


图 5.12 状态对接头高温性能的影响(650 ℃)

由表 5.12 和图 5.12 中看出：

①从断裂位置上看，焊缝经时效的(“1”“3”“4”状态)性能比退火的(“2”“5”状态)稳定，断在焊缝上的试样减少。

②经时效的“3”状态接头性能最好，强度和塑性最高。

③五种状态接头的性能与母材相当，甚至稍高些。

(4)状态对接头高温持久性能的影响见表 5.13 和图 5.13。

表 5.13　状态对接头高温持久性能的影响

| 试验状态 | 试棒编号 | 高温持久性能(650 ℃ $\sigma$=690 MPa) | | 断裂位置 | 试件种类 | 强度系数 $\eta$ /% |
|---|---|---|---|---|---|---|
| | | 持久时间/h | $\delta_5$/% | | | |
| 1 | 13 | >62.50 | 14 | 母材 | 焊件 | 134 |
| | 14 | >62.00 | 20 | 母材 | 焊件 | |
| | 15 | >62.00 | 10 | 母材 | 焊件 | |
| | 平均 | >62.17 | 14.7 | — | — | |
| | 112 | >45.50 | 8.0 | 试棒 | 母材试棒 | 100 |
| | 113 | >45.00 | 22.0 | 试棒 | | |
| | 平均 | >45.25 | 15 | — | — | |
| 2 | 285 | >62.50 | 16.0 | 母材 | 焊件 | 100 |
| | 286 | >62.50 | 16.8 | 焊缝 | 焊件 | |
| | 287 | >62.00 | 17.6 | 母材 | 焊件 | |
| | 平均 | >62.33 | 16.8 | — | — | |
| | 210 | >62.50 | 20 | 试棒 | 母材试棒 | 100 |
| | 211 | >62.50 | 16 | 试棒 | | |
| | 平均 | >62.50 | 18 | — | — | |
| 3 | 35 | >42.50 | 20 | 母材 | 焊件 | 101 |
| | 36 | >41.00 | 21.6 | 母材 | 焊件 | |
| | 37 | >42.50 | — | 母材 | 焊件 | |
| | 平均 | >42.00 | 20.8 | — | — | |
| | 303 | >42.50 | 28.8 | 试棒 | 母材试棒 | 100 |
| | 313 | >41.00 | 23.2 | 试棒 | | |
| | 平均 | >41.75 | 26 | — | — | |
| 4 | 46 | >42.50 | 26.4 | 母材 | 焊件 | 100 |
| | 47 | >41.00 | 22.0 | 母材 | 焊件 | |
| | 48 | >41.00 | 20.0 | 母材 | 焊件 | |
| | 平均 | >41.50 | 22.8 | — | — | |
| | 412 | >41.00 | 80 | 试棒 | 母材试棒 | 100 |
| | 403 | >42.50 | 240 | 试棒 | | |
| | 平均 | >41.75 | 160 | — | — | |
| 5 | 56 | >42.50 | 21.2 | 母材 | 焊件 | 100 |
| | 57 | >42.50 | 17.2 | 母材 | 焊件 | |
| | 58 | >42.50 | 15.2 | 母材 | 焊件 | |
| | 平均 | >42.50 | 17.9 | — | — | |
| | 508 | >4 250 | 264 | 试棒 | 母材试棒 | 100 |
| | 512 | >4 250 | 140 | 试棒 | | |
| | 平均 | >4 250 | 202 | — | — | |

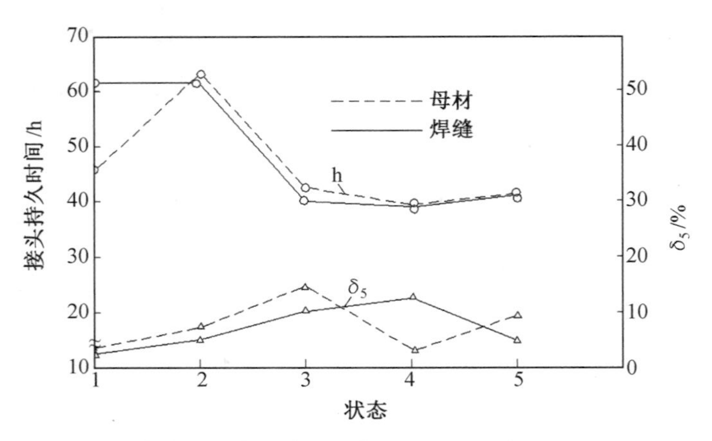


图 5.13　状态对接头高温持久性能的影响(650 ℃，$\sigma$=690 MPa)

由表 5.13 和图 5.13 中看出：

①从断裂位置上看，除“2”状态外，接头均断于母材上，说明接头寿命高于母材。

②试样均加载断裂，母材与试样差别没试验出来。

(5)状态对接头金相组织的影响。

六种状态接头金相组织的对比如图 5.14～5.17 所示。由图 5.14～5.17 中看出：

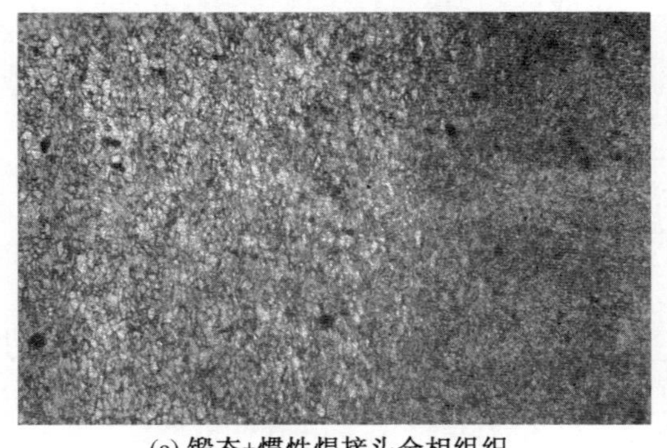

(a) 锻态+惯性焊接头金相组织

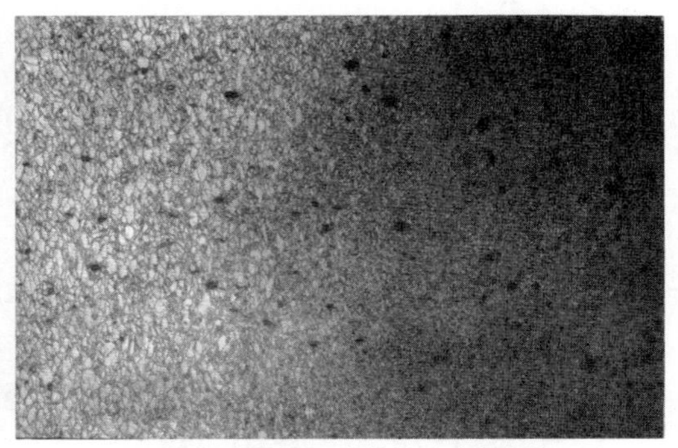

(b) 锻态+惯性焊+时效接头金相组织

图 5.14　焊态与焊后时效状态接头金相组织的对比(GH4169 合金，$\phi$20 mm)×100

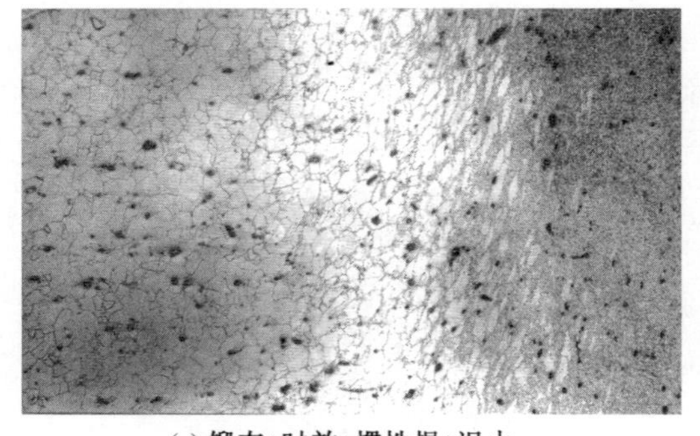

(a) 锻态+时效+惯性焊+退火

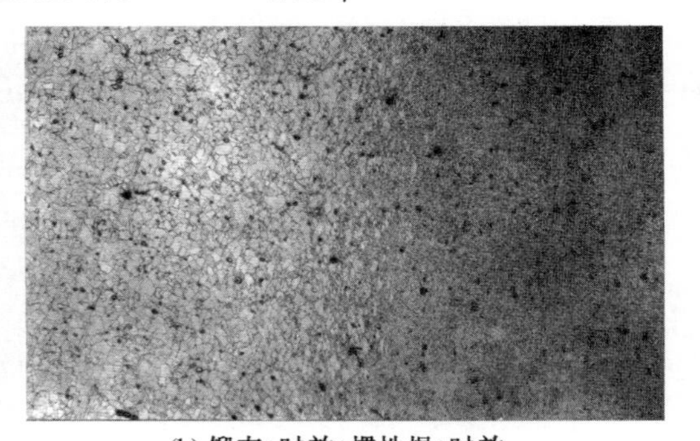

(b) 锻态+时效+惯性焊+时效

图 5.15　焊后退火与焊后时效状态接头金相组织的对比(GH4169 合金，$\phi$20 mm)×100

(a) 锻态+固溶+惯性焊

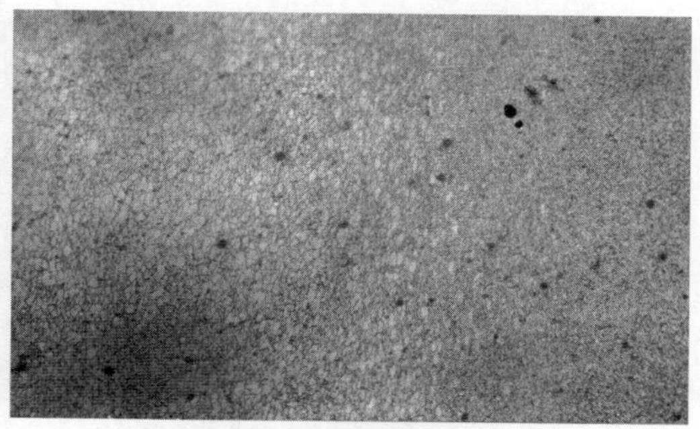
(b) 锻态+固溶+惯性焊+时效

图 5.16　焊态与焊后时效状态接头金相组织的对比(GH4169 合金,$\phi$20 mm)×100

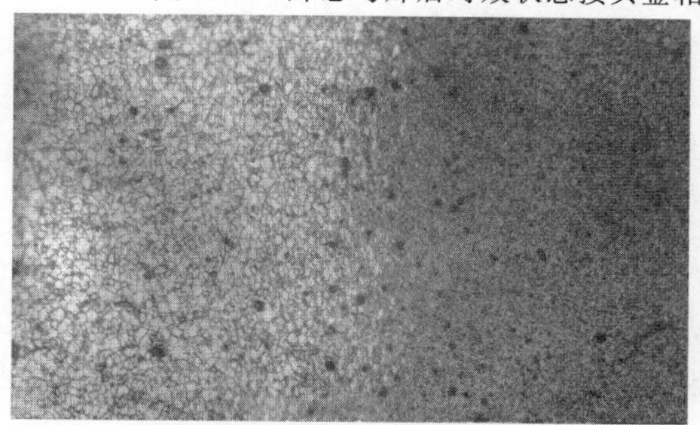
(a) 锻态+固溶+时效+惯性焊

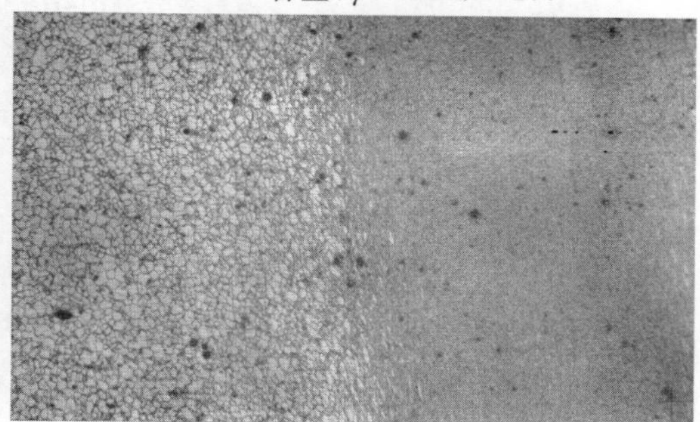
(b) 锻态+固溶+时效+惯性焊+退火

图 5.17　焊态与焊后退火状态接头金相组织的对比(GH4169 合金,$\phi$20 mm)×100

①GH4169 合金棒材晶粒度为 8～10 级,而焊缝晶粒度为 12 级以上。

②焊前为同一状态,焊后经时效的金相组织,焊缝和热力影响区界线比较清楚,焊态的焊缝和热力影响区界线不易分清。

③焊前为同一状态,焊后经时效的热力影响区晶粒比退火的要细化一些,析出物也较多,焊后经退火的热力影响区晶粒似乎长大了些。

④焊前为同一状态,焊后经退火的和焊态的金相组织几乎看不出有大的区别。

(6)GH4169 合金惯性焊接头的疲劳性能。

摩擦焊接头 GH4169 合金为 $\phi$20 mm 棒材,焊后为直接时效状态;母材棒材为固溶+时效状态。

①疲劳极限:摩擦焊接头 $\sigma_D$=780 MPa,母材棒材 $\sigma_D$=670 MPa。

②高、低周 S—N 疲劳曲线如图 5.18 所示。

**4. 结论**

(1)按给定工件计算的焊接参数焊接工件,变形量的大小比较合适。

(2)惯性摩擦焊是一种非常可靠的焊接方法,焊机只有三个主要参数($n$、$p$ 和 $mr^2$),焊接过程中,这三个参数都可以显示和打印,只要参数不变,接头质量就是可靠的。

(3)GH4169 合金具有很好的摩擦焊接性能,在很宽的参数和热处理范围内均能焊出优质接头。

(4)GH4169 合金惯性摩擦焊接头强度高于或等于母材强度,塑性与母材相当。

(5)GH4169 合金五种热处理状态试验证明“3” 状态接头性能最好,故建议零件焊前

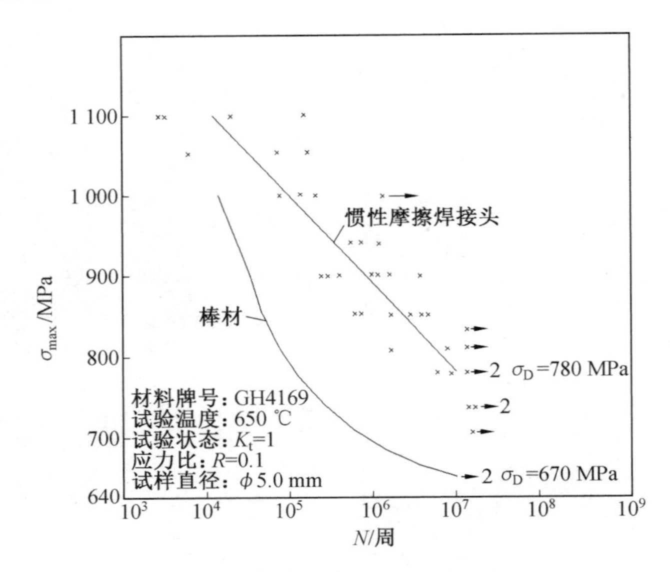


图 5.18 GH4169 合金惯性摩擦焊接头与母材棒材高、低周 S—N 疲劳曲线

采用直接时效处理，焊后再时效处理；或者焊前固溶＋时效处理，焊后再时效处理。

(6)GH4169 合金接头的疲劳性能与母材相当，疲劳极限也接近母材。

## 5.4 钛及其合金的摩擦焊接

### 5.4.1 钛及其合金的摩擦焊接特性

钛及其合金具有很高的比强度、良好的中温力学性能和抗腐蚀性能，是理想的航空、航天结构材料。

钛及其合金熔化焊的主要困难是极易氧化和如何保护问题。而摩擦焊接是固态下焊接方法，焊接过程中靠摩擦表面的“自清理”和“自保护”作用，焊缝表面和热力影响区虽有些氧化颜色，但属于固态表面氧化，对接头性能影响不大。因此，钛及其合金有很好的摩擦焊接性能，在很宽的规范参数范围内，在各种热处理状态下，均能获得优质接头。但焊接过程中仍要考虑以下各点。

(1)由于钛及其合金的熔化温度较高，导热系数和体积热容量小，因此，焊接过程中，容易引起摩擦界面和热力影响区温度升高，尺寸增大，冷却时造成焊缝尺寸缩小，变形增大，易采用“低温焊接法”焊接。

(2)为保证摩擦焊接头的性能，要严格控制母材的杂质含量(质量分数)：$w(N_2)\leqslant 0.04\%$，$w(O_2)\leqslant 0.15\%$，$w(H_2)\leqslant 0.01\%$，$w(C)\leqslant 0.1\%$。

(3)由于钛及其合金高温强度较低，摩擦焊接过程中，宜采用较高的转速和较低的压力进行焊接。

(4)由于钛及其合金的淬硬倾向较大，焊接过程中容易产生针状的 $\alpha'$ 组织，使接头塑性降低，因此，焊后接头必须进行消除应力处理。

(5)所有钛合金零件都要在完全热处理状态下进行摩擦焊接,焊后进行消除应力处理。

部分钛合金零件的完全热处理制度如下。

①Ti811:927 ℃×1 h+WQ+593 ℃×8 h+AC。

②TC14:977 ℃×1 h+AC+593 ℃×8 h+AC。

③TC17:800 ℃×4 h+AC+630 ℃×8 h+AC。

④TC4:927 ℃×1 h+WQ+704 ℃×2 h+AC。

部分钛合金零件焊后消除应力处理制度如下。

①Ti811:540 ℃×2 h+AC。

②TC14:540 ℃×2 h+AC。

③TC17:630 ℃×8 h+AC。

④TC4:540 ℃×2 h+AC。

### 5.4.2　TC17 合金的惯性摩擦焊接

**1. 试验条件**

(1)试件尺寸。

TC17$\phi$20 mm×110 mm。

(2)试验状态。

①状态:锻态+固溶+时效+摩擦焊+退火。

②状态:锻态+固溶+时效+摩擦焊+时效。

③状态:锻态+固溶+时效+摩擦焊+固溶+时效。

④状态:锻态+固溶+时效+摩擦焊。

⑤状态:锻态+固溶+摩擦焊+时效。

(3)热处理制度。

①固溶:800 ℃×4 h+AC。

②时效:630 ℃×8 h+AC。

③退火:550 ℃×2 h+AC。

(4)化学成分(质量分数)见表 5.14。

**表 5.14　TC17 合金的化学成分**

| 名称 | 化学成分/% | | | | | | | | |
|---|---|---|---|---|---|---|---|---|---|
| | Ti | Al | Zr | Mo | Sn | Cr | Fe | C | N |
| 试验用料 | 余 | 5.2 | 1.97 | 4.01 | 2.08 | 4.01 | 0.12 | 0.01 | 0.018 |
| 标准 | 余 | 4.5～5.5 | 1.6～2.4 | 3.5～4.5 | 1.6～2.4 | 3.5～4.5 | ≤0.13 | ≤0.05 | ≤0.05 |

(5)力学性能见表 5.15。

**表 5.15　TC17 合金的力学性能**

| 名称 | 拉伸性能 | | | | | | | | 持久性能 | | |
|---|---|---|---|---|---|---|---|---|---|---|---|
| | 室温 | | | | 高温(400 ℃) | | | | | | |
| | $\sigma_b$ /MPa | $\sigma_{0.2}$ /MPa | $\delta_5$ /% | $\psi$ /% | $\sigma_b$ /MPa | $\sigma_{0.2}$ /MPa | $\delta_5$ /% | $\psi$ /% | $T$/℃ | $\sigma$/MPa | $t$/h |
| 试验用料 | 1 166 | 1 130 | 116 | 33 | 970 | 825 | 12 | 36 | 400 | 685 | 384 |
| 标准 | ≥1 120 | ≥1 030 | ≥7 | ≥15 | ≥905 | ≥800 | ≥12 | ≥30 | — | — | ≥100 |

(6)试验设备。

①220B 惯性摩擦焊机。

转速 $n$:0～6 000 r/min。

推力 $F_t$:72 284～578 269 N。

转动惯量 $mr^2$:0.24～25.3 kg·m²。

②C20 连续驱动摩擦焊机。

转速 $n$:2 000 r/min。

推力 $F_t$:20 t。

**2. 参数对变形量的影响**

(1)焊前参数计算。

连接形式:棒同棒。

①选取能量和相应系数。

a.　$E_g=22\ 371$ J　附图 Ⅰ

b.　$F_{me}=0.9$　附表 Ⅰ

c.　$F_{ge}=1.0$　附表 Ⅱ

$$E_t=E_g\times F_{me}\times F_{ge}=22\ 371\times 0.9\times 1.0=20\ 133.9(\text{J})$$

②选取载荷和相应系数。

a.　$F_g=36\ 697.8$ N　附图 Ⅰ

b.　$F_{ml}=0.3$　附表 Ⅰ

c.　$F_{gl}=1.0$　附表 Ⅱ

$$F_t=F_g\times F_{ml}\times F_{gl}=36\ 697.8\times 0.3\times 1.0=11\ 009.3(\text{N})$$

d. 220B 焊机油缸面积 $S_c=24\ 064.5\ \text{mm}^2$。

e. 压力表压力:

$$p_c=\frac{F_t}{S_c}=\frac{11\ 009.3}{24\ 064.5}=0.457\ 5(\text{MPa})$$

但焊机最小压力 $p_c=2.07$ MPa。

③选取线速度。

$v_t=762$ m/min　附表 Ⅰ

a. 换算成转速：

$$n=\frac{1\ 000v_t}{\pi D}=\frac{1\ 000\times 762}{3.141\ 6\times 20}=12\ 127.6(\text{r/min})$$

b. 转动惯量：

$$mr^2=\frac{E_t\times 183}{n^2}=\frac{20\ 133.9\times 183}{12\ 127.6^2}=0.025(\text{kg}\cdot\text{m}^2)$$

c. 选取 220B 焊机最接近的 $mr^2$ 值，如 $mr^2=0.236\ \text{kg}\cdot\text{m}^2$。

d. 焊机转速：

$$n=\sqrt{\frac{E_t\cdot 183}{mr^2}}=\sqrt{\frac{20\ 133.9\times 183}{0.236}}=3\ 951(\text{r/min})$$

焊机参数为

$$mr^2=0.236\ \text{kg}\cdot\text{m}^2$$
$$n=3\ 951\ \text{r/min}$$
$$p_c=2.07\ \text{MPa}$$

(2)参数对 $\Delta L$、$t$ 和 $Mr$ 的影响。

由于焊机功率和压力过大，只能以上述计算的参数为基础进行参数试验。试验用试样，除状态试验外，均为“2”状态。试验结果如图 5.19～5.21 所示。

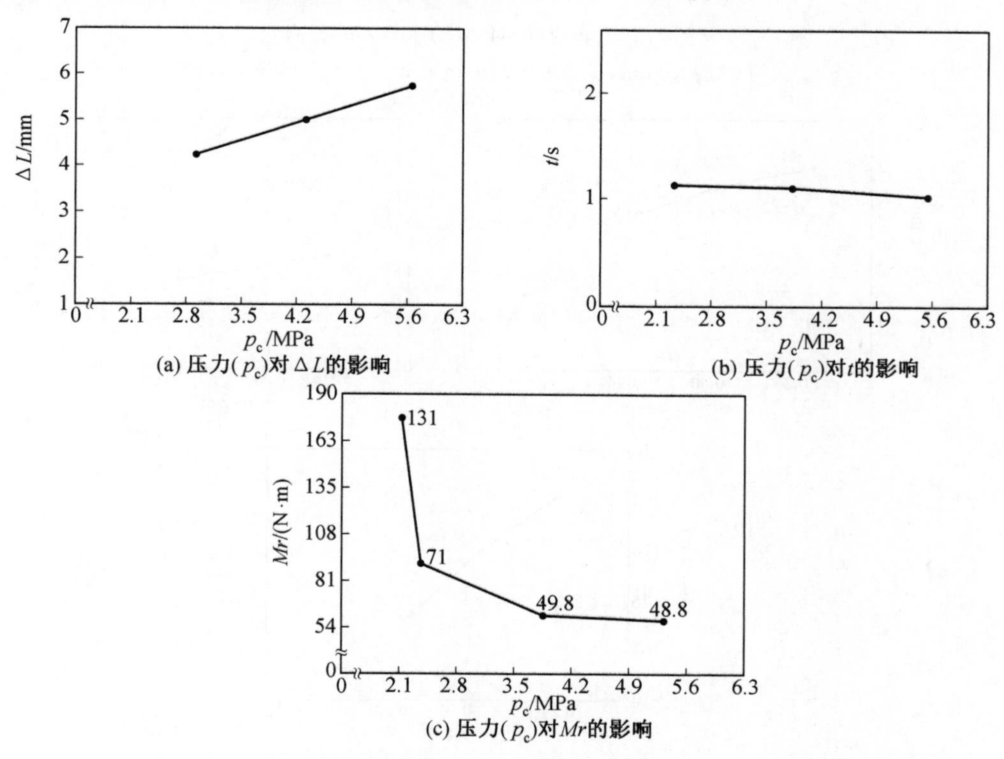


图 5.19　压力($p_c$)对 $\Delta L$、$t$ 和 $Mr$ 的影响

(TC17$\phi$20 mm，$mr^2=0.68\ \text{kg}\cdot\text{m}^2$，$n=2\ 000\ \text{r/min}$)

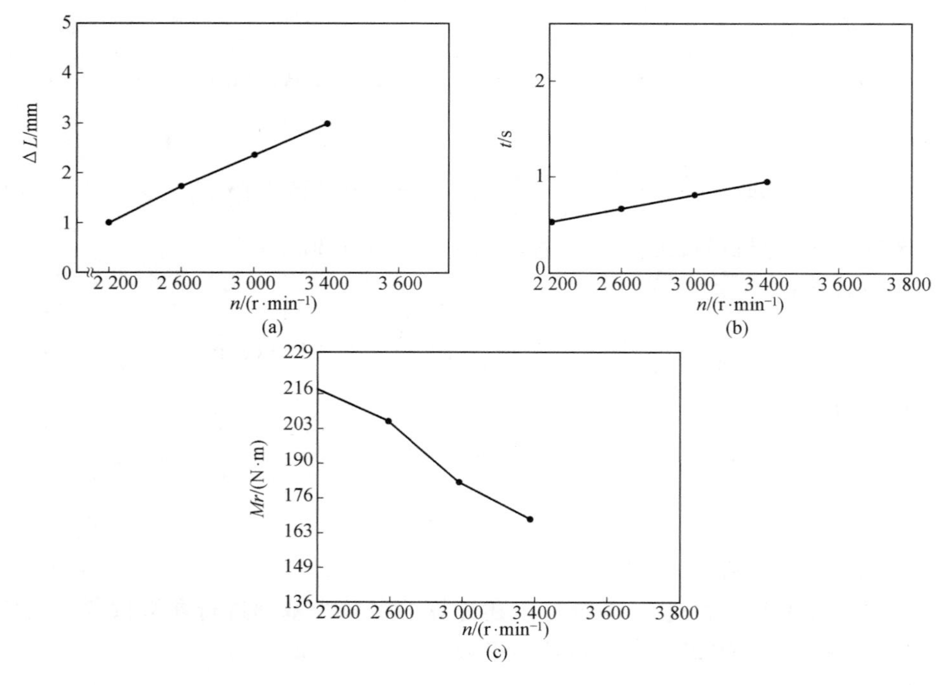


图 5.20　转速($n$)对 $\Delta L$、$t$ 和 $Mr$ 的影响

(TC17$\phi$20 mm，$mr^2=0.236\ \text{kg}\cdot\text{m}^2$，$p_c=2.07$ MPa)

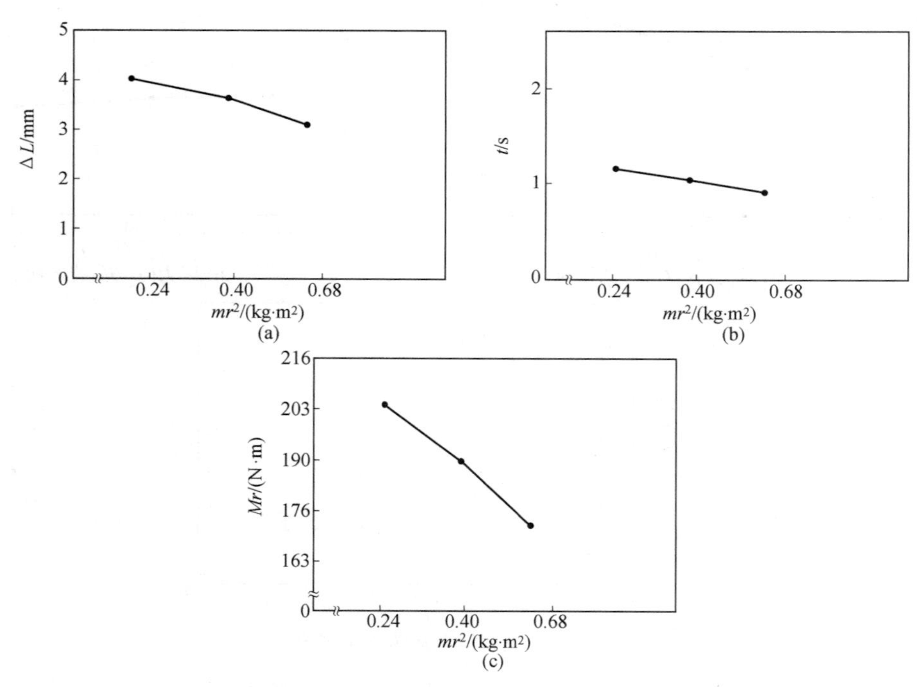


图 5.21　转动惯量($mr^2$)对 $\Delta L$、$t$ 和 $Mr$ 的影响

(TC17$\phi$20 mm，$E_t=14\ 914$ J，$p_c=2.07$ MPa)

由图 5.19～5.21 中看出：

①在转动惯量和转速一定时，随压力提高，变形量增加，焊接时间减小，峰值扭矩减小。

②在转动惯量和压力一定时，随转速提高，$\Delta L$ 和 $t$ 增加，$Mr$ 减小。

③在能量和压力一定时，随转动惯量增加，变形量、时间和峰值扭矩均下降。

④根据 GH4169 合金惯性摩擦焊接的经验，在这三个参数中，任意固定两个参数（见第 2 章图 2.9），随压力增加，转动惯量增加，$Mr$ 增加；而钛合金正好相反，随压力增加，转动惯量增加，扭矩减小。不知这是压力过大造成，还是钛合金与 GH4169 合金惯性摩擦焊的本质差别，有待于今后的研究和验证（见第 7 章 7.4 节）。

**3. 焊接参数对接头性能的影响**

（1）参数对接头室温性能的影响如图 5.22 所示。

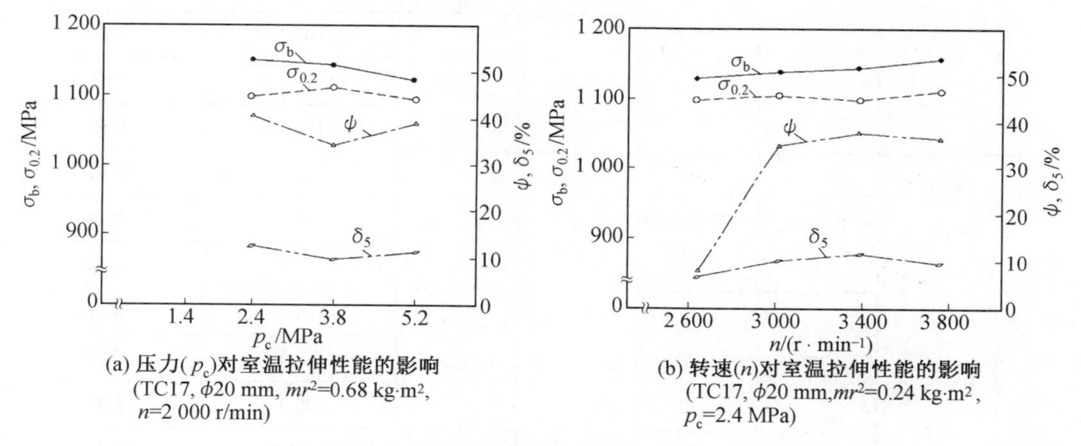


(a) 压力($p_c$)对室温拉伸性能的影响（TC17, $\phi$20 mm, $mr^2$=0.68 kg·m², $n$=2 000 r/min）

(b) 转速($n$)对室温拉伸性能的影响（TC17, $\phi$20 mm, $mr^2$=0.24 kg·m², $p_c$=2.4 MPa）

图 5.22　参数对接头室温拉伸性能的影响

由图 5.22 中看出：

①在 $mr^2=0.68\ \mathrm{kg\cdot m^2}$、$n=2\ 000\ \mathrm{r/min}$（$E_t=14\ 914\ \mathrm{J}$）时，随压力 $p_c$ 提高，接头强度和塑性有逐渐下降的趋势，但在 $p_c=2.4\sim3.8\ \mathrm{MPa}$ 之间时，强度较高，塑性有所下降。

②在 $mr^2=0.24\ \mathrm{kg\cdot m^2}$、$p_c=2.4\ \mathrm{MPa}$ 时，随转速 $n$ 提高，接头强度和塑性都有所提高。

（2）参数对接头高温持久性能的影响见表 5.16。

由表 5.16 中看出：

①在 $mr^2=0.68\ \mathrm{kg\cdot m^2}$、$n=2\ 000\ \mathrm{r/min}$、$E_t=14\ 863\ \mathrm{J}$ 时，随摩擦压力由 2.4 MPa 提高到 5.2 MPa，接头的持久时间均超过 100 h，达到标准要求。其中 $p_c=3.8\ \mathrm{MPa}$ 时，有一试样的持久时间为 17.40 h 但断于母材上。

②在 $mr^2=0.24\ \mathrm{kg\cdot m^2}$、$p_c=2.4\ \mathrm{MPa}$ 时，随转速 $n=2\ 600\ \mathrm{r/min}$ 提高到 3 800 r/min，接头的持久时间均在提高，其中能量 $E_t\geqslant11\ 803\ \mathrm{J}$、$\Delta L\geqslant2.26\ \mathrm{mm}$ 时，接头的持久时间均超过 100 h，达到合格标准以上；当 $n=2\ 600\ \mathrm{r/min}$、$\Delta L\leqslant1.6\ \mathrm{mm}$ 时，接头的持久时间不合格，且均断于焊缝上。

③随变形量增加，接头的持久性能提高，其中变形量小于 2.26 mm 时，接头的持久性

能不稳定；大于 2.26 mm 时，持久性能比较稳定，说明接头有一个最小变形量强度标准。

**表 5.16　TC17 合金惯性焊参数对接头高温持久性能的影响**

<table>
<tr><th rowspan="2">序号</th><th colspan="5">焊接参数</th><th colspan="2">持久性能（$T$=400 ℃，$\sigma$=685 MPa）</th></tr>
<tr><th>$mr^2$/(kg·m²)</th><th>$n$/(r·min⁻¹)</th><th>$E_t$/J</th><th>$p_c$/MPa</th><th>$\Delta L$/mm</th><th>$t$/h</th><th>断裂位置</th></tr>
<tr><td rowspan="9">1</td><td rowspan="9">0.68</td><td rowspan="9">2 000</td><td rowspan="9">14 863.4</td><td rowspan="3">2.4</td><td rowspan="3">4.56</td><td>≥100.30</td><td>未断</td></tr>
<tr><td>≥100.30</td><td>未断</td></tr>
<tr><td>≥100.30</td><td>未断</td></tr>
<tr><td rowspan="3">3.8</td><td rowspan="3">5.05</td><td>17.40</td><td>母材</td></tr>
<tr><td>≥100.30</td><td>未断</td></tr>
<tr><td>≥100.30</td><td>未断</td></tr>
<tr><td rowspan="3">5.2</td><td rowspan="3">5.57</td><td>≥100.30</td><td>未断</td></tr>
<tr><td>≥100.30</td><td>未断</td></tr>
<tr><td>≥100.30</td><td>未断</td></tr>
<tr><td rowspan="12">2</td><td rowspan="12">0.24</td><td rowspan="3">2 600</td><td rowspan="3">8 866</td><td rowspan="12">2.4</td><td rowspan="3">1.60</td><td>26.45</td><td>焊缝</td></tr>
<tr><td>9</td><td>焊缝</td></tr>
<tr><td>11.30</td><td>焊缝</td></tr>
<tr><td rowspan="3">3 000</td><td rowspan="3">11 803</td><td rowspan="3">2.26</td><td>178.40</td><td>母材</td></tr>
<tr><td>175.10</td><td>母材</td></tr>
<tr><td>252.45</td><td>未断</td></tr>
<tr><td rowspan="3">3 400</td><td rowspan="3">15 160</td><td rowspan="3">2.86</td><td>≥100.30</td><td>未断</td></tr>
<tr><td>≥100.30</td><td>未断</td></tr>
<tr><td>≥100.30</td><td>未断</td></tr>
<tr><td rowspan="3">3 800</td><td rowspan="3">18 938</td><td rowspan="3">3.50</td><td>205</td><td>母材</td></tr>
<tr><td>200</td><td>母材</td></tr>
<tr><td>176</td><td>母材</td></tr>
</table>

注：当试验时间超过 150 h 时，每隔 8 h 加载 100 MPa 一次。

(3)参数对焊缝形状的影响。

焊接参数对焊缝形状的影响如图 5.23 和表 5.17 所示。

图 5.23　TC17 $\phi$20 mm 惯性摩擦焊接头低倍照片×1(其中一件有纵向夹层裂纹)

**表 5.17　TC17 合金惯性焊参数对焊缝形状的影响**

| 编号 | 焊接参数 | | | 接头剖面特征 |
|---|---|---|---|---|
| | $mr^2/(\mathrm{kg \cdot m^2})$ | $n/(\mathrm{r \cdot min^{-1}})$ | $p_c$/MPa | |
| 2—158 | 0.68 | 2 000 | 2.4 | 3.0 mm |
| 2—152 | | | 3.8 | 1.9 mm |
| 2—146 | | | 5.2 | 1.7 mm |
| 2—(6～12) | 0.24 | 2 200 | 2.4 | 0.9 mm |
| 2—(13～19) | | 2 600 | | 0.8 mm |
| 2—(20～25) | | 3 000 | | 1.1 mm |
| 2—4 | | 3 400 | | 0.8 mm |

由图 5.23 和表 5.17 中看出：

①当 $mr^2=0.68\ kg \cdot m^2$、$n=2\ 000\ r/min$ 时，随摩擦压力由 2.4 MPa 提高到 5.2 MPa，焊缝外圆宽度逐渐变窄。

②当 $mr^2=0.24\ kg \cdot m^2$、$p_c=2.4\ MPa$ 时，随转速 $n=2\ 600\ r/min$ 提高到 3 800 r/min，焊缝外圆宽度变化不大。

③在 $mr^2=0.24\ kg \cdot m^2$、$p_c=2.4\ MPa$、$n=2\ 200\ r/min$ 的试样上，发现有纵向夹层裂纹，如图 5.23 所示中试样。

**4. 状态对接头性能的影响**

根据前面参数试验的结果，选出参数：

$$mr^2=0.24\ kg \cdot m^2$$

$$p_c=2.4\ MPa$$

$$n=2\ 200\ r/min$$

进行以下各项试验。

(1)状态对 $\Delta L$、$t$ 和 $Mr$ 的影响见表 5.18 和图 5.24。

**表 5.18　状态对 $\Delta L$、$t$ 和 $Mr$ 的影响**

| 状态 | 硬度(母材) HB($d$/mm) | $\Delta L$/mm | | $t$/s | $Mr$/(N·m) | 试样号 |
|---|---|---|---|---|---|---|
| | | 平均值 | $\Delta L_{max}-\Delta L_{min}$ | | | |
| 1 | 3.22 | 3.18 | 0.76 | 0.83 | 187 | 1—(1～20) |
| 2 | 3.22 | 3.07 | 0.46 | 0.94 | 146 | 2—(101～120) |
| 3 | 3.22 | 2.99 | 0.42 | 0.91 | 155 | 3—(1～20) |
| 4 | 3.22 | 2.96 | 0.98 | 0.85 | 171 | 4—(1～20) |
| 5 | 3.26 | 3.00 | 0.34 | 0.88 | 156 | 5—(1～20) |

由表 5.18 和图 5.24 中看出：

①对于 TC17 合金五种状态下的硬度值(HB($d$))差别不大，因此，五种状态下接头的 $\Delta L$、$t$ 和 $Mr$ 的变化也不大，但仔细研究 $Mr$ 和 $\Delta L_{max}-\Delta L_{min}$ 还是有些差别的。

②“1”和“4”状态焊缝较软，扭矩较大；“2”“3”“5”状态焊缝较硬，扭矩较小。

③代表接头变形量稳定性的 $\Delta L_{max}-\Delta L_{min}$ 值“1”和“4”状态波动较大(0.76～0.98)，而“2”“3”“5”状态波动较小(0.46、0.42～0.34)，比较稳定。

(2)TC17 合金惯性焊不同状态接头的室温和高温拉伸性能如图 5.25 和图 5.26 所示。

由图 5.25 和图 5.26 中看出：

①五种状态接头的强度($\sigma_b$、$\sigma_{0.2}$)基本上大于或等于母材的强度，其中“3”“4”“5”状态接头强度最高。

②五种状态接头的塑性接近母材，或稍低于母材，其中“3”状态塑性较高。

③所有接头均断于母材上。

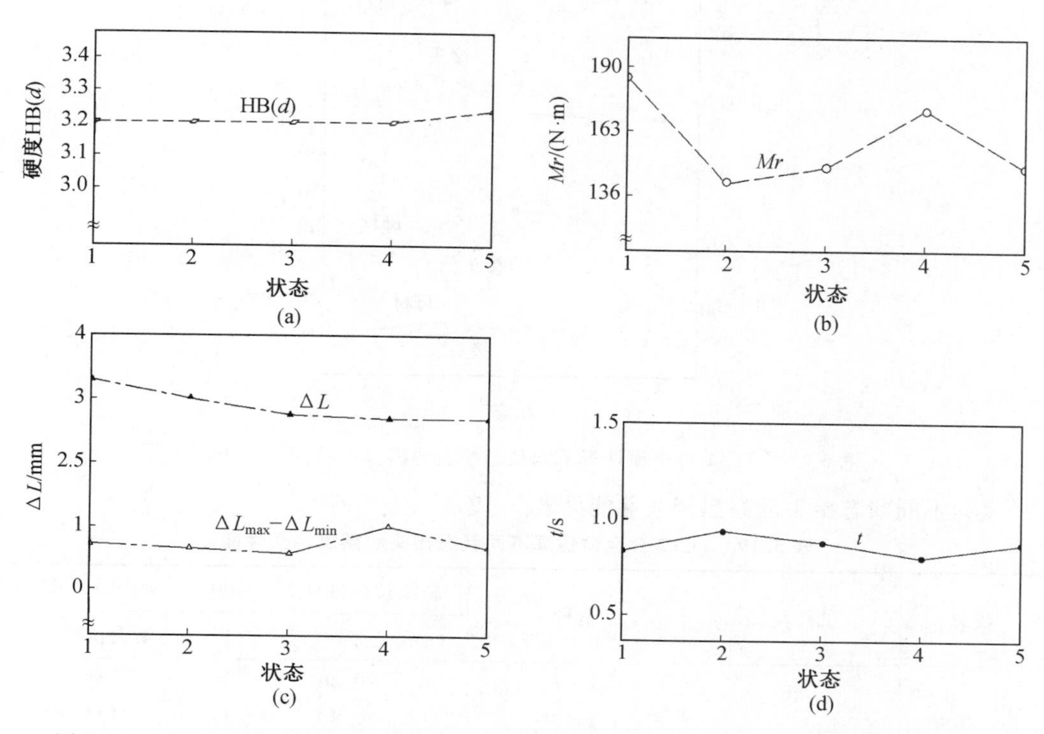


图 5.24　不同状态接头的 $\Delta L$、$t$、$Mr$ 及 HB(五种状态之间的连线只是为了对比。以下同)

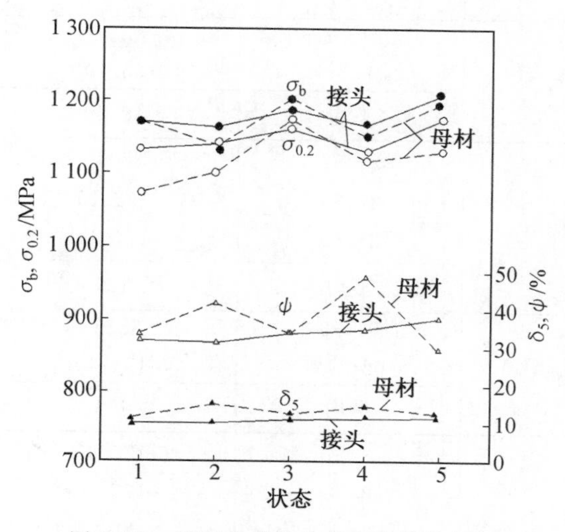


图 5.25　不同状态接头的室温拉伸性能

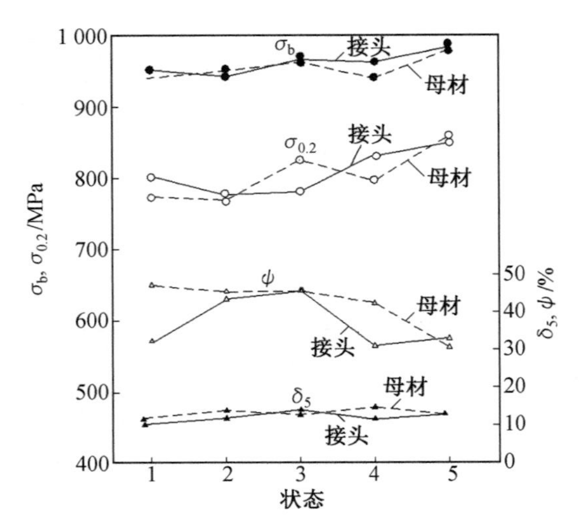


图 5.26　TC17 合金惯性焊不同状态接头的高温(400 ℃)拉伸性能

(3)不同状态接头的高温持久性能见表 5.19。

**表 5.19　TC17 合金惯性焊不同状态接头的高温持久性能**

| 状态 | 试件类型 | 编号 | 高温持久性能($T$=400 ℃，$\sigma_b$=685 MPa) | |
|---|---|---|---|---|
| | | | $t$/h | 断裂位置 |
| 1 | 焊件 | 1—7 | 20.30 | 母材 |
| | | 1—8 | 70.40 | 母材 |
| | | 1—9 | 13.20 | 母材 |
| | | 平均 | 34.50 | — |
| | 试棒 | 01—9 | 3.50 | 试棒 |
| | | 01—11 | 35.10 | 试棒 |
| | | 平均 | 19.30 | — |
| 2 | 焊件 | 2—87 | 20.40 | 母材 |
| | | 2—88 | 192.10 | 母材 |
| | | 2—89 | 174.40 | 母材 |
| | | 平均 | 129 | — |
| | 试棒 | 02—9 | 32.25 | 试棒 |
| | | 02—19 | 174.40 | 试棒 |
| | | 平均 | 104 | — |
| 3 | 焊件 | 3—7 | 177.40 | 母材 |
| | | 3—8 | 177.40 | 母材 |
| | | 3—11 | 178.30 | 母材 |
| | | 平均 | 177.47 | — |
| | 试棒 | 03—10 | 187.00 | 试棒 |
| | | 03—11 | 187.00 | 试棒 |
| | | 平均 | 187.00 | — |

续表5.19

| 状态 | 试件类型 | 编号 | 高温持久性能($T$=400 ℃，$\sigma_b$=685 MPa) | |
|---|---|---|---|---|
| | | | $t$/h | 断裂位置 |
| 4 | 焊件 | 4－7 | 177.00 | 母材 |
| | | 4－8 | 177.30 | 母材 |
| | | 4－9 | >100.30 | 未断 |
| | | 平均 | 151 | — |
| | 试棒 | 04－10 | >100.30 | 未断 |
| | | 04－11 | >100.30 | 未断 |
| | | 平均 | >100.30 | — |
| 5 | 焊件 | 5－7 | >100.30 | 未断 |
| | | 5－8 | >124.30 | 未断 |
| | | 5－9 | >124.30 | 未断 |
| | | 平均 | 116 | — |
| | 试棒 | 05－13 | >100.30 | 未断 |
| | | 05－14 | >100.30 | 未断 |
| | | 平均 | >100.30 | — |

由表 5.19 中看出：

①“3”“4”“5”状态接头的高温持久性能均超过 100 h，而“1”和“2”状态接头，虽未达到标准要求，但接头均断于母材上，这可能与母材的材质质量不高有关。

②所有接头均断于母材上。

(4)五种状态接头的金相组织如图 5.27 所示。

由图 5.27 中看出：

①五种状态焊缝均为锻造的细晶粒组织，比母材细化得多。

②“4”状态焊缝为焊态组织，由于未经过热处理，晶界和晶粒之间差别不大，因此，不易腐蚀。

③“1”状态焊缝为退火组织，由于退火时间短、温度低，焊缝处理不充分也不易腐蚀。

④“2”“4”“5”状态焊缝为焊后时效状态，焊缝与母材均得到了均匀化处理，因此，能够看出焊缝晶粒比母材细化得多。

⑤综合各种性能发现 TC17 合金焊前固溶处理，焊后时效处理的第“5”状态接头性能最好，值得推广应用；将第“5”状态接头进一步腐蚀，接头金相照片如图 5.28 所示。

由图 5.28 可以看出，摩擦焊缝的晶粒度比母材细化得多，母材为 5～6 级，而焊缝为 10～12 级；摩擦焊缝也为 $\alpha+\beta$ 双相组织，焊缝连接得很好。

(5)惯性摩擦焊接头的疲劳性能。

①疲劳极限：母材 $\sigma_D$=500 MPa，接头 $\sigma_D$=496.5 MPa。

②高、低周 S－N 疲劳曲线如图 5.29 和图 5.30 所示。

由图 5.29 和图 5.30 中看出：

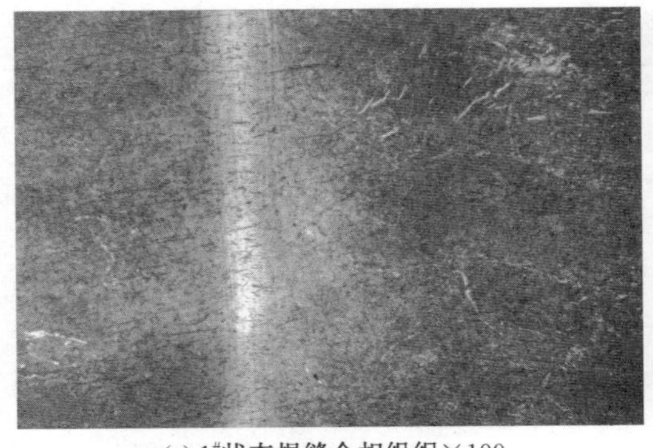

(a) 1#状态焊缝金相组织×100

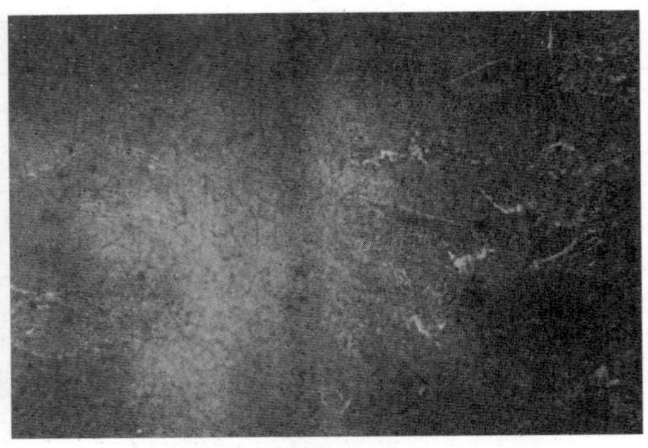

(b) 2#状态焊缝金相组织×100

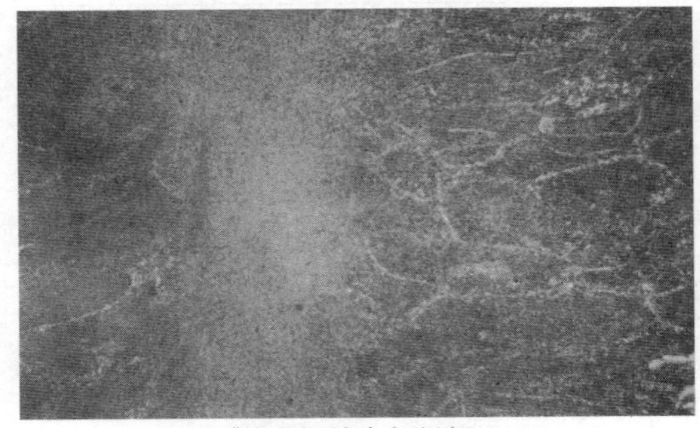

(c) 3#状态焊缝金相组织×100

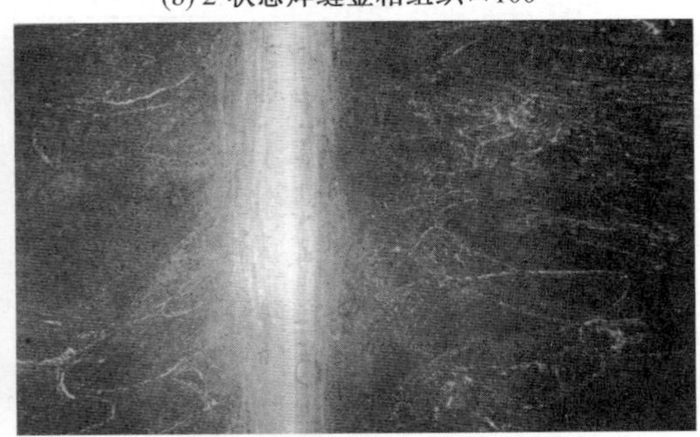

(d) 4#状态焊缝金相组织×100

(e) 5#状态焊缝金相组织×100

图 5.27　五种状态接头的金相组织

①TC17 合金接头和母材的疲劳极限接近。

②TC17 合金接头和母材的高、低周疲劳性能也相当。

**5. 结论**

(1)TC17 合金具有很好的摩擦焊性能，在很宽的参数和热处理范围内，均能焊出优质接头。

(2)TC17 合金惯性摩擦焊接头强度大于或等于母材强度，塑性与母材相当。

(3)TC17 合金五种热处理状态试验证明“3”和“5”种热处理状态接头性能最好，故建议零件焊前采用固溶处理，焊后采用时效处理。但“3”状态接头焊后固溶＋时效处理，会造成零件较大的变形。

(4)TC17 合金的疲劳性能与母材等强度，疲劳极限也相当。

(a) TC17 接头低倍金相照片×2.5

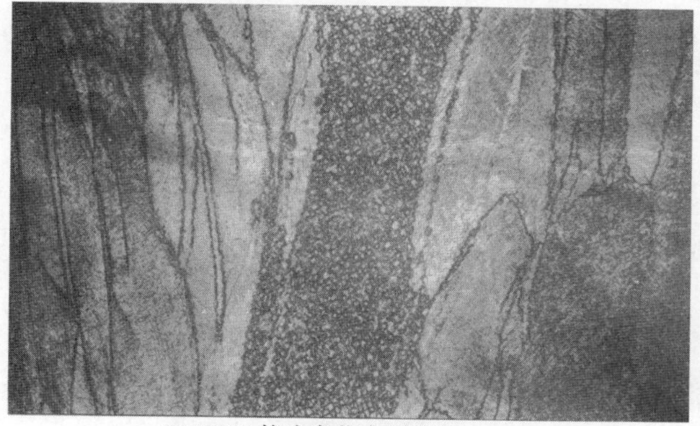

(b) TC17 接头高倍金相照片×50

图 5.28　TC17 合金惯性摩擦焊接头“5”状态的金相组织
（$\Delta L$=4.56 mm）

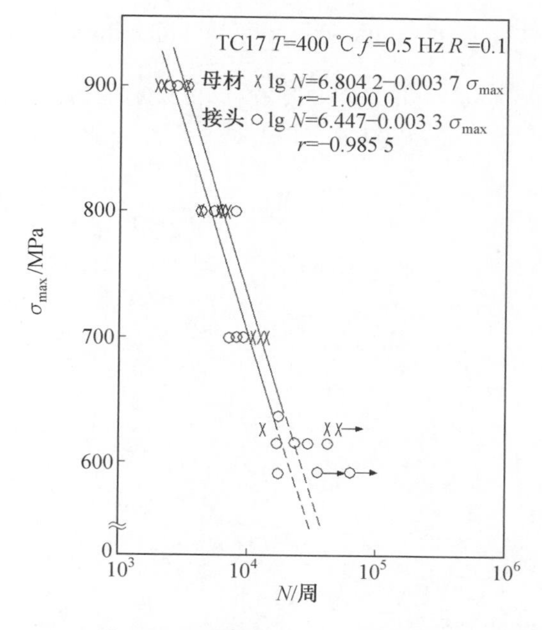


图 5.29　TC17 合金惯性摩擦焊接头与母材低周 S−N 疲劳曲线

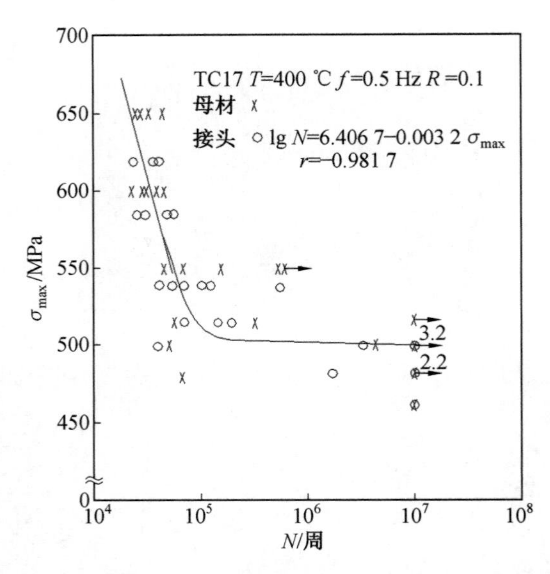


图 5.30　TC17 合金惯性摩擦焊接头与母材高周 S－N 疲劳曲线

# 第6章　异种金属材料的摩擦焊接

## 6.1　异种金属材料的摩擦焊接特性

摩擦焊接既能焊接同种金属材料，更易于焊接异种金属材料，特别对于那些热物理和力学性能差别较大的金属材料，采用一般焊接方法无法焊接的金属材料，利用摩擦焊接却能够成功地进行焊接。但焊接时也必须注意以下特点。

(1)由于两者室温和高温性能差别较大，形变抗力不同，焊接过程中只能在强度较低材料方面产生塑性变形。因此，强度较高材料，摩擦端面的"自清理作用"减弱，需要加强控制焊前的表面清理。

(2)由于两者的锻造温度不同，摩擦焊接时需要较长的摩擦加热时间，才能使锻造温度较高的金属材料达到焊接温度，产生相应的黏塑性变形和飞边。

(3)由于两者的导热系数不同，焊接过程中最高温度点有转移过程。因此，也需要较长的摩擦加热时间，才能达到摩擦表面的热平衡，使焊接表面逐渐达到焊接温度。

(4)对于那些易产生脆性的金属间化合物的金属材料，摩擦焊接时，需要采用较短的摩擦加热时间和较大的焊接压力及变形量，在低于共晶点温度以下的"低温焊接法"或者双级压力的规范中进行焊接，以防止那些异种金属间化合物的产生。

(5)为了达到热平衡和机械变形平衡，在接头设计上需要采取一定的措施，见第2章图2.11进行接头设计。

(6)在异种材料摩擦焊接过程中，对于那些高温热物理性能较高的金属材料，也必须产生相应的黏塑性变形和飞边，说明已达到了焊接温度，才能获得理想的结果。

(7)在不同种金属材料惯性摩擦焊接时，要按照热物理性能较高的材料、接头尺寸来计算焊接参数。如铜和铝的焊接要按照铜的接头尺寸计算，高温合金同钢的焊接要按照高温合金的接头尺寸计算等。

## 6.2　铝和铜的摩擦焊接

### 6.2.1　摩擦焊接特性

为了节省较贵的金属铜，以铝代铜，摩擦焊接铝铜过渡接头，已成为电力工业上一个先进的推广焊接工艺方法。

当使用摩擦焊接工艺焊接铝和铜时，必须保证获得密实的焊缝质量。当焊接相似材料或相似强度的材料时，在焊接温度范围内，表面的自清理作用，正常情况下不会出现大的问题。

但当焊接强度相差较大的材料时，如铝和铜或铝和钢时，在焊接温度范围内或焊接周期内“自清理”作用是有限的。尤其在希望产生“冷焊”时，为抑制或防止金属间化合物的形成，减少热量输入到焊接表面，因此，限制了强度较高材料的变形，这样就减弱了焊接过程中由焊缝区排除表面污物的“自清理”能力。

### 6.2.2　焊前准备

焊接时，提前控制实际接触表面的质量是成功焊接铝和铜的关键。下面是控制焊前零件表面质量的一些指导性意见。

**1. 材料**

许多焊接缺陷大多数由外来带进材料中的缺陷造成。每一步都要保证使用的备料是均匀的并且去除了任何重皮或组织缺陷（如气孔、疏松）等，它们能将污物带入焊缝中。因为这些缺陷大多数太小，不容易用肉眼看清楚，必须建立适当的控制入厂材料的复验制度。

**2. 表面的清理**

一旦已经批准某材料的焊接，焊接表面需要仔细清理。经验证明，主要花费在“较强”材料方面。因为即使有，也很少在铜端头的那面出现锻造作用，必须在焊前提供适当的焊接表面，包括接头尺寸、最终表面、表面清洁度和焊缝表面垂直焊缝轴线等。

因为在正常情况下铜的直径为确定焊接参数的主要依据，所以，应保证焊接直径的变化不大于±0.1 mm。

一般情况下，较好的或密实的铜焊接表面是达到良好焊接质量的保证。焊接时将主轴端夹持铜的工件，使其转动会获得更好的结果。

用焊前经过清理的专用刀具，在不加冷却液情况下车削的表面，粗糙度 $Ra$ 达到 3.2 μm的表面，会获得最好的结果。

在机械加工之后和焊接之前，必须进行仔细的清理，防止已准备好的表面再次弄脏，包括不能用手触摸已加工过的表面。如果零件不能马上焊接，应该很好地保存起来，防止再次污染，推荐待焊的零件清理后最长保存时间为 15 min。

铝合金的焊前表面准备证明不是太关键的。铝合金可以进行研磨清理，去除表面氧化薄膜或者用砂带磨机提供垂直表面的清理是一个普通方法。正常使用砂布清理也可以，但要防止表面注入铝氧化物粒子。

在清理之后，铝的焊接表面必须和铜一样仔细净化处理，去除污染（如手指印），防止摩擦焊接刚接触期间转移到焊接结合面之间。保存的最大间隔时间也为 15 min。

**3. 接头的设计**

因为在焊接温度下，铝比铜强度低得多，应设计接头的几何形状保持这个作用的平衡。在大多数情况下，焊接时制造铝的横截面较大，这是可以做到的。在正常情况下（见第 2 章表 2.8），铝合金表面直径比铜大 1.6 mm 是足够的，但直径大 3.2 mm 更应该优先选用，较大的横截面提供给铝合金更多的强度补偿。

当在铜的一端使用 3°～10°圆锥角时（见第 2 章图 2.12），可促进中心的连接并可增加焊接面积，这在多数情况下已得到使用。

**4. 加防边模**

当使用相同直径的铝和铜零件焊接时，应给铝零件安装防边模，如图 6.1 所示，使防边模的内表面与零件齐平。

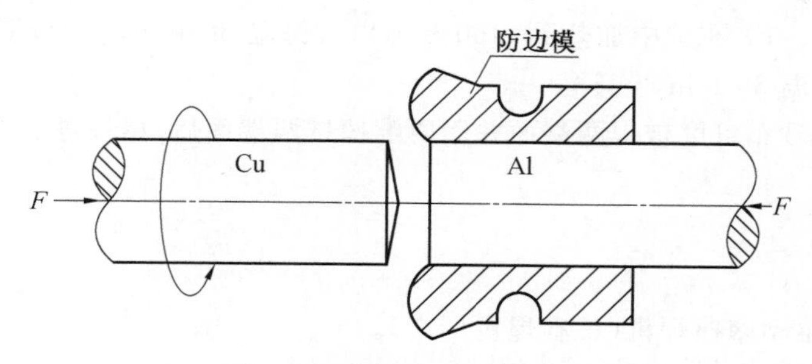


图 6.1　防边模的应用(相同直径时加防边模)

铜件的伸出长度应是足够的，使操作者比较容易地加载并防止防边模与飞边之间的接触，然而伸出长度一般不应超出焊缝直径的 1.5 倍。

**5. 选择惯性摩擦焊接参数的原则**

在惯性摩擦焊接铝和铜零件时，要根据铜零件的直径计算出所需要的能量和载荷。为了实现“冷焊”，正常焊缝外径上的线速度应为 91～152 m/min。事实上，已经制造的优质焊缝，速度低于 15 m/min，而使用的飞轮和推力载荷已超出正常范围(即比计算的 $mr^2$ 较大而载荷较高)也在使用。

## 6.2.3　铜与铝过渡接头低温摩擦焊接

**1. 焊前准备**

(1)材料。

纯铝 L2 和紫铜 T2。

①材料成分见表 6.1。

表 6.1　L2 和 T2 的化学成分

| 材料牌号 | 成分/% | | 杂质≤% | | | | | | | | | |
|---|---|---|---|---|---|---|---|---|---|---|---|---|
| | Al | Cu | Bi | Sb | As | Fe | Ni | Pb | Sn | S | Si | Zn |
| L2 | 99.6 | — | — | — | — | 0.25 | — | — | /— | — | 0.20 | — |
| T2 | — | 99.9 | 0.002 | 0.002 | 0.002 | 0.005 | 0.006 | 0.005 | 0.002 | 0.005 | $O_2$ 0.06 | 0.025 |

②材料性能见表 6.2。

表 6.2　L2 和 T2 的性能

| 材料牌号 | $\sigma_b$/MPa | $\delta_5$/% |
|---|---|---|
| L2 | 80 | 20 |
| T2 | 270 | 6 |

(2)试件尺寸。

$\phi$25 mm×100 mm。

(3)焊前处理。

①焊前处理。L2在炉中加热到(450±10)℃,保温30 min,空冷;T2在炉中加热到(650±10)℃,保温30 min,空冷。

②处理后用砂布打磨被焊两端面并用丙酮擦拭两端面后,尽快进行焊接,防止空气中再次污染。

**2. 焊接设备**

型号:C—20AL。

名称:连续驱动摩擦焊机(长春焊机厂产)。

焊机能力:转速为400 r/min。

焊接推力:20 $t_{max}$。

焊件直径:$\phi$12~30 mm。

夹具规格:$\phi$12~30 mm。

每隔2 mm一组。

**3. 焊接过程**

(1)夹持状态。

采用六角弹簧夹套,L2伸出夹套长度为4 mm,T2伸出夹套长度为15 mm。

(2)焊接过程中,采用低温焊接法即低速度、大的摩擦压力和顶锻压力,使焊接温度低于铝铜共晶点温度(548 ℃)。

(3)焊接参数。

转速:400 r/min。

摩擦压力:$p_f$=250 MPa。

顶锻压力:$p_u$=350 MPa。

焊接时间:$t_h$=3 s。

保压时间:$t_d$=5 s。

**4. 焊接结果**

焊接结果见表6.3。

表6.3 L2+T2焊接接头检查结果

| 材料组合 | 力学性能 | | | 焊后接头压偏 |
|---|---|---|---|---|
| | $\sigma_b$/MPa | $\delta_5$/% | 断裂位置 | |
| L2+T2 | 76 | 22 | 断在L2端距焊缝20 mm | 10×48 mm$^2$ 未出现裂纹 |

**5. 部分铝和铜连续驱动摩擦焊接工艺参数**

铝和铜低温连续驱动摩擦焊接工艺参数见表 6.4。

**表 6.4　铝和铜低温连续驱动摩擦焊接工艺参数**

| 接头直径/mm | $n/(\mathrm{r \cdot min^{-1}})$ | $p_f$/MPa | $p_u$/MPa | $t$/s | 伸出夹具量/mm | | 注 |
|---|---|---|---|---|---|---|---|
| | | | | | Al | Cu | |
| 6 | 1 030 | 140 | 600 | 6 | 1 | 10 | 加防边模 |
| 10 | 540 | 170 | 460 | 6 | 2 | 13 | 加防边模 |
| 16 | 320 | 200 | 400 | 6 | 2 | 18 | 加防边模 |
| 20 | 270 | 240 | 400 | 6 | 2 | 20 | 加防边模 |
| 26 | 208 | 280 | 400 | 5 | 2 | 22 | 加防边模 |
| 30 | 180 | 300 | 400 | 5 | 2 | 24 | 加防边模 |
| 36 | 170 | 330 | 400 | 5 | 2 | 26 | 加防边模 |
| 40 | 160 | 350 | 400 | 5 | 2 | 28 | 加防边模 |

**6. 接头的试验和补救措施**

在焊接技术的发展过程中，使用最广泛的试验是锤击弯曲试验。在试样焊接以后，首先切掉飞边，然后再加工成与铜试样同样直径、长度约 2 倍直径的试样。当铜试样夹到虎钳上（离焊缝 1 倍直径远）时，用锤连续锤击铝端，或者在管子的帮助下，用力弯曲铝端。在大多数情况下，将会出现结论性结果。正常情况下，在一个零件上断裂是可以接受的，如果 100％断裂出现在焊缝结合面铝的一边，那将是不可接受。

下面出现断裂在结合面上之一者，被焊零件将是不可接受的。

（1）整个铝结合面是磨光的。

补救措施：

①增加推力载荷（焊接压力），减少焊接时间。

②减小表面线速度（焊接速度），减少加热，也可以增加飞轮保持总的能量。

（2）铝结合面仅靠近中心磨光。

补救措施：增加表面线速度（焊接速度），也就是增加能量水平。

（3）铝结合面仅靠近外径磨光。

补救措施：

①减小表面线速度（焊接速度），也就是减少加热，或者增加飞轮。

②增加铝的直径或减少铝的伸出长度。

一般情况下，在焊接质量方面，载荷比焊接速度有较大的作用。然而，如果表面速度（焊接速度）太高，增加载荷也挽救不了劣质焊缝。

# 6.3 铜与不锈钢的摩擦焊接

## 6.3.1 焊前准备

**1. 材料的化学成分**

材料的化学成分见表 6.5。

**表 6.5 材料的化学成分**

| 材料牌号 | 化学成分/% | | | | | | | | | | |
|---|---|---|---|---|---|---|---|---|---|---|---|
| | C | Mn | Si | Cr | Ni | Ti | Fe | S | P | Cu | Zn |
| T2 | Bi=0.002 | Sb=0.002 | 0.02 | As=0.002 | 0.006 | Pb=0.005 | 0.005 | 0.005 | — | 99.9 | 0.005 |
| 1Cr18Ni9Ti | 0.11 | 1.5 | 0.5 | 18.5 | 10.5 | 0.7 | — | 0.021 | 0.030 | — | — |

**2. T2 与 1Cr18Ni9Ti 的性能**

T2 与 1Cr18Ni9Ti 的性能见表 6.6。

**表 6.6 T2 与 1Cr18Ni9Ti 的性能**

| 材料牌号 | 力学性能 | | | | 状态 |
|---|---|---|---|---|---|
| | $\sigma_b$/MPa | $\sigma_{0.2}$/MPa | $\delta_5$/% | $\psi$/% | |
| T2 | 270 | — | 6 | — | — |
| 1Cr18Ni9Ti | 540 | 195 | 45 | 60 | 1 100 ℃WC |

**3. 试件准备**

T2 与 1Cr18Ni9Ti 的试样尺寸如图 6.2 所示。

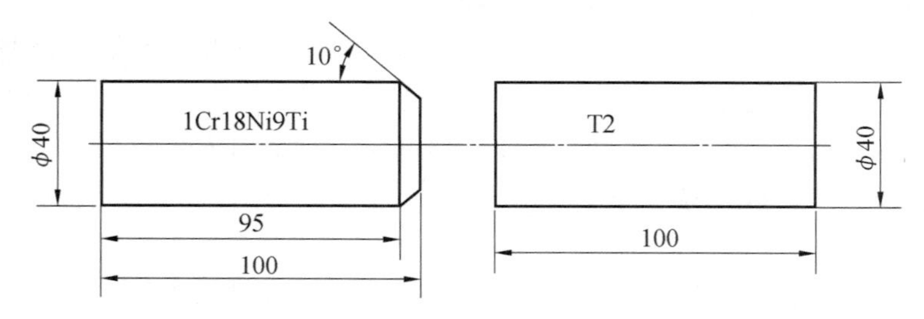


图 6.2 T2 与 1Cr18Ni9Ti 的试样尺寸

**4. 焊前热处理**

(1)T2 铜件:加热(650±10)℃,保温 30 min,AC。

(2)不锈钢:加热(300±10)℃,保温 30 min,AC 除油。

**5. 焊前清理**

焊前用钢丝刷仔细清理被焊端面的油污、锈痕和氧化皮至呈金属光泽。焊接时,再用丙酮擦拭被焊端面。

### 6.3.2　连续驱动摩擦焊接参数

连续驱动摩擦焊接参数见表 6.7。

**表 6.7　连续驱动摩擦焊接参数**

| 材料牌号 | 焊机参数 | | | | | | ΔL/mm | | 伸出夹具量/mm | |
|---|---|---|---|---|---|---|---|---|---|---|
| | $D$/mm | $n$/(r·min$^{-1}$) | $p_t$/MPa | $t_t$/s | $p_u$/MPa | $t_u$/s | 铜件 | 不锈钢 | 铜件 | 不锈钢 |
| T2＋1Cr18Ni9Ti | 40 | 735 | 110 | 16 | 320 | 30 | 40 | 0 | 30 | 45 |

### 6.3.3　焊接结果

力学性能试验结果见表 6.8。

**表 6.8　力学性能试验结果**

| 拉伸试验 $\sigma_b$/MPa | | 弯曲试验 |
|---|---|---|
| 室温 | 加热 800 ℃冷却后 | |
| $\frac{21\sim23.7}{22.4}$ | $\frac{22\sim23.1}{22.5}$ | 冷弯 90°不裂 |

### 6.3.4　焊接结果分析与讨论

(1)在采用小顶锻压力 $p_u$＝290 MPa 时，焊出的接头经锤击断于结合面附近，经金相分析表明，在结合面附近铜母材内存在一个变形层，其内分布着许多极微小的氧化亚铜质点，因而拉伸时脆断。

(2)为清除焊缝中具有摩擦方向的铜变形层，将顶锻压力由 290 MPa 提高到 320 MPa，用大的顶锻力将变形层中的氧化物质点挤出。

(3)缩短铜端的伸出模具量，以保证封闭加压防止摩擦时界面氧化。

(4)如果再增加摩擦时间和顶锻压力，使不锈钢端也能产生塑性变形，效果比上述试验可能还会好。

## 6.4　涡轮增压器的摩擦焊接

### 6.4.1　摩擦焊接特性

涡轮增压器的摩擦焊接在摩擦焊接领域内已成为一个行业，高温合金叶轮(铸造或锻造)与碳钢或合金钢轴的摩擦焊接是最典型的例子，这两种材料由于热物理和力学性能的不同，焊接时会遇到很大的困难。

(1)由于两种材料的锻造温度不同，焊接时需要较长的摩擦加热时间，才能使高温合金叶轮达到焊接温度。

(2)由于两种材料的高温性能和导热系数不同，焊接过程中有个温度场最高温度点转移过程，这个转移的标志就是开始焊接时，在碳钢或合金钢轴方面产生飞边，随后转移到高温合金叶轮方面产生飞边。而叶轮方面产不产生飞边，正是接头焊不焊好的重要标志。

(3)由于大部分叶轮为整体铸造材料，质量不稳、硬度不均、疏松，严重影响接头质量，生产中必须有严格控制手段(如检查硬度等)进行质量控制。

### 6.4.2　工艺措施

(1)接头增加加热屏障的设计。在叶轮和轴的接头内部设计出一个空心腔体，以延迟热传导，使实心接头变为管状连接接头，如图 6.3 所示。

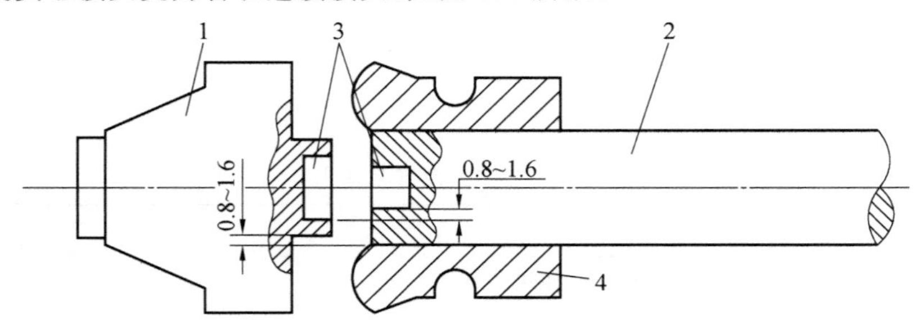


图 6.3　涡轮增压器叶轮与轴焊接示意图

1—叶轮；2—轴；3—空心腔体；4—防边模

(2)增加轴的直径或壁厚。在这些金属组合中，正常使用的钢比高温合金容易锻造得多，因此，设计的钢轴比配合的高温合金叶轮结合面带有更大的外径(实心棒)和更小的内径(空心管)，以平衡热传导和补偿可锻性方面的差异。在涡轮增压器焊接中，在内径和外径上差为 1.6～3.2 mm 是标准的(图 6.3)。

### 6.4.3　K403 叶轮同 38CrMoAl 轴的摩擦焊接

**1. 焊前准备**

(1)材料的化学成分见表 6.9。

**表 6.9　材料的化学成分**

| 材料牌号 | 化学成分/% | | | | | | | | | | | | | | | |
|---|---|---|---|---|---|---|---|---|---|---|---|---|---|---|---|---|
| | C | Si | Mn | S | P | Cr | Ni | W | Mo | Al | Ti | B | Zr | Ce | Co | Fe |
| K403 | 0.12 | 0.4 | 0.5 | 0.008 | 0.01 | 11 | 余 | 5.0 | 4.0 | 5.5 | 2.5 | 0.01 | 0.1 | 0.01 | 5.0 | 1.0 |
| 38CrMoAl | 0.4 | 0.2 | 0.4 | 0.02 | 0.025 | 1.4 | 0.15 | — | 0.2 | 0.9 | — | — | — | — | — | — |

(2)材料焊前处理。

①K403 为铸造高温合金。焊前处理：(1 210±10)℃×4 h+AC。

②38CrMoAl 为渗氮钢。焊前处理：(940±10)℃×1 h 油淬+(650±10)℃×3 h+AC。

(3)材料力学性能见表6.10。

**表6.10　材料的力学性能**

| 材料牌号 | 力学性能 | | | 状态 |
|---|---|---|---|---|
| | $\sigma_b$/MPa | $\delta_5$/% | $\psi$/% | |
| 38CrMoAl | 930 | 15 | 50 | (940±10)℃×90 min油淬+(650±10)℃×3 h+AC |
| K403 | 785 | 2.0 | 3.0 | (1 210±10)℃×4 h+AC |

(4)试件尺寸。

K403+38CrMoAl均为$\phi$22 mm×100 mm。

(5)加防边模。

焊接时,38CrMoAl端加防边模,防边模的结构如图6.3所示,以减少飞边,增加结合面的热平衡和机械变形平衡。

**2.焊接设备**

C—20连续驱动摩擦焊机。

$$F_f=20\ \text{t(max)}$$
$$n=2\ 000\ \text{r/min}$$

**3.焊接参数**

经试验后确定的焊接参数见表6.11。

**表6.11　焊接参数**

| 材料组合 | 试件规格/mm | 一级摩擦 | | 二级摩擦 | | 顶锻 | | 转速$n$/(r·min$^{-1}$) |
|---|---|---|---|---|---|---|---|---|
| | | $p_1$/MPa | $t_1$/s | $p_2$/MPa | $t_2$/s | $p_u$/MPa | $t_u$/s | |
| 38CrMoAl+K403 | $\phi$22×100 | 130 | 10 | 230 | 15 | 345 | 5 | 2 000 |

**4.试验结果**

(1)接头室温拉伸性能见表6.12。

**表6.12　接头室温拉伸性能**

| 试件编号 | 接头状态 | 拉伸性能 | | | 断裂位置 |
|---|---|---|---|---|---|
| | | $\sigma_b$/MPa | $\delta_5$/% | $\psi$/% | |
| K01 | 焊态 | 742 | 2.0 | 3.0 | K403母材 |
| K02 | | 747 | 1.5 | 3.1 | |
| K03 | | 747 | 1.8 | 2.8 | |
| K04 | | 647 | 1.0 | 2.5 | |
| K05 | 焊后540 ℃退火,炉冷 | 751 | 2.0 | 3.2 | K403母材 |
| K06 | | 647 | 1.5 | 2.5 | |
| K07 | | 839 | 2.0 | 2.8 | |
| K08 | | 639 | 1.7 | 3.0 | |

由表 6.12 中看出：

①接头均断在 K403 母材上，而焊后退火对 K403 作用不大(图 6.4)，只对 38CrMoAl 钢消除应力、减小硬度、增加塑性有好处。

②接头强度的波动由铸造 K403 合金材质不稳定造成。

(2)K403＋38CrMoAl 接头的硬度分布如图 6.4 所示。

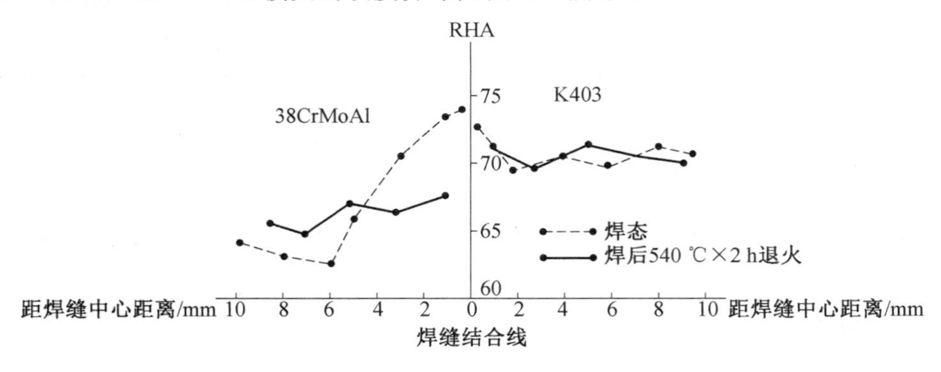


图 6.4　K403＋38CrMoAl 接头的硬度分布

(3)K403＋38CrMoAl 接头的金相组织如图 6.5 所示。

(a) 低倍接头×2

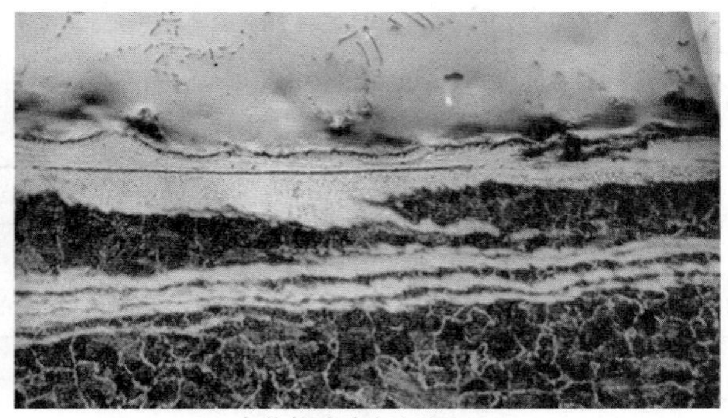

(b) 高倍接头金相组织×100

图 6.5　K403＋38CrMoAl 接头的金相组织

由图 6.5 看出：

①K403 面为粗大的奥氏体组织 $\gamma+\gamma'+MC$。

②38CrMoAl 面为退火索氏体组织。

③焊缝为 K403 金属的白色条状固溶体组织，晶粒没有腐蚀出来。图下面的黑白层状组织，系开始两种金属摩擦时，在 38CrMoAl 面，由于温度稍低，两种金属还没有很好地溶解。因此，摩擦出一层一层的黑白层状金属组织，白色的为 K403 金属，耐腐蚀，晶粒没有腐蚀出来，黑色的为 38CrMoAl 金属。

**5. 结论**

(1)由于两种材料热物理和力学性能不同，焊接时需要较长的摩擦焊接时间(10＋15＋5＝30 s)，结合面才能达到焊接温度。

(2)由于两种材料导热系数和高温性能不同，焊接过程中有飞边顺次排出的痕迹(图

6.5(a)),在大飞边中间有K403合金小飞边排出的断层痕迹。

(3)焊接过程中,首先在38CrMoAl一边,摩擦出还没有完全溶解的黑白层状混合组织焊缝,后转移到K403面呈单一的白色奥氏体组织焊缝。

(4)焊后热处理时消除接头应力,对改善接头金相组织和提高接头结合性能是有好处的。

(5)接头在进行室温拉伸试验时,均断在K403母材上,说明接头的强度已达到了与母材等强度要求。

## 6.5　K24叶轮同1Cr11Ni2W2MoVA轴的摩擦焊接

### 6.5.1　焊前准备

**1. 试样的准备**

(1)1Cr11Ni2W2MoVA(简称961)轴 $\phi$31 mm×150 mm(内孔 $\phi$8.4 mm×20 mm)。

(2)K24叶轮 $\phi$29.4 mm×70 mm(内孔 $\phi$10 mm×20 mm)。

**2. 材料的化学成分**

材料的化学成分见表6.13。

**表6.13　材料的化学成分**

| 材料牌号 | 化学成分/% | | | | | | | | | | | | | | | |
|---|---|---|---|---|---|---|---|---|---|---|---|---|---|---|---|---|
| | C | Si | Mn | Cr | Ni | Co | Ti | Al | W | Mo | Fe | S | P | B | Nb | V | Cu |
| K24 | 0.15 | 0.1 | 0.08 | 9.5 | 余 | 12 | 4.6 | 5.2 | 1.7 | 3.0 | 0.2 | 0.012 | 0.011 | 0.016 | 0.7 | 0.6 | 0.1 |
| 961 | 0.11 | 0.2 | 0.1 | 12 | 1.6 | — | — | — | 1.6 | 0.35 | 余 | 0.010 | 0.02 | — | — | 0.2 | — |

**3. 材料的力学性能**

材料的力学性能见表6.14。

**表6.14　材料的力学性能**

| 材料牌号 | $\sigma_b$/MPa | $\sigma_{0.2}$/MPa | $\delta$/% | $\psi$/% | 状态 |
|---|---|---|---|---|---|
| K24 | 1 010 | 755 | 12.3 | 17.9 | 铸造 |
| 1Cr11Ni2W2MoVA | 1 226 | 1 030 | 15 | 55 | 1 000 ℃油淬<br>580 ℃回火 |

**4. 焊前热处理**

(1)1Cr11Ni2W2MoVA:(1 000±15)℃×90 min油冷+(580±15)℃×2 h+AC。

(2)K24:铸造状态。

**5. 摩擦焊机 C25**

(1)转速1 250 r/min。

(2)推力25 t(压力表值7～56 MPa)。

**6. 为防止 1Cr11Ni2W2MoVA 轴过大飞边，焊接时加防边模**

## 6.5.2　参数的选择

因为 K24＋1Cr11Ni2W2MoVA 材料以前未焊过，因此，找到已焊过的材料和直径均相似的 K417＋40Cr 焊机参数为基础进行试验，试验变形量认为合格后，再焊接拉力和金相试样，其试验结果见表 6.15 和图 6.6。

**表 6.15　焊机参数的选择过程**

| 试样编号 | 一级摩擦 | | 二级摩擦 | | 顶锻 | | $t_d$/s | $\Delta L$/mm | 说明与图示 | |
|---|---|---|---|---|---|---|---|---|---|---|
| | $t_1$/s | $p_1$/MPa | $t_2$/s | $p_2$/MPa | $t_u$/s | $p_u$/MPa | | | | |
| F1 | 15 | 2 | 18 | 2.5 | 8 | 5 | 30 | 1.5 | 经锤击断在结合面上，焊口平滑，呈凸凹形 | 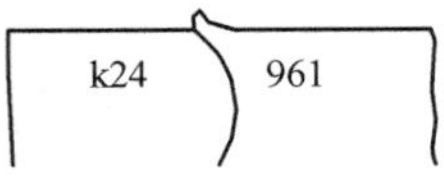 k24 961 |
| F2 | 15 | 2 | 21 | 2.8 | 8 | 5 | 30 | 1.8 | 经锤击断在结合面上，焊口平滑，呈凸凹形 | 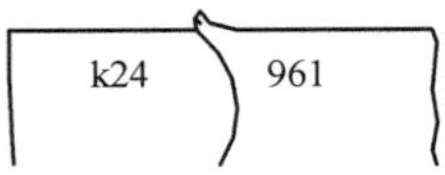 k24 961 |
| F3 | 15 | 2 | 23 | 2.8 | 8 | 5 | 30 | 2.0 | 经锤击断在结合面上，周边有局部金属粘连 | 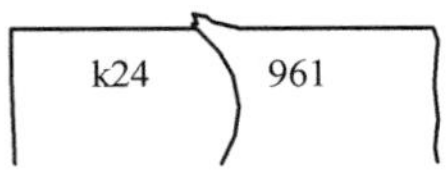 k24 961 |
| F4 | 15 | 2 | 25 | 3 | 8 | 5 | 30 | 3.0 | 断在结合面上，四周有较多金属粘连 | 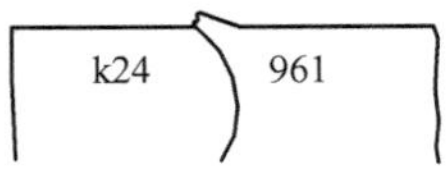 k24 961 |
| F5 | 15 | 2 | 25 | 3.5 | 8 | 5 | 30 | 3.5 | 断在焊缝上，四周焊上，中心平滑，有局部金属粘连 | 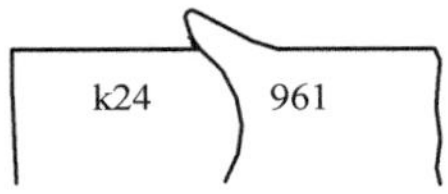 k24 961 |
| F6 | 15 | 2 | 25 | 4 | 8 | 5 | 30 | 4.5 | 经锤击断在K24 侧，距焊缝12 mm | 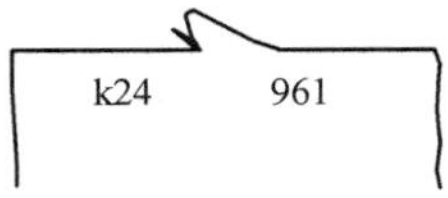 k24 961 |
| F7 | 15 | 2 | 25 | 4 | 8 | 5 | 30 | 5.0 | 断在 K24 侧，距焊缝 10 mm（切金相试样） | 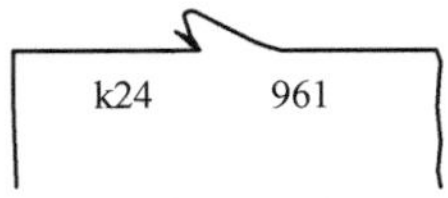 k24 961 |
| F8 | 15 | 2 | 25 | 4 | 8 | 5 | 30 | 5.0 | K24 面有小飞边挤出 | 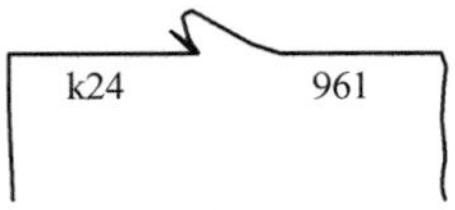 k24 961 |
| F9 | 15 | 2 | 26 | 4 | 8 | 5 | 30 | 5.5 | K24 面飞边增大 | 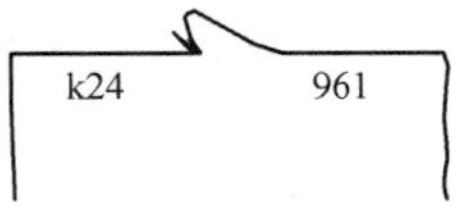 k24 961 |

**续表 6.15**

| 试样编号 | 一级摩擦 | | 二级摩擦 | | 顶锻 | | $t_d$ /s | $\Delta L$ /mm | 说明与图示 | |
|---|---|---|---|---|---|---|---|---|---|---|
| | $t_1$/s | $p_1$/MPa | $t_2$/s | $p_2$/MPa | $t_u$/s | $p_u$/MPa | | | | |
| F10 | 15 | 2 | 27 | 4 | 8 | 5 | 30 | 6.0 | K24 面飞边增大 | k24　961 |
| F11 | 15 | 2 | 28 | 4 | 8 | 5 | 30 | 7.0 | K24 面飞边再增大 | k24　961 |

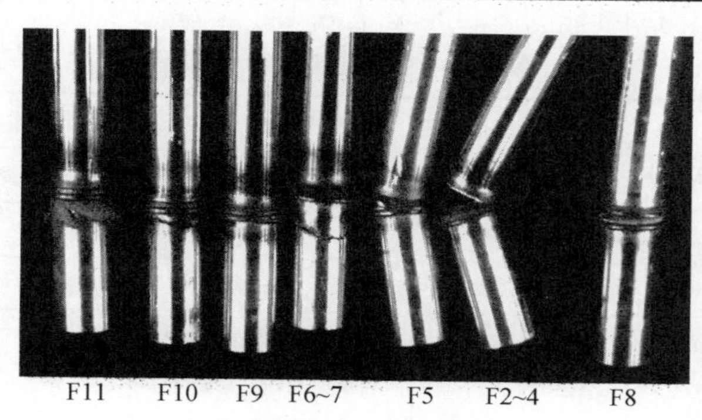


图 6.6　K24＋961 接头断裂情况照片×1

由表 6.15 和图 6.6 中看出：

(1)开始用 K417＋40Cr 焊机参数焊接两对试样(F1 和 F2)，经锤击后焊口光滑呈凹形，根本不粘，说明结合面还没有达到焊接温度，为此增大焊接参数。

(2)随变形量增加，焊接结合面粘连金属增加，当焊到 F5 试样变形量 $\Delta L=3.5$ mm 时，经锤击，周边已经焊上，中间焊得不牢，有局部金属粘连。

(3)当变形量增加到 $\Delta L=4.5$ mm(F6 试样)时，整个接头已焊上，经多次锤击才断在 K24 主体上。

(4)为了验证接头的可靠性，又增加摩擦时间焊接一件试样(F7)，做了下列方法检查。

①经多次锤击断在 K24 上。

②解剖做低倍金相检查。

③进行荧光渗透检查。

经三种方法检查认为已经焊上，但为了保险起见，再逐渐增加焊接时间，其焊接锤击试样见表 6.15 和图 6.6 中的 F8～F11。

(5)由 F8～F11 中看出：

①随焊接时间加长，接头的飞边和变形量增加($\Delta L=5$～$7.5$ mm)。

②由接头飞边的形成过程中看出：

当开始摩擦时，由于 K24 合金耐高温性能(工作温度可到 980 ℃)比 1Cr11Ni2W2MoVA(工作温度为 550 ℃)高，因此最初形成飞边以 1Cr11Ni2W2MoVA 为主，包围在 K24 周边的情况。但随着摩擦界面温度的提高，由于 K24 的导热性比 1Cr11Ni2W2MoVA 差，又由于 1Cr11Ni2W2MoVA 飞边的热保护，K24 面热量迅速积累，温度快速升高，界面上的最高温度点开始向 K24 面转移，因此，K24 面开始在 1Cr11Ni2W2MoVA 包围 K24 母材的飞边之间排出新的飞边，随着时间的延长，K24 面将继续排出飞边（图 6.6 和表 6.15 中的 F8～F11 的飞边）。

(6)接头焊后进行退火处理：(560±10)℃×3 h+AC。

### 6.5.3 试验结果

**1. 接头室温和高温力学性能**

接头室温和高温力学性能见表 6.16 和表 6.17。

**表 6.16 接头室温拉伸性能**

| 焊接方法 | 试样编号 | 力学性能 | | | | | | 变形量 $\Delta L$/mm |
|---|---|---|---|---|---|---|---|---|
| | | $\sigma_b$/MPa | $\sigma_{0.2}$/MPa | $\delta_5$/% | $\psi$/% | 断裂位置 | 距焊缝距离/mm | |
| 摩擦焊接 | F9 | 920 | 885 | 0.8 | 8.0 | 焊缝 | — | 5.5 |
| | F10—1 | 880 | 825 | 4.0 | 10.5 | 焊缝 | — | 5.5 |
| | F10—2 | 920 | 845 | 6.4 | 11.5 | K24 母材 | 10 | 6.0 |
| | F11—1 | 980 | 910 | 4.4 | 12 | K24 母材 | 4 | 7.0 |
| | F11—2 | 940 | 830 | 8.0 | 12 | K24 母材 | 10 | 7.5 |
| | 平均 | 928 | 859 | 4.72 | 10.8 | — | — | — |

**表 6.17 接头高温力学性能(450 ℃)**

| 焊接方法 | 试样编号 | 力学性能 | | | | | 变形量 $\Delta L$/mm |
|---|---|---|---|---|---|---|---|
| | | $\sigma_b$/MPa | $\sigma_{0.2}$/MPa | $\delta_5$/% | $\psi$/% | 断裂位置 | |
| 摩擦焊接 | F9—1 | 760 | 690 | 11.0 | 56 | 961 母材 | 5.5 |
| | F9—2 | 820 | 770 | 7.5 | 42 | 961 母材 | 5.5 |
| | F10 | 780 | 725 | 6.8 | 54 | 961 母材 | 6.0 |
| | F11—1 | 795 | 735 | 8.5 | 51 | 961 母材 | 7.0 |
| | F11—2 | 880 | 830 | 8.5 | 42 | 961 母材 | 7.5 |
| | 平均 | 807 | 750 | 8.46 | 49 | — | — |

由表 6.16 和表 6.17 看出：

(1)随变形量 $\Delta L$=5.5～7.5 mm 增加，摩擦焊接头室温强度和塑性逐渐提高并趋于稳定。当 $\Delta L \geqslant 6$ mm 时，接头全部断在 K24 母材上，达到与母材等强度和塑性要求。

(2)高温(450 ℃)瞬时试验时，由于 961 钢耐高温性能比 K24 差，摩擦焊接接头均断于 961 母材上，也达到与母材等强度和塑性要求。

(3)当变形量 $\Delta L$=5.5 mm 时，虽然接头强度和塑性能达到要求，但均断在焊缝上，说明两种金属还没有达到充分地接合。

**2. 接头强度与耐磨材料变形量之间的关系**

为了进一步找到接头强度与耐磨材料变形量之间的关系，将拉断的试样进行解剖腐蚀，测量了 K24 面的接头强度与变形量之间的关系，其测量结果见表 6.18 和图 6.7。

**表 6.18　耐磨材料变形量与接头强度之间的关系**

| | 序号 | 力学性能 | | | | 接头变形量 $\Delta L$/mm | | | |
|---|---|---|---|---|---|---|---|---|---|
| | | $\sigma_b$/MPa | $\sigma_{0.2}$/MPa | $\delta_5$/% | $\psi$/% | $\Delta L_{K24+961}$ | $\Delta L_{961}$ | $\Delta L_{K24}$ | 断裂位置 |
| 室温强度 | F8 | 910 | 840 | 0.2 | 3.0 | 5.0 | 5.0 | 0 | 焊缝 |
| | F9 | 920 | 885 | 0.8 | 8.0 | 5.5 | 5.1 | 0.4 | 焊缝 |
| | F10 | 920 | 845 | 6.4 | 11.5 | 6.0 | 5.3 | 0.7 | K24 母材 |
| | F11－1 | 940 | 830 | 8.0 | 12 | 7.0 | 5.5 | 1.5 | K24 母材 |
| | F11－2 | 940 | 840 | 7.9 | 10.5 | 7.5 | 5.5 | 2.0 | K24 母材 |
| 高温强度（450 ℃） | F8 | 740 | 670 | 6.2 | 46 | 5.0 | 5.0 | 0 | 961 母材 |
| | F9 | 760 | 690 | 11.0 | 56 | 5.5 | 5.1 | 0.4 | 961 母材 |
| | F10 | 780 | 725 | 6.8 | 54 | 6.0 | 5.3 | 0.7 | 961 母材 |
| | F11－1 | 880 | 830 | 8.5 | 42 | 7.0 | 5.5 | 1.5 | 961 母材 |
| | F11－2 | 870 | 810 | 8.4 | 52 | 7.5 | 5.5 | 2.0 | 961 母材 |

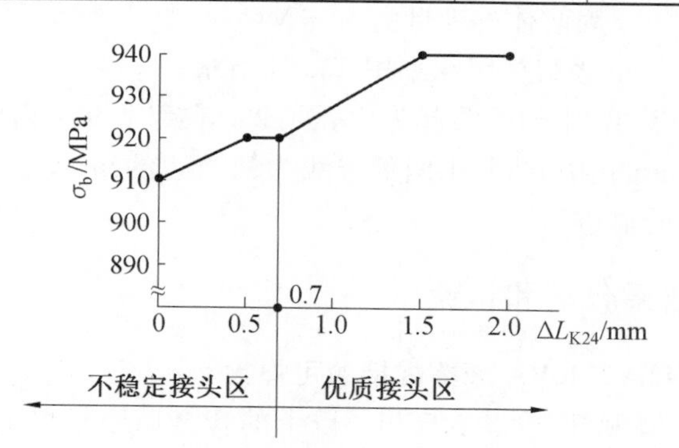


图 6.7　耐磨材料变形量与接头强度之间的关系

由表 6.18 和图 6.7 中看出：

(1)当 1Cr11Ni2W2MoVA 与 K24 焊接接头的变形量 $\Delta L=5$ mm 时，K24 面的变形量 $\Delta L_{K24}=0$，说明两者接合的虽有一定的强度，但连接得不牢，或者只达到了钎接的连接强度，拉伸试验时断于焊缝上。

(2)当 1Cr11Ni2W2MoVA 与 K24 接头的变形量 $\Delta L=5.5$ mm 时，K24 面的变形量 $\Delta L_{K24}=0.4$ mm，接头仍断于焊缝上。

(3)只有当 K24 面的变形量 $\Delta L_{K24}\geqslant 0.7$ mm，总的变形量 $\Delta L\geqslant 6.0$ mm 时，接头才全部断于 K24 母材上。由图 6.7 中看出，$\Delta L_{K24}=0.7$ mm 时，左侧为不稳定接头焊接区，右侧为优质接头焊接区。

**3. 接头的金相组织**

K24＋961 接头低倍和高倍金相照片如图 6.8 所示。

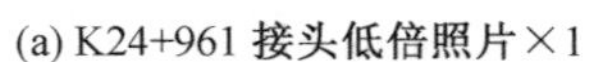

(a) K24+961 接头低倍照片×1　　(b) K24+961 高倍金相组织×100

图 6.8　K24＋961 接头低倍和高倍金相照片

由图 6.8 中看出：

(1)从接头接合上看，两种金属连接得很好，没有任何冶金缺陷。由于两种金属耐蚀性差别较大，焊缝不易腐蚀出来，其图上的分界线为 961 金属与焊缝金属的连接线，实际焊缝在 K24 金属一边，如图 15.2、图 15.3 和图 15.14 所示，图 6.8 中没有腐蚀出来。

(2)从金相组织上看：

①961 面焊缝和 HFZ 晶粒比较细化为退火的索氏体组织。

②K24 面为粗大的 $\gamma$ 固溶体＋少量的 $\gamma'$＋MC。

③焊缝为 K24 金属的固溶体组织如图 15.14 所示。

④从图 6.8(a)中看出，中间的凸起为内孔飞边，焊接时，961 面的飞边塞满 K24 面焊前钻的 $\phi$9 mm×14 mm 孔中，凸起中间的竖线为两飞边的结合线，横线为焊接后期 K24 飞边插入 961 飞边中的痕迹。

## 6.5.4　试验结果分析和讨论

**1. K24＋1Cr11Ni2W2MoVA 摩擦焊接的可焊性**

(1)据有关资料，Al 和 Ti 含量大于 6%以上的合金属于难焊金属。而 K24 的 Al 和 Ti 总含量达到 9.2%～10.4%，如果采用熔焊方法很难焊好，而采用摩擦焊时，只要变形量 $\Delta L \geqslant 6$ mm，接头就能达到与母材等强度和塑性要求。

(2) 然而，K24＋961 悬殊的高温性能差别(650 ℃时，K24($\sigma_b$)为 1 030 MPa，961($\sigma_b$)为 381 MPa)给摩擦焊接带来了很大的困难。961 面已达到了焊接温度，产生了塑性变形层金属，而 K24 面远没有达到焊接温度，产生塑性变形层金属。因此，必须采用较长的摩擦焊接时间，使 961 面产生较大飞边包围在 K24 面直径上，促使 K24 面尽快达到焊接温度，也产生飞边。

**2. K24＋1Cr11Ni2W2MoVA 的接头强度和塑性**

K24＋961 摩擦焊接头(参数选择合适)均断于母材上，达到与母材等强度和塑性要求。室温断于 K24 上，高温断于 961 上，说明两母材金属接合得很好并且焊缝为锻造的细晶粒组织，因而，它的强度和塑性等于或高于母材。

### 6.5.5　异种金属材料摩擦焊接接头的形成过程

**1. 焊接过程中温度场最高温度点的转移**

异种金属摩擦焊接过程中，温度场最高温度点有转移过程，如图 6.9 所示。

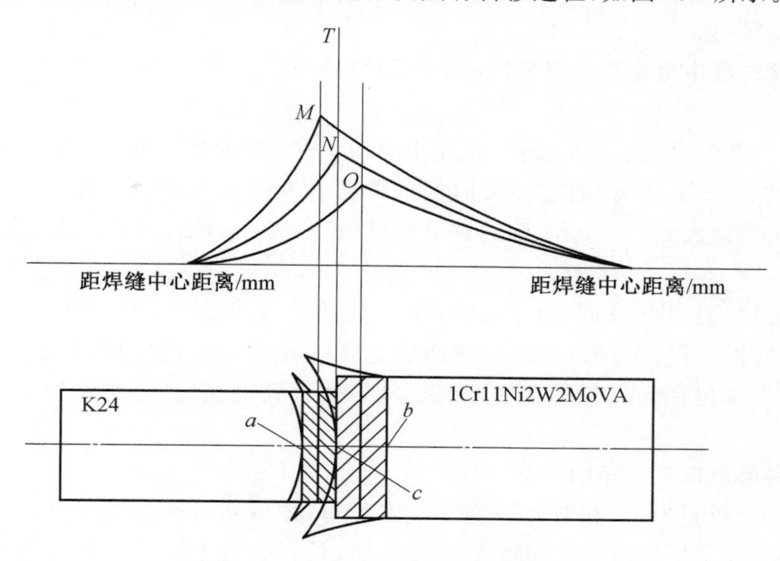


图 6.9　异种金属接头的形成过程

由图 6.9 中看出：

(1)当两个界面开始摩擦时，随着界面温度的提高，961 钢耐高温性能差(图 6.10)。首先达到塑性状态，其最高温度为 $O$ 点。因此，开始摩擦时，较长一段时间都是由 961 面排出飞边，形成 961 金属飞边包容 K24 结合面和直径的情况，K24 金属还没有达到塑性状态。

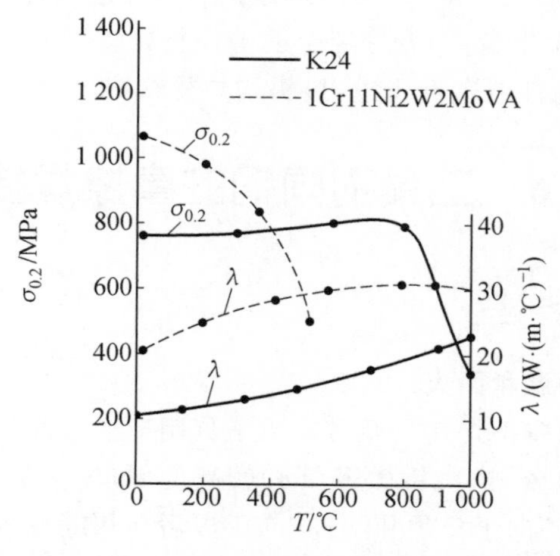


图 6.10　K24 和 1Cr11Ni2W2MoVA 强度及热导率

(2)随着摩擦时间的增长,由于K24合金导热性能差(图6.10)(800 ℃时,K24热导率为16.66 W/(m·℃),而961为30 W/(m·℃))、耐高温性能好(K24工作温度可到980 ℃,而961只有550 ℃,图6.10);又由于961面高温飞边的包围,因此K24面摩擦表面的热量散失不出去,而迅猛积聚、增高,达到黏塑性状态,这一点温度比961面高,开始产生飞边,其最高温度点由 $O$ 点通过原始结合面 $N$ 点,转移到K24面 $M$ 点,$M$ 点的温度要高于 $N$ 和 $O$ 点。

**2. 焊接过程中塑性变形层金属的变形和转换**

由图6.9中看出:

(1)随着摩擦界面温度的提高,最初由K24+961的原始界面平面 $c$ 面形成961面的平面黏塑性层 $bc$ 层金属,通过一段时间的摩擦和961面黏塑性变形层金属的排边,将K24面端头摩刷成圆凸形,961面的黏塑性变形层变成与K24面相匹配的圆凹形黏塑性变形层。

(2)当最高温度由 $O$ 点,通过原始界面 $c$ 面转换到 $M$ 点时,961面的圆凹形变形层 $bc$ 层,也开始降温强化,转换到K24面圆凸形变形层 $ac$ 层,这一层的温度比 $bc$ 层高,也只有这时,才从961包容K24端的飞边之间挤出K24面新的飞边,证明两种金属都达到了焊接温度。

**3. 异种金属接头焊牢的标志**

由上述分析看出,只有当K24面产生飞边时,才说明最高温度点已由961面转换到K24面;塑性变形层也由961面转换到K24面,只有这时才能认为K24与961之间界面都达到塑性状态,具有连接的必要条件了。因此看出:

(1)如果焊接结束时,没有看到K24面排出飞边,说明K24面没能达到焊接温度,接头肯定焊不牢。

(2)如果K24面排出了呈碎块状的脆性飞边,说明焊接压力较大,排出飞边速度太快,塑性变形层温度较低。

(3)如果K24面排出的飞边呈塑性状态,像铁屑一样包围在K24外径上,那么说明焊接压力较小,排出飞边时温度较高,变形层金属塑性较好。

无论K24面排出了脆性或塑性飞边,接头均焊得很牢。

## 6.6 工具钢同钢的摩擦焊接

### 6.6.1 摩擦焊接特性

**1. 焊后要及时进行保温和回火**

工具钢同普通碳钢的摩擦焊接是经常用于工具制造业方面的金属组合。在多种工具钢中有广泛变化的化学成分,这些钢大多具有较高的硬度,多数在空气中就能淬火。因此,这些钢的摩擦焊接头倾向于淬硬和脆性,易于焊后在焊缝或者热力影响区上产生淬火裂纹。所以焊接中要适当增加摩擦加热时间,减小摩擦压力,使焊缝得到缓冷并且焊后要及时进行保温和回火处理,以减少接头硬度或者裂纹,增加可加工性,特别易于飞边的加工。其他要求硬度或者强度的热处理,可以在去除飞边以后进行。

**2. 控制碳化物的形成和分布**

碳化物是固有地存在于多种工具钢中,并且在其他多种钢中也容易形成。如果这些碳化物沿焊缝结合面分布,焊缝的塑性将急剧下降。这种分布可能由于过高的焊接速度,引起焊缝金属过热,助长碳化物的析出,或者不足的推力载荷,使变形量减小,破坏了原始碳化物进入飞边中。

**3. 增加防边模**

由于工具钢和普通碳钢较大的热物理性能和力学性能差异,摩擦焊接时会造成碳钢面较大的飞边。为了减少碳钢飞边金属的流失,促成接头焊接过程中的机械平衡和热平衡,提高接头质量,焊接过程中在碳钢边加防边模,使得焊缝在飞边模中封闭加压焊接。

## 6.6.2　高速钢(W18Cr4V)同 45 钢的摩擦焊接

**1. 焊前准备**

(1)材料的化学成分见表 6.19。

**表 6.19　高速钢同 45 钢的化学成分**

| 材料牌号 | 化学成分/% | | | | | | | | | |
|---|---|---|---|---|---|---|---|---|---|---|
| | C | Mn | Si | P | S | W | Cr | V | Ni | Mo |
| 45 钢 | 0.48 | 0.6 | 0.21 | 0.021 | 0.024 | — | 0.010 | — | 0.021 | — |
| 高速钢 | 0.78 | 0.02 | 0.03 | 0.024 | 0.026 | 18.5 | 4.1 | 1.2 | — | 0.2 |

(2)试棒尺寸、焊前处理和硬度。

高速钢:$\phi$20 mm×150 mm。

45 钢:$\phi$20 mm×150 mm。

高速钢:完全回火,HB=207 kgf/mm$^2$。

45 钢:840 ℃×30 min+AC,560 ℃×1 h+AC,HB=200 kgf/mm$^2$。

(3)摩擦焊接设备。

C20 连续驱动摩擦焊机

$$F_{max}=20\ \text{t}$$
$$n=2\ 000\ \text{r/min}$$

(4)焊接参数见表 6.20。

**表 6.20　高速钢同 45 钢焊接参数**

| 接头直径 | $n/(\text{r}\cdot\text{min}^{-1})$ | $p_f$/MPa | $t_f$/s | $p_u$/MPa | $t_u$/s | 注 |
|---|---|---|---|---|---|---|
| $\phi$20 | 2 000 | 120 | 12 | 240 | 8 | 加防边模 |

**2. 焊接结果与分析讨论**

(1)焊接结果见表 6.21。

**表 6.21　高速钢同 45 钢焊接接头试验结果**

| 试样编号 | 力学性能 | | | | 弯曲角 |
|---|---|---|---|---|---|
| | $\sigma_b$/MPa | $\delta_5$/% | $\psi$/% | 断裂位置 | |
| W1 | 680 | 16 | 40 | 45 钢 | >90°未裂 |
| W2 | 700 | 14 | 35 | 45 钢 | |
| W3 | 710 | 13 | 32 | 45 钢 | |

注:①焊后马上放入 850 ℃炉中保温 1 h;②560 ℃×1 h+AC 回火。

(2)分析讨论。

①如果试件焊后不能及时进行保温和回火处理,焊缝边缘上就会产生淬火裂纹。如某资料中介绍的铰刀焊后没能及时进行保温缓冷,在焊缝边缘上产生了淬火裂纹(图 6.11),占生产总数的 41.8%。裂纹在高速钢侧距焊缝 0.1～0.15 mm,平行于焊缝。

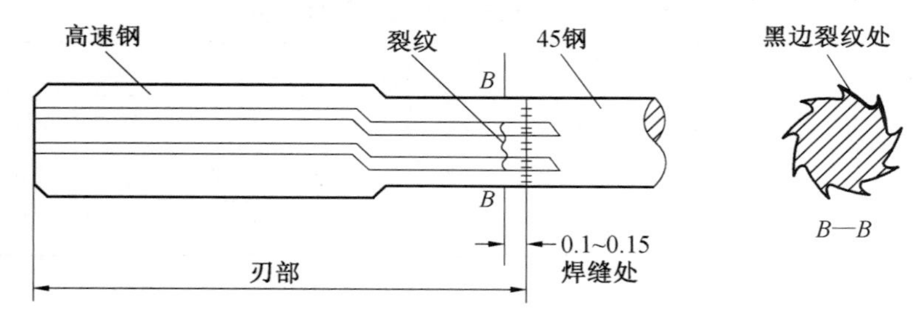


图 6.11　铰刀焊后淬火裂纹

改进措施:

a. 适当增加摩擦焊时间或者减小摩擦压力,增大加热区,减缓焊缝冷却速度。

b. 焊后试件要及时送到 750～850 ℃炉中保温缓冷后,进行 560 ℃回火空冷处理。

②如果焊缝塑性($\delta_5$、$\psi$)过低,可能由于焊缝温度过高,引起焊缝金属过热,助长碳化物的析出。

改进措施:

a. 减少转速,也就是减少加热。

b. 增加推力载荷,也就是增加变形量。

c. 增加飞轮,也就是增加能量和扭矩,使产生更多的加热和更大的飞边。

**3. 高速钢同 45 钢焊接参数**

连续驱动摩擦焊接各种直径的高速钢同 45 钢的焊接参数见表 6.22。

**表 6.22　高速钢同 45 钢焊接参数**

| 接头直径/mm | $n/(\mathrm{r \cdot min^{-1}})$ | $p_f$/MPa | $t_f$/s | $p_u$/MPa | 注 |
| --- | --- | --- | --- | --- | --- |
| 14 | 2 000 | 120 | 10 | 240 | 加防边模 |
| 20 | 2 000 | 120 | 12 | 240 | 加防边模 |
| 30 | 2 000 | 120 | 14 | 240 | 加防边模 |
| 40 | 1 500 | 120 | 16 | 240 | 加防边模 |
| 50 | 1 500 | 120 | 18 | 240 | 加防边模 |
| 60 | 1 000 | 120 | 20 | 240 | 加防边模 |

# 第7章　摩擦焊缝的形成过程

## 7.1　摩擦焊缝飞边的形成过程

### 7.1.1　飞边的形成过程

在研究摩擦焊缝的形成过程之前，首先研究飞边的形成过程。摩擦焊缝飞边目前有两种形式。一种为大压力形成的全塑性变形层金属挤出形成的飞边，称为全塑性变形层金属飞边（简称塑性层金属飞边）；另一种为小压力由工件的内部和外壁的塑性壳和塑性变形层金属组成的飞边，简称双层金属飞边（一层为挤压变形层，另一层为塑性变形层金属），如图7.1(a)、(b)所示。

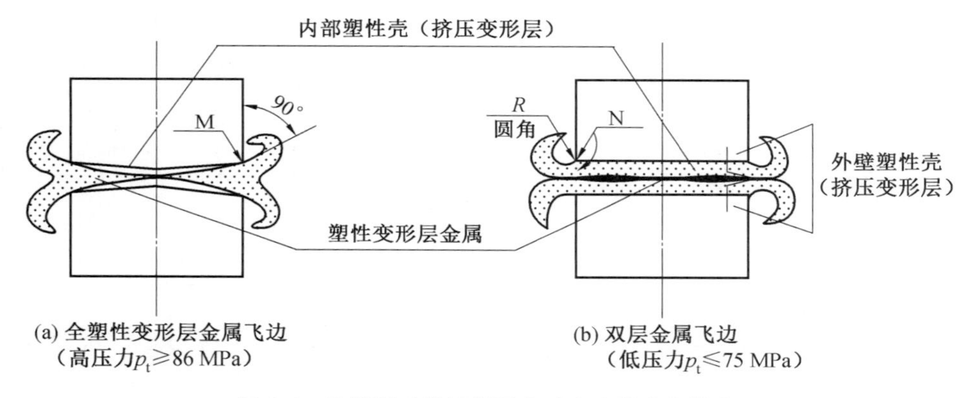


图7.1　连续驱动摩擦焊压力对飞边形成的影响

（低碳钢 $\phi$25 mm，$n$=975 r/min，$\Delta L$=5 mm）

由图7.1(a)中看出，由于摩擦焊压力比较大，摩擦表面加热集中，时间短，热力影响区（HFZ）很窄，摩擦表面上很快就产生了塑性变形层金属，它在强大的焊接压力及其扭矩的作用下，很快就由试棒的中心向外径方向呈喇叭口形状挤出，试棒的外径M处与飞边之间几乎形成90°左右的尖角，如图7.2(e)、(f)和图7.5(b)、(c)所示。它的特点如下。

(1)工件结合面处外径与飞边之间几乎形成90°左右的一个尖角。

(2)工件结合面处外径上，基本上没有胀大变形。

(3)焊缝和飞边为全塑性变形层金属，厚度较薄。

由图7.1(b)中看出，由于摩擦焊压力比较小，摩擦表面加热速度降低，时间长，HFZ增宽，摩擦表面还没有达到产生塑性变形层金属之前，热量已传导到结合面两边较宽的等厚度区域，形成内部塑性壳（即挤压变形层），强度迅速降低，塑性增大，结合面开始镦粗，结合面周围金属压力相应大幅度降低如图7.10(c)所示。

随着摩擦过程的进行，摩擦表面温度继续提高，达到黏塑性变形状态，但由于时间短，仅能形成很薄一层黏塑性变形层金属，与试棒周边一层低温塑性壳即挤压变形金属一起形成飞边。内、外部塑性壳即挤压变形金属由于温度低，有较高的强度，在摩擦压力及其扭矩的作用下，在试棒周围 N 处以一定的圆角 $R$ 自动卷曲成飞边的内表面；而黏塑性变形层金属，从结合面上挤出后黏附在飞边的外表面上，与塑性壳金属一起形成飞边。它的特点如下。

(1)工件结合面处外径与飞边之间形成一个以 $R$ 为半径的圆角。

(2)说明零件结合面处内部和外壁上塑性壳，在摩擦压力作用下自动胀大变形卷曲成飞边的一部分。

(3)飞边由内部和外壁上塑性壳和黏塑性变形层金属共同组成，因此，它的厚度较厚。

### 7.1.2　飞边形成"羊角形"弯曲的原因

在摩擦焊过程中，转速和推力载荷的联合作用使高温金属从焊接结合面内挤出而形成飞边。摩擦焊缝"羊角形" 飞边的形成过程，如图 7.2 所示。

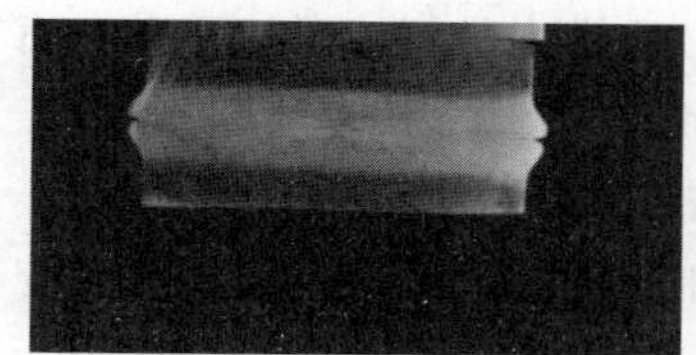

(a) 镦粗凸边 $\Delta L$=0.54 mm

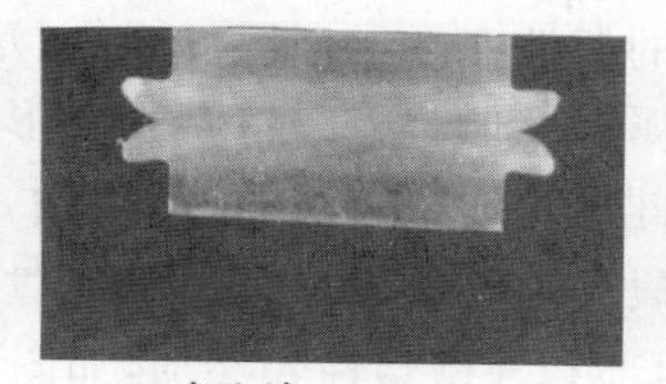

(b) 直飞边 $\Delta L$=1.4 mm

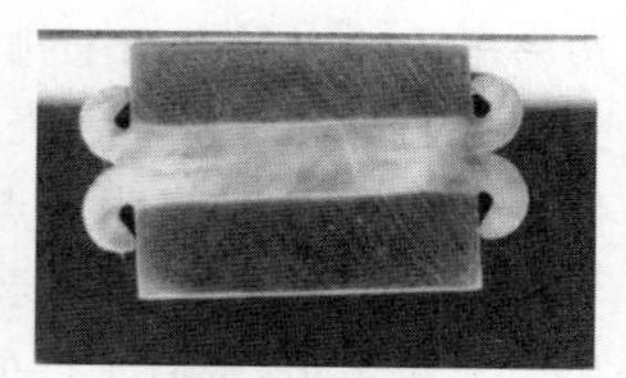

(c) 弯角飞边 $\Delta L$=4.2 mm

(A) 双层金属飞边的形成过程

(d) 小飞边 $\Delta L$=2.5 mm

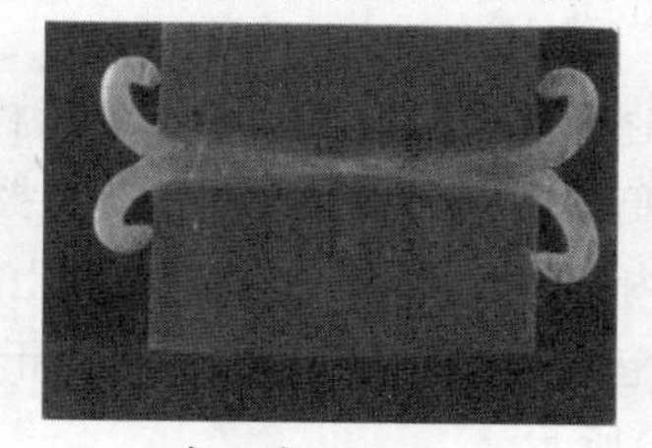

(e) 中飞边 $\Delta L$=5.0 mm

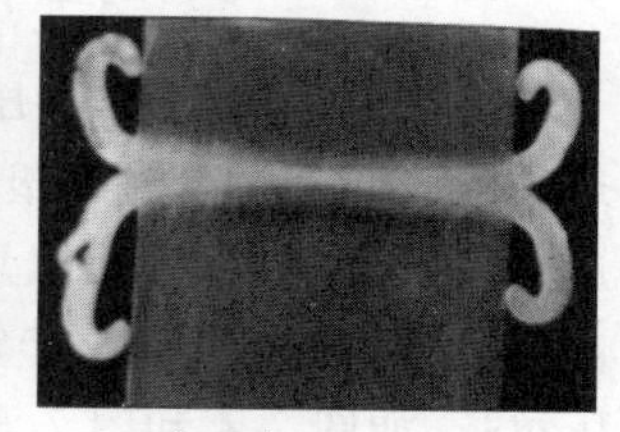

(f) 大飞边 $\Delta L$=6.2 mm

(B) 全塑性变形层金属飞边的形成过程

图 7.2　摩擦焊缝"羊角形" 飞边的形成过程(GH4169$\phi$20 mm　×2.5)

由图 7.2 中看出，小压力双层金属飞边的形成过程可以分为以下三个阶段。在开始摩擦时，在摩擦压力($p_f$)的作用下，由于温度升高，塑性增大，摩擦表面的塑性金属，开始由中心沿工件径向和切向力的合成方向，向外径方向做相对圆周运动。

(1)当 $V_a=V_b$ 时(图 7.3(a))，即内部塑性壳金属挤出飞边的增长速度($V_b$)等于摩擦表面上外壁塑性壳金属卷边的增长速度($V_a$)时，摩擦表面上在压力和扭矩的作用下，由于热量少，塑性变形有限，仅使结合面直径镦粗，胀大，产生一个很小的凸边，这时结合面上还没有多少塑性变形层金属，如图 7.2(a)所示。

(2)当 $V_b>V_a$ 时(图 7.3(b))，即内部黏塑性壳和高温塑性变形层金属挤出飞边的速度($V_b$)大于外壁塑性壳金属卷边的增长速度($V_a$)时，这时结合面上已经排出一些高温塑

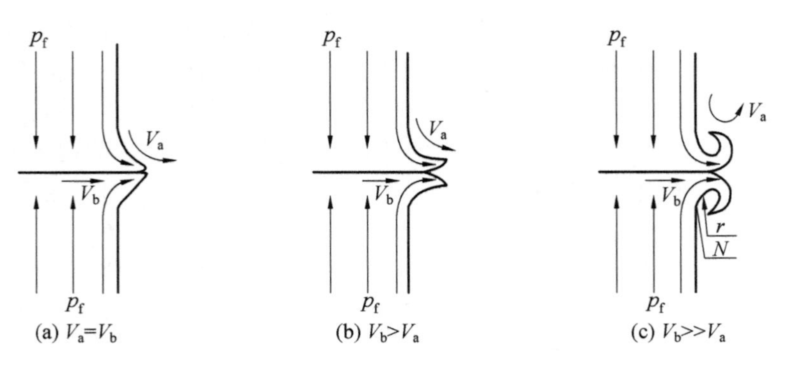


图 7.3 摩擦焊缝“羊角形”飞边的形成过程

性变形层金属，使($V_b$)速度加快，因而($V_b$)面形成凸肚，但还没有弯曲，如图 7.2(B)所示。

(3)当 $V_b \gg V_a$ 时(图 7.3(c))，即结合面上内部塑性壳和高温黏塑性变形层金属挤出飞边的速度($V_b$)远远大于外壁塑性壳金属卷边的增长速度($V_a$)时，因而形成弯曲的飞边。因为这时结合面上排出的塑性变形层金属温度高、塑性好，排出的速度快；而($V_a$)面为工件内部和外壁塑性壳金属温度低、强度高、塑性变形慢，结果形成以($r$)为半径，以工件外壁塑性壳 $N$ 点为切点的自动卷边成“羊角形”飞边，如图 7.3(c)所示。

大压力全塑性变形层金属飞边的形成过程与上述过程相似，只是排出的为全塑性变形层金属飞边，没有工件的内部和外壁塑性壳参加，如图 7.2(b)所示。

### 7.1.3 飞边的金属组织

从上述分析看出，小压力接头的飞边由两部分金属构成：靠近摩擦表面的，也就是卷边的外表面上为高温黏塑性变形层挤出金属，一般与摩擦焊缝一样为超细晶粒组织；而卷边的内表面上为结合面上的内部塑性壳和工件外表面上一层低温塑性壳合一的金属，约占飞边总厚度的 90%～0%，它的金属组织基本上相同于母材的金属组织，部分晶粒被挤压拉长，如图 7.4 和图 7.6(a)所示。

当工件外壁塑性壳金属占飞边的总厚度为零时，那也就成了大压力接头形成的全塑性变形层金属飞边，它的金属组织为超细晶粒金属组织，如图 7.2(f)所示。

### 7.1.4 飞边的厚度

由上述分析知道，飞边的形成有两种形式，一种为全塑性变形层金属形成的飞边；另一种为双层金属飞边。一般情况下，大压力形成的全塑性变形层金属飞边较薄；小压力形成的双层金属飞边较厚。两者随摩擦压力增加而减薄，随工件的直径或壁厚的增加而加厚，如图 7.5、图 7.6(b)、图 7.2(f)和图 7.2(c)所示，摩擦速度影响较小。

### 7.1.5 飞边的种类

飞边的种类与材料和接头结构有密切的关系，更受焊接参数的影响。目前可以按下列两种方法进行分类。

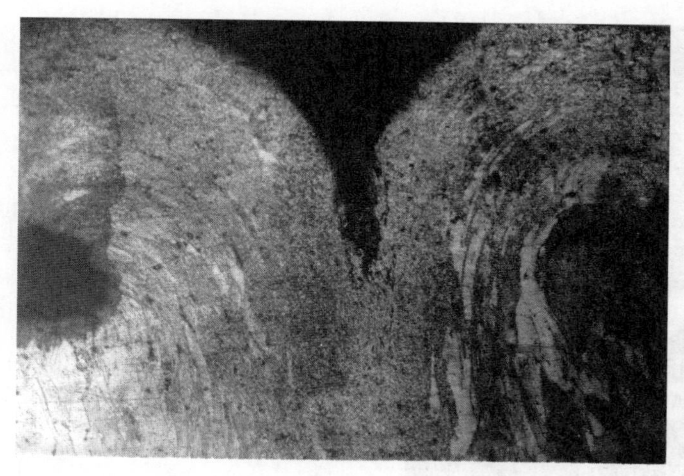

图 7.4　GH4169$\phi$420 mm 环，壁厚 $\delta=4$ mm 的飞边组织×50

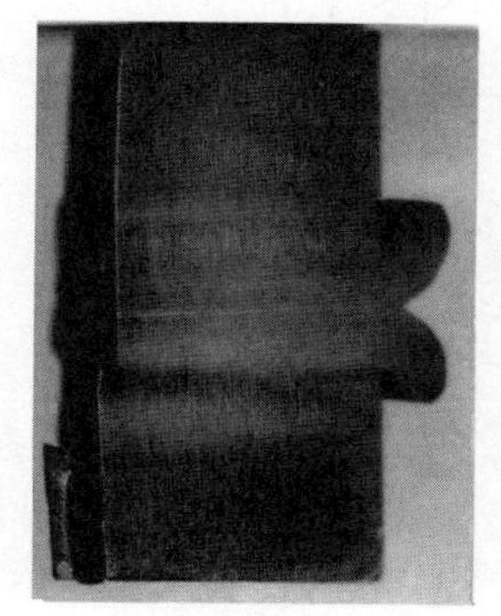

(a) 厚飞边

(b) 中飞边

(c) 薄飞边

图 7.5　飞边的厚度

**1. 从飞边的形成过程上可以分为两种**

(1)大压力全塑性变形层金属飞边，如图 7.2(B)、图 7.6(b)所示。

(2)小压力双层金属飞边，如图 7.2(A)、图 7.4、图 7.6(a)所示。

**2. 从飞边的形状上可以分为三种**

(1)双面对称飞边，如图 7.5 所示。

(2)单面飞边。

单面飞边还可以分为以下三种。

①棒或管同板接头的单面飞边，如图 7.6(a)所示。

②异种材料接头的单面飞边(飞边中飞边)，如图 7.6(b)、(c)所示。

③锥面接头的单面飞边，如图 7.6(d)所示。

(3)无飞边的接头。

①轴瓦衬套等摩擦焊接形成无飞边的接头。

②搅拌摩擦焊接形成无飞边的接头。

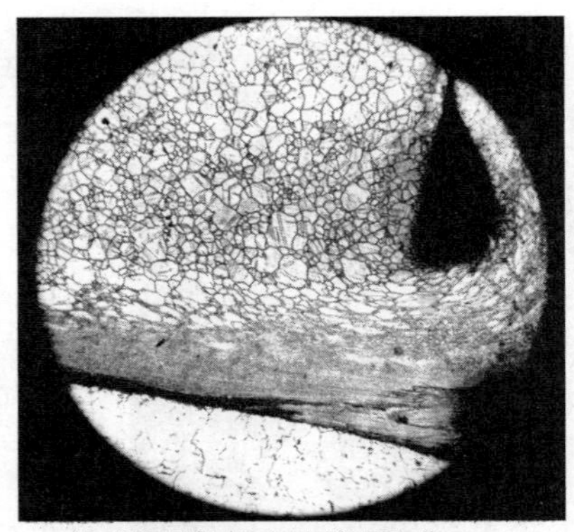

(a) 棒或管同板接头的单面飞边×100

(b) 异种材料接头单面飞边（飞边中飞边）×1

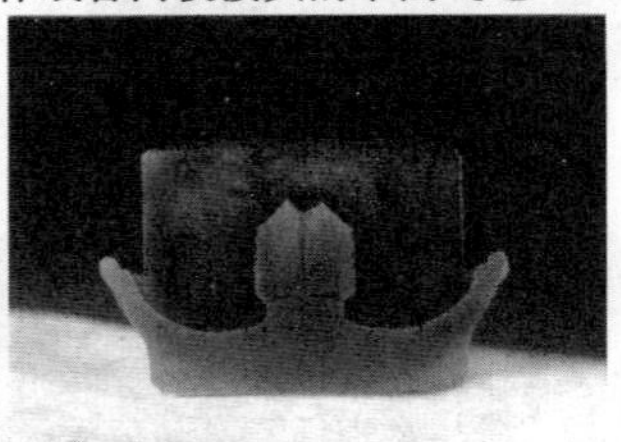

(c) 异种材料接头单面飞边

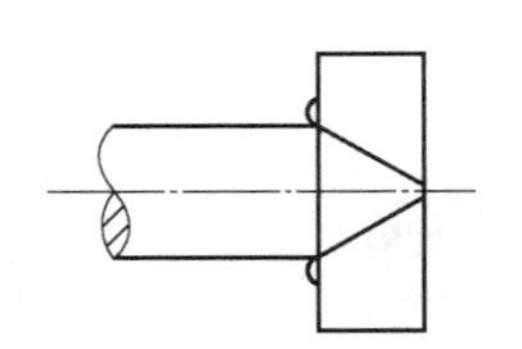

(d) 锥角接头单面飞边

图 7.6　摩擦焊接头单面飞边的种类

### 7.1.6　飞边的作用

(1)摩擦焊接头的飞边，可以作为控制接头质量的一个很重要的直观控制量。接头的飞边，也就是缩短量，当焊好的某一接头的缩短量为 5 mm 时，那么，随后焊好的接头，缩短量只要不低于 5 mm，质量都是可靠的。

(2)按飞边的厚度和形貌，还可以判断是大压力焊缝还是小压力焊缝。

## 7.2　摩擦压力和速度对焊缝和热力影响区形状的影响（兼论摩擦焊缝的形成过程）

### 7.2.1　焊缝和热力影响区的形状

摩擦焊缝和热力影响区(HFZ)的形状在第 2 章 2.1.3 节中已经较详细地叙述过了，但是，那是加热过程中的分析。在实际生产中，摩擦焊缝和 HFZ 的形状可以概括为以下两种。

(1)大压力全塑性变形层金属的焊缝，中心窄、周边宽的双锥面焊缝和 HFZ(图 7.7(a)、(b))。

(2)小压力焊缝，沿轴向由结合面向两边等厚度发展形成的 HFZ 和中间很薄一层塑性变形层金属组成的焊缝和双等边 HFZ，简称为小压力焊缝和 HFZ(图 7.8(a)、(b))。

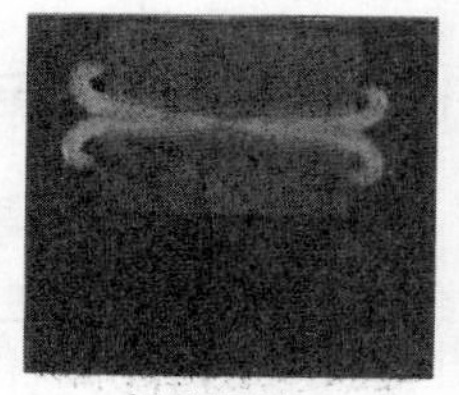

(a) 低倍照片×1.25

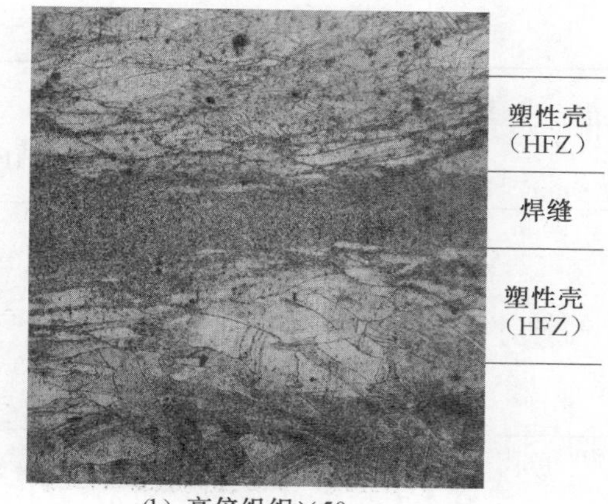


(b) 高倍组织×50

图 7.7　大压力焊缝和热力影响区(HFZ)的形状和组织

(GH4169 合金 $\phi$20 mm，$mr^2$=0.68 kg·m$^2$，$p_f$=350 MPa，$n$=4 300 r/min，$t$=4.58 s)

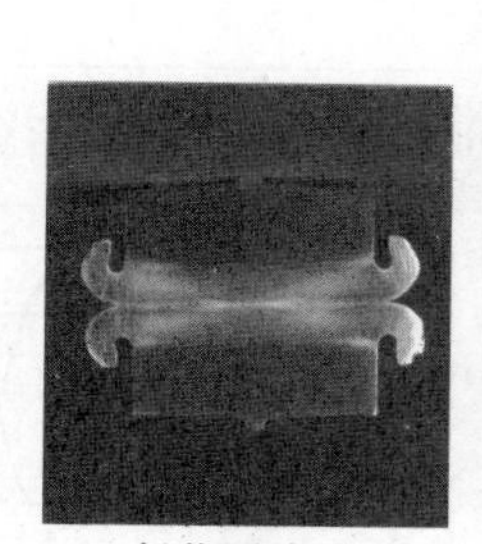

(a) 低倍照片×1.25

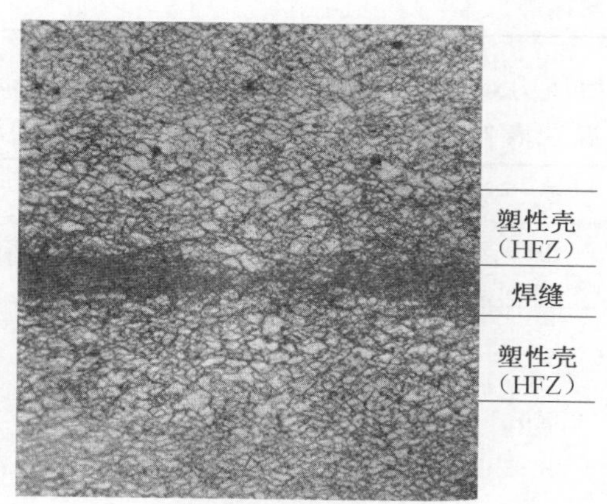


(b) 高倍组织×100

图 7.8　小压力焊缝和 HFZ 的形状和组织

(GH4169 合金 $\phi$20 mm，$mr^2$=0.68 kg·m$^2$，$p_f$=24 MPa，$p_u$=42 MPa，$n$=1 250 r/min，$t$=12.5 s)

### 7.2.2　摩擦压力对焊缝和热力影响区形状的影响

(1)摩擦压力对 GH4169($\phi$20 mm)焊缝和热力影响区(HFZ)形状的影响见表 7.1。

**表 7.1　摩擦压力对 GH4169 合金($\phi$20 mm)焊缝和 HFZ 形状的影响**

| 焊接参数 | | | | | 焊接结果 | | |
|---|---|---|---|---|---|---|---|
| $p_c$ /MPa | $n$ /(r·min$^{-1}$) | $mr^2$ /(kg·m$^2$) | $Mr$ /(N·m) | $t$/s | HFZ/mm | $\Delta L$/mm | 示意图 |
| 4.3 | 4 300 | 0.68 | 172 | 5.08 | 1.4 | 0.54 | 1.4 |

续表7.1

| 焊接参数 | | | | | 焊接结果 | | |
|---|---|---|---|---|---|---|---|
| $p_c$ /MPa | $n$ /(r · min$^{-1}$) | $mr^2$ /(kg · m$^2$) | $Mr$ /(N · m) | $t$/s | HFZ/mm | $\Delta L$/mm | 示意图 |
| 6.9 | 4 300 | 0.68 | 188 | 4.58 | 1.0 | 4.08 | 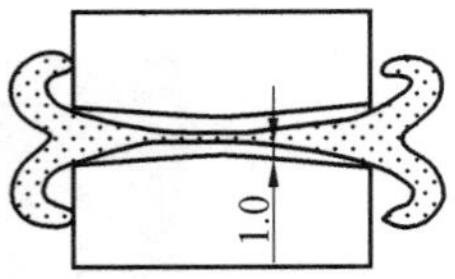 1.0 |
| 8.97 | 4 300 | 0.68 | 196 | 4.56 | 0.8 | 6.90 | 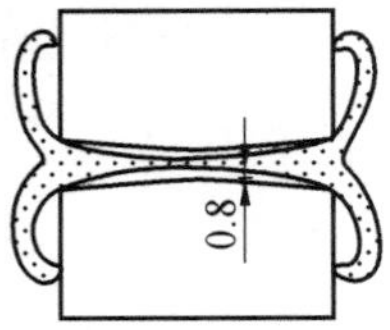 0.8 |

(2)摩擦压力对 TC17($\phi$20 mm)焊缝和 HFZ 形状的影响见表 7.2。

**表 7.2 摩擦压力对 TC17 合金($\phi$20 mm)焊缝和 HFZ 形状的影响**

| 焊接参数 | | | | | 焊接结果 | | |
|---|---|---|---|---|---|---|---|
| $p_c$ /MPa | $n$ /(r · min$^{-1}$) | $mr^2$ /(kg · m$^2$) | $Mr$ /(N · m) | $t$/s | HFZ/mm | $\Delta L$/mm | 示意图 |
| 2.4 | 2 000 | 0.68 | 140 | 1.25 | 3.0 | 4.68 | 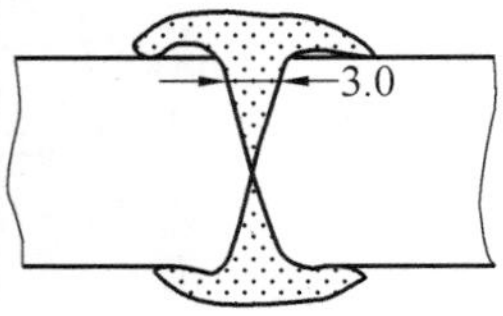 3.0 |
| 3.8 | 2 000 | 0.68 | 68 | 1.20 | 1.9 | 5.46 | 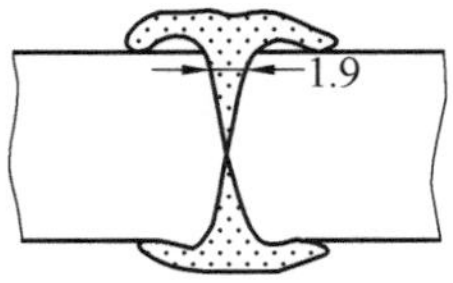 1.9 |
| 5.2 | 2 000 | 0.68 | 65 | 1.09 | 1.7 | 5.88 | 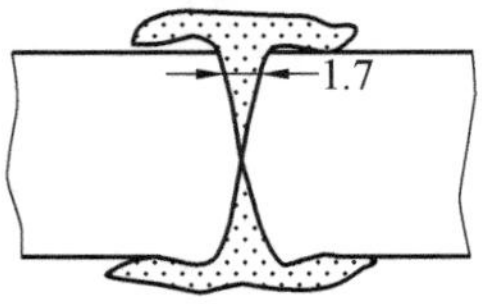 1.7 |

### 7.2.3 摩擦速度对焊缝和热力影响区(HFZ)形状的影响

(1)摩擦速度对 GH4169 合金($\phi$20 mm)焊缝和 HFZ 形状的影响见表 7.3。

表 7.3　摩擦速度对 GH4169 合金($\phi$20 mm)焊缝和 HFZ 形状的影响

| 焊接参数 | | | | 焊接结果 | | | |
|---|---|---|---|---|---|---|---|
| $n$ /$(r\cdot min^{-1})$ | $p_c$ /MPa | $mr^2$ /$(kg\cdot m^2)$ | $Mr$ /$(N\cdot m)$ | $t$/s | HFZ/mm | $\Delta L$/mm | 示意图 |
| 3 800 | 6.9 | 0.68 | 176 | 3.7 | 1.2 | 1.82 | 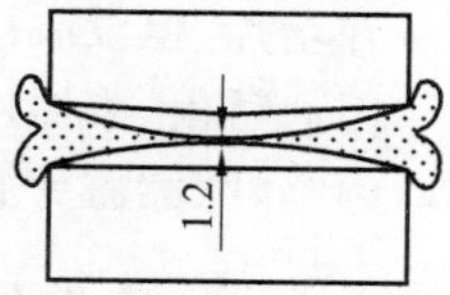 1.2 |
| 4 300 | 6.9 | 0.68 | 188 | 4.6 | 1.0 | 4.08 | 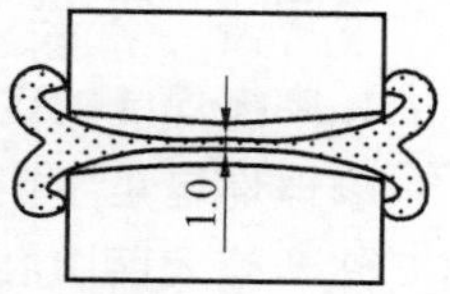 1.0 |
| 4 500 | 6.9 | 0.68 | 163 | 5.0 | 1.0 | 4.88 | 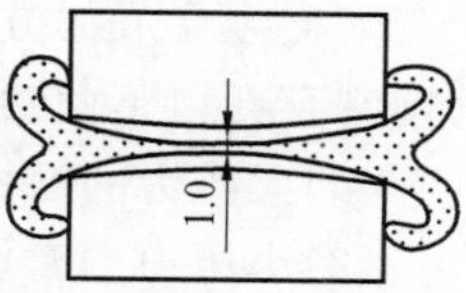 1.0 |

(2)摩擦速度对 TC17 合金($\phi$20 mm)焊缝和 HFZ 形状的影响见表 7.4。

表 7.4　摩擦速度对 TC17 合金($\phi$20 mm)焊缝和 HFZ 形状的影响

| 焊接参数 | | | | 焊接结果 | | | |
|---|---|---|---|---|---|---|---|
| $n$ /$(r\cdot min^{-1})$ | $p_c$ /MPa | $mr^2$ /$(kg\cdot m^2)$ | $Mr$ /$(N\cdot m)$ | $t$/s | HFZ/mm | $\Delta L$/mm | 示意图 |
| 2 200 | 2.4 | 0.24 | 219 | 0.59 | 0.9 | 0.97 | 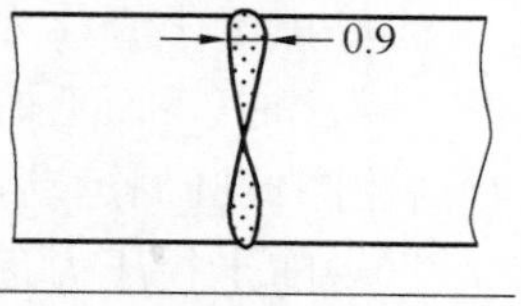 0.9 |
| 2 600 | 2.4 | 0.24 | 210 | 0.66 | 0.8 | 1.73 | 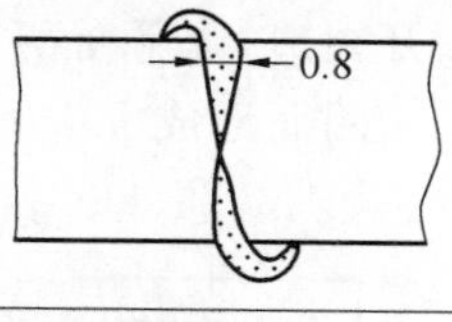 0.8 |
| 3 000 | 2.4 | 0.24 | 188 | 0.74 | 1.1 | 2.43 | 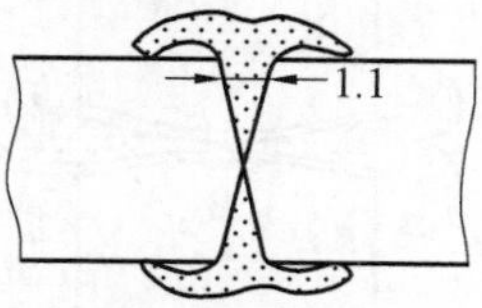 1.1 |
| 3 400 | 2.4 | 0.24 | 174 | 0.82 | 0.8 | 3.38 | 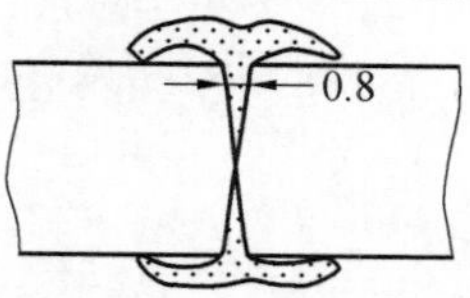 0.8 |

由表 7.1～7.4 中看出：

(1)当摩擦速度一定时，随着摩擦压力的提高，摩擦焊缝和 HFZ 的宽度减少，飞边在增加。

(2)当摩擦压力一定时，随着摩擦速度的提高，摩擦焊缝和 HFZ 的宽度变化不大，飞边也在增加，但没有压力增加得明显。

因此看出，摩擦压力比摩擦速度对焊缝和热力影响区(HFZ)形状的影响要明显得多。但是，摩擦压力必须建立在一定的摩擦速度的基础上。

### 7.2.4 摩擦焊缝的形成过程

**1.摩擦焊缝的定义。**

摩擦焊缝是摩擦焊接的两工件摩擦表面上高速摩擦产生的黏塑性变形层金属，是以两工件摩擦表面中心为中心的金属质点，在摩擦压力和摩擦扭矩的联合作用下，沿工件径向与切向力合成的方向，做相对圆周高速摩擦运动而摩擦出的高温黏塑性变形层金属。目前它存在以下两种形式。

(1)大压力的摩擦焊缝(图 7.7)。

(2)小压力的摩擦焊缝(图 7.8)。

**2.摩擦焊缝的形成过程**

当摩擦压力较大时(在摩擦速度一定的情况下)，摩擦表面加热速度快，热量集中，时间短，热量还来不及传到周边金属，摩擦表面上已经摩擦出了高温黏塑性变形层金属，这就是大压力的双锥面焊缝。为什么会形成双锥面焊缝呢？

(1)由于中心温度低，磨出的塑性变形层金属少，承受的压力大；而周边摩擦速度快，承受的压力小、温度高，受热区大，磨出的塑性变形层金属厚。

(2)由于中心压力大、周边压力小，因此塑性变形层金属中间被挤薄。

(3)摩擦表面上的金属质点由中心沿工件径向与切向力合成的方向，向外径方向做相对高速摩擦圆周运动，冲刷着结合面的周边。

(4)随半径压力逐渐减小，塑性变形层金属由结合面中心向外径方向运动，逐渐增厚，胀开周边，以平衡半径上的压力差。

因而形成了中间薄、四周厚的双锥面焊缝，如图 7.7 和图 7.9(a)所示。

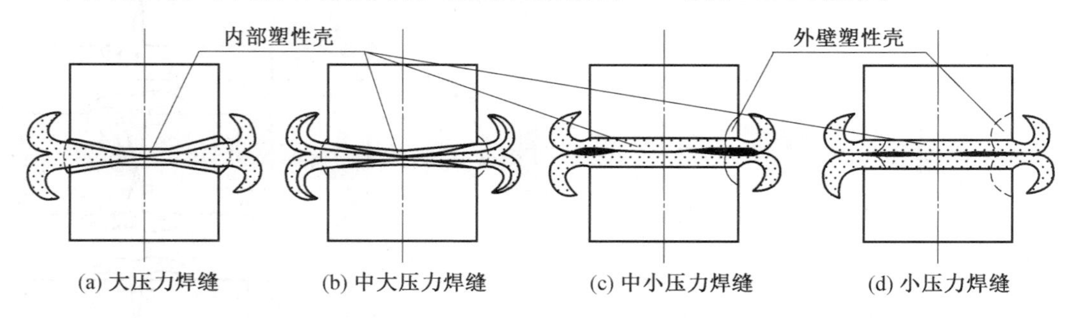


图 7.9 摩擦焊缝和 HFZ 的形成过程

焊接过程中，结合面的压力和温度沿径向和轴向的分布如图 7.10(a)、(b)所示，结合面直径方向基本上没有变形。

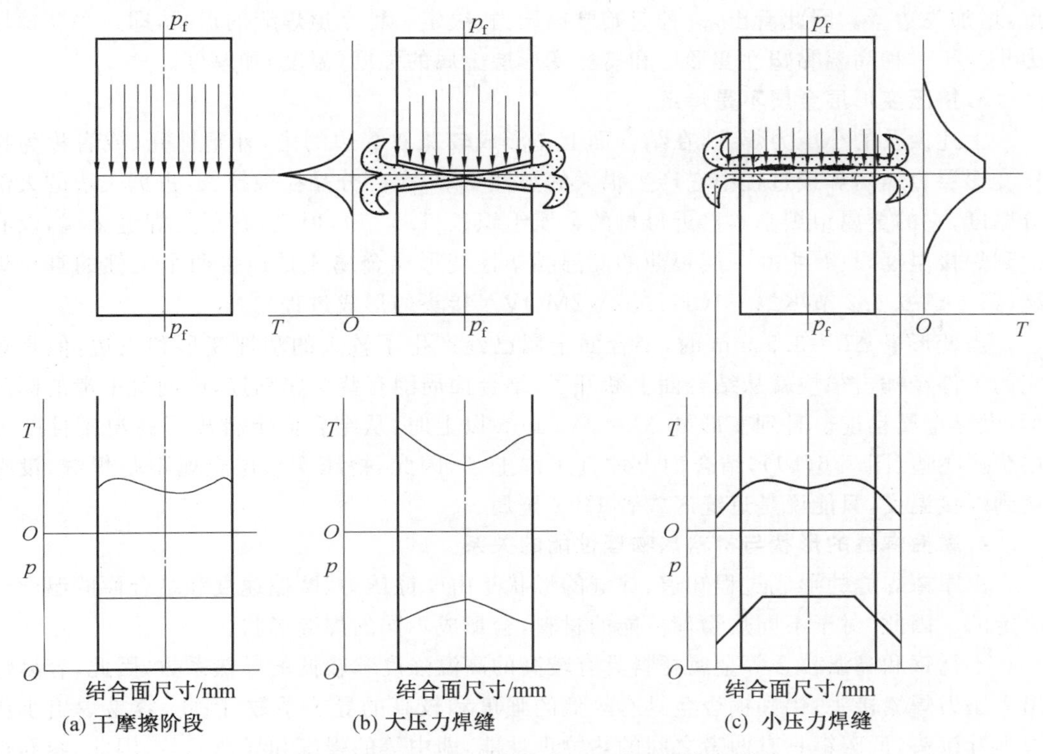


图 7.10　摩擦焊接过程中结合面压力和温度的分布

((a)(b)中焊接结合面未产生胀大变形，(c)中焊接结合面产生胀大变形，周边压力下降)

当摩擦压力较小时(在摩擦速度一定的情况下)，摩擦表面加热速度慢，热量不集中，结合面还没有达到产生高温黏塑性变形层金属时，热量沿轴向向结合面两边传导加热两边金属，形成较厚的、等厚度的内、外塑性壳金属，它的强度迅速降低，直径胀大，产生很厚的镦边，压力相应降低。

随着摩擦焊接过程的进行，在塑性壳之间产生一层很薄的高温黏塑性变形层金属，它是连接两个工件的真正焊缝，结合面两边较厚的塑性壳金属只能是变形了的 HFZ 或者称为挤压变形层金属(图 7.8 和图 7.9(d))。焊接过程中，它的压力和温度沿工件的径向和轴向的分布如图 7.10(c)所示。但在实际生产中，两者能够互相转换。

随着起始摩擦压力的提高，加热较集中，内、外塑性壳金属变薄，高温黏塑性变形层金属增厚(比小压力黏塑性层金属)，如图 7.9(c)所示，中小压力焊缝。

当起始摩擦压力进一步提高时，加热进一步集中，外部塑性壳消失，内部塑性壳进一步变薄，高温黏塑性变形层金属进一步增厚，如图 7.9(b)所示，中大压力焊缝。

当起始摩擦压力超过某一临界大压力(如低碳钢摩擦压力超过 86 MPa 以上)时，加热集中，加热速度快，外部塑性壳消失，结合面不产生胀大变形，内部塑性壳减薄，全部产生了高温黏塑性变形层金属，如图 7.9(a)所示，大压力焊缝。

这里之所以强调“起始”摩擦压力，是因为在摩擦焊接过程中，提高摩擦压力(如顶锻压力)不能改变焊缝初始的基本形状，只能减薄高温黏塑性变形层和挤压变形层金属的厚度，增加飞边量。因此看出，一种起始摩擦压力，决定一种摩擦焊缝的形状，即一种摩擦压力平衡于一种高温黏塑性变形层和挤压变形层金属的强度(温度)和厚度。

**3. 挤压变形层金属不是焊缝**

上述谈及的小压力焊缝，在结合面上先形成较宽双等边的内、外塑性壳(或者称为挤压变形层金属)，焊接过程中它产生很大的塑性变形，大部分晶粒被拉长，占据飞边的大部分厚度，它的金属组织基本接近母材的金属组织(7.1.3节)，但是，它不是焊缝金属，没有达到焊接温度，只有中间一层很薄的高温黏塑性变形层金属才是连接两个工件的真正焊缝(第6章6.5.2节K24+1Cr11Ni2W2MOVA接头的形成过程)。

当变形量 $\Delta L=3.5$ mm时，结合面金属已经产生了较大的塑性变形和飞边，但是焊完的工件经锤击很快就从结合面上断开了，结合面周围有些金属粘连，中间呈平滑的圆凸形，没有金属粘连。直到变形量 $\Delta L=4.5$ mm以上时，从结合面上排出了高温塑性变形层金属飞边(图7.6(b))，结合面上才真正焊上了，因此，挤压变形层金属不是焊缝，没有达到焊接温度，只能说是近缝区或者HFZ金属。

**4. 摩擦焊缝的形状与材料热物理性能的关系**

由摩擦焊缝的形成过程知道，焊缝的形状是由摩擦压力、摩擦速度和结合面的温度场决定的。因此，对于不同热物理性能的材料，会形成不同的焊缝形状。

不锈钢和高温合金等金属材料具有较高的高温强度和较低的导热系数，因此，容易焊出大压力焊缝接头；铝和铜合金具有较低的强度和较高的导热系数，因此，容易焊出小压力焊缝接头；低碳钢具有两者之间的热物理性能，即中等的强度和导热系数，因此，容易焊出大、小两种压力焊缝接头。当摩擦压力大于86 MPa时，会形成大压力焊缝接头(图7.11(a)、(b))；当摩擦压力小于75 MPa时，会形成小压力焊缝接头(图7.11(c))。

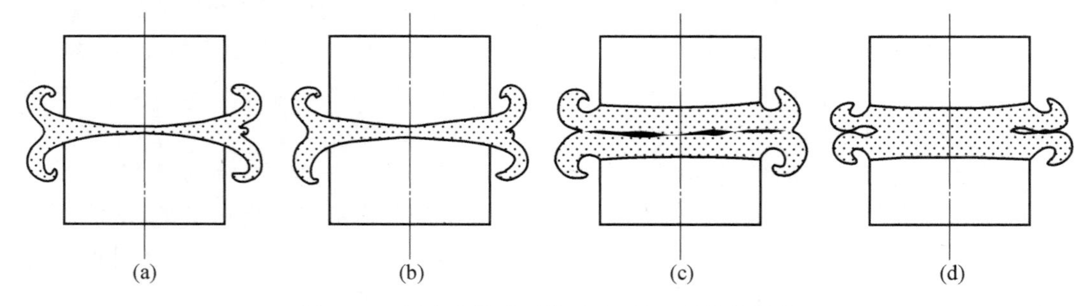


图7.11　压力和转速对焊缝和HFZ形状的影响

(碳钢 $\phi 18$ mm，恒定 $\Delta L=5$ mm，焊接压力 $p_1=30$ MPa(c)、(d)，$p_2=150$ MPa(a)、(b)，焊接速度 $n_1=975$ r/min(a)、(c)，$n_2=1\ 825$ r/min(b)、(d))

在一般情况下，高于低碳钢强度的材料大多数会形成大、小压力中间的焊缝形状。

### 7.2.5　焊缝和HFZ的形状与轴向缩短速度的关系

由上述分析知道，在摩擦速度一定时，摩擦焊缝和HFZ的形状是由摩擦压力决定的。根据摩擦压力的大小，将摩擦焊缝分为大压力焊缝和小压力焊缝，由于两者的形成过程不同，因此，对轴向缩短速度的影响也不同。

对于大压力焊缝，它的轴向缩短速度主要靠两工件结合面的高速摩擦产生的高温黏塑性变形层金属的挤出，并且，由于它的高温黏塑性变形层金属加热集中，相对温度较高，中心薄、周边厚，很容易挤出、排边，且又由于它的摩擦压力大，因此，它的轴向缩短速度快，排出的飞边薄。

对于小压力焊缝，它的轴向缩短速度主要靠内、外塑性壳的挤压变形、卷曲、排边构成，中间一层很薄的塑性变形层金属作用不大，且塑性壳的温度低、强度高、厚度厚，挤压变形、卷曲、排边都比较困难；又因为小压力焊缝摩擦压力小，结合面中间温度高，周边温度低，已卷边的塑性壳张口困难，排边十分不容易，所以，它的轴向缩短速度慢，排出的飞边厚。综合上述情况得出以下结论。

(1)在摩擦速度一定时，随着起始摩擦压力的提高，两者的轴向缩短速度都加快，但大压力焊缝要比小压力焊缝加快得多。

(2)在摩擦压力一定时，随着起始摩擦速度的提高，轴向缩短速度的变化较复杂一些，因为它们之间不是一一对应的关系。如低碳钢，在锻造的临界速度(0.7～1.0 m/s)以前，随着起始摩擦速度的提高，摩擦扭矩增大(图7.14)，结合面温度提高，轴向缩短速度加快；当达到最大值以后，即在锻造的临界速度(0.7～1.0 m/s)以后，随着起始摩擦速度的提高，轴向缩短速度下降。

(3)如果再提高起始摩擦速度，摩擦功率会大幅度下降，在小压力焊缝时，就会造成接头结合面周边开口。

### 7.2.6　摩擦速度和摩擦压力的范围

**1.摩擦速度的范围及意义**

如低碳钢的摩擦速度范围为0.5～3 m/s，这就是说，对于低碳钢，在摩擦压力一定时，在这个速度范围内任意选出一个摩擦速度，就能够焊出一个合格的接头。

下限0.5 m/s是保证摩擦焊接头结合面上最低的热量要求，即低于这个速度限度，结合面上就达不到焊接温度，而上限3 m/s范围是根据下面两点确定的。

(1)摩擦速度太高，摩擦压力较小时，容易产生周边加热不足。

(2)摩擦速度太高，摩擦压力较大时，会产生过大的飞边，造成不必要的损失。

因此，上限确定为3 m/s，超过3 m/s的速度范围，只要增加压力，也可焊出合格接头。

**2.摩擦压力的范围及意义**

摩擦压力一般资料上没有给定范围，但个别资料上也提出了一个范围，如某资料中提出在焊接结构钢时，一般摩擦压力 $p_f$=50～100 MPa，锻压力 $p_u$=100～200 MPa。

对于一定直径的工件这个范围可能是适用的，但是，随着工件直径的增大，结合面上排边逐渐困难，压力范围也应该增加，增加的数值，可以按下列经验公式计算：

$$p_{t2}=\sqrt{\frac{d_2}{d_1}}\times p_{t1} \tag{7.1}$$

式中　$p_{t2}$——要求工件的压力，MPa；

$p_{t1}$——已知工件的压力，MPa；

$d_2$——要求工件的直径，mm；

$d_1$——已知工件的直径，mm。

焊接 $\phi$25 mm 的低碳钢棒，需要摩擦压力 $p_{t1}$ = 100 MPa，那么焊接 $\phi$50 mm 的低碳钢棒，需要的焊接压力为

$$p_{t2}=\sqrt{\frac{d_2}{d_1}}\times p_{t1}=\sqrt{\frac{50}{25}}\times 100=141(\text{MPa})$$

因此，摩擦压力与被焊工件直径的关系，不是直线的函数关系，不易给出。

### 7.2.7　摩擦压力和摩擦速度对接头性能的影响

随着起始摩擦压力的提高，在摩擦速度一定时，接头强度提高；在摩擦压力一定时，随着起始摩擦速度的提高，接头强度提高。但当达到最大值以后，随着起始摩擦速度的提高，接头强度下降（第 5 章表 5.6）。

一般情况下，大压力摩擦焊缝强度要高于小压力摩擦焊缝，如果想获得与母材等强度，甚至稍高于母材强度的焊缝，只有选择大压力摩擦焊缝才能达到，小压力摩擦焊缝是达不到的。由于小压力摩擦焊缝一般压力较小，塑性变形层金属形成的较晚，变形不充分，分布不均匀，它的结合强度较低。如果小压力摩擦焊缝再进一步提高摩擦速度，还有可能形成周边焊不合的缺陷。

## 7.3　小压力与高速度形成的接头周边容易加热不足

### 7.3.1　周边加热不足的原因

从上述分析知道，在大压力时，无论是高速度，还是低速度，焊缝的形状都为全塑性变形层金属，双锥面焊缝形状如图 7.11(a)、(b)所示，不存在周边焊不好的问题。只有在小压力、高速度时，形成双层金属的焊缝，周边才不易焊好（图 7.11(d)），为什么呢？

这是因为在小压力、高速度焊接时，结合面的加热速度提高（比低速度），热量沿轴向以结合面为中心面向两边迅速传导，受热区扩大，形成上下、左右呈盒形的内、外塑性壳厚度增加、强度降低，如小压力摩擦焊缝（图 7.9(d)）所示，结合面直径镦粗胀大（零件直径越大，直径增大越大），结合面面积与直径呈平方关系增大，周边压力大幅降低，这样，在结合面上就形成了使周边开口的三种趋势：

(1)首先由于周边压力小，发热功率大幅度降低，周边上下塑性壳金属又厚达不到焊接温度，不可能产生粘连。

(2)其次由于中心压力大，周边压力小，在摩擦焊接过程中，在结合面中心必然会产生一种力，使焊缝周围上下塑性壳飞边自动向外翻卷，导致结合面周边被翘开的趋势，以平衡半径上的压力差。

(3)最后由于中心压力大，在摩擦焊接过程中，首先产生黏塑性变形层金属，由中间向

周边运动,进一步将周边塑性壳胀开。在这种情况下,周边塑性壳金属很难焊合。同时,也破坏了摩擦焊的"自保护"作用,即使再增加压力,周边也不会焊合。

而小压力低速度焊接时,由于速度降低(比高速度),加热速率降低,摩擦扭矩增大,由结合面向周围金属散热减少,结合面上下塑性壳变薄变硬,翻边十分困难,直径也不会胀大多少,结合面中心和周边压力相差不多。因此,在摩擦焊接过程中,结合面中心和周边塑性壳金属,在较大摩擦扭矩作用下,几乎同时产生一些黏塑性变形层金属,使周边塑性壳金属焊合如图 7.11(c)所示的焊缝,结合面上整个金属基本上焊合,减少了结合面周边的开口,但焊缝的结合强度也没有达到正常的要求。

如果在焊接初期就增加起始摩擦压力,形成大压力摩擦焊缝,那么,即使摩擦速度再提高,直径也不会胀大,周边功率也不会降低,也不会形成周边开口的焊缝(图 7.11(b))。因此,在研究摩擦速度时,一定不能离开摩擦压力。

### 7.3.2 周边焊好的条件

根据第 2 章和第 5 章所述,选取小压力焊缝开口两个边界坐标点(75 MPa, 2.4 m/s; 25 MPa, 1.72 m/s)和大压力焊缝两个最低坐标点(86 MPa, 1 m/s;135 MPa, 2.4 m/s)以及极限速度(0.5 m/s)和压力(15 MPa)点,可以画出控制周边开口焊缝摩擦压力和摩擦速度的直观坐标图,如图 7.12 所示。

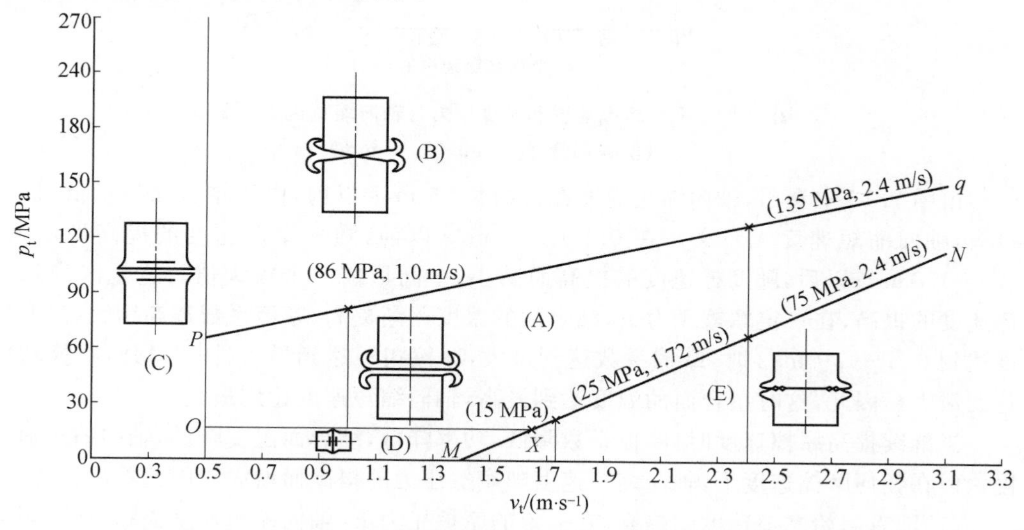


图 7.12　摩擦压力和摩擦速度对碳钢棒($\phi$25 mm)焊接质量的影响

由图 7.12 中看出,根据碳钢棒焊接所需的摩擦压力和摩擦速度范围,可将图 7.12 分为以下五个区。

(1)A 区。当摩擦压力和摩擦速度在 A 区($PqNXO$)范围内焊接时,基本上生成小压力焊缝。

(2)B 区。当摩擦压力和摩擦速度在 B 区(在 $Pq$ 斜线以上)范围内焊接时,基本上生成大压力焊缝。

(3)C 区。当摩擦速度小于 0.5 m/s 时,无论摩擦压力多大,摩擦表面都达不到焊接温度，形不成焊缝。

(4)D 区。当摩擦压力($p_t \leqslant 15$ MPa)太小时，无论摩擦速度多大，都焊不出合格的焊缝。

(5)E 区。当摩擦压力和摩擦速度在 E 区(在 $MN$ 斜线以下)范围内焊接时，基本上生成周边开口焊缝。

### 7.3.3 摩擦速度和摩擦压力与轴向缩短速度的关系

摩擦速度和摩擦压力与轴向缩短速度的关系如图 7.13 所示。

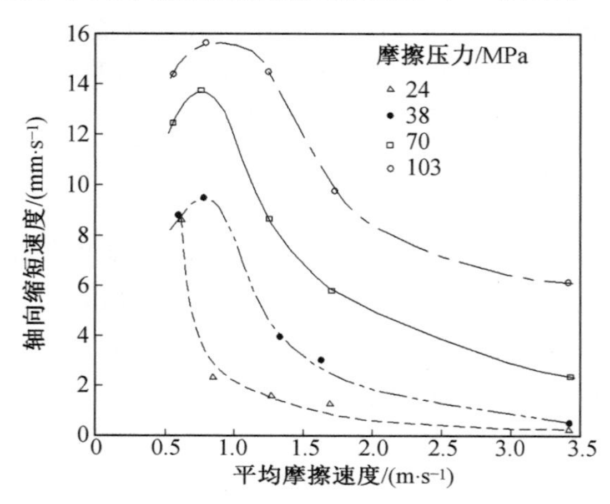


图 7.13 平均摩擦速度和摩擦压力与轴向缩短速度的关系

(低碳钢管 $\phi$19 mm×3.15 mm)

由图 7.13 中看出，轴向缩短速度在大约 0.55 m/s 以前，由于结合面温度低，形不成接头，轴向缩短速度无意义。在 0.8～1.0 m/s 以前，随着摩擦速度的提高而增大；在 0.8～1.0 m/s以后，随摩擦速度的提高而减小，中间形成一个极大值。这是因为随着摩擦速度的提高，在一定摩擦压力下，结合面的温度逐渐提高，摩擦系数逐渐增大，当摩擦速度达到 0.8～1.0 m/s 时，摩擦系数达到最大，摩擦扭矩达到最大(图 7.14)，摩擦功率也达到最大。因此，这时结合面的温度达到最高，轴向缩短速度达到最大。

当继续提高摩擦速度时，摩擦系数降低，功率降低，结合面温度降低，轴向缩短速度减慢。但在任何摩擦速度下，轴向缩短速度随摩擦压力的提高而增大。因此看出：

(1)随着起始摩擦速度的提高，在一定的摩擦压力下，轴向缩短速度提高，当达到最大值以后，随着起始摩擦速度的提高，轴向缩短速度减慢。当起始摩擦速度提高到某一定值以后，焊缝周边容易产生开口，特别在小压力下。

(2)随着起始摩擦压力的提高，在一定的摩擦速度下，轴向缩短速度始终逐渐增大。

(3)随着摩擦扭矩的提高，焊缝得到更大的锻造作用，轴向缩短速度加快，但它不能改变焊缝的基本形状。

(4)焊缝金属(高温黏塑性变形层金属)的变形完全是由焊缝内部的应力决定的，这个应力就是摩擦力和剪力。一种起始摩擦力和剪力，平衡于一种高温黏塑性变形层金属的强度(温度)。

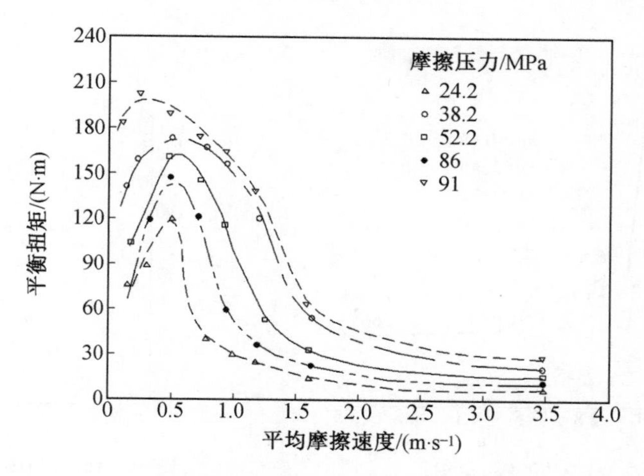


图 7.14 平衡扭矩,在不同压力时与摩擦速度的关系
(低碳钢管 $\phi$15 mm×3.15 mm)

## 7.4 在摩擦速度一定时,随摩擦压力的提高,摩擦扭矩下降的原因

### 7.4.1 情况介绍

在做 TC17 合金摩擦焊试验时,由于计算的焊接压力 $p_c$=0.46 MPa(第 5 章 5.4.2 节),而 220B 焊机上最小压力 $p_c$=2.07 MPa,只好选择比实际要求大 4.5 倍的压力(2.07 MPa)进行焊接,并且这个压力还不太稳定,还要继续提高。由于压力过大,加热非常集中,焊接时间短(不超过 1 s),焊接飞边非常薄(图 7.5(c))。它的各种参数曲线与 GH4169 合金基本相似,但唯有下面两种曲线方向正好相反。

(1)摩擦压力($p_c$)与摩擦扭矩($Mr$)。

对于 GH4169 合金,随着摩擦压力的提高,摩擦扭矩(后峰值扭矩)提高;而对于 TC17 合金,随着摩擦压力的提高,摩擦扭矩下降,方向正好相反(图 7.15)。

(2)转动惯量($mr^2$)与摩擦扭矩($Mr$)。

随着转动惯量($mr^2$)的提高,摩擦扭矩($Mr$)的变化规律,对于 GH4169 和 TC17 合金方向也正好相反(图 7.16)。

### 7.4.2 两种曲线的变化规律都是正确的

由图 7.15(b)中看出,对于 GH4169 合金,随着摩擦压力的提高,摩擦扭矩提高,这是符合一般摩擦焊理论的。而对于 TC17 合金(图 7.15(a)),随着摩擦压力的提高,摩擦扭矩下降,这是一般摩擦焊理论解释不清的。但这是事实,它的每一个点都是六个接头的平均值。因此,在不同的压力范围内,对于不同种的合金,随着摩擦压力的提高,摩擦扭矩上升或者下降都是正确的。

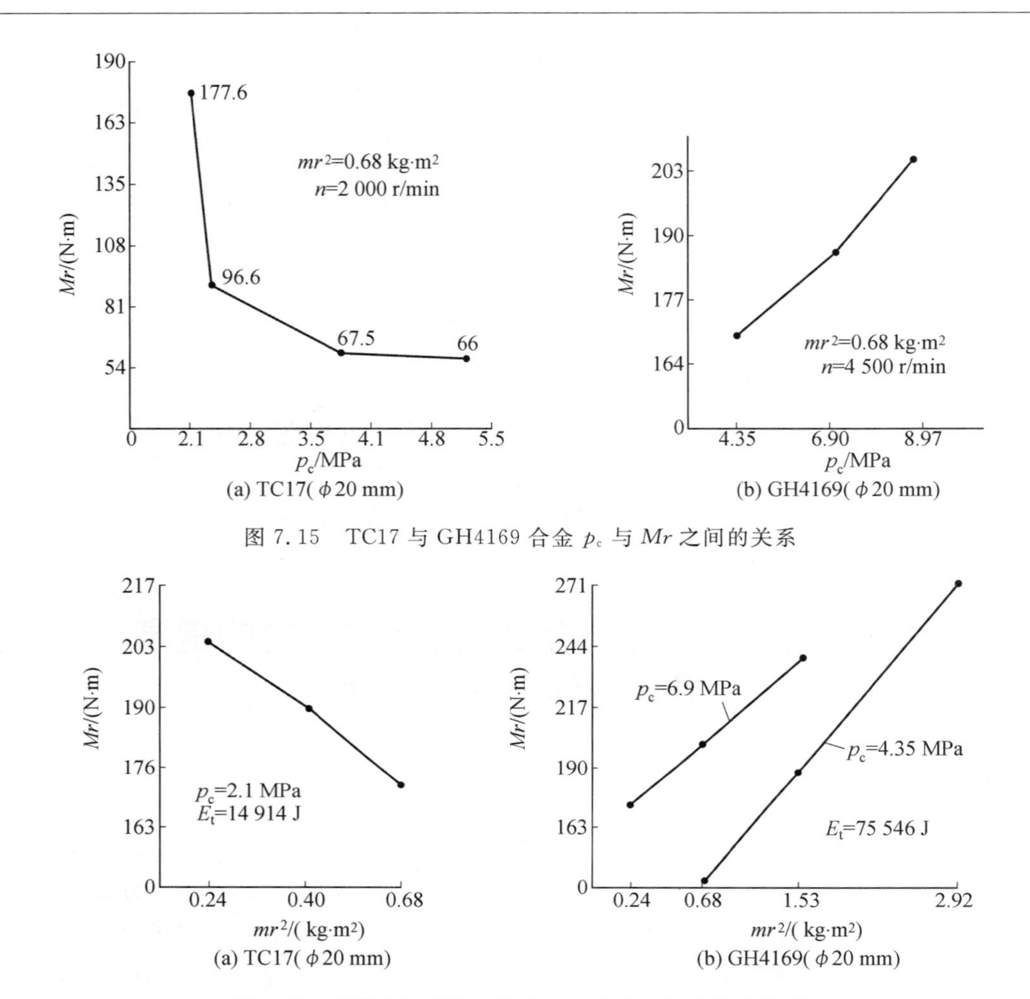


图 7.15　TC17 与 GH4169 合金 $p_c$ 与 $Mr$ 之间的关系

图 7.16　TC17 与 GH4169 合金 $mr^2$ 与 $Mr$ 之间的关系

### 7.4.3　产生这两种情况的原因分析

**1. 常规下摩擦速度与摩擦扭矩之间的关系**

摩擦速度与摩擦扭矩之间的关系如图 7.17 所示。由图 7.17 中看出：

(1)随着摩擦速度的提高，摩擦扭矩提高，当达到最大值以后，随着摩擦速度的提高，摩擦扭矩迅速下降。

(2)随着摩擦压力的提高，峰值扭矩逐渐加大，并且提前产生(图 7.17)。当摩擦压力 $p_t=124$ MPa 时，峰值扭矩大约在 $v_t=0.5$ m/s 时产生，而 $p_t=24.2$ MPa 时，峰值扭矩大约在 $v_t=0.7$ m/s 时产生。

(3)摩擦扭矩随摩擦速度的变化规律与摩擦焊接过程中产生的前峰值扭矩属于同一个原因：

①在摩擦速度 $v_t<0.5$ m/s 时，无论摩擦压力多大，摩擦表面都达不到焊接温度，因此，扭矩不会很大。

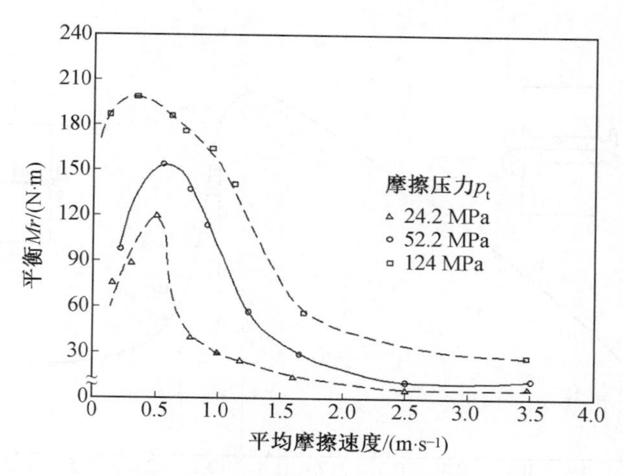


图 7.17　平衡扭矩在三种轴向压力下与摩擦速度的关系

($\phi$19 mm×$\phi$12.7 mm 低碳钢管)

②当摩擦速度 $v_t$=0.5～0.7 m/s 时,由于摩擦压力的不同,摩擦表面的温度迅速升高,摩擦扭矩先后达到最大值,即

a. 摩擦表面真实接触面积达最大。

b. 摩擦压力 $p_t$ 由 0 至最大。

c. 摩擦表面温度升高,摩擦系数增大。因此,产生了由速度变化而产生的峰值扭矩。

③当摩擦速度 $v_t$>0.5～0.7 m/s 时以后,随着摩擦速度的提高,在不同的摩擦压力下,摩擦表面的温度迅速提高,摩擦系数减小,摩擦扭矩迅速减小,当摩擦速度 $v_t$>2 m/s 以后,摩擦压力和摩擦速度对摩擦扭矩的影响逐渐减小,并且平衡在一个较小的稳定值上。因此,随着摩擦速度的提高,对于低碳钢在 $v_t$=0.5～0.7 m/s 时,产生的峰值扭矩并不是摩擦速度所具有的独立特点,而是对于不同的金属材料、不同的摩擦速度,在一定的摩擦压力下,由摩擦表面的温度场所决定的。摩擦表面只要达到这个温度场,就要产生峰值扭矩。

**2. 摩擦扭矩(后峰值扭矩)随着摩擦压力的变化也应产生峰值曲线**

既然,摩擦扭矩在摩擦压力一定时,随着摩擦速度的变化,能形成峰值扭矩,那么,当摩擦速度一定时,随着摩擦压力的变化,也应该能形成峰值扭矩曲线(图 7.15)。

由图 7.15 中看出:

(1)在正常压力下,随着摩擦压力的提高,摩擦扭矩提高(图 7.15(b))。

(2)当摩擦压力超过正常压力 4.5 倍以上时(图 7.15(a)),随着摩擦压力的提高,摩擦扭矩迅速降低,这说明在这两者之间必存在一个极大值(图 7.18)。

由图 7.18 中看出:

(1)在正常压力下(如 $p_c$=0.45 MPa 左右),随着摩擦压力的提高,在摩擦速度一定时,摩擦扭矩提高,因摩擦系数在增大。

(2)当摩擦压力 $p_c$=1.5～1.75 MPa 时,摩擦扭矩达最大,摩擦系数达最大。

(3)当摩擦压力 $p_c$>1.75 MPa 时,随着摩擦压力的提高,摩擦扭矩迅速下降并稳定

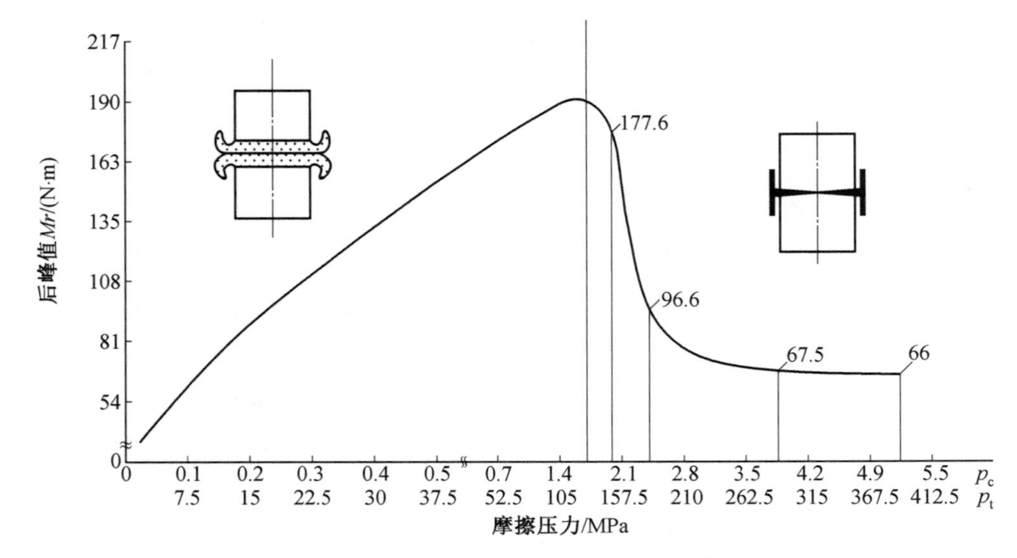


图 7.18　TC17 合金($\phi$20 mm)摩擦压力与后峰值扭矩的关系

($mr^2=0.68\ \mathrm{kg\cdot m^2}$,$n=2\ 000$ r/min)

在一个固定的数值上,因摩擦系数在减小。

这是摩擦焊缝形成过程中的必然趋势(图 7.19)。

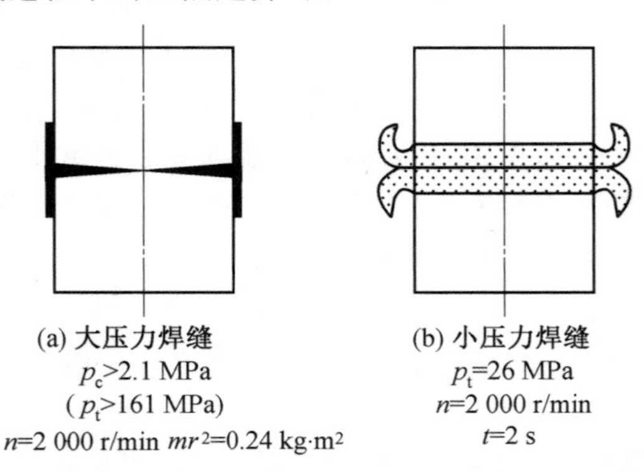


图 7.19　TC17 合金($\phi$20 mm)摩擦焊缝的两种形式

由图 7.19 中看出:

(1)当摩擦压力 $p_c<1.75$ MPa($p_t<131$ MPa)时,在摩擦速度一定时,形成小压力焊缝(图 7.19(b)和图 7.18 左)。随着摩擦压力的提高,结合面逐渐镦粗,摩擦扭矩增大,摩擦系数也增大。

(2)当摩擦压力 $p_c=1.5\sim1.75$ MPa($p_t=113\sim131$ MPa)时,结合面镦粗达最大,摩擦扭矩达最大,摩擦系数也达最大。

(3)当摩擦压力 $p_c>1.75$ MPa($p_t>131$ MPa)时,摩擦表面就形成了大压力焊缝(图 7.19(a)和图 7.18(右))。随着摩擦压力的提高,摩擦表面加热更加集中,产生黏塑性变形层金属,摩擦系数减小,摩擦表面直径不再胀大,因此,摩擦扭矩要迅速下降。最后稳定在一个固定的摩擦扭矩下,维持摩擦表面上最薄的一层高温黏塑性变形层金属的厚度(强度)，实际上，摩擦扭矩随摩擦压力变化的这条曲线，就是摩擦焊摩擦扭矩的前峰值扭矩曲线。也就是摩擦系数，随着摩擦金属的加热，温度的升高，直到熔化前，摩擦系数的变化规律曲线。摩擦扭矩的变化规律正好与大、小压力焊缝相互转换的过程相吻合，也与摩擦系数变化规律相吻合。因此，该曲线(图7.18)是存在的，也是正确的。

从上述分析看出，无论哪种金属，随着摩擦压力的提高，摩擦扭矩都要提高，当摩擦扭矩达到最大值以后，随着摩擦压力的提高，摩擦扭矩都要下降，并稳定在一个固定数值上。这是摩擦金属从摩擦加热到熔化前，摩擦系数变化的普通规律所决定的。

(4)摩擦扭矩，随着转动惯量的增加，逐渐下降，与上述曲线同属一个道理，这里不再重述。

## 7.5　在摩擦焊缝形成过程中需明确的几个问题

### 7.5.1　塑性变形不是判断接头焊上与否的标志

在摩擦焊缝形成过程中，如果接头产生了塑性变形，挤出了飞边，过去一般认为该接头就应该焊上了，因为接头产生了塑性变形。其实这种看法是不全面的，如果接头未能达到焊接温度，产生黏塑性变形层金属(焊缝)，即使产生了塑性变形，也是焊不上的。只能说接头的加热达到了金属某一变形温度，产生了塑性变形。因为一般金属材料的塑性变形温度要比焊接温度低些，如GH4169合金起始塑性变形的温度范围为723～900 ℃(如1章1.2.4节和图1.1与图1.4所示)，而焊缝温度范围为916～1 138 ℃，因此GH4169合金接头在723～900 ℃范围，相当于图1.1上*ab*段和*bc*段前一些，未到*c*点，即使产生了塑性变形，也形不成“黏塑性固溶体”，接头也是焊不上的。因此，不能把接头产生了塑性变形作为判断接头焊上与否的标志(相反，可以把接头产生了黏塑性变形层金属，作为判断接头焊上与否的标志)。

### 7.5.2　塑性变形金属与黏塑性变形层金属的区别

前已叙述，塑性变形金属指的是在摩擦焊接过程中，摩擦表面和飞边，没有达到焊接温度，被挤压变形了的那一部分金属。实际上就是前面讲的结合面和外壁上的塑性壳金属(如图7.1、图7.7和图7.8所示)，它的晶粒已产生了变形，有的已长大，有的已被拉长，但它仍同于原母材金属的组织，因为它的加热温度还不够高，变形程度和变形速率还不够充分，所以没有发生重结晶和再结晶(相当于图1.1上的*bc*段前一些，未到*c*点)，基本上还处于强固塑性状态。

而黏塑性变形层金属(即焊缝)指的是在强大的摩擦焊压力和扭矩的联合作用下，经摩擦和搅拌在结合面上生成一层很薄的高温黏塑性变形层体的那一薄层金属，相当于图1.1上的*cd*段以后，它的状态已经发生了变化，呈现出“黏塑性固溶体”状态。这个状态的金属，既容易变形，又容易粘连，还有一定的强度，是形成摩擦焊缝的最佳状态。

塑性变形层金属形成的温度正好是金属的锻造温度范围，这说明锻造工作者早已发现了金属的这种黏塑性变形层体状态。中国古代的工匠就是靠加热金属达到这种状态，俗称“小白火”状态，经反复地锤击锻造产生耀眼的火花和氧化皮的脱落，很快将两块不同种金属牢固地锻焊到一起。作者把金属的这种状态称之为“黏塑性固溶体”状态，以区别未达到焊接温度的塑性变形金属的状态。

这种状态的金属与塑性变形金属的状态完全不同，它处于较高的温度范围，比GH4169合金最低熔点温度只低122～344 ℃，呈“黏塑性固溶体”状态，就像和好的面一样，易变形、有黏性，给一定的力，它就能够变形移动；但它又没能达到金属的熔化状态，又不同于熔化金属的铁水，能够自由流动，因此，它应是介于熔化金属和未熔化金属（塑性变形金属）之间的一种状态。

这种状态的金属，经冷却、强固后，它的金属组织就会发生变化，成为锻造的、再结晶的、等轴晶粒组织的焊缝。就像熔化焊缝结晶成为枝晶组织一样，与原母材金属组织完全不同，呈现出一种新型组织的金属了。

而塑性变形金属，处于较低温度范围，基本上呈强固塑性状态，不易变形，没有黏性，没有组织变化，需加很大的力才能产生一些塑性变形。

### 7.5.3　塑性变形层金属是否有固定的温度

刚开始研究塑性变形层金属温度时，认为一种金属的塑性变形层的温度应该是固定不变的，只要摩擦焊达到了这个温度，就应该能形成黏塑性变形层金属。后来经仔细推敲发现，这种说法是不够准确的，准确表述应为：一种金属的塑性变形层的最高温度应该是固定不变的，这一温度应低于金属的熔点，摩擦系数最小，强度也最低，再提高摩擦压力和速度，温度也上不去了，并且这时的摩擦焊能量大部分用于黏塑性变形层金属的变形，很小一部分用于摩擦发热，以维持高温黏塑性变形层金属的温度，使摩擦压力和速度与高温黏塑性变形层金属的一种厚度（强度）相平衡。常用的GH4169合金，其塑性变形层金属的最高温度应该为1 240 ℃，比其最低熔点温度只低20 ℃。

但塑性变形层金属的温度不是固定不变的，就像金属的锻造温度一样，它是有一个范围的，实际上摩擦焊缝的温度范围就是塑性变形层金属的温度范围。在塑性变形层金属这个温度范围内，一个温度对应于一种塑性变形层金属的厚度（强度），当温度较高时，塑性变形层金属的固溶体较软一些，摩擦系数较小一些，强度也较低一些；当温度较低时，塑性变形层金属的固溶体较硬一些，摩擦系数也较大一些，强度也较高一些，就像和好的饺子皮面一样，面和软了，容易擀，面和硬了，擀起来费点劲，但它们都具有易变形、有黏性、有一定的强度等特征，否则就形不成“黏塑性固溶体”了。并且作者相信虽然塑性变形层金属没有固定的温度，但它一定有一个最佳的温度范围，如GH4169合金，最佳塑性变形层金属温度，作者估计应该为950～871 ℃。因为近年来研究发现，焊缝温度过高不易获得超细晶粒的焊缝组织，现在世界上有些大的航空发动机公司，为了获得更细的焊缝晶粒组织，已经将GH4169合金的摩擦焊缝温度控制在871 ℃左右。另外作者也相信，一种金属的塑性变形层金属的最低温度也应该是固定不变的，低于这个温度就形不成“黏塑性固溶体”，也就焊不上了。

### 7.5.4 大压力和小压力焊缝金属变形的不同

前已介绍，大压力焊缝由于加热速率快，结合面没有镦粗胀大变形，直接排出全塑性变形层金属飞边，它的焊缝和飞边金属的变形比较容易，没有遇到障碍，因为它的焊缝和飞边没有外壁塑性壳金属包围，且焊缝金属呈“黏塑性固溶体”状态，变形和排边十分畅通，因此它的变形速率和变形量都很高。

而小压力焊缝和飞边由于加热速率慢，直径镦粗胀大变形呈喇叭口形，使焊缝周围堆积很厚的内部和外壁上的塑性壳金属，即塑性变形金属(如图7.1和图7.9所示)，中间夹着很薄一层黏塑性变形层金属(焊缝金属)；而它的飞边，外表面上粘着一层很薄的黏塑性变形层金属，其余大部分为塑性变形金属，两者共同组成双层金属的飞边。在这样的架构下，焊缝和飞边金属的变形十分困难，因为焊缝结合面上下、左右被一层较厚的塑性壳金属组成的盒形腔体所包围着，刚性很大，造成很大的阻力，焊接时，它既要排出大部分塑性壳金属，又要排出黏塑性变形层金属，这是十分困难的，需要消耗很多的能量，因此它的变形速率和变形量都很低。

### 7.5.5 怎样辨别是大压力还是小压力焊缝

只有大压力焊缝才能100%达到与母材金属等强度，甚至稍高于母材金属的强度；而小压力焊缝是达不到的。因此，近年来许多焊接工作者都在追求获得大压力焊缝。但怎样辨别获得的是大压力还是小压力焊缝呢？作者总结从以下几方面来鉴别。

**1. 以材料锻造时的强度极限为标准**

焊接压力的大小是决定焊出焊缝是大压力还是小压力焊缝的关键，焊接速度影响不大。因此，只要将焊接压力选在等于或大于该材料锻造温度范围时的强度极限，作为焊接压力，那么焊出的焊缝，即为大压力焊缝，否则为小压力焊缝。

**2. 从规范特点上看**

如果选择的是强规范(低温焊接法)，即大压力、大转动惯量、低转速的规范参数进行焊接，焊出的接头大多数应为大压力焊缝，否则为小压力焊缝。

**3. 从飞边形状上看**

前已叙述，大压力焊缝的飞边具有下列特征(见7.1.1节)，凡具有上述三个条件飞边的焊缝，即为大压力焊缝(如图5.6(a)～(d)、图7.2(B)和图8.15(a)所示)。

而小压力焊缝的飞边，也相应具有三个相反的特征(见7.1.1节)，凡具有上述特点的飞边，即为小压力焊缝(如图5.6(e)～(h)、图7.2(A)和图8.15(b)所示)。

**4. 解剖接头看金相组织和形貌**

这个方法直观、清楚、可靠(如图7.7和图7.8所示)。大压力焊缝为中间薄、周边厚的双锥面焊缝和热力影响区；而小压力焊缝为中间很薄一层焊缝，两边较厚的、等厚度的热力影响区，这是它们在金相图片上明显的区别。但这个方法时间长，条件较高，生产现场很难实现。

### 7.5.6 大压力焊缝形成的条件

大压力焊缝形成的条件与焊接方法和被焊金属材料的性能有着密切的关系。

一般惯性摩擦焊容易焊出大压力焊缝;而连续驱动和混合驱动摩擦焊更容易焊出小压力焊缝,因为惯性摩擦焊的参数选择是根据能量曲线上选出的,而能量曲线是根据大压力焊缝的数据画出来的。因此,它的摩擦压力和扭矩一般都大于连续驱动和混合驱动摩擦焊。而连续驱动和混合驱动摩擦焊的参数是根据现场试验数据确定的,只要焊好就行了,它没有选择大压力还是小压力焊缝的概念。

大压力焊缝一般还与被焊金属材料的性能有着很大的关系,强度较高、导热性较差的金属材料(如不锈钢、高温合金、钛合金和高合金钢等)容易焊出大压力焊缝,因接头不容易镦粗胀大变形;而比较软、导热性较好的金属材料(如铝和铜合金)容易焊出小压力焊缝,因接头容易镦粗胀大变形;而介于中间的如低碳钢等的金属材料容易焊出小压力和大压力两种焊缝,当摩擦压力大于 86 MPa 时(直径 $\phi$18 mm),形成大压力焊缝,当摩擦压力小于 75 MPa 时,形成小压力焊缝。

### 7.5.7 摩擦焊方法与接头强度的关系

惯性摩擦焊的接头强度一般要比连续驱动和混合驱动摩擦焊的要高,因为它的摩擦压力和扭矩一般比后两者都大,对焊缝的锻造作用更强、更充分,焊缝金属的变形速率和变形量更大,它的每个晶粒都受到了反复的变形和磨碎,位错密度增加,晶内和晶界被大量的位错绕线和滑移界面缠绕着,接头强度被大大强化。而连续驱动和混合驱动摩擦焊由于摩擦压力和扭矩都比较小,对焊缝的锻造作用被削弱,因此接头的强度要低些(如图 8.13 和图 8.14 所示)。

### 7.5.8 摩擦焊方法与焊缝晶粒度的关系

摩擦焊形成的超细晶粒焊缝与摩擦焊的方法关系不大,不管是惯性焊、连续焊,还是混合驱动摩擦焊,只要能摩擦出高温黏塑性变形层体金属焊缝,都能达到成为超细晶粒的焊缝。因为焊缝在这种条件下,都能满足锻造工艺要求的形成超细晶粒锻件的三要素要求(见 1 章 1.2.4 节),即锻造温度、变形量和变形速率。

不过由于惯性焊的摩擦压力和扭矩都比较大,它相比连续焊和混合驱动摩擦焊还独具下列细化晶粒两大优势。

(1)它的变形速率要比连续焊和混合驱动摩擦焊快得多,对焊缝晶粒的破碎、形核、储能都比较高,结晶驱动力增大,因此,焊缝的再结晶的晶粒,要更细、更完全。

(2)惯性摩擦焊的终止温度,要比连续焊的低得多,原因如下。

①惯性焊终止前,转速几乎为零,而压力保持不变;而连续焊终止前,速度保持不变,而压力上升至顶锻压力。

②惯性摩擦焊接过程中,焊缝的最高温度点在不稳定摩擦阶段,而连续焊焊缝的最高温度点在顶锻刹车阶段。所以惯性焊的终止温度要比连续焊的低很多,如某参考文献测得的 GH4169 合金连续焊缝的最高温度为 1 240 ℃,而惯性焊缝在 20 世纪 70 年代初期为 1 093 ℃,与连续焊缝相差 147 ℃,而与现在焊盘的焊缝温度 916 ℃,相差 324 ℃。根据锻造工艺的特点,终锻温度越低,晶粒越细化的道理,惯性摩擦焊缝的晶粒度,要比连续焊缝的更细、更均匀是理所当然的,如图 1.5 和图 5.28 所示。

### 7.5.9　搅拌摩擦焊缝的连接机理

当搅拌头钻入到零件接缝中后(见 1 章表 1.2),必须达到一定的转速才能在搅拌头的周围产生一层很薄的黏塑性变形层金属(这一步很重要,摩擦焊的两种金属,只有产生了黏塑性变形,才能彼此溶解和化合,形成焊缝),这一层金属在搅拌头的旋转摩擦作用下,很快排边进入轴肩与接缝之间的接触面中。与此同时,搅拌头的轴肩与接缝表面之间的接触,也迅速产生辅助摩擦加热,共同混合摩擦出新的黏塑性变形层体金属,它在搅拌头摩擦力作用下,发生强烈地搅拌,机械地混合,溶解和化合等一系列冶金反应,形成一个相当均匀的“黏塑性固溶体的轴肩焊缝”,这就是塑态金属焊缝的起点。随着搅拌头的前移,在旋转摩擦力作用下,在轴肩和垫板的密封保护下,将搅拌头前边摩擦出的高温黏塑性变形层金属,不断地被挤压到后边,去填满搅拌头前移留下的空腔,再与空腔两侧的高温黏塑性变形层金属,不断地重复上述的反应,因而形成一条几乎与板厚一样厚的黏塑态金属的焊缝。当停止转动时,高温黏塑态金属焊缝迅速冷却、凝固和再结晶,形成一条锻造的、等轴晶粒组织的焊缝,将两个被焊零件牢固地锻焊到一起,这就是搅拌摩擦焊缝的连接机理。由上述原理中看出:

**1. 搅拌头上没有加压机构,那么,摩擦力是怎么产生的呢?**

据推理作者认为应该有两个由搅拌头的旋转摩擦运动产生的摩擦压力:

(1)搅拌头钻入到接缝中,占据焊道位置,反过来焊道给搅拌头圆周一个反作用力,形成摩擦压力。

(2)搅拌头沿接缝向前移动,焊道反过来给搅拌头一个挤压力。

(3)轴肩辅助摩擦加热的摩擦压力是由轴肩与接缝表面之间的过盈位置固定产生的,再加上搅拌头排边的顶力。

**2. 黏塑性变形层金属转移的动力来源**

(1)轴肩的固定,垫板的支撑(相当于给焊缝一个固定压力),使搅拌头排出的飞边(高温黏塑性变形层金属)只能向接缝表面移动,再经轴肩的辅助摩擦加热、混合,共同摩擦出新的高温黏塑性变形层体金属,等于给排边开了一条通路,因此新的高温黏塑性变形层体金属只能由轴肩和接缝表面间向后边的空腔转移。

(2)搅拌头的向前移动,给形成的高温黏塑性变形层金属一个很大的挤压力,使它只能向后边空腔移动。

**3. 搅拌摩擦焊缝的强度**

由上述原理中看出,搅拌摩擦焊缝满足了锻造工艺形成细晶粒锻件的三要素要求,获得了细晶粒的焊缝组织,但它没有受到很大的外加摩擦压力和扭矩的联合锻造作用,严重地影响了焊缝金属的变形速率和变形量的增长,晶粒和晶界的强化受到限制,滑移和位错密度不会太高,晶粒也不会太细化,因此从原理上讲,想 100%达到与母材金属等强度有一定的困难。因为旋转摩擦焊(惯性焊和连续焊),只有焊出大压力焊缝时,才能达到与母材金属等强度。

# 7.6　摩擦焊接的“自保护”

## 7.6.1　“自保护”的原理

由于摩擦焊缝和飞边的形成过程有两种形式，因此，摩擦焊接的“自保护”过程也有两种形式(图 7.20)。

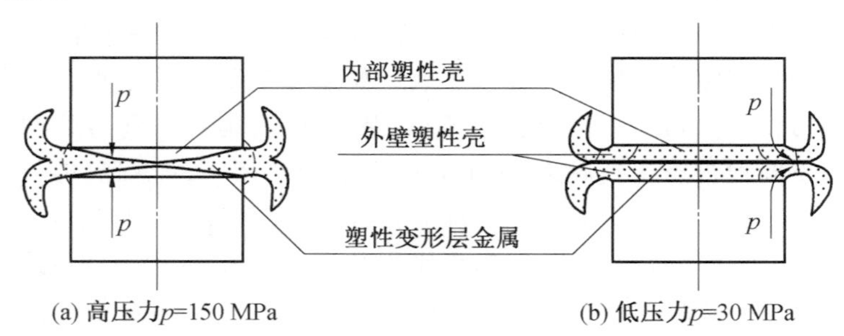


图 7.20　摩擦焊缝和热力影响区的形状

(低碳钢 $\phi$25 mm，$n$=975 r/min，$\Delta L$=5 mm)

由图 7.20(a)中看出，在较高压力时，塑性变形层金属直接从焊接结合面中挤出，未挤出的高温塑性变形层金属在焊接压力作用下，通过四周塑性壳和被挤出的高温塑性变形层金属，一起堵住了结合面周边的端口，形成了封闭的腔体。随着摩擦过程的进行，堵住金属不断地更新，使焊接过程中新产生的高温塑性变形层金属得到了有效的保护。

由图 7.20(b)中看出，当摩擦压力较小时，由于加热速度低，焊接时间长，先形成一层等厚度的内部和外壁塑性壳(挤压变形层金属，相当于电阻点焊的塑性环)，然后，在塑性壳金属之间形成很薄一层高温塑性变形层金属，在焊接压力作用下，通过内、外壁塑性壳金属的卷边，夹紧结合面四周的端口和排出的高温塑性变形层金属，一起堵住了焊接周边的端口，形成了封闭的腔体，使中间塑性变形层金属得到了有效的保护。随着摩擦过程的进行，高温塑性变形层金属不断地更新，结合面周边的端口不停地被封闭，高温塑性变形层金属得到了有效的保护。

## 7.6.2　周边保护好的条件

(1)要有最低的焊接压力。

(2)塑性壳要有一定的厚度和强度。

(3)塑性壳的端口要有一定的温度和塑性。

(4)材料的热物理性能越高，保护壳的强度越高，保护的效果越好。

# 第 8 章　摩擦焊与几种焊接工艺方法对比分析

## 8.1　惯性摩擦焊与电子束焊工艺方法对比分析

### 8.1.1　问题的提出

在 20 世纪 60 年代美国航空发动机上曾采用电子束焊工艺方法来连接整体发动机转子，但从 70 年代后期，就被迅速发展的惯性摩擦焊工艺方法所取代了。为了明确这两种先进的焊接工艺方法的特点和不同，也做了一些对比试验，其试验结果如下。

### 8.1.2　惯性摩擦焊与电子束焊的简单原理和主要特点及区别

**1. 简单原理**

惯性摩擦焊是利用存储在飞轮系统里的动能和推力使两个金属件表面之间通过相互摩擦生热而连接的工艺方法，实质上是一种热压焊接方法。而电子束焊是在真空中，利用加速和聚焦的电子束流轰击焊件接缝所产生的热能进行焊接的一种方法，实质上是一种熔化焊接方法。

因此，两种焊接方法有本质的不同，一个为固态焊接方法；另一个为熔化焊接方法。

**2. 两种焊接方法的主要特点和区别**

(1)主要特点。

采用电子束焊工艺焊接零件，可以先按止口装配，定位后焊接，焊接后可基本上保持原装配零件尺寸精度。而惯性摩擦焊零件不存在先装配，后焊接的问题。惯性摩擦焊本身既是装配又是焊接。因此，电子束焊接零件尺寸精度一般比惯性摩擦焊要容易控制得多。下面列出两种焊接方法的主要特点。

①两种焊接方法均为精密焊接方法，焊缝窄、变形小。在焊接管形零件时：

惯性摩擦焊：径向公差≤0.15 mm。
　　　　　　轴向公差±0.25 mm。
　　　　　　平面度≤0.15 mm。

电子束焊：径向公差≤0.10 mm。
　　　　　轴向公差±0.25 mm。
　　　　　平面度≤0.15 mm。

②两种焊接方法焊出的焊缝均为高质量的焊缝，强度高、塑性好，多用于航空、航天工业上。

③两种焊接方法成本较高，设备一次性投资较大。

(2)主要区别。

①惯性摩擦焊为固态焊接方法,焊缝为锻造的细晶粒组织;而电子束焊为熔化焊接方法,焊缝为铸造的、粗大的枝晶组织。

②惯性摩擦焊的焊缝为整体、均匀加热,内应力小,变形小,可焊出无缺陷的焊缝;而电子束焊的焊缝为局部不均匀加热,容易产生一些与金属熔化和凝固有关的冶金缺陷和应力。

③电子束焊需要在真空中焊接,有弧光和射线,需要防止对人身和环境的危害;而惯性摩擦焊在大气中焊接,无弧光和射线。

④惯性摩擦焊生产效率高,几秒钟即可以焊一个零件;而电子束焊需要抽真空等,相对需要较长时间。

⑤惯性摩擦焊可焊出与母材等强度或稍高于母材强度的焊缝;而电子束焊的焊缝只能达到母材下限强度的 90%以上。

⑥惯性摩擦焊焊前清理要求不严;而电子束焊在真空中焊接,焊前准备和清理要求十分严格。

⑦惯性摩擦焊只能焊接其中必须有一件能够回转形式的零件;而电子束焊可以焊接各种形式接头的零件。

### 8.1.3　GH4169 合金棒材惯性摩擦焊(IW)与板材电子束焊(EB)接头性能对比

(1)接头室温性能对比见图 8.1 和表 8.1,焊机参数见表 8.2。

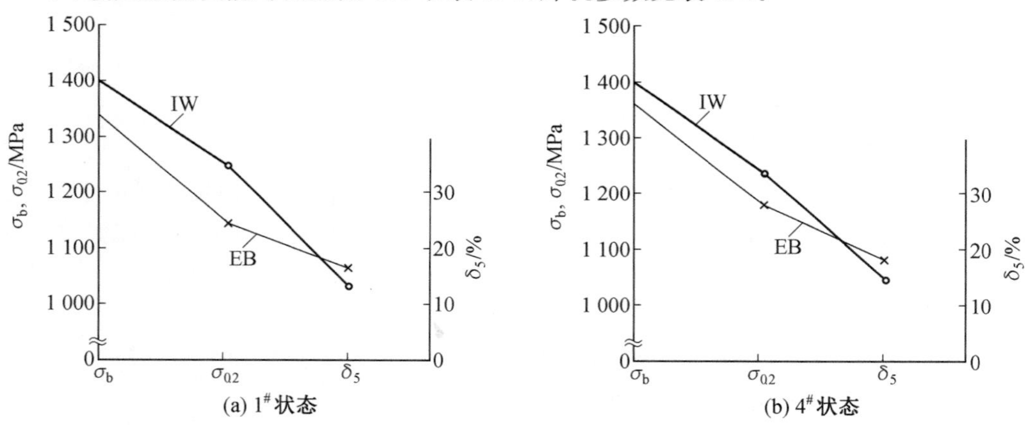


图 8.1　接头室温性能对比(GH4169 合金)

**表 8.1　接头室温性能对比(GH4169 合金)**

| 状态 | 试件种类 | 试件编号 | 室温性能 | | | | 断裂位置 | 强度系数 $\eta$ /% |
|---|---|---|---|---|---|---|---|---|
| | | | $\sigma_b$/MPa | $\sigma_{0.2}$/MPa | $\delta_5$/% | $\psi$/% | | |
| 1# 锻态＋焊接＋时效 | 惯性摩擦焊接头 | 119 | 1 380 | 1 240 | 16 | 48 | 母材 | 101 |
| | | 110 | 1 400 | 1 260 | 16 | 51 | 母材 | |
| | | 111 | 1 410 | 1 270 | 15 | 50 | 母材 | |
| | | 平均 | 1 397 | 1 257 | 15.7 | 49.7 | — | |
| | 棒材 | 114 | 1 380 | 1 210 | 22 | 48 | 棒材 | 100 |
| | | 115 | 1 400 | 1 250 | 22 | 48 | 棒材 | |
| | | 平均 | 1 390 | 1 230 | 22 | 48 | — | |
| | 电子束焊接头 | E111 | 1 340 | 1 170 | 18 | — | 焊缝 | 96 |
| | | E112 | 1 340 | 1 130 | 18 | — | 焊缝 | |
| | | E113 | 1 360 | 1 190 | 19 | — | 焊缝 | |
| | | 平均 | 1 347 | 1 163 | 18.3 | — | — | |
| | 板材 | B12 | 1 410 | 1 290 | 20 | — | 板材 | 100 |
| | | B13 | 1 420 | 1 240 | 19 | — | 板材 | |
| | | B14 | 1 390 | 1 220 | 19 | — | 板材 | |
| | | 平均 | 1 406 | 1 250 | 19.3 | — | — | |
| 4# 锻态＋固溶＋焊接＋时效 | 惯性摩擦焊接头 | 490 | 1 480 | 1 260 | 18 | 46 | 母材 | 102 |
| | | 410 | 1 390 | 1 260 | 16 | 42 | 母材 | |
| | | 411 | 1 380 | 1 220 | 13 | 48 | 母材 | |
| | | 平均 | 1 417 | 1 247 | 15.7 | 45.3 | — | |
| | 棒材 | 417 | 1 400 | 1 280 | 23 | 48 | 棒材 | 100 |
| | | 418 | 1 380 | 1 250 | 23 | 49 | 棒材 | |
| | | 平均 | 1 390 | 1 265 | 23 | 48.5 | — | |
| | 电子束焊接头 | E411 | 1 380 | 1 210 | 18 | — | 母材 | 100 |
| | | E412 | 1 360 | 1 200 | 22 | — | 焊缝 | |
| | | E413 | 1 370 | 1 160 | 22 | — | 焊缝 | |
| | | 平均 | 1 370 | 1 190 | 20.2 | — | — | |
| | 板材 | B41 | 1 400 | 1 220 | 18 | — | 板材 | 100 |
| | | B42 | 1 370 | 1 170 | 18 | — | 板材 | |
| | | B43 | 1 340 | 1 190 | 19 | — | 板材 | |
| | | 平均 | 1 370 | 1 193 | 18.3 | — | — | |

表 8.2　惯性摩擦焊与电子束焊参数(GH4169 合金)

<table>
<tr><td rowspan="2">焊接方法</td><td colspan="4">惯性摩擦焊参数</td><td colspan="4">电子束焊参数</td></tr>
<tr><td>试件尺寸<br>/mm</td><td>$n$<br>/$(r \cdot min^{-1})$</td><td>$p_c$<br>/MPa</td><td>$mr^2$<br>/$(kg \cdot m^2)$</td><td>$U_j$<br>/kV</td><td>$I_S$/mA</td><td>$I_j$/mA</td><td>$v_h$<br>/$(m \cdot min^{-1})$</td></tr>
<tr><td>惯性摩擦焊</td><td>$\phi$=20</td><td>4 300</td><td>6.9</td><td>0.68</td><td>—</td><td>—</td><td>—</td><td>—</td></tr>
<tr><td>电子束焊</td><td>$\delta$=5</td><td>—</td><td>—</td><td>—</td><td>140</td><td>22.5</td><td>330</td><td>0.76</td></tr>
</table>

(2)接头高温性能对比见表 8.3 和图 8.2。

表 8.3　接头高温性能对比结果(GH4169 合金)

<table>
<tr><td rowspan="2">状态</td><td rowspan="2">试件种类</td><td rowspan="2">试件编号</td><td colspan="4">接头高温性能(650 ℃)</td><td rowspan="2">断裂位置</td><td rowspan="2">强度系数 $\eta$<br>/%</td></tr>
<tr><td>$\sigma_b$/MPa</td><td>$\sigma_{0.2}$/MPa</td><td>$\delta_5$/%</td><td>$\psi$/%</td></tr>
<tr><td rowspan="15">1#<br>锻态＋焊接＋时效</td><td rowspan="4">惯性摩擦焊接头</td><td>13</td><td>1 170</td><td>1 070</td><td>11</td><td>45</td><td>母材</td><td rowspan="4">113</td></tr>
<tr><td>14</td><td>1 130</td><td>995</td><td>9.0</td><td>25</td><td>母材</td></tr>
<tr><td>15</td><td>1 190</td><td>760</td><td>12</td><td>19</td><td>母材</td></tr>
<tr><td>平均</td><td>1 163</td><td>942</td><td>10.7</td><td>29.7</td><td>—</td></tr>
<tr><td rowspan="3">棒材</td><td>11</td><td>1 030</td><td>950</td><td>10</td><td>15.5</td><td>棒材</td><td rowspan="3">100</td></tr>
<tr><td>12</td><td>1 030</td><td>945</td><td>9.5</td><td>14.5</td><td>棒材</td></tr>
<tr><td>平均</td><td>1 030</td><td>947.5</td><td>9.75</td><td>15</td><td>—</td></tr>
<tr><td rowspan="4">电子束焊接头</td><td>E114</td><td>1 160</td><td>950</td><td>10</td><td>—</td><td>母材</td><td rowspan="4">106</td></tr>
<tr><td>E115</td><td>1 200</td><td>915</td><td>11</td><td>—</td><td>母材</td></tr>
<tr><td>E116</td><td>1 120</td><td>930</td><td>12</td><td>—</td><td>焊缝</td></tr>
<tr><td>平均</td><td>1 160</td><td>931</td><td>11</td><td>—</td><td>—</td></tr>
<tr><td rowspan="4">板材</td><td>B15</td><td>1 080</td><td>925</td><td>10</td><td>—</td><td>板材</td><td rowspan="4">100</td></tr>
<tr><td>B16</td><td>1 080</td><td>915</td><td>14</td><td>—</td><td>板材</td></tr>
<tr><td>B17</td><td>1 110</td><td>955</td><td>18</td><td>—</td><td>板材</td></tr>
<tr><td>平均</td><td>1 090</td><td>932</td><td>14</td><td>—</td><td>—</td></tr>
</table>

续表8.3

| 状态 | 试件种类 | 试件编号 | 接头高温性能(650 ℃) | | | | 断裂位置 | 强度系数 $\eta$ /% |
|---|---|---|---|---|---|---|---|---|
| | | | $\sigma_b$/MPa | $\sigma_{0.2}$/MPa | $\delta_5$/% | $\psi$/% | | |
| 4# 锻态+固溶+焊接+时效 | 惯性摩擦焊接头 | 43 | 1 120 | 955 | 14 | 42 | 母材 | 101 |
| | | 44 | 1 140 | 995 | 17 | 42 | 母材 | |
| | | 45 | 1 150 | 1 000 | 14 | 49 | 母材 | |
| | | 平均 | 1 137 | 983 | 15 | 44 | — | |
| | 棒材 | 41 | 1 110 | 1 010 | 15 | 29 | 棒材 | 100 |
| | | 42 | 1 140 | 1 010 | 17 | 37 | 棒材 | |
| | | 平均 | 1 125 | 1 010 | 16 | 33 | — | |
| | 电子束焊接头 | E414 | 1 060 | 850 | 20 | — | 焊缝 | 100 |
| | | E415 | 1 110 | 955 | 19 | — | 母材 | |
| | | E416 | 1 070 | 930 | 18 | — | 母材 | |
| | | 平均 | 1 080 | 912 | 19 | — | — | |
| | 板材 | B45 | 1 080 | 860 | 18 | — | 板材 | 100 |
| | | B46 | 1 040 | 890 | 20 | — | 板材 | |
| | | B47 | 1 110 | 975 | 18 | — | 板材 | |
| | | 平均 | 1 076 | 908 | 18.6 | — | — | |

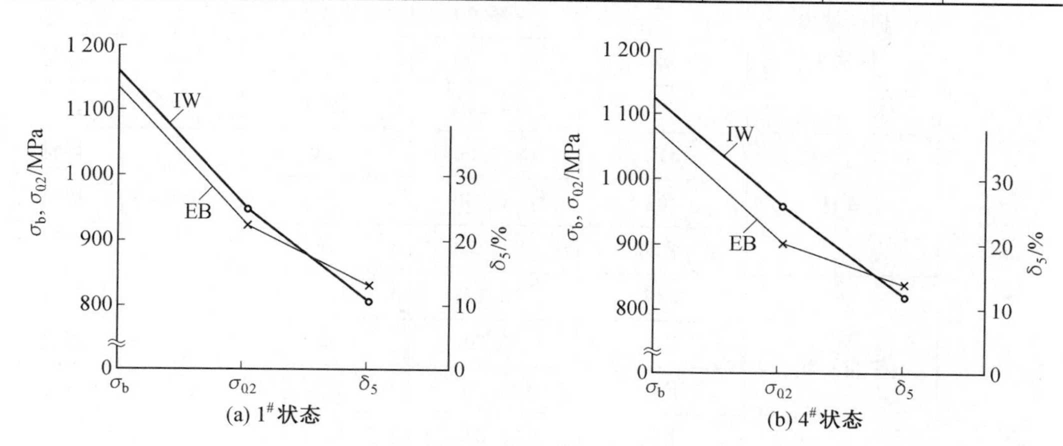


图 8.2 接头高温(650 ℃)性能对比(GH4169 合金)

(3)接头高温持久性能对比见表 8.4 和图 8.3。

表 8.4　接头高温(650 ℃ $\sigma$=690 MPa)持久性能对比结果

| 状态 | 试件种类 | 试件编号 | 持久时间/h | $\delta_5$/% | 强度系数/% | 断裂位置 |
|---|---|---|---|---|---|---|
| 1# | 惯性摩擦焊接头 | 13 | >62.50 | 14 | 134 | 母材 |
| | | 14 | >62.00 | 20 | | 母材 |
| | | 15 | >62.00 | 10 | | 母材 |
| | | 平均 | >62.17 | 14.7 | | — |
| | 棒材 | 112 | >45.50 | 8.0 | 100 | 棒材 |
| | | 113 | >45.00 | 22.0 | | 棒材 |
| | | 平均 | >45.25 | 15 | | — |
| | 电子束焊接头 | E117 | 29.66 | 6.7 | 74 | 焊缝 |
| | | E118 | 43.00 | 5.3 | | 焊缝 |
| | | E119 | 38.50 | 17.4 | | 焊缝 |
| | | 平均 | 37.37 | 9.8 | | — |
| | 板材 | B18 | 67.00 | 20 | 100 | 板材 |
| | | B19 | 46.00 | 18 | | 板材 |
| | | B20 | 37.00 | 20 | | 板材 |
| | | 平均 | 50.17 | 19 | | — |
| 4# | 惯性摩擦焊接头 | 46 | >42.50 | 26.4 | 100 | 母材 |
| | | 47 | >41.00 | 22.0 | | 母材 |
| | | 48 | >41.00 | 20.0 | | 母材 |
| | | 平均 | >41.50 | 22.8 | | — |
| | 棒材 | 412 | >41.00 | 8.0 | 100 | 棒材 |
| | | 403 | >42.50 | 24 | | 棒材 |
| | | 平均 | >41.75 | 16 | | — |
| | 电子束焊接头 | E47 | 43.17 | 17.3 | 73 | 焊缝 |
| | | E48 | 36.50 | 17.3 | | 焊缝 |
| | | E49 | 26.50 | 6.6 | | 焊缝 |
| | | 平均 | 35.37 | 13.7 | | — |
| | 板材 | B47 | 46.50 | 26.4 | 100 | 板材 |
| | | B48 | 47.00 | 26.6 | | 板材 |
| | | B49 | 50.50 | 14.6 | | 板材 |
| | | 平均 | 48.33 | 22.5 | | — |

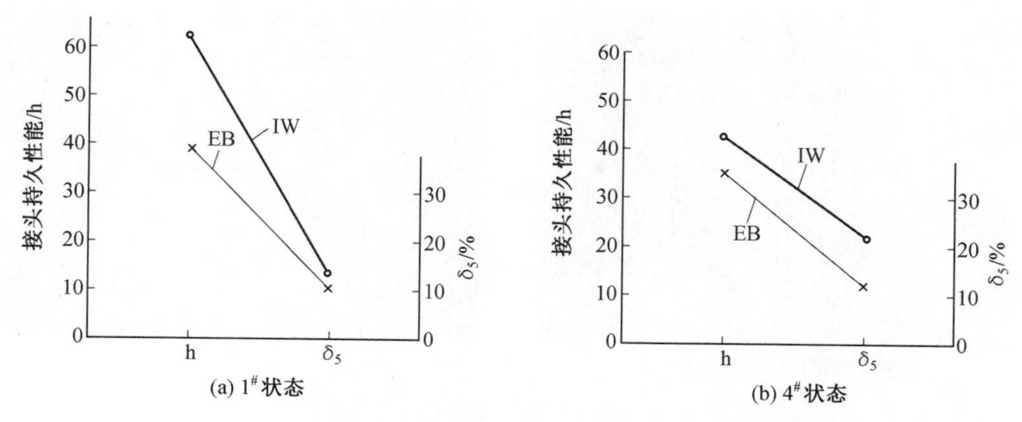


图 8.3　接头高温(650 ℃ $\sigma$=690 MPa)持久性能对比(GH4169 合金)

由表 8.1～8.4 和图 8.1～8.3 中看出：

①惯性摩擦焊接头室温和高温强度($\sigma_b$、$\sigma_{0.2}$)均高于电子束焊接头；塑性与电子束焊相当。

②惯性摩擦焊接头室温和高温强度均高于母材强度，强度系数分别为 101%和 102%；而电子束焊接头室温和高温强度等于或低于母材强度，强度系数分别为 96%和 100%。

③惯性摩擦焊接头高温持久性能(h)和塑性均远远高于电子束焊接头，甚至超过 2 倍。

(4)焊缝金相组织对比如图 8.4 和图 8.5 所示。

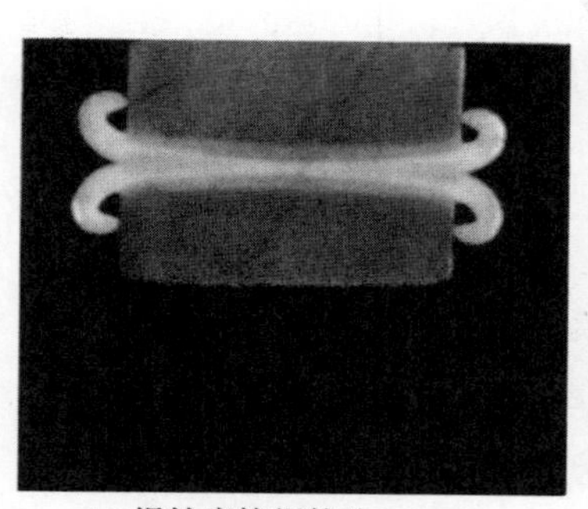

(a) 惯性摩擦焊接头×1.25
($\phi$20 mm棒)

(b) 电子束焊接头×20
(板厚5+5 mm)

图 8.4　接头低倍照片对比(GH4169 合金焊态)

由图 8.4 和图 8.5 中看出：

①惯性摩擦焊焊缝为锻造的超细晶粒组织，晶粒度为 10 级以上；而电子束焊焊缝为铸造的、粗大的枝晶组织。

②惯性摩擦焊焊缝内部无缺陷；而电子束焊焊缝热影响区中有“黑线组织”缺陷。

③电子束焊焊缝热影响区中有晶粒长大，成为接头的最薄弱环节；而惯性摩擦焊焊缝热力影响区中无晶粒长大，对接头无有害影响。

(5)GH4169 合金板材电子束焊和棒材惯性摩擦焊接头 S－N 疲劳曲线对比如图 8.6 所示。

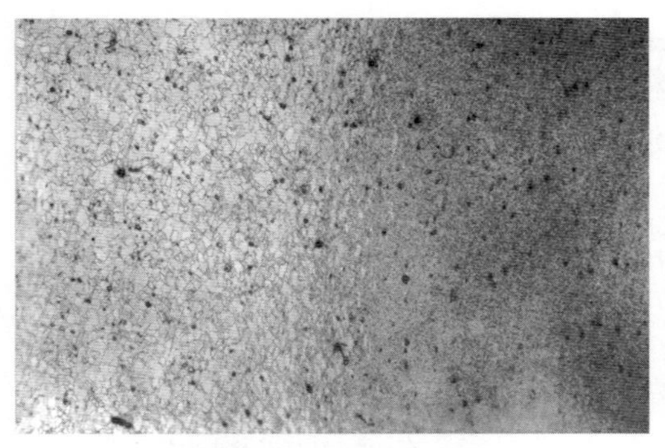

(a) 惯性摩擦焊缝金相组织×100

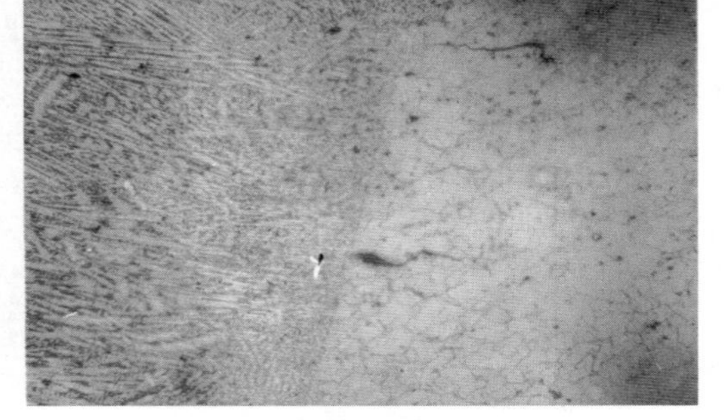

(b) 电子束焊缝金相组织×50

图 8.5 焊缝金相组织对比(GH4169 合金焊态)

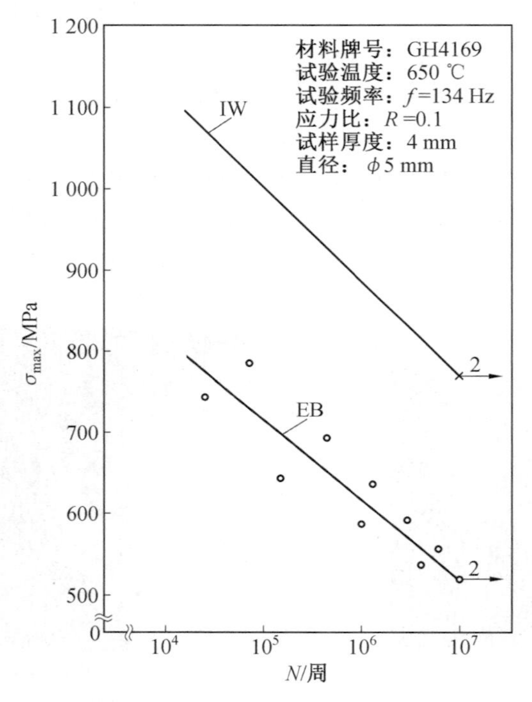


图 8.6 GH4169 合金板材电子束焊和棒材惯性摩擦焊接头 S－N 疲劳曲线对比

由图 8.6 中看出,惯性摩擦焊接头(IW)的疲劳极限为 $\sigma_D$＝780 MPa，而电子束焊接头(EB)的疲劳极限为 $\sigma_D$＝520 MPa,惯性摩擦焊接头的疲劳极限为电子束焊的 1.5 倍。

### 8.1.4 GH738 合金管件惯性摩擦焊与电子束焊接头性能对比

**1. GH738 合金的特点**

GH738 合金是一种沉淀强化的镍基高温合金,它具有较高的高温强度和塑性,在 760～815 ℃时具有较好的抗氧化、抗腐蚀性能,也具有很好的热处理性能,热处理后,除了 $\gamma'$基本的强化相均匀地沉淀外,在沉淀强化和时效硬化过程中,初始的 MC 碳化物相转变为 $M_{23}C_6$二次碳化物相。首先在晶界上,然后在晶内析出。它是一种很稳定的合金,因此，该合金被广泛应用于燃气涡轮发动机的转动部件上。它的化学成分见表 8.5。

表 8.5　GH738 合金的化学成分

| 元素 | C | Mn | Si | P | S | Cr | Co | Mo |
|---|---|---|---|---|---|---|---|---|
| 含量/% | 0.07 | <0.10 | <0.10 | 0.008 | 0.009 | 19.53 | 14.43 | 4.42 |
| 元素 | Ti | Al | Zr | B | Fe | Cu | Ni | |
| 含量/% | 2.75 | 1.38 | 0.06 | 0.005 | 1.10 | <0.10 | 余 | |

**2. GH738 合金的完全热处理制度**

(1)固溶处理：1 010 ℃×4 h+OC(油冷)。

(2)沉淀强化：840 ℃×4 h+AC。

(3)时效处理：760 ℃×16 h+AC。

试件的热处理状态：

(1)焊前：固溶状态。

(2)焊后：完全热处理状态。

**3. 接头室温性能对比**

接头室温性能对比见表 8.6 和图 8.7。焊接参数见表 8.7。

表 8.6　GH738 合金接头室温性能对比

| 试样编号 | 焊接方法 | 试验温度/℃ | $\sigma_b$/MPa | $\sigma_{0.2}$/MPa | $\delta_5$/% | $\psi$/% |
|---|---|---|---|---|---|---|
| 739 | 电子束焊 | 室温 | 1 218 | 891 | 14.2 | 49.2 |
| 740 | | | 1 222 | 891 | 13.4 | 49.2 |
| 742 | | | 1 238 | 891 | 14.6 | 43 |
| 平均 | | | 1 226 | 891 | 14 | 47 |
| 947 | 惯性摩擦焊 | 室温 | 1 295 | 898 | 21.2 | 23.9 |
| 950 | | | 1 308 | 912 | 18.0 | 25.3 |
| 951 | | | 1 297 | 907 | 18.8 | 24.0 |
| 952 | | | 1 300 | 904 | 22.0 | 26.7 |
| 平均 | | | 1 300 | 905 | 20 | 25 |

表 8.7　GH738 合金管件惯性摩擦焊和电子束焊的焊接参数

| 惯性摩擦焊 | | 电子束焊 | |
|---|---|---|---|
| 转速 $n/(\mathrm{r\cdot min^{-1}})$ | 1 299 | 能量 $E/(\mathrm{J\cdot mm^{-1}})$ | 260 |
| 摩擦压力 $p_t$/MPa | 174 | 电子束流 $I_S$/mA | 22.5 |
| 转动惯量 $mr^2/(\mathrm{kg\cdot m^2})$ | 27.8 | 加速电压 $U_j$/kV | 140 |
| 焊件外径 $D$/mm | 74.6 | 焊接速度 $v_h/(\mathrm{m\cdot min^{-1}})$ | 0.762 |
| 焊件内径 $d$/mm | 53.8 | 板厚 $\delta$/mm | 5 |

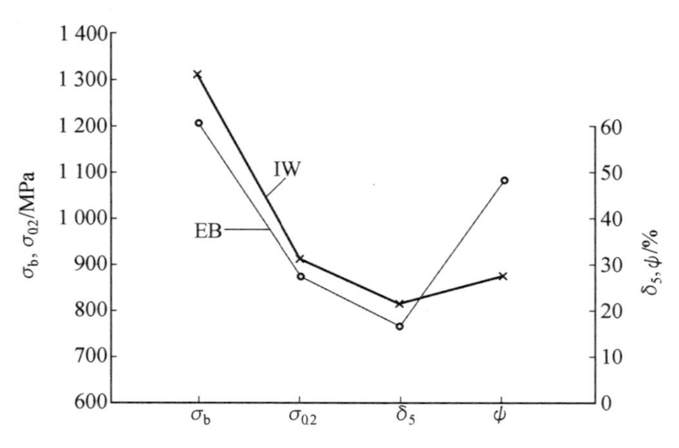


图 8.7　GH738 合金管件接头室温性能对比

**4. 接头高温性能对比**

接头高温性能对比见表 8.8 和图 8.8。

**表 8.8　GH738 合金接头高温性能对比**

| 试样编号 | 焊接方法 | 试验温度/℃ | $\sigma_b$/MPa | $\sigma_{0.2}$/MPa | $\delta_5$/% | $\psi$/% |
|---|---|---|---|---|---|---|
| 741 | 电子束焊 | 426 | 1 112 | 806 | 9.0 | 29.0 |
| 743 | | | 1 094 | 726 | 10.4 | 38.5 |
| 744 | | | 1 103 | 792 | 10.6 | 34.0 |
| 平均 | | | 1 103 | 787 | 10 | 33.8 |
| 953 | 惯性摩擦焊 | 426 | 1 203 | 799.7 | 17.0 | 19.6 |
| 954 | | | 1 156 | 787.3 | 14.2 | 19.6 |
| 955 | | | 1 085 | 722 | 10.0 | 9.0 |
| 956 | | | 1 156 | 748 | 14.0 | 13.9 |
| 平均 | | | 1 150 | 764 | 13.8 | 15.5 |

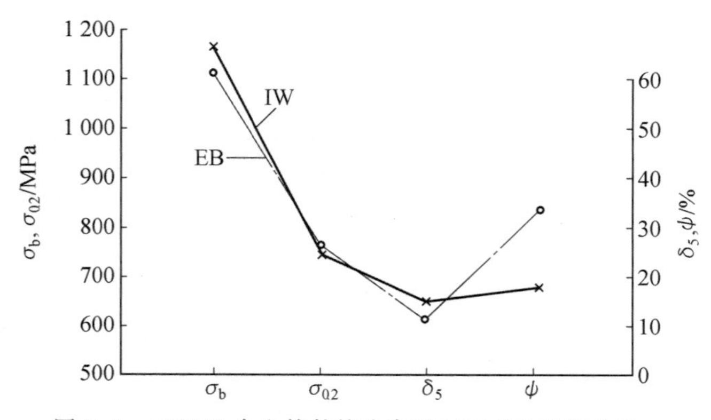


图 8.8　GH738 合金管件接头高温(426 ℃)性能对比

**5. 接头高温低周疲劳性能对比**

接头高温拉压低周疲劳性能对比见表 8.9 和图 8.9。

**表 8.9 GH738 合金接头高温(426 ℃)低周疲劳性能对比结果**

| 试样编号 | 焊接方法 | 热处理代号 | 恒定±交变应力 σ /MPa | 断裂循环周数 $\times 10^3$ |
|---|---|---|---|---|
| 761 | 电子束焊 | ETSN | 276±552 | 12 |
| 762 | | | | 15 |
| 763 | | | | 18 |
| 764 | | | | 24 |
| 981 | 惯性摩擦焊 | EXZP | 276±552 | 25 |
| 982 | | | | 19 |
| 987 | | | | 14 |
| 988 | | | | 15 |
| 997 | | | | 18 |
| 998 | | | | 17 |
| 765 | 电子束焊 | ETSN | 276±414 | 104 |
| 766 | | | | 67 |
| 767 | | | | 37 |
| 768 | | | | 4 |
| 983 | 惯性摩擦焊 | EXZP | 276±414 | 37 |
| 984 | | | | 41 |
| 985 | | | | 48 |
| 986 | | | | 37 |
| 989 | | | | 68 |
| 1000 | | | | 55 |

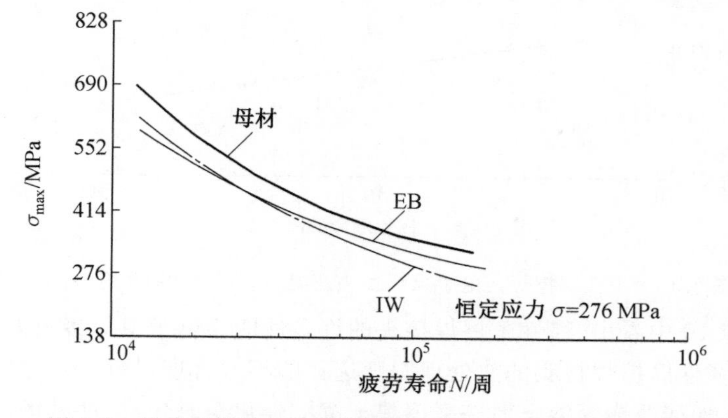


图 8.9 惯性摩擦焊与电子束焊接头高温(426 ℃)低周疲劳曲线

**6. 接头高温高周疲劳性能对比**

接头高温(426 ℃)高周旋转弯曲疲劳性能对比见表 8.10 和图 8.10。

表 8.10　接头高温(426 ℃)高周旋转弯曲疲劳性能对比

| 试样编号 | 焊接方法 | 旋转弯曲应力 σ/MPa | 断裂循环周数×$10^8$ |
|---|---|---|---|
| 750 | 电子束焊 | 438 | 0.13 |
| 749 | | 431 | 0.039 |
| 745 | | 421 | 0.041 |
| 748 | | 417 | 1.0 |
| 746 | | 386 | 1.0 |
| 751 | | 379.5 | 0.06 |
| 747 | | 362 | 1.0 |
| 752 | | 346 | 1.0 |
| 963 | 惯性摩擦焊 | 507 | 0.018 |
| 962 | | 500 | 0.11 |
| 959 | | 476 | 0.036 |
| 964 | | 438 | 0.69 |
| 960 | | 428 | 0.038 |
| 961 | | 424 | 0.046 |
| 958 | | 414 | 1.0 |
| 966 | | 407 | 0.56 |
| 965 | | 393 | 1.0 |
| 957 | | 379.5 | 1.0 |

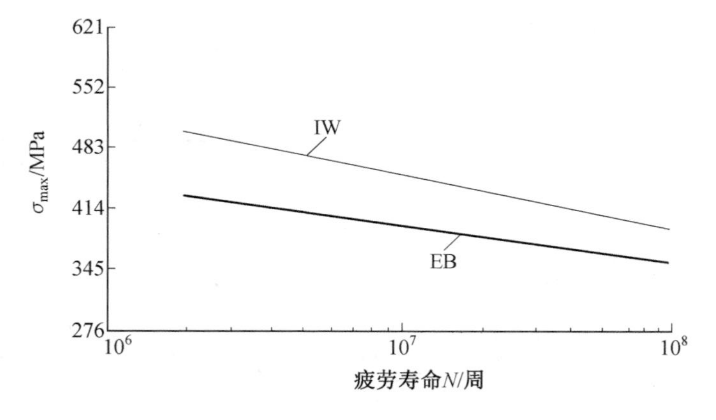


图 8.10　惯性摩擦焊与电子束焊接头高温(426 ℃)高周疲劳曲线

由图 8.7～8.10 中看出，惯性摩擦焊接头的许多性能与电子束焊接头无明显差异，主要原因是该试验惯性摩擦焊接头的热处理制度选择的不太合理，焊后不应进行固溶处理，以减少晶粒长大，如能改为固溶＋惯性摩擦焊＋沉淀强化＋时效，惯性摩擦焊接头的性能还会提高。

### 8.1.5　TC17 合金棒材惯性摩擦焊(IW)与板材电子束焊(EB)接头性能对比

(1)TC17 合金接头室温性能对比见表 8.11 和图 8.11。焊接参数见表 8.12。

**表 8.11　TC17 合金接头室温性能对比**

| 状态 | 焊接方法 | 试样种类 | 接头室温性能 | | | | |
|---|---|---|---|---|---|---|---|
| | | | $\sigma_b$/MPa | $\sigma_{0.2}$/MPa | $\delta_5$/% | 强度系数 $\eta$/% | 断裂位置 |
| 2# 锻态+固溶+时效+焊接+时效 | IW | 焊件 | 1 163 | 1 143 | 11.5 | 102 | 母材 |
| | | 棒材 | 1 140 | 1 105 | 17.5 | 100 | 棒材 |
| | EB | 焊件 | 1 176 | 1 105 | 9.5 | 94 | 焊缝 |
| | | 板件 | 1 255 | 1 125 | 11.0 | 100 | 板件 |
| 3# 锻态+固溶+时效+焊接+固溶+时效 | IW | 焊件 | 1 186.6 | 1 160 | 12.3 | 99 | 母材 |
| | | 棒材 | 1 200 | 1 165 | 14 | 100 | 棒材 |
| | EB | 焊件 | 1 095 | 1 077 | 9.1 | 98 | 焊缝 |
| | | 板件 | 1 120 | 1 088 | 9.5 | 100 | 板件 |
| 4# 锻态+固溶+时效+焊接 | IW | 焊件 | 1 160 | 1 130 | 12.6 | 102 | 母材 |
| | | 棒材 | 1 140 | 1 115 | 16 | 100 | 棒材 |
| | EB | 焊件 | 1 094 | 1 068 | 7.67 | 103 | 母材 |
| | | 板件 | 1 065 | 1 030 | 11.5 | 100 | 板件 |

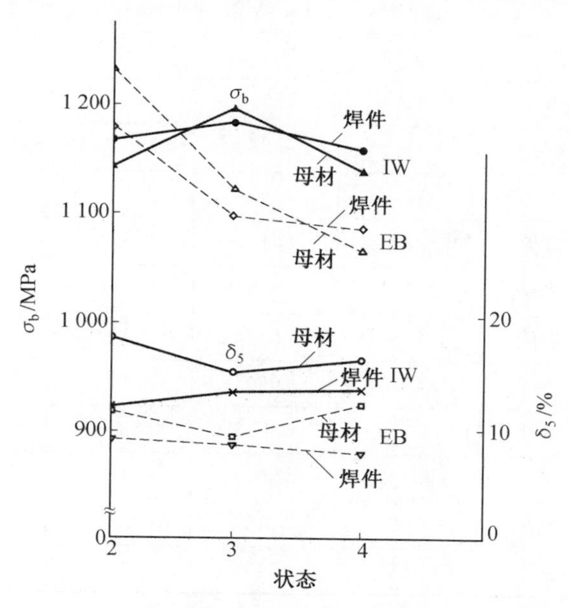


图 8.11　TC17 合金棒材惯性摩擦焊与板材电子束焊接头室温性能对比

**表 8.12　TC17 合金惯性摩擦焊与电子束焊焊接参数**

| 焊接方法 | 试件尺寸 /mm | 惯性摩擦焊参数 | | | 电子束焊参数 | | | |
|---|---|---|---|---|---|---|---|---|
| | | $n$ /(r·min$^{-1}$) | $p_c$ /MPa | $mr^2$ /(kg·m$^2$) | $U_j$ /kV | $I_S$ /mA | $I_j$ /mA | $v_h$/(m·min$^{-1}$) |
| 惯性摩擦焊 | $\phi$20 | 3 400 | 2.4 | 0.24 | — | — | — | — |
| 电子束焊 | $\delta$=5 | — | — | — | 150 | 18.5 | 350 | 0.9 |

由表 8.11 和图 8.11 中看出：

①惯性摩擦焊接头强度均高于母材强度(3# 状态接近)，电子束焊接头强度均低于母材强度(4# 状态除外)。

②惯性摩擦焊接头强度均高于电子束焊接头强度，只有 2# 状态的电子束焊接头强度高于惯性焊，但其母材强度较高。惯性摩擦焊的接头强度系数为 102%，而电子束焊的为 94%。

③惯性摩擦焊接头塑性($\delta_5$)均高于电子束焊接头。

(2)TC17 合金接头高温性能对比见表 8.13 和图 8.12。

**表 8.13　TC17 合金接头高温性能对比**

| 状态 | 焊接方法 | 试样性质 | 接头高温性能(370 ℃) | | | | |
|---|---|---|---|---|---|---|---|
| | | | $\sigma_b$/MPa | $\sigma_{0.2}$/MPa | $\delta_5$/% | 强度系数 $\eta$/% | 断裂位置 |
| 2# 锻态+固溶+时效+焊接+时效 | IW | 焊件 | 943.3 | 794.3 | 13 | 100 | 母材 |
| | | 棒材 | 945 | 787.5 | 17.5 | 100 | 棒材 |
| | EB | 焊件 | 811 | 686 | 9.6 | 100 | 母材 |
| | | 板件 | 807 | 692 | 9.5 | 100 | 板件 |
| 3# 锻态+固溶+时效+焊接+固溶+时效 | IW | 焊件 | 975 | 801.7 | 17 | 100 | 母材 |
| | | 棒材 | 972.5 | 825 | 15 | 100 | 棒材 |
| | EB | 焊件 | 827 | 684 | 10 | 98 | 焊缝 |
| | | 板件 | 847.5 | 660 | 11 | 100 | 板件 |
| 4# 锻态+固溶+时效+焊接 | IW | 焊件 | 973.3 | 838.3 | 13.3 | 102 | 母材 |
| | | 棒材 | 952.5 | 805 | 15 | 100 | 棒材 |
| | EB | 焊件 | 803 | 716 | 5.8 | 93 | 焊缝 |
| | | 板件 | 865 | 765 | 11 | 100 | 板件 |

由表 8.13 和图 8.12 中看出：

①惯性焊接头的高温强度高于或等于母材强度；电子束焊的低于或等于母材强度。

②惯性焊接头的高温强度和塑性远高于电子束焊接头；而两接头的塑性低于母材。

(3)TC17 合金接头高温持久性能对比见表 8.14。

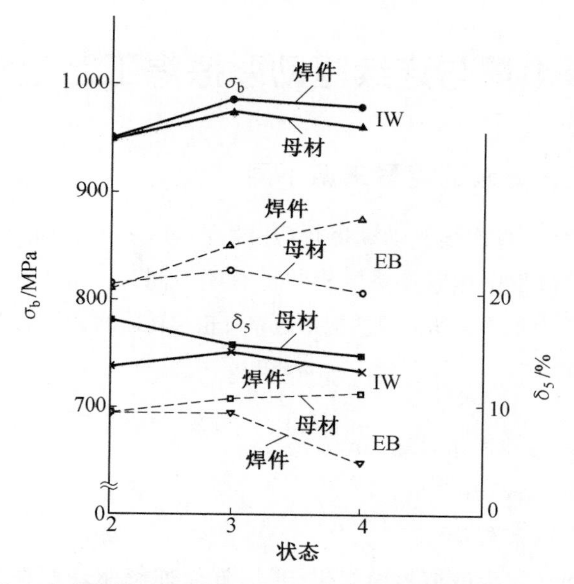


图 8.12　TC17 合金棒材惯性摩擦焊与板材电子束焊接头高温(370 ℃)性能对比

**表 8.14　TC17 合金接头高温持久性能对比**

| 状态 | 焊接方法 | 试样性质 | 接头高温(400 ℃)持久性能 | | |
|---|---|---|---|---|---|
| | | | σ/MPa | 持久时间/h | 断裂位置 |
| $2^{\#}$ 锻态+固溶+时效+焊接+时效 | IW | 焊件 | 685 | >100.30 | 未断 |
| | | 棒材 | 685 | >100.30 | 未断 |
| | EB | 焊件 | 685 | >100.30 | 未断 |
| | | 板件 | 685 | >100.30 | 未断 |
| $3^{\#}$ 锻态+固溶+时效+焊接+固溶+时效 | IW | 焊件 | 685 | >100.30 | 未断 |
| | | 棒材 | 685 | >100.30 | 未断 |
| | EB | 焊件 | 685 | >100.30 | 未断 |
| | | 板件 | 685 | >100.30 | 未断 |
| $4^{\#}$ 锻态+固溶+时效+焊接 | IW | 焊件 | 685 | >100.30 | 未断 |
| | | 棒材 | 685 | >100.30 | 未断 |
| | EB | 焊件 | 685 | 44.33 | 焊缝 |
| | | 板件 | 685 | >100.30 | 未断 |

由表 8.14 中看出，三种状态下的惯性焊和电子束焊接头的高温持久寿命均高于标准要求的 100 h，只有 $4^{\#}$ 状态的电子束焊接头为 44.33 h。

# 8.2　惯性摩擦焊与连续驱动摩擦焊工艺方法对比分析

## 8.2.1　两种工艺方法的能量来源不同

惯性摩擦焊(惯性焊)与连续驱动摩擦焊(连续焊)，两者虽然均为摩擦焊，但由于两者的能量来源不同，焊接过程中形成接头的机制也有些不同。

在惯性摩擦焊接中，摩擦界面所需要的能量是靠飞轮和转速的大小来获取的(式(3.1))，即

$$E_t = \frac{mr^2 \times n^2}{183}$$

式中　$mr^2$——飞轮的转动惯量，$kg \cdot m^2$；

$n$——主轴转速，r/min；

183——单位换算系数。

也就是说，飞轮和转速为摩擦界面提供能量，就像连续驱动摩擦焊的电动机一样，与焊接压力无关。因此，惯性摩擦焊在某种意义上说，它是定能量控制焊接方法。焊前已把零件需要的能量计算好，储存在飞轮系统中，它是一定的、有限的。随着摩擦焊缝上压力的增加，摩擦界面上所消耗的能量增加，事先储存的能量就消耗的快，所需要的摩擦焊接时间就短，在这里，摩擦压力只能加快或延缓这部分储存能量的消耗。而连续驱动摩擦焊，随着摩擦压力的增加，摩擦界面上所消耗的能量增加，电动机连续地、无限制地向摩擦界面提供能量，只要不控制摩擦时间。因此，连续驱动摩擦焊在某种意义上说，它是定时间(或定变形量)控制焊接方法。在连续驱动摩擦焊时，摩擦界面上所消耗的功应为(式(4.4))

$$W_w = \frac{2}{3}\pi p_f n \mu r^3 t$$

式中　$p_f$——摩擦压力，MPa；

$n$——主轴转速，r/min；

$\mu$——被焊材料的摩擦系数；

$r$——被焊零件的半径，mm；

$t$——摩擦时间，s。

由式(4.4)中看出，摩擦界面上所消耗的功与摩擦压力、转速、摩擦系数和摩擦时间成正比，而与零件摩擦界面上的半径呈立方关系增加。

如果不考虑热传导和热辐射等能量损失时，惯性焊和连续焊在焊接同一工件时，输入的能量应等于摩擦界面上所消耗的能量，即惯性焊事先计算好的能量，应等于摩擦界面上所消耗的功，即

$$\frac{mr^2 n^2}{183} = \frac{2}{3}\pi p_f n \mu r^3 t \tag{8.1}$$

由式(8.1)中看出：

(1)在惯性摩擦焊接时。

①随着摩擦压力的提高,摩擦界面上所消耗的能量增加,焊接时间减少,飞边增加。

②随着零件摩擦界面上半径的增大,摩擦界面上所消耗的能量与半径呈立方关系增加,焊接时间减少。

③在转动惯量或转速增加时,摩擦时间增加,飞边增加。

(2)在连续驱动摩擦焊接时。

①随着摩擦压力的提高,在摩擦时间一定时,电动机连续提供给摩擦界面上的能量增加,飞边增加。

②随着摩擦时间($t$)的增加,在摩擦压力一定时,电动机连续提供给摩擦界面上的能量增加,飞边增加。

③在摩擦压力和转速一定时,随着零件摩擦表面上半径的增加,摩擦界面上所消耗的能量与半径呈立方关系增加,焊接时间减少,如果不增加时间,将会引起焊不上。

由于连续驱动摩擦焊电动机的功率是有限的,而惯性摩擦焊飞轮的尺寸和质量是无限的,因此,惯性摩擦焊的工艺方法可以焊接更大的环形零件。

### 8.2.2　GH4169 合金惯性焊与连续焊接头性能对比

(1)GH4169 合金接头室温性能对比见表 8.15 和图 8.13。焊接参数见表 8.16。

表 8.15　GH4169 合金惯性焊与连续焊接头室温性能对比(2# 状态)

| 试验方法 | 试件性质 | 试件编号 | 力学性能 | | | | 断裂位置 | 强度系数 $\eta$ /% |
|---|---|---|---|---|---|---|---|---|
| | | | $\sigma_b$/MPa | $\sigma_{0.2}$/MPa | $\delta_5$/% | $\psi$/% | | |
| 室温性能 | 惯性焊接头 | 283 | 1 410 | 1 230 | 12 | 51 | 焊缝 | — |
| | | 284 | 1 370 | 1 210 | 10 | 48 | 焊缝 | |
| | | 217 | 1 332 | 1 180 | 16 | 51 | 母材 | |
| | | 平均 | 1 371 | 1 207 | 12.7 | 50 | — | 108 |
| | 棒材 | 22 | 1 110 | 930 | 18 | 53 | 棒材 | — |
| | | 2105 | 1 420 | 1 270 | 23 | 48 | 棒材 | |
| | | 平均 | 1 265 | 1 100 | 20.5 | 50.5 | — | |
| | 连续焊接头 | 293 | 1 110 | 920 | 14 | 48 | 焊缝 | 100 |
| | | 28 | 1 470 | 1 260 | 22 | 51 | 焊缝 | — |
| | | 2107 | 1 120 | 915 | 16 | 62 | 焊缝 | |
| | | 平均 | 1 233 | 1 031.7 | 17.3 | 53.7 | — | 97.5 |

续表8.15

| 试验方法 | 试件性质 | 试件编号 | 力学性能 | | | | 断裂位置 | 强度系数 $\eta$ /% |
|---|---|---|---|---|---|---|---|---|
| | | | $\sigma_b$/MPa | $\sigma_{0.2}$/MPa | $\delta_5$/% | $\psi$/% | | |
| 高温性能（650 ℃） | 惯性焊接头 | 288 | 1 020 | 920 | 7.5 | 36 | 母材 | — |
| | | 289 | 1 090 | 950 | 8.0 | 38 | 焊缝 | |
| | | 290 | 1 070 | 935 | 8.0 | 35 | 母材 | |
| | | 平均 | 1 060 | 935 | 7.8 | 36.3 | — | 89 |
| | 棒材 | 21 | 1 145 | 325 | 11 | 19 | 棒材 | — |
| | | 215 | 1 240 | 1 110 | 16 | 46 | 棒材 | |
| | | 平均 | 1 192.5 | 717.5 | 13.5 | 32.5 | — | 100 |
| | 连续焊接头 | 2109 | 850 | 625 | 13 | 29 | 母材 | — |
| | | 2110 | 855 | 740 | 11 | 29 | 焊缝 | |
| | | 23 | 865 | 720 | 12 | 32 | 焊缝 | |
| | | 平均 | 856.6 | 695 | 12 | 30 | — | 72 |

注：① 2# 状态：锻态＋时效＋摩擦焊＋退火；② 退火制度：620 ℃×4 h＋AC。

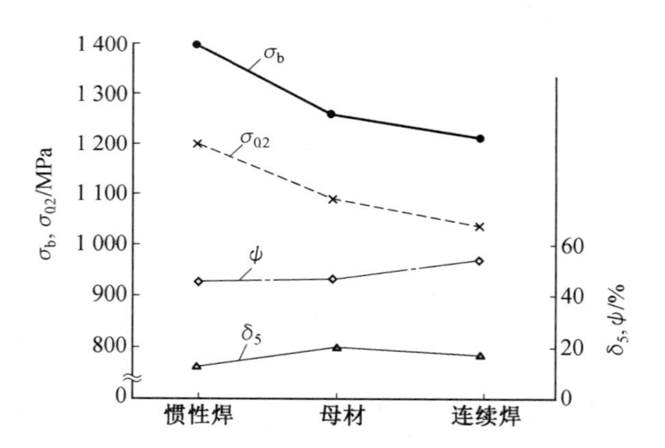


图 8.13　接头室温性能对比（GH4169 合金 $\phi$20 mm）

**表 8.16　GH4169 合金（$\phi$20 mm）惯性焊和连续焊焊接参数**

| 焊接参数 | $n$ /(r·min$^{-1}$) | $p_c$ /MPa | $mr^2$ /(kg·m$^2$) | $p_u$ /MPa | $t$/s | $\Delta L$ /mm | 焊机型号 | $S_c$/mm$^2$ |
|---|---|---|---|---|---|---|---|---|
| 惯性焊 | 4 300 | 6.9 | 0.68 | — | — | 4.08 | 220B | 24 064.5 |
| 连续焊 | 1 250 | 2.4 | 0 | 4.6 | 12 | 6.2 | C25 | 44 500 |

由表 8.15 和图 8.13 中看出：

①惯性焊接头强度（$\sigma_b$、$\sigma_{0.2}$）高于母材和连续焊接头强度，塑性（$\delta_5$、$\psi$）稍低于母材和连续焊接头。

②两种接头除惯性焊一件接头断于母材外，其他均断于焊缝上。这是由于 2# 状态母材为时效强化状态，而焊缝为退火状态。

(2)GH4169 合金接头高温性能对比见表 8.15 和图 8.14。

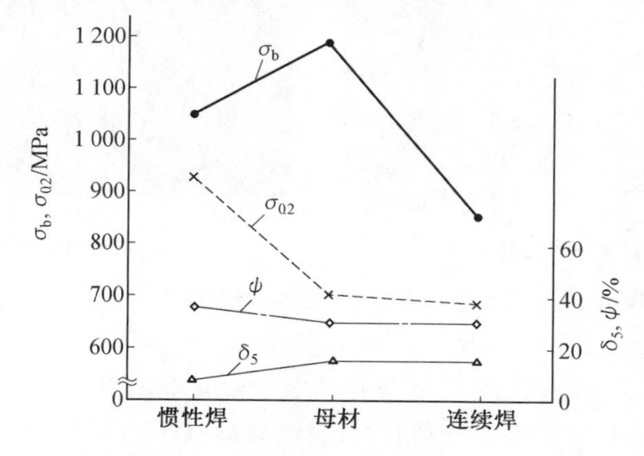


图 8.14　接头高温((650 ℃)性能对比(GH4169 合金 $\phi$20 mm)

由表 8.15 和图 8.14 中看出：

①惯性焊高温接头强度($\sigma_b$、$\sigma_{0.2}$)远远高于连续焊接头强度，塑性($\delta_5$、$\psi$)两者相当。

②惯性焊接头两件断于母材，一件断于焊缝；连续焊接头两件断于焊缝，一件断于母材。

(3)GH4169 合金接头金相组织对比如图 8.15 和图 8.16 所示。

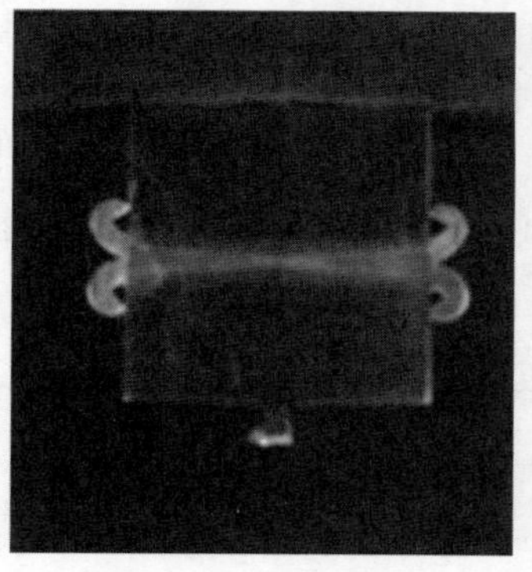

(a) 惯性焊×1.25 HFZ=1.5 mm

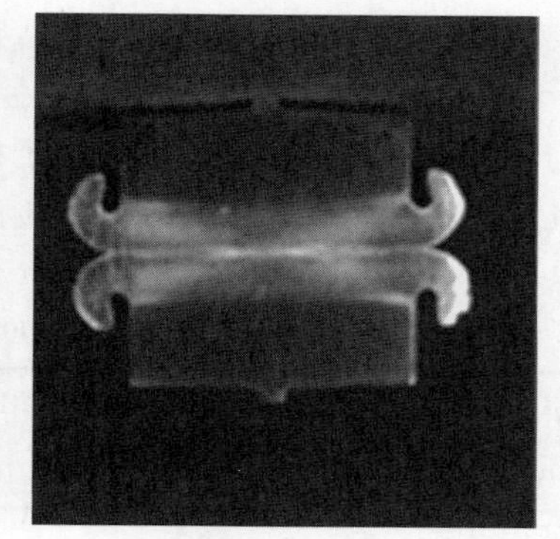

(b) 连续焊×1.25 HFZ=4 mm

图 8.15　惯性焊和连续焊低倍照片(GH4169 合金 $\phi$20 mm)(2# 状态)

由图 8.15 和图 8.16 中看出：

①惯性焊缝的宽度为 0.8～1.6 mm，而连续焊缝为 0.8～0.96 mm。惯性焊缝中心区为完全再结晶的等轴晶粒的奥氏体组织，晶粒度为 10 级以上；连续焊缝为不完全的再结晶组织，细小的等轴晶粒和拉长的变形晶粒混合在一起，说明连续焊缝塑性变形还不够充分。

②惯性焊缝的近缝区为不完全的再结晶区，细小的等轴晶粒和拉长的变形晶粒混合在一起，比例约为 3∶1；连续焊缝的近缝区也为不完全的再结晶区，但晶粒几乎没有得到多大变形。

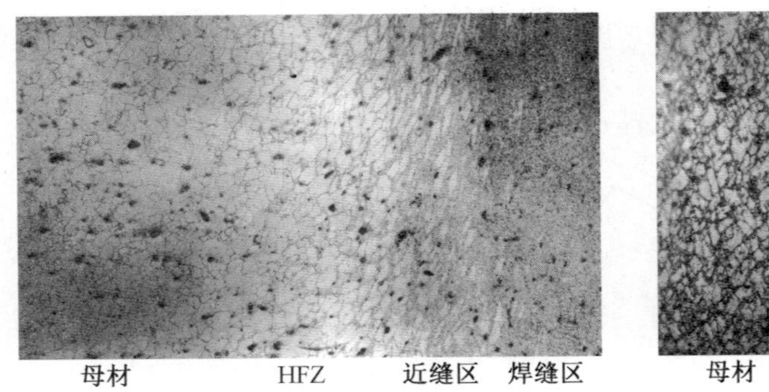


(a) 惯性焊缝金相组织×100　　(b) 连续焊缝金相组织×100

图 8.16　GH4169 合金惯性焊和连续焊缝金相组织(GH4169 合金 $\phi$20 mm)(2# 状态)

(腐蚀剂:13%HF+7%$HNO_3$+80%HCL)

③惯性焊缝热力影响区(HFZ)的宽度为 3.2 mm,带有旋转方向,与原母材晶粒大小相当的奥氏体组织,并带有较多的孪晶;而连续焊缝(HFZ)宽度为 8 mm,晶粒几乎没有受到扭曲变形,但也磨碎了一些。由于它的热力影响区比惯性焊的宽一倍多,这也许就是它迄今未能用到航空、航天工业上的重要原因之一。

### 8.2.3　Inco904 合金与 1Cr12Ni3MoV 钢惯性焊与连续焊接头性能对比

**1. Inco904 合金的特点**

Inco904 合金属于含 32%镍、14%钴和余量铁等的沉淀强化合金,在高温下它具有很高的强度和塑性以及优良的抗热疲劳能力,特别是在它的工作温度范围内,具有很低的线膨胀系数($\alpha=4\times10^{-6}$ ℃$^{-1}$)和几乎恒定的弹性模量,工作温度可到 650 ℃。因此,在航空和航天工业上得到了广泛的应用,主要用于很宽的温度范围内,实现主动间隙控制(close tolerance control)的结构上,如实现涡轮机匣和涡轮叶片,在温度变化时保持间隙不变等。Inco904 合金的化学成分见表 8.17。

**表 8.17　Inco904 合金的化学成分**

| 元素 | C | Si | Fe | Mn | Ti | Ni | Al | Co |
|---|---|---|---|---|---|---|---|---|
| 含量 | <0.05 | 0.3 | 余量 | <0.4 | 1.6 | 32 | <0.2 | 14 |

**2. Inco904 合金与 1Cr12Ni3MoV 钢的热处理制度**

焊前:Inco904 合金固溶,850 ℃×2 h+AC。

1Cr12Ni3MoV 钢完全热处理制度:

淬火+回火:1 050 ℃×1 h+OC+560 ℃×1 h+AC。

焊后:时效处理,600 ℃×24 h+AC。

**3. Inco904 合金与 1Cr12Ni3MoV 钢接头室温性能对比**

Inco904 合金与 1Cr12Ni3MoV 钢接头室温性能对比见表 8.18 和图 8.17,焊接参数见表 8.19。

表 8.18　Inco904 合金与 1Cr12Ni3MoV 钢接头室温性能对比

| 性能 | 连续焊 | 惯性焊 | Inco904 | 1i3MoCr12NV |
|---|---|---|---|---|
| $\sigma_{0.2}$/MPa | 733 | 759 | 697 | 759 |
| $\sigma_b$/MPa | 887 | 913 | 883 | 1 028 |
| $\delta_5$/% | 17 | 17 | 25 | 14 |
| $\psi$/% | 57.5 | 57.5 | 65 | — |

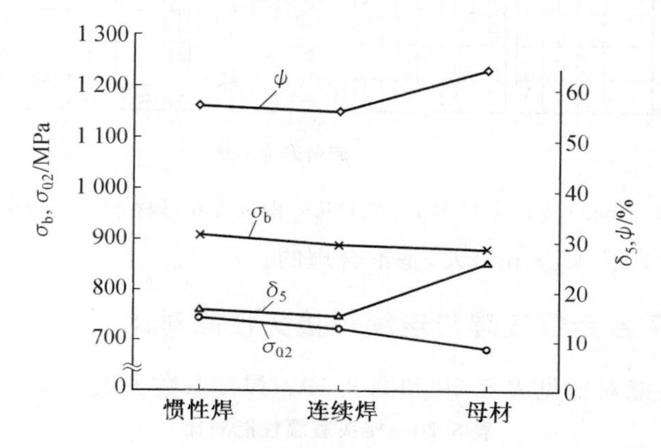


图 8.17　Inco904 合金与 1Cr12Ni3MoV 钢接头室温性能对比

表 8.19　Inco904 合金与 1Cr12Ni3MoV 钢惯性焊与连续焊参数

| 试件尺寸和参数 | 连续焊 | 惯性焊 |
|---|---|---|
| 试件 $D$/mm | 25.4 | 99.06 |
| 试件 $d$/mm | — | 86.36 |
| 磨损量 $\Delta L_f$/mm | 1.524 | — |
| 变形量 $\Delta L$/mm | 9.423 | 6.274 |
| $p_f$/MPa | 77.28 | 325 |
| $p_u$/MPa | 224.25 | — |
| $mr^2$/(kg · m$^2$) | 1.47 | 0.49 |
| $n$/(r · min$^{-1}$) | 1162 | 756 |

**4. Inco904 合金与 1Cr12Ni3MoV 钢接头疲劳性能对比**

Inco904 合金与 1Cr12Ni3MoV 钢接头疲劳性能对比如图 8.18 所示。

由表 8.18、图 8.17 和图 8.18 中看出：

(1)惯性焊接头室温强度稍高于连续焊接头和母材，塑性高于连续焊接头，低于母材。

(2)惯性焊接头疲劳强度高于连续焊接头，两者均低于母材疲劳强度。

由表 8.19 中看出，惯性焊的试样为一个大的空心管，而连续焊的为一个小的实心棒，两者比较不太合适；且焊接时大的空心管的转动惯量(0.49 kg · m$^2$)还没有连续焊小的

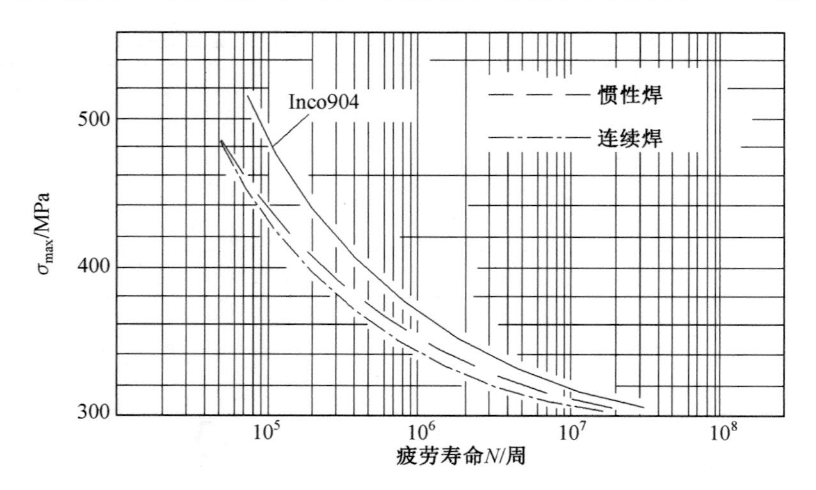


图 8.18 Inco904 合金与 1Cr12Ni3MoV 钢接头和母材 S — N 疲劳曲线

实心棒的转动惯量(1.47 kg · m$^2$)大，是不合理的。

### 8.2.4 TC17 合金惯性焊与连续焊接头性能对比

(1)接头室温性能对比见表 8.20 和图 8.19。焊接参数见表 8.21。

**表 8.20 接头室温性能对比**

| 试件性质 | 试件编号 | 力学性能 | | | | 断裂位置 | 强度系数 $\eta$ /% |
|---|---|---|---|---|---|---|---|
| | | $\sigma_b$/MPa | $\sigma_{0.2}$/MPa | $\delta_5$/% | $\psi$/% | | |
| 惯性焊接头 | 2—81 | 1 170 | 1 160 | 12 | 23 | 母材 | — |
| | 2—82 | 1 170 | 1 160 | 6.4 | 30 | 母材 | |
| | 2—83 | 1 150 | 1 110 | 16 | 46 | 母材 | |
| | 平均 | 1 163 | 1 143 | 11.5 | 33 | — | 102 |
| 棒材 | 02—110 | 1 130 | 1 090 | 18 | 42 | 棒材 | — |
| | 02116 | 1 150 | 1 120 | 17 | 45 | 棒材 | |
| | 平均 | 1 140 | 1 105 | 17.5 | 43.5 | — | 100 |
| 连续焊接头 | 1+2 | 1 180 | 1 160 | 10 | 35 | 母材 | — |
| | 1+1 | 1 150 | 1 130 | 11 | 45 | 母材 | |
| | 4+3 | 1 180 | 1 160 | 12 | 39 | 母材 | |
| | 平均 | 1 170 | 1 150 | 11 | 39.6 | — | 102 |

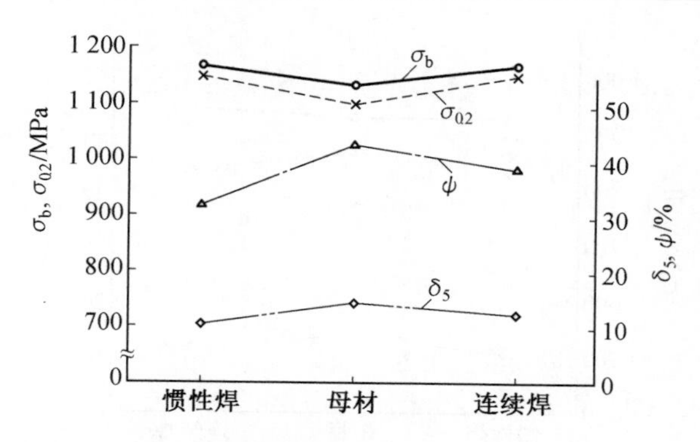


图 8.19　接头室温性能对比(TC17 合金 $\phi$20 mm)

**表 8.21　TC17 合金($\phi$20 mm)惯性焊与连续焊焊接参数**

| 焊机参数 | $n$ /($r \cdot min^{-1}$) | $p_c$ /MPa | $mr^2$ /($kg \cdot m^2$) | $p_u$ /MPa | $t$/s | $\Delta L$/mm | 焊机型号 | $S_c$ /$mm^2$ |
|---|---|---|---|---|---|---|---|---|
| 惯性焊 | 3 400 | 2.4 | 0.24 | — | 0.92 | 3.0 | 220B | 24 064.5 |
| 连续焊 | 2 000 | 1.0. | 0 | 2.0 | 2 | 6 | C20 | 33 000 |

由表 8.20 和图 8.19 中看出：

①惯性焊和连续焊接头强度($\sigma_b$、$\sigma_{0.2}$)均高于母材强度，且两种接头强度接近，均断于母材上。

②惯性焊和连续焊接头塑性($\delta_5$、$\psi$)均低于母材塑性，且两种接头塑性相当。

(2)高温接头性能对比见表 8.22 和图 8.20。

**表 8.22　接头高温性能对比**

| 试件性质 | 试件编号 | 力学性能(370 ℃) | | | | 断裂位置 | 强度系数 $\eta$ /% |
|---|---|---|---|---|---|---|---|
| | | $\sigma_b$/MPa | $\sigma_{0.2}$/MPa | $\delta_5$/% | $\psi$/% | | |
| 惯性焊接头 | 2—84 | 940 | 795 | 12 | 50 | 母材 | — |
| | 2—85 | 945 | 790 | 11 | 36 | 母材 | |
| | 2—86 | 945 | 798 | 16 | 48 | 母材 | |
| | 平均 | 943.3 | 794.3 | 13 | 44.6 | — | 99.8 |
| 棒材 | 02—74 | 940 | 785 | 19 | 54 | 棒材 | — |
| | 02—75 | 950 | 790 | 16 | 42 | 棒材 | |
| | 平均 | 945 | 787.5 | 17.5 | 48 | — | 100 |
| 连续焊接头 | 4+10 | 960 | 830 | 12 | 38 | 母材 | — |
| | 15+21 | 970 | 830 | 12 | 51 | 母材 | |
| | 14+13 | 920 | 790 | 13 | 49 | 母材 | |
| | 平均 | 950 | 816.6 | 12.3 | 46 | — | 100 |

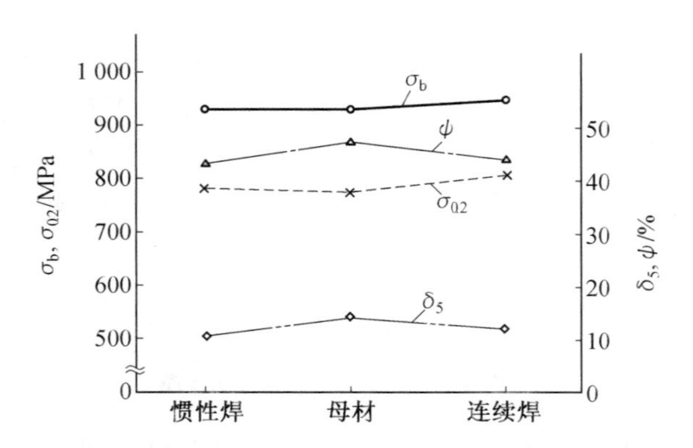


图 8.20　接头高温(370 ℃)性能对比(TC17 合金 $\phi$20 mm)

由表 8.22 和图 8.20 中看出:

①惯性焊与连续焊接头高温强度($\sigma_b$、$\sigma_{0.2}$)与母材强度相当,均断于母材上。

②两种接头的塑性($\delta_5$、$\psi$)稍低于母材而接近。

(3)接头高温(400 ℃)持久性能对比见表 8.23 和图 8.21。

**表 8.23　接头高温(400 ℃)持久性能对比**

| 试件性质 | 试件编号 | 试验温度/℃ | 试验应力 $\sigma$/MPa | 持久时间/h | 断裂位置 |
|---|---|---|---|---|---|
| 惯性焊接头 | 2—87 | 400 | 685 | 20.40′ | 母材 |
| | 2—88 | | | 192.10′ | 未断 |
| | 2—89 | | | 174.40′ | 母材 |
| | 平均 | | | 128.43′ | — |
| 棒材 | 02—9 | | | 32.25′ | 棒材 |
| | 02—13 | | | 174.40′ | 棒材 |
| | 平均 | | | 103.32′ | — |
| 连续焊接头 | 3+11 | | | 18.00′ | 焊缝 |
| | 7+10 | | | 19.00′ | 母材 |
| | 26+19 | | | 78.00′ | 焊缝 |
| | 平均 | | | 38.30′ | — |

由表 8.23 和图 8.21 中看出:

①惯性焊接头高温持久性能(h)远远高于连续焊接头,也高于母材持久性能。

②惯性焊接头均断于母材上,连续焊接头有两件断于焊缝上,这可能与接头的强化程度有关。

(4)接头金相组织对比如图 8.22 所示。

由图 8.22 中看出:

①连续焊缝及热力影响区宽度为 8 mm,而惯性焊缝及热力影响区较窄只有 1～1.2 mm(图 8.22)。

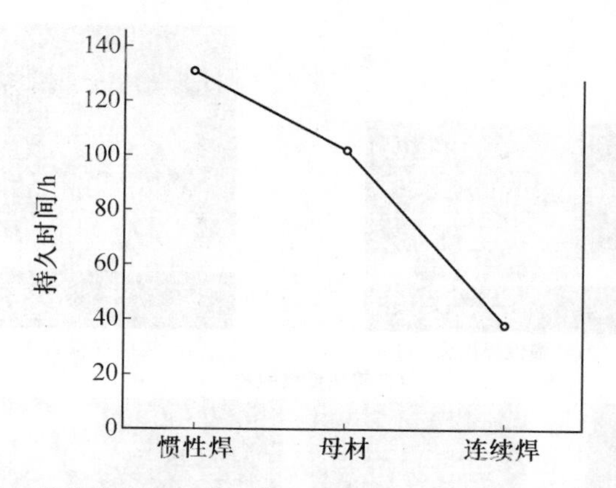


图 8.21　接头高温(400 ℃)持久性能对比(TC17 合金 $\phi$20 mm)

②两种焊缝的金相组织均为针状的 $\alpha+\beta$ 两相组织。

③惯性焊的接头及附近的母材金属,均受到了摩擦压力和扭矩的联合作用,接头的晶粒和晶界变形充分,强化效果好;而连续焊接头只受到了摩擦压力的作用,接头的晶粒和晶界变形不充分,强化效果较差,再加上热力影响区宽,晶粒长大(图 8.22)。因此,在室温和稍高温(370 ℃)时,接头虽均断于母材上,但接头强度仍高于或等于母材的强度;而在高温(400 ℃)持久试验时,接头主要考验晶界的强度,这时惯性焊接头的强化效果显露出来,因此,惯性焊接头持久寿命最长,母材次之,连续焊最短。

### 8.2.5　TC4 合金惯性焊与连续焊接头性能对比

**1. TC4 合金的特点**

TC4 合金是一种典型的 $\alpha+\beta$ 型两相钛合金,它含有 6%$\alpha$ 稳定元素铝和 4%$\beta$ 稳定元素钒。该合金具有优良的综合性能,在航空和航天工业中获得最为广泛的应用。它的长时期工作温度可到 400 ℃,用于制造发动机的风扇、压气机盘和叶片。

该合金具有良好的塑性和超塑性,可用各种方法进行焊接和机械加工。它的化学成分见表 8.24。

**表 8.24　TC4 合金的化学成分**

| 元素 | 合金元素 | | | 杂质(不大于) | | | | | |
|---|---|---|---|---|---|---|---|---|---|
| | Al | V | Ti | Fe | Si | C | N | H | O |
| 质量分数/% | 6.2 | 4.1 | 余量 | 0.3 | 0.15 | 0.10 | 0.05 | 0.015 | 0.20 |

**2. TC4 合金热处理制度**

焊前:退火状态(退火制度:700～800 ℃×1～2 h+AC)。

焊后:700 ℃×1 h+AC

**3. TC4 合金接头室温性能对比**

TC4 合金接头室温性能对比见表 8.25 和图 8.23,焊接参数见表 8.26。

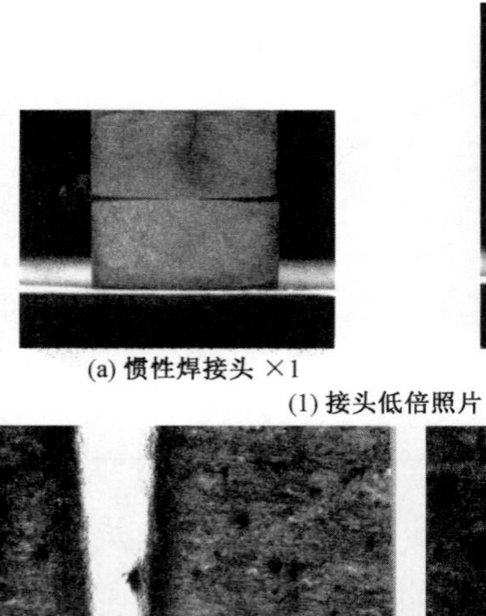

(a) 惯性焊接头 ×1

(b) 连续焊接头 ×1

(1) 接头低倍照片

(a) 惯性焊接头 ×20　　　　(b) 连续焊接头 ×20

(2) 接头低倍照片

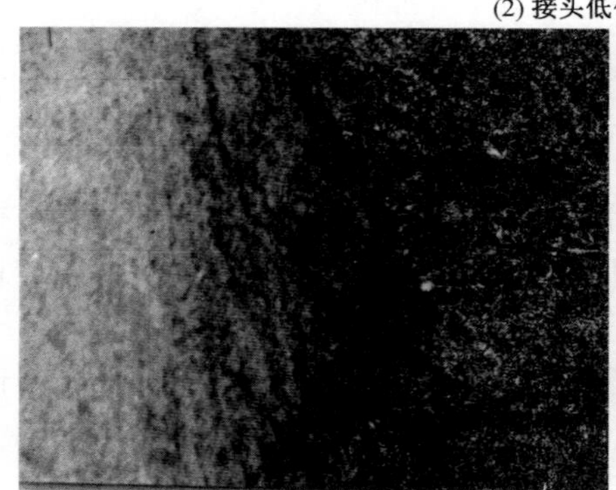

(a) 惯性焊缝和热力影响区　　　　(b) 连续焊焊缝和热力影响区

(3) 接头高倍照片×200

图 8.22　TC17 惯性焊与连续焊接头金相组织对比 $\phi$20 mm(腐蚀剂 HF∶$HNO_3$=3∶1)

**表 8.25　TC4 合金接头室温性能对比**

| 性能 | 连续焊 | 惯性焊 | 母材 |
|---|---|---|---|
| $\sigma_{0.2}$/MPa | 910.8 | 955.65 | 942 |
| $\sigma_b$/MPa | 1 019 | 992 | 1 304 |
| $\delta_5$/% | 12.5 | 12.5 | 26 |
| $\psi$/% | 40 | 42.5 | 26 |
| 旋转弯曲疲劳极限 $\sigma_D$/MPa($10^8$ 周时) | ±440 | ±480 | ±510.6 |

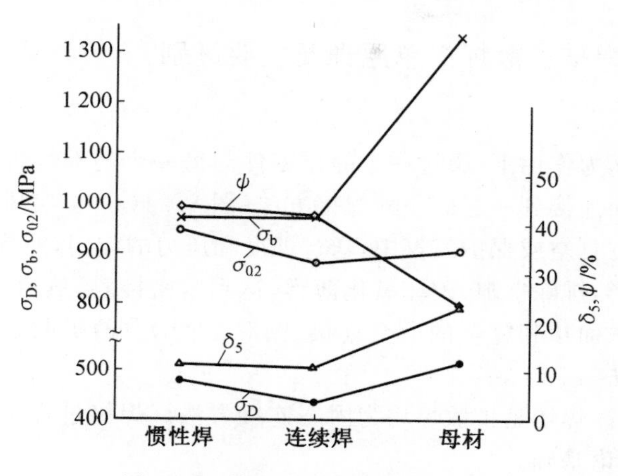


图 8.23　接头室温性能对比(TC4)

**表 8.26　TC4 合金惯性焊与连续焊参数**

| 焊接参数 | 连续焊 | 惯性焊 |
|---|---|---|
| $D$/mm | 99.06 | 101.6 |
| $d$/mm | 88.9 | 88.9 |
| $\Delta L_s$/mm | 1.27 | — |
| $\Delta L$/mm | 7 | 2.9 |
| $p_f$/MPa | 10.35 | — |
| $p_u$/MPa | 31.05 | 37.95 |
| $mr^2$/(kg · m$^2$) | 1.47 | 12.6 |
| $n$/(r · min$^{-1}$) | 581 | 1 125 |

由表 8.25 中看出，惯性焊接头屈服强度和疲劳强度高于连续焊接头，塑性接近；极限强度低于连续焊接头和母材。

# 8.3　摩擦焊与扩散焊工艺方法对比分析

## 8.3.1　情况介绍

燃气涡轮机低压涡轮转子与轴原工艺要求采用扩散焊连接。但由于某些原因，目前扩散焊接头的质量还不够稳定，满足不了该产品设计和使用寿命要求。

根据摩擦焊多年的生产经验，建议改为摩擦焊连接。因此，本节的研究目的就是开展 K24 转子与 1Cr11Ni2W2MoV 轴的摩擦焊连接工艺研究以替代原扩散焊连接工艺。

### 8.3.2 摩擦焊与扩散焊简单原理及主要区别

**1. 简单原理**

摩擦焊接是在压力作用下，通过一个静止零件与另一个转动零件表面之间做相对摩擦运动所产生的热而连接到一起的一种焊接方法（图 8.24(a)），实质上是一种热压焊接方法。扩散焊接是在真空或保护气氛中，通过温度和压力的作用，使待焊的两个零件表面产生微观的塑性变形，排除空隙，破坏氧化薄膜，达到紧密接触，然后经过一段时间，通过金属原子的相互扩散而达到完全的冶金连接（图 8.24(b)、(c)扩散焊四阶段），实质上也是一种热压焊接方法。

因此，无论是摩擦焊还是扩散焊均为固态连接方法。焊接过程中无金属熔化现象产生，有互相替代的理论基础。

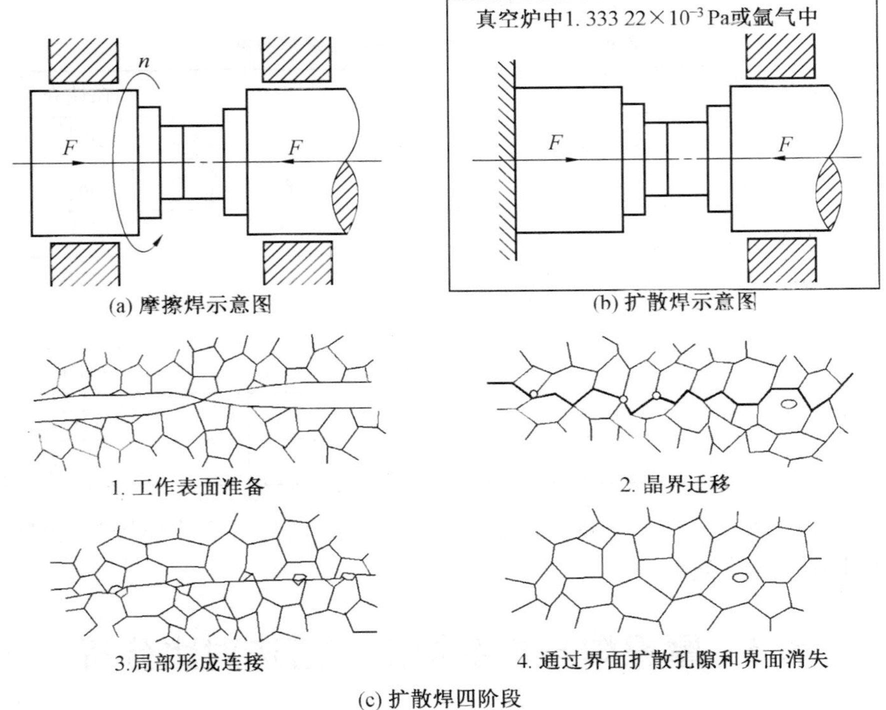


图 8.24 摩擦焊和扩散焊的原理图

**2. 固态连接接头的特点**

(1)可达到与母材等强度要求。

由于接头为固态连接，焊缝中无铸造组织存在，因此接头强度可达到与母材等强度要求。

(2)冶金缺陷减少。

由于接头为固态连接，焊缝中不会产生与金属凝固过程有关的一些冶金和工艺缺陷（如粗大的枝晶、偏析和气孔等）。

(3)焊件尺寸精度较高。

由于两种方法均为固态连接,焊缝金属无凝固现象发生,且接头为整体均匀加热,因此焊接变形小,焊件尺寸精度较高。

**3. 主要区别**

摩擦焊与扩散焊虽然均为固态连接,但由于两者的焊接过程和接头的形成机制不同,两种接头的性能和质量仍有质的差别。

(1)摩擦焊接头为超细晶粒锻造组织。

摩擦焊接头由于焊接过程中强大的摩擦压力和扭矩的联合锻造作用,使接头产生形变再结晶,因此焊缝组织为锻造的、超细晶粒组织;而扩散焊缝的晶粒比母材金属的晶粒可能有所长大(图 8.25 和图 8.26)。

(2)摩擦焊接头热力影响区窄,且无晶粒长大。

摩擦焊接由于强大的摩擦压力和扭矩的联合作用,高温塑性变形层金属均被挤出,因此,热力影响区很窄,且无晶粒长大;而扩散焊接头热影响区宽,且有晶粒长大。

(3)摩擦焊可焊出无缺陷的焊缝。

摩擦焊由于强大的摩擦压力和扭矩的联合作用,使得焊接过程中的“自清理”和“自保护”作用加强,摩擦焊接头很少产生冶金缺陷;而扩散焊由于某些因素不当,可能产生孔洞和未焊合等缺陷。

(4)摩擦焊接头质量稳定,再现性好。

由于摩擦焊机可控参数少,焊接过程中两焊件界面金属处于强烈地摩擦、搅拌黏塑性变形过程中,很容易形成一个均匀、完整的接头;而扩散焊两界面金属在温度和压力作用下,处于相对“静止状态”下的相互扩散容易扩散不均,接合不好。

(5)摩擦焊生产效率高,经济性好。

摩擦接过程很短,一般在几秒或几十秒钟内完成;而扩散焊至少要几分钟,甚至几小时以上。

(6)摩擦焊焊件焊前清理要求不高。

摩擦焊接过程中,摩擦表面有“自清理”和“自保护”作用,因此,对焊件焊前清理要求不高;而扩散焊接头在“静态”下靠扩散连接,因此,焊件焊前表面清理要求十分严格,否则易焊不上。

(7)扩散焊可焊各种接头形式;而摩擦焊只能焊接回转对接头。

## 8.3.3　接头力学性能对比

接头力学性能对比见表 8.27,焊接参数见表 8.28。

表 8.27 K24 合金与 1Cr11Ni2W2MoV 钢接头力学性能对比

| 焊接方法 | 试样编号 | 力学性能 | | | | | 注 |
|---|---|---|---|---|---|---|---|
| | | $\sigma_b$/MPa | $\sigma_{0.2}$/MPa | $\delta_5$/% | $\psi$/% | 断裂位置 | |
| 摩擦焊 | $F_7$ | 920 | 885 | 0.8 | 8.0 | K24 母材 | 焊后经 530 ℃退火 |
| | $F_8$ | 880 | 825 | 4.0 | 10.5 | K24 母材 | |
| | $F_9$ | 920 | 845 | 6.4 | 11.5 | K24 母材 | |
| | $F_{10}$ | 980 | 910 | 4.4 | 12 | K24 母材 | |
| | $F_{11}$ | 940 | 830 | 8.0 | 12 | K24 母材 | |
| | 平均 | 928 | 859 | 4.7 | 10.8 | — | |
| 扩散焊 | $d_6$ | 858.6 | — | — | 2.5 | 焊缝 | 焊后经 530 ℃退火 |
| | $d_7$ | 845.2 | — | — | 2.5 | 焊缝 | |
| | $d_8$ | 857.3 | — | — | 2.2 | 焊缝 | |
| | $d_9$ | 910 | — | — | 2.0 | 焊缝 | |
| | $d_{10}$ | 940 | — | — | 2.0 | 焊缝 | |
| | 平均 | 882.2 | — | — | 2.24 | — | |

表 8.28 连续焊和扩散焊焊接参数

| 焊机参数 | 一级摩擦 | | 二级摩擦 | | 顶锻 | | 保压 | 变形量 |
|---|---|---|---|---|---|---|---|---|
| | $t_1$/s | $p_1$/MPa | $t_2$/s | $p_2$/MPa | $t_3$/s | $p_u$/MPa | $t_d$/s | $\Delta L$/mm |
| 连续焊 | 15 | 20 | 25 | 40 | 5 | 50 | 30 | 6.0 |

| 焊机参数 | 焊接温度/℃ | 焊接压力/MPa | 保温时间/min | 中间层金属 | 真空度 $10^{-3}$/Pa |
|---|---|---|---|---|---|
| 扩散焊 | 1 050 | 17.3 | 50 | Ni 箔 | 1.33 |

由表 8.27 中看出：

(1)摩擦焊接头均断于 K24 母材上，说明接头达到与母材等强度和塑性要求。

(2)扩散焊接头均断在焊缝上，接头强度比摩擦焊降低 4.9%，塑性降低接近 8%。

### 8.3.4 接头金相组织对比

低倍接头照片对比如图 8.25 所示。接头高倍金相组织对比如图 8.26 所示。

由图 8.25 和图 8.26 中看出：

(1)从接头接合上看，三种接头接合面上均焊得很好，没有任何冶金缺陷。

(2)从金相组织上看：

①摩擦焊缝和热力影响区晶粒显得细小、密实而扩散焊焊缝和热影响区晶粒有些长大。

②K24 面金相组织为粗大的 $\gamma$ 固溶体 $+\gamma'$ 和碳化物($\gamma+\gamma'+$MC)，其中某大学的碳

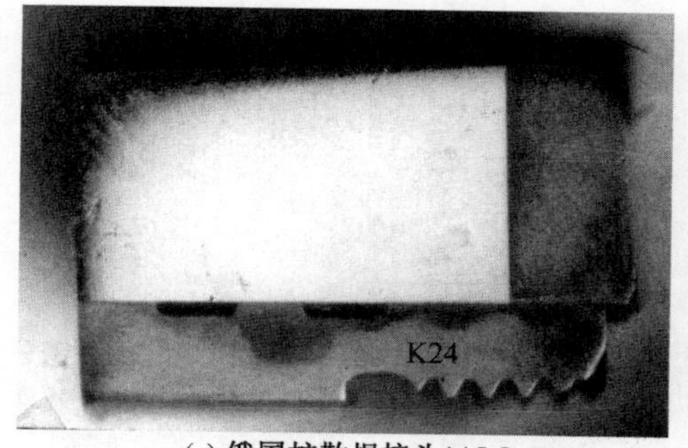

(a) 俄国扩散焊接头×5.5

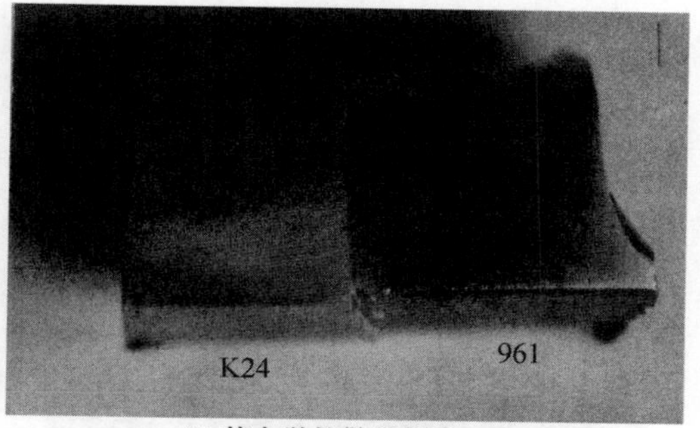

(b) 某大学扩散焊接头×6

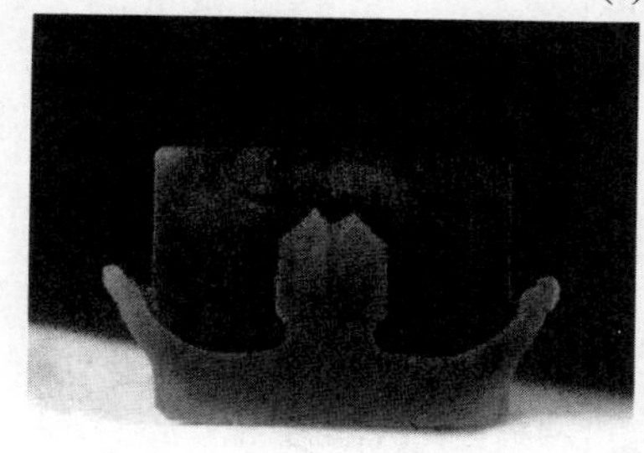
(c) 摩擦焊接头×1

图 8.25　K24(上)+1Cr11Ni2W2MoV(下)$\phi$30 低倍接头

化物最为弥散、均匀；俄国的呈条块状分布。摩擦焊的较少。这可能与K24的焊接和焊后的热处理制度不同有关。

③1Cr11Ni2W2MoVA 面三者均为回火索氏体组织。

(3)从图8.25(c)中看出，中间的凸起为内孔飞边，焊接时1Cr11Ni2W2MoVA面的飞边塞满K24面焊前钻的$\phi$9 mm孔中，凸起中间的竖线为两飞边的结合面，横线为焊接后期K24面飞边插入1Cr11Ni2W2MoVA飞边的痕迹。

### 8.3.5　试验结果分析和讨论

**1. K24合金+1Cr11Ni2W2MoVA钢摩擦焊的可焊性**

据有关资料介绍，铝和钛含量大于6%的合金属于难焊金属，而K24合金铝和钛总含量达到9.2%~10.4%。如果扩散焊不加中间层金属——镍箔过渡层，就很难焊牢。因为铝和钛生成的氧化薄膜致密，不容易去除，而摩擦焊过程很容易破坏氧化薄膜，将其排挤出结合面使纯净金属牢固地接合。

然而，K24+1Cr11Ni2W2MoVA悬殊的高温性能差别(650 ℃时，K24($\sigma_b$)为1 030 MPa，1Cr11Ni2W2MoVA($\sigma_b$)为381 MPa)给摩擦焊带来了很大的困难。1Cr11Ni2W2MoVA面已达到了焊接温度，产生了黏塑性变形；而K24面远没有达到焊接温度，产生黏塑性变形。

因此，必须采用较长的摩擦时间使1Cr11Ni2W2MoVA面产生较大的飞边，包围在K24端头上形成一层保温层，促使K24面尽快达到焊接温度。

(a) 俄国扩散焊接头

(b) 某大学扩散焊接头

(c) 摩擦焊接头

图 8.26　K24 合金(上)+1Cr11Ni2W2MoVA 钢(下)高倍金相照片×100(铬酐电解腐蚀)

**2. K24+1Cr11Ni2W2MoVA 接头的强度和塑性**

摩擦焊接头(如果参数选择合适)拉伸试验均断于 K24 母材上,达到与母材等强度和塑性要求,室温断于 K24 上,高温断于 1Cr11Ni2W2MoVA 上。说明两种金属接合得很好,并且焊缝为超细晶粒的锻造组织,因而它的性能高于母材。而扩散焊接头均断于焊缝结合面上,塑性很低,说明两母材结合面金属没有得到充分的扩散成为一体,而是靠中间过渡层金属连接到一起,成为扩散钎焊接头,因而焊缝的强度和塑性均低于母材,且波动性较大。

因为 K24 属于含高铝、钛合金,扩散焊很难破坏氧化薄膜,这就必然要引进中间过渡层金属,而中间过渡层金属扩散不完全就可能留下来成为中间不完全的扩散焊和钎焊接头。上述拉伸接头均断于焊缝结合面上,塑性很低,两母材界面没有产生塑性变形就说明这一点。

**3. K24+1Cr11Ni2W2MoVA 接头的金相组织**

(1)K24 面的金相组织为粗大的 $\gamma$ 固溶体+MC+$\gamma'$,但三者有些不同,主要是受热循环影响不同。

俄国和某大学接头均受到了扩散焊热循环的影响,焊接加热温度为 1 050 ℃左右,保温时间为 1～1.5 h，因此，有较多的碳化物析出，某大学的呈网状，较均匀；俄国的呈条块状，不太均匀，说明两者的焊接热循环还不完全一致。而摩擦焊接头的 K24 侧为铸态，焊接热循环对它影响不大，因此，有较少的呈点线状分布的碳化物和 γ 固溶体。

（2）Cr11Ni2W2MoVA 的金相组织，三者均为回火索氏体组织，说明三者焊前均经过调质处理，焊后经过回火处理。

### 8.3.6　结论

（1）K24＋1Cr11Ni2W2MoVA 采用摩擦焊连接替代扩散焊连接工艺，可以用于燃气涡轮机低压涡轮与轴的焊接，其接头强度和塑性优于扩散焊接头。

（2）K24＋1Cr11Ni2W2MoAV 具有较好的摩擦焊性能，需要较长的摩擦焊时间。焊接过程中有飞边交替挤出的状况，而 K24 侧飞边挤出的多少，可以作为该种金属接头焊牢的重要标志。

（3）K24＋1Cr11Ni2W2MoVA 摩擦焊接头强度可达到与母材金属等强度要求，塑性与母材金属相当。

## 8.4　摩擦焊与闪光焊工艺方法对比分析

### 8.4.1　情况介绍

摩擦焊与闪光焊均为固态连接方法，接头强度与母材相当。但由于两者的焊接过程不同，决定了两者的应用范围也有些不同。为了明确这两种焊接工艺方法的特点和不同，推广优点，避弃缺点，特提出两种焊接工艺方法的对比研究。

### 8.4.2　摩擦焊与闪光焊简单原理和主要特点及区别

**1. 简单原理**

（1）摩擦焊。

摩擦焊接是在压力作用下，通过一个零件转动与另一个不转动的零件表面之间，做相对摩擦运动时所产生的热，而连接到一起的一种焊接方法，实质上是一种热压焊接方法。

（2）闪光焊。

闪光焊是电阻焊的一种方法。被焊工件先夹在钳口上，接通电源后使工件逐渐移近；开始端面局部轻微接触，触点在电流通过时产生的电阻热作用下，迅速熔化而形成连接对口两端面的液体金属过梁。它在强大的电流密度下，迅速爆破、蒸发，伴随着电弧的产生，呈高温金属微粒，在强大的电磁力和金属蒸气压力作用下，迅速从焊口内喷出，形成闪光。当旧的过梁爆破后，又形成新的过梁，工件不断地靠近，过梁不断地产生和爆破，并伴随着工件端面金属的烧损。此过程称为零件的闪光加热过程。

在闪光加热过程中，由于液态金属过梁爆破时，产生的金属蒸气排挤了接口之间的空气以及金属微粒的强烈氧化，因此接口间隙中气体介质的含氧量大幅减少，从而减少了端面烧化金属的氧化，形成了“自保护”作用。

工件经过一定时间的闪光加热，使其焊口达到焊接温度并使热量扩散到焊口两边形成一定宽度的塑性区，然后迅速顶锻，使液态金属、塑性金属，连同未被闪光喷出的部分杂质，一起被排除在焊口之外，使纯净的塑性金属紧密接合而形成牢固的冶金连接，并在焊口周围产生一定的塑性变形，形成不大的飞边(图 8.27)。闪光焊的过程循环如图 8.28 所示。

图 8.27　闪光焊与摩擦焊飞边形状

(3)闪光焊的焊接循环。

闪光焊可以分为连续闪光焊和预热闪光焊。连续闪光焊由闪光加热和顶锻焊接两个阶段组成(图 8.28(a))。预热闪光焊只是在闪光加热阶段之前增加了预热阶段，给闪光焊扩大了功率范围(图 8.28(b))。

连续闪光焊主要用于 1 000 $mm^2$ 以下断面；预热闪光焊可以焊接更大的断面(5 000～38 000 $mm^2$)。

**2. 主要特点**

(1)接头能达到与母材等强度要求。

摩擦焊和闪光焊接头是在压力作用下形成的，因此，两种焊缝为锻造的等轴晶粒组织，无铸状结晶；又由于两种接头为整体、同步、均匀加热，受力、受热均匀，热输入速度快，时间短，受热区小，因此，两种接头可以达到与母材等强度要求。

(2)被焊材料广泛。

两种焊接方法不仅可以焊接碳素钢、合金钢、铝合金，而且可以焊接可焊性较差的高温合金、高强钛合金(由于吸气闪光焊缝质量较差)和超高强度钢，也可以焊接异种金属材料。

(3)两种焊接方法高效低耗。

两种焊接方法过程很快，几秒钟至几分钟就可以焊接一个零件；两种焊机液压装夹，简单快捷，因此，两种焊接方法的速度比其他焊接方法快几倍至几十倍；两种方法焊接过程中，不须焊条和焊药，不须保护气体和真空，仅在大气中就可以焊接。

(4)两种焊接方法容易实现机械化和自动化。

摩擦焊和闪光焊都是同步均匀加热，零件结构比较简单，在装夹、焊接和卸载过程中容易实现机械化和自动化。

(5)两种焊接方法焊前清理要求不严，焊接过程中通过摩擦或闪光及排边过程，均能将杂质从焊缝中清理出去。

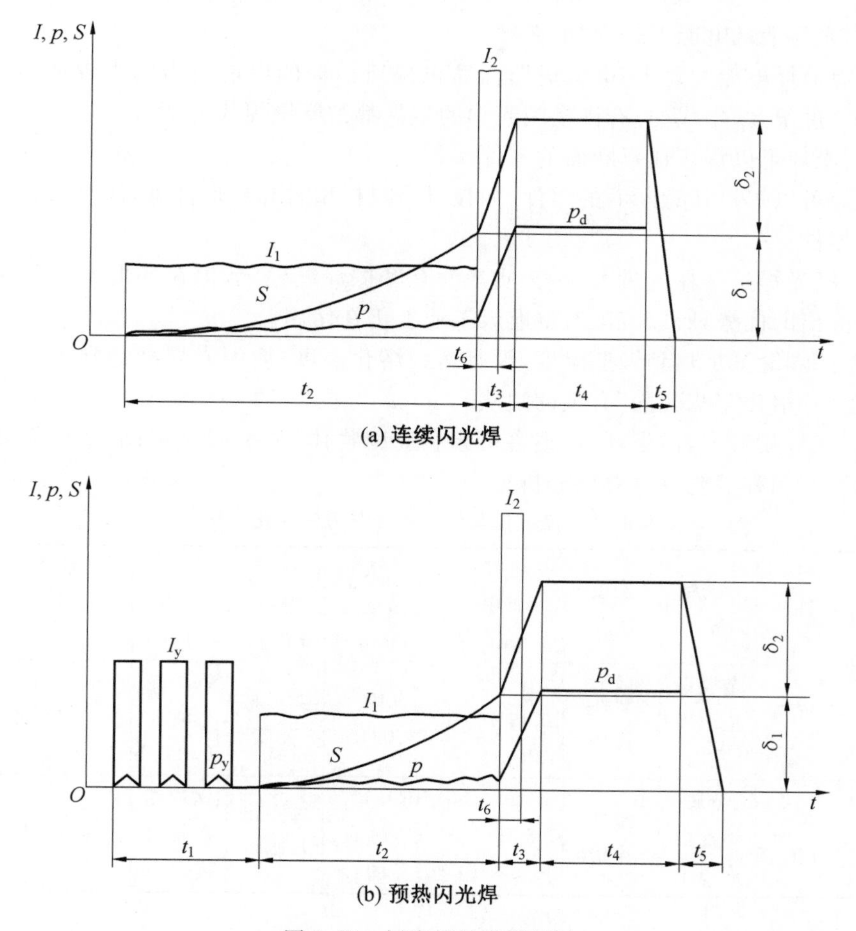


图 8.28　闪光焊过程循环图

$t_1$—预热时间；$t_2$—闪光时间；$t_3$—顶锻时间；$t_4$—保持时间；$t_5$—复位时间；$t_6$—有电顶锻时间；$p$—闪光压力；$p_y$—预热压力；$p_d$—顶锻压力；$I_y$—预热电流；$I_1$—闪光电流；$I_2$—焊接电流；$S$—夹具位移量；$\delta_1$—闪光余量；$\delta_2$—顶锻余量

**3. 主要区别**

(1)摩擦焊可焊出锻造的、有塑性层的超细晶粒组织的焊缝。

摩擦焊由于有旋转焊接过程，焊接结束时，又有强大的后峰值扭矩作用，因此，焊缝及其周围区域金属都受到了充分的、均匀的热力加工作用而获得锻造的、有塑性层的超细晶粒金属组织的焊缝(图 8.29)。闪光焊缝没有这个过程，因此，焊接结束时，在最好的情况下，也只能将熔融金属从焊缝金属中全部排挤出去，成为没有多大锻造作用的塑性状态连接焊缝(图 8.30)。

(2)摩擦焊可焊出无缺陷的焊缝。

闪光焊由于闪光和排边过程，没有摩擦焊摩擦和排边过程那样充分、均匀和稳定，因此，摩擦焊可以焊出无缺陷的焊缝；而闪光焊缝由于闪光不均，火口没有填满，杂质没有排净，很容易造成气孔、夹杂和缺肉等缺陷。

(3)闪光焊消耗电能大是个“电老虎”。

闪光焊消耗电能大是个“电老虎”;而摩擦焊所消耗的电能只为闪光焊的25%左右。因此,在20世纪80年代初,有许多闪光焊的零件都被摩擦焊代替了。

(4)闪光焊可以焊接任意断面的零件。

闪光焊可以焊接任意断面的零件,如板材、棒材、型材和环形件等,而摩擦焊只能焊接可回转的零件。

因此,闪光焊虽然耗电量大,接头质量没有摩擦焊缝稳定,但在环形件和非回转零件上仍具有突出的优势,所以美国航空航天工业上仍在使用。

(5)摩擦焊缝只加热到锻造温度,没有达到熔化温度;而闪光焊缝达到了熔化温度以上,易产生与“熔化”和“凝固”有关的缺陷。

(6)闪光焊喷溅大,污染环境,损害机床和周围物体,易引起火灾;而摩擦焊几乎没有喷溅和火花。两种工艺方法对比分析见表8.29。

**表8.29　摩擦焊与闪光焊工艺方法对比分析**

| 焊接方法 | 焊接时间/s | 加热温度/℃ | 连接状况 | 可焊面积/$mm^2$ | 接头精度/mm | 连接强度 σ/MPa | 生产效率(件/h) | 报废率 | 焊缝和飞边形状 |
|---|---|---|---|---|---|---|---|---|---|
| 摩擦焊 | 0.2~50 | 金属锻造温度左右 | 塑性连接 | 145 160 | TIR<0.15 | ≥母材强度 | 锅炉蛇形管对接120/h | <1% | 图8.29(a) |
| 闪光焊 | 0.4~120 | 金属熔点温度以上 | 塑性连接 | 38 709 | TIR<10%(零件直径的) | 等于母材强度 | 锅炉蛇形管对接20/h | 6~7% | 图8.30(a) |

### 8.4.3　接头力学性能对比

闪光焊与连续驱动摩擦焊接头力学性能对比见表8.30。

**表8.30　25钢同20Cr钢轴闪光焊与连续驱动摩擦焊接头力学性能对比**

| 试验项目 | 闪光焊 | 连续驱动摩擦焊 |
|---|---|---|
| 抗拉强度 σ/MPa | 483 | 517 |
| 转动梁疲劳(次数) | 32 | 180 |
| 扭曲疲劳(次数) | 1 000 000 | 4 000 000 |
| 长度缩短 $\Delta L$/mm | 19 | 6 |

由表8.30中看出,连续驱动摩擦焊的接头强度、疲劳性能远高于闪光焊接头的性能。

### 8.4.4　接头金相组织对比

摩擦焊缝与闪光焊缝金相组织对比如图8.29和图8.30所示。由图8.29和图8.30看出,摩擦焊缝为细晶粒的组织;闪光焊缝为粗大晶粒的组织。

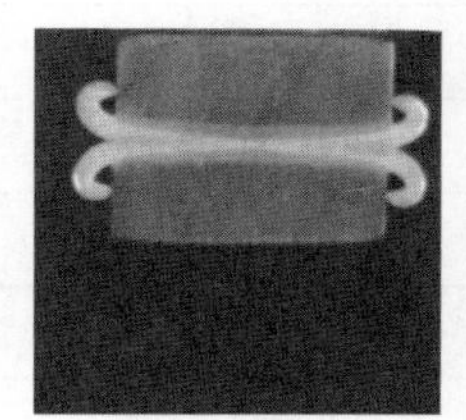
(a) 低倍照片×1.25

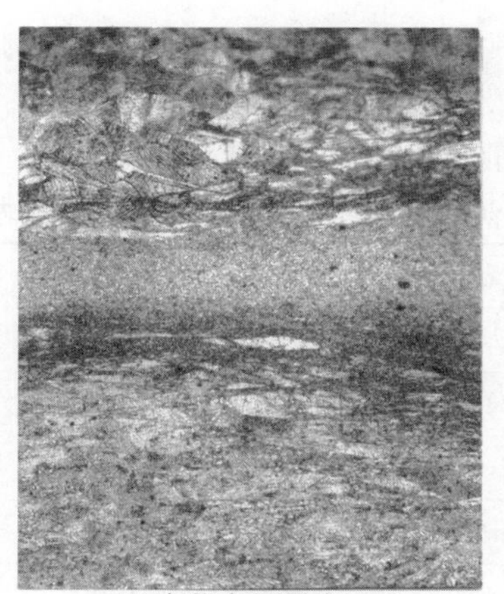
(b) 高倍金相照片×50

图 8.29　惯性摩擦焊缝金相照片(GH4169 合金 ϕ20 mm)

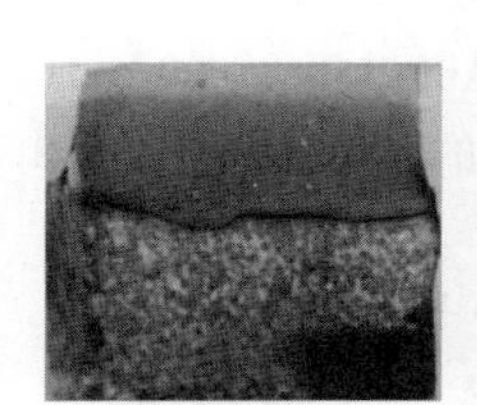
(a) 低倍照片×2

(b) 高倍金相照片×100

图 8.30　连续闪光焊缝金相照片(W18Cr4V+45 钢 ϕ20 mm)

### 8.4.5　闪光焊的应用范围

闪光焊虽然耗电量大,但仍有许多其他焊接方法不可取代的优势。因此,在某些工业中有广泛应用。

(1)在航空航天工业中,用闪光焊来生产实心和管状构件,如起落架和各种规格的环形件。

(2)在汽车工业中,闪光焊用来生产轮缘、前灯圈、车架、侧缘和控制机构的联动拉杆等。

(3)在工具工业中,闪光焊用来带锯片的接长,刀具和刀杆的对接等。

(4)在轧钢厂生产的线材和板材由于毛料的大小限制,生产中需要接长等。

### 8.4.6　焊机容量的选择

(1)航空环形件的焊接,除应遵循闪光对接焊工艺的一般规则外,还应考虑分流(流经环背面不经过接口的电流)的影响。由于分流的影响,焊接的功率要增大 15%～40%。分流随环形件直径的增大、截面的增大以及材料电阻率的减小而增大。又由于闪光焊耗费电能比较大，常常造成被焊零件的尺寸和横截面积受焊机容量和顶锻力的限制。下面给出闪光焊时，最大截面积零件所需焊机容量。

(2)焊机容量和顶锻力见表8.31。

**表8.31 各种金属闪光焊时最大截面积零件所需焊机容量**

| 被焊材料 | 最大截面积/mm$^2$ | 焊机容量/(kV·A) | 顶锻压力/t |
|---|---|---|---|
| 低碳钢和低合金钢 | 38 700 | 1 500 | 750 |
| 调质处理的4340合金钢 | 21 200 | 1 600 | 500 |
| 300系列不锈钢 | 25 800 | 1 600 | 500 |
| 400系列不锈钢 | 14 200 | 1 600 | 500 |
| 高温合金 | 16 100 | 1 600 | 500 |
| 马氏体时效钢 | 9 600 | 1 600 | 500 |
| 铝合金 | 9 000 | 1 600 | 500 |
| 钛合金 | 25 800 | 1 600 | 500 |

(3)惯性摩擦焊机与闪光焊机焊接同样截面零件功率比较。

由第11章的表11.3中看到，某400 t惯性摩擦焊机焊接27 097 mm$^2$面积的碳钢零件，需要306 kVA功率；而闪光焊机焊接38 700 mm$^2$的碳钢零件，需要1 500 kVA功率。那么：

$$38\ 700\ \text{mm}^2 \longrightarrow 1\ 500\ \text{kVA}$$

$$27\ 097\ \text{mm}^2 \longrightarrow X$$

所以：

$$X=\frac{1\ 500\times 29\ 097}{38\ 700}=1\ 050(\text{kVA})$$

因此，在焊接同样截面零件时，摩擦焊机用的电能仅为闪光焊机的306/1 050=29%。

# 第9章　摩擦焊接头的质量控制与检验

## 9.1　摩擦焊接头的质量控制

### 9.1.1　摩擦焊接头的分级

为了更好地满足产品对接头的质量要求，将摩擦焊接头按其受力大小和使用功能分为以下三级。

(1)一级接头。

①被施以高应力的接头。

②对于一级接头的焊件，应去除飞边。

(2)二级接头。

①被施以中等应力的接头。

②对于二级接头的焊件去除飞边不是必须遵循的。

(3)三级接头。

①受很小应力的接头。

②对于三级接头的焊件可以不去除飞边。

### 9.1.2　被焊金属材料的分组

为了有效地控制材料的可焊性，将金属材料分为以下5组，本组内的材料可以相互焊接。

(1)组：低碳钢和合金钢。

(2)组：不锈钢和高温合金。

(3)组：高温合金同合金钢。

(4)组：钛合金。

(5)组：铜同铝。

### 9.1.3　摩擦焊接的符号

(1)摩擦焊接的符号如图9.1所示。

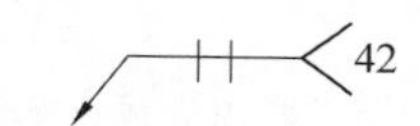


图9.1　摩擦焊接的符号

(2)摩擦焊缝符号的标注和去除飞边的标注方法如图9.2所示。

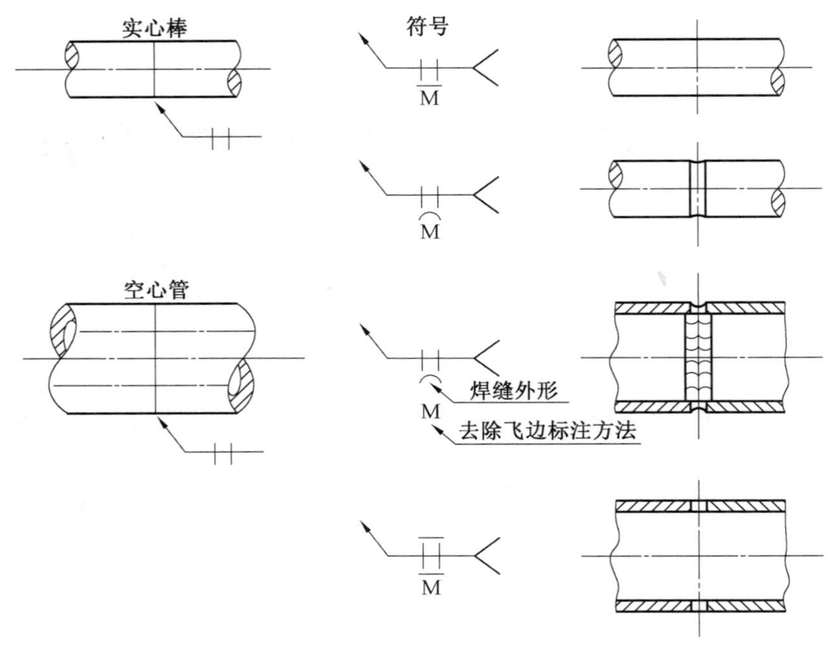


图 9.2 摩擦焊缝符号的标注和去除飞边的标注方法

### 9.1.4 试件与试样

**1. 试件**

(1)用于确定焊接质量和尺寸精度的焊接试验件如图 9.3 所示。

(2)焊接试件必须与被焊零件的材料、组合厚度(直径),接头的结构、尺寸和热处理状态相一致。

(3)生产证明试件应标上印记,放在专用柜中保存,并在专用记录本上记录试件编号、焊接时间、焊接零件号、工序、焊接规程、检验结果、操作者和检验代表等。试件至少保存两年。

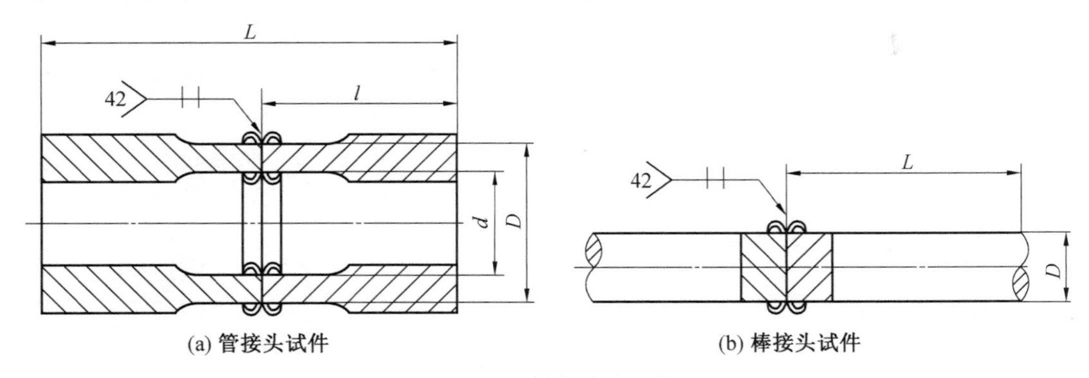


图 9.3 摩擦焊接头试件

**2. 试样**

从焊接试件上,按规定要求切取的供其他试验用的样件,如金相试样、拉力试样等,如图 9.4 所示。

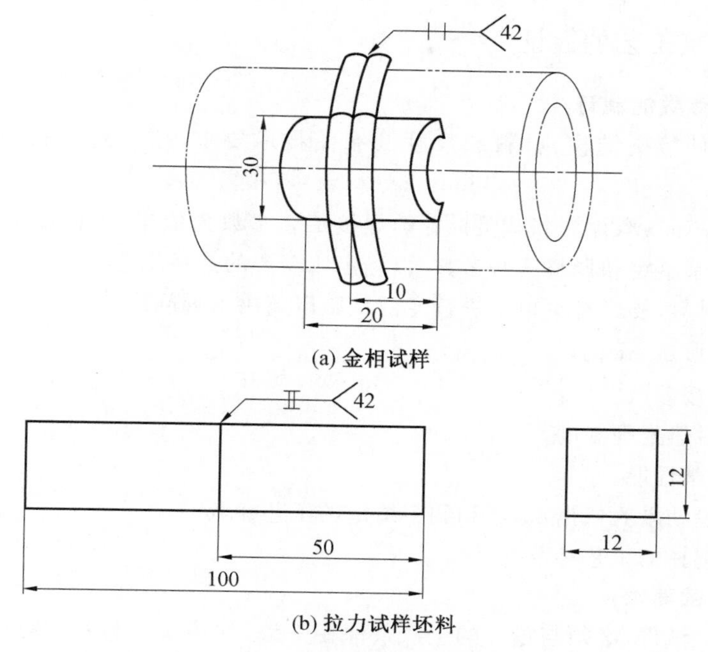


图 9.4　摩擦焊接头试样

### 9.1.5　焊机的鉴定

**1. 鉴定的意义**

在焊机投产之前，必须对焊机进行鉴定，以确定焊机的使用性能和稳定性。鉴定合格的焊机要打印出鉴定的参数表格和参数曲线，以及拉力和金相检验的合格报告，作为焊机鉴定合格的报告。这些报告经批准后，保存在车间资料室以便查阅。

**2. 鉴定方法**

焊机鉴定至少在焊机最大和最小压力下各焊接三件试件(图 9.3)，其技术要求见表 9.1，检验标准见 9.2.2 节。

**表 9.1　焊机鉴定的检验要求**

| 油缸压力 | 试件尺寸/mm | | 试件数量 | 外观/件 | 变形量(ΔL)/件 | 室温拉力/件 | 金相/件 |
|---|---|---|---|---|---|---|---|
| | 外径 | 内径 | | | | | |
| 最大 | $D$ | $d$ | 4 | (3) | (3) | (3) | (1) |
| 最小 | $D$ | $d$ | 4 | (3) | (3) | (3) | (1) |

**3. 焊机重新鉴定**

焊机鉴定合格后，即可投入生产使用。如果焊机经大修或动力系统改造，应重新进行鉴定。

### 9.1.6　焊接工艺的验证

**1. 焊接工艺参数的制订**

根据被焊零件接头结构、材料和尺寸及有关技术要求，按下列步骤制订焊接工艺参数。

(1)以第3、5和6章计算和试验推荐的焊接工艺参数为依据，进行焊接试验，用飞边和变形量的大小来鉴定和调整这些参数，以确定所需要的焊接工艺参数。

(2)对于新材料，要经有关单位进行专门试验以解决下列问题。

①最小的变形量 $\Delta L_{min}$。

②最佳的焊接参数。

③焊前、焊后热处理制度。

④接头的力学性能。

然后，以试验结果为依据，鉴定和调整给定的工艺参数。

(3)验证所选择的工艺参数。

**2. 验证试验的要求**

(1)焊接验证试件，必须与零件的生产条件相一致，如接头的材料、热处理状态、几何形状和尺寸等。

(2)验证试件的数量和检验要求，应满足有关图样和规程要求。如果设计图样和规程中没有规定，应按表9.2和9.2.2节中要求进行。

(3)验证合格的工艺，由焊机打印出参数表格和参数曲线，以及室温拉力和金相检验合格报告，一起作为工艺验证合格报告。

**表 9.2　工艺验证的检验要求**

| 接头级别 | 试件尺寸/mm | | 试件数量件 | 外观/件 | 室温拉力/件 | 金相/件 | 变形量($\Delta L$)/件 |
|---|---|---|---|---|---|---|---|
| | 外径 | 内径 | | | | | |
| 一级 | $D$ | $d$ | 4 | (3) | (3) | (1) | (3) |
| 二级 | $D$ | $d$ | 4 | (3) | (3) | (1) | (2) |
| 三级 | $D$ | $d$ | 1 | (1) | (1) | — | (1) |

这些报告经批准后，统一存档在车间资料室中以便查阅，随后编成临时焊接规程图表。

(4)根据临时焊接规程图表焊接产品零件，检验人员将焊接结果记在专用记录本上。临时焊接规程图表有效期为3～6个月，以考验其稳定性，临时期过后，将纳入正式焊接规程中。

**3. 焊接工艺重新验证**

当下列任一因素出现变化时，应要求重新验证工艺规程。

(1)转速变化超过验证参数的±10％。

(2)推力变化超过验证参数的±10％。

(3)变形量变化超过验证件的±15%或者0.5 mm(取较大值)。

(4)能量变化超过验证参数的±10%。

(5)零件焊接结合面面积变化超过验证件的±10%。

(6)零件内外径超过验证件的±10%。

### 9.1.7　生产证明试验

(1)在一批零件焊接生产之前,应进行生产证明试验。

(2)生产证明试验的项目、试件数量、形状和评定方法应满足设计图样和焊接规程的要求;如果设计图样和焊接规程中没有规定,应按表9.3和9.2.2节中要求进行。

**表9.3　生产证明试验的检验要求**

| 接头级别 | 试件数量/件 | 1 | 2 | 3 | 4 | 5 | 6 | 7 |
|---|---|---|---|---|---|---|---|---|
| | | 外观/件 | 变形量(ΔL)/件 | 超声波探伤/件 | 荧光或着色/件 | 室温拉力/件 | 金相/件 | 弯曲试验/件 |
| 一级 | 3 | (3) | (3) | (1) | (1) | (3) | (1) | (1) |
| 二级 | 3 | (2) | (2) | (1) | (1) | (3) | (1) | (1) |
| 三级 | 1 | (1) | (1) | — | — | (1) | — | — |

注:①上表列出的生产证明试验1和2项是常规的必须检查项目;

②3、4、5、6和7项是各自等价的,生产中根据用户要求,可做一到两项;

③一级接头要求做1、2、3和4项检查;二级接头只要求做1、2或3或4或5或6或7项。

(3)生产证明试件经检验合格后方可正式焊接零件。

### 9.1.8　焊接参数的变化范围

**1. 惯性摩擦焊参数的变化范围**

(1)允许参数的调整范围。

在焊接生产证明试件或零件时,如果焊接参数不超过下列范围均为有效。

①焊接速度不超过验证速度的±10%。

②焊接压力不超过验证压力的±10%。

③飞轮惯量不超过验证惯量的±10%。

(2)使用参数的控制范围见表9.4。

**表9.4　惯性摩擦焊机使用参数的控制范围**

| 参数 | 一级接头 | 二级或三级接头 |
|---|---|---|
| 转速 $n$ | 不超过证明转速的±1(r/min)或±0.5%(取较大值) | 不超过证明转速的±4(r/min)或±2%(取较大值) |
| 压力 $p_f$ | 不超过证明压力的±0.7(MPa)或±3%(取较大值) | 不超过证明压力的±1.4(MPa)或±6%(取较大值) |

**2. 连续驱动摩擦焊参数的变化范围**

(1)允许参数的调整范围。

①焊接速度不超过验证速度的±10%。

②一级摩擦压力、二级摩擦压力和顶锻压力不超过验证压力的±10%。

③一级摩擦时间、二级摩擦时间和顶锻时间不超过验证时间的±10%。

(2)使用参数的控制范围见表 9.5。

**表 9.5　连续驱动摩擦焊机使用参数的控制范围**

| 参数 | 一级接头 | 二级或三级接头 |
|---|---|---|
| 转速 $n$ | 不超过证明转速的±5(r/min)<br>或±1%(取较大值) | 不超过证明转速的±6(r/min)<br>或±1.5%(取较大值) |
| 压力 $p_f$ | 不超过证明压力的±1(MPa)<br>或±3%(取较大值) | 不超过证明压力的±2(MPa)<br>或±6%(取较大值) |
| 时间 $t_f$ | 不超过证明时间的±0.5 s<br>或±3%(取较大值) | 不超过证明时间的±1 s<br>或±5%(取较大值) |

**3. 焊机自动扫描打印参数曲线**

在现代摩擦焊机上,不但具有参数设置功能,参数上、下限范围,而且还具有检测功能,焊接过程中能自动检测所设置参数是否达到所预想要求。焊后计算机自动打印出焊接过程中参数自动变化曲线,以保证焊接接头质量的稳定性(图 9.5)。

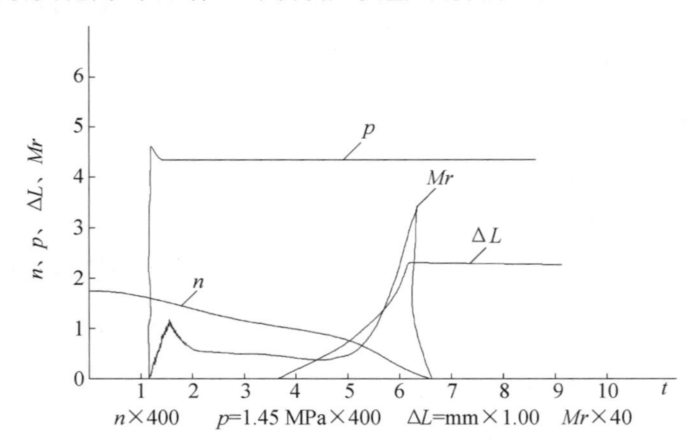


图 9.5　在 300 t 惯性摩擦焊机上做试验自动打印出的参数曲线图

由图 9.5 中看出:

(1)转速曲线($n$)从预定速度到结束,整个曲线都为均匀地下降。

(2)压力($p$)曲线从加速到预定压力都是比较稳定的恒压,说明焊接过程中压力很稳定。

(3)由于($n$)和($p$)较稳定,因此变形量($\Delta L$)曲线从开始产生,均匀上升,到结束都是比较稳定的,说明焊接接头的质量是可靠的。

如果焊接过程中,由于某些原因,焊接参数曲线,无论是大小,还是过程产生了变化,如图 9.6 所示，均会影响焊接接头的质量变化，这时就要停止生产，查找原因，直到排除故障。

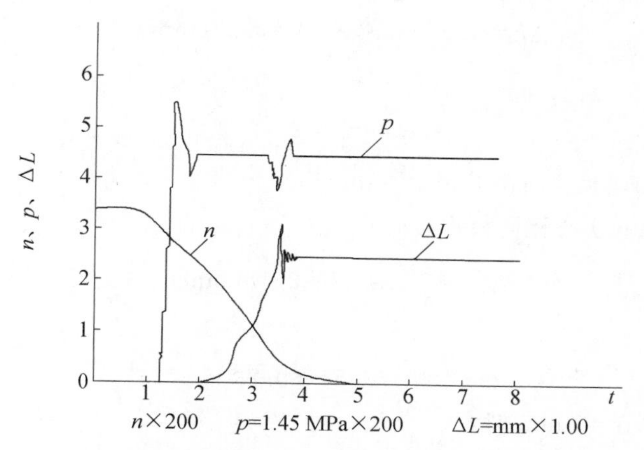


图 9.6　在 300 t 惯性摩擦焊机上做试验产生振动时自动打印的参数曲线图

### 9.1.9　摩擦焊接头的飞边和变形量的控制

**1. 飞边**

(1)在摩擦焊接过程中，由于转速和推力载荷的作用，因此材料从焊接结合面内挤出形成飞边。在管子零件焊接时，在管子零件的内径和外径上将形成等量的飞边。

(2)当接头飞边影响零件的使用功能或产生不佳的外观时，应该按规定去除飞边(图 9.2 和第 2 章 2.3 节)。

(3)如果内径飞边是不佳的，但又难于去除，该飞边应包括在接头设计中(第 2 章表 2.6 带飞边槽接头的设计)。

**2. 变形量**

(1)由于摩擦焊接的结果，零件在焊态下，总的轴向长度的缩短称为变形量。它的计算公式如下：

$$\Delta L=(L_1+L_2)-L \tag{9.1}$$

式中　$L_1$——焊前一个零件长度，mm；

$L_2$——焊前另一个零件长度，mm；

$L$——焊后零件的总长度，mm。

(2)要求零件焊前增加预留长度，能补偿摩擦焊接过程中由挤出飞边造成零件的长度缩短。如果被焊两零件的材料，热处理状态，接头结构和尺寸以及伸出夹具的长度相同时，则飞边应该两边均匀对称分布。

(3)为了更好地控制焊后零件的总长度，必须提供零件焊前的预留长度和焊后的机械加工余量。

(4)下面是计算零件补偿变形量的预留长度公式，其公差为变形量的±10%。

①棒同棒。

$$\Delta L=1.27+0.1D \tag{9.2}$$

式中 $D$——零件的直径，mm。

例如：当 $\phi$20 mm 实心棒同实心棒焊接时：

$$\Delta L=1.27+0.1\times 20=3.27(\text{mm})$$

②棒同板。

$$\Delta L=\frac{2}{3}\times\Delta L_{b} \tag{9.3}$$

式中 $\Delta L_{b}$——棒同棒焊接时的变形量，mm。

例如：当 $\phi$20 mm 实心棒同板焊接时：

$$\Delta L=\frac{2}{3}\times 3.27=2.18(\text{mm})$$

③管同管。

$$\Delta L=3.81+0.2\delta \tag{9.4}$$

例如：当管壁厚 $\delta$=5 mm 时：

$$\Delta L=3.81+0.2\times 5=4.81(\text{mm})$$

④管同板。

$$\Delta L=\frac{2}{3}\times\Delta L_{g} \tag{9.5}$$

式中 $\Delta L_{g}$——管同管焊接时的变形量，mm。

例如：当壁厚 $\delta$=5 mm 的管同板焊接时：

$$\Delta L=2/3\times 4.81=3.21(\text{mm})$$

**3. 飞边和变形量的控制**

(1)飞边和变形量是摩擦焊接头上两个最直观的控制量，是由同一个原因引起的两种结果。一个反映在焊接过程中，从焊接结合面上挤出的金属多少的量；另一个反映在被焊零件轴向上总的长度缩短。这两个量在某种意义上能够直接反映接头的焊接质量。

(2)经试验证明，对于某一种材料和接头，都有一个达到接头强度要求的最小飞边或变形量；超过最小飞边或变形量的接头，强度没有大的变化。

(3)焊接过程中，要严格控制飞边或变形量的变化；特别是在异种金属焊接时，热物理性能较高材料飞边的有无和大小，更是接头连接好坏的标志(见第 6 章表 6.15 和图 6.6，变形量的控制标准见 9.2.2 节)。

(4)作为一般规则，工件的最小横截面积和被夹持的表面面积分别应等于摩擦表面面积。这一建议是为了提供合适的夹持表面面积以防止摩擦焊接过程中零件的滑动和变形。并且在任何情况下，在焊接结合面处，材料的强度必须能够承受住由扭矩产生的83～104 MPa 的剪切强度要求(低碳钢)。

# 9.2 摩擦焊接头的检验

## 9.2.1 摩擦焊缝的特点

(1)摩擦焊是一种固态焊接方法，焊缝的金属组织为锻造的、细晶粒的。因此，它的接头强度等于或稍高于母材的强度。

(2)摩擦焊的焊接过程是自动化的，摩擦焊缝的加热是整体均匀的加热，一次焊完。因此，摩擦焊接头的合格率一般情况下为 100%。

(3)摩擦焊的过程，包括结合面本身的“自清理”和“自保护”的过程。因此，摩擦焊本身可以焊出无缺陷的焊缝。

### 9.2.2　摩擦焊接头的检验方法与标准

**1. 接头的外观检验**

(1)焊机鉴定、规程验证和生产证明的试件与焊件应 100%进行外观检验，允许用 5～10 倍放大镜检验。

(2)摩擦焊接头的飞边，在同种材料，同种热处理状态、结构和尺寸时，应为对称均匀分布，飞边上的裂纹如果不扩展到焊缝上，应该对焊缝质量无影响。

(3)在不同种材料焊接时，特别是热物理性能相差较大的材料焊接时，热物理性能较高的材料也应该能看到飞边的挤出(见第 6 章图 6.6)。

(4)钛合金飞边与母材之间的过渡区表面，允许有轻微的氧化色。

(5)摩擦焊接头的两飞边之间的 V 形冶金缺口，应控制在焊件直径和壁厚之外。只有当该 V 形冶金缺口在随后的加工中能去除时，才允许暂时存在。

(6)摩擦焊零件的尺寸，应满足设计图样和工艺规程的规定。

(7)摩擦焊接头的变形量，应在设计图样和工艺规程规定的公差范围内。如果设计图样和工艺规程中没有规定公差标准时，应按下述标准验收。

①一级接头为规定值的($\Delta L$)±7%或($\Delta L$)±0.25 mm(取较大值)。

②二级接头为规定值的($\Delta L$)±10%或($\Delta L$)±0.35 mm(取较大值)。

③三级接头为规定值的($\Delta L$)±15%或($\Delta L$)±0.5 mm(取较大值)。

**2. 接头的破坏性检验方法**

(1)弯曲试验。

对于批生产的小直径管件，可以按设计图样和工艺规程的规定定期采用抽检弯曲试验进行检查，检查合格后该批零件可以入库。如果设计图样和工艺规程中没有规定，请按下述方法进行检查。

①弯曲试件尺寸和数量。从一批管件中抽取 1～3 件(可以用工艺件替代)，去除内外径飞边，加工成图 9.7 试件尺寸。

②弯曲方法。将管件距焊缝较长端夹在虎钳上，然后用专用扳手或者钳子夹在锯割的 10 mm×40 mm 管条上，沿焊缝向管外弯曲如图 9.8 所示。

③弯曲标准。如果两个切条均弯到 180°，焊缝处未产生裂纹或断裂，则该批零件合格；如果两个切条弯曲到 90°以上，从母材上断裂，则该批零件也为合格。

(2)室温拉伸试验。

对于批生产的小直径实心零件，可以定期采用抽检室温拉伸试验(可以用模拟件代替)进行检查，检查合格后该批零件入库。

①拉伸试样尺寸和数量。室温拉伸试样尺寸按《焊接接头拉伸试验方法》(GB/T

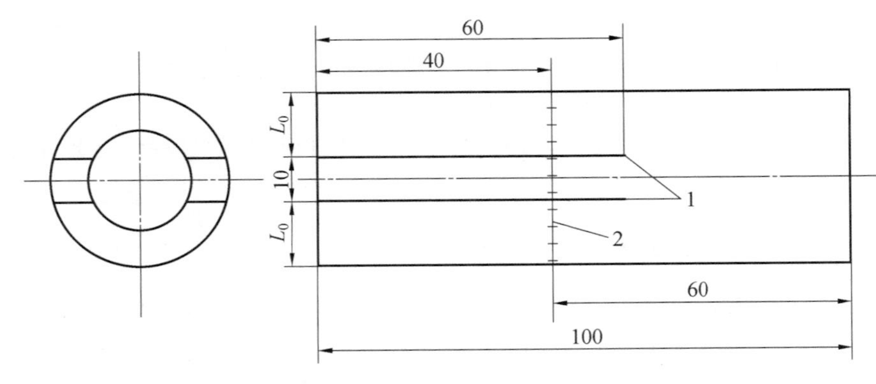


图 9.7　管件弯曲试件尺寸

1—锯割槽口;2—焊缝

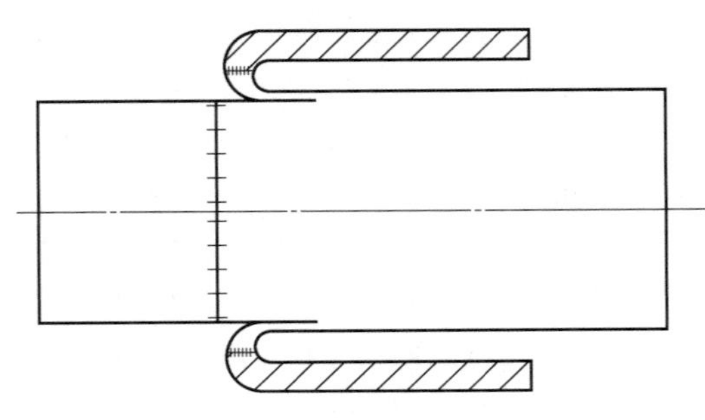

图 9.8　管件弯曲试样

2651—2008),数量按有关设计图样和工艺规程要求。如果设计图样和工艺规程没有规定,可以按图 9.4 坯料取样,选取 1～3 件,再按 GB/T 2651—2008 加工并按下列标准进行拉伸试验。

②室温拉伸试验标准。

a. 接头强度 $\sigma_b$ 不小于母材最小强度。

b. 接头均不应断在焊缝结合面上。

(3)金相检验。

对于批生产的零件,也可以按有关设计图样和工艺规程的规定,采用定期抽检低倍金相试样进行检查,检查合格后该批零件入库。如果设计图样和工艺规程中没有规定,可按下列标准进行检验。

①低倍金相试样尺寸和数量。金相试样可以沿焊缝横截面按图 9.4(a)截取。下面是一个金相试样的例子(图 9.9)。试样数量一般取 1～3 件。

②金相检验标准。

a. 一级接头焊缝区应是连续的,不允许有裂纹和未焊合。不大于 0.8 mm 孔洞或等效面积的缺陷允许存在。

b. 二和三级接头焊缝区应是连续的,不允许有裂纹和未焊合。不大于 1.5 mm 孔洞或等效面积的缺陷允许存在三处,间隔不小于 5 mm。

c. 飞边之间的 V 形冶金缺口应排除在直径或壁厚之外。在不同种材料焊接时,特别

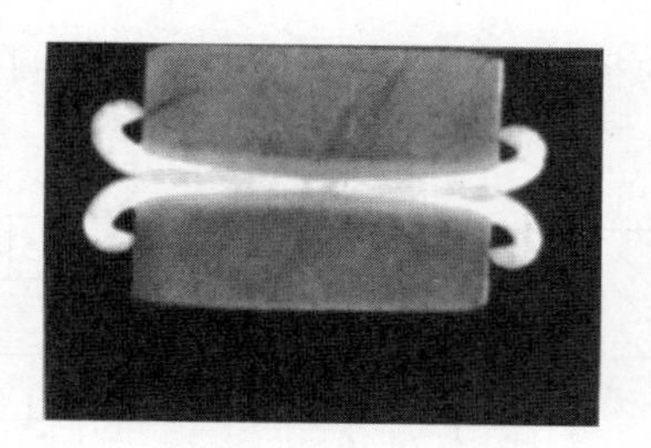

图 9.9　摩擦焊金相试样 ×1.25

是热物理性能相差较大的材料焊接时，热物理性能较高的材料，也应该产生飞边（见第 6 章图 6.6）。

**3. 接头无损探伤检验方法**

（1）重要的零组件焊后必须按设计图样和工艺规程的有关规定进行无损探伤检查。用超声波探伤仪检查焊缝的内部缺陷；用着色或者荧光法检查焊缝的表面缺陷。

（2）在无损探伤前，应按工艺规程的规定去除飞边和飞边之间的 V 形冶金缺口。

（3）检验标准。

①一级接头的焊缝区应是连续的，不允许有裂纹和未焊合。不大于 0.8 mm 孔洞或等效面积的缺陷允许存在。

②二级接头的焊缝区应是连续的，不允许有裂纹和未焊合。不大于 1.5 mm 孔洞或等效面积的缺陷允许存在三处，间隔不小于 5 mm。

③飞边之间的 V 形冶金缺口必须加工掉。

④露出焊缝表面的缺陷不允许存在。

⑤焊缝区的定义为：由焊缝中心，向轴向两边各 2.5 mm 的区域。

## 9.2.3　整体摩擦焊鼓筒的检验

**1. 焊前检验**

（1）焊接压气机转子的焊机和工艺必须经过鉴定合格后，方能焊接转子零件。

（2）焊前要测量每个盘的接头尺寸：$D$、$\delta$、$h_1$、$h_2$ 和 $H$，超出零件规定尺寸的±0.03 mm 时，要进行返修，如图 9.10 所示。

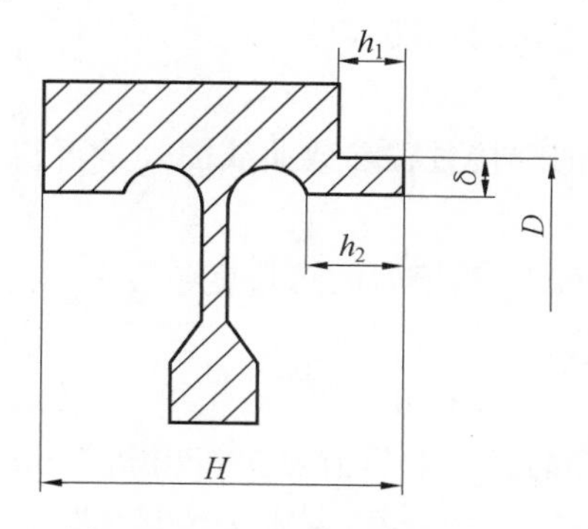


图 9.10　压气机盘接头尺寸

(3)焊前要测量每个盘的径跳和端跳。其公差范围要满足图 9.11 要求。

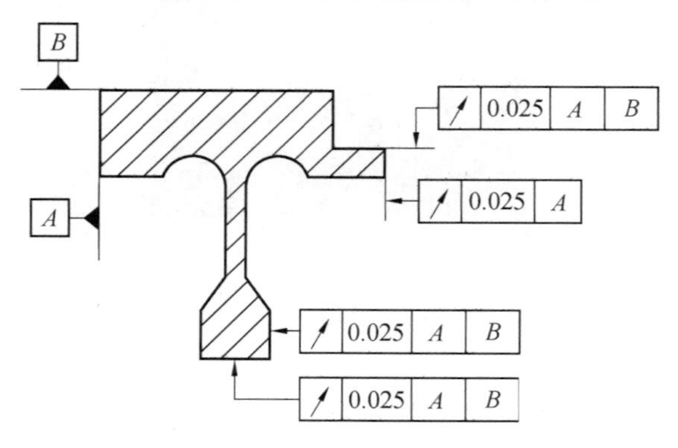


图 9.11　压气机盘焊前端跳和径跳

(4)将待焊的两个盘装夹到机床主轴和尾座夹具上以后，必须相互测量两个零件的平面度(Flat)：Flat≤0.05 mm，否则要将零件转 90°或 180°重新装配。测量的方法见 12 章图 12.5。

(5)被焊两个盘之间的同轴度靠机床主轴和尾座滑台之间的同轴度保证。焊转子零件之前，先焊接试验件，如果试验件焊后：TIR≤0.25 mm，Flat≤0.25 mm，证明机床的主轴和尾座滑台之间的同轴度合格，可以焊接零件。否则要按第 12 章图 12.4 方法来调整机床和尾座滑台之间的同轴度。

**2. 焊接过程中的检验**

在焊接零件前，先启动焊机空运转三次，每次间隔 5 min，检查下列项目。

(1)焊机运行中有无杂音和故障。

(2)计算机屏幕和压力表、转速表和油温表的数值是否符合规定值。

①$n=C\pm0.2$ r/min。

②$p=C\pm0.138$ Pa 或 2%(取较大值)。

③$T$(油温)=43～49 ℃。

(3)导向轴承是否转动灵活？有没有研住？

这些数值均合格后，方能正式焊接零件。

**3. 焊后检验**

(1)检查计算机打印出的焊接过程参数曲线图表是否圆滑、均匀、平稳，是否符合规程要求。

(2)检查组件的变形量($\Delta L$)和焊后的总长度($H$)。

①对于 GH4169 合金转子：

a. 每道焊缝的 $\Delta L=C\pm0.25$ mm。

b. 对于 4～6 级盘，后焊的另一端焊前要多留出 0.5 mm 预留量，以保证每两级盘焊后的总长度。

c. 整个转子(五个盘组件)焊后要保证总长度的公差要求 $H=C\pm0.25$ mm。

d. 3～6 级盘对 7 级盘焊后要保证：TIR≤0.25 mm、Flat≤0.25 mm。

(3)如果焊后两级盘之间 TIR 和 Flat 不合格,允许切开保一级盘,废一级盘,重新焊接另一级新盘。

(4)焊后加工掉焊缝的飞边和飞边之间的 V 形冶金缺口之后,GH4169 合金转子要进行真空时效处理。

(5)真空时效处理之后,对焊缝进行超声波无损探伤检查。探伤检查的标准见 9.2.2节。

(6)加工到成品后,在入库前,要进行表面荧光或者着色检查。检查的标准见 9.2.2节。

### 9.2.4　摩擦焊接头的缺陷及排除办法

**1.摩擦焊接头不易产生缺陷**

摩擦焊接头与其他焊接方法比较,一般情况下不易出现缺陷,甚至可以焊出无缺陷的接头,这是因为:

(1)摩擦焊接过程本身有“自清理”和“自保护”的作用,焊接过程中,通过两零件摩擦表面的摩擦和加压,将一些有害的杂质都排除在摩擦焊缝表面之外的飞边中。

(2)摩擦焊接过程本身为整体均匀加热,均匀冷却,焊缝冷却时是在保压情况下进行,因此,焊缝本身可消除部分冷、热拉应力的有害影响。

(3)摩擦焊接本身为固态焊接,因此,摩擦焊缝不受金属熔化和凝固所带来的一切有害影响。故摩擦焊缝的缺陷多伴为外界因素带来的,如工艺选择得不合理,材质不佳和设备的故障等。

**2.摩擦焊接头的缺陷及排除办法**

(1)中心未焊合。

在实心棒焊接时,可能出现中心未焊合缺陷,如图 9.12 所示。

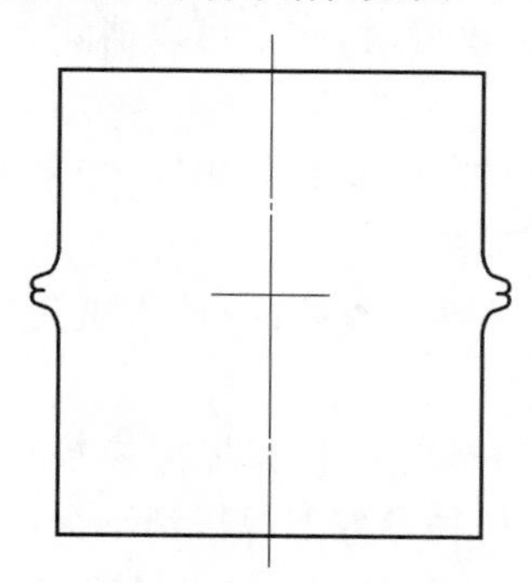

图 9.12　摩擦焊接头中心未焊合缺陷

这种类型的缺陷经常由中心加热不足引起,它出现在焊接结合面的中心上,这种缺陷可以由改变参数、增加中心加热来消除,如:

①提高转速。

②减小推力载荷。

③增加能量。

④采用双级或阶梯压力工艺焊接。

⑤使用中心凸起或圆锥形结合面接头焊接，效果非常明显。

⑥这种缺陷应该在进行工艺试验或者调整参数时消除，批生产时不应出现。

(2)吻接(冷焊)。

吻接主要发生在异种材料，特别是两种高温热物理性能相差较多的接头上或者对材料做工艺试验不充分的同种材料上，表面上虽产生了一些飞边，实际上其中一种或两种材料并没能达到焊接温度，产生冶金的连接只是紧密地、机械地贴合(图 9.13)。这种接头的强度和塑性均比焊好的接头要低得多(见第 5 章表 5.10 小变形量焊缝)。

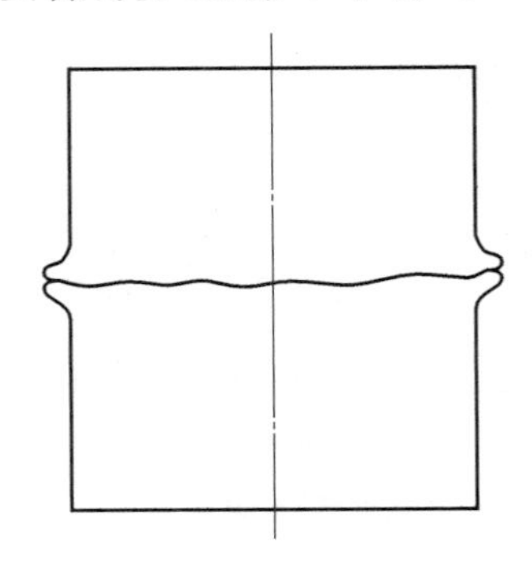

图 9.13　摩擦焊接头中“吻接”或“冷焊”缺陷

这种缺陷可采用下列办法消除。

①提高转速。

②减小推力载荷。

③增加能量。

④增加时间。

这种缺陷在进行充分的工艺试验时，完全可以消除。

(3)V 形冶金缺口。

在摩擦焊缝两飞边之间形成的 V 形冶金缺口，如果伸入到直径或壁厚中，就形成了冶金缺口缺陷(图 9.14)。

摩擦焊 V 形冶金缺口缺陷一般有两种：一种为氧化物夹杂，另一种为沿着冶金尖角深入产生的撕裂裂纹。

V 形冶金缺口产生的原因与被焊材料和焊接参数有关。例如摩擦焊性能较好的材料(如低碳钢和钛合金)，无论在何种参数下焊接都不会产生冶金缺口缺陷；而在硬度较高的高温合金焊接时，如果参数调整不当，即会产生 V 形冶金缺口缺陷。消除 V 形冶金缺口缺陷，在参数上可调下列各项。

①增加焊接压力和顶锻压力。

②减小飞轮尺寸。

③采用双级或阶梯压力焊接。

一般重要零组件，在加工掉飞边时，为了消除冶金缺口的有害影响，要多加工掉 0.3 mm以上的余量尺寸。

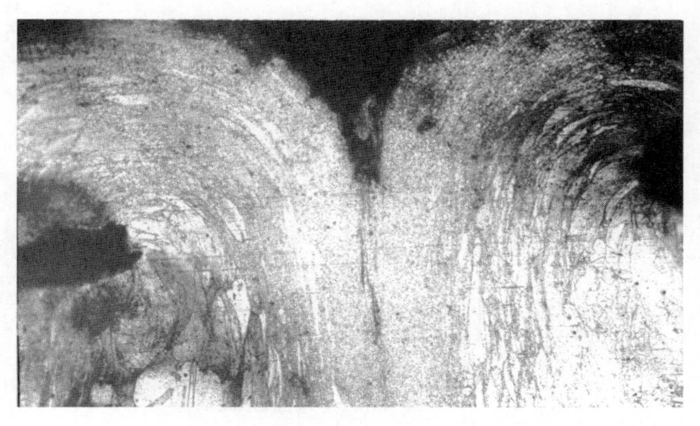

图 9.14　摩擦焊接头的 V 形冶金缺口缺陷×50
（GH4169 $\phi$420 mm×$\phi$412 mm×4 mm，$\Delta L$=2.98 mm，冶金缺口伸入直径 0.3 mm）

（4）淬火裂纹。

在焊接高硬度材料时，例如中碳钢同高碳钢或合金钢或高速钢，容易在焊缝或者热力影响区上产生淬火裂纹（图 9.15）。

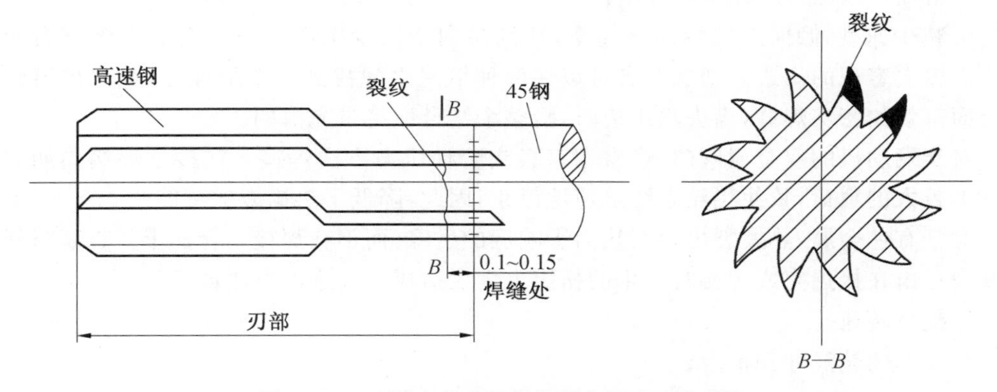


图 9.15　45 钢＋高速钢焊缝热力影响区中裂纹

特别是当连接棒同较大直径棒或板时，它们大多由冷却时热应力引起。克服这些缺陷，可改变下列参数。

①增加推力载荷。

②增加能量。

③增加线速度。

④焊后及时进行保温或回火处理，消除应力。

关于这种高硬度的焊接接头，在制备金相试样时，也要特别注意装夹和切割砂轮的进刀速度，冷却介质，否则也易引起接头的裂纹。

（5）热撕裂。

热撕裂是在焊接结合面的直径上，周边所有方向上均未达到很好连接的一种缺陷（图 9.16）。

当切掉飞边时，在工件结合面上将是不光滑的表面。这些缺陷是在结合面的周边上

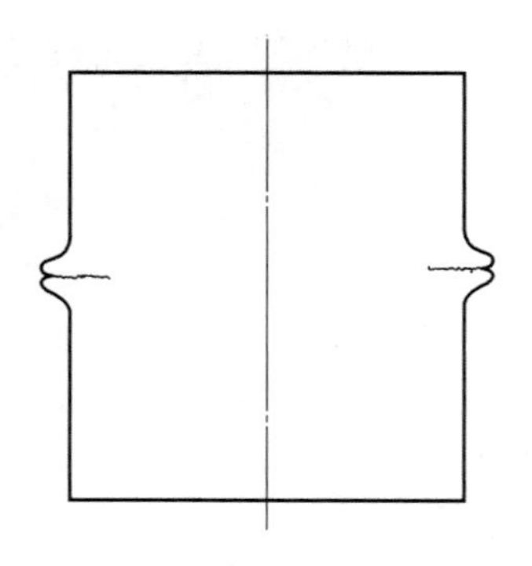

图 9.16　摩擦焊接头热撕裂缺陷

由焊接的热撕裂引起的。对于黑色金属材料，热撕裂通常出现在连接不同可锻性材料上。倾向于热撕裂的材料，可通过改善配合工件焊缝之间的热平衡来减少热撕裂，这可由下列办法完成。

①增加易锻材料的结合面尺寸。

②如果需要配合工件表面为同样直径，热撕裂可由下列办法减少。

a. 增加焊接压力或减少线速度。

b. 减少速度，倾向于减少加热速率，特别倾向于减少中心加热。增加焊接压力倾向于产生较大容积的飞边。增加两者可以在两种情况之间找到一个最佳点，生产出沿整个结合面有效的密实焊缝，当去除飞边时，沿整个结合面将是光滑的。

对于发动机的双金属阀门，经常用双级或阶梯压力方法焊接。在接近焊接周期的终点施加较大的载荷，致使飞轮系统迅速地停止，因此，降低了热撕裂的可能。

对于有色金属，热撕裂出现在热力影响区的后缘，而不在焊接结合面上。铜基材料的热撕裂是由在接近完成焊接时产生的扭矩力太大造成。改进的方法如下。

①提高转速。

②减少飞轮尺寸和推力。

一方面由较高速度同较低的惯性质量相匹配，保持能量在希望的水平上；另一方面增加加热速度。这样，就减少了飞轮和轴向的锻造作用，使扭力减少到材料强度能够承受的范围。

铝合金要求有些不同，热撕裂可由下述方法消除。

①减小速度。

②增加焊接压力。

③有效地制造一种“冷焊”。

(6)氧化物夹杂。

在摩擦焊中很少出现氧化物夹杂。因为金属的夹层可以由结合面中排除到飞边之外。但当它出现时，大多由配合表面上一些凹坑造成(图 9.17)。

这些凹面既可能由切割或剪切工序产生，也可能由机械加工件的中心孔造成。这些凹面当焊接开始时被塑性层金属(飞边)充满，使夹裹着空气的断层进入到焊接结合面中。正常情况下，这些气体应不会排除，而作为氧化物夹杂存在下来。

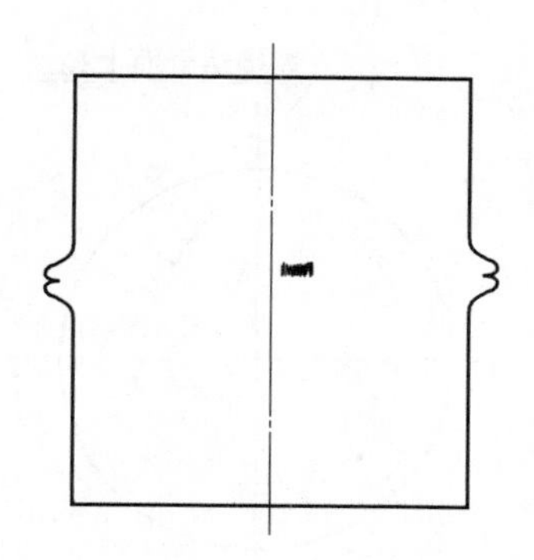

图 9.17　摩擦焊接头氧化物夹杂缺陷

如果焊件需要加工中心孔,它们应加工成足够大,以致由于内部塑性金属的充塞,使夹裹着的空气不能压缩大于 50%。这种缺陷可由下列方法改进。

①去除配合表面上的凹坑。

②使用足够大的加工中心孔。

(7)气孔。

在靠近焊缝或在配合结合面上产生的气孔,大多由铸造金属的焊件产生。沿着焊缝结合面,像在抛光或腐蚀的金相试样表面上观察到的灰斑或"黑斑",就是这种缺陷的剖面,如图 9.18 所示。

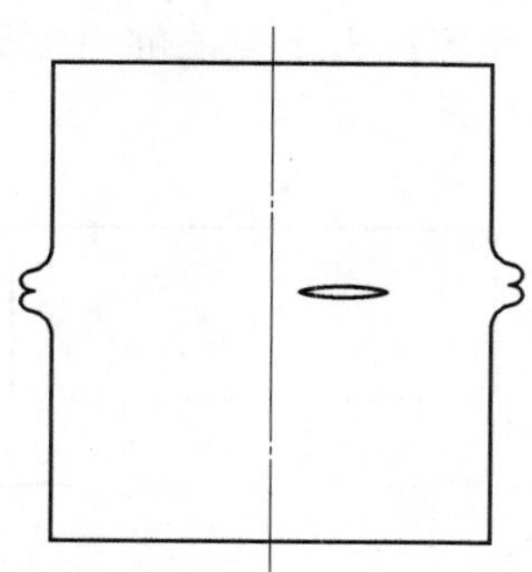

图 9.18　摩擦焊接头气孔缺陷

这些缺陷与中心缺陷不同,它是呈圆形的,可以用着色方法来识别。排除这些缺陷的方法如下。

①改善铸造焊件的质量,减少疏松和气孔。

②供给紧密实心的铸造焊件。

(8)碳化物的形成。

在焊接结合面上形成的碳化物,可以分为两种:一种出现在焊接工具钢同碳钢或合金钢中。当进行断口分析焊缝时,在焊缝结合面上周围出现的亮点就是这种缺陷(图 9.19)。这是由焊接期间形成的碳化物未能被排挤出去造成。排除办法:①增大焊接压力;②降低能量或者速度。

另一种在高温合金焊接时,出现在焊接结合面上的一些亮块,也被认为是碳化物(图 9.19)。排除办法:①提高推力载荷;②降低线速度;③两者同时进行。

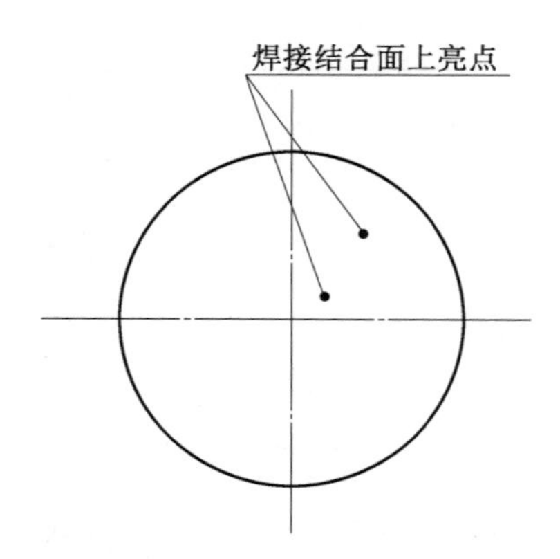


图 9.19　摩擦焊接头结合面上碳化物的形成(亮点)

(9)热脆性。

热脆性也出现在结合面的周边上,如同一个未焊合区,也就是当去除飞边时,破坏了表面的光滑。这些金属的一种特性就是在热锻范围内是脆的。为限制热脆性的影响,可以采用高压力和低速度参数,这两个参数的配合可以减少加热和提高飞边容量。

(10)周边未焊合。

在小压力、高转速的参数焊接时,在圆棒焊缝的周边容易形成周边焊不合的开口缺陷(图 9.20)。它不同于热撕裂缺陷,它的周边开口是比较平滑的。排出办法:①增加摩擦压力;②减少摩擦转速。但增加摩擦压力不但能够消除周边的开口,还能够增加接头的强度。

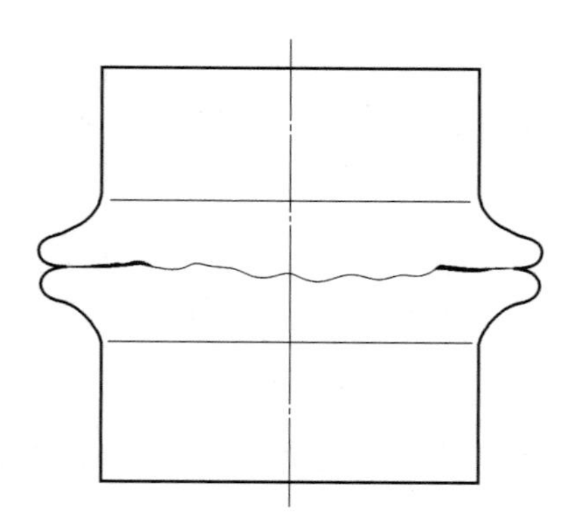

图 9.20　摩擦焊低碳钢 $\phi 25$ mm 棒料,周边未焊合缺陷

($p_t = 30$ MPa, $n = 1\ 825$ r/min, $\Delta L = 5$ mm)

# 第10章 摩擦焊接的工艺装备

## 10.1 摩擦焊接的工艺装备

### 10.1.1 工艺装备的作用

摩擦焊的工艺装备(简称工装)和其他焊接方法的工装一样,是保证焊件焊接质量和尺寸精度的重要措施和手段。摩擦焊工装概括起来有下列几点作用。

(1)使焊件准确定位,对中、导向和支承。

(2)紧固零件,防止摩擦焊接过程中零件轴向滑移和径向转动。

(3)传递强大的推力和扭矩。

(4)防止焊接过程中零件的变形和损坏。

### 10.1.2 对工装的设计要求

摩擦焊接的工装是受力机构。摩擦焊接过程中,它承受强大的推力和扭矩的联合作用,因此,对它的设计提出下列要求。

(1)摩擦焊接的工装要有足够大的强度和刚性,防止焊接过程中的变形和损坏。

(2)夹紧零件的部位要有足够大的夹紧力和接触面积(接触面积要大于摩擦表面面积)以防止顶锻焊接时焊件的轴向滑移和径向转动。

(3)夹紧力要稳定可靠,不要因焊件尺寸偏差而变化。

(4)滑台夹具的中心应可调,以保证零件径向焊接的精度。

(5)工装设计和制造的精度要高于零件的精度。

(6)工装的结构应简单适用,动作要快速灵活。

### 10.1.3 工装的材料

下面介绍的这套工装所使用的材料,据分析具有下列几个特点。

(1)一般不转动不受力件均使用了低碳钢(1018)或20钢(1020)如大油脂盘的本体、零件的内部支承、主轴内的传动件、钛油脂盘的本体等,它们没有硬度要求。

(2)凡转动件受力件均使用了低合金结构钢40CrMnMo(4140)如飞轮、夹盘、垫圈和弹簧夹套等,它们有较高的强度和塑性,制造出的零件均有硬度要求(HRC=28~52)。

(3)有耐磨要求的如与导向罩配合的夹盘外径上的导向环,与弹簧夹套配合的夹盘内径上的导向套(斜铁块环)等,均使用了合金钢30CrNiMo(8630)或30CrMo(4130),要求硬度HRC=58~62。

(4)特殊结构要求的如弹簧夹套,它有上千次要求的装夹零件,卡爪上要有较高的硬度要求(HRC=58～62),卡腿上有较低的硬度要求(HRC=34～38),有一定的弹性。因此,选用低合金结构钢25CrNiMo(8625H)或20CrNi2Mo(4320H)。

### 10.1.4 夹具设计的尺寸精度和公差配合

**1. 主轴夹盘与导向罩之间的间隙**

为了保持被焊零件的同轴度,在尾座滑台端特设计一个导向罩。焊接过程中,使主轴夹盘和零件在尾座导向罩中转动,以提高被焊零件的精度。一般主轴夹盘与导向罩之间的配合间隙为

| 导向罩 | 主轴夹盘 | 间隙 |
| --- | --- | --- |
| $d=872.5154_{0}^{+0.0254}$ | $D=872.490_{-0.0254}^{0}$ | $\Delta=0.0254\sim0.0762$ mm |

**2. 零件与弹簧夹套之间的间隙**

| 零件 | 夹套 | 间隙 |
| --- | --- | --- |
| (1)$\phi376_{-0.0508}^{0}$ | $\phi376_{0}^{+0.0254}$ | $\Delta=0\sim0.0762$ mm |
| (2)$\phi441_{-0.0508}^{0}$ | $\phi441_{0}^{+0.0254}$ | $\Delta=0\sim0.0762$ mm |
| (3)$\phi407_{-0.03}^{0}$ | $\phi407_{0}^{+0.0254}$ | $\Delta=0\sim0.0554$ mm |

**3. 弹簧圈与零件之间的间隙**

| 零件 | 弹簧圈 | 间隙 |
| --- | --- | --- |
| (1)$\phi407_{-0.03}^{0}$ | $\phi407.0858_{0}^{+0.0508}$ | $\Delta=0.0858\sim0.1666$ mm |
| (2)$\phi440_{-0.05}^{0}$ | 松开 $\phi440.0804\pm0.0254$ | $\Delta=0.055\sim0.1558$ mm |
| | 夹紧 $\phi439.8264$ | |

**4. 零件与内支撑之间的间隙**

(1)后端盘法兰内径与内支撑之间。

| 零件 | 内支撑 | 间隙 |
| --- | --- | --- |
| $\phi276_{0}^{+0.05}$ | $\phi275.8948_{-0.0508}^{0}$ | $\Delta=0.1052\sim0.206$ mm |

(2)中间盘内径与内支撑之间。

| 零件 | 内支撑 | 间隙 |
| --- | --- | --- |
| $\phi412_{0}^{+0.05}$ | $\phi411.8864_{-0.0508}^{0}$ | $\Delta=0.1136\sim0.2144$ mm |

(3)前端盘法兰内径与内支撑之间。

| 零件 | 内支撑 | 间隙 |
| --- | --- | --- |
| $\phi360_{0}^{+0.05}$ | $\phi359.8926_{-0.0508}^{0}$ | $\Delta=0.1074\sim0.208$ mm |

**5. 油脂盘与弹簧圈之间的间隙**

| 油脂盘 | 弹簧圈 | 间隙 |
| --- | --- | --- |
| (1)松开 $\phi508_{0}^{+0.0508}$ | $\phi507.8984_{-0.0508}^{0}$ | $\Delta=0.1016\sim0.2032$ mm |
| 夹紧 $\phi507.746_{0}^{+0.0508}$ | | |
| (2)松开 $\phi622.3_{0}^{+0.0508}$ | $\phi622.1476_{-0.0508}^{0}$ | $\Delta=0.1524\sim0.254$ mm |
| 夹紧 $\phi622.046_{0}^{+0.0508}$ | | |

**6. 钛油脂盘**

| 钛油脂盘 | 大油脂盘 | 间隙 |
| --- | --- | --- |
| $\phi 622.25^{0}_{-0.0508}$ | $\phi 622.3^{+0.0508}_{0}$ | $\Delta=0.05\sim0.1516$ mm |

# 10.2　主轴工装

下面介绍的这套主轴工装，主要是用于焊接发动机压气机盘组合件的，它是焊机转动部分的工装，它由以下三部分组成。

(1)弹簧夹套(简称夹套)和夹盘。

(2)中间支撑组。

(3)夹紧传动机构。整套工装的组成和结构如图 10.1 所示。

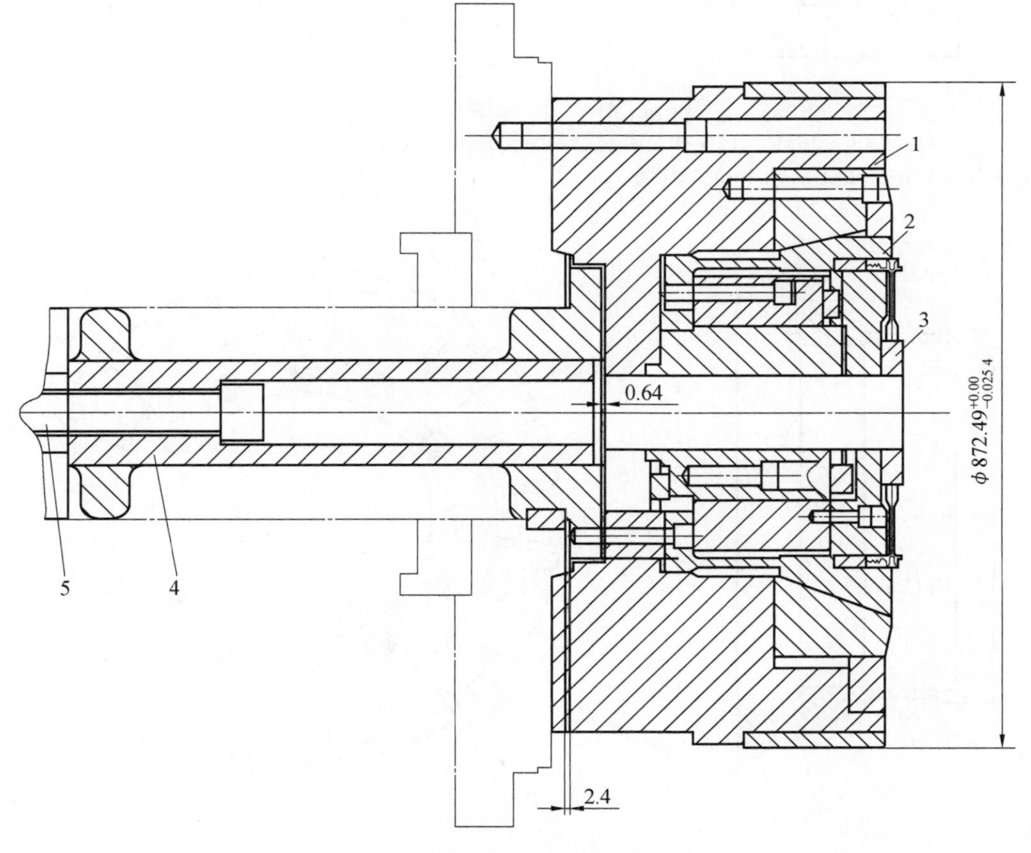


图 10.1　主轴工装

1—夹盘；2—弹簧夹套；3—中间支撑组；4—夹紧传动装置；5—油缸活塞杆

## 10.2.1　夹盘和弹簧夹套

夹盘和弹簧夹套的结构如图 10.2 和图 10.3 所示。

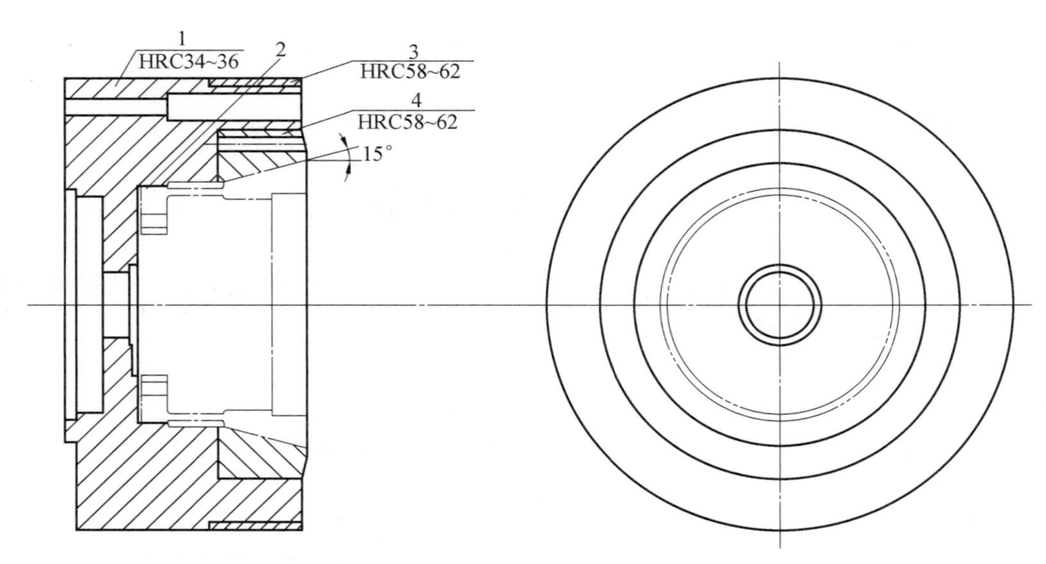


图 10.2　主轴夹盘

1—夹盘[4140(40CrMnMo)];2—弹簧夹套;3—导向环[8630(30CrNiMo)或 4130(30CrMo)];4—导向套[8630(30CrNiMo)或 4130(30CrMo)]

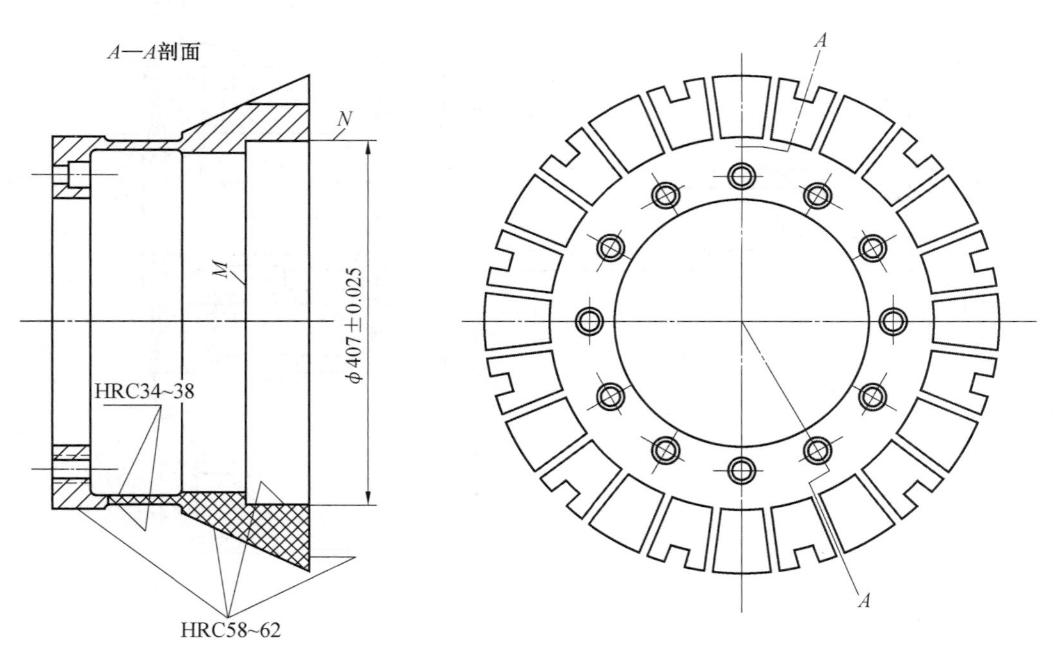


图 10.3　主轴弹簧夹套

(材料:8625H(25CoNiMo)或 4320H(20CrNiMo))

**1. 夹套和夹盘的配合**

由图 10.1～10.3 中看出:

(1)夹套和夹盘的配合是靠 15°的一个斜面。

(2)端头圆周均匀分布的 12 个导向的键销,焊接过程中用以承受强大的扭矩。

(3)夹套通过夹盘底座上 6 个螺栓孔和垫环的孔与传动机构连接,使夹套在夹盘中,精确地做轴向移动以夹紧和松开零件。

**2. 零件的定位和装夹**

(1)夹套的 $M$ 面,焊接过程中用以承受推力。

(2)夹套的 $N$ 面,焊接过程中用以夹紧零件和承受扭矩。

(3)夹套与零件之间的间隙为 0~0.076 2 mm。

(4)$N$ 面的夹紧力一般为传动机构油缸拉力的 4~5 倍,如图 10.4 所示。

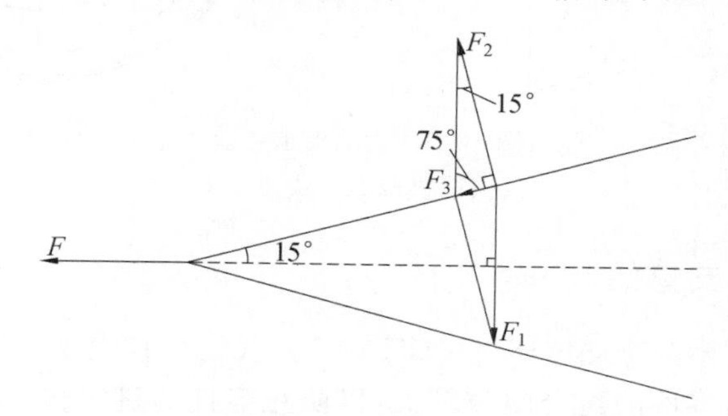


图 10.4　弹簧夹套夹紧力 $F_1$ 的计算

假设夹紧传动机构的拉力为 $F$,夹紧零件的夹紧力为 $F_1$,作用在斜面上的拉力为 $F_3$,则

①$\dfrac{F_3}{F_1}=\sin 15°=0.258\ 9$,则

$$F_1=\frac{F_3}{0.258\ 9}=3.862F_3$$

②$\dfrac{F}{F_3}=\cos 15°=0.965\ 9$,则

$$F_3=\frac{F}{0.965\ 9}$$

所以

$$F_1=3.862\times\frac{F}{0.965\ 9}=3.998F$$

**3. 夹套的连接方式**

夹套与传动机构的连接目前有以下两种形式。

(1)当零件直径较大时,一般为螺栓连接(图 10.1)。

(2)当零件直径较小时,与传动机构的连接直接靠夹套的内孔螺纹(图 10.5)。

**4. 主轴夹套的种类**

除上述弹簧夹套之外,当零件直径较小、直径波动较大时,也可以采用滑动夹爪夹套(图 10.5)。夹爪根据零件直径的大小还可以互换。

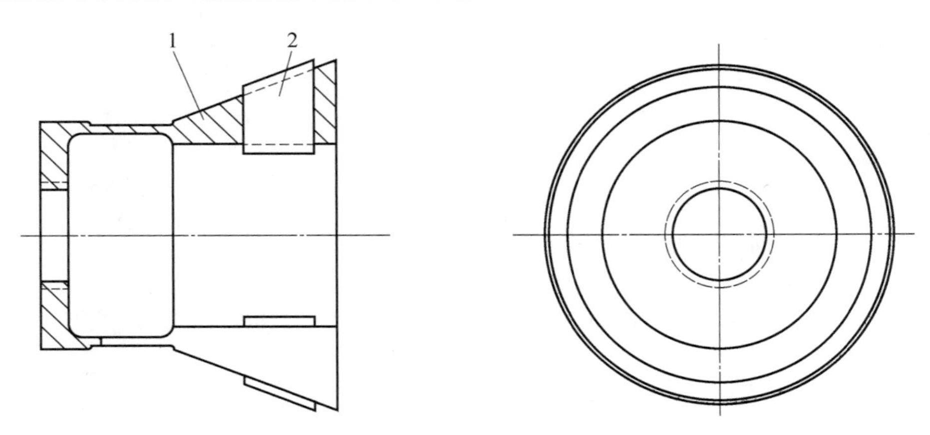


图 10.5 滑动夹爪夹套

1—夹套;2—夹爪

## 10.2.2 中间支撑组

中间支撑组主要由两个支撑环组成(图 10.6),鼓筒内径大支撑环和辐板内径小支撑环。这两个支撑环与零件的配合间隙较大,以防止零件的过定位,又能适当地起支撑作用,加强零件的刚性,防止焊接过程中零件的变形。大支撑与零件内径之间的间隙为

$$\Delta=0.0936\sim0.1844\ \mathrm{mm}$$

小支撑与辐板端头之间的间隙为

$$\Delta=0.324\sim0.4348\ \mathrm{mm}$$

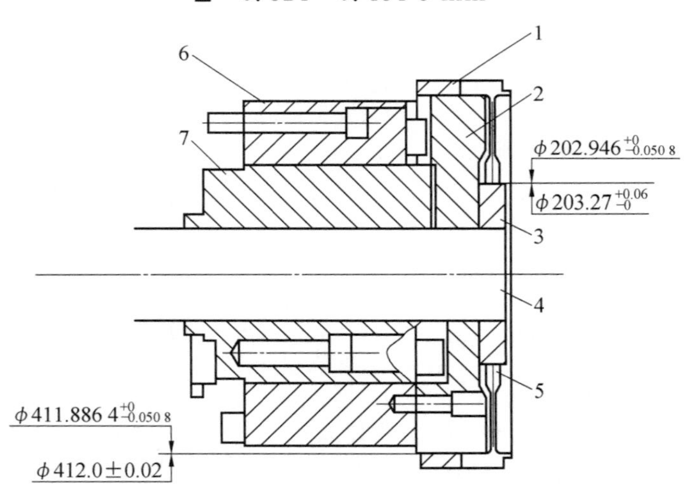


图 10.6 中间支撑组

1—垫圈;2—大支撑环;3—小支撑环;4—支撑轴;5—零件;6—外底环;7—内底环

### 10.2.3　主轴夹紧传动机构

夹紧传动机构的结构如图 10.7 所示。由图 10.7 中看出，当按下主轴夹紧按钮时，主轴内部的活塞 1，通过传动杆 2，拉紧夹套 3，使夹套沿夹盘 15°斜面向夹盘里面移动，由于夹盘的斜面作用，因此夹套直径变小，从而夹紧零件。夹套一般轴向移动距离为 0.1～0.3 mm。设计的夹套轴向移动距离为 0.64＋2.4＝3.04 mm，如图 10.1 所示。

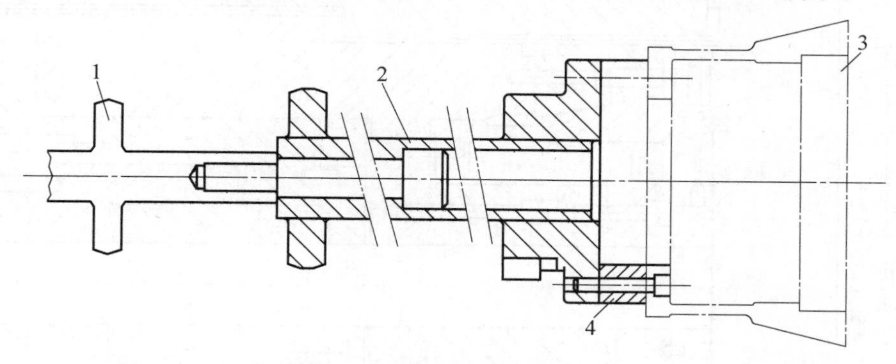


图 10.7　主轴夹紧传动机构

1—油缸活塞；2—传动杆；3—弹簧夹套；4—垫环

## 10.3　尾座滑台工装

尾座滑台工装（简称滑台工装）是焊机非转动部分工装，与主轴工装相对应，是焊接被焊的另一件压气机盘的工装。它由以下四部分组成。整套工装的组成和结构如图 10.8 所示。

(1)夹套和夹盘。

(2)中间支撑。

(3)油脂盘和弹簧圈。

(4)夹紧传动机构和底座等。

### 10.3.1　滑台夹套和夹盘

**1. 滑台夹套和夹盘的结构**

夹套和夹盘的结构如图 10.8 和图 10.9 所示。由图 10.8 和图 10.9 中看出，滑台的夹盘和夹套的结构与主轴的还有些不同，具体如下。

(1)滑台夹套夹紧零件是靠它的内表面，顶紧零件是靠它的端头，这是因为焊接时被焊的压气盘的外径上需压紧一个弹簧圈以防止其变形。

(2)夹盘的夹紧斜块安装在大夹盘的端头，因为夹盘除具有与夹套配合起来夹紧零件的作用外，还有容纳夹紧传动机构的作用。

**2. 尾座滑台夹套的种类**

尾座滑台夹套除上述轴向拉紧夹套之外，对于小直径的零件，特别是用于细长杆零件

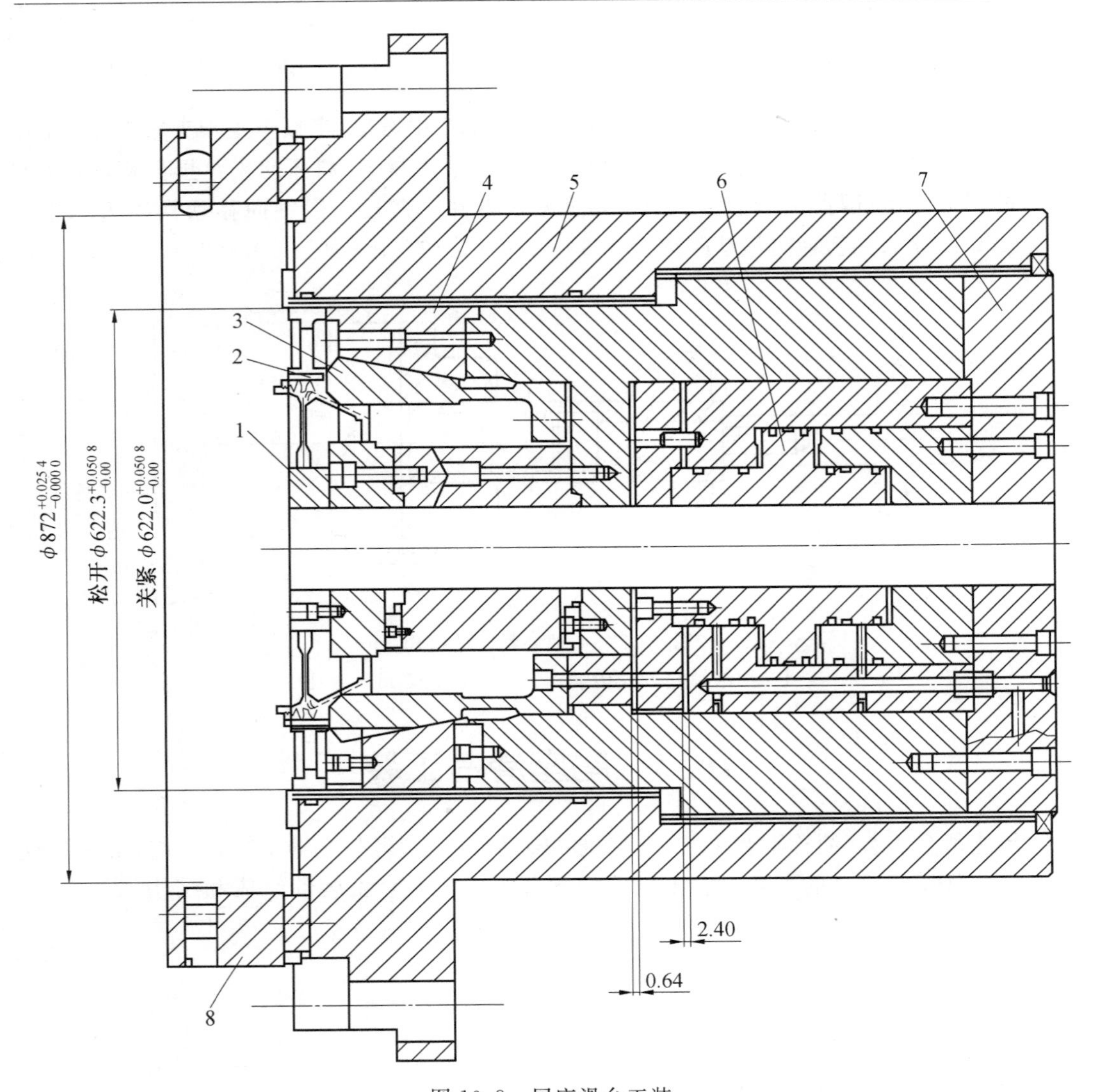


图 10.8　尾座滑台工装

1—中间支撑；2—弹簧圈；3—夹套；4—夹盘；5—油脂盘；6—夹紧传动机构；7—底座；8—导向轴承

焊接的开敞式焊机上，多用下述结构夹套(图 10.10)，两侧面油缸同时夹紧、自动对心，根据零件直径的大小前面半圆形夹爪可以更换。

## 10.3.2　中间支撑

压气机盘内支撑的结构如图 10.11 和图 10.8 所示，它由四部分组成。辐板小支撑 1，焊接过程中用以支撑压气机盘辐板的内径，它与辐板内径之间的间隙较大：

| 辐板内径 | 小支撑外径 | 间隙 |
|---|---|---|
| $\phi 203.27^{+0.06}_{0}$ | $\phi 202.946^{0}_{-0.050\,8}$ | $\Delta = 0.324 \sim 0.434\,8$ mm |

大支撑 3，主要用于支撑压气机盘法兰的内径，它们之间的间隙较小：

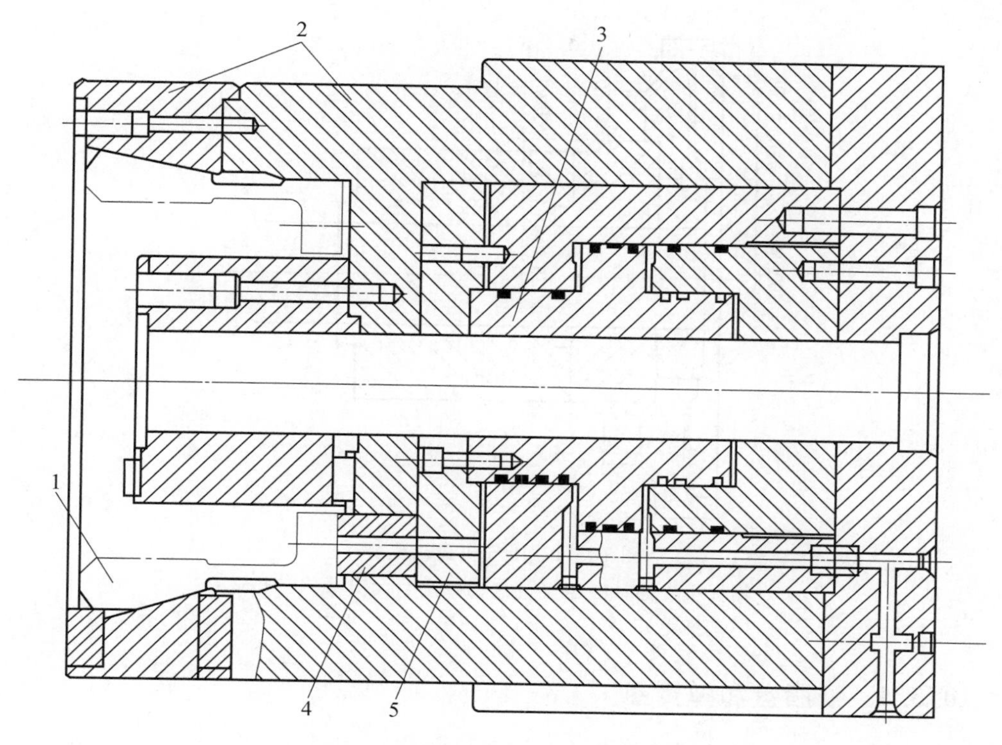


图 10.9　滑台夹盘、夹套和传动机构

1—夹套；2—夹盘组件；3—活塞；4—垫环；5—油缸盖

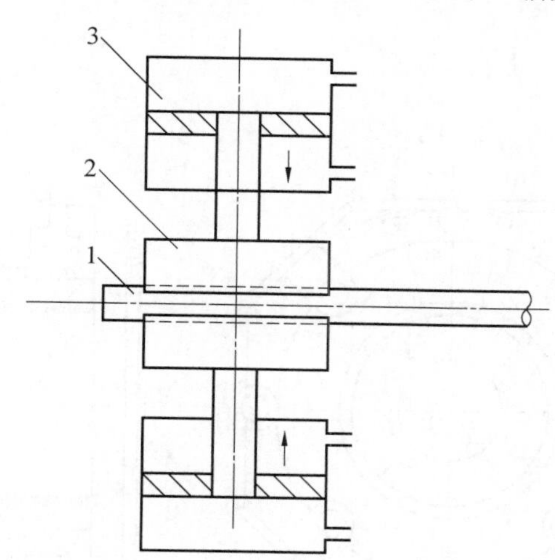


图 10.10　焊机尾座两侧夹紧夹套

1—焊件；2—夹套；3—油缸（两侧）

| 法兰内径 | 大支撑内径 | 间隙 |
| --- | --- | --- |
| $\phi 276_{0}^{+0.05}$ | $\phi 275.8948_{-0.0508}^{0}$ | $\Delta = 0.1052 \sim 0.206$ mm |

垫环 4 主要用于支撑大、小支撑环。尾座推力杆用于连接大、小支撑和垫环，焊接过程中用于施加焊接推力。

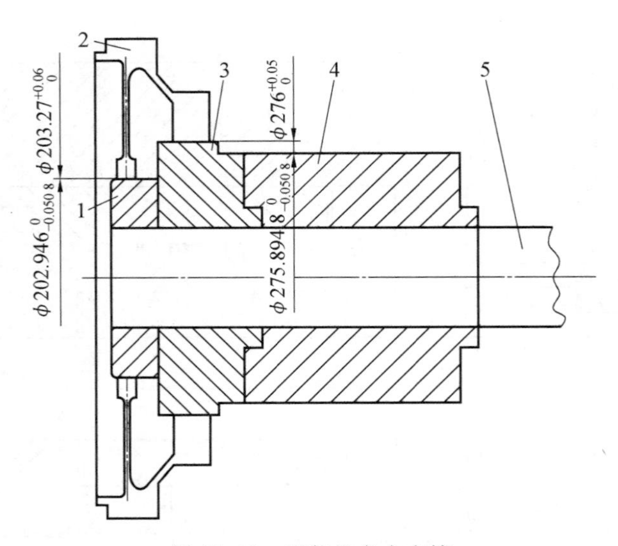


图 10.11　压气机盘内支撑

1—辐板小支撑；2—压气机盘；3—法兰大支撑；4—垫环；5—尾座推力杆

### 10.3.3　油脂盘和弹簧圈

**1. 油脂盘**

油脂盘的结构如图 10.12 所示。

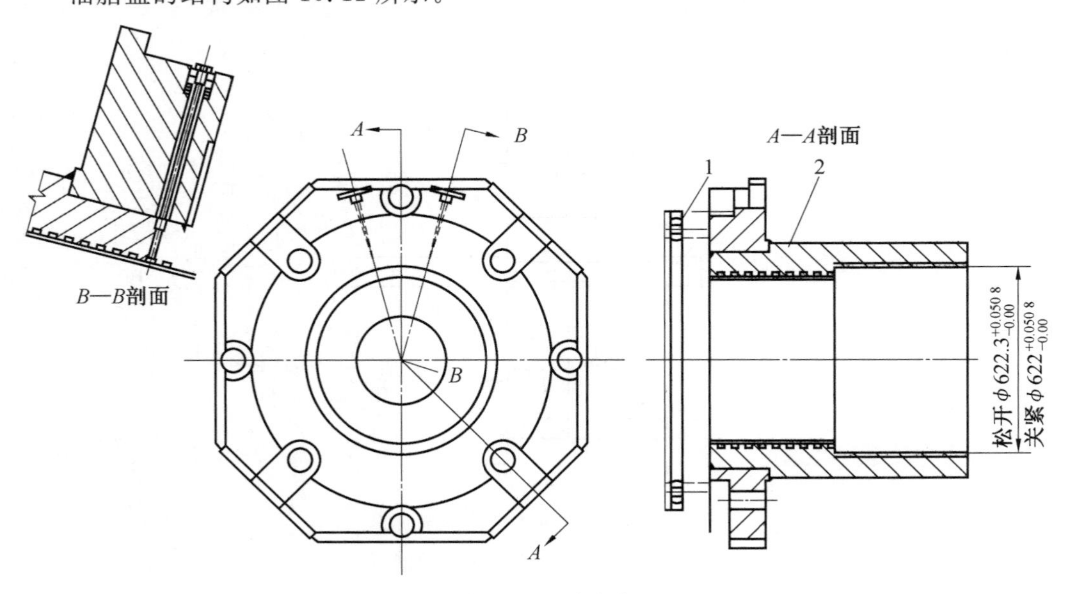


图 10.12　油脂盘

1—导向轴承；2—油脂盘(材料 1020(20 钢))

由图 10.12 中看出，所谓油脂盘是指在油脂盘的内径圆周方向上车很多小槽，然后用 1～2 mm 厚钢板封死，使其形成圆周方向上的封闭腔体。当腔体内打进高压油时，表面钢板膨胀，直径缩小，从而使腔体内的零件受到圆周均匀压紧力的作用。设计的压强可以达到 $p=27.6$ MPa。油脂盘松开和压紧之间的间隙为 0.254 mm。

**2. 弹簧圈**

弹簧圈的结构如图 10.13 所示。它是一个工字形的环体，上面均匀地钻了很多孔，孔和孔之间分别在相反方向上开了很多径向槽口，当外径均匀受压时，内径就要均匀缩小。

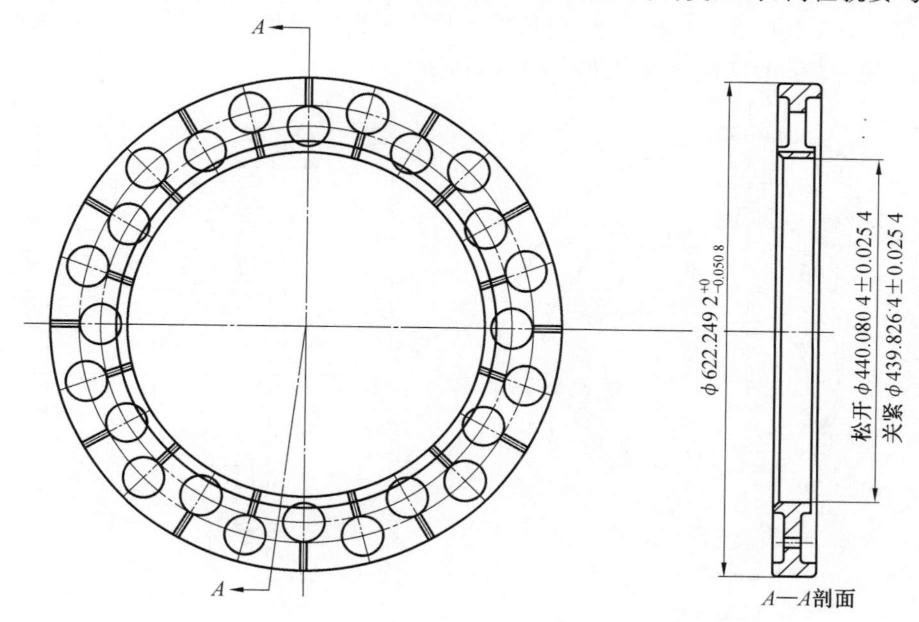


图 10.13　弹簧圈

当油脂盘和弹簧圈联合使用时(图 10.8)，就能够压紧盘形零件，防止其焊接过程中的变形。油脂盘和弹簧圈的作用相当于焊接上用的胀紧夹具，但油脂盘的压力非常均匀、稳定。

弹簧圈松开和夹紧的间隙为 0.254 mm；弹簧圈与油脂盘之间的间隙为 0.152 4～0.254 mm。

### 10.3.4　尾座滑台夹紧传动机构

尾座滑台夹紧传动机构的结构如图 10.9 所示。由图 10.9 中看出，夹套 1 与垫环 4 连接，垫环 4 再与油缸盖 5 连接，油缸盖 5 与活塞 3 连接。当按下夹套夹紧开关时，活塞 3 拉紧油缸盖 5，通过垫环 4 拉紧夹套 1，使其夹紧零件。夹套的轴向移动距离为 0.1～0.3 mm，设计的轴向移动距离为 0.64+2.4=3.04 mm，如图 10.8 所示。

### 10.3.5　导向轴承

导向轴承的结构和作用见第 11 章 11.7 节。

# 10.4 拉槽盘工装

## 10.4.1 拉槽盘工装的结构

上面介绍的压气机盘的焊接工装,焊前零件均未拉出叶形槽。下面介绍拉槽盘的焊接工装。拉槽盘工装的结构和组成如图 10.14 所示。

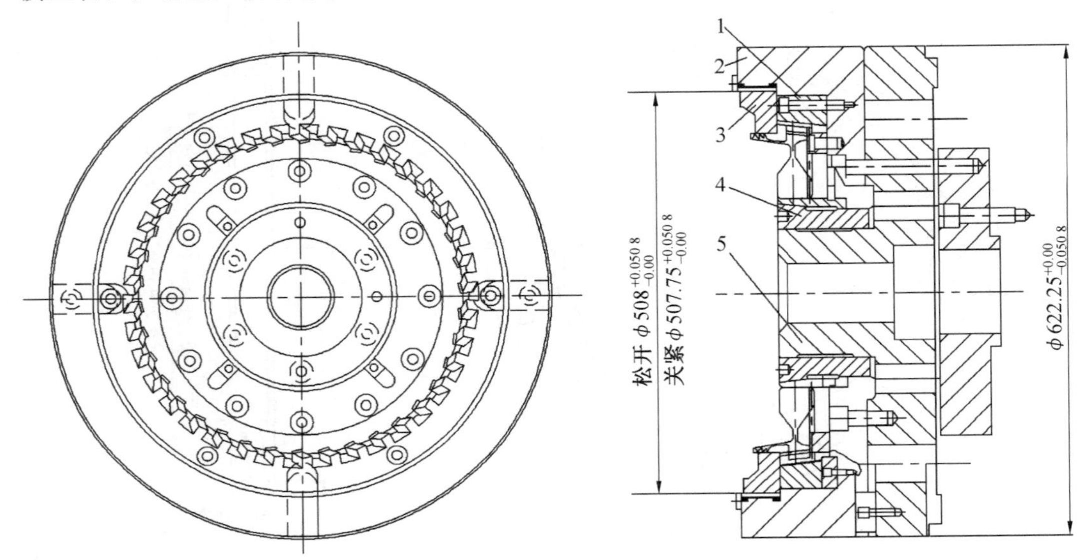


图 10.14 拉槽盘工装

1—键销盘;2—小型油脂盘;3—可拆弹簧圈;4—中间胀紧支撑;5—底座

由图 10.14 中看出,它由下列几部分组成。

(1)键销盘。

(2)小型油脂盘。

(3)可拆弹簧圈。

(4)中间胀紧支撑。

(5)底座等。

## 10.4.2 拉槽盘工装的装夹

将拉槽盘零件沿键销倾斜角度旋转装到键销盘 1 中,以键销盘底定位,压到底,拧紧胀紧支撑 4,然后再装弹簧圈,按下油脂盘按钮,压紧可拆弹簧圈,使被焊零件端头压紧。

在装零件之前,先在每个键销上套上一个 0.8～1.2 mm 厚高强尼龙或橡胶套,以防止焊接过程中,强大的扭矩损伤拉削槽表面。焊接时将拉槽盘工装装到滑台的大油脂盘中,与大油脂盘的间隙为 0.05～0.15 mm。

**1. 键销盘**

键销盘的结构如图 10.15 所示。

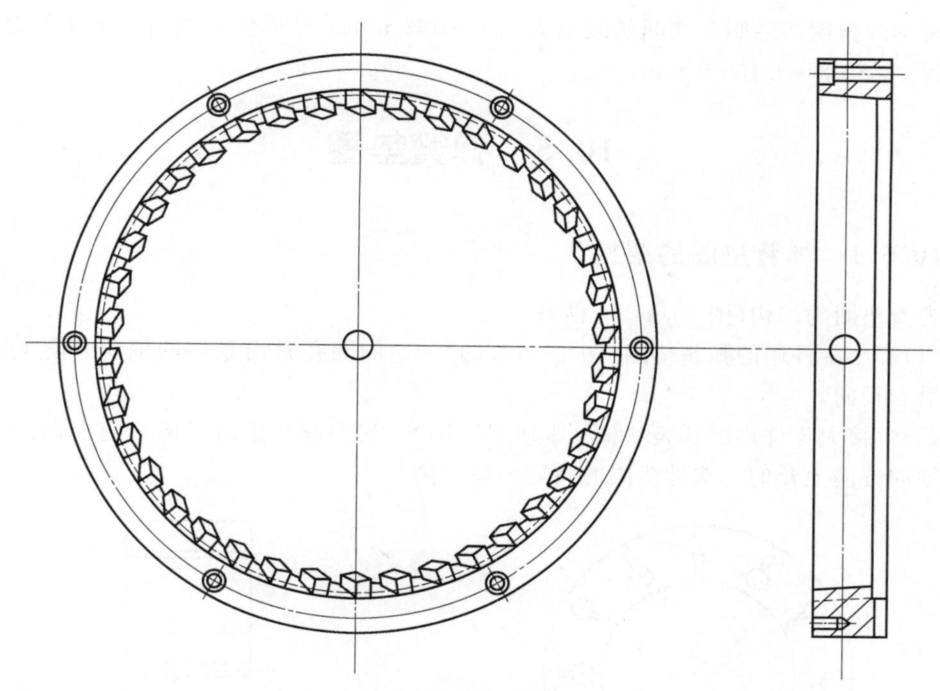

图 10.15　键销盘

由图 10.15 中看出，拉槽盘有多少叶形槽，键销盘就有多少键销，键销倾斜的角度与叶形槽倾斜的角度也应相同。

**2. 可拆弹簧圈**

由于弹簧圈的内径小于拉槽盘的外径，两个盘焊后弹簧圈无法拿出，因此，弹簧圈必须设计成可拆的结构(图 10.16)。

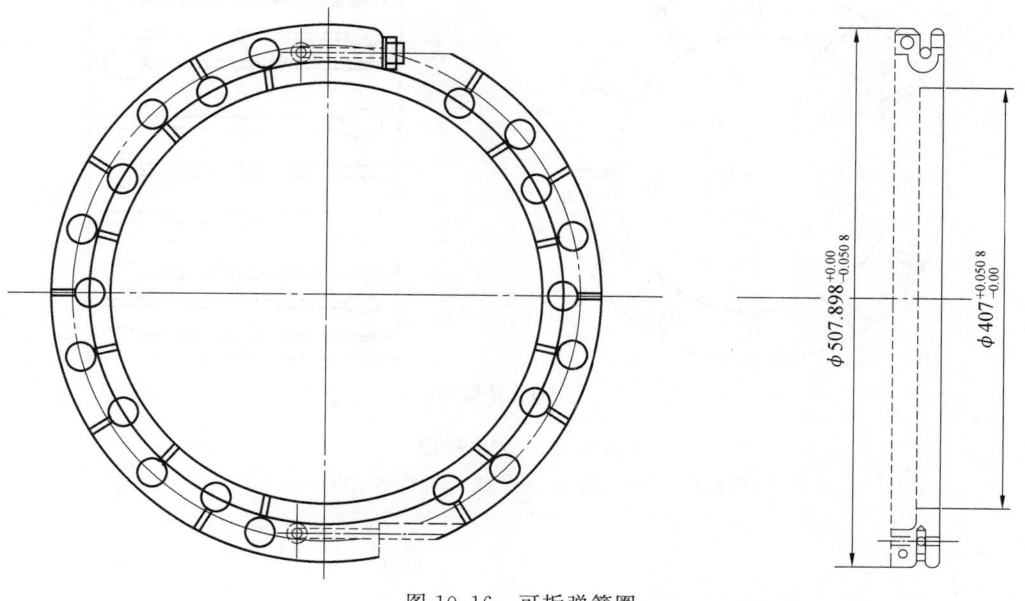


图 10.16　可拆弹簧圈

可拆弹簧圈与油脂盘之间的间隙为 0.1～0.2 mm。可拆弹簧圈与夹紧零件之间的间隙为 0.085 8～0.106 6 mm。

# 10.5　弹簧垫圈

## 10.5.1　弹簧垫圈的结构

弹簧垫圈的结构(图 10.17)有两种：

(1)焊小零件用的弹簧垫圈(图 10.17(a))。它的圆孔是沿零件的轴向方向上钻的，开口沿着径向。

(2)焊接大零件用的弹簧垫圈(图 10.17(b))。它的圆孔是沿径向方向上钻的，开口是在轴向方向上开的。这种垫圈的高度一般较高。

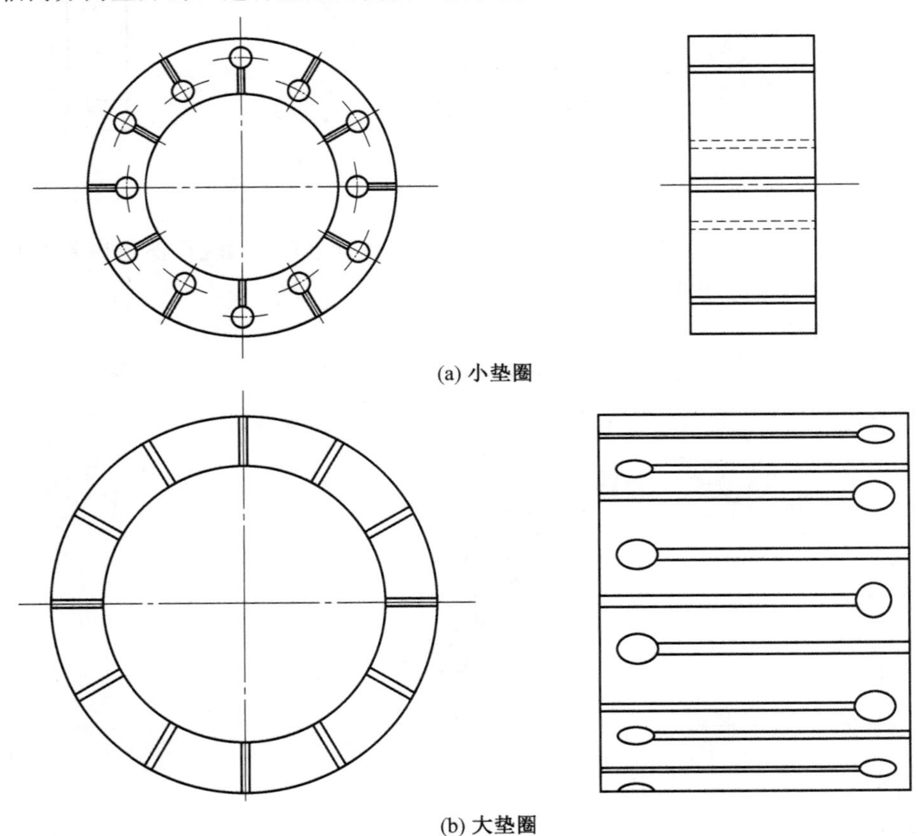

(a) 小垫圈

(b) 大垫圈

图 10.17　弹簧垫圈

(材料：8625H(25CrNiMo)或 4320(20CrNiMo))

### 10.5.2　弹簧垫圈的作用

弹簧垫圈的作用一般是与弹簧夹套的作用相当，它实际上是简化了弹簧夹套的设计和制造。当需要焊接的零件直径比已有弹簧夹套的直径较小时，为了方便起见，就可以在弹簧夹套内径和被焊零件外径之间设计一个弹簧垫圈，使弹簧夹套先夹紧弹簧垫圈，弹簧垫圈再夹紧零件。这样可简化不少工装设计。这里弹簧垫圈的精度应与弹簧夹套的精度相匹配，一般间隙为 0.050 8～0.155 8 mm。

## 10.6　飞轮的结构和尺寸设计

### 10.6.1　飞轮转动惯量($mr^2$)范围的选择

(1)飞轮的转动惯量一般是根据被焊零件的尺寸、材料和焊机的功率决定的(见第 3 章式(3.2))。

$$mr^2=\frac{E_t\times 183}{n^2}$$

式中　$E_t$——被焊零件焊接所需能量，J；

183——单位换算系数；

$n$——被焊零件焊接所需要的转速，r/min。

(2)被焊零件所需要的能量，可按式(3.7)计算

$$E_t=E_g\cdot S_p$$

式中　$E_g$——被焊零件单位面积上所需能量，J/mm²；　　附图Ⅸ

$S_p$——被焊零件的焊口面积，mm²。

(3)零件的转速，可按式(3.4)计算。

$$n=\frac{1\ 000\times v_t}{\pi D}$$

式中　$v_t$——被焊零件焊接时所需线速度，m/min；　　附表Ⅰ

$D$——被焊零件的外径，mm。

因此：

$$mr^2=183\cdot E_g\cdot S_p\cdot\frac{\pi^2D^2}{1\ 000^2\times v_t^2}\tag{10.1}$$

由式(10.1)看出，零件焊接所需要的转动惯量($mr^2$)与零件尺寸($S_p$ 和 $D$)、被焊材料性质($E_g$ 和 $v_t$)和焊机的功率有关。

但在目前焊机发展已经成为系列、配套，焊机的功率和转动惯量已经固定范围，只要零件尺寸和被焊材料确定了，就可以选到合适的焊机了。

### 10.6.2　飞轮惯量的计算

**1. 转动惯量计算公式**

被焊零件所需要的转动惯量选定后，就要选定飞轮的尺寸，多大的飞轮尺寸才能产生

被焊零件所需要的转动惯量，因此，在确定飞轮尺寸之前必须先掌握飞轮转动惯量的计算方法。

(1)实心棒转动惯量($mr^2$)计算公式。

$$mr^2=\rho\pi r^2 h\frac{r^2}{2}=\rho\pi h\frac{r^4}{2} \tag{10.2}$$

式中　$\rho$——材料密度，$kg/m^3$；

$r$——飞轮半径，m；

$h$——飞轮厚度，m。

(2)空心管转动惯量 $mr^2$ 计算公式。

$$mr^2=\frac{\rho\pi h}{2}(R^4-r^4) \tag{10.3}$$

式中　$\rho$——材料密度，$kg/m^3$；

$h$——飞轮厚度，m；

$R$——飞轮外径半径，m；

$r$——飞轮内径半径，m。

**2. 转动惯量计算实例**

(1)计算图 10.18 飞轮转动惯量 $mr^2$。

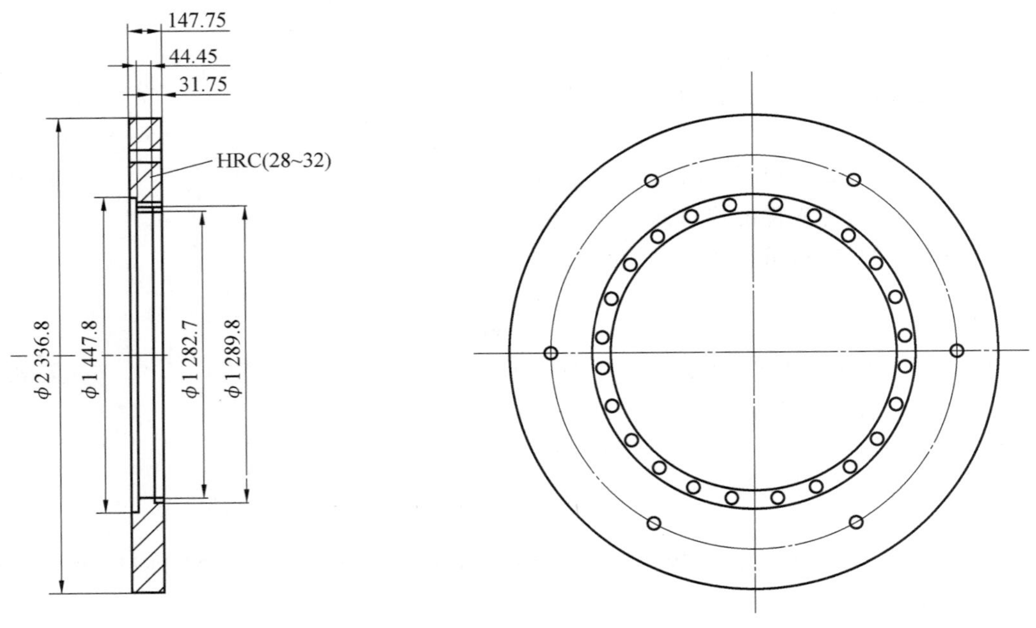


图 10.18　飞轮[40CrMnMo(4140)]的尺寸

($mr^2=2\ 974\ kg\cdot m^2$)

$$R_1=\frac{2.3368}{2}\text{m}\quad r_1=\frac{1.4478}{2}\text{m}\quad h_1=0.07155\text{ m}$$

$$R_2=\frac{2.3368}{2}\text{m}\quad r_2=\frac{1.2898}{2}\text{m}\quad h_2=0.03175\text{ m}$$

$$R_3=\frac{2.3368}{2}\text{m}\quad r_3=\frac{1.2827}{2}\text{m}\quad h_3=0.04445\text{ m}$$

$$mr_1^2=\frac{7800\times3.1416\times0.07155}{2}\times\left[\left(\frac{2.3368}{2}\right)^4-\left(\frac{1.4478}{2}\right)^4\right]=1393(\text{kg}\cdot\text{m}^2)$$

$$mr_2^2=\frac{7800\times3.1416\times0.03175}{2}\times\left[\left(\frac{2.3368}{2}\right)^4-\left(\frac{1.2898}{2}\right)^4\right]=658(\text{kg}\cdot\text{m}^2)$$

$$mr_3^2=\frac{7800\times3.1416\times0.04445}{2}\times\left[\left(\frac{2.3368}{2}\right)^4-\left(\frac{1.2827}{2}\right)^4\right]=923(\text{kg}\cdot\text{m}^2)$$

$$mr^2=mr_1^2+mr_2^2+mr_3^2=2974(\text{kg}\cdot\text{m}^2)$$

(2)计算下列尺寸飞轮转动惯量 $mr^2$(图 10.19)。

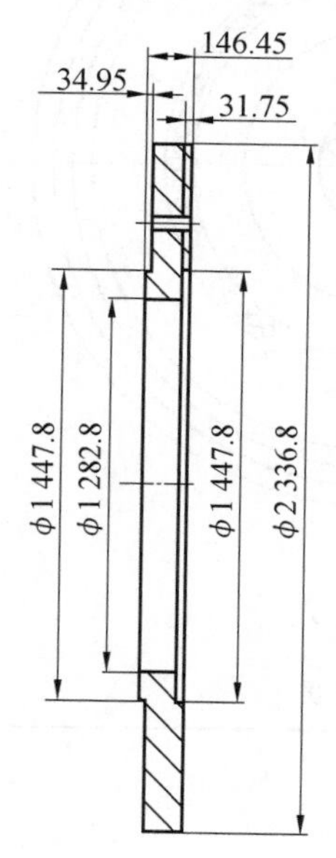


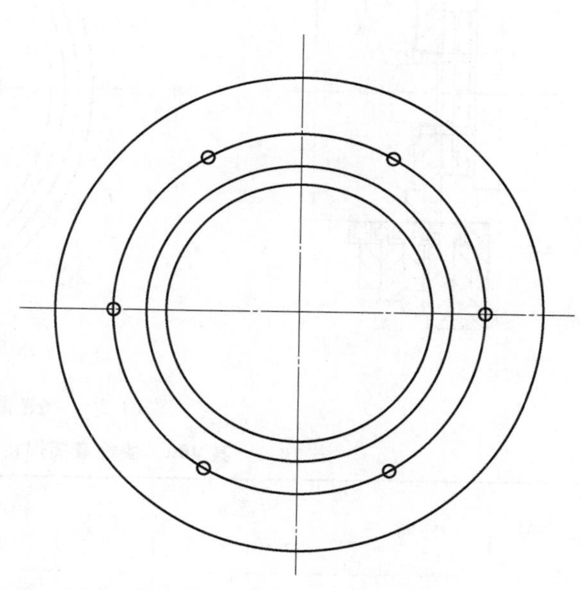

图 10.19　飞轮[4140(40CrMnMo)]的尺寸

($mr^2=2319$ kg · m²)

$$R_1=1.1684\text{ m}\quad r_1=0.7239\text{ m}\quad h_1=0.1115\text{ m}$$

$$R_2=0.7239\text{ m}\quad r_2=0.6414\text{ m}\quad h_2=0.1147\text{ m}$$

应用实心棒式(10.2)计算：

$$mr_1^2=7800\times3.1416\times0.1115\times1/2\times(1.1684)^4-7800\times3.1416\times0.1115\times1/2\times(0.7239)^4=2170.8(\text{kg}\cdot\text{m}^2)$$

$$mr_2^2=7800\times3.1416\times0.1147\times1/2\times(0.7239)^4-7800\times3.1416\times0.1147\times1/2\times(0.6414)^4=148(\text{kg}\cdot\text{m}^2)$$

$$mr^2=mr_1^2+mr_2^2=2318.8(\text{kg}\cdot\text{m}^2)$$

## 10.6.3　飞轮的组合和尺寸设计

### 1. 飞轮的组合

一般惯性摩擦焊机为了扩大焊接零件的尺寸和材料范围，飞轮都设计成若干组，根据其排列组合，可以选择不同大小的转动惯量如某 400 t 惯性摩擦焊机共设计成六组飞轮（图 10.20），再加上焊机本身主轴、传动机构、主轴联接器、夹盘和夹套等的转动惯量，其排列组合见表 10.1。

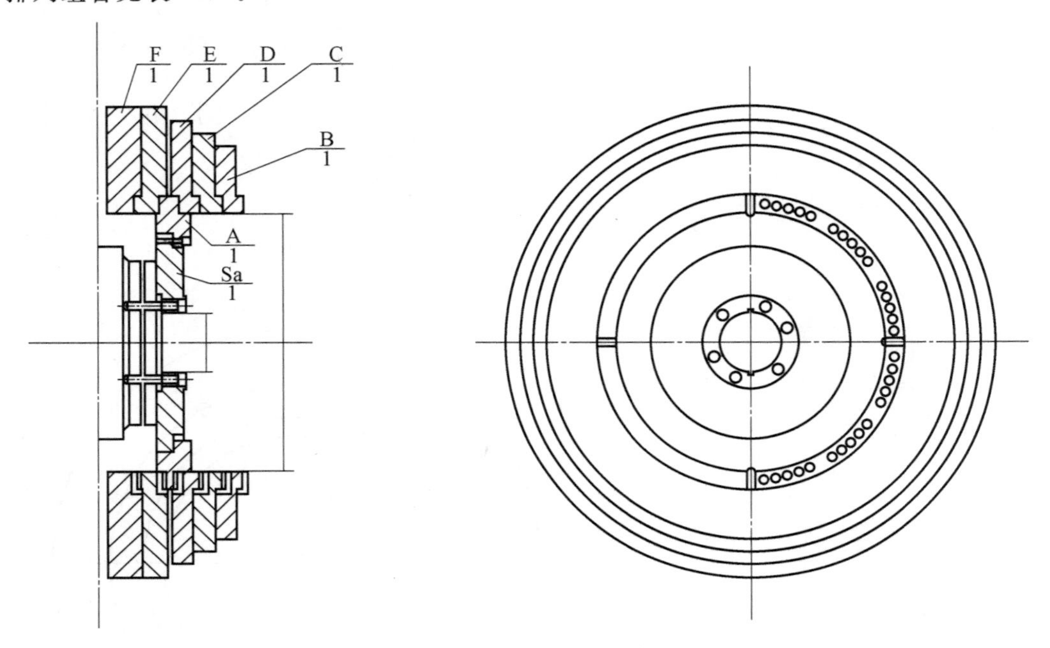


图 10.20　飞轮的组合

**表 10.1　某 400 t 惯性摩擦焊机转动惯量排列组合表**

| 序号 | 件名 | 转速 $n$ /$(\mathrm{r \cdot min^{-1}})$ | 代号 | 转动惯量 $mr^2$ /$(\mathrm{kg \cdot m^2})$ | 注 |
|---|---|---|---|---|---|
| 1 | 主轴 | 600 | S | 36 | 主轴组 |
| 2 | 传动机构 | 600 | T | 10 | 传动机构 |
| 3 | 联接器 1 | 600 | Sa | 101 | 主轴联接器 |
| 4 | 夹盘组 | 600 | Ch | 161 | 夹盘组 |
| 5 | 夹套 | 600 | Co | 5.5 | 夹套 |
| 6 | 联接器 | 600 | A | 290 | 飞轮联接器 |
| 7 | 飞轮 | 600 | B | 874 | 飞轮 |
| 8 | 飞轮 | 600 | C | 1 347 | 飞轮 |
| 9 | 飞轮 | 600 | D | 1 768 | 飞轮 |

续表10.1

| 序号 | 件名 | 转速 $n$ /(r·min$^{-1}$) | 代号 | 转动惯量 $mr^2$ /(kg·m$^2$) | 注 |
|---|---|---|---|---|---|
| 10 | 飞轮 | 600 | E | 2 316 | 飞轮 |
| 11 | 飞轮 | 600 | F | 3 579 | 飞轮 |
| 1 | 组合 | 600 | M1 | 309 | Min=S+T+Sa+Ch+Co |
| 2 | 组合 | 600 | M2 | 600 | Min+A |
| 3 | 组合 | 600 | M3 | 1 474 | Min+A+B |
| 4 | 组合 | 520 | M4 | 1 947 | Min+A+C |
| 5 | 组合 | 475 | M5 | 2 368 | Min+A+D |
| 6 | 组合 | 440 | M6 | 2 821 | Min+A+B+C |
| 7 | 组合 | 375 | M7 | 3 242 | Min+A+B+D |
| 8 | 组合 | 325 | M8 | 3 715 | Min+A+C+D |
| 9 | 组合 | 290 | M9 | 4 589 | Min+A+B+C+D |
| 10 | 组合 | 285 | M10 | 6 494 | Min+A+E+F |
| 11 | 组合 | 275 | M11 | 7 368 | Min+A+B+E+F |
| 12 | 组合 | 260 | M12 | 7 841 | Min+A+C+E+F |
| 13 | 组合 | 250 | M13 | 8 262 | Min+A+D+E+F |
| 14 | 组合 | 250 | M14 | 8 715 | Min+A+B+C+E+F |
| 15 | 组合 | 245 | M15 | 9 136 | Min+A+B+D+E+F |
| 16 | 组合 | 240 | M16 | 9 609 | Min+A+C+D+E+F |
| 17 | 组合 | 225 | M17 | 10 483 | Min+A+B+C+D+E+F(max) |

**2. 飞轮的尺寸设计**

被焊零件所需要的转动惯量选定以后，就要选定飞轮的尺寸。多大的飞轮尺寸才能产生被焊零件所需要的转动惯量。例如某 400 t 焊机其选定六组飞轮，它的转动惯量 $mr^2$ 上下限范围为

$$mr^2_{\min}=309\ \text{kg}\cdot\text{m}^2$$
$$mr^2_{\max}=10\ 483\ \text{kg}\cdot\text{m}^2$$

这个范围就是根据被焊零件尺寸和材料确定的，一般被焊零件要求的 $mr^2$ 应在 $mr^2_{\min}$ 和 $mr^2_{\max}$ 之间。

然后，再根据 $mr^2_{\max}$ 分成若干组(如六组)，按大小顺序适当选定 $mr^2$ 值，但这六组的 $mr^2$ 值之和再加上焊机本身主轴上的 $mr^2$ 值，即 $mr^2_{主轴组}+A+B+C+D+E+F=mr^2_{\max}$，见表 10.1。

当一个飞轮的 $mr^2$ 值确定后，按式(10.3)就可以分别确定该飞轮的外径、内径和壁

厚等。如某飞轮转动惯量为 3 585 kg · m²,即

$$3\ 585=\rho\times\pi\times h\times\frac{1}{2}\times(R^4-r^4)$$

如果选择飞轮壁厚为 0.175 m,外径要考虑机床能够容纳下。如 $R=1.168\ 4$ m,则

$$r^4=R^4-\frac{3\ 585\times2}{\rho\pi h}=1.168\ 4^4-\frac{3\ 585\times2}{7\ 800\times3.141\ 6\times0.175}$$

$$=1.863\ 6-1.672=0.191\ 6(\text{m})$$

所以 $r=0.661\ 6$ m$=661.6$ mm。

再考虑飞轮之间的相互安装,其飞轮的结构尺寸如图 10.18 所示。由图 10.18 看出,飞轮之间的安装靠前后两个止口,定位靠十字形的四个键,固定靠八个螺栓。飞轮加工好后,要进行动平衡试验,去除不平衡的多余质量。

# 第 11 章　摩擦焊的设备

## 11.1　摩擦焊机的分类及组成

自 20 世纪 70 年代，摩擦焊机开始研制，至今已有 50 多年的历史了。在这 50 多年当中，除了完善和改进、改型某些摩擦焊机外，真正投入批量生产的只有两种摩擦焊机，这就是连续驱动摩擦焊机和惯性摩擦焊机。

连续驱动摩擦焊机自 60 年代中期先后在捷克、日本、英国、德国和苏联研制成功并用于生产。我国自 1957 年研制成功第一台铝铜连续驱动摩擦焊机。

美国自 70 年代末期也先后研制成功惯性摩擦焊机和混合驱动摩擦焊机，并首先将惯性摩擦焊机用于航空发动机转动部件的焊接上。连续驱动摩擦焊机和惯性摩擦焊机是世界上目前独立存在的两大体系。

**1. 连续驱动摩擦焊机的组成**

连续驱动摩擦焊机的基本结构如图 11.1 所示。

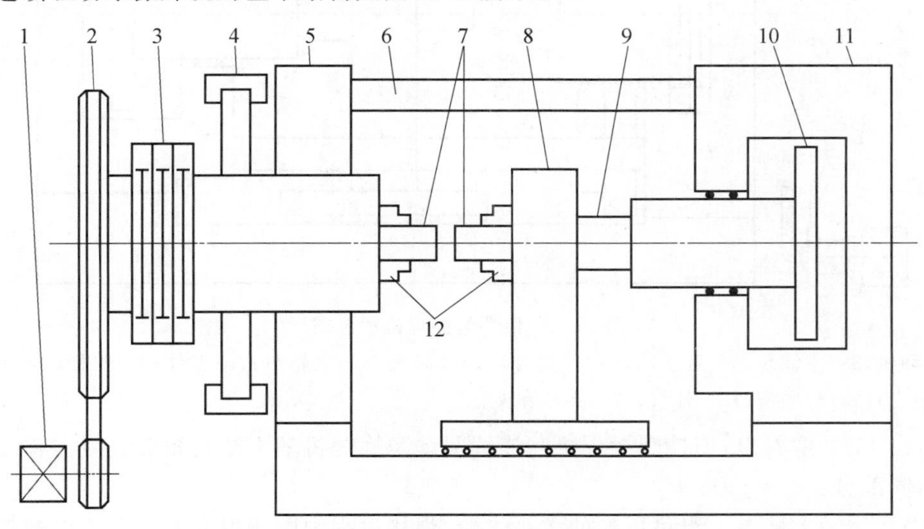


图 11.1　连续驱动摩擦焊机示意图

1—电动机系统；2—传动系统；3—离合器；4—制动器；5—床头；6—拉杆；7—工件；8—滑台；9—推力杆；10—油缸系统；11—尾座；12—夹盘和夹套

由图 11.1 中看出，连续驱动摩擦焊机由下列五部分组成。

(1)主机，包括床身、床头、滑台、尾座和拉杆等。

(2)传动系统，包括主电机、传动轮、离合器和制动器等。

(3)压力系统，包括电机、油泵、阀门、管路、油缸和推力杆等。

(4)电器控制系统,包括控制焊接顺序和自动焊接循环、速度、压力等有关线路和元件组成的控制器。

(5)夹盘和夹套等工艺装备。

主轴夹具与尾座上滑台夹具是用来在同一轴线上分别夹紧两个被焊零件的;轴向加压油缸是用来推动滑台夹具上被焊零件,以便在焊接过程中,在两个零件的接触表面上施加摩擦压力和顶锻压力;驱动电机经传动轮、离合器带动主轴上零件相对于非转动的滑台上零件转动,以得到两个零件接触表面上的相对摩擦运动。离合器和制动器的作用:在焊接开始时,离合器将主轴连接到电动机上,而在焊接过程结束时,离合器将主轴从电动机上脱开,制动器立即制动主轴,停止焊接转动。由此可见,一台完整的摩擦焊机应该包括焊接机床、液压系统和电器控制系统三大部分,有的焊机上还配带有切除飞边的装置。

**2. 惯性摩擦焊机的组成**

惯性摩擦焊机的组成如图 11.2 所示。

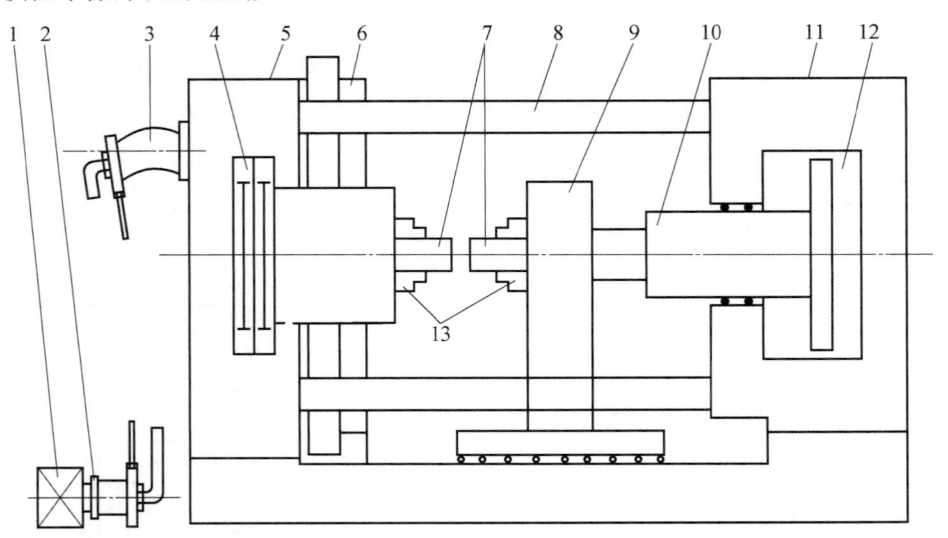


图 11.2　惯性摩擦焊机示意图

1—电动机;2—主油泵;3—液压马达;4—离合器;5—床头;6—飞轮组;7—工件;8—拉杆;9—滑台;10—推力杆;11—尾座;12—油缸;13—夹盘和夹套

由图 11.2 中看出,惯性摩擦焊机与连续驱动摩擦焊机基本结构相似。但它有几个主要的不同部分:

(1)在主轴上装有一组可更换的大小飞轮,焊接过程中向待焊的两个零件接触表面上提供旋转动能,以代替驱动电机。

(2)在主轴上没有制动器(刹车片)。焊接过程结束时不是靠制动器刹车,而是靠惯性轮的动能完全消耗到焊缝上后,主轴自动停止,焊接过程结束。

(3)传动系统由主电机带动主油泵,主油泵带动液压马达,液压马达再通过传动齿轮带动主轴旋转。由于采用了液压马达,焊机可无级调速,大大改善了焊机的功率调节范围和使用性能。

# 11.2　各国摩擦焊机的型号

## 11.2.1　中国摩擦焊机的型号及技术指标

中国摩擦焊机的型号及技术指标见表 11.1 和表 11.2。

表 11.1　中国长春焊机制造厂焊机型号和技术指标

| 焊机型号 | 转速 /(r·min⁻¹) | 最大顶锻力/t | 主轴电机功率 /kW | 焊件直径/mm | 型式 |
|---|---|---|---|---|---|
| C—0.5 | 6 000 | 0.5 | 3.7 | 4～6.5 | — |
| C—1.0 | 5 000 | 1.0 | 3.7 | 6.5～10 | — |
| C—2.5 | 3 000 | 2.5 | 12 | 5～10 | 分 A、B 两型，B 带切飞边装置 |
| C—4 | 2 500 | 4.0 | 16 | 8～14 | 分 A、B、C 和 L 四种型号，其中 L 为焊铜铝的 |
| C—12 | 1 000 | 12.0 | 42 | 10～30 | 适用 195 型柴油机轴瓦 |
| C—20 | 2 000/400 | 20.0 | 30 | 12～34 | 分 A、B、L 三型，L 为专门焊铝铜的 |
| C—25 | 1 350 | 25.0 | 46 | 18～40 | 分 A、L 两型 |
| C—40 | 630/1 200 | 40.0 | 68 | 25～55 | 双头功率为 112 kW |
| C—63 | 575 | 63.0 | 81 | 60～114 $\delta$=3.5～10 | 适于管件 |
| C—80 | 850 | 80.0 | 110 | 40～75 | — |
| C—120 | 580 | 120.0 | 146 | 73～140 | 用于石油钻杆 |
| RS45 | 1 500 | 45.0 | 65 | 20～70 | 用 KUKA 技术 |
| RS45(pos) | 1 500/750 | 45.0 | 140 | 20—70 | 带相位控制 |

表 11.2　中国长春焊机制造厂惯性摩擦焊机型号和技术指标

| 型号 | 最大顶锻力 /kN | 主轴最高转速 /(r·min⁻¹) | 最大转动惯量 /(kg·m²) | 焊件直径 /mm | 功率/kW | 型式 |
|---|---|---|---|---|---|---|
| CG—6.3 | 63 | 5 000 | 0.527 2 | 8～20 | 33 | 焊管件 $\phi$32×3.5 |

## 11.2.2　美国 MTI 公司摩擦焊机型号及技术指标

美国 MTI 公司摩擦焊机型号及技术指标见表 11.3 和表 11.4。

**表 11.3　美国 MTI 公司惯性摩擦焊机型号和技术指标**

| 焊机型号 | 最大转速/$(r \cdot min^{-1})$ | 最大转动惯量/$(kg \cdot m^2)$ | 最大焊接力/kN | 最大焊接零件面积/$mm^2$ | 型式 |
|---|---|---|---|---|---|
| 40B | 45 000/60 000 | 0.000 63 | 2.2 | 45.2 | B,D,V |
| 60B | 12 000/24 000 | 0.094 | 40 | 426 | B,BX,D,V |
| 90B | 12 000 | 0.21 | 57.8 | 645 | B,BX,D,T,V |
| 120B | 8 000 | 1.05 | 124.5 | 1 097 | B,BX,D,T,V |
| 150B | 8 000 | 2.11 | 222.4 | 1 677 | B,BX,T,V |
| 180B | 8 000 | 4.2 | 355.8 | 2 968 | B,BX,TV |
| 220B | 6 000 | 25.3 | 578.2 | 4 194 | B,BX,T,V |
| 250B | 4 000 | 105.4 | 889.6 | 6 452 | B,BX,T,V |
| 300B | 3 000 | 210 | 1 112 | 7 742 | B,BX,T,V |
| 320B | 2 000 | 421 | 1 556.8 | 11 613 | B,BX |
| 400B | 2 000 | 1 054 | 2 668.8 | 19 355 | B,BX |
| 480B | 1 000 | 10 535 | 3 780.8 | 27 097 | B,BX |
| 750B | 1 000 | 21 070 | 6 672 | 48 387 | B,BX |
| 800B | 500 | 42 140 | 20 000 | 145 160 | B,BX |

注 ①最小焊接力，一般为最大焊接力的 1/8；②B—箱型卧式焊机；BX—敞开式焊轴类焊机；V—立式焊机；D—双头单驱动焊机；T—双头双驱动焊机。

**表 11.4　美国 MTI 公司混合驱动摩擦焊机型号和技术指标**

| 焊机型号 | 最大转速(可变的)/$(r \cdot min^{-1})$ | 最大顶锻力/kN | 最大零件直径/mm | 最大管件面积/$mm^2$ | 型式 |
|---|---|---|---|---|---|
| 7.5T FW | 3 000 | 66.7 | 25.4 | 690 | B,BX,D,T,V |
| 10T FW | 3 000 | 89 | 28.7 | 923 | B,BX,D,T,V |
| 15T FW | 2 500 | 133 | 38 | 1 290 | B,BX,D,T,V |
| 30T FW | 2 000 | 177.9 | 48.3 | 2 768 | B,BX,D,T,V |
| 45T FW | 1 500 | 396 | 60.7 | 4 148 | B,BX,T,V |
| 60T FW | 1 300 | 533 | 74 | 5 161 | B,BX,T ,V |
| 100T FW | 1 000 | 889.6 | 90.7 | 9 219 | B,BX,T,V |
| 125T FW | 1 000 | 1 112 | 101.6 | 11 523 | B,BX,T |
| 150T FW | 1 000 | 1 332 | 116.8 | 12 903 | B,BX,T |

### 11.2.3　德国 KUKA 公司连续驱动摩擦焊机型号和技术指标

德国 KUKA 公司连续驱动摩擦焊机型号和技术指标见表 11.5。

**表 11.5　德国 KUKA 公司连续驱动摩擦焊机型号和技术指标**

| 焊机型号 | 最大顶锻力/kN | 可焊工件断面/mm² | |
|---|---|---|---|
| | | 最小面积 | 最大面积 |
| RS2 | 20 | 7 | 165 |
| RS4 | 40 | 17 | 330 |
| RS12 | 120 | 70 | 1 000 |
| RS30 | 300 | 170 | 2 500 |
| RS45 | 450 | 314 | 3 750 |
| RS80 | 800 | 420 | 6 600 |
| RS160 | 1 600 | 1 260 | 15 500 |
| RS250 | 2 500 | 1 960 | 31 400 |

### 11.2.4　英国 Thompson 公司连续驱动摩擦焊机型号和技术指标

英国 Thompson 公司连续驱动摩擦焊机型号和技术指标见表 11.6。

**表 11.6　英国 Thompson 连续驱动摩擦焊机的型号和技术指标**

| 焊机型号 | 最大转速/(r · min⁻¹) | 最大推力/kN | 主轴电动机功率/kW | 焊件直径/mm | 焊件面积/mm² | 型式 |
|---|---|---|---|---|---|---|
| M15 | 2 500 | 10 | 18 | 12～35 | 968 | B |
| M50 | 2 000 | 60 | 38 | 25～63 | 3 200 | B |
| M80 | 1 500 | 100 | 75 | 40～90 | 6 362 | B |
| M125 | 1 000 | 160 | 112 | 50～112 | 9 677 | B |
| M250 | 360 | 350 | 180 | 65～140 | 14 200 | B |

### 11.2.5　日本东帮商事株式会社连续驱动摩擦焊机型号和技术指标

日本东帮商事株式会社连续驱动摩擦焊机型号和技术指标见表 11.7。

**表 11.7　日本东帮商事株式会社连续驱动摩擦焊机型号和技术指标**

| 焊机型号 | 转速/(r · min⁻¹) | | 最大轴向推力/kN | 焊件最大尺寸/mm | 型式 |
|---|---|---|---|---|---|
| | 焊接时 | 切飞边时 | | | |
| THFS－15 | 3 600 | 1 800 | 2.5 | $\phi$15×300 | B |
| THFS－25 | 3 600 | 1 200 | 4 | $\phi$25×300 | B |

续表11.7

| 焊机型号 | 转速/(r·min$^{-1}$) | | 最大轴向推力/kN | 焊件最大尺寸/mm | 型式 |
|---|---|---|---|---|---|
| | 焊接时 | 切飞边时 | | | |
| THFS−35 | 3 600 | 900 | 8.5 | $\phi$30×300 | B |
| THF−25HW | 2 600 | 1 300 | 5 | $\phi$30×300 | BV |
| THF−35HW | 2 000 | 1 000 | 10 | $\phi$35×300 | BV |
| THF−60HW | 1 500 | 750 | 30 | $\phi$60×400 | BV |
| THF−80HW | 1 200 | 600 | 60 | $\phi$75×450 | BV |
| THF−150HW | 600 | 300 | 150 | $\phi$110×450 | B |

# 11.3　摩擦焊机受力机构的设计

## 11.3.1　对焊机受力机构设计的要求

(1)焊机受力机构要有足够大的强度和刚性，以克服摩擦焊接时强大的推力载荷和扭矩对机床产生的振动和变形。

(2)受力机构要设计成平衡受力机构以消除摩擦焊接力和扭矩对机床的损害作用。

(3)受力机构的工艺性和经济性要好。既要容易加工制造，又要造价便宜好用。

如:为了缩短制造周期，又能满足摩擦焊对床身的制造要求，现代的摩擦焊机床身多半为消除应力处理的盒型焊接结构。

## 11.3.2　受力机构的设计

### 1.封闭箱式受力机构

设计成封闭箱式受力机构以增加机床的刚性和强度，如图11.3所示。

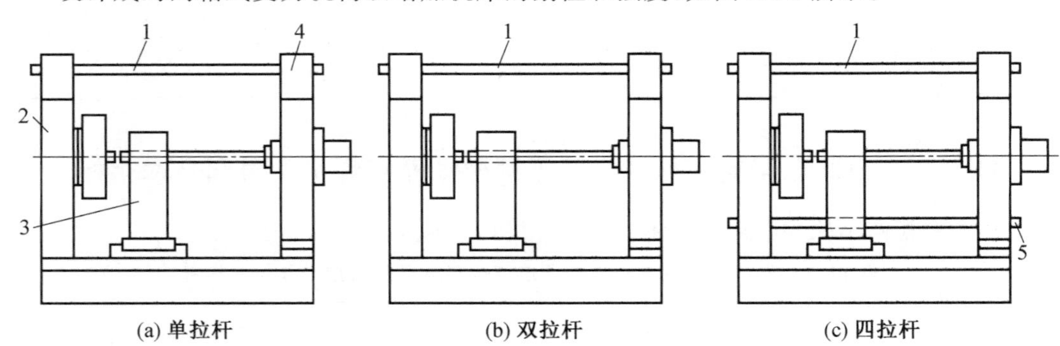


图11.3　摩擦焊机受力机构的设计和拉杆的分布

1—拉杆;2—床头;3—滑台;4—尾座;5—拉杆

由图11.3中看出，以主轴和尾座的中心为中心线，与床身对称地设计成若干个拉杆共同平衡掉焊接压力对床身产生的弯矩。

(1)100 t 以下的焊接力,可以设计成单拉杆式摩擦焊机(图 11.3(a))。

(2)100～250 t 之间的焊接力,可以设计成双拉杆式摩擦焊机(图 11.3(b))。

(3)350 t 以上的焊接力,可以设计成四拉杆式摩擦焊机(图 11.3(c))。

单拉杆和双拉杆式焊机的床头和尾座必须用螺栓与床身锁紧共同克服焊接时的油缸推力,见表 11.3 的 40B～400B 焊机;而四拉杆式焊机为了使焊接压力被四拉杆均分,只床头与床身用螺栓锁紧而尾座与床身可以不用螺栓锁紧,靠尾座自身质量(重量)呈自由状态放在床身上。这时床身承受很小的弯矩,见表 11.3 的 480B、750B 和 800B 焊机。

**2. 开敞式受力机构**

由于细长杆和轴类等零件焊接的特殊要求,可以设计成开敞式受力机构(图 11.4)。

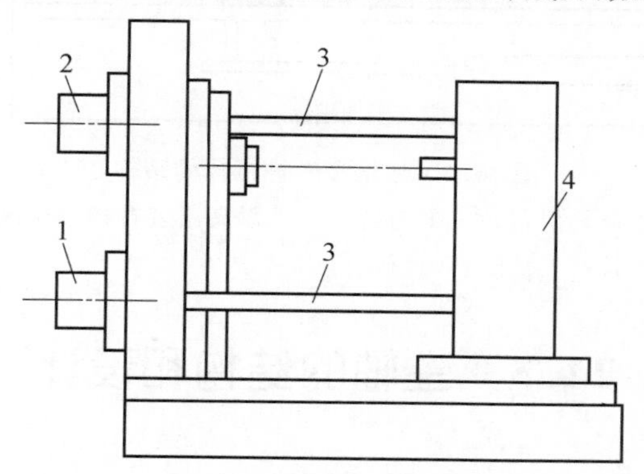


图 11.4 开敞式摩擦焊机

1—油缸;2—油缸;3—推力杆(拉杆);4—尾座

由图 11.4 看出,开敞式焊机有两个油缸(可推或拉)和两个拉杆,直接安装在滑台上,作为滑台轴向移动的导轨以承受摩擦扭矩,这样大大简化了焊机的结构(表 11.3 的 BX 型焊机)。它的尾座中心是空的,可装夹无限长的细长杆零件,但这种焊机的精度和抗振能力均比封闭式箱式结构焊机要低些,如在 300BX 型焊机上做试验产生焊机振动的参数曲线(第 9 章图 9.6)。

## 11.4 加压和送进机构的结构和设计

### 11.4.1 对加压和送进机构的设计要求

(1)加压和送进机构要有足够的强度和刚性。

(2)按需要规定焊接压力循环,在空行程时要有快速进给机构。

(3)送进机构要快速灵活。

### 11.4.2 加压和送进机构的结构

某 400 t 惯性摩擦焊机的加压和送进机构如图 11.5 所示。由图 11.5 中看出,在空行程时,由快速油缸 9 带动滑台快速运行;在焊接时,由叉形剪刀夹紧装置将焊接油缸杆 7

连接到推力杆上，由焊接油缸 7 供给焊接压力进行焊接。滚动滑台的精度非常高，滑道的纵向和横向水平度均不大于 0.012 7 mm/300 mm。

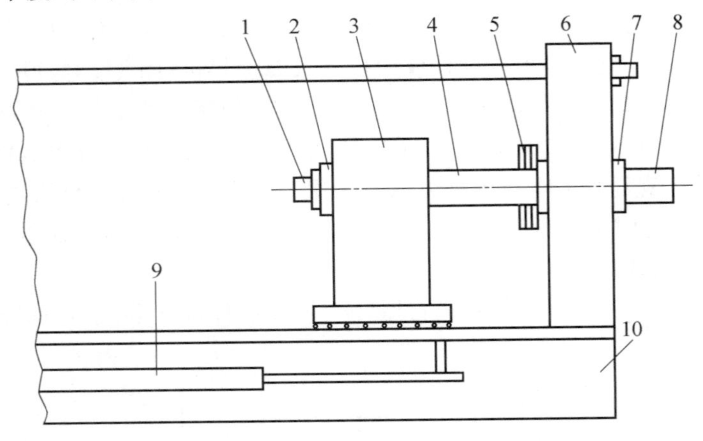


图 11.5 加压和送进机构的结构

1—焊件；2—夹套；3—滑台；4—推力杆；5—叉形夹紧装置；6—尾座；7—焊接油缸；8—推力杆罩；9—长行程油缸；10—机身

## 11.5 主轴的结构和设计

### 11.5.1 对主轴结构的设计要求

主轴是摩擦焊机的关键部件。主轴设计和制造精度的高低代表摩擦焊机的水平。在摩擦焊接过程中，它承受很大的轴向推力载荷和摩擦扭矩的作用，并且它具有很高的转速，因此，对它的结构设计应提出下列要求。

(1)主轴的结构要能承受很高的轴向推力载荷和扭矩，目前最大的推力载荷可到2 250 t。

(2)主轴要有很高的转速，最高转速达 60 000 r/min，焊大零件焊机转速要低，焊小零件焊机转速要高。

(3)主轴的精度根据不同行业的要求，可以有所不同。

航空牌惯性摩擦焊机的主轴端跳和径跳均不大于 0.025 4 mm。因此，主轴的设计一定要采用高强度和高精密度的双列圆锥滚子轴承和止推滚动轴承并要提高主轴的制造精度。

### 11.5.2 主轴的结构和设计

某 400 t 惯性摩擦焊机的主轴设计如图 11.6 所示。由图 11.6 中某 400 t 惯性摩擦焊机主轴的结构看出，它有四列滚动轴承，其中主轴上分布两列双列圆锥滚子轴承(一大一小)，它的特点如下。

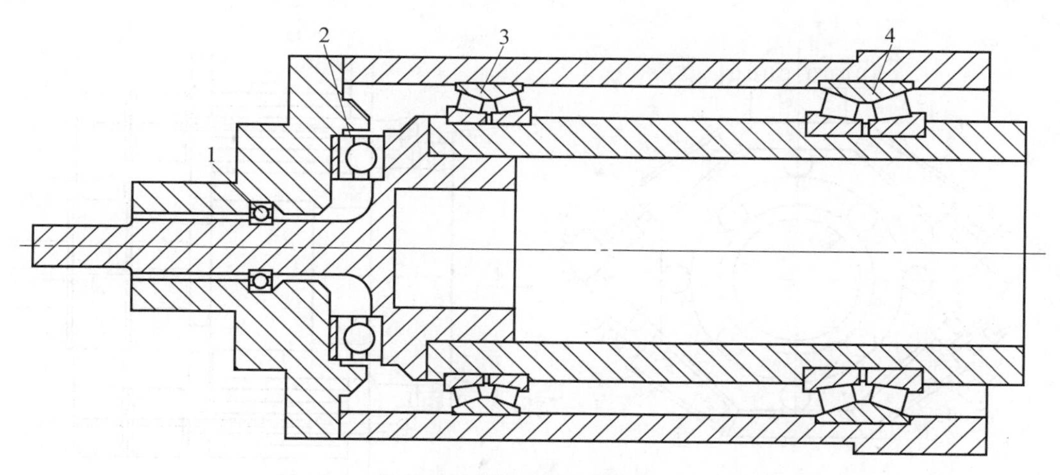


图 11.6　惯性摩擦焊机主轴的结构和轴承的分布

1—滚动轴承;2—止推轴承;3—双列圆锥滚子轴承;4—双列圆锥滚子轴承

(1)能承受很大的双向轴向载荷。

(2)额定动负荷比大(2.6～4.3)。

(3)极限转速低。

轴肩上放置一列较大的止推轴承,用以承受很大的轴向推力载荷;轴颈上放置一列较小的滚动轴承。主轴的中心放置弹簧夹套拉紧的传动装置。

# 11.6　主轴和尾座之间同轴度的设计

## 11.6.1　可调方案的选择

300 t 以下的惯性摩擦焊机飞轮很小,对主轴和尾座的同轴度影响也不大,因此,主轴和尾座间的同轴度主要靠主轴、尾座和滑道的制造精度来保证;但是,300 t 以上焊机(表 11.3 中的 480B、750B 和 800B)的飞轮很重,达 10～20 t,主轴装上飞轮和不装飞轮以及装上多少,对主轴和尾座之间的同轴度都有明显的影响,为了消除这种影响,在尾座滑台的设计中考虑了可调的方案,这种可调的方案只适用于航空牌精密焊机的制造需要。

## 11.6.2　滑台夹具可调方案的结构设计

**1. 滑台夹具可调方案的结构**

滑台夹具可调方案的结构如图 11.7 所示。由图 11.7 看出,滑台可调夹具由八部分组成。

**2. 滑台夹具的调整过程**

(1)数显表 1 用以记录和显示下面两个手动楔铁的调整距离,读数可精确到 0.05 mm。

(2)上面在水平面各 45°方向上设计两个自动调整楔铁,它的两个端头各设置两个小油缸,一按按钮,两个楔铁便会自动锁紧。

(3)下面在水平面各 45°方向上对应设计两个手动调整楔铁(过去曾设计过自动的,

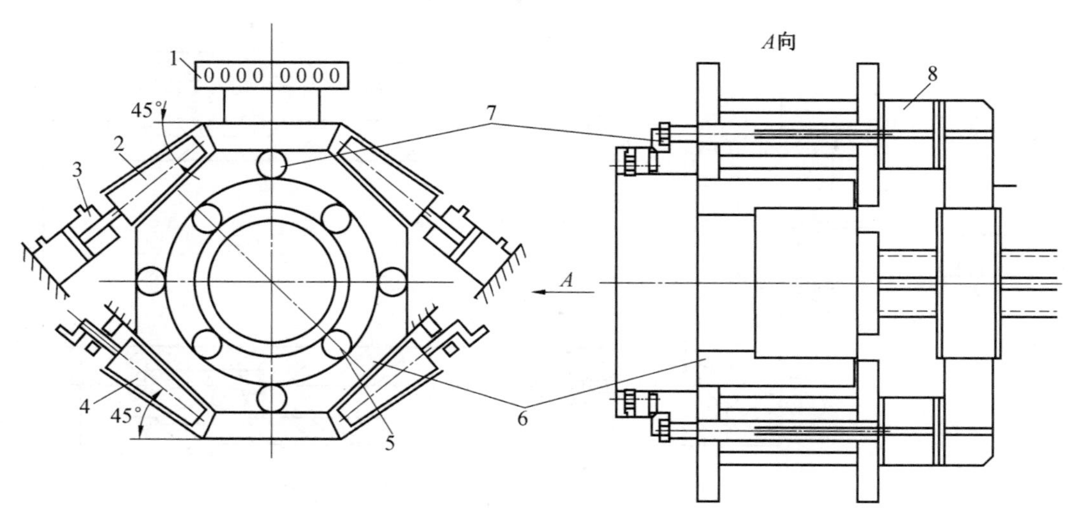


图 11.7　滑台夹具可调结构示意图

1—数显装置；2—自动锁紧楔铁；3—锁紧油缸；4—手动锁紧楔铁；5—四个锁紧大螺栓；6—油脂盘夹具；7—四个锁紧大螺栓；8—八个自动锁紧楔铁

但不好用）。

（4）以上为油脂盘前面调整和锁紧机构。下面 6、7 和 8 是油脂盘后端锁紧机构。

当要调整滑台夹具中心与主轴中心的同轴度时，将大油脂盘前端上面两个自动锁紧楔铁的油缸 3 和后面的八个小油缸 8 松开，即八个大螺栓 5 和 7 松开，使滑台中心大油脂盘夹具 6 呈自由状态，然后手动调整大油脂盘前端下面两个手动楔铁，直到使大油脂盘中心（即尾座滑台夹具中心）与主轴中心调在一个中心线上，最后按大油脂盘前端自动锁紧楔铁和大油脂盘后端八个锁紧油缸开关，使 6 和 7 八个大螺栓、螺帽拉紧，因而使大油脂盘牢固地固定在滑台小车上。一般上下、左右调整距离为 0.1～0.3 mm。使用时不能随便按这些锁紧开关，只有调整时用。该机构的用处和调整过程见第 12 章 12.3.3 节。

# 11.7　导向轴承

## 11.7.1　导向轴承的结构

在大型航空牌惯性摩擦焊机（如 480B、750B 和 800B）中，为了提高零件的焊接同轴度，在滑台夹具的前端设计一个独立的导向轴承，也称为导向罩，焊接过程中，它套在主轴夹盘上，起导向作用，它的结构和作用如图 11.8 和图 11.9 所示。它由下列几部分组成：

导向轴承安装在滑台夹具的前端，焊接过程中，它套在主轴夹盘的外径上（夹盘的外径与导向轴承滚柱之间的间隙为 0.025 4～0.076 2 mm），使主轴夹套上的零件在导向轴承中转动，从而消除了主轴上的离心力和摆动。这样，大大提高了主轴上零件与尾座滑台上零件焊接过程中的同轴度。导向轴承中的 24 件高精度滚柱轴承与主轴的速度比设计成 6∶1（即主轴转 100 r/min，滚柱转 600 r/min）。因此，滚柱在焊接过程中要加高速耐高温油，否则使用起来容易冒烟。

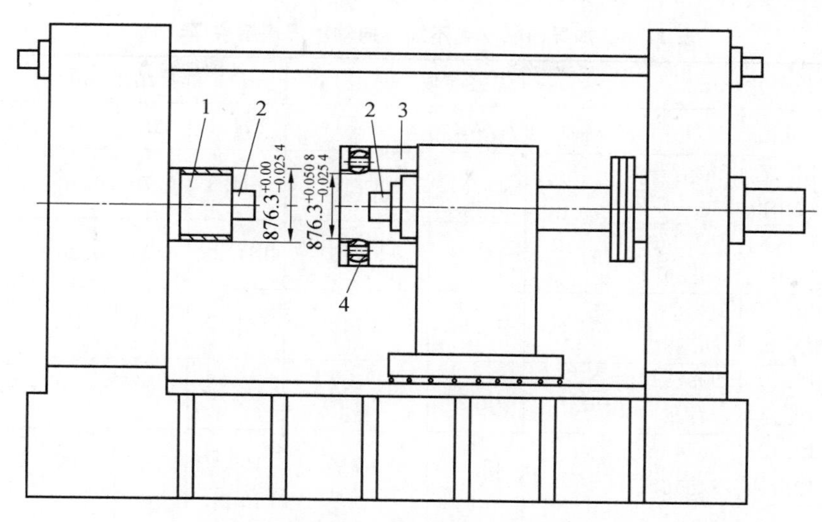


图 11.8　导向轴承位置示意图

1—主轴夹盘；2—焊件；3—导向轴承；4—轴承滚棒（24 件）

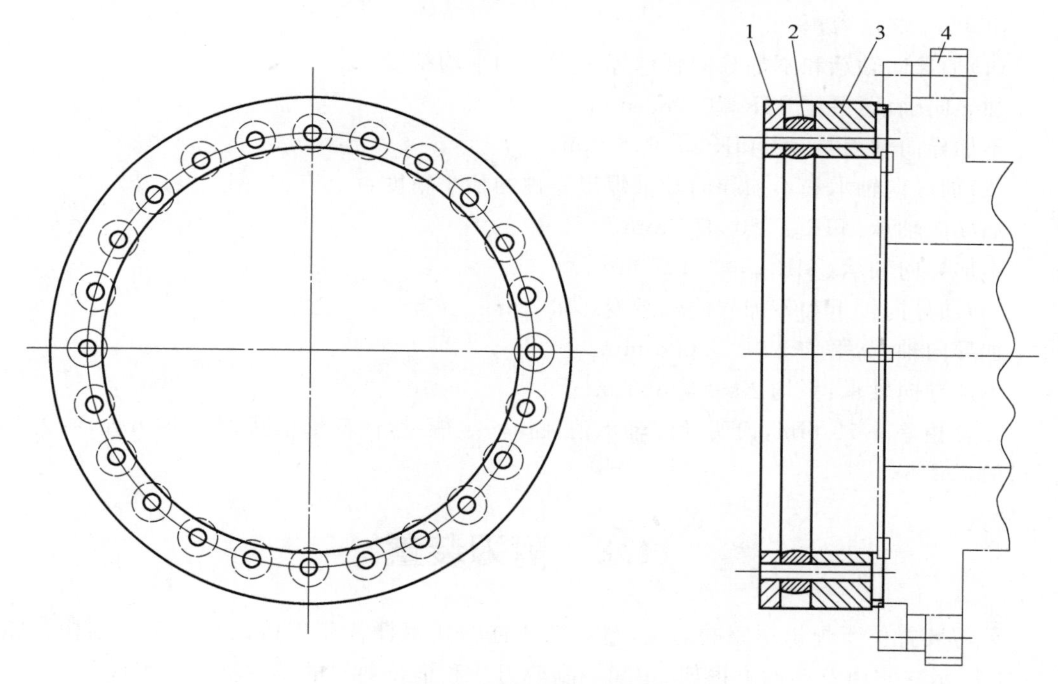


图 11.9　导向轴承的结构

1—盖圈；2—高精度滚柱轴承（24 件）；3—导向轴承体等；4—油脂盘

## 11.7.2　导向轴承的作用

装导向轴承对于提高零件的焊接精度效果非常明显，一般经验证明，不装导向轴承的焊机焊接零件同轴度只能达到 TIR＞0.35 mm；装导向轴承的焊机焊接零件同轴度可达 TIR＜0.15 mm。经试验也证明见表 11.8。

表 11.8 加导向轴承和不加导向轴承焊接结果(碳钢环)

| 焊前零件尺寸/mm | | | 焊接参数 | | | 焊接结果/mm | | | | 注 |
|---|---|---|---|---|---|---|---|---|---|---|
| $D$ | $\delta$ | $H$ | $n/(\mathrm{r\cdot min^{-1}})$ | $p_c$/MPa | $mr^2/(\mathrm{kg\cdot m^2})$ | $H_2$ | $\Delta L$ | TIR | Flat | |
| 430.61<br>430.68 | 12.07<br>12.01 | 103.23<br>86.87 | 253.9 | 15.51 | 3 715 | 184.3 | 5.79 | 0.76 | 0.051 | 未加导向罩 |
| 430.61<br>430.56 | 12.08<br>12.01 | 103.17<br>86.89 | 254.1 | 15.52 | 3 715 | 184.23 | 5.84 | 0.30 | 0.051 | 未加导向罩 |
| 430.53<br>430.56 | 12.07<br>12.08 | 103.19<br>86.88 | 254.3 | 15.56 | 3 715 | 184.23 | 5.79 | 0.127 | 0.10 | 未加导向罩 |
| 430.61<br>430.61 | 12.10<br>12.14 | 90.73<br>74.22 | 254.7 | 15.59 | 3 715 | 159.2 | 5.74 | 0.10 | 0.025 | 加导向罩 |
| 430.66<br>430.61 | 12.13<br>12.10 | 90.40<br>74.56 | 254.7 | 15.61 | 3 715 | 159.3 | 5.66 | 0.089 | 0.10 | 加导向罩 |
| 430.00<br>430.61 | 12.15<br>12.18 | 90.78<br>74.24 | 254.7 | 15.60 | 3 715 | 159.54 | 5.48 | 0.076 | 0.076 | 加导向罩 |

由表 11.8 中看出：

(1)加导向轴承和不加导向轴承焊出零件的平均精度：

加导向轴承：平均 TIR≤0.089 mm。

不加导向轴承：平均 TIR≤0.398 mm。

(2)加导向轴承和不加导向轴承焊出零件的最小精度：

加导向轴承：$\mathrm{TIR_{min}}$≥0.076 mm。

不加导向轴承：$\mathrm{TIR_{min}}$≥0.127 mm。

(3)加导向轴承和不加导向轴承变形量差异：

加导向轴承：平均 $\Delta L$=5.628 mm。

不加导向轴承：平均 $\Delta L$=5.808 mm。

二者相差 0.18 mm，说明导向轴承消耗掉一定能量，使变形量减少 0.18 mm，约占总能量的 3.2%。

## 11.8 剪刀装置

剪刀装置位于焊机尾座的前端，与焊接油缸的活塞杆 5 相连接。它的整个结构如图 11.10 所示。它由三层四方框架、中间一副剪刀 9 和推拉剪刀的小油缸 8 等组成。

当焊接程序开始时，通过继电器、阀门控制推拉剪刀的小油缸，拉紧剪刀装置，扣住推力杆，挡住推力杆上的承力螺母，使推力杆与焊接油缸活塞杆连接起来，给被焊零件加压。

当非焊接程序时，滑台需前、后长行程移动，剪刀装置 3 与推力杆 1 处于非连接状态，推力杆 1 与承力螺母 2，在长行程油缸 3833C 带动下，可在焊接油缸活塞杆 5 内部自由移动。

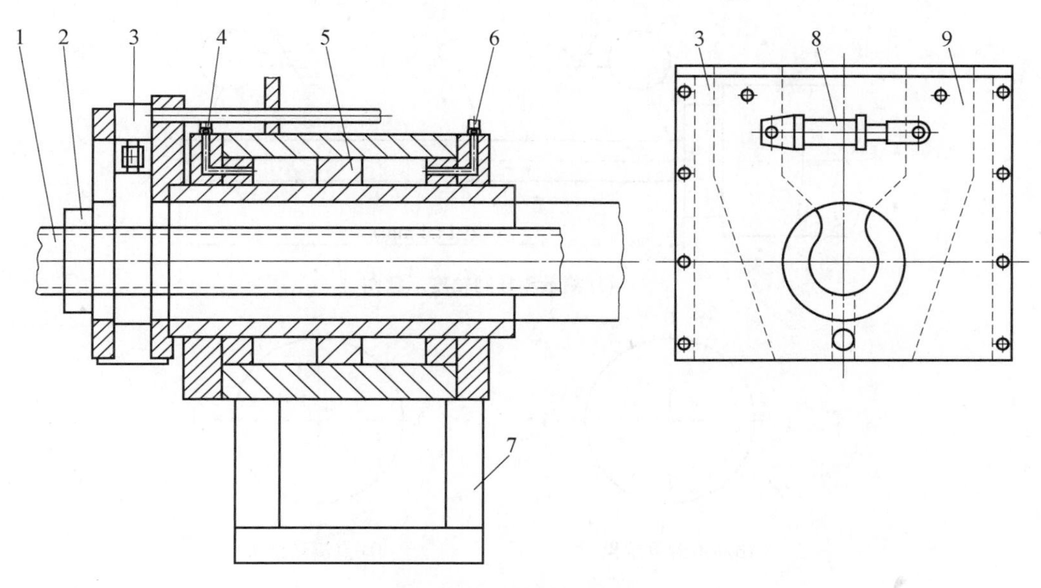


图 11.10　剪刀装置简图

1—推力杆；2—承力螺母；3—剪刀装置；4,6—进出油嘴；5—焊接油缸活塞杆；
7—尾座；8—推、拉小油缸；9—剪刀

# 11.9　主轴与滑道间平行度的测量

## 11.9.1　主轴与滑道间平行度要求

(1)滑道应与主轴轴线平行。滑台在运行时(导轨和油缸杆)，应平行于主轴回转轴线。平行度应在 0.038 1 mm/305 mm(0.001 5″/ft)之内。该要求也适用于所有飞轮组。

(2)导轨水平度要求。机身上的导轨应保持纵向和横向水平度在 0.012 7 mm/305 mm (0.000 5″/ft)之内。滑台在沿导轨运行时同所有主轴上的飞轮组之间均应保持该要求。

## 11.9.2　初步测量主轴与滑道间的平行度(用测杆测量)

**1. 检查测杆同轴度(TIR)(用英制 0.001″表测量)**

将测杆固定在主轴的中心线上，然后用三脚架上的测表测量测杆两端的 TIR，如图 11.11 所示。

由图 11.11 中看出，测杆的平行度还是可以的。前端和后端的跳动均为 0.025 4 mm，即测杆的平行度和偏移度均为 0.008 47 mm /305 mm，可以用此杆进行滑道平行度的测量。

**2. 测量主轴与滑道间的平行度**

首先将测杆分成 7 等份，然后将固定在滑台上的英制表指针指向测杆的上端，前、后移动滑台，逐点测量每一点上的数值，最后再将主轴转 180°，每点再测一次(图 11.12(M 表))，其测量结果如下：

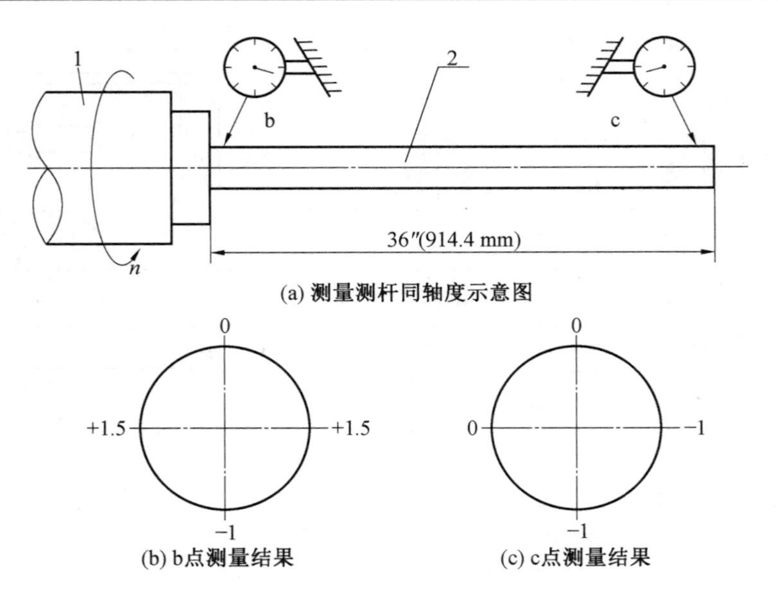


图 11.11　测量测杆同轴度示意图

1—主轴；2—测杆

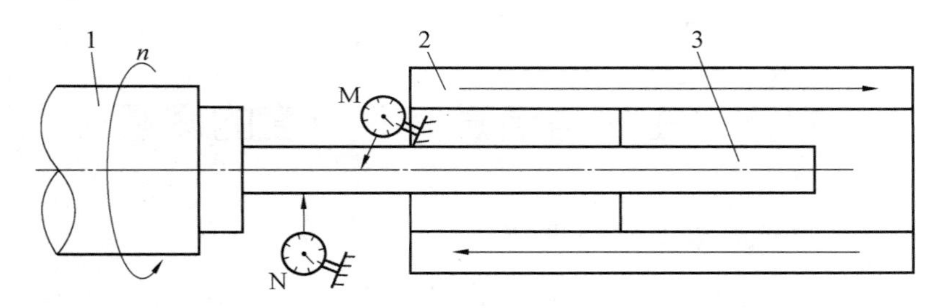


图 11.12　测量主轴与滑道之间平行度示意图

1—主轴；2—滑道；3—测杆

→

0　0　0　+1　+2　+3　+4　+5

←

+4　+3.5　+3　+2.5　+2　+1　0　0

→

0　0　+1　+1.2　+1.5　0　0　0(转 180°)

由测量结果中看出，三次测量的数值说明主轴与滑道之间的平行度还是可以的，最大的为 0.001″×5/36″=0.001 7″/ft。

**3. 测量主轴与滑道间的偏移度(用公制 0.01 mm 表测量)**

将测表固定在尾座滑台上，指针指向测杆的一侧(图 11.12(N 表))，然后将测杆分成 5 等份，向尾座方向移动滑台，逐点测量每一点上的数值，其测量结果如下：

→

0　0　−5　−10　−15　−20

（1）由测量结果中看出，主轴向右偏移（从尾座向主轴方向看），其偏移量 $a=0.2\ \text{mm}=0.007\ 874\ 0''$（图 11.13）。

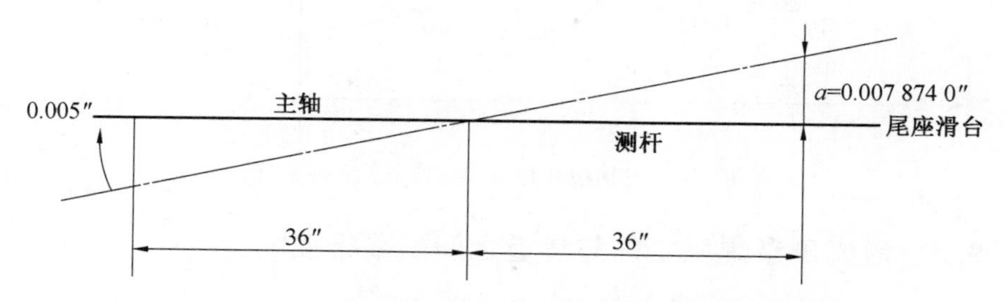


图 11.13　主轴在水平面内偏离尾座中心线示意图

（2）用 20 t 吊车将主轴箱吊起部分重量，然后调液压马达下面 1980C 处两楔铁螺栓，使主轴箱向左调 0.005″(0.127 mm)。

（3）再测主轴与滑道间的偏移度，其测量结果如下：

→

0　−1　−3　−5　−7　−9　−10

（4）再测主轴与滑道间的平行度，其测量结果如下：

←

+12　+11　+9　+7　+3　+1.5　0　0

→

0　0　−2　−4　−6　−8　−10　−12

**4. 小结**

（1）检测焊机主轴的同轴度 TIR=0.001″=0.025 4 mm。

（2）在水平方向上主轴与滑道间的偏移量 $g_{1\max}=0.1\ \text{mm}=0.003\ 937''$，也就是说，主轴仍向右偏移（从尾座向主轴方向看），偏移度为（图 11.14）

$$0.003\ 937''/36''=0.001\ 312''/\text{ft}$$

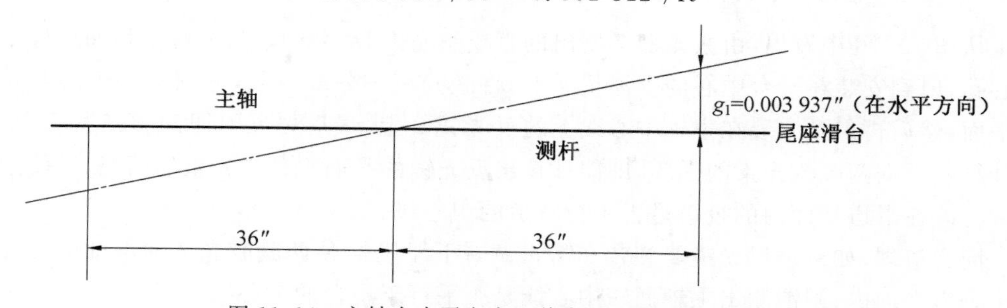


图 11.14　主轴在水平方向上偏离尾座中心线示意图

（3）在垂直方向上主轴与滑道间的平行度测量，其偏移量 $g_{2\max}=0.12\ \text{mm}=0.004\ 724''$，平行度为

$$0.004\ 724''/36''=0.001\ 574\ 6''/\text{ft}$$

也就是说，主轴在垂直方向上，向下低头量为 0.004 724″(图 11.15)。

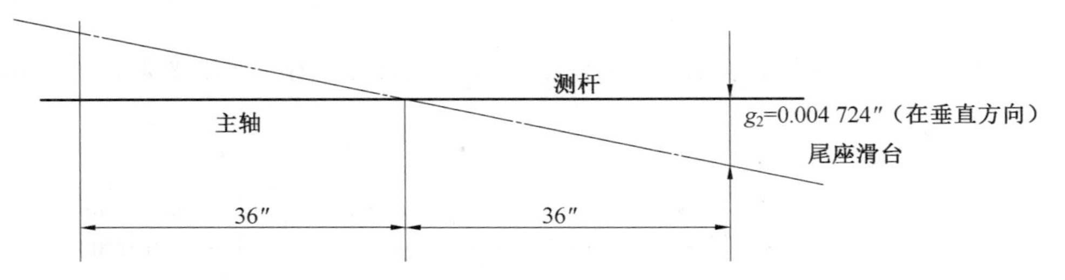


图 11.15　主轴在垂直方向上向下低头示意图

### 11.9.3　激光测量焊机主轴与滑道之间的平行度

**1. 激光测量焊机主轴与滑道之间的平行度原理**

激光测量焊机主轴平行度的原理如图 11.16 所示。

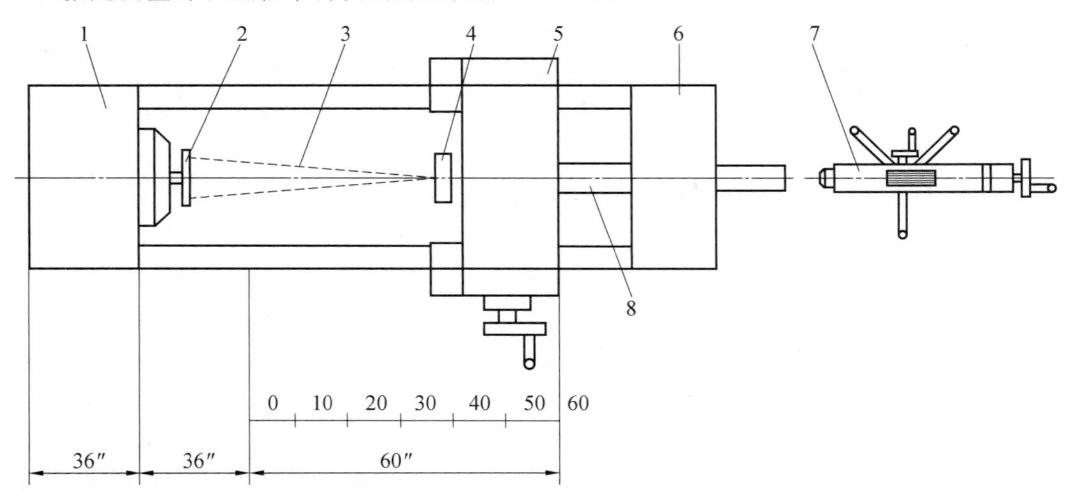


图 11.16　激光测量焊机主轴与滑道之间的平行度原理系统图

1—焊机主轴；2—反光镜；3—激光束；4—干涉仪；5—滑台；6—尾座；7—激光器；8—油缸杆

从图 11.16 中看出，由激光器 7 发出的直线激光束 3，经尾座 6、滑台 5 和油缸杆 8 的中心孔，射到安装在滑台中心的干涉仪 4 上，将激光束 3 分成两股，分别平行于滑台导轨的平面，然后再射到安装在主轴中心线上的反光镜 2 上，最后再反射回到激光器 7 中，再由计算机根据两股激光束的强弱，即能计算出反光镜的平面垂直激光束的情况，也就是主轴中心线在滑道平面内的投影是否平行滑道的中心线。

同样道理，如果将反光镜 2 旋转 90°，再调节干涉仪 4，使两股激光束和主轴中心线在一个垂直平面内，则能测出主轴回转中心线是否平行于滑台的中心线。

**2. 激光束直线度和强度的调整**

激光束直线度和强度的调整是激光测量很关键的一步。

(1)首先调好激光源的位置，使其发出的激光束正对尾座 6、滑台 5 和油缸杆 8 中孔的中心线上。

(2)其次调反光镜 2,使其镜面垂直主轴中心线且其中心点与主轴中心线重合。

(3)最后调安装在滑台中心线上的干涉仪 4,使其中心点正对激光束中心线上。

这时,在计算机屏幕上便显示出 95%以上绿色光带的激光束强度(一般测量标准要求激光束强度大于或等于 75%)。

**3. 主轴与滑道间平行度的测量**

(1)将机身滑道的有效部分(60″)分成若干等份(图 11.16)。

(2)测量主轴与滑道在水平面内的平行度。

将反光镜中两股激光束调节成平行于滑道水平面,将主轴前某一点定为(0)点,然后将滑台前端面移到(0)点处,开动滑台均匀向尾座方向移动,每到一点按一下测量传感器,将测量数值记录在计算机里,然后将其打印出来。激光测量主轴与滑道间在水平方向上平行度的数据见表 11.9。

表 11.9　激光测量主轴与滑道间在水平方向上平行度的数据

| 运行次数 | 测量点顺序 | 设定值 (0.001″) | 测量值 (0.001″) |
|---|---|---|---|
| 01 | 001 | 0 000.000 00 | 00 000.008 736 |
| 01 | 002 | 0 010.000 00 | 00 000.834 382 |
| 01 | 003 | 0 020.000 00 | 00 001.897 252 |
| 01 | 004 | 0 030.000 00 | 00 003.161 061 |
| 01 | 005 | 0 040.000 00 | 00 004.504 323 |
| 01 | 006 | 0 050.000 00 | 00 005.947 806 |
| 01 | 007 | 0 060.000 00 | 00 006.973 461 |
| 01 | 008 | 0 070.000 00 | 00 007.629 545 |
| 02 | 001 | 0 000.000 00 | −00 000.203 254 |
| 02 | 002 | 0 010.000 00 | 00 000.160 072 |
| 02 | 003 | 0 020.000 00 | 00 000.096 377 |
| 02 | 004 | 0 030.000 00 | −00 000.087 681 |
| 02 | 005 | 0 040.000 00 | −00 000.182 171 |
| 02 | 006 | 0 050.000 00 | −00 000.404 377 |
| 02 | 007 | 0 060.000 00 | −00 000.293 238 |
| 02 | 008 | 0 070.000 00 | −00 000.004 824 |

(3)测量主轴与滑道在垂直平面内的平行度。

将主轴和反光镜旋转 90°,调节干涉仪,使反光镜中两股激光束垂直于滑台平面,然后重复(2)步骤,测量主轴与滑道间在垂直方向上的平行度,其测量结果见表 11.10。

**表 11.10　激光测量主轴与滑道间在垂直方向上平行度的数据**

| 运行次数 | 测量点顺序 | 设定值 (0.001″) | 测量值 (0.001″) |
|---|---|---|---|
| 01 | 001 | 0 000.000 00 | 00 001.623 673 |
| 01 | 002 | 0 010.000 00 | 00 003.512 157 |
| 01 | 003 | 0 020.000 00 | 00 005.510 887 |
| 01 | 004 | 0 030.000 00 | 00 007.890 652 |
| 01 | 005 | 0 040.000 00 | 00 010.068 860 |
| 01 | 006 | 0 050.000 00 | 00 011.874 258 |
| 01 | 007 | 0 060.000 00 | 00 013.339 882 |
| 01 | 008 | 0 070.000 00 | 00 000.003 815 |
| 02 | 001 | 0 000.000 00 | — |
| 02 | 002 | 0 010.000 00 | 00 003.219 745 |
| 02 | 003 | 0 020.000 00 | 00 002.967 730 |
| 02 | 004 | 0 030.000 00 | 00 002.630 581 |
| 02 | 005 | 0 040.000 00 | 00 002.014 771 |
| 02 | 006 | 0 050.000 00 | 00 001.155 068 |
| 02 | 007 | 0 060.000 00 | 00 000.600 821 |
| 02 | 008 | 0 070.000 00 | 00 000.193 033 |

(4)分析讨论。

①主轴在水平方向上偏离滑道中心线示意图,如图 11.17 所示。

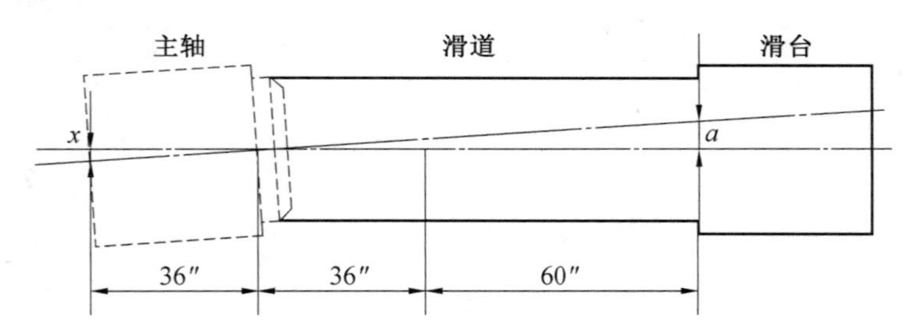


图 11.17　主轴在水平方向上偏离滑道中心线示意图

通过激光测量(表 11.9 中 008 项),在滑道水平面内,在滑道长度 60″内,主轴偏离滑道中心线,其偏移量为

$$a=0.007\ 629\ 545''-0.000\ 008\ 736''=0.007\ 620\ 809''$$

因此

$$\frac{X}{36''}=\frac{a}{36''+60''}$$

$$X=0.002\ 857\ 803''$$

一般调整取其一半即

a. $X/2=0.001\ 428\ 901''$。

b. 偏移度为 0.001 524 162″/ft。

②主轴在垂直方向上偏离滑道中心线示意图，如图 11.18 所示。

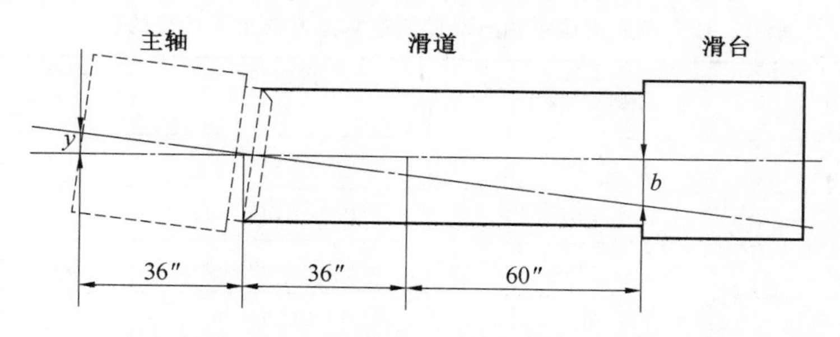


图 11.18 主轴在垂直方向上偏离滑道中心线示意图

通过激光测量(表 11.10 中 007 项)，在滑道垂直方向上，在滑道长度 60″内，主轴向下低头，偏离滑道中心线，其偏移量为

$$b=0.013\ 339\ 882''-0.001\ 623\ 673''=0.0117\ 162\ 09''$$

因此

$$\frac{Y}{36''}=\frac{b}{36''+60''}$$

$$Y=0.004\ 393\ 578''$$

一般调整取其一半即

a. $Y/2=0.002\ 196\ 789''$。

b. 偏移度为 0.002 343 241″/ft。

(5)调整主轴箱位置。

根据上述分析结果，采取下列措施。

①将主轴箱头部垫高 0.002″(垫片尺寸为 1 m×100 mm)。

②将主轴箱头部向左移动 0.0015″(调节 1980C 处两楔铁螺栓)。

(6)继续验证主轴与滑道间平行度。

验证测量结果见表 11.11 和表 11.12。

**表 11.11 激光测量主轴与滑道间在水平方向上平行度的数据**

| 运行次数 | 测量点顺序 | 设定值(0.001″) | 测量值(0.001″) |
| --- | --- | --- | --- |
| 01 | 001 | 0 000.000 00 | 00 000.006 451 |
| 01 | 002 | 0 010.000 00 | 00 000.427 261 |
| 01 | 003 | 0 020.000 00 | 00 001.080 520 |
| 01 | 004 | 0 030.000 00 | 00 002.045 626 |
| 01 | 005 | 0 040.000 00 | 00 002.923 056 |
| 01 | 006 | 0 050.000 00 | 00 003.941 504 |
| 01 | 007 | 0 060.000 00 | 00 004.597 518 |
| 01 | 008 | 0 070.000 00 | 00 004.712 140 |

主轴与滑道间在水平方向上平行度为

$$(0.004\ 712\ 140-0.000\ 006\ 451)\times 12/60=0.000\ 941\ 137''/\mathrm{ft}$$

**表 11.12　激光测量主轴与滑道间在垂直方向上平行度的数据**

| 运行次数 | 测量点顺序 | 设定值<br>(0.001″) | 测量值<br>(0.001″) |
|---|---|---|---|
| 01 | 001 | 0 000.000 00 | −00 000.014 260 |
| 01 | 002 | 0 010.000 00 | 00 001.212 333 |
| 01 | 003 | 0 020.000 00 | 00 002.609 620 |
| 01 | 004 | 0 030.000 00 | 00 004.141 278 |
| 01 | 005 | 0 040.000 00 | 00 006.031 320 |
| 01 | 006 | 0 050.000 00 | 00 007.625 225 |
| 01 | 007 | 0 060.000 00 | 00 008.927 470 |
| 01 | 008 | 0 070.000 00 | 00 009.998 355 |

主轴与滑道间在垂直方向上平行度为

$$[0.009\ 998\ 355-(-0.000\ 014\ 26)]\times 12/60=0.001\ 996\ 747''/\mathrm{ft}$$

**4. 主轴与滑道间平行度测量的结果**

主轴与滑道间平行度测量的结果见表 11.13。

**表 11.13　主轴与滑道间平行度测量的结果**

| 检查方法 | 检测和措施 | 主轴与滑道间平行度测量 | | 注 |
|---|---|---|---|---|
| | | 垂直方向 | 水平方向 | |
| | 技术要求 | 0.001 5″/ft | 0.001 5″/ft | |
| 千分表检查 | 千分表测量 | 主轴向下低头 0.005″ | 从尾座向主轴方向看，主轴向右偏0.007 874″ | — |
| | 调主轴位置 | — | 从液压马达方向看，将主轴箱向左调 0.005″ | — |
| | 千分表验证 | 主轴仍向下低头 0.004 724″ | 从尾座向主轴方向看，主轴仍向右偏0.003 937″ | — |
| 激光检查 | 激光检测 | 0.004 393 578″ | 0.007 620 858″ | 见表 11.9 和表 11.10 |
| | 调主轴位置 | 机头垫高 0.002″ | 机头尾部向左调0.001 5″ | — |
| | 激光验证 | 0.001 996 747″ | 0.000 941 137″ | 见表 11.11 和表 11.12 |

# 11.10　液压系统

## 11.10.1　传动原理

某 400 t 惯性摩擦焊机液压系统传动原理如图 11.19 所示。由图 11.19 中看出，在焊接过程中，启动主电机 $M_1$，带动主油泵，将液压油从油箱中提出，经过滤器 1，到卸荷阀、补偿阀和提升阀，到过滤器 2。当经过滤器 2 时，将主油路分成三股：第一股经换向阀 1，伺服阀到焊接油缸 3840E(当焊接时，该股压力还要分成两股见 11.10.2 节，可控间隙液压止推轴承的设计)。第二股经减压阀，单项阀 1 进入液压马达，经传动齿轮、离合器，带动摩擦焊机主轴旋转。第三股经换向阀 2 进入长行程油缸 3833C，带动尾座滑台空行程前、后移动。

油箱中的液压油(DTE26 相当我国的 68 号耐磨油)有自动循环加热系统加热。油的工作温度在 43～49 ℃范围，当油的温度升高超过 49 ℃时，测温计连接的水控阀自动加大冷却水流量，使油温降至所需要的工作范围。

## 11.10.2　可控间隙液压止推轴承的设计

在大吨位(100 t 以上)摩擦焊机主轴设计中，虽然采用了能够承受大推力轴向载荷的两副双列圆锥滚子轴承和一副大的止推轴承(图 11.6)，但仍承受不了强大的焊接轴向推力载荷的作用，止推轴承的寿命很短。于是，主轴设计人员就想出一个巧妙的主轴结构设计方案(图 11.19)。

在主轴的内部，止推轴承的周围设计一个高压油腔体，与尾座上的焊接油缸体相对应，其受压面积大小相等(即腔体的受压面积 $S_1$ 与尾座上油缸活塞面积 $S_2$ 相等 $S_1=S_2=137\ 664\ mm^2$)，方向相反，中间用同一高压油管道相接通。

这样，在摩擦焊接过程中，尾座上焊接油缸作用在一个零件上的焊接压力，与在主轴中设计的腔体作用在另一个零件上压力大小相等，方向相反，相互抵消，即所谓等压设计原理的主轴。实际上，主轴上的双列圆锥滚子轴承和止推轴承几乎未受到焊接压力的作用，因此：

(1)主轴易设计和制造成具有较高精度的组件；

(2)止推轴承可以获得很长的寿命。

## 11.10.3　主轴流量的测量

**1. 测量的意义**

主轴中止推轴承周围设计的这个腔体要想在焊接的瞬间充满高压油，必须设计出一个排出空气的间隙 $G$(图 11.19 主轴)。如果这个间隙设计大了，会造成漏油严重，焊接压力上升速度减慢；如果这个间隙设计小了，A 环和轴肩 B 会碰上压坏，空气排的慢。

根据多年的设计和使用经验，这个间隙一般应为

$$G=0.046\sim0.056\ \text{mm}$$

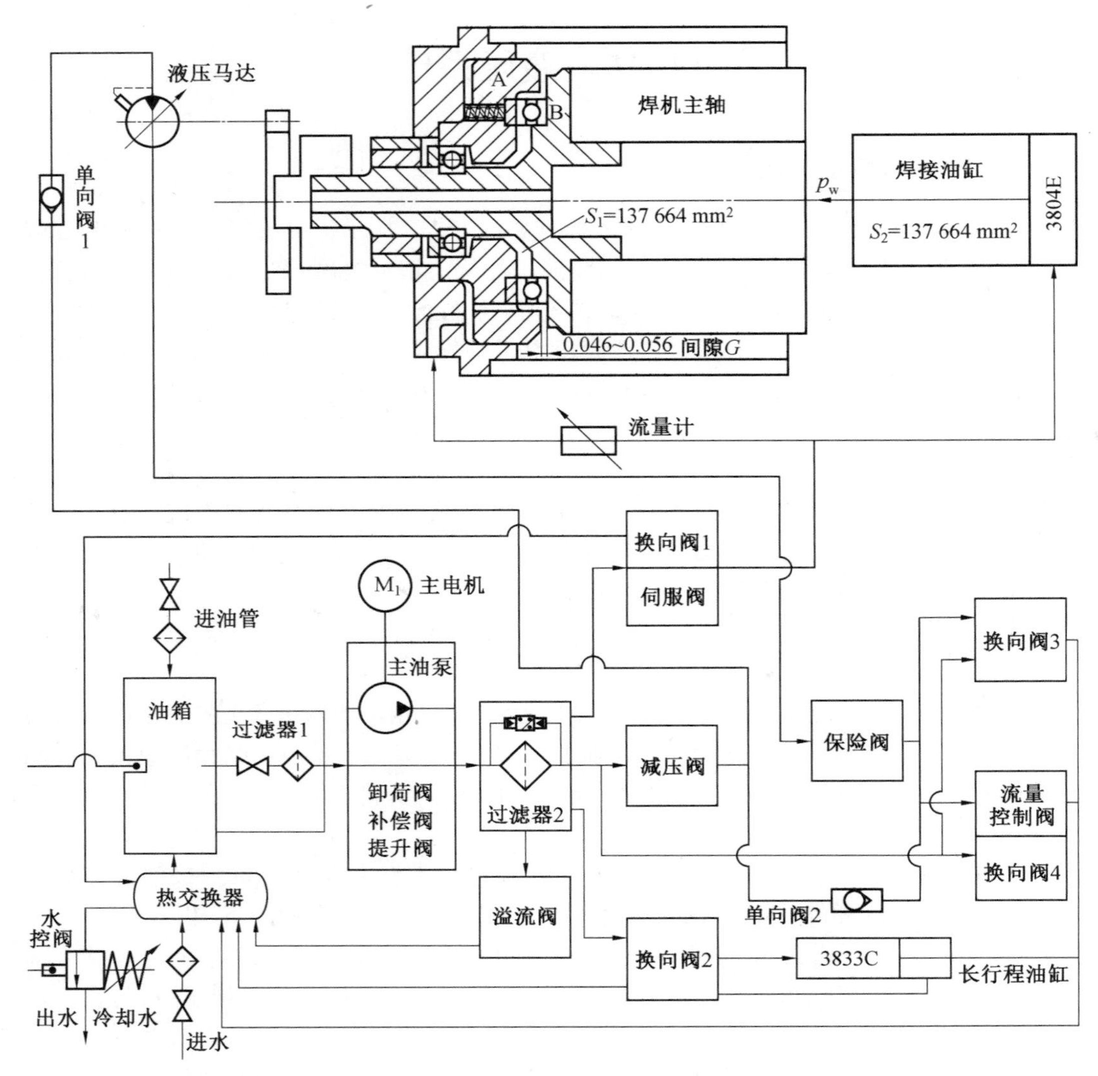


图 11.19　某 400 t 惯性摩擦焊机液压系统传动原理

但对某一台焊机，还要通过测主轴流量来确定。

**2. 主轴流量的测量过程**

(1)焊机安装好之后，已按经验数据留出的间隙，一般情况下 $G$=0.046～0.056 mm，对于每一台焊机具体到底应该为多少，还要最后通过主轴流量测量来确定。间隙大小可通过两方面磨削(或研磨)来调整：

①间隙小了，可磨削 A 零件端面；

②间隙大了，可磨削止推轴承底面上的垫圈或端面。

(2)测量标准。

某公司 1980 年 6 月测量某 400 t 焊机主轴流量的样件见表 11.14。

**表 11.14 某 400 t(某公司)焊机主轴流量测量结果**

| 调整压力/MPa | 流量/(L·min$^{-1}$) | 温度/℃ |
|---|---|---|
| 3.45 | 10 | 115 ↓ 119 |
| 6.90 | 17 | |
| 10.35 | 20 | |
| 13.80 | 20 | |
| 17.25 | 18 | |
| 20.70 | 14 | |
| 24.15 | 10 | |
| 27.60 | 7 | |

(3)测量试验。

在主轴高压腔的进油管路上,接上流量测量仪,然后启动焊机,按某公司记录调整不同的压力,测量相应的流量值,测量的结果见表 11.15。

**表 11.15 某 400 t 焊机测量流量的过程**

| 测量次数 | 调整压力/MPa | 流量(GPM)/(L·min$^{-1}$) | 温度/℃ | 结论 |
|---|---|---|---|---|
| 第一次 | 20.70 | 6 | 115 | 间隙 $G$ 太小<br>磨削 A 端面 0.051 mm |
| 第二次 | 3.45<br>6.90 | 33<br>55 | 113 | $G$ 太大<br>磨削垫圈 0.030 5 mm |
| 第三次 | 6.90<br>10.35 | 5<br>5 | 113 | $G$ 太小<br>磨削垫圈 0.025 4 mm |
| 第四次 | 6.90<br>10.35<br>13.80<br>17.25<br>20.01 | 29.5<br>41.5<br>48.0<br>40.0<br>34.0 | 115.8 | $G$ 太大磨止推轴承<br>端面 0.007 62 mm |
| 第五次 | 3.45<br>6.90<br>10.35<br>13.80<br>17.25<br>20.70<br>24.15 | 14<br>32<br>40<br>41<br>40<br>33<br>26 | 119.8<br>120 | $G$ 还有点大<br>待测定压力上升速度时再定 |

(4)试验结果。

将五次试验结果绘成曲线(图 11.20)。

由图 11.19 和图 11.20 中看出,当 A 和 B 两零件之间的间隙固定时,随着压力的增加,流量亦增加,当压力达到某一值(图 11.20 中 $p=13.80$ MPa)时,间隙未变,流量增加加快,达最大值,即 GPM=41 L/min,随后 A 和 B 两零件之间的间隙产生变形缩小,因

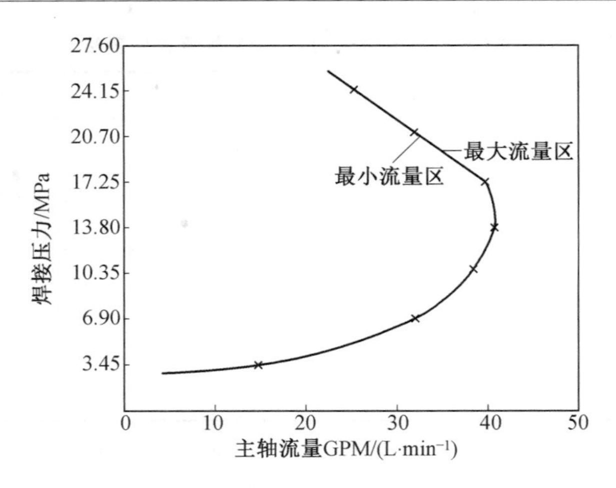


图 11.20 某 400 t 焊机主轴流量测试结果

而流量也减少。

当非焊接循环时，A 和 B 两零件之间的间隙靠三个支撑 A 零件的弹簧保持。

### 11.10.4 压力上升速度的测量

**1. 测量的意义**

压力上升速度是摩擦焊机一个很重要的技术指标，它对焊接质量的稳定有明显的影响，一般要求它越快越好，但受到液压系统的液压源、油缸、阀门和激电器等灵敏度的影响，不可能很快。

某些焊机压力上升速度满足不了摩擦焊工艺上的要求，零件已经焊完了，压力还没有达到工艺上的要求。

**2. 摩擦焊机压力上升速度的标准**

摩擦焊机压力上升速度的标准见表 11.16。

表 11.16 压力上升速度的标准

| 压力范围/MPa | 压力上升时间/s |
|---|---|
| 0～6.9 | 1.0 |
| 0～13.5 | 1.4 |
| 0～20.7 | 1.6 |
| 0～27.6 | 1.9 |

**3. 某 400 t 焊机压力上升速度测量结果**

某 400 t 焊机压力上升速度测量结果见表 11.17 和图 11.21。

表 11.17　某 400 t 焊机压力上升速度测量结果

| 压力范围/MPa | 压力上升时间/s |
|---|---|
| 0～6.9 | 0.53 |
| 0～13.5 | 0.55 |
| 0～20.7 | 0.76 |
| 0～27.6 | 0.85 |

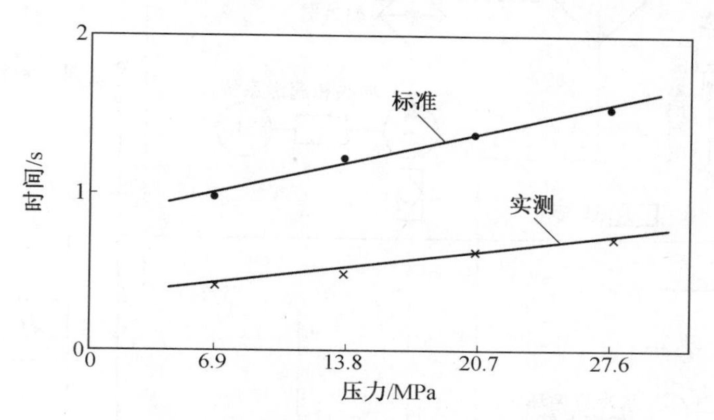


图 11.21　某 400 t 焊机压力上升速度测量结果

由表 11.17 和图 11.21 中看出，某 400 t 焊机压力上升速度比标准提高接近一倍多。

## 11.11　油箱的结构和油温的控制

### 11.11.1　油箱的结构

油箱的结构和油温的控制如图 11.22 所示。

由图 11.22 中看出，油箱为长方形的薄板焊接结构，最大容积为 1 703 L，中间用隔板分开以加强油箱的刚性。前面和后面各留有 $\phi$300 mm 直径的两个换油清理油箱的孔，孔上用带螺栓的盖螺紧。侧面还设有注油嘴，吸油接嘴，油面上、下限高度指示器和油温调节器，油箱上面设有两个通气过滤器，两个多路阀体座和两个出油过滤器等。

### 11.11.2　油温的控制

油温的控制分两个自循环系统(图 11.22)，分别是加热和自润滑控制系统。$M_3$ 电机带动润滑泵，经过滤器过滤将油从油箱中吸出，到加热器中加热，加热的温度是可调的，一般控制在 105 ℃，被加热了的油大部分经流量控制器返回油箱，形成自加热循环系统，一小部分油送到焊机各个润滑点。焊机液压油的工作温度一般为 43～49 ℃。经油温控制器测量，如果温度高于 49 ℃，则自动传递信号给流量控制阀，加大冷却水流量，使经过热交换器的主回路油管里的油温降低，反之亦然。

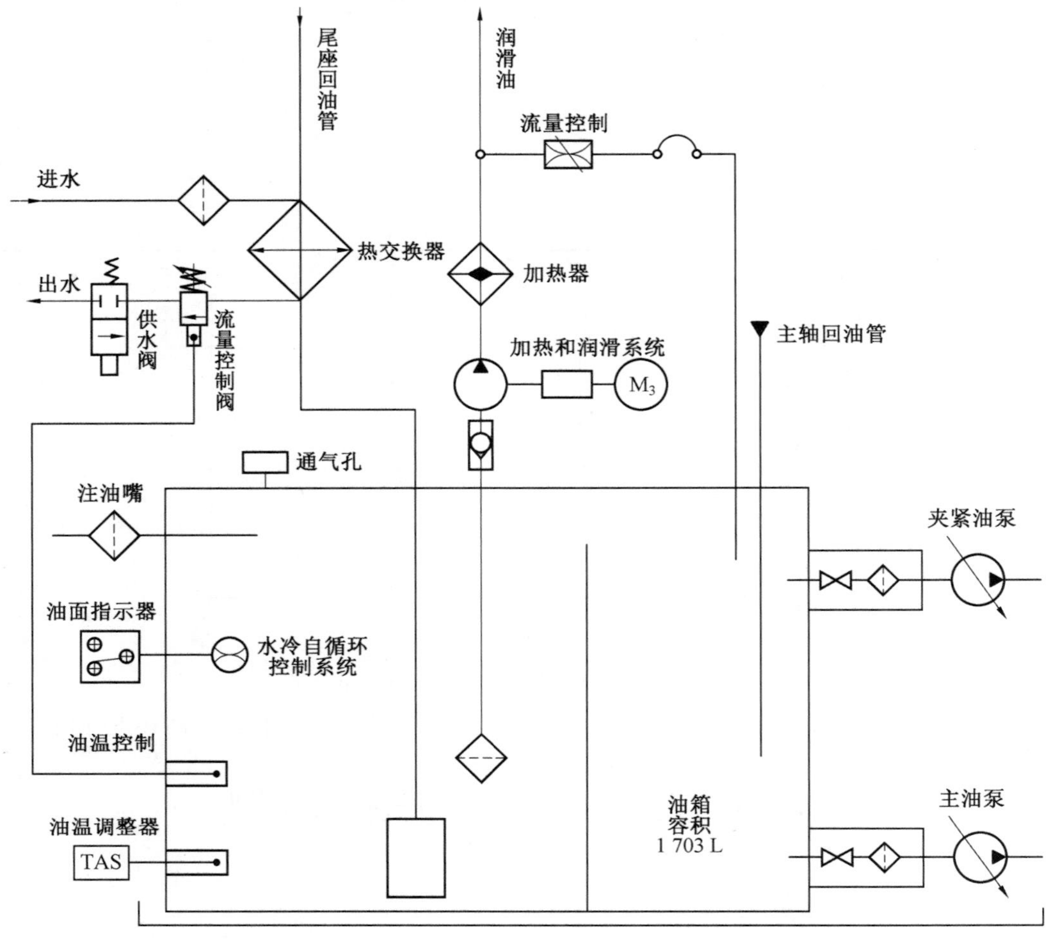


图 11.22　油箱的结构和油温的控制示意图

## 11.12　电控系统

400 t 惯性摩擦焊机控制系统的核心是由两个主控制单元组成的耦合系统，其中焊机分立的 I/O 接口由程序逻辑控制器(PLC)来控制；而控制系统的模拟/数字中心是一台工业 IBM. PC 兼容计算机。PLC 执行焊机通过分立的 I/O 接口的所有动作；而计算机监控处理定时临界的速度、压力、位置和时间控制功能的限度。软件的主体是焊接程序，通过该程序，焊机的各种功能都能正常运行。

惯性摩擦焊机控制系统主要控制两个焊接参数即焊机的速度和压力，这两个参数控制得越精确，焊接质量就越高，其他参数都是由这两个参数决定的，如长度变形量、焊接时间等。

### 11.12.1　速度起始点探测控制技术

400 t 惯性摩擦焊机采用频率和电压（$f/V$）模拟控制技术来控制速度起始点速度。该项技术控制比较准确，前、后误差不超过调整点的±0.2 r/min，速度起始点探测控制技术部分线路如图 11.23 所示。某 400 t 焊机速度起始点探测控制技术框图如图 11.24 所示。

由图 11.24 中看出，由计算机键盘输入零件尺寸（$D$、$\delta$ 和 $H_1$）和焊机参数（$E_g$ 和 $mr^2$），计算机自动算出：

$$n=\sqrt{\frac{S_p \times E_g \times 183}{mr^2}}$$

式中　$S_p$——被焊零件焊口面积，$mm^2$。

例如：计算出的速度 $n_{c1}=309.6$ r/min（要求的接触速度），即两焊件接触开始摩擦时的速度，也作为启动焊机选择速度范围的根据（表 11.18）。然后计算机再附加上 $n_p=11.2$ r/min（预留速度），即 $n_D=n_p+n_{c1}=11.2+309.6=320.8$(r/min)（要求的脱开速度）。

当操纵台启动自动焊接循环按钮时，尾座油缸零件自动向前顶压主轴上零件一次，确定出变形量坐标零点，然后自动缩回 30 mm，随后再自动向前 27.5 mm，保持两焊件间预留间隙 2.5 mm，主电动机带动主油泵，主油泵推动液压马达，液压马达带动焊机主轴加速旋转，由于惯性的作用，该速度范围最大点速度可达 $n_{max}=309.6+15=324.6$(r/min)，足够满足脱开速度的要求。

与主轴连接的主轴转速变换器（spindle RPM transducers）一回转编码器（rotary encoder），每转发出 720 Hz/RPM 频率。当与主轴连接的转速传感器（RPM sensors）一数字频率计数器（digital frequency counters）计数出：230 976 Hz = 320.8 r/min × 720 Hz/r/min频率时，通过 $f/V$ 变换，将频率信号变换为数字电压信号输入计算机，计算机发出指令给离合器阀门（和测速表 $A_2$ 连续测量 $n$），使主轴和飞轮自动脱离开液压马达，开始靠惯性自由转动。脱开时的速度 $n_{D1}=320.8$ r/min，称为脱开速度见表 11.18 和图 11.25。

**表 11.18　焊机参数**

| 焊机参数 | 设定值 | 实际值 | 最高值 | 最低值 |
|---|---|---|---|---|
| 接触速度 $n_c/(r \cdot min^{-1})$ | 309.6 | 309.4 | 311.6 | 308.6 |
| 焊接压力 $p_f$/MPa | 3.37 | 3.32 | 3.67 | 3.07 |
| 上升时间 90%/s | 0.50 | 0.13 | 0.80 | 0.00 |
| 焊接时间 $t_h$/s | 9.00 | 3.96 | 10.00 | 0.00 |
| 焊接变形量 $\Delta L$/mm | 4.60 | 4.96 | 5.10 | 4.10 |
| 脱开速度 $n_D/(r \cdot min^{-1})$ | 320.8 | 321.0 | — | — |
| 焊接速度 $n_t/(r \cdot min^{-1})$ | 310.8 | 310.9 | — | — |
| 保持时间 $t_d$/s | 60.0 | 60.0 | — | — |

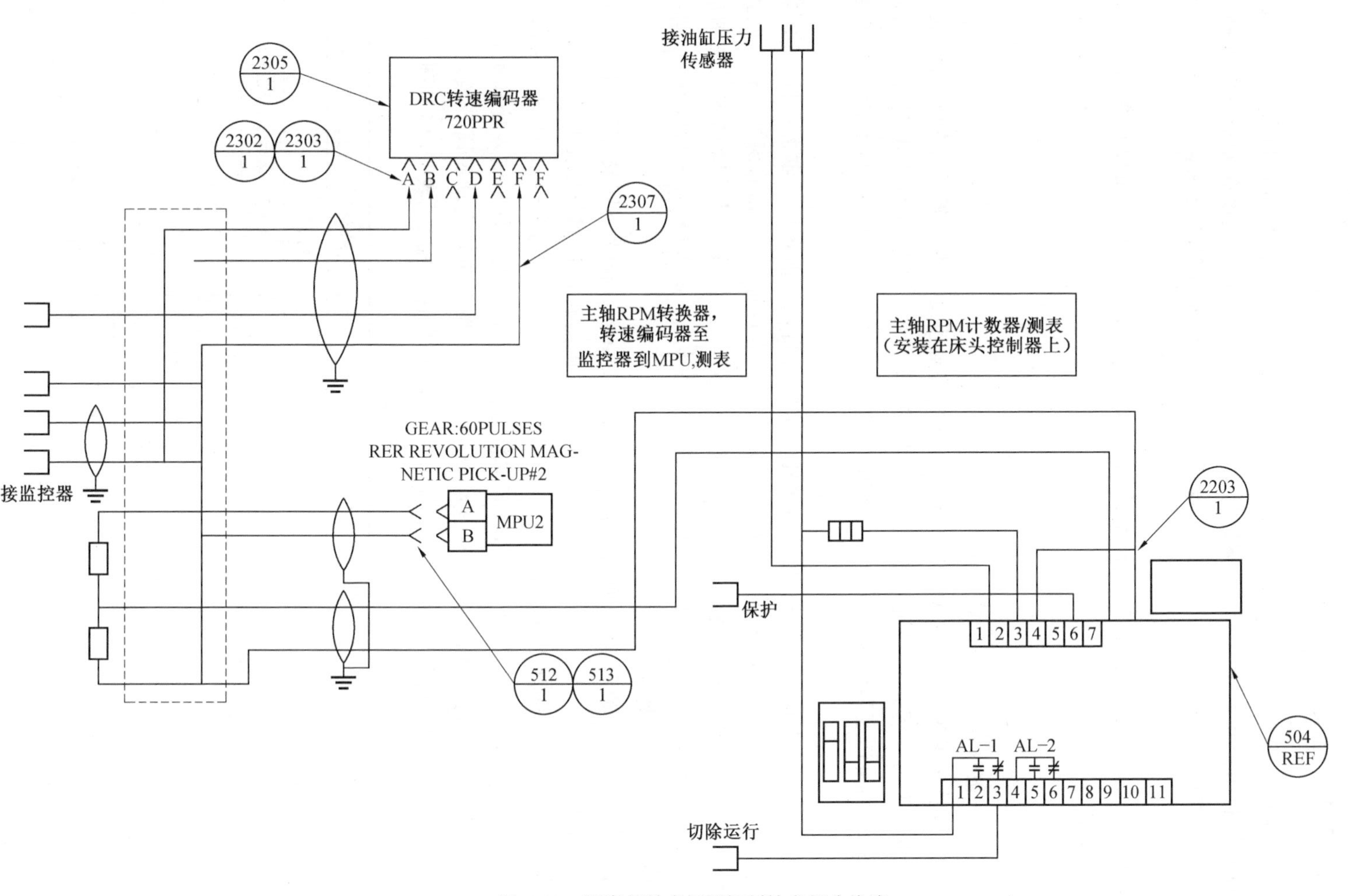


图11.23　速度起始点探测控制技术部分线路

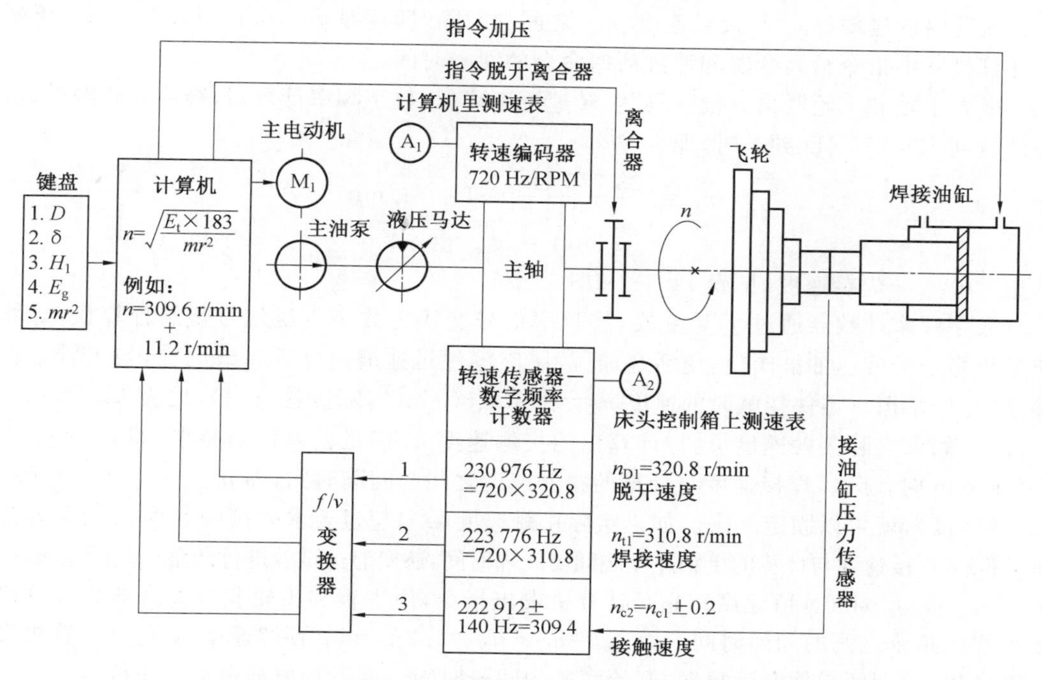


图 11.24 某 400 t 焊机速度起始点探测控制技术框图

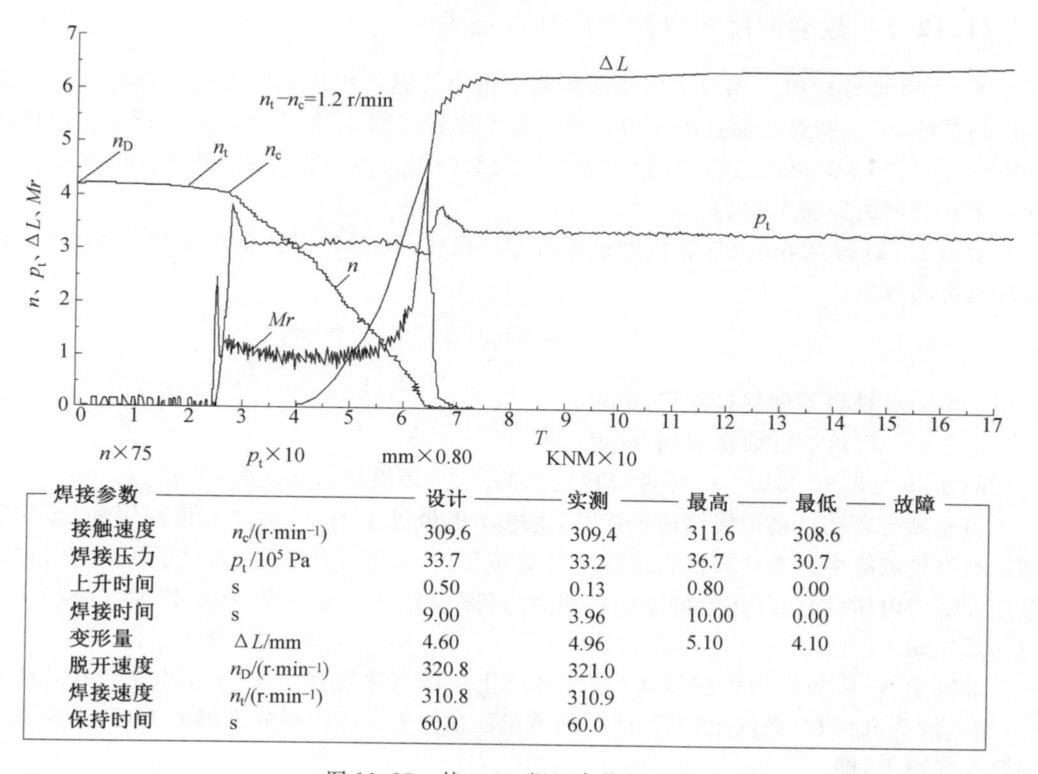


| 焊接参数 | | 设计 | 实测 | 最高 | 最低 | 故障 |
|---|---|---|---|---|---|---|
| 接触速度 | $n_c/(\mathrm{r\cdot min^{-1}})$ | 309.6 | 309.4 | 311.6 | 308.6 | |
| 焊接压力 | $p_t/10^5$ Pa | 33.7 | 33.2 | 36.7 | 30.7 | |
| 上升时间 | s | 0.50 | 0.13 | 0.80 | 0.00 | |
| 焊接时间 | s | 9.00 | 3.96 | 10.00 | 0.00 | |
| 变形量 | $\Delta L$/mm | 4.60 | 4.96 | 5.10 | 4.10 | |
| 脱开速度 | $n_D/(\mathrm{r\cdot min^{-1}})$ | 320.8 | 321.0 | | | |
| 焊接速度 | $n_t/(\mathrm{r\cdot min^{-1}})$ | 310.8 | 310.9 | | | |
| 保持时间 | s | 60.0 | 60.0 | | | |

图 11.25 某 400 t 焊机参数曲线图

脱开时的速度($n_{D1}$)与接触速度($n_{c1}$)之间的间隔时间,即 $n_{D1}-n_{c1}=11.2$ r/min,正好是计算机发出指令给离合器和油缸活塞命令的间隔时间。

随着主轴和飞轮脱离开液压马达,转速逐渐降低,数字频率计数器,继续计数频率数,当计数到 223 776 Hz 频率时,即

$$n_{t1}=\frac{223\ 776\ \text{Hz}}{\frac{720\ \text{Hz}}{\text{r/min}}}=310.8\ \text{r/min}$$

式中　$n_{t1}$——焊接速度,见表 11.18 和图 11.25。

数字频率计数器通过 $f/V$ 变换,将频率信号变换为数字电压信号传给计算机,计算机发出指令给液压油缸阀门,使活塞加压,尾座零件迅速通过 2.5 mm 间隙,与主轴零件接触,开始摩擦。零件接触时的速度 $n_{c2}=309.4$ r/min(实际接触速度),见表 11.18 和图 11.25。如果实际接触速度 $n_{c2}$ 与计算出的接触速度 $n_{c1}$ 满足公差范围要求,即 $n_{c2}=n_{c1}\pm0.2$ r/min 时,那么,焊接速度与计算的接触速度之间的间隔时间,即 $n_{t1}-n_{c1}=1.2$ r/min(预留速度),就可以固定下来。如果实际接触速度($n_{c2}$)超过要求的接触速度($n_{c1}$)公差范围,那么,焊接速度与计算的接触速度之间的间隔时间,还要通过试验进行调整。实际上 $n_{p1}=n_{D1}-n_{t1}=10$ r/min(预留速度),它是计算机发出指令,使主轴和飞轮脱开离合器到计算机发出焊接指令之间的间隔时间。而 $n_{p2}=n_{t1}-n_{c1}=1.2$ r/min(预留速度),它是计算机发出焊接指令,到两零件实际接触,开始摩擦的间隔时间。两者均要通过试验来确定。

### 11.12.2　数字伺服阀自动加压补偿技术

某 400 t 惯性焊机采用数字伺服阀和两个压力传感器组成的压差负反馈电液压力闭环控制系统,来控制焊接油缸的压力。该项技术比较成熟,控制准确,前、后误差不超过调整点的±0.138 MPa 或±2%(取较大值),它的部分压力传感器线路如图 11.26 所示。它的简单补偿框图如图 11.27 所示。

由图 11.27 中看出,由计算机键盘输入零件尺寸($D$、$\delta$)和零件单位面积上压力($F_g$),计算机自动算出:

$$p_c=\frac{F_g\times S_p}{S_c}$$

式中　$S_p$——被焊零件焊口面积,mm²;

　　$S_c$——焊接油缸活塞面积,mm²。

例如:$p_c=3.37$ MPa——零件焊接要求的压力(焊机压力表压力)见表 11.18。

当操纵台启动自动焊接循环按钮时,主电动机带动主油泵,主油泵将液压油,经伺服阀打到焊接油缸中。当计算机给出指令的焊接压力(3.37 MPa)时,通过 $p/V$ 变换,将焊接压力变为电压信号 $U_i$ 送给伺服阀线圈后,伺服阀打开一定开度,在焊接油缸中产生相应的焊接压力。

油缸中前、后腔压力传感器#1 和#2 马上反馈回来的压力差 $\Delta p$,转变为电压信号 $U_f$,输入计算机与 $U_i$ 进行比较后,产生偏差电压信号 $U_e$,经伺服放大器放大后,送到电液伺服阀线圈上,即

$$U_e=U_i-U_f$$

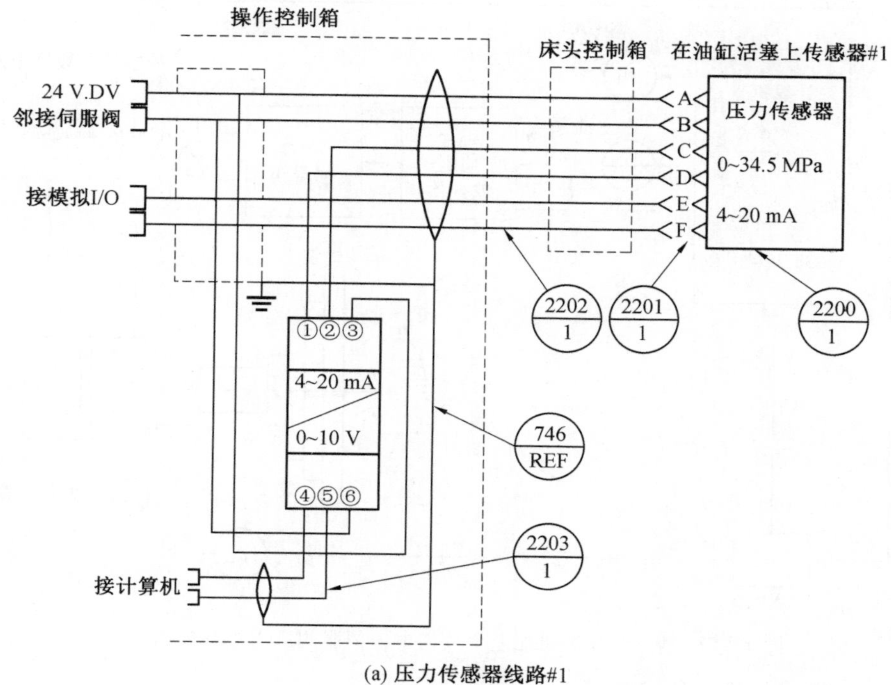


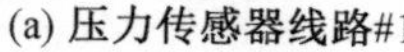
(a) 压力传感器线路#1

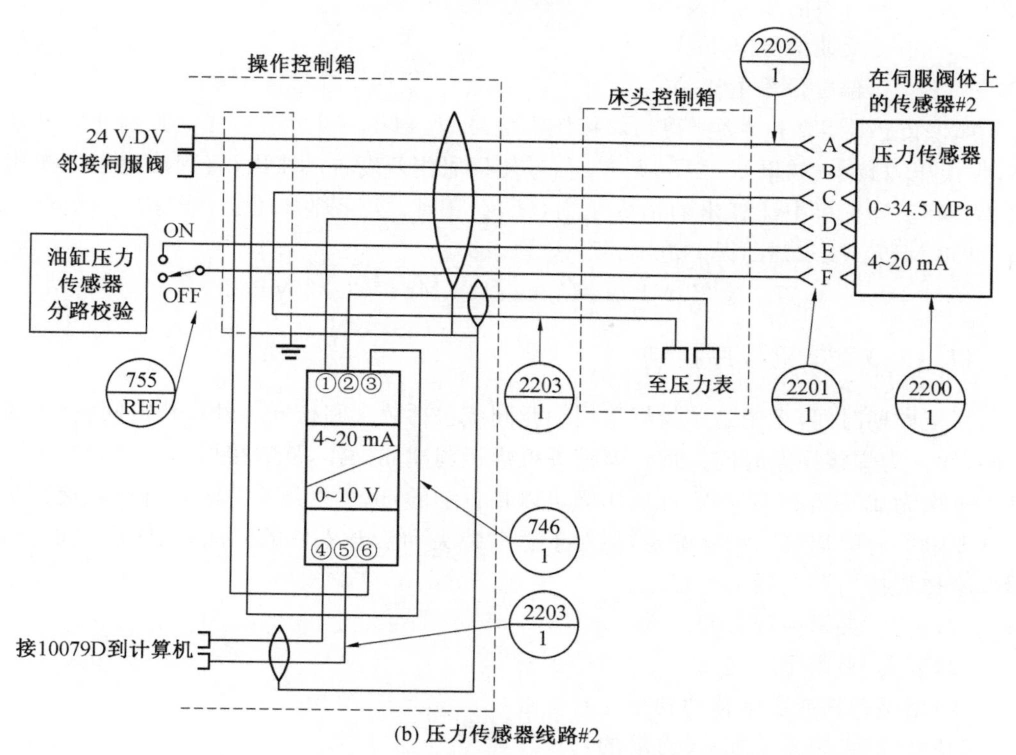

(b) 压力传感器线路#2

图 11.26　某 400 t 惯性摩擦焊机压力传感器部分线路

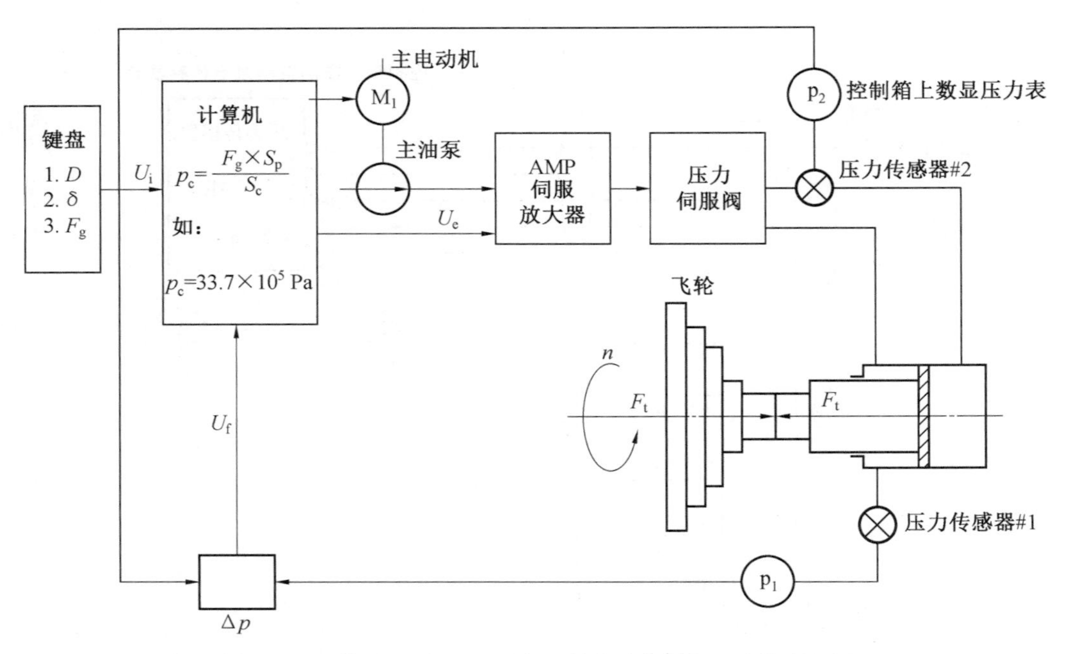


图 11.27　某 400 t 焊机压差负反馈电液伺服阀压力控制框图

式中　$U_i$——输入信号电压，V；

$U_f$——反馈信号电压，V；

$U_e$——偏差信号电压，V。

如果传感器＃1 和＃2 测得的焊接压力信号 $U_f > U_i$，则 $U_e$ 信号使伺服阀开度自动减小，焊接压力减小；如果 $U_f < U_i$，则 $U_e$ 信号使伺服阀开度自动张大，直到油缸中的焊接压力($U_f$)等于计算机中计算出的指令压力($U_i$)。因此，实际焊接压力，能够达到调整点的±0.138 MPa 或±2％的误差范围，见(表 11.18)

$$U_i(3.37\ \text{MPa}) = U_f \pm 0.138\ \text{MPa} \approx 3.32\ \text{MPa}。$$

### 11.12.3　焊机程序控制

焊接周期时间，无论是单指焊接周期时间或包括装夹和松开工件操作时间(空闲周期时间)均称为焊接周期时间。惯性摩擦焊机焊接周期的操作，从焊接周期开始完全可以自动化一次完成。然而，装卸零件操作既可以是自动的，也可以是手动的。自动装夹或松开零件要求的时间均可以精确确定，但对于手动装夹和松开零件的时间，只能粗略地估算。惯性摩擦焊接周期包括下列程序。

(1)装夹/夹紧主轴夹套。

(2)装夹/夹紧尾座夹套。

(3)尾座夹具或主轴移动到预连接位置。

(4)主轴/飞轮系统加速(自动的)。

(5)惯性摩擦焊接(自动的)。

(6)保压(自动的)。

(7)主轴夹套松开/尾座或主轴缩回/夹具松开(自动的)。

(8)从夹套中取出零件。

# 11.13　某 400 t 焊机的能量曲线

## 11.13.1　能量曲线

根据被焊零件尺寸和面积设计的 400 t 惯性摩擦焊机,它的转速范围和飞轮的大小及数量组合有一定的比例关系。这台焊机的能量曲线如图 11.28 所示。每一台焊机都有一条对应的能量曲线,它代表了这台焊机的飞轮与转速之间的最大匹配关系。

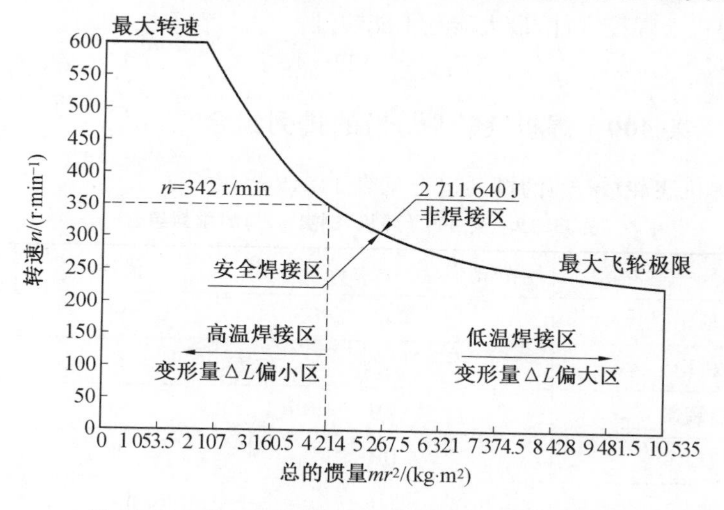


图 11.28　某 400 t 惯性摩擦焊机的最大能量曲线图

已知式(3.1)和式(3.4)

$$E=\frac{mr^2\times n^2}{183}$$

$$n=\frac{1\ 000\times v_t}{\pi D}$$

可以看出,当被焊零件的尺寸和材料选定时,零件焊接的能量($E_t$)和转速($n$)就确定了。因此,焊机的转动惯量($mr^2$)就可以算出了:

$$mr^2=\frac{E_t\times 183}{n}$$

例如:当 $E_t=2\ 711\ 640$ J,$n=342$ r/min,则

$$mr^2=\frac{2\ 711\ 640\times 183}{(342)^2}=4\ 242(\text{kg}\cdot\text{m}^2)$$

由图 11.28 中看出:

(1)大飞轮的转动惯量($mr^2$)对应于低转速,小飞轮的转动惯量($mr^2$)对应于高转速,从而得出了某 400 t 惯性摩擦焊机最大能量曲线:

$$E_{max} = 2\ 711\ 640\ J$$

(2)曲线上部为非焊接区,下部为安全焊接区。

(3)安全焊接区的右部为低温焊接区,左部为高温焊接区。

(4)每个飞轮组合的转动惯量与曲线交点的转速即为该飞轮的最大转速,使用时不能超过这个速度范围。

### 11.13.2　能量曲线的功用

(1)按能量曲线,每组飞轮组合都对应于一个最大的极限速度,焊接过程中,不能超过这个速度范围。

(2)根据能量曲线和不同的被焊材料,可选择低温或高温焊接法。

(3)在该焊机上焊接零件,最大能量不能超过:

$$E_{max} = 2\ 711\ 640\ J$$

### 11.13.3　某 400 t 焊机飞轮($mr^2$)的排列组合

某 400 t 焊机飞轮($mr^2$)的排列组合见表 11.19。

**表 11.19　某 400 t 焊机飞轮($mr^2$)的排列组合**

| 件号 | 转动惯量 $mr^2$/(kg·m$^2$) | 代号 | 注 |
| --- | --- | --- | --- |
| 主轴 | 35.6 | S | |
| 传动机构 | 6.0 | T | |
| 主轴连接器 | 101 | Sa | |
| 夹盘 | 161 | Ch | |
| 夹套 | 5.5 | Co | |
| 飞轮连接器 | 291 | A | |
| 飞轮 | 875 | B | |
| 飞轮 | 1 349 | C | |
| 飞轮 | 1 770 | D | |
| 飞轮 | 2 318 | E | |
| 飞轮 | 3 582 | F | |
| $I_{max}$=S+T+Sa+Ch+Co | 310 | $M_1$ | |
| $I_{max}$+A | 600 | $M_2$ | |
| $I_{max}$+A+B | 1 475 | $M_3$ | |
| $I_{max}$+A+C | 1 949 | $M_4$ | |
| $I_{max}$+A+D | 2 370 | $M_5$ | |
| $I_{max}$+A+B+C | 2 824 | $M_6$ | |

续表11.19

| 件号 | 转动惯量 $mr^2/(\mathrm{kg \cdot m^2})$ | 代号 | 注 |
| --- | --- | --- | --- |
| $I_{max}$+A+B+D | 3 245 | $M_7$ | |
| $I_{max}$+A+C+D | 3 719 | $M_8$ | |
| $I_{max}$A+B+C+D | 4 594 | $M_9$ | |
| $I_{max}$+A+E+F | 6 500 | $M_{10}$ | |
| $I_{max}$+A+B+E+F | 7 375 | $M_{11}$ | |
| $I_{max}$+A+C+E+F | 7 849 | $M_{12}$ | |
| $I_{max}$+A+D+E+F | 8 270 | $M_{13}$ | |
| $I_{max}$+A+B+C+E+F | 8 723 | $M_{14}$ | |
| $I_{max}$+A+B+D+E+F | 9 144 | $M_{15}$ | |
| $I_{max}$+A+C+D+E+F | 9 618 | $M_{16}$ | |
| $I_{max}$+A+B+C+D+E+F | 10 493 | $M_{17}$ | $mr^2_{max}$ |

## 11.14 某 400 t 焊机的四大关键技术和若干辅助技术措施

### 11.14.1 四大关键技术

(1)主轴与尾座等压设计原理。

(2)滑台夹具中心可调技术。

(3)转速起始点探测技术。

(4)数字伺服阀自动补偿压力技术等。

### 11.14.2 若干辅助技术措施

(1)主轴与尾座之间的导向罩技术,可使零件焊接精度提高到:

$$\mathrm{TIR} \leqslant 0.35\ \mathrm{mm}$$

(2)直线编码器数字读出系统,可使变形量测量精确到 0.05 mm。

(3)焊接时参数有上下限范围,超出范围屏幕上自动报警。

(4)输入零件尺寸,计算机能自动计算出焊接参数,焊后并能自动打印出焊接转速、焊接压力、变形量和扭矩等焊接参数及焊接过程曲线图。

(5)自动冷却水控制液压系统的油温在 43~49 ℃范围内工作,进一步稳定了焊接压力系统。

(6)可直接输入单位面积上的能量,比直接输入转速减少了接头尺寸公差对变形量的影响。

(7)输入各种参数,用时可直接调出。

(8)有各种保护和诊断功能。

# 11.15 某400 t焊机的精度

## 11.15.1 机床的精度

**1. 主轴**

(1)主轴法兰 TIR=0.025 4 mm。

(2)主轴夹盘相对于尾座滑台中心 TIR=0.038 1 mm。

**2. 主轴与滑道的平行度**

(1)水平方向的平行度为 0.032 0/300 mm。

(2)垂直方向的平行度为 0.031 3/300 mm。

**3. 主轴与尾座之间的同轴度**

无级方便可调 TIR≤0.0381 mm。

## 11.15.2 焊接参数的精度

(1)转速($n$)重复精度为调整点的±0.2 r/min。

(2)压力($p$)重复精度为调整点的±0.138 MPa 或±2%。

## 11.15.3 焊接零件精度

(1)同轴度 TIR≤0.15 mm。

(2)端跳 $F$≤0.15 mm。

(3)轴向缩短量 $\Delta L$±0.25 mm。

# 第 12 章　鼓筒组件的惯性摩擦焊接

## 12.1　结构特点

压气机鼓筒组件位于风扇和燃烧室之间，前面与低压风扇转子连接，后面与压气机后封严盘和高压涡轮前轴连接，是压气机的核心部件，也是高速旋转的部件，转速达万转以上，它的主要功用是将压缩了的空气进一步压缩，被压缩了的空气供给燃烧室并与燃气混合进行燃烧膨胀，是提高燃气涡轮发动机推力的关键部件之一，工作温度在 350～500 ℃范围。

压气机鼓筒组件由五个盘鼓组成，中间通过四条惯性摩擦焊缝连接。焊缝处壁厚为 3 mm，是等直径的薄壁盘鼓焊接结构。

由于鼓筒组件旋转速度快，压缩比大，工作温度高，因此，要求零件加工精度要高，材料性能要好和连接方法要牢固可靠。故选用了优质高强和直接时效的 GH4169 合金，并在每一级盘之间选用了惯性摩擦焊连接方法与之匹配，保证了接头与母材等强度要求。摩擦焊缝的分布及各零件之间的结构如图 12.1 所示。

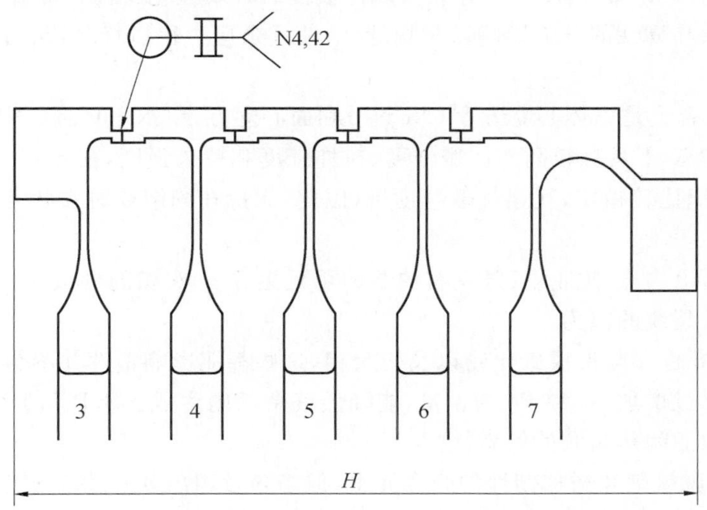


图 12.1　GH4169 合金鼓筒焊接组合件图

由于压气机转子为高速旋转的部件，因此，要求两个盘焊后同轴度 TIR≤0.1 mm，五个盘焊后都要求达到这个标准，这给摩擦焊夹具设计和焊接工艺带来了相当大的困难。

由于压气机转子叶片和静子叶片之间有严格的间隙要求，间隙太大，压气机漏气，损耗增大，效率降低；间隙太小，由于高速旋转，温度升高，尺寸增大，叶片之间容易刮伤。一般转子和静子叶片之间的间隙为 1.5～3.5 mm。因此，要求摩擦焊工艺要严格控制每两级盘间的焊缝缩短量，一般不要超过 $C\pm 0.20$ mm。五个盘，四条焊缝都要达到这个标准，这又给摩擦焊工艺带来了较大的困难。

## 12.2　材料性能

GH4169 合金自 20 世纪 50 年代被广泛应用于航空、航天、核工业、低温、石油和化工工业中。在航空、航天的发动机制造中，GH4169 合金占整个发动机质量(重量)的 35% 以上，根据 GH4169 合金的使用部位不同，它分为几个不同性能的品种。目前市场上供应的两个品种，三种形式的 GH4169 合金见表 12.1。

**表 12.1　GH4169 合金的两个品种三种形式**

| 品种 | 形式 | 热处理状态 | $\sigma_b$/MPa | 晶粒度 | 标准 |
| --- | --- | --- | --- | --- | --- |
| 优质 GH4169 | 直接时效 | 锻态＋时效 | 1 450 | ≥10 | 企标 |
| | 高强 | 锻态＋固溶＋时效 | 1 345 | 8～10 | 企标 |
| 普通 GH4169 | 普通 | 锻态＋固溶＋时效 | 1 275 | 4～6 | 企标 |

GH4169 合金是一种沉淀硬化的镍铁基高温合金，它具有较好的抗氧化和抗腐蚀性能，很高的强度和抗蠕变性能，可在－250 ℃～700 ℃温度范围内可靠地工作。因此，它被广泛地应用于焊接结构中，因为它与多数高温合金比较，有优良的焊接性能，这是与它初始强化相($\gamma'+\gamma''$)的缓慢析出有关。这种缓慢的时效强化特性在冷却和时效过程中产生一个相对较高韧性的热力影响区和焊缝区，使残余应力得以释放，从而提高了抗应变时效裂纹能力。

GH4169 合金是以体心立方 $\gamma''(Ni_3Nb)$ 和面心立方 $\gamma'$[Ni(Al、Ti、Nb)]强化的合金，在－250～700 ℃下具有较高的屈服强度、拉伸强度和持久强度，在 650～760 ℃下具有良好的塑性，组织比较稳定，元素扩散速度慢，因此，无论在固溶或时效状态下均具良好的成型性和焊接性。

在 GH4169 合金中加入 5%左右的 Nb，可延迟 $\gamma'$一次相的形成，从而减少了焊后焊缝区应变时效裂纹的能力。

Nb 和 Mo 也参与形成碳化物以及残余相，这些都能影响塑性并参与母材和热力影响区的偏析。通过增加 Ni 和 Fe 的含量，能降低残余相的生成。S、P 和 B 能增加熔化区和热力影响区的晶间热裂纹的敏感性。

Mg 作为脱氧剂和增加韧性的合金元素，但当含量超出 0.03%时，能够致使熔化区产生裂纹。

Si 和 Mn 被认为是增加熔化区裂纹敏感性的元素，Si 和 Mn 也能增加残余相的形成。

# 12.3　摩擦焊工艺

## 12.3.1　摩擦焊接头的设计

根据零件待焊处壁厚的尺寸(3+3 mm)和已有焊机的能力设计的摩擦焊接头壁厚为 4.5 mm+4.5 mm,变形量为 3 mm,即每级盘待焊的端头多留出 1.5 mm 磨损量。焊口处外径留出 2 mm,内径留出 1 mm 余量,整个五级盘,四道焊缝为等直径、等壁厚的盘鼓筒形结构,其接头结构、尺寸如图 12.2 所示。

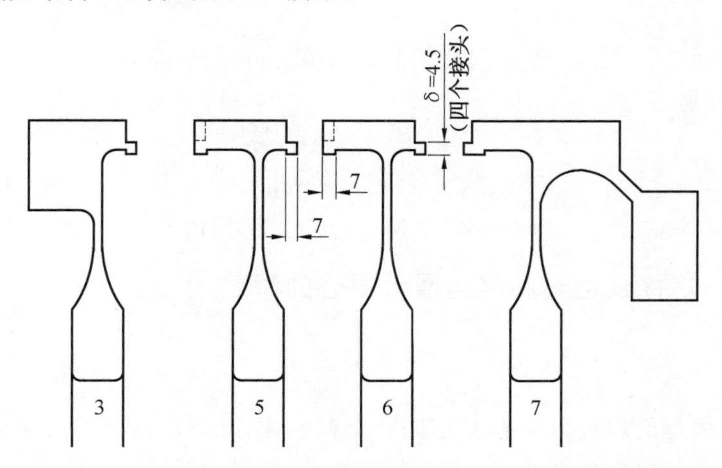


图 12.2　3~7 级盘接头的设计(4 级盘未画出)

## 12.3.2　焊接参数的计算

(1)焊前测量零件尺寸。

| 部位 | 零件 1 | 零件 2 |
|---|---|---|
| $S_p$ | 5 890 $mm^2$ | 5 890 $mm^2$ |
| $\delta$ | 4.5 mm | 4.5 mm |

(2)计算能量($E_t$)和载荷($F_t$)。

①$E_g=54.6\ J/mm^2$。　附图Ⅹ

$$E_t=S_p\times E_g\times F_{me}\times F_{ge}=5\ 890\times 54.6\times 1.0\times 1.0=321\ 594(J)$$

②$F_g=291.18$ MPa。　附图Ⅹ

$$F_t=S_p\times F_g\times F_{ml}\times F_{gl}=5\ 890\times 291.18\times 1.0\times 1.0=1\ 715\ 050.2(N)$$

$$p_c=\frac{F_t}{S_c}=1\ 715\ 050.2/137\ 664.24=12.46(MPa)$$

式中　$S_c$——焊机油缸面积,$S_c=137\ 664.24\ mm^2$。

(3)计算速度。

①选取 $v_t=160$ m/min。 附表Ⅰ

② $n=\frac{1\ 000v_t}{\pi D}=\frac{1\ 000\times160}{3.141\ 6\times421.59}=120.8(\text{r/min})$。

(4)计算转动惯量($mr^2$)。

$$mr^2=\frac{E_t\times183}{n^2}=\frac{321\ 594\times183}{120.8^2}=4\ 032.9(\text{kg}\cdot\text{m}^2)$$

(5)选取某 400 t 焊机上最接近的($mr^2$)。

$$mr^2=4\ 578\ \text{kg}\cdot\text{m}^2$$

则

$$n=\sqrt{321\ 594\times183/4\ 578}=113.4(\text{r/min})$$

(6)焊机参数。

$$mr^2=4\ 578\ \text{kg}\cdot\text{m}^2$$

$$n=113.4\ \text{r/min}$$

$$p_c=12.46\ \text{MPa}(p_t=292\ \text{MPa})$$

### 12.3.3 焊接试验环和尾座滑台中心的调整

**1.试验环**

(1)功用。

由于压气机盘的焊接为半精加工零件的焊接,零件的材料和加工的造价非常昂贵,且为多级盘焊接的鼓筒组合件,因此,在焊接零件前,必须先焊接试验环,以检查下列项目。

①焊机的稳定性。

②焊接参数的变化。

③检查焊缝质量(超声波和荧光)。

④检查焊缝尺寸精度:变形量($\Delta L$)、径跳(TIR)、端跳(Flat)。

这些项目都检查证明焊缝焊接合格了,才能正式焊接零件。

(2)试验环的选择。

焊接试验环不但要在材质、热处理和表面状态上与被焊零件完全一致,而且在被焊接头结构和尺寸上也要与零件完全相同。否则会引起零件和试验环尺寸精度和变形量之间的较大差异,造成零件焊接的报废。焊接 3~7 级盘四条焊缝,由于直径和壁厚完全相同,可以选择同一对试验环进行焊接,不必要焊一对试验环焊缝,焊一件零件焊缝,试验环的结构和尺寸如图 12.3 所示。

(3)试验环的用量。

每焊一批零件(最少为一台份零件),焊前要先焊试验环,检查合格后方能焊接零件。因此,在生产管理上计划的批次越大,所需试验环数量越少。

**2.尾座滑台中心的调整**

(1)调整的原理。

该焊机的一大特点为尾座滑台中心是可以调节的。因为焊机大,飞轮亦大,在焊接不

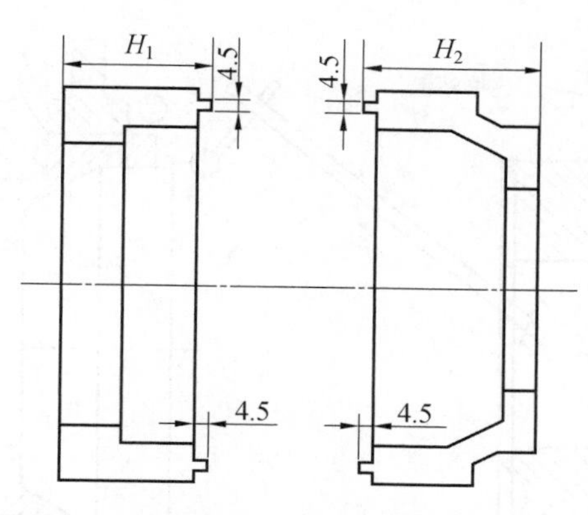


图 12.3　焊接 3～7 级盘用的试验环

同零件时，需配备不同的飞轮，这样，主轴的中心就要受到一定的影响。为了消除这种影响，尾座滑台中心就设计成可调的，理论上尾座滑台中心可调到与主轴中心线完全重合（图 12.4）。一般要求焊出零件的同轴度即 TIR≤0.1 mm 即可。

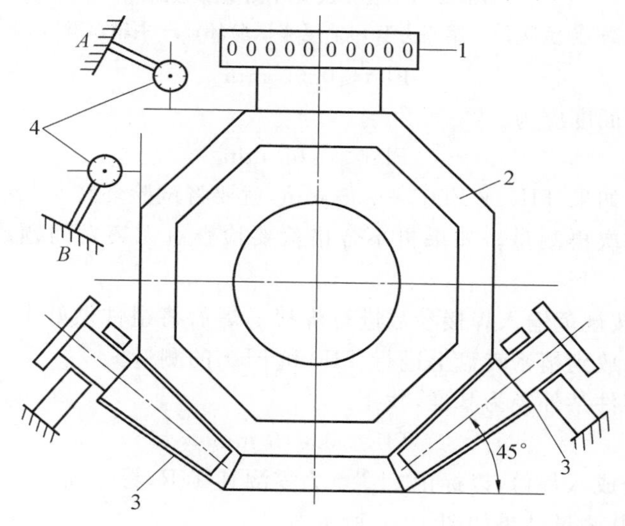


图 12.4　尾座滑台中的大油脂盘夹具可调示意图

1—数显装置；2—夹具架；3—手动可调锲铁；4—千分表

由图 12.4 中看出，尾座滑台中的大油脂盘夹具上下、左右 45°角方向上各设计有两个可调的锲铁，下面两个是手动的，用蜗轮和蜗杆进行调节；上面两个是电动的，用小油缸自动拉紧，夹具上面有数显装置，显示调整的距离。

(2)调整的过程。

将试验环 5 装到焊机主轴夹套上，试验环 4 装到尾座滑台夹套上（图 12.5）。然后启动焊机，按焊接压力按钮，顶压两次，分别将千分表固定在主轴和尾座滑台上，将主轴转动一周，测量主轴或尾座滑台上试验环的径跳（TIR）和端跳（Flat）（图 12.5）。

调整后，一般主轴上试验环的精度应达到

$$\text{TIR} \leqslant 0.05\ \text{mm}$$

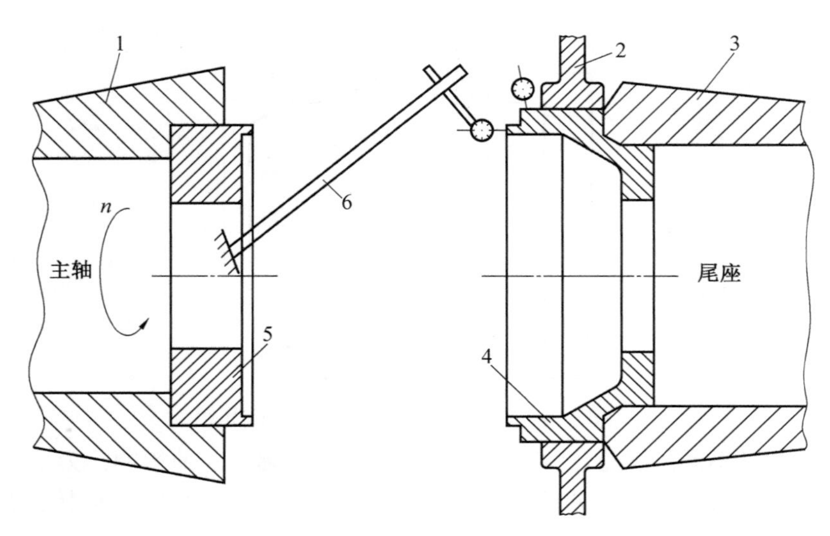


图 12.5 装夹试验环测量示意图

1—主轴夹套;2—弹簧圈;3—尾座夹套;4—尾座试验环;5—主轴试验环;6—千分表和杆

$$\text{Flat} \leqslant 0.05 \text{ mm}$$

尾座上试验环的平面度应为

$$\text{Flat} \leqslant 0.05 \text{ mm}$$

就可以进行焊接。如果 TIR 或 Flat>0.05 mm,就要将试验环转 90°或 180°后重新装夹。装夹后还需顶压两次再测量。如果再不合格就要检查有无突发问题或零件的焊前加工质量。

调整合格后,按规范输入焊接参数进行焊接。焊后将组件做好上、下标记,然后再松开夹具,取出组件,放到精密转盘上进行 TIR 和 Flat 的测量。

首先以尾座零件某外径为基准,找正:

$$\text{TIR} \leqslant 0.015 \text{ mm}$$

然后将主轴零件分成八等份,以标记"上"点为零测其 TIR,看主轴零件相对尾座零件的偏移度和偏移方向,其测量结果如图 12.6 所示。

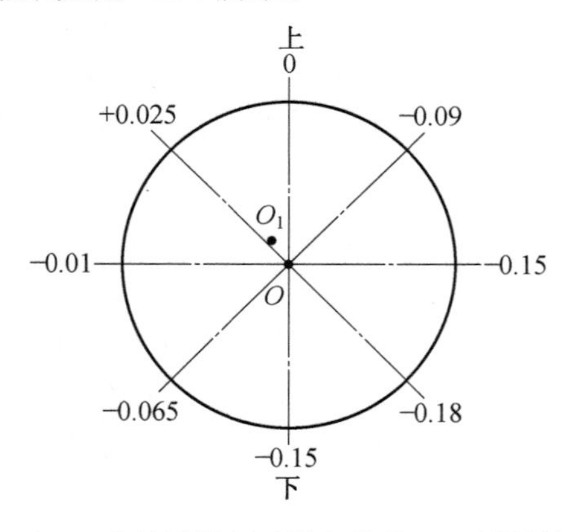


图 12.6 主轴零件相对尾座零件 TIR 测量结果

由图 12.6 中看出，主轴零件的中心 $O_1$ 比尾座滑台大油脂盘夹具中零件的中心 $O$ 点向左、向上移动了一定的距离。

(3)调整的根据。

以焊接该组件的偏移度数据($O_1$ 点的坐标)为根据，来调整尾座滑台与主轴的同轴度。

$O_1$ 点坐标的计算如图 12.6 所示，$O_1$ 点的横、纵坐标为

$$X=-0.15-(-0.01)=-0.14\ \text{mm}$$

$$Y=-0.15-0=-0.15\ \text{mm}$$

因此，$O_1$ 点的坐标为 $O_1(-0.14,-0.15)$，要调整的距离为 $O_1(-0.07,-0.075)$。

将两块千分表分别安装在不动点 $A$ 和 $B$ 上，使表针顶在可调大油脂盘夹具的水平面和垂直面上(图 12.4)，然后按 $O_1(-0.07,-0.075)$ 点坐标调节尾座滑台中大油脂盘夹具中心的位置 $O$ 点与主轴中心 $O_1$ 点重合，即将尾座滑台中大油脂盘夹具中心 $O$ 点向上方调节0.075 mm，看水平方向千分表 A，向左方调节 0.07 mm，看垂直方向千分表 B(图 12.4)。

(4)调整后继续焊接试验环验证。

①验证试验环的数量。调节后按上述方法，继续焊接试验环，看两试验环焊后的 TIR 和 Flat。

装夹后检查主轴零件：

$$\text{Flat}=0.05\ \text{mm}$$

$$\text{TIR}=0.05\ \text{mm}$$

装夹后检查尾座滑台零件：

$$\text{Flat}=0.05\ \text{mm}$$

TIR 检查结果如图 12.7 所示，然后进行焊接。

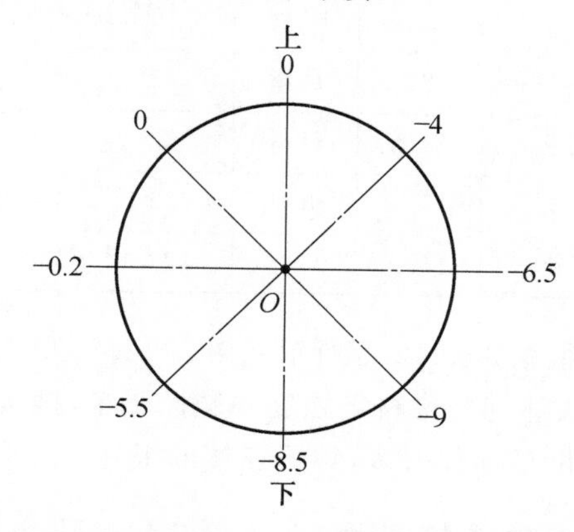


图 12.7　尾座滑台零件装夹后检查 TIR 结果(用 0.01 mm 表测)

焊后检查零件的 TIR 和 Flat ：

$$\text{TIR}=0.06\ \text{mm}$$

$$\text{Flat}=0.085\ \text{mm}$$

通过上述调整和两组试验环的焊接，证明 TIR 和 Flat 均小于 0.1 mm，达到调整要

求，可以进行零件的焊接。图 12.7 所示为尾座零件装夹后测量的 TIR 数值，特别是下面的“－0.085 mm”也可以作为今后零件焊前，装夹后测量 TIR 数值的参考。有时调整顺利，通过焊接两组试验环，即能调整过来，否则需要调整三～五次才能调整过来。

(5)调整试验环的焊接结果。

①能量($E_g$)对变形量的影响见表 12.2。

**表 12.2　GH4169 试验环 $E_g$ 对 $\Delta L$ 的影响试验结果**

| 件号 | 焊前试验环尺寸/mm | | 焊接参数 | | | | 焊接结果/mm | | | |
|---|---|---|---|---|---|---|---|---|---|---|
| | $\delta$ | $H_1$<br>$H_2$ | $n$<br>/(r·min$^{-1}$) | $p_c$<br>/MPa | $E_g$<br>/(J·mm$^{-2}$) | $mr^2$<br>/(kg·m$^2$) | $H_1+H_2$ | $\Delta L$ | TIR | Flat |
| HS1 | 4.57<br>4.51 | 86.84<br>84.46 | 113.9 | 12.81 | 54.8 | 4 589 | 168.2 | 3.10 | 0.12 | 0.07 |
| HS2 | 4.52<br>4.60 | 78.47<br>76.34 | 113.9 | 12.77 | 54.6 | 4 589 | 151.8 | 2.98 | 0.07 | 0.07 |
| HS3 | 4.52<br>4.53 | 76.46<br>74.48 | 113.9 | 12.80 | 54.7 | 4 589 | 147.9 | 3.0 | 0.07 | 0.06 |
| HS4 | 4.50<br>4.50 | 70.2<br>118.0 | 113.7 | 12.67 | 55.2 | 4 589 | 185.1 | 3.02 | 0.10 | 0.04 |

②试验环的接头强度见表 12.3。

**表 12.3　GH4169 试验环接头强度试验结果**

| 编号 | 室温拉力 | | | | | 高温持久 | | | | |
|---|---|---|---|---|---|---|---|---|---|---|
| | $\sigma_b$/MPa | $\sigma_{0.2}$/MPa | $\delta_5$/% | $\psi$/% | 断裂位置 | $\sigma$/MPa | $T$/℃ | $t$/h | $\delta_5$/% | 断裂位置 |
| 01 | 1 310 | 1 150 | 16 | 24 | 母材 | 725 | 650 | 34 | 4.0 | 母材 |
| 02 | 1 310 | 1 120 | 15 | 15 | 母材 | 725 | 650 | 11 | 7.6 | 母材 |
| 03 | 1 300 | 1 090 | 16 | 26 | 母材 | 725 | 650 | 11.3 | 2.8 | 母材 |
| 04 | 1 300 | 1 140 | 18 | 24.5 | 母材 | 725 | 650 | 45 | 9.9 | 母材 |
| 05 | 1 310 | 1 140 | 15 | 17.5 | 母材 | 725 | 650 | 45 | 1.7 | 母材 |
| 06 | 1 300 | 1 140 | 15 | 16.0 | 母材 | 725 | 650 | 19 | 4.4 | 母材 |

③试验环接头的金相组织如图 12.8 所示。由表 12.3 和图 12.8 中看出：

a. GH4169 试验环接头达到与母材等强度和塑性要求，接头拉伸均断于母材上。

b. 摩擦焊缝的晶粒比母材细化得多，焊缝连接的很好。

### 12.3.4　GH4169 盘的焊接过程

**1. 焊接的装夹和顺序**

压气机鼓筒由 3～7 级五个盘鼓组成，中间通过四条摩擦焊缝连接，如图 12.9 和图 12.1 所示。

4～6 级盘内腔和辐板已基本加工完，外径榫槽和篦齿还没有加工并在半径方向上留

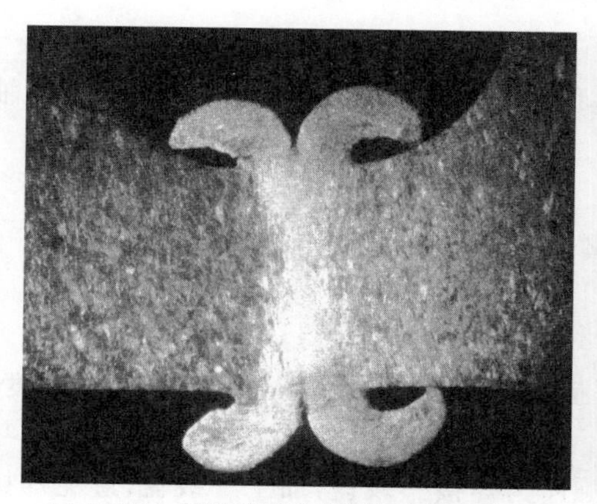

(a) GH4169 试验环接头的低倍金相照片×10

(b) GH4169试验环接头飞边之间的冶金缺口×50

(c) GH4169 试验环接头的高倍金相照片×50

图 12.8　GH4169 试验环接头的金相组织($\Delta L$=2.36 mm)

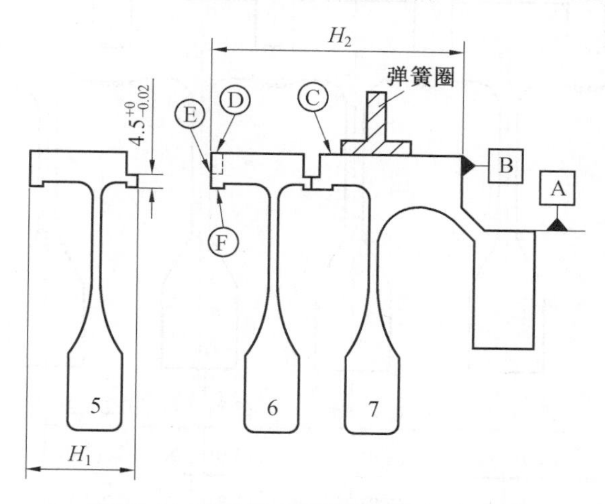


图 12.9　3～7 级盘的焊接过程及装夹

有较多余量;内腔焊缝附近 10 mm 长度上留 0.75 mm 余量。3 和 7 级盘辐板也已加工完,外径榫槽、法兰内外表面还留有较大余量,因此,整个五级鼓筒的焊接属于多级焊缝、等截面精密组合件的焊接。

(1)焊接的装夹。

尾座端以 7 级盘法兰外径 A 定位，夹紧 A，顶紧 B(0.03 mm 塞尺不过)，压紧 C；主轴端以 6 级盘外径 D 表面定位并夹紧，顶紧 E。

(2)焊接的顺序。

首先焊接 7 和 6 级盘，然后送去加工(图 12.9)：

①车去焊缝内外飞边。

②车去 6 级盘外表面 D(0.75 mm)余量。

③车去与 5 级盘焊接的 6 级盘另一端待焊接头 F，这一端为保证 6 和 7 级盘总长度，预先留出 0.5 mm 余量，因为它受 $\Delta L$ 的影响。

随后逐级焊接 5、4 和 3 级盘，设计的焊接顺序为焊接一级盘，加工一级盘，避免焊接误差的积累。每焊一级盘，7 级端就向滑台油脂盘里缩进一级，为了防止焊接过程中的变形，缩进那一级的外径上都套有弹簧圈(图 12.9)，用油脂盘的胀紧力压紧弹簧圈。由此看出，7 级盘法兰外径 A 与凸肩 B 加工精度对整台转子的焊接精度有明显的影响。

**2. 轴向尺寸的控制和变形量**

由 12.3.4 节和图 12.10 中可以看出，每级盘每边待焊处多留出 1.5 mm 磨损量，即两级盘焊后轴向变形量设计为 3.0 mm。另外 7 和 6 级盘焊后要加工 6 级盘另一端与 5 级盘焊接的接头，这一端为了保证轴向尺寸的加工，多留出 0.5 mm 的余量，其余 5 和 4 级盘另一端也是如此。

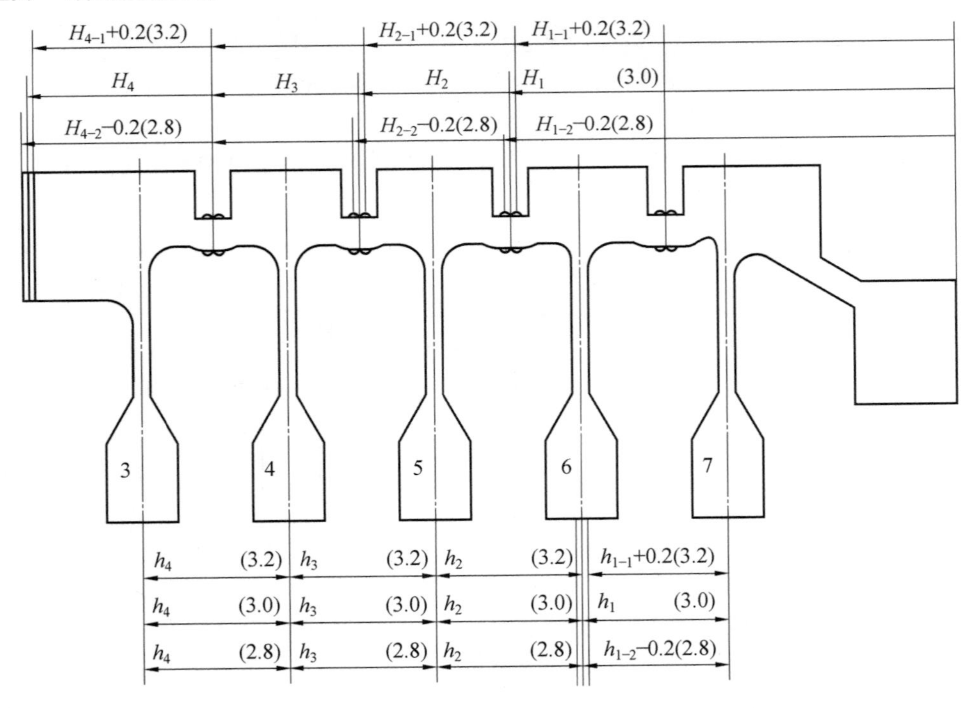


图 12.10　3～7 级盘摩擦焊轴向尺寸的控制和变形量

由图 12.10 中看出，在第一次焊接 7 和 6 级盘时，可能的变形量见表 12.4。

**表 12.4　3～7 级盘摩擦焊轴向尺寸的控制和变形量**

| 编号 | 变形量 $\Delta L$/mm | 辐板间距离 $h$/mm | 焊接总长 $H$/mm | 4～6 级盘另一端预留量/mm | 4～6 级盘另一端车去长度/mm |
|---|---|---|---|---|---|
| 3 | 3.0 | $h_5$ | $H_5$ | 0.5 | — |
|  | 2.8 | $h_5+0.2$ | $H_5+0.2$ | 0.5 | — |
|  | 3.2 | $h_4-0.2$ | $H_4-0.2$ | 0.5 | 0.3 |
| 4 | 3.0 | $h_4$ | $H_4$ | 0.5 | 0.5 |
|  | 2.8 | $h_4+0.2$ | $H_4+0.2$ | 0.5 | 0.7 |
|  | 3.2 | $h_3-0.2$ | $H_3-0.2$ | 0.5 | 0.3 |
| 5 | 3.0 | $h_3$ | $H_3$ | 0.5 | 0.5 |
|  | 2.8 | $h_3+0.2$ | $H_3+0.2$ | 0.5 | 0.7 |
|  | 3.2 | $h_2-0.2$ | $H_2-0.2$ | 0.5 | 0.3 |
| 6 | 3.0 | $h_2$ | $H_2$ | 0.5 | 0.5 |
|  | 2.8 | $h_2+0.2$ | $H_2+0.2$ | 0.5 | 0.7 |
|  | 3.2 | $h_1-0.2$ | $H_1-0.2$ | 0.5 | 0.3 |
| 7 | 3.0 | $h_1$ | $H_1$ | 0.5 | 0.5 |

由表 12.4 中看出，控制变形量的焊接途径有两条：

(1)当焊接的第一条焊缝和随后的三条焊缝变形量均能控制为(3±0.1)mm 时，焊完的 3～7 级盘鼓筒的总长度($H_5$)和辐板间的跨距($h$)均会满足设计图样的要求. 每条焊缝的变形量均按这个数值((3±0.1)mm)控制，这是最理想的途径，也是最常用的途径。

(2)如果焊接的第一条焊缝和随后的三条焊缝变形量均控制为 3.2 mm 或 2.8 mm 时，焊完的 3～7 级盘鼓筒的总长度分别为 $H_5-0.2$ mm 或 $H_5+0.2$ mm，跨距 3～6 级盘间均合格，只有 6 和 7 级盘间的跨距分别为 $H_1-0.2$ mm 或 $H_1+0.2$ mm。而 3 级和 7 级盘法兰端面各留有 2 mm 余量(图 12.2)，足够加工。

如果焊接的 7 和 6 级盘间的第一条焊缝变形量为 3.2 mm，为了保证两级盘焊后的总长度 $H_2$，在焊接第二条焊缝时，变形量取 2.8 mm，那么就会产生 $H_1$ 缩小 0.2 mm，$H_2$ 增大到 0.4 mm，造成过大的尺寸超差。

**3. 焊前和焊后径向尺寸的控制和调整**

(1)焊前止口尺寸测量。

3～7 级盘，每级盘装夹后都要先顶压两次，然后按图 12.5 主轴与滑台两边各自固定表架进行尺寸测量和调整，使主轴和尾座端的焊接止口尺寸如下。

焊前：主轴端 TIR＝0.05 mm，Flat＝0.05 mm。尾座端 Flat＝0.05 mm。

尾座滑台零件焊前止口外径测量尺寸如图 12.11 所示。

焊后：TIR＝0.05 mm，Flat＝0.03 mm。

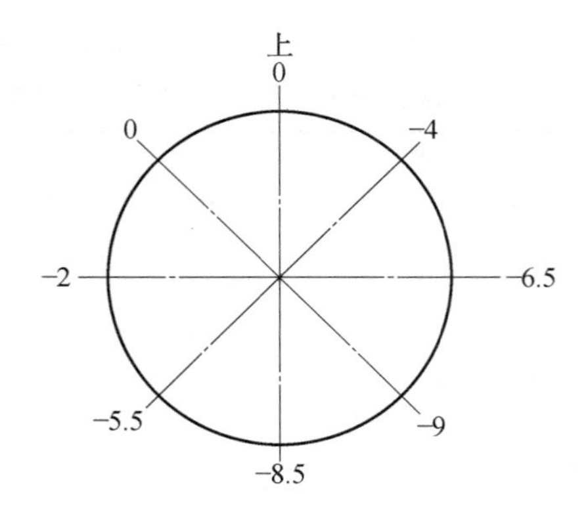


图 12.11　尾座滑台零件焊前止口外径测量尺寸(用 0.01 mm 表测)

**4. 焊接结果**

三期六台份 3～7 级盘焊接结果见表 12.5～12.7 和图 12.9 及图 12.12。

**表 12.5　第一期两台份零件焊接结果**

| 序号 | 焊前零件尺寸/mm | | 焊接参数 | | | 焊接结果/mm | | | | 接头其他尺寸/mm | |
|---|---|---|---|---|---|---|---|---|---|---|---|
| | $\delta$ | $H_1$ | $n$ /(r·min$^{-1}$) | $p_c$ /MPa | $E_g$ /(J·mm$^{-2}$) | $H_2$ | $\Delta L$ | TIR | Flat | $h_1$ | $h_2$ |
| 1 | 3.95<br>3.98 | 61.5<br>45.3 | 104.8 | 11.1 | 53.13 | 103.9 | 2.9 | 0.09 | 0.08 | 4.0<br>3.0 | 7.0<br>3.4 |
| 2 | 3.86<br>4.00 | 103.7 | 103.6 | 11.0 | 52.4 | 146.3 | 3.0 | 0.10 | 0.17 | 3.9<br>3.5 | 7.0<br>3.0 |
| 3 | 3.99<br>3.99 | 146.1<br>53.28 | 104.0 | 11.2 | 52.0 | 196.2 | 3.21 | 0.08 | 0.1 | 3.1<br>3.8 | 7.0<br>3.4 |
| 4 | 3.98<br>4.00 | 246.9<br>77.42 | 102.5 | 11.19 | 50.7 | 321.4 | 2.85 | 0.10 | 0.06 | 4.0<br>4.0 | 7.2<br>3.6 |
| 5 | 4.00<br>4.00 | 61.30<br>45.30 | 105.2 | 11.24 | 53.1 | 103.6 | 3.02 | 0.11 | 0.13 | 4.0<br>3.0 | 7.0<br>3.1 |
| 6 | 4.03<br>4.05 | 103.4<br>45.60 | 105.5 | 11.35 | 52.95 | 146.6 | 3.45 | 0.06 | 0.08 | 3.9<br>3.5 | 7.0<br>2.8 |
| 7 | 4.00<br>4.00 | 145.5<br>53.27 | 104.2 | 11.23 | 52.1 | 196.0 | 2.70 | 0.10 | 0.09 | 3.8<br>3.1 | 7.2<br>3.4 |
| 8 | 3.98<br>4.00 | 246.9<br>77.30 | 102.5 | 11.20 | 50.7 | 321.4 | 2.80 | 0.08 | 0.05 | 3.9<br>4.0 | 7.4<br>3.4 |

**表 12.6　第二期两台份零件焊接结果**

| 序号 | 焊前零件尺寸/mm | | 焊接参数 | | | 焊接结果/mm | | | | 接头其他尺寸/mm | |
|---|---|---|---|---|---|---|---|---|---|---|---|
| | $\delta$ | $H_1$ | $n$ /(r·min$^{-1}$) | $p_c$ /MPa | $E_g$ /(J·mm$^{-2}$) | $H_2$ | $\Delta L$ | TIR | Flat | $h_1$ | $h_2$ |
| 1 | 4.52<br>4.47 | 61.65<br>45.90 | 113.3 | 12.63 | 54.8 | 104.4 | 3.15 | 0.05 | 0.11 | 4.10<br>3.72 | 4.62<br>4.80 |
| 2 | 4.51<br>4.47 | 146.8<br>53.92 | 111.7 | 12.63 | 53.85 | 197.6 | 3.0 | 0.07 | 0.02 | 3.26<br>4.01 | 4.03<br>4.66 |
| 3 | 4.56<br>4.47 | 197.1<br>54.52 | 110.9 | 12.71 | 52.2 | 248.7 | 2.87 | 0.12 | 0.07 | 5.13<br>3.98 | 3.82<br>4.70 |
| 4 | 4.55<br>4.52 | 248.4<br>77.53 | 110.7 | 12.77 | 51.8 | 322.8 | 3.05 | 0.10 | 0.05 | 4.24<br>4.13 | 4.25<br>4.63 |
| 5 | 4.50<br>4.43 | 61.63<br>45.82 | 112.7 | 12.58 | 54.6 | 104.4 | 3.10 | 0.08 | 0.04 | 4.05<br>3.73 | 4.65<br>5.00 |
| 6 | 4.48<br>4.45 | 146.7<br>53.95 | 111.1 | 12.56 | 53.8 | 197.8 | 3.09 | 0.05 | 0.03 | 3.18<br>4.03 | 4.22<br>4.74 |
| 7 | 4.53<br>4.49 | 197.2<br>54.95 | 111.1 | 12.67 | 52.45 | 248.8 | 2.99 | 0.08 | 0.04 | 5.11<br>3.97 | 4.12<br>4.94 |
| 8 | 4.47<br>4.52 | 248.3<br>77.63 | 110.1 | 12.61 | 51.7 | 322.8 | 3.09 | 0.05 | 0.03 | 4.11<br>4.16 | 3.95<br>4.54 |

**表 12.7　第三期两台份零件焊接结果**

| 序号 | 焊前零件尺寸/mm | | 焊接参数 | | | 焊接结果/mm | | | | 接头其他尺寸/mm | |
|---|---|---|---|---|---|---|---|---|---|---|---|
| | $\delta$ | $H_1$ | $n$ /(r·min$^{-1}$) | $p_c$ /MPa | $E_g$ /(J·mm$^{-2}$) | $H_2$ | $\Delta L$ | TIR | Flat | $h_1$ | $h_2$ |
| 1 | 4.49<br>4.50 | 61.57<br>45.80 | 112.7 | 12.65 | 54.2 | 104.2 | 3.15 | 0.08 | 0.04 | 4.00<br>3.58 | 4.64<br>5.20 |
| 2 | 4.51<br>4.50 | 146.68<br>53.83 | 111.1 | 12.63 | 52.5 | 197.58 | 2.93 | 0.14 | 0.04 | 3.20<br>3.90 | 9.70<br>4.64 |
| 3 | 4.50<br>4.48 | 197.10<br>54.64 | 111.3 | 12.66 | 52.9 | 248.40 | 3.34 | 0.06 | 0.06 | 4.0<br>3.84 | 9.60<br>4.62 |
| 4 | 4.50<br>4.50 | 248.12<br>77.53 | 109.7 | 12.63 | 51.3 | 322.50 | 3.25 | 0.06 | 0.07 | 4.00<br>4.00 | 10.0<br>4.54 |
| 5 | 4.50<br>4.50 | 61.56<br>45.79 | 112.5 | 12.65 | 54.0 | 104.00 | 3.25 | 0.11 | 0.09 | 4.00<br>3.56 | 4.60<br>5.00 |
| 6 | 4.51<br>4.51 | 146.69<br>53.64 | 111.1 | 12.67 | 52.5 | 197.69 | 2.84 | 0.08 | 0.05 | 3.2<br>3.88 | 9.70<br>4.64 |
| 7 | 4.51<br>4.50 | 197.10<br>54.58 | 110.7 | 12.65 | 52.2 | 248.61 | 3.11 | 0.15 | 0.08 | 4.10<br>3.86 | 9.44<br>4.62 |
| 8 | 4.49<br>4.50 | 248.30<br>77.50 | 109.2 | 12.64 | 50.9 | 322.83 | 2.97 | 0.07 | 0.02 | 4.00<br>4.10 | 8.60<br>4.62 |

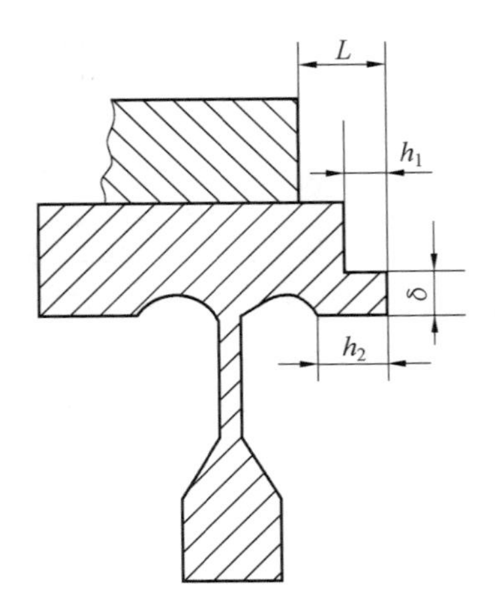


图 12.12 压气机盘接头尺寸

### 12.3.5 GH4169 盘焊接过程中能量和变形量的控制

**1. 模拟环和零件之间变形量的关系**

所选择的模拟环与零件在材料状态和接头结构、尺寸上完全一致,其硬度值的变化见表 12.8。

**表 12.8 模拟环与 3～7 级盘的硬度值**

| 名称 | 模拟环 | 3 级盘 | 4 级盘 | 5 级盘 | 6 级盘 | 7 级盘 |
|---|---|---|---|---|---|---|
| 硬度值 HB($d$/mm) | 3.1 | 3.1 | 2.95 | 2.95 | 2.95 | 3.1 |

由表 12.8 中看到,模拟环的硬度与 3 级和 7 级盘相当,低于 4～6 级盘硬度。考虑到 7 和 6 级盘的摩擦焊接,其中 6 级盘硬度稍高于模拟环的硬度,因此,用模拟环的较高参数进行焊接零件,其结果如下:

能量:54.80 J/mm$^2$。

变形量:$\Delta L$=3.15 mm。

说明用模拟环的焊接参数来焊接 7 和 6 级盘零件,完全满足变形量的要求。

**2. GH4169 盘焊接过程中,焊缝能量和变形量的变化规律**

GH4169 盘鼓筒的焊接,共有五个盘,四条焊缝,从 7 级盘开始向 3 级盘方向焊接,每焊一级盘,要想得到相同的变形量 $\Delta L$=3.0 mm,每条焊缝所需要的能量值按一定规律逐渐下降(图 12.13～12.15)。

(1)第一期零件焊缝变形量的摸索。

由图 12.13 中看出,这是第一期焊出的五个盘,四条焊缝,整体摩擦焊鼓筒,焊缝单位面积上的能量($E_g$)与变形量的关系曲线。当时焊接接头的壁厚($\delta$=4.0 mm)和尺寸见表 12.5,要求变形量 $\Delta L$=2.8 mm。由于摸不清楚模拟环与实际零件之间能量和变形量的差异,只好边试验,边研制,两台份交叉进行焊接。

当用模拟环的能量 53.13 J/mm$^2$ 焊接第一期第一台 7 和 6 级盘第一条焊缝时(表 12.5),得到的变形量 $\Delta L$ = 2.9 mm ,这是很理想的结果,比要求的 2.8 mm 只大

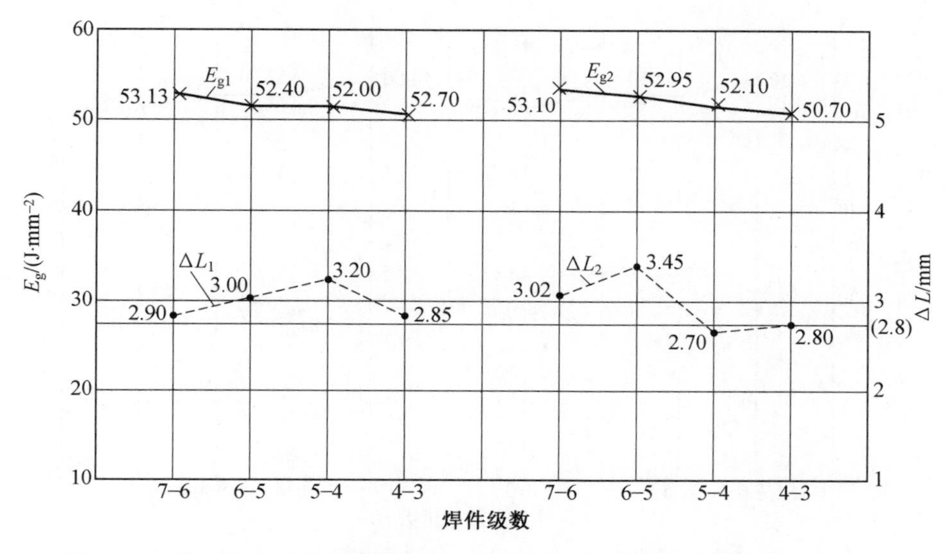


图 12.13　第一期 3～7 级盘摩擦焊接中($E_g$)与($\Delta L$)之间的关系($\delta$=4.0 mm)

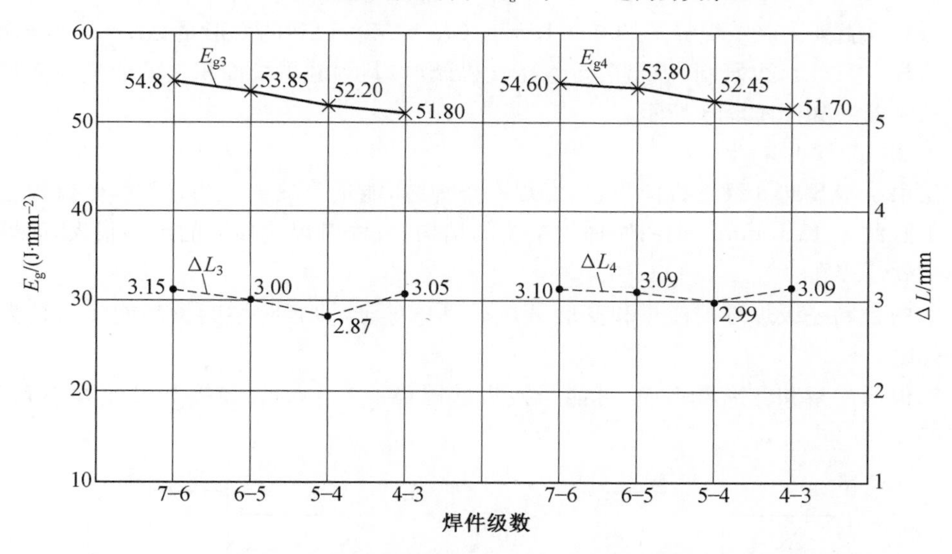


图 12.14　第二期 3～7 级盘摩擦焊接中($E_g$)与($\Delta L$)之间的关系($\delta$=4.5 mm)

0.1 mm。为此，减少些能量，用 53.1 J/mm$^2$ 能量焊接第二台 7 和 6 级盘第一条焊缝时(表 12.5)，得到的变形量 $\Delta L$=3.02 mm，比预想的还大了些。为此，减少能量，用 52.95 J/mm$^2$ 能量焊接第二台的第二条焊缝(表 12.5)，结果变形量 $\Delta L$=3.45 mm，大大超出要求。为此，再次将能量减少，用 52.4 J/mm$^2$ 能量焊接第一台的第二条焊缝，得到的变形量 $\Delta L$=3.0 mm，仍超差。这时已经感觉到焊接的后一道焊缝比前一道焊缝能量要下降。但是，下降多少，为什么要下降？还没有弄清楚。

为此，焊接第二台第三条焊缝时，将能量下调到 52.1 J/mm$^2$(表 12.5)，比第一台的两道焊缝的能量差(0.75 J/mm$^2$)还多些(0.85 J/mm$^2$)，结果焊出焊缝的变形量 $\Delta L$=2.70 mm已经小于 2.80 mm 的要求。于是焊接第一台第三条焊缝时，选择能量为

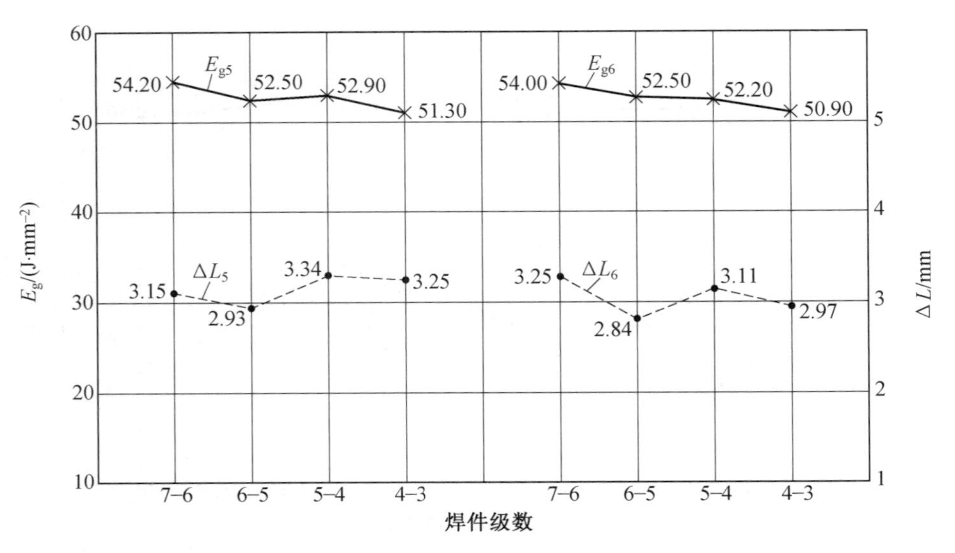


图 12.15　第三期 3～7 级盘摩擦焊接中($E_g$)与($\Delta L$)之间的关系($\delta$=4.5 mm)

52 J/$mm^2$,能量比前一焊缝下调 0.2 J/$mm^2$(表 12.5),得到的变形量 $\Delta L$=3.20 mm。

这样,边试验,边研制,焊出两台份压气机鼓筒,其焊缝单位面积上的能量与变形量之间的关系曲线如图 12.13 所示。

由图 12.13 中看出:

①由 7 级盘向 3 级盘方向焊接,每焊一条焊缝,能量要减少一些,因此,整台焊缝的能量要下降约 2.45 J/$mm^2$,说明摩擦焊接头的结构、尺寸对焊接参数的影响很大,而熔焊这种影响就小多了。

②两台同一级焊缝的能量和变形量并不一一对应,即有时小能量却能焊出稍大变形量的焊缝。

③说明能量和变形量不稳,可能与接头壁厚($\delta$=4.0 mm)和接头尺寸大小有关(图 12.16)。

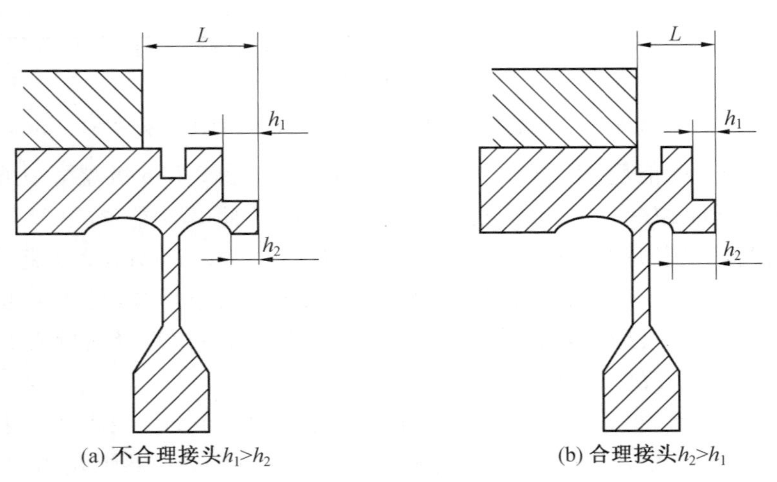


图 12.16　设计的摩擦焊接头尺寸

由图 12.16 中看出，当接头的尺寸 $h_2<h_1$ 时，接头的变形量控制不住，很容易超差（见表 12.5 中 2、3、4、6、7 盘的 $h_1$ 和 $h_2$ 尺寸）。其中 6 盘的 $h_1=3.5$ mm，$h_2=2.8$ mm，在摩擦焊接过程中，由于 $h_2<h_1$ 接头热容量小，散热困难，磨损快，因此，其变形量超差最大。为此，在焊接第二批两台份零件时，将接头尺寸更改为：壁厚由 $\delta=4.0$ mm 改为 $\delta=4.5$ mm，变形量由 $\Delta L=2.8$ mm 改为 $\Delta L=3.0$ mm，以跨过能量和变形量曲线陡变区。两种接头模拟环能量和变形量的关系曲线如图 12.17 所示，接头其他尺寸见表 12.6。

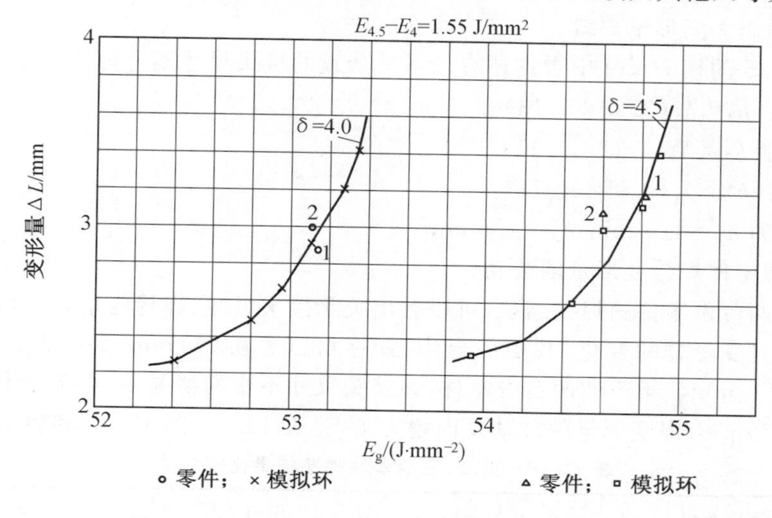


图 12.17　壁厚 4 mm 与 4.5 mm 模拟环所用能量差异

由图 12.17 中看出，在变形量 $\Delta L=3.0$ mm 时，$\delta=4.5$ mm 模拟环接头比 $\delta=4.0$ mm接头能量多 1.55 J/mm²。

(2)第二期零件焊缝变形量的变化规律。

由第一期两台份零件焊接中发现，模拟环焊缝所需要的能量和变形量，基本上反映了 7 和 6 级盘焊缝所需要的能量和变形量水平。因此，在第二批两台份 7 和 6 级盘焊接中，就直接采用了模拟环焊缝所需要的能量。

第二期第一台选用能量为 54.8 J/mm²，得变形量 $\Delta L=3.15$ mm 见表 12.6 和图 12.14。距要求的变形量 $\Delta L=3.0$ mm 多 0.15 mm。为此，在焊接第二台同一焊缝时选用能量为 54.6 J/mm²，得变形量 $\Delta L=3.10$ mm 见表 12.6 和图 12.14。

根据第一期同一台前、后两级盘焊缝能量下降 0.75 J/mm²（表 12.5）和两级盘接头尺寸 $h_2>h_1$ 的经验，第二期第一台第二道焊缝选用能量为 53.85 J/mm²，得变形量 $\Delta L=3.0$ mm。第二台第二道焊缝选用能量为 53.80 J/mm²，得变形量 $\Delta L=3.09$ mm（见表 12.6 和图 12.14）。依此类推，焊接 4 级和 3 级盘，两批零件焊缝能量和变形量的关系曲线如图 12.14 和图 12.15 所示。

由图 12.14 中看出，第二批两台份鼓筒焊缝变形量达到了 $\Delta L=(3.0\pm0.15)$mm，其中第二台的变形量达到了 $\Delta L=(3.0\pm0.1)$mm。

由表 12.5、表 12.6 和图 12.13 与图 12.14 中看出：

①由 7 级盘向 3 级盘方向焊接，每级盘焊缝下降能量值见表 12.9。

表 12.9　3～7 级盘焊接每级焊缝下降能量值

| 焊接盘 | 7＋6 级盘 | 7＋6＋5 级盘 | 7＋6＋5＋4 级盘 | 7＋6＋5＋4＋3 级盘 |
|---|---|---|---|---|
| 能量/($J \cdot mm^{-2}$) | $X$ | $X-0.7$ | $(X-0.7)-0.3$ | $(X-0.7-0.3)-0.9$ |

②由表 12.5、表 12.6 和图 12.14 与图 12.15 中看出，摩擦焊接头的壁厚由 $\delta=4.0$ mm改为 $\delta=4.5$ mm 是正确的。两台同一级焊缝能量和变形量的关系基本上一一对应，即大能量焊出大变形量焊缝。

③由表 12.6 的接头尺寸中看到还有以下三个盘的接头尺寸不合理。

a. 3 接头中 $h_2<h_1$(3.82<5.13)。

b. 7 接头中 $h_2<h_1$(4.12<5.11)。

c. 8 接头中 $h_2>h_1$(3.95<4.11)。

今后应改为 $h_1=4.0$ mm，$h_2=4.5$ mm。

(3)第三期零件焊缝变形量的波动。

由第二期两台份零件的焊接结果，可以看出关于接头尺寸、焊缝能量和变形量之间的一些规律。并且变形量的变化，其中一台为 $\Delta L=(3.0\pm0.15)$mm，另一台已经达到了 $\Delta L=(3.0\pm0.1)$mm。第三期两台份零件，在接头尺寸不变的情况下，焊接变形量可争取达到(3.0±0.1)mm，但变形量的波动反而增大了，见表 12.10、图 12.15 和表 12.7。

表 12.10　第二、三期零件焊接结果比较

| 批次 | 7 与 6 级 | | 6 与 5 级 | | 5 与 4 级 | | 4 与 3 级 | |
|---|---|---|---|---|---|---|---|---|
| | $E$/($J \cdot mm^{-2}$) | $\Delta L$/mm | $E$/($J \cdot mm^{-2}$) | $\Delta L$/mm | $E$/($J \cdot mm^{-2}$) | $\Delta L$/mm | $E$/($J \cdot mm^{-2}$) | $\Delta L$/mm |
| 第三期 | 54.2 | 3.15 | 52.5 | 2.93 | 52.9 | 3.34 | 51.3 | 3.25 |
| 第二期 | 54.8 | 3.15 | 53.85 | 3.0 | 52.2 | 2.87 | 51.8 | 3.05 |

由表 12.10 中看出：

①在接头尺寸相同的情况下，第三期零件的能量比第二期相应焊缝的能量均小些，而变形量却增大了。

②在同一接头尺寸、同一期热处理状态下的零件，变形量达到(3.0±0.15)mm 还是可能的，但不同的热处理批次和不同时期的焊机状态，变形量想达到(3.0±0.15)mm 是比较困难的。

③美国军用标准 MIL－STD－1252、GE 公司标准 P8TF$_2$－S$_7$ 和罗－罗公司 BRR11756 摩擦焊设计图规定摩擦焊变形量为 $C\pm0.5$ 是正确的。

(4)GH4169 盘每级盘焊缝能量下降的原因。

① 由 7 级盘向 6 级、5 级、4 级和 3 级盘方向焊接过程中，每级焊缝的错位度逐渐增大是能量下降的主要原因，见表 12.11、图 12.18 和图 12.27。

**表 12.11　3～7 级盘每级盘焊后直径胀大和缩小的情况**

| 盘的名称 | 焊接中直径变化/mm | | | 实际摩擦面积 $S$/mm² | 实际 $E_{g1}$/(J·mm⁻²) | 计算 $E_{g2}$/(J·mm⁻²) | $\Delta L$/mm | 示意图 |
|---|---|---|---|---|---|---|---|---|
| | 直径胀大 | 直径缩小 | 直径错位 | | | | | |
| 7 级盘 | 0 | — | 0 | 5 896.60 | 54.2 | 54.2 | 3 | D d 6 7 δ=4.5 |
| 6 级盘 | — | 0 | | | | | | |
| 6 级盘 | +0.165 | — | 0.195 | 5 770.20 | 53.5 | 53.6 | 3 | 5 6 |
| 5 级盘 | — | −0.03 | | | | | | |
| 5 级盘 | +0.225 | — | 0.295 | 5 705.36 | 53.2 | 53.3 | 3 | 4 5 |
| 4 级盘 | — | −0.07 | | | | | | |
| 4 级盘 | +0.190 | — | 0.370 | 5 656.72 | 52.5 | 53.0 | 3 | 3 4 |
| 3 级盘 | — | −0.180 | | | | | | |

由表 12.11 中，通过计算可以看出，大部分能量下降由焊缝错位度引起。

a. 7 和 6 级盘焊接面积($S$)和能量($E_t$)计算。

$$S_1=\frac{\pi}{4}[(421.6)^2-(412.6)^2]=5\ 896.6(\text{mm}^2)$$

$$E_{t_1}=S\times E_{g_1}=5\ 896.6\times 54.2=319\ 595.7(\text{J/mm}^2)$$

$$\delta=4.5,\quad \Delta L=3.0$$

b. 6 和 5 级盘焊接 $S$ 和 $E_g$ 计算。

$$S_2=\frac{\pi}{4}[(421.6)^2-(412.6+0.195)^2]=5\ 770.2(\text{mm}^2)$$

与第一条焊缝摩擦 $S$ 和 $E$ 差：

$$\Delta S=S_1-S_2=5\ 896.6-5\ 770.2=126.4(\text{mm}^2)$$

$$\Delta E=\Delta S\times E_{g_1}=126.4\times 54.2=6\ 850.88(\text{J})$$

则

$$E_{t_2}=E_{t_1}-\Delta E=319\ 595.7-6\ 850.88=312\ 744.82(\text{J})$$

$$E_{g_2}=\frac{E_{t_2}}{S}$$

其中 $S=(S_1+S_2)/2$，因为刚焊接时，接触面积为 $S$，当摩擦到连接后才变为 $S_2$，故

$$E_{g_2}=312\ 744/(5\ 896.6+5\ 770.2)/2=53.6(\text{J/mm}^2)$$

c. 5 和 4 级盘焊接 $S$ 和 $E_g$ 计算。

$$S_3=\frac{\pi}{4}[(421.6)^2-(412.6+0.295)^2]=5\ 705.36(\text{mm}^2)$$

$$\Delta S=S_1-S_3=5\ 896.6-5\ 705.36=191.24(\text{mm}^2)$$

$$\Delta E=191.24\times 54.2=10\ 365.21(\text{J})$$

则

$$E_{t_3}=E_{t_1}-\Delta E=319\ 595.7-10\ 365.21=309\ 230.49(\text{J})$$

$$E_{g_3}=309\ 230.49/(5\ 896.6+5\ 705.36)/2=53.3(\mathrm{J/mm^2})$$

d.4 和 3 级盘焊接 $S$ 和 $E_g$ 计算。

$$\Delta S=\frac{\pi}{4}[(421.6)^2-(412.6+0.370)^2]=5\ 656.72(\mathrm{mm^2})$$

$$\Delta S=5\ 896.6-5\ 656.72=239.88(\mathrm{mm^2})$$

$$\Delta E=239.88\times 54.2=13\ 001.66(\mathrm{J})$$

则

$$E_{t_4}=319\ 595.7-13\ 001.66=306\ 594.042(\mathrm{J})$$

$$E_{g_4}=306\ 594.042/(5\ 896.6+5\ 656.72)/2=53.0(\mathrm{J/mm^2})$$

②由表 12.5 和表 12.6 的接头尺寸中看出，夹在主轴端的 6 级盘、5 级盘和 4 级盘，伸出夹具的长度($L_6<L_5<L_4$)越来越大，向夹具散热减少，因此，要焊出同样变形量($\Delta L=3.0$ mm)，每级盘焊缝所需能量就要减少。

③3～7 级盘，为五个盘，四条焊缝的焊接，由于直径胀大，每级盘都要缩短些，总长度上镦短了 0.17 mm，因此，每条焊缝所需要的能量也要减少些(图 12.18)。

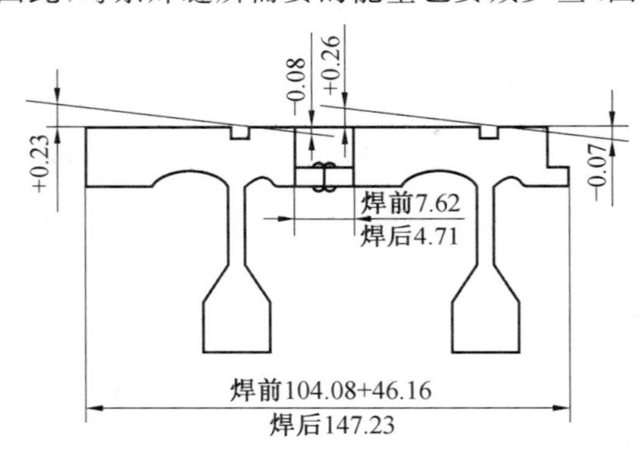


图 12.18　两级盘焊接变形量的测量部位

由图 12.18 中看出，由于测量变形量的部位不同，变形量的大小也不同。当采用两级盘的焊缝槽口尺寸测量时，变形量为 $\Delta L_f=2.91$ mm，当采用焊前两级盘的高度和焊后总高度之差测量时，变形量为 $\Delta L=3.01$ mm，两者之差为 0.1 mm。这是由于两零件在焊接过程中，在轴向载荷的作用下，使零件直径增大 0.23～0.26 mm，因此，在轴向必然要引起镦短 0.1 mm。这个 0.1 mm 就是镦短量。这里引出如下两个摩擦焊的新概念：

磨损量($\Delta L_s$))：摩擦焊接过程中，在摩擦压力和扭矩的作用下，由于机械摩擦接头金属轴向的缩短量或称烧损量。

镦短量($\Delta L_d$)：摩擦焊接过程中，在摩擦压力和扭矩的作用下，由于接头区的镦粗接头金属轴向的缩短量。特别在多级焊缝的组合件中，必须考虑这个量。

变形量($\Delta L$)：由于摩擦焊接的结果，零件在焊态下总的轴向长度缩短。

一般情况下

$$\Delta L=\Delta L_f+\Delta L_d$$

即

$$3.01=2.91+0.1$$

(5)焊机输入接头尺寸和能量与直接输入转速的不同。

由第 4 章 4.3 节中得知,单位面积上的能量($E_g$)与变形量 $\Delta L$ 之间按抛物线形式变化,呈一一对应的关系,有一个能量 $E_g$,就能找到一个变形量。因此,输入单位面积能量 $E_g$,再输入接头尺寸(壁厚和外径),通过计算机计算出的转速和压力,比直接输入计算机转速和压力,在确定所要求的变形量方面更准确,因为它们消除了因接头结构、尺寸公差变化给变形量带来的影响。

## 12.3.6　焊前装夹测量同轴度与焊后两盘同轴度的关系

**1. 焊前装夹零件尺寸的测量**

为了保证盘件焊后的尺寸精度,装夹后的主轴零件和尾座零件要分别进行同轴度(TIR)和平面度(Flat)的测量,如图 12.19 所示。

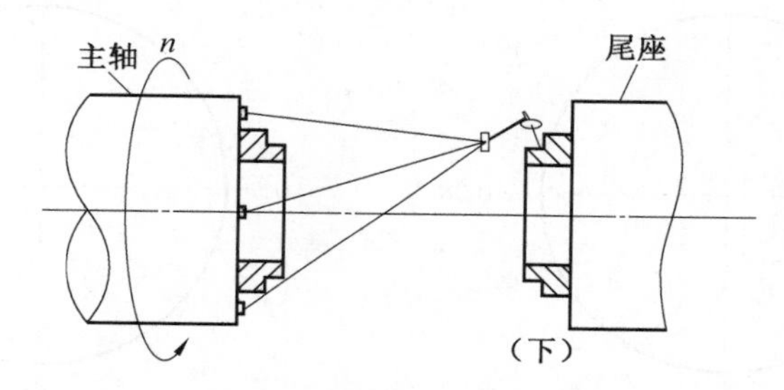


图 12.19　两盘装夹后测量示意图

(1)主轴上零件测量。

由图 12.19 中看出,主轴上零件测量同轴度和平面度很容易,只要将表固定在尾座上,将主轴零件转动一周就可以测出。一般主轴上零件的 TIR=0.02～0.05 mm,Flat=0.02～0.07 mm 就可以进行焊接。

(2)尾座上零件的测量。

而尾座上零件测量平面度比较简单,用主轴三脚架上的表杆触到尾座零件的端面上,转动主轴一周就可以测出,一般焊前尾座上零件的 Flat=0.02～0.07 mm 就可以焊接。

但尾座上零件同轴度的测量就要复杂得多,它把主轴和尾座之间的关系联系起来了,并且测出的数据有大、有小(图 12.20)。

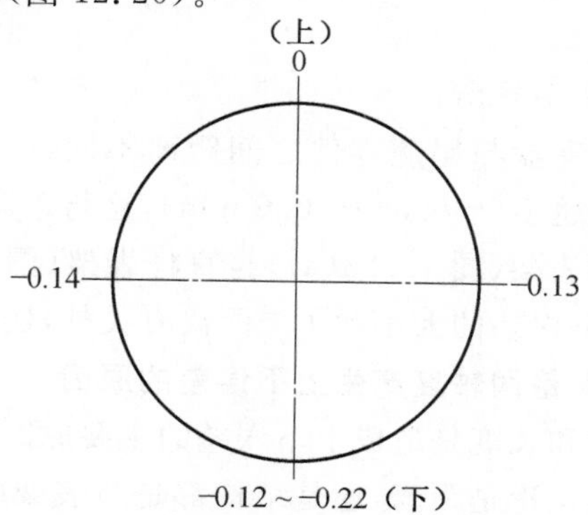


图 12.20　尾座上零件同轴度的测量结果

①车床上顶针杆同轴度的测量。由图 12.20 中看到，尾座上零件同轴度测量上边对零，下边测出的为负（－0.12～－0.22 mm），测量卧车夹盘与尾座上顶针杆直径的同轴度，如图 12.21 所示，结果如图 12.22 所示。

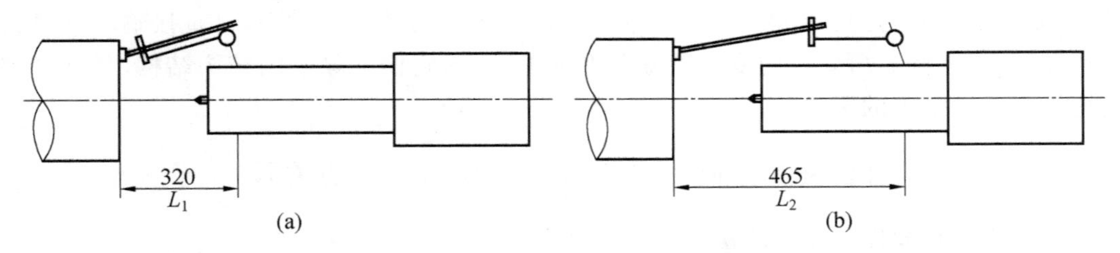


图 12.21　测量车床夹盘与尾座顶针杆的同轴度示意图

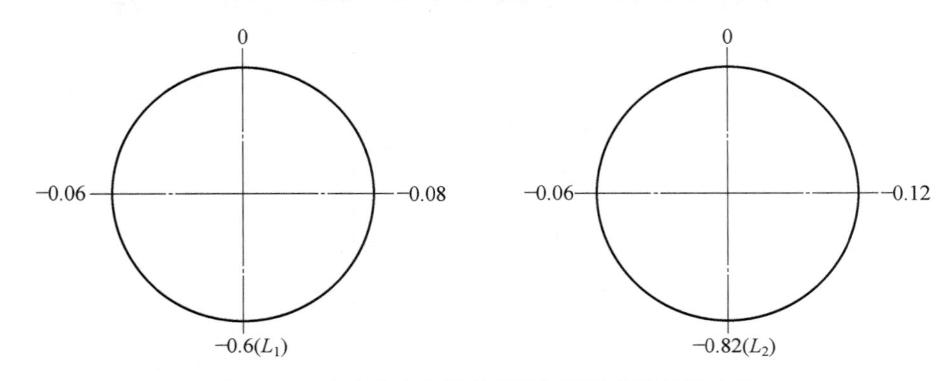


图 12.22　车床夹盘与尾座顶针杆同轴度测量的结果

由图 12.21 和图 12.22 中看出：

a. 车床上测出数据的方向，与摩擦焊机尾座上零件测出的数据方向完全一致，即下边均为“－”。

b. 用同一表架测量，随着尾座与主轴夹盘之间距离的拉长，下边负的越多（－0.6～－0.82 mm）；

c. 机床主轴夹盘与顶针杆同轴度，一般不会超过 0.03 mm。因此，这不是由主轴夹盘与尾座顶针杆不同心造成，而是另有原因。

②摩擦焊机主轴夹盘与尾座之间不同距离上尾座零件同轴度的测量如图 12.23 所示，结果如图 12.24 所示。

由图 12.23 和图 12.24 中看出：

a. 采用同一表架，主轴夹盘与尾座零件之间距离不同，上下、左右测出的数据不同。随着距离的增长，下面负的越多（－0.3～－0.6 mm），这与车床上测的结果完全一致。

b. 不同的表架，如三脚表架（图 12.23(a)）与直杆表架（图 12.23(b)、(c)），测出的数据也不同。这说明测的上下误差的大小除了与距离有关外，还与使用的表架结构有关。

**2. 摩擦焊机尾座零件测量同轴度产生上下误差的原因**

(1)表架的刚性（重量）和长度是造成上下误差的主要原因。

由上述测量可以看出，无论是距离，还是结构都是与表架的长度和刚性（重量）有关，换句话说表架的重量（刚性）和长度是造成测量上下误差增大的主要原因（图 12.25）。

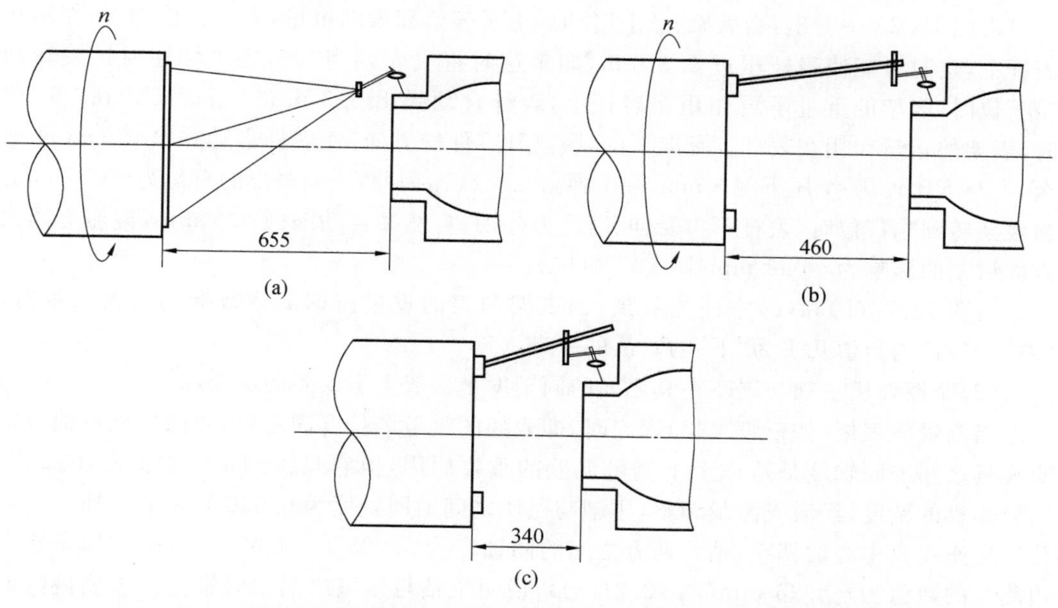


图 12.23　摩擦焊机主轴夹盘与尾座之间不同距离上尾座零件同轴度测量示意图

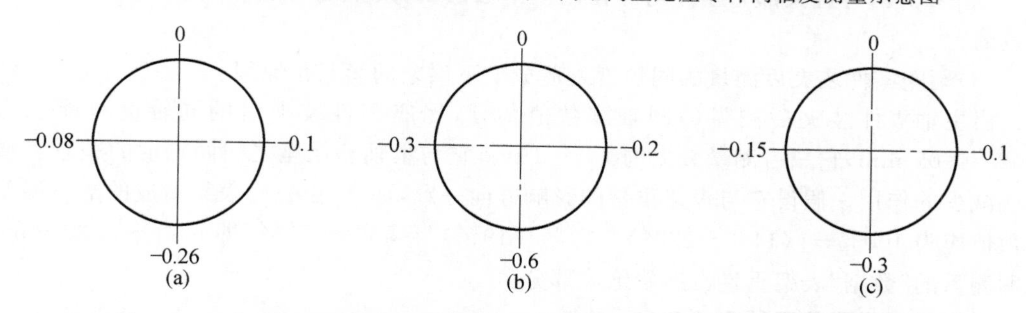


图 12.24　摩擦焊机主轴夹盘与尾座之间不同距离上尾座零件同轴度测量结果

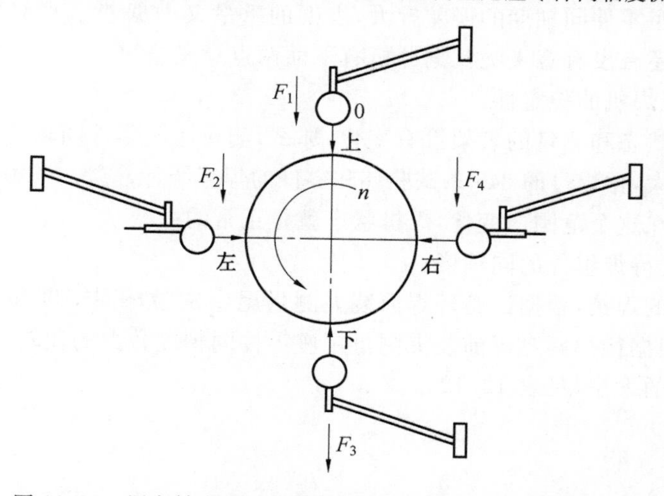


图 12.25　用主轴夹盘上表架测量尾座上零件同轴度的示意图

由图 12.25 中看出，当表架在“上”位时，由于表架和表的重量，有一个重力 $F_1$ 作用在表杆上，这时可能使表杆压进 0.3 mm，如果这时将表壳调为“0”，当主轴逆时针旋转到“左”位时，表架的重量不再作用在表杆上，表杆自动弹出 0.3 mm。当表架转到“下”位时，表架的重量作用在表杆上是向下的，脱离开零件的方向，使表杆自动弹出 0.3 mm，那么，上与下比较，一个压下 0.3 mm，一个弹出 0.3 mm，因此，下面测出的自然为－0.6 mm。当表架转到“右”位时，表杆不再受伸、缩重力作用，自然又自动缩回 0.3 mm，再加上其他方面误差的影响为－0.2 mm(图 12.24(b))。

由图 12.24(b)和(c)中还能看到，当表架和表的重量占据测量数据的较大比重时，“左”和“右”的数值几乎为“下”的数值的一半。

(2)摩擦焊机主轴与尾座夹具之间的同轴度是造成上下误差的次要原因。

当测量的表架(如三脚表架)固定时，即表架的重量和长度固定时，摩擦焊机主轴与尾座夹具之间的同轴度是造成上下测量误差的重要原因，但它只占测量数据的一小部分。因原焊机的精度，经激光测量调整，主轴与尾座之间的同轴度为 0.038 1 mm，再加上经过几次尾座夹具中心的调整，估计两者之间的同轴度为 0.038 1～0.06 mm，而三脚表架下边测量的数值为－0.26 mm(图 12.21(a))，说明主轴与尾座之间的同轴度只占测量数据的 14%～23%，并且大部分零件均焊在尾座中心的下方，说明与表架重量影响的方向是一致的。

(3)尾座零件装夹后测量的同轴度是造成上下误差的第三位原因。

由主轴零件装夹后测量的同轴度数值估计，尾座零件装夹后的同轴度可能也为 0.02～0.05 mm，它只占测量数据的 7%～19%，它与主轴和尾座之间同轴度的关系有增加或减少的作用。假设它与表架重量的影响方向一致，那么，由三脚表架造成的上下误差的数值应为 100%－[(14%～23%)＋(7%～19%)]＝58%～79%，即 0.15～0.20 mm，说明测量的“数据”表架重量占据着绝大部分。

**3. 测量尾座零件同轴度的意义**

既然测量尾座零件同轴度的误差较大，表架的重量又占据着重要部分，那么，焊前装夹测量的“数值”还有没有意义呢？据分析有下面两点意义。

(1)能够验证焊机的稳定性。

如果焊机的状态和测量的表架没有变化，那么，测量尾座零件同轴度下面数值的误差也不应该变化太大，据焊过的 346 条试验环和零件的焊缝统计，应为－0.065～－0.22 mm。只要测量的数据在这个范围内变化，焊机状态就是正常的。

(2)能够预见待焊组件的同轴度。

经过试验环的焊接，根据试验环焊前装夹测量尾座试验环同轴度和焊后两试验环同轴度的数据，再根据待焊两盘焊前装夹测量尾座零件同轴度数据的比较，就可以预见待焊两盘焊后同轴度的大小，见表 12.12。

**表 12.12　焊接试验环与焊接两盘数据比较**

| 名称 | 装夹后测尾座零件 TIR/mm | 焊后两零件 TIR/mm | $TIR_{max}$/mm |
|---|---|---|---|
| 试验环 | 0<br>−0.01　−0.02<br>−0.05　−0.04<br>−0.11　−0.1<br>−0.13 | 0<br>−0.02　+0.025<br>−0.025　−0.02<br>−0.045　−0.02<br>−0.02 | 0.07 |
| 7～6 级盘 | 0<br>−0.04　+0<br>−0.1　−0.03<br>−0.13　−0.1<br>−0.14 | 0<br>−0.035　−0.05<br>−0.075　−0.03<br>−0.105　−0.075<br>−0.105 | 0.11 |

由表 12.12 中看出，试验环与盘焊前装夹测量的同轴度相差不多，因而焊后两盘同轴度也相差不多。

**4. 焊前装夹测量两盘同轴度与焊后两盘同轴度的关系**

(1)焊前装夹同轴度与焊后两盘同轴度的关系。

由上述研究知道，焊前装夹测量尾座零件同轴度误差包括三个方面因素影响，但到焊接某一具体零件时，两盘之间的同轴度则另有原因。

①主轴零件同轴度的影响。主轴零件装夹后，它与主轴之间的同轴度一般为 0.02～0.05 mm(大于 0.05 mm 零件不能焊接，要调整其上下、左右的位置)。焊接时，它与尾座零件之间的关系为随机的，它的中心有可能焊到尾座零件中心周围的任意位置上(焊前装夹测量尾座零件同轴度时，它未表现出来，未加到尾座零件上)。它直接影响焊后零件的精度，今后还要继续控制。

②主轴与尾座之间同轴度的影响。为了保证两盘的焊接精度，在焊接零件之前必须先焊接试验环。如果焊接试验环的 TIR>0.12 mm 就要调整机床的同轴度。历次用试验环调整尾座与主轴之间同轴度的原始记录统计，见表 12.13。

**表 12.13　用试验环调整焊机尾座与主轴同轴度的原始记录**

| 试验环 | 焊前装夹尾座零件 TIR (0.01 mm) | 焊后两盘 TIR (0.01 mm) | 焊后两盘 $TIR_{max}$/mm |
|---|---|---|---|
| 试环 1 | 0<br>−1.5　+0.5<br>−2　1<br>−3　−3<br>−3 | 0<br>+3　−8<br>0　15<br>−6　−19<br>−15 | 0.22 |

**续表12.13**

| 试验环 | 焊前装夹尾座零件 TIR (0.01 mm) | 焊后两盘 TIR (0.01 mm) | 焊后两盘 $TIR_{max}$/mm |
|---|---|---|---|
| 试环 2 | 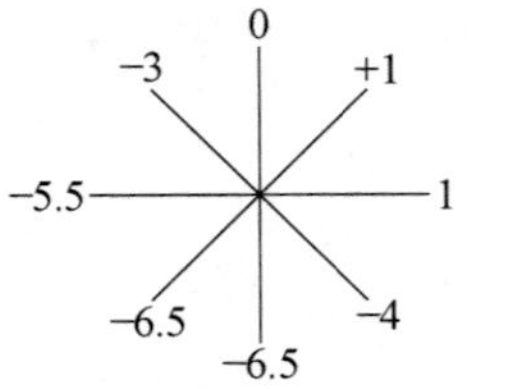 0<br>-3 +1<br>-5.5 1<br>-6.5 -4<br>-6.5 | 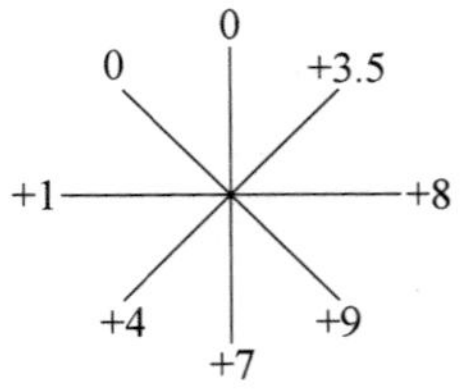 0<br>0 +3.5<br>+1 +8<br>+4 +9<br>+7 | 0.10 |
| 试环 3 | 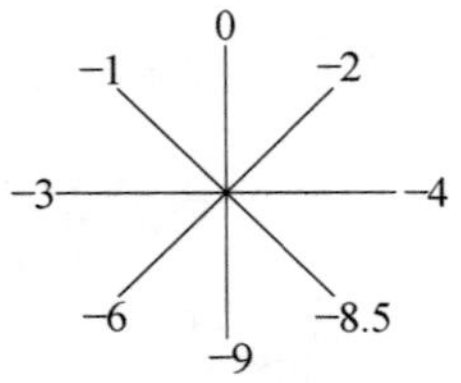 0<br>-1 -2<br>-3 -4<br>-6 -8.5<br>-9 | 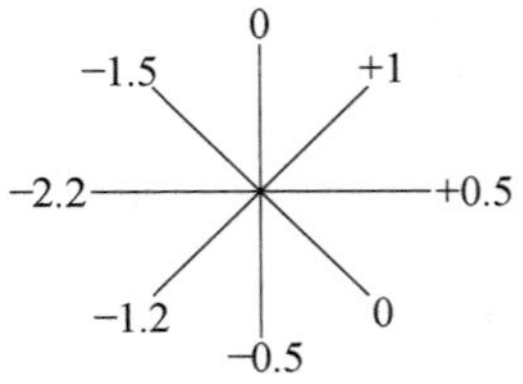 0<br>-1.5 +1<br>-2.2 +0.5<br>-1.2 0<br>-0.5 | 0.04 |
| 试环 4 | 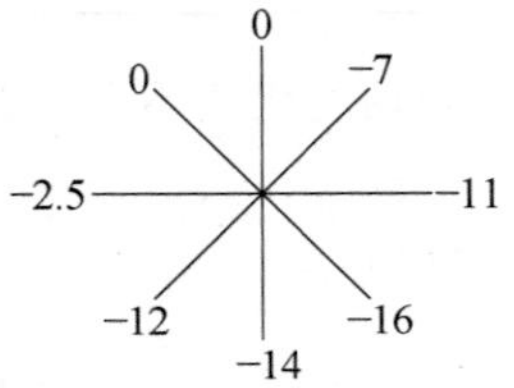 0<br>0 -7<br>-2.5 -11<br>-12 -16<br>-14 | 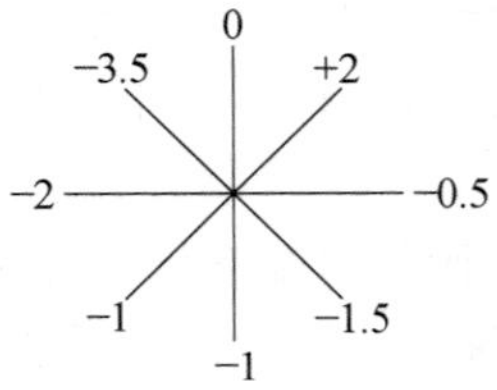 0<br>-3.5 +2<br>-2 -0.5<br>-1 -1.5<br>-1 | 0.03 |
| 试环 5 | 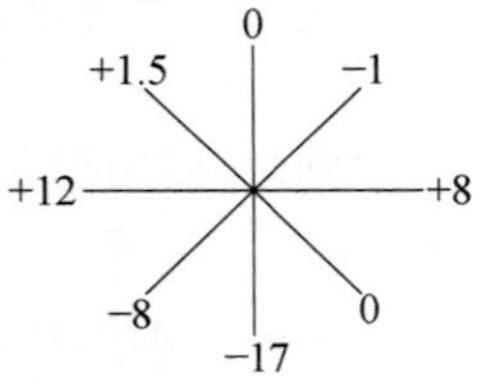 0<br>+1.5 -1<br>+12 +8<br>-8 0<br>-17 | 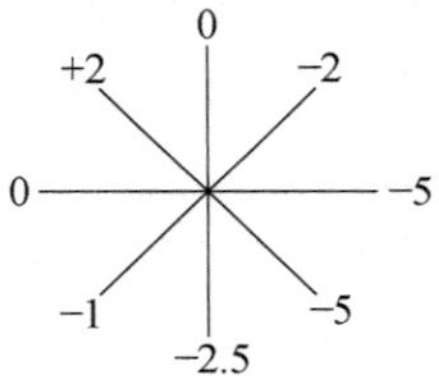 0<br>+2 -2<br>0 -5<br>-1 -5<br>-2.5 | 0.07 |
| 试环 6 | 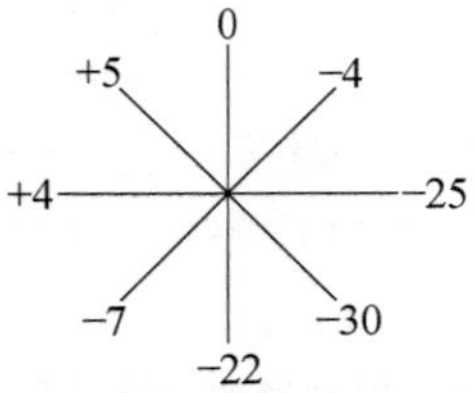 0<br>+5 -4<br>+4 -25<br>-7 -30<br>-22 | 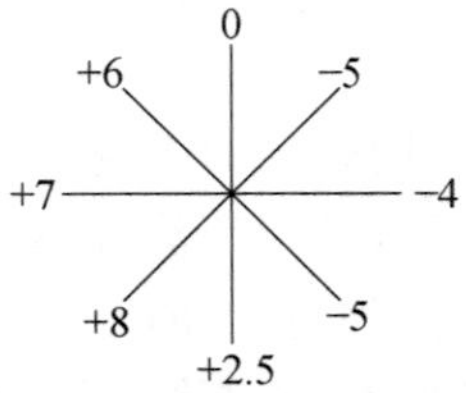 0<br>+6 -5<br>+7 -4<br>+8 -5<br>+2.5 | 0.13 |
| 试环 7 | 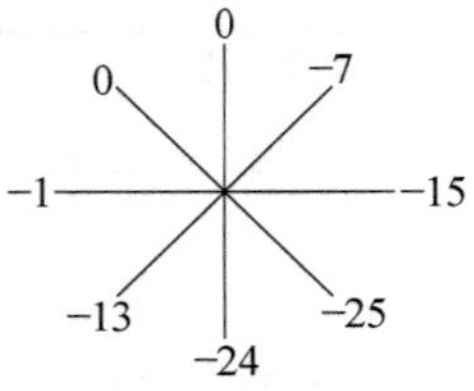 0<br>0 -7<br>-1 -15<br>-13 -25<br>-24 | 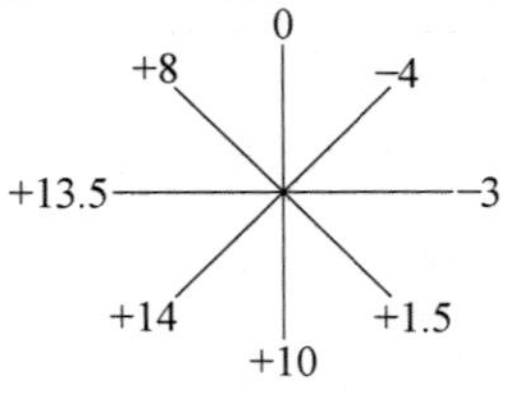 0<br>+8 -4<br>+13.5 -3<br>+14 +1.5<br>+10 | 0.18 |

**续表12.13**

| 试验环 | 焊前装夹尾座零件 TIR (0.01 mm) | 焊后两盘 TIR (0.01 mm) | 焊后两盘 $TIR_{max}$/mm |
| --- | --- | --- | --- |
| 试环 8 | 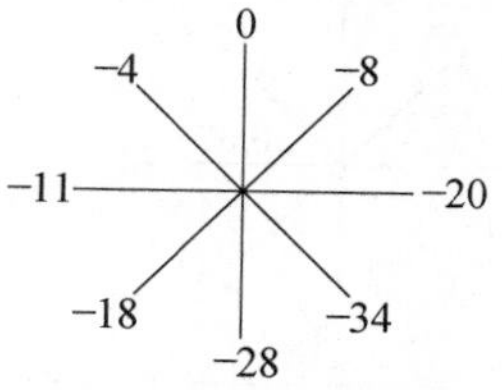 0<br>−4　−8<br>−11　−20<br>−18　−34<br>−28 | 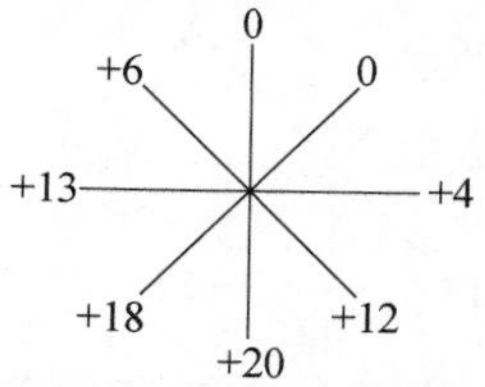 0<br>+6　0<br>+13　+4<br>+18　+12<br>+20 | 0.20 |
| 试环 9 | 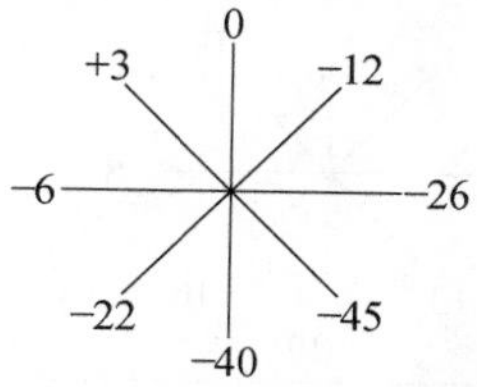 0<br>+3　−12<br>−6　−26<br>−22　−45<br>−40 | 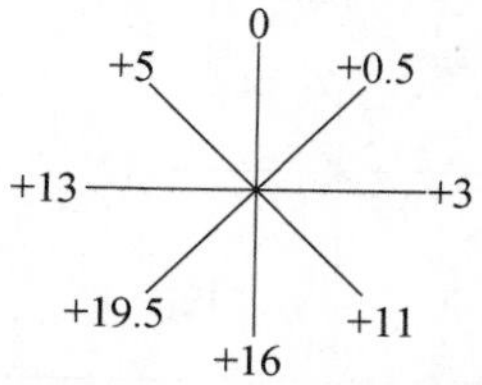 0<br>+5　+0.5<br>+13　+3<br>+19.5　+11<br>+16 | 0.19 |

a. 焊前装夹测量尾座零件合格的同轴度范围。由表 12.13 焊前装夹测量尾座试验环同轴度的一组数据中，能够明显地看出，只要下面测出的数值为－0.065～－0.22 mm 时，焊后两盘就能够保证 $TIR_{max}$≤0.13 mm，这说明在这个范围内焊机的主轴与尾座之间的同轴度最好，焊接零件同轴度（TIR≤0.13 mm）合格率可以达到 75%～85%，焊接时要严格控制这个范围。

b. 焊前装夹测量尾座零件不合格的同轴度范围。由表 12.13 中还能看到，当同轴度超出这个范围时，如上限超出“－0.03 mm”或下限超出“－0.40 mm”时，焊出零件的同轴度均较大（$TIR_{max}$＝0.18～0.22 mm），这说明焊机主轴与尾座之间的同轴度变得较大，不能焊出同轴度合格的零件。但它仍未超出焊机合同上规定的标准（$TIR_{max}$≤0.25 mm），也说明两零件在摩擦焊接过程中，有一个力在限制两零件的最大不同轴度。

③导向罩与主轴夹盘之间间隙的影响。上面研究如何减少焊前两零件的同轴度，来保证焊后两零件的同轴度；下面研究导向罩及其间隙在摩擦焊接过程中是如何限制两零件焊后的最大不同轴度的。

a. 机床不合格的同轴度范围焊出零件的同轴度。机床不合格的同轴度范围焊出零件的同轴度为 0.18～0.22 mm，但并没有超出焊机合同上规定的标准。一方面说明焊机合同上规定的标准是合理的；另一方面也说明焊机上有一个装置产生一种限制力，使焊机同轴度调整不好时，只要主轴夹盘能伸到导向罩中焊接，就能保证焊出零件 $TIR_{max}$≤0.25 mm，这个产生限制力的装置就是导向罩，它限制了主轴零件和尾座零件在摩擦焊接过程中相对较大的错位和滑移。

b. 机床合格的同轴度范围焊出零件的同轴度。机床经试验环调整好后，焊接的大多数零件同轴度均能满足设计图样（TIR≤0.1 mm）要求（100% 达到 0.1 mm 要求是不可能的）。但在个别情况下，在焊机状态虽未改变时，也能焊出同轴度不合格的零件。焊机投产几年来，至目前总共焊接 346 条焊缝，其中鼓筒由于同轴度不合格的共 4 件，它们的同轴度为 0.15～0.21 mm，见表 12.14。

**表 12.14　焊前装夹测量尾座零件同轴度与焊后零件同轴度的关系**

| 试验环与零件 | 焊前装夹测量尾座零件 TIR(0.01 mm) | 焊后零件 TIR(0.01 mm) | $TIR_{max}$/mm |
|---|---|---|---|
| 试验环 a) | 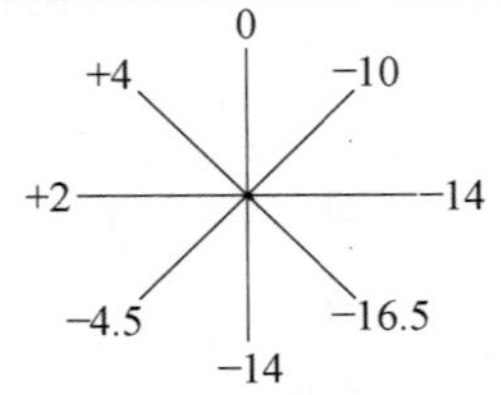 0<br>+4　−10<br>+2　−14<br>−4.5　−16.5<br>−14 | 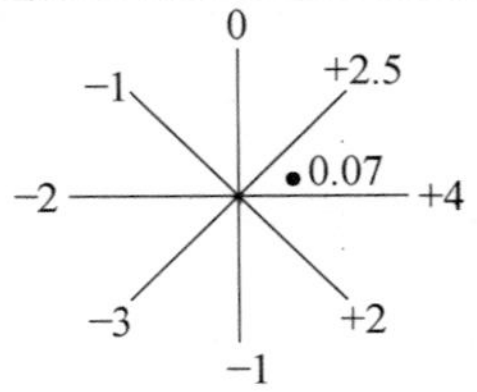 0<br>−1　+2.5<br>0.07<br>−2　+4<br>−3　+2<br>−1 | 0.07 |
| 7+6 级盘 | 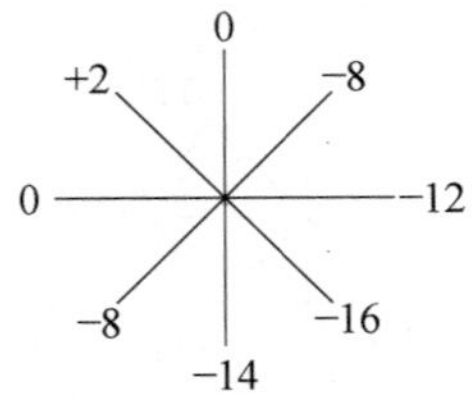 0<br>+2　−8<br>0　−12<br>−8　−16<br>−14 | 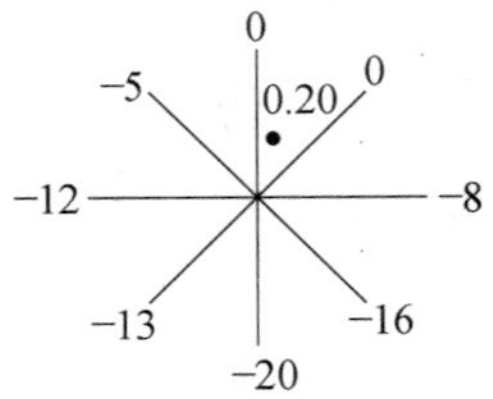 0<br>−5　0.20　0<br>−12　−8<br>−13　−16<br>−20 | 0.20 |
| 试验环 b) | 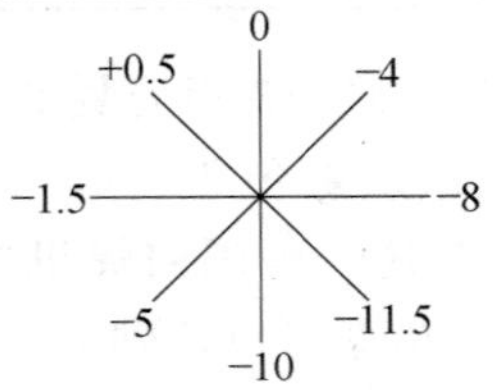 0<br>+0.5　−4<br>−1.5　−8<br>−5　−11.5<br>−10 | 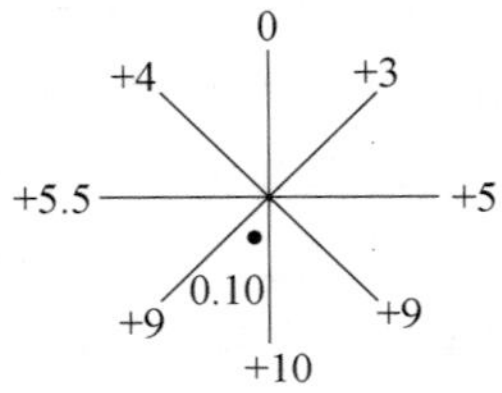 0<br>+4　+3<br>+5.5　+5<br>0.10<br>+9　+9<br>+10 | 0.10 |
| 7+6 级盘 | 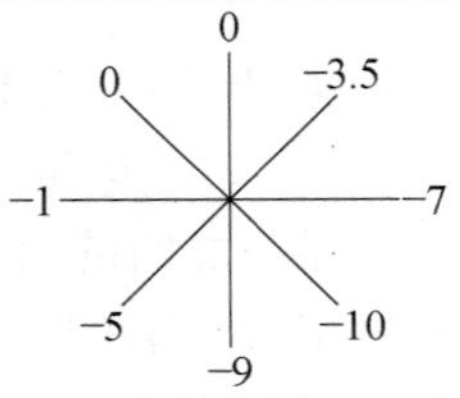 0<br>0　−3.5<br>−1　−7<br>−5　−10<br>−9 | 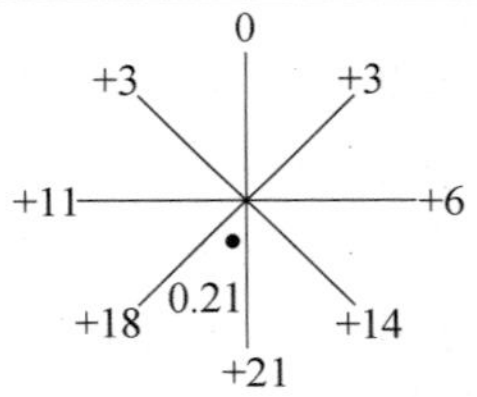 0<br>+3　+3<br>+11　+6<br>0.21<br>+18　+14<br>+21 | 0.21 |
| 试验环 c) | 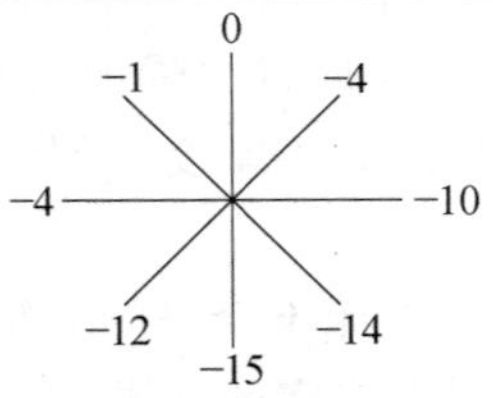 0<br>−1　−4<br>−4　−10<br>−12　−14<br>−15 | 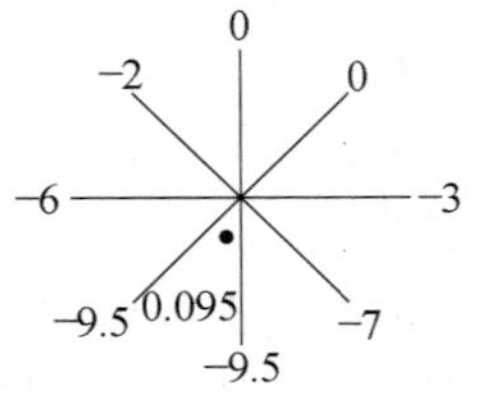 0<br>−2　0<br>−6　−3<br>0.095<br>−9.5　−7<br>−9.5 | 0.095 |
| 7+6 级盘 | 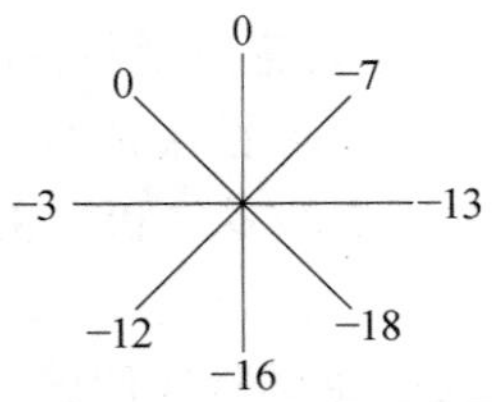 0<br>0　−7<br>−3　−13<br>−12　−18<br>−16 | 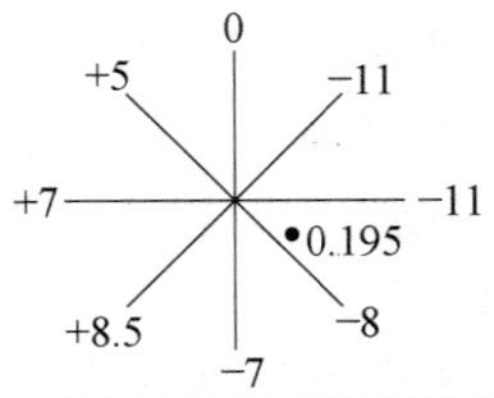 0<br>+5　−11<br>+7　−11<br>0.195<br>+8.5　−8<br>−7 | 0.195 |

**续表12.14**

| 试验环<br>与零件 | 焊前装夹测量尾座零件<br>TIR(0.01 mm) | 焊后零件<br>TIR(0.01 mm) | $TIR_{max}$/mm |
|---|---|---|---|
| 6+5 级盘 d) | 0 −2 0 −8 −5 −13 −13 −14 | 0 0 −0.5 −1 −1.5 0.03 −2.5 −3 −2.5 | 0.03 |
| 4+3 级盘 | 0 −3 −0.5 −8 −5 −13 −10 −14 | 0 +3 −4.5 +2 −11 0.15 −5.5 −12 −11 | 0.15 |

c. 导向罩及其间隙的限制作用。由上述分析知道，不管是主轴与尾座之间的同轴度较大时，焊出零件同轴度为 0.18～0.22 mm，还是机床调整好后，个别零件焊出 $TIR_{max}$ = 0.15～0.21 mm，两者均未超出机床合同上规定的标准。这说明主轴夹盘只要能够套入尾座导向罩中焊接时，主轴零件均要受到导向罩的校心作用，两者之间的同轴度就不应该超出主轴夹盘与尾座导向罩之间的间隙(Δ=0.22～0.24 mm)。

d. 机床调好后焊出零件同轴度有大、有小的原因。

(a)在正常情况下焊接时，主轴零件和尾座零件在 170 t 摩擦压力作用下，两力在四个大拉杆平衡下相互抵消，能够保持两零件焊口平面在相互垂直的状态下均匀地摩擦焊接，主轴夹盘与导向罩之间的间隙对焊接零件的同轴度没有任何影响。

(b)当个别零件上由于硬度不均，或主轴零件焊口的最大端正好焊到尾座零件焊口的最小端上，使两零件在摩擦焊接过程中产生滑移、错位时，主轴与尾座上的 170 t 摩擦压力不能完全相互顶压、抵消，而使摩擦表面产生相对滑移，挤占间隙，因此个别零件焊后同轴度增大。又由于主轴零件的高速旋转产生的向心作用，因此两零件在最坏情况下焊接时，也能保证 $TIR_{max}$=0.15～0.21 mm(或 0.18～0.22 mm)，仍未超出导向罩的间隙。

(c)机床调好后个别零件同轴度超差是不可控制的。由表 12.14 中清楚地看到，焊后同轴度不合格的零件，焊前装夹测量尾座零件的一周数值中，与焊前焊接试验环的测量值几乎完全一致，但焊接的结果确产生明显的不同。

零件焊后同轴度如下。

试验环 a) $TIR_{max}$=0.07 mm。

7+6 级盘 $TIR_{max}$=0.20 mm。

试验环 b) $TIR_{max}$=0.10 mm。

7+6 级盘 $TIR_{max}$=0.21 mm。

试验环 c) $TIR_{max}$=0.095 mm。

7+6 级盘 $TIR_{max}$=0.195 mm。

6+5 级盘 d) $TIR_{max}$=0.03 mm。

4+3 级盘 $TIR_{max}$=0.15 mm。

说明产生同轴度不合格的零件，焊前是无法控制的，是随机的，是焊接过程中两零件较大位错和主轴与导向罩之间的间隙造成的。当然，如果增加摩擦表面上的壁厚(4.5→10 mm)，减少错位度的影响，摩擦焊接过程中，自然会减少两被焊零件的滑移，情况自然会好转。如焊接其他盘件，摩擦表面壁厚为 10 mm，至今共焊出 13 台份组件，28 条焊缝，同轴度为 0.02～0.11 mm，也说明了这一点。

(2)焊接时控制 3～6 级盘中心的位置。

①如果 3～6 级盘的中心都能焊到 7 级盘中心的周围，TIR≤0.10 mm，那么，焊机处于最佳状态，焊出零件的精度最高(图 12.26 001(c)、(d)，002(g)、(h))。

②如果有一个盘的中心焊到离 7 级盘中心较远的位置上，即 $TIR_{max}$=0.14 mm，那么，后焊上去的几个盘用调整 7 级盘上下、左右的位置，使其中心都焊到这个盘中心的附近，那么，即使后焊上去的几个盘，$TIR_{max}$=0.13～0.17 mm(图 12.26 001(b))，通过选择新基准加工也不会降低组件的精度。

③如果某一级盘焊到 7 级盘上以后，与其相对应最大同轴度的盘，两个盘中心的间距 $TIR_{max}$>0.26 mm，那么，该盘要切掉，机床要重新用焊接试验环来调整尾座的中心，使其焊出的试验环 $TIR_{max}$≤0.05 mm 后，再重新焊接。

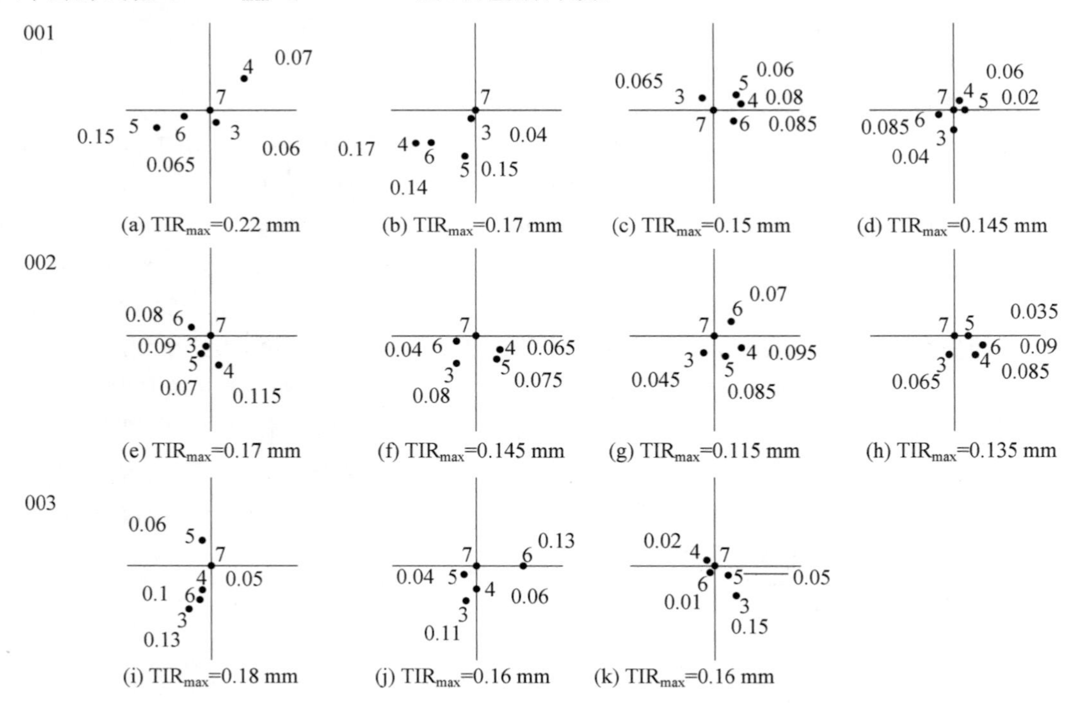


(a) $TIR_{max}$=0.22 mm　(b) $TIR_{max}$=0.17 mm　(c) $TIR_{max}$=0.15 mm　(d) $TIR_{max}$=0.145 mm

(e) $TIR_{max}$=0.17 mm　(f) $TIR_{max}$=0.145 mm　(g) $TIR_{max}$=0.115 mm　(h) $TIR_{max}$=0.135 mm

(i) $TIR_{max}$=0.18 mm　(j) $TIR_{max}$=0.16 mm　(k) $TIR_{max}$=0.16 mm

图 12.26　鼓筒焊后 3～7 级盘间同轴度统计

(3)机械加工前要做的工作。

机械加工前要测出鼓筒五个盘中最大的不同轴度零件(图 12.26 中 $TIR_{max}$),然后以其中心为新的加工基准,加工所有的盘,会使焊接公差缩小一半。

①如果后焊上去的 3～6 级盘的中心,都能焊在 7 级盘中心的周围 $TIR_{max}\leqslant 0.10$ mm(图 12.26 001(d))等,那么,选该图上的 4 级和 6 级盘之间距离(0.085+0.06=0.145 mm)的中心为新的加工基准,加工所有的盘。其间所有盘的最大 $TIR_{max}\leqslant 0.073$ mm,整个焊接公差缩小一半。

② 如果后焊上去的 3～6 级盘的中心,都能焊在 7 级盘中心的一侧,且其中两盘最大的 $TIR_{max}\leqslant 0.26$ mm(图 12.26 001(b)),那么选该图上 4 级和 7 级盘之间距离(0.17 mm)的中心为新的加工基准,加工所有的盘。其间所有的盘最大 $TIR_{max}=\frac{0.17}{2}\leqslant 0.085$ mm,虽然大部分单个盘的 $TIR_{max}=0.13\sim0.17$ mm,但仍然够加工,整个焊接公差也缩小一半。

③如图 12.26 001(a),图中 4 和 5 级盘之间距离最大,$TIR_{max}=0.15+0.07=0.22$ mm$<0.26$ mm,那么选其中心为新的加工基准,加工所有的盘,加工后各盘之间的最大同轴度为 0.11 mm,而鼓筒的内径和轮缘的壁厚均留有 0.3 mm 以上的加工余量,足够加工了。

## 12.3.7　鼓筒焊接的变形和尺寸控制

**1.3～7 级鼓筒焊后径跳和端跳**

3～7 级鼓筒焊后径跳和端跳如图 12.27 和表 12.15 所示。

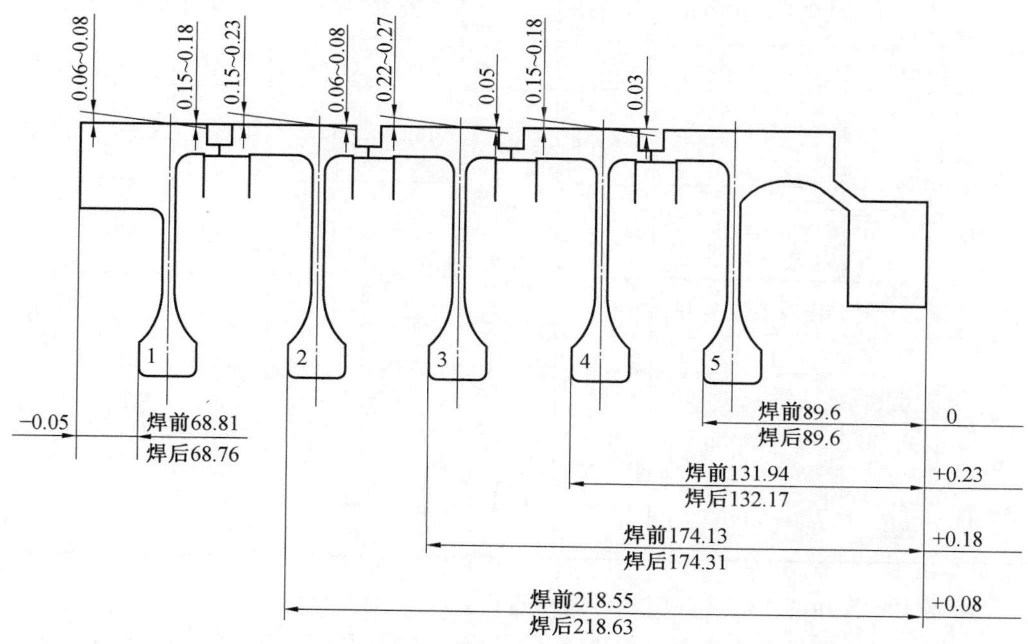


图 12.27　3～7 级鼓筒焊后的变形情况

**表 12.15　3～7 级鼓筒焊后内外径径跳和端跳**

| 名称 | 径跳 TIR/mm | | 端跳 Flat/mm | |
|---|---|---|---|---|
| | 零件外径 $D$ | 辐板内径 $d$ | 外径端面 | 辐板端面 |
| 7 级盘(基准) | 0.015 | 0.015 | 0.015 | 0.010 |
| 6 级盘 | 0.05～0.08 | 0.02～0.10 | 0.04～0.11 | 0.06～0.075 |
| 5 级盘 | 0.095～0.12 | 0.075～0.08 | 0.025～0.08 | 0.015～0.04 |
| 4 级盘 | 0.05～0.07 | 0.055～0.075 | 0.02～0.025 | 0.025～0.04 |
| 3 级盘 | 0.05～0.10 | 0.04～0.08 | 0.03～0.05 | 0.01～0.025 |

由表 12.15 中看出：

(1)各级盘外径跳动的大小，影响该级辐板内径跳动的大小；端跳也是如此。

(2)各级盘的外径和辐板的内径跳动，基本上不超过 0.1 mm，个别两级达 0.12 mm。

(3)各级盘外径端面和辐板端面的跳动，基本上不超过 0.08 mm，个别一级达 0.11 mm。

**2. 鼓筒焊后的变形**

(1)鼓筒焊后变形的情况。

GH4169 合金鼓筒焊后直径膨大或缩小以及辐板的变形情况见表 12.16 和图 12.27 及图 12.28。

**表 12.16　3～7 级盘焊后直径膨大或缩小的变形**

| 名称 | 变形尺寸/mm | | | | 焊缝槽口宽 $G_1$/mm | | 壁厚/mm | | 零件有关尺寸/mm | | |
|---|---|---|---|---|---|---|---|---|---|---|---|
| | $D_1$ | $D_2$ | $D_3$ | $D_4$ | $B$ | $h$ | $\delta_1$ | $\delta_2$ | $H$ | $h_1$ | $h_2$ |
| 7 级盘 | — | — | — | — | 5 | 9.7 | 13.2 | 18.5 | 61.57 | 28 | 25 |
| 6 级盘 | 大 0.15～0.18 | — | 大 0.23 | — | 5 | 9.7 | 13.2 | 14.4 | 45.8 | 26 | 9 |
| 5 级盘 | 大 0.22～0.27 | — | 大 0.15～0.31 | — | | | 13.2 | 14.4 | 46.13 | 26 | 8 |
| 4 级盘 | 大 0.15～0.23 | 小 0.06～0.08 | 大 0.26～0.27 | 小 0.05～0.07 | 5 | 9.7 | 13.2 | 14.4 | 53.8 | 30.5 | 11 |
| 3 级盘 | 大 0.06～0.08 | 小 0.15～0.18 | — | — | 5 | 9.7 | 28.5 | 40.5 | 77.5 | 38 | 12 |

由表 12.16 和图 12.27 与图 12.28 中看出：

①以每级盘辐板中心线为中心，鼓筒的长肩 $h_1$ 的直径($D_1$ 和 $D_3$)向外胀大；短肩 $h_2$ 的直径($D_2$ 和 $D_4$)向内缩小。随着每级盘长肩的加长(由 7 级盘向 3 级盘方向看)(由 28→26→26→30.5→38 mm)，直径向外胀大增大(由 0.15→0.22→0.23→0.08 mm)，直到 3

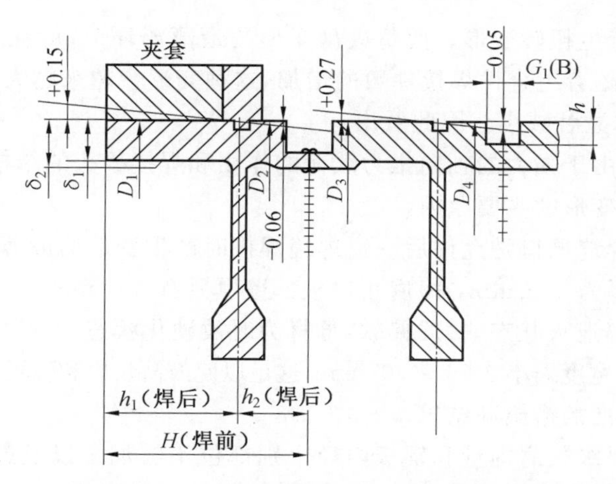


图 12.28　3～7 级盘的焊接变形和相关尺寸

级盘壁厚增大到 28.5 mm,直径胀大变形才大幅度减小到 0.08 mm。

②4～6 级盘焊后辐板端面向 3 级盘方向变形(0.08～0.23 mm),3 和 7 级盘辐板基本上没有变形(图 12.27)。

(2)变形原因分析。

由图 12.27 和图 12.28 中看出,无论是盘的直径胀大或缩小以及 4～6 级盘每级盘辐板焊后向 3 级盘方向变形,它们都是由同一个原因引起,这就是焊接过程中,强大的轴向推力载荷(相当 170 t)的作用,在每级盘焊缝槽口处,由于接头结构不对称,因此传递的焊接压力不平衡(图 12.29)。

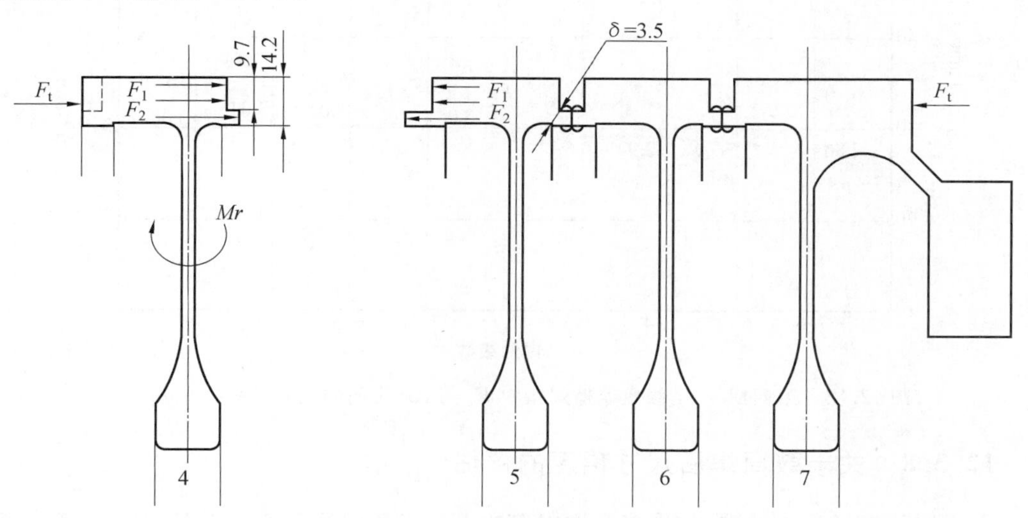


图 12.29　3～7 级盘焊接变形的分析

由图 12.29 中看出,在每级盘焊接止口壁厚 4.5 mm 范围内,由于两接头的作用力大小相等,方向相反,即 $F_2=F_2$,相互抵消。而在壁厚 9.7 mm 范围内,两接头的作用力($F_1$)焊接时不接触,不能相互抵消,而产生一个扭矩($Mr$),使鼓筒的长肩($h_1$)的直径($D_1$ 和 $D_3$)向外胀大;短肩($h_2$)的直径($D_2$ 和 $D_4$)向内缩小,每级盘的辐板也随着扭矩的作用相应向 3 级盘方向产生扭转变形。而每级盘变形的最薄弱环节，就在短肩焊接止口的根部 $\delta$=3.5 mm 处。随着组合件焊接件数的增加，这种变形会越来越大。直到 3 级盘壁厚增厚到 28.5 mm，才显著减小。因此看出：

①焊接过程中，由于强大的轴向推力载荷的作用和焊接接头的结构，因此焊口处作用力不平衡，这是产生变形的主要原因。

②焊接前一级焊缝槽口是允许后一道焊缝焊接时产生变形的最薄弱环节。

a. 焊接止口壁厚为 4.5 mm，短肩止口根部壁厚只有 3.5 mm。

b. 焊缝处为高温退火状态，材质偏软，母材为时效硬化状态。

c. 一般焊缝槽口宽度缩小 0.06～0.07 mm，这足以使鼓筒长肩和辐板变形 0.1～0.2 mm。

(3)解决鼓筒变形的措施和结果。

为了解决鼓筒每级长肩内壁和辐板内径个别部位不够加工以及鼓筒的变形问题，在每级盘辐板两边 R 处均单面增厚 0.4 mm，辐板内径单面增厚 0.15 mm，这样，在焊接止口根部(R)处最薄地方增厚为 3.5 mm＋0.4 mm＝3.9 mm，使鼓筒的直径胀大和缩小以及辐板的变形问题，都相应得到缓解。焊接止口的错位度也相应得到改善，各级盘焊缝所用的能量也趋于接近(图 12.30)。其中 7 级盘由于尺寸较大，焊接时吸热较多，因此，7～6 级盘焊接能量仍然较大些。

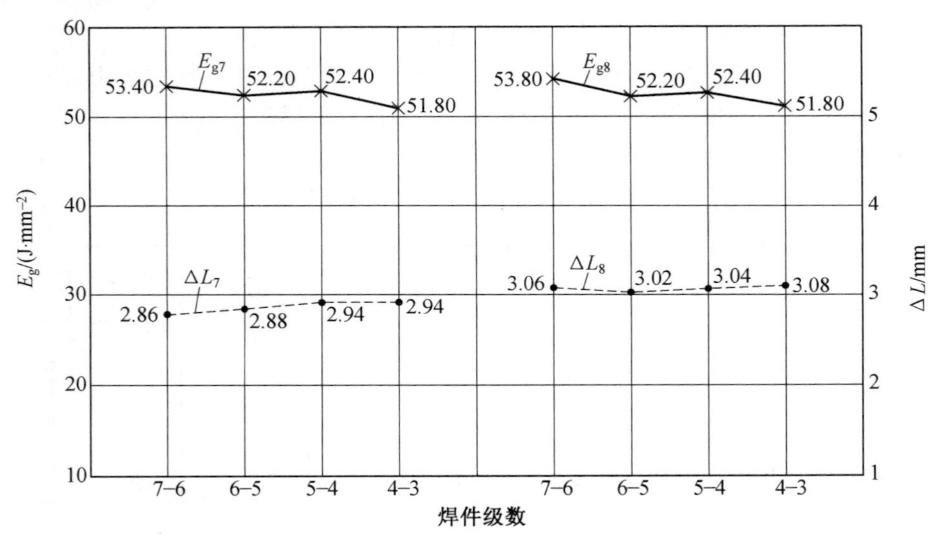


图 12.30　第四期 3～7 级盘摩擦焊接中 $E_g$ 与 $\Delta L$ 之间的关系($\delta$=4.5 mm)

### 12.3.8　关于鼓筒焊后尺寸精度的评估

由于国际市场竞争的需要，许多尖端制造技术处于各国的严密封锁下，因此市面上很难找到世界各国最新发展的技术资料。下面就已经找到的一些技术资料和标准对已焊成的 3～7 级摩擦焊压气机转子鼓筒的精度做一比较评估，见表 12.17。

表 12.17　英、美两国对惯性摩擦焊 $\Delta L$、TIR 和 Flat 的规定

| 文件编号 | 文件来源 | $\Delta L$/mm | TIR/mm | Flat/mm |
|---|---|---|---|---|
| $P8TF_2-S_7$ | GE 公司标准 1990 | ±0.508 | — | — |
| MIL－STD－1252 | 美国的军标 1975 | 规定值的±10% | — | — |
| 95DMAB120A1005US | 480B 焊机合同 1995 | ±0.5 | 0.25 | 0.25 |
| | | ±0.25 | 0.25 | 0.25 |
| BRR11756 | BMWROLLS－ROYCE GMBH 1996 | ±0.5 | — | — |
| 412950 | GE(AE)公司图样(In718) 2000 | ±0.508 | 0.508 | 0.762 |
| 4125T34 | GE(AE)公司图样(In718) 2000 | ±0.508 | 0.508 | 0.762 |
| 13M66 | GE(AE)公司图样(Ti6242) 2000 | ±0.508 | 0.508 | 0.762 |

由表 12.17 中看出：

**1. 关于变形量的规定**

英、美两国对摩擦焊变形量的规定基本上为

$$\Delta L=C\pm0.5\ \text{mm}$$

经过几次协商讨论以后，美国 MTI 公司才将合同上变形量的精度由±0.5 mm 提高到

$$\Delta L=C\pm0.25\ \text{mm}$$

这应该是目前世界上最先进的标准了。因为再高的精度，焊机和零件的制造精度都困难了。

**2. 关于焊后鼓筒组件径跳和端跳的规定**

(1)在美国的军标 MIL－STD－1252 和 GE 公司标准 $P8TF_2-S_7$ 中均没有明确的规定。

(2)在美国 GE 公司七级摩擦焊转子鼓筒的设计图中明确规定：

$$\text{TIR}\leqslant0.508\ \text{mm}$$

$$\text{Flat}\leqslant0.762\ \text{mm}$$

(3)在 480B 焊机的合同中，MTI 公司规定：

$$\text{TIR}\leqslant0.25\ \text{mm}$$

$$\text{Flat}\leqslant0.25\ \text{mm}$$

说明该焊机的精度完全满足 GE 公司焊接压气机转子盘的精度要求。

**3. 关于 3～7 级摩擦焊鼓筒精度的评估**

关于 3～7 级摩擦焊鼓筒精度和 TF39 发动机 14～16 级摩擦焊鼓筒精度的比较见表 12.5～12.7 和表 12.18～12.19。

**表 12.18　TF39 发动机 14～16 级鼓筒焊接结果(400B 焊机)**

| 级数 | 零件焊前尺寸/mm | | 焊接参数 | | | | 焊接结果/mm | | | 注/mm |
|---|---|---|---|---|---|---|---|---|---|---|
| | $D$ | $\delta$ | $n/(\mathrm{r\cdot min^{-1}})$ | $p$/MPa | $E/(\mathrm{J\cdot mm^{-2}})$ | $mr^2/(\mathrm{kg\cdot m^2})$ | $\Delta L$ | TIR | Flat | |
| 16～15 | 609 | 5.2 | 266 | 271.86 | 48.3 | 1 094 | 1.27 | 0.051 | 0.089 | $\Delta L$=1.19～2.24<br>TIR = 0.05～0.152<br>Flat = 0.05～0.127 |
| 16～15 | 609 | 5.2 | 278 | 271.86 | 52.5 | 1 094 | 2.13 | 0.064 | 0.127 | |
| 16～15 | 609 | 5.2 | 275 | 271.86 | 51.45 | 1 094 | 2.20 | 0.076 | 0.076 | |
| 16～15 | 609 | 5.2 | 277 | 267.72 | 51.45 | 1 094 | 1.19 | 0.152 | 0.10 | |
| 16～15 | 609 | 5.2 | 282 | 277.38 | 53.55 | 1 094 | 2.24 | 0.10 | 0.05 | |
| 15～14 | 609 | 4.7 | 273 | 270.48 | 50.4 | 1 094 | 1.65 | 0.165 | 0.165 | $\Delta L$=1.47～2.46<br>TIR = 0.05～0.406<br>Flat=0.025～0.178 |
| 15～14 | 609 | 4.7 | 280 | 272.55 | 53.13 | 1 094 | 2.16 | 0.152 | 0.10 | |
| 15～14 | 609 | 4.7 | 277 | 273.24 | 51.45 | 1 094 | 1.67 | 0.089 | 0.10 | |
| 15～14 | 609 | 4.7 | 283 | 280.14 | 53.55 | 1 094 | 2.08 | 0.10 | 0.051 | |
| 14～FL | 609 | 4.7 | 278 | 272.55 | 53.13 | 1 094 | 1.85 | 0.406 | 0.178 | |
| 14～FL | 609 | 4.7 | 281 | 280.83 | 54.81 | 1 094 | 1.47 | 0.114 | 0.025 | |
| 14～FL | 609 | 4.7 | 289 | 276.00 | 56.70 | 1 094 | 2.26 | 0.19 | 0.051 | |
| 14～FL | 609 | 4.7 | 286 | 276.00 | 55.44 | 1 094 | 2.46 | 0.051 | 0.025 | |

**表 12.19　3～7 级摩擦焊鼓筒精度和 TF39 发动机 14～16 级摩擦焊鼓筒精度的比较**

| 型号 | 级别 | $\delta$/mm | $\Delta L$/mm | 变形量 $\Delta L$ 在公差范围合格零件占总数/% | 径跳 TIR 在公差范围合格零件占总数/% | 端跳 Flat 在公差范围合格零件占总数/% |
|---|---|---|---|---|---|---|
| TF39 | 16～15 | 5.2 | 2.0 | 60 | 80 | 80 |
| | 15～14 | 4.7 | 2.0 | 50 | 50 | 75 |
| | 14～FL | 4.7 | 2.0 | 50 | 25 | 75 |
| 某机 | 3～7 级 | | | | | |
| | 一期 | 4.0 | 2.8 | 70 | 80 | 80 |
| | 二期 | 4.5 | 3.0 | 100 | 80 | 90 |
| | 三期 | 4.5 | 3.0 | 75 | 62.5 | 100 |
| 标 准 | | — | — | ±0.25 mm | 0.1 mm | 0.1 mm |

因此看出,研制的 3～7 级摩擦焊鼓筒精度,已远远超过美国 20 世纪 70 年代 TF39 发动机 14～16 级摩擦焊鼓筒的精度,更超过美国 GE 公司最近设计图样七级转子精度的要求。如果要求径跳和端跳达到 100%合格(0.1 mm),恐怕会有很大的困难,因为焊机的精度为 0.25 mm。

## 12.3.9　鼓筒组件焊后再时效处理和变形

**1. 焊后真空时效处理**

根据 GH4169 合金的工艺试验,GH4169 合金盘的焊接和热处理工序安排如下。

(1)3和7级盘为固溶+时效+惯性焊+时效处理。

(2)4～6级盘为锻态+时效+惯性焊+时效处理。

①热处理制度如下。

固溶：955 ℃×4 h+AC。

时效：720 ℃×8 h+FC+55 ℃/h到620 ℃×8 h+AC。

②热处理零件的摆放。热处理时，以7级盘为底不装夹具，自然状态下进行热处理。由于盘的自重和焊接应力的释放会使焊接时辐板向3级盘方向变形0.15～0.25 mm，得到一些恢复。

**2. 热处理的变形情况**

焊后在真空炉中进行再时效处理，焊接的变形得到一定的恢复，完全满足了加工要求。

### 12.3.10　焊缝的检验

(1)超声波探伤检验。

焊后去除飞边，经真空再时效处理后，按(3)进行超声波探伤检验焊缝区。

(2)荧光渗透检验。

在最终加工前，按(3)进行荧光渗透检验焊缝区。

(3)检验标准。

焊缝区如果存在等于或超出0.8 mm的孔洞或等效面积的缺陷，应为不合格。

# 第13章　惯性摩擦焊与电子束焊整体转子鼓筒对比分析

## 13.1　问题的提出

本章是根据设计人员提出，在航空发动机转动部件上，如高压压气机转子鼓筒连接上，为什么要采用惯性摩擦焊连接工艺？惯性摩擦焊连接工艺与电子束焊连接工艺比较有哪些优缺点？为此，调查和整理了过去电子束焊压气机转子和惯性摩擦焊转子的研制记录并进行了详细认真的对比分析，提供了一套可靠的数据，为今后发动机的设计，在转动部件上采用惯性摩擦焊连接工艺，提供了可靠的理论依据。

## 13.2　对比分析的内容

### 13.2.1　研制整体压气机转子鼓筒的意义

航空发动机压气机转子和涡轮转子通过轴来连接，轴承来支撑，构成航空发动机转子系统，是航空发动机的核心部分。

从前的转子鼓筒是由机械紧固原理组装起来的。例如榫头与榫槽、高强螺栓与法兰、高强销子与销孔等整体紧固固定。但每一个连接都对转子鼓筒的长期服役提出了考验，每一个连接都增加了发动机的质量，增加了复杂性，以致提高了成本和降低了寿命。

理想的转子鼓筒应为一个整体材料制造的，从而保证结构的尺寸精度和稳定性，降低了质量并减少了应力集中。这在采用大推重比、高转速并在减少压气机和涡轮的级数的新型发动机的转子系统设计上将具有决定性的意义。

为了达到这个目的，现在把几个压气机盘设计成一个整体结构。可是，从大的实心锻件上机械加工出整体转子鼓筒，材料利用率很低，机械加工成本很高，而且大厚截面的锻件，锻造性能和质量很不理想，图13.1所示为TF39 14～16级整体锻件加工出的转子鼓筒。

### 13.2.2　采用十字滚轧板材和惯性摩擦焊制造整体鼓筒的优势

20世纪70年代美国首先将锻造和连接两个工艺联合起来，生产出一台整体压气机转子鼓筒，大大改善了材料的利用率。图13.2所示为这种图解的制造方法。

(1)在普通轧板机上，十字滚轧GH4169板材作为输入原料，由内孔壁厚控制所需要的厚度。

(2)由盘厚的中央向盘的两边冷滚压成型(cold rollformed)制造法兰的外形。

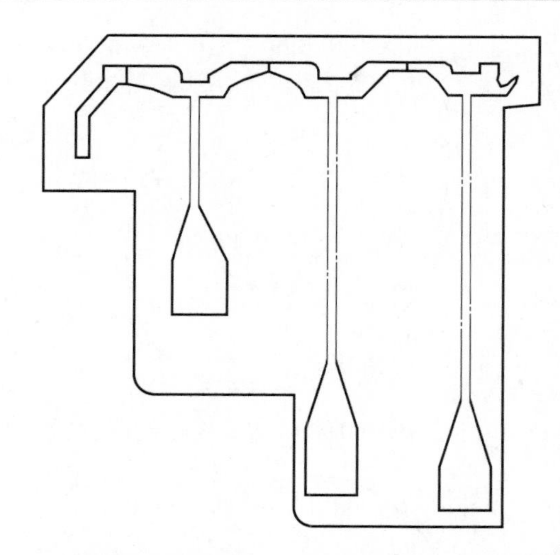

图 13.1　TF39 发动机由大锻件加工出的整体转子鼓筒(材料利用率 8.6∶1)

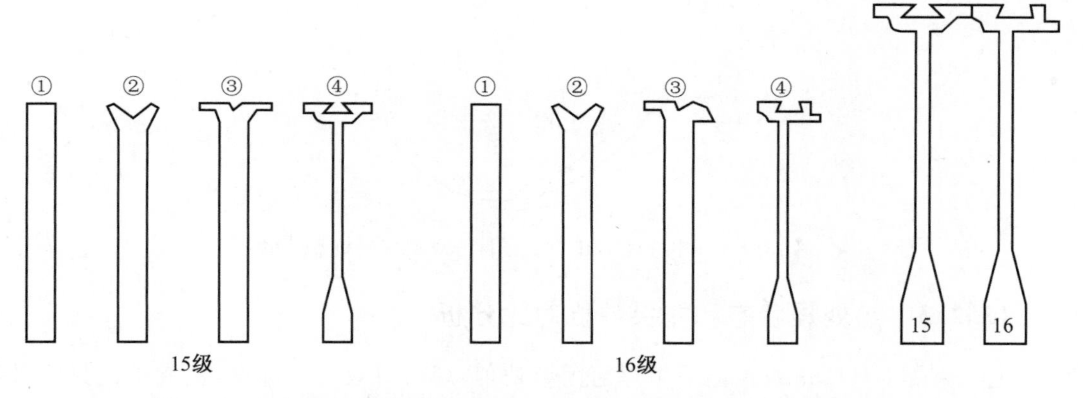


图 13.2　图解十字滚轧板材(cross-rolled plate)制造 TF39 鼓筒的一种方法
①十字滚轧板材;②扩压(spread);③旋压成型(spin formed);④焊前加工

图 13.3所示为平面板环,图 13.4 所示为冷成型后盘的外型。随后经旋压成型和机械加工而成,然后再将该盘采用惯性摩擦焊逐级连接,成为整体惯性摩擦焊转子鼓筒,如图 13.1 所示。

研制中发现十字滚轧板环不仅具有各向同性,而且在各截面上能获得比在大厚锻件中获得更好、更均匀的晶粒组织和力学性能。

过去制造喷气发动机转子鼓筒曾进行过几次尝试,每次出现的问题,一般都是由熔焊的铸造焊缝组织或弱而脆的钎焊连接的界面而引起破坏。急需要找到一种可靠的连接方法,使得接头性能与母材等强度或优于母材。而惯性摩擦焊正是这样一种固态连接方法,它能够满足发动机转子鼓筒焊接的所有技术和经济指标要求,是几十年来想寻找的一种最理想的连接方法。

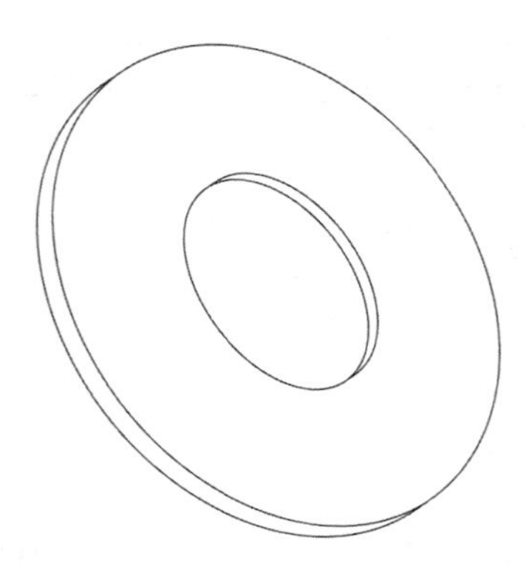

图 13.3　十字滚轧 GH4169 板材冷成型压气机盘毛坯

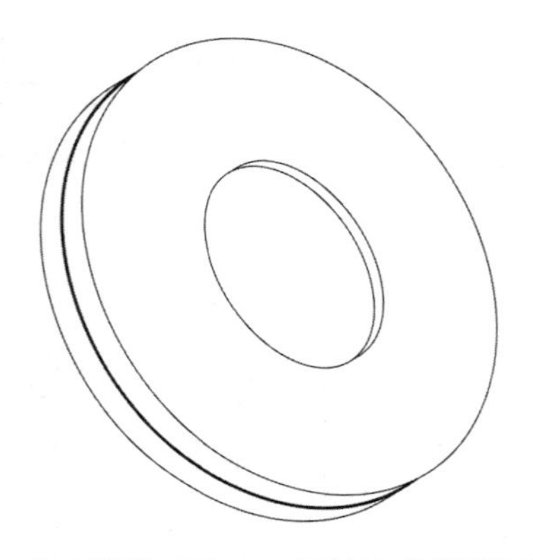

图 13.4　十字滚轧 GH4169 板材冷成型压气机盘外形

### 13.2.3　热处理状态和接头性能对比分析

电子束焊 GH4169 盘只能采用焊前固熔处理，焊后时效处理制度，也就是说只能采用 GH4169 合金盘的优质高强热处理状态，实际上某机鼓筒的焊接，也正是采用了这种状态。而惯性摩擦焊 GH4169 盘，采用的是焊前直接时效，焊后再时效状态。两种技术条件的性能指标对比见表 13.1。

**表 13.1　GH4169 合金两种技术条件性能指标对比**

| 标准 | 室温性能 | | | | 高温持久性能 | | | |
|---|---|---|---|---|---|---|---|---|
| | $\sigma_b$/MPa | $\sigma_{0.2}$/MPa | $\delta_5$/% | $\psi$/% | 温度/℃ | $\sigma$/MPa | 持久时间/h | $\delta$ |
| 企标(直接时效) | ≥1 450 | ≥1 240 | ≥10 | ≥15 | 650 | 700 | ≥25 | ≥5 |
| 企标(优质高强) | ≥1 345 | ≥1 000 | ≥12 | ≥15 | 650 | 690 | ≥25 | ≥5 |

由表 13.1 中看出，两种状态的 GH4169 合金的强度差为 105 MPa，也就是说由于两种方法使用 GH4169 合金盘的状态不同，性能指标也不同。惯性摩擦焊的鼓筒强度就要比电子束焊的鼓筒强度提高 105 MPa。

### 13.2.4　接头连接的冶金强度对比分析

惯性摩擦焊(IW)的接头强度按质量检验标准验收，该标准要求惯性摩擦焊接头强度应等于母材的下限强度。而电子束焊(EB)的接头强度按质量标准验收，该标准规定：

(1)电子束焊的接头强度，应不低于母材强度下限的 90%。

(2)如果去掉焊缝的余高，接头强度应不低于母材强度下限的 85%。

而电子束焊的鼓筒，焊缝均去掉了余高，为机械加工表面的焊缝。由于两种焊接方法不同，焊接接头的冶金强度标准也不同。如果以 GH4169 合金的直接时效和优质高强的盘强度为标准，那么惯性摩擦焊的接头强度 $\sigma_b = 1\ 450$ MPa，电子束焊的接头强度 $\sigma_b = 1\ 345 \times 85\% = 1\ 143$(MPa)。

也就是说惯性摩擦焊接头强度比电子束焊的接头强度高出 307 MPa。为了挽回这部分损失，设计单位只好将原来摩擦焊鼓筒的壁厚 2.0 mm，增厚为 3.0 mm，它们的接头结构对比如图 13.5 所示。

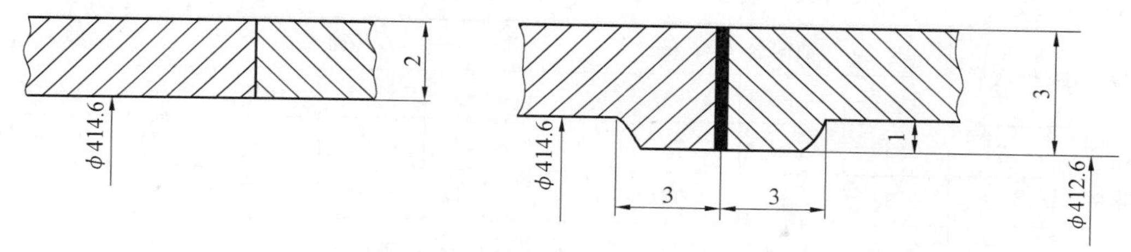


图 13.5　惯性摩擦焊与电子束焊接头尺寸对比

由图 13.5 中看出，电子束焊接头比惯性摩擦焊接头，每条焊缝增加质量(重量)为

$$W_1 = 8.3 \times 0.6 \times \frac{\pi}{4}(41.46^2 - 41.26^2) \div 1\ 000 = 0.064\ 7(\text{kg})$$

那么，四条焊缝增加质量(重量)：

$$W_1 = 0.064\ 7 \times 4 = 0.258(\text{kg})$$

因此，采用电子束焊焊接的鼓筒比惯性摩擦焊的转子鼓筒要增加 0.258 kg 质量(重量)。

### 13.2.5　生产中焊缝质量稳定性分析

由于惯性摩擦焊为整体均匀加热，均匀加压形成的固态连接的焊缝，它可以焊出无缺陷的接头。因此，惯性摩擦焊质量检验标准上明确规定惯性摩擦焊一级焊缝中不允许有气孔、夹杂和未焊合等缺陷。这就是说惯性摩擦焊鼓筒的焊缝质量是相当稳定的。

而电子束焊缝作为熔焊的一种方法，是由局部熔化金属一滴一滴连接起来形成的焊缝，它容易焊出有缺陷的焊缝。因此，它的质量检验上规定电子束焊一级焊缝，小于 $\phi$1.5 mm气孔或夹杂允许存在，但累计的气孔或夹杂的线性长度在 100 mm 长度上，允许不大于 6 mm，那么鼓筒一条焊缝长度上就可能允许最多存在 13 处。因此，作为发动机转动系统核心一部分的压气机鼓筒，这么重要的组合件，转动上万转以上，造价在几十万到上百万元之间，今后生产中会经常出现两种情况：

(1)生产出带有尺寸合格的气孔或夹杂的组件。

(2)超出缺陷标准的个别组合件。

第一种组件虽然合格，但对于发动机转动部件的长期使用寿命肯定有不利的影响；第二种组件虽然是少数，但将十分不好处理。在前期电子束焊接的鼓筒总共4台份焊接中就发现有一台在成品中探伤出有“黑线”、气孔和未焊透等缺陷，给生产单位带来了相当大的困难。

### 13.2.6　接头的尺寸精度对比分析

采用电子束焊焊接零件，可以先按止口装配，定位焊后再焊接，因此，组件的精度容易控制；而惯性摩擦焊的零件，不存在先装配、后焊接的问题。摩擦焊的本身既是装配，又是焊接，因此，接头的精度不容易控制。但两种焊接方法比较，焊出的接头尺寸精度并没有明显的差别见表13.2。

**表13.2　惯性摩擦焊与电子束焊接头尺寸精度对比**

| 焊接方法 | 批次号 | 轴向公差/mm | | | | 径跳/mm | | | | 端跳/mm |
|---|---|---|---|---|---|---|---|---|---|---|
| | | 3～4 | 4～5 | 5～6 | 6～7 | 3～4 | 4～5 | 5～6 | 6～7 | 三级端 |
| 电子束焊 | 201 | 0.39 | 0.01 | 0.18 | 0.09 | 0.04 | 0.04 | 0.04 | 0.04 | 0.06 |
| | 202 | 0.33 | 0.19 | 0.02 | 0.04 | 0.07 | 0.07 | 0.07 | 0.07 | 0.25 |
| 惯性摩擦焊 | 301 | 0.36 | 0.19 | 0.01 | 0.01 | 0.05 | 0.07 | 0.12 | 0.10 | 0.12 |
| | 302 | 0.42 | 0.15 | 0.13 | 0.05 | 0.08 | 0.05 | 0.08 | 0.05 | 0.03 |

由表13.2看出：

(1)径跳。

电子束焊鼓筒的径跳为0.04～0.07 mm。

惯性摩擦焊鼓筒的径跳为0.05～0.12 mm。

(2)端跳。

电子束焊鼓筒三级端的端跳为0.06～0.25 mm。

惯性摩擦焊鼓筒三级端的端跳为0.03～0.12 mm。

(3)轴向尺寸公差。

电子束焊鼓筒轴向公差为0.01～0.39 mm。

惯性摩擦焊鼓筒轴向公差为0.05～0.42 mm。

### 13.2.7　产品寿命对比分析

在惯性摩擦焊与电子束焊接头性能对比中，已经介绍以下两点。

(1)惯性摩擦焊GH4169合金接头高温持久寿命比电子束焊接头高出2倍多。

(2)惯性摩擦焊GH4169合金接头疲劳寿命与电子束焊接头对比如图13.6所示。

由图13.6中看出，惯性摩擦焊接头的疲劳极限为780 MPa，而电子束焊接头的仅为520 MPa，为电子束焊的1.5倍。这就是说惯性摩擦焊转子鼓筒的寿命可能为电子束焊

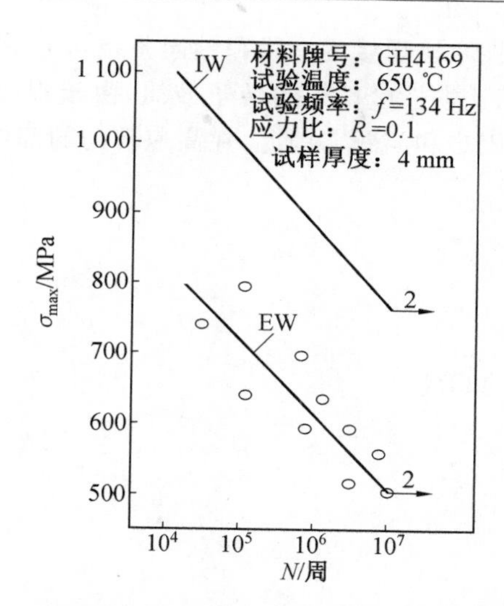


图 13.6 GH4169 合金板材电子束焊(EW)和棒材摩擦焊(IW)接头 S—N 疲劳曲线

转子鼓筒的 1.5 倍以上。

从上述对比分析中又知道：

(1)由于热处理状态不同，惯性摩擦焊的鼓筒强度比电子束焊的鼓筒强度要高出105 MPa。

(2)电子束焊接头每 100 mm 焊缝长度上，允许小于 $\phi 1.5$ mm 气孔或夹杂存在，累计线性长度不大于 6 mm，那么鼓筒的一条焊缝上就有可能存在 13 处。

(3)惯性摩擦焊接头的冶金强度比电子束焊的高出 307 MPa，为此，设计单位将以壁厚增加来弥补电子束焊接头强度的不足，然而，这样就增加了组件的质量(重量)，因此，整台电子束焊的高压压气机转子鼓筒增加重 0.258 kg，对发动机的性能和寿命肯定会带来一定的影响。

## 13.3 结 论

综上所述，惯性摩擦焊转子鼓筒与电子束焊转子鼓筒比较，无论从焊缝性能和寿命上，还是从接头尺寸精度上惯性摩擦焊连接工艺比电子束焊连接工艺，都具有较大的优势。尽管目前某些国家发动机转子鼓筒连接上仍然采用电子束焊连接工艺，那是因当时他们还不具有先进的惯性摩擦焊连接技术。通过上述比较可以明确地得出下列结论。

(1)在短期使用寿命上，惯性摩擦焊的转子鼓筒与电子束焊的比较，可能不会看出大的差别。

(2)在长期使用寿命上，惯性摩擦焊的转子鼓筒的寿命比电子束焊的可能要高出 2 倍以上。

(3)惯性摩擦焊转子鼓筒的尺寸精度与电子束焊的比较：

①径跳。各级与某一级间的径跳比较，惯性摩擦焊的比电子束焊的要大出 0.01～0.05 mm。

②端跳和轴向公差。惯性摩擦焊接的端跳和轴向公差与电子束焊的基本接近。

(4)电子束焊的转子鼓筒比惯性摩擦焊的转子鼓筒，由于焊缝冶金缺陷的存在，会给生产上带来许多不好解决的困难和问题。因此，在高速转动的部件上，建议采用惯性摩擦焊连接工艺，优势比较明显。

# 第 14 章 低压涡轮转子与轴的摩擦焊接

## 14.1 结构特点

低压涡轮转子(叶轮)位于高压涡轮转子的后面,是燃气涡轮机的主要部件之一,被压气机已压缩了的空气和燃烧室已燃烧,膨胀了的燃气混合形成强大的燃气流,通过高压涡轮叶片做功,带动高压压气机转子转动;然后,燃气流再通过低压涡轮转子叶片做功,带动低压压气机转子转动增加了燃气涡轮机的推力,充分利用了燃气,是现代燃气涡轮发动机不可缺少的一个组成部分,它与高压涡轮和压气机一起构成了燃气涡轮机的转动动力系统,是燃气涡轮机的重要组成部分。它的转速达 44 000 r/min,叶片(51 片)工作温度可到 850 ℃,涡轮轴的工作温度不超过 500 ℃。因此,叶轮选择了耐高温、抗氧化、抗蠕变、抗持久性能均较高的 K24 高温铸造镍基合金;轴选择了抗氧化、热强性均较高的 1Cr11Ni2W2MoVA 马氏体不锈钢,其焊接结构如图 14.1 所示。

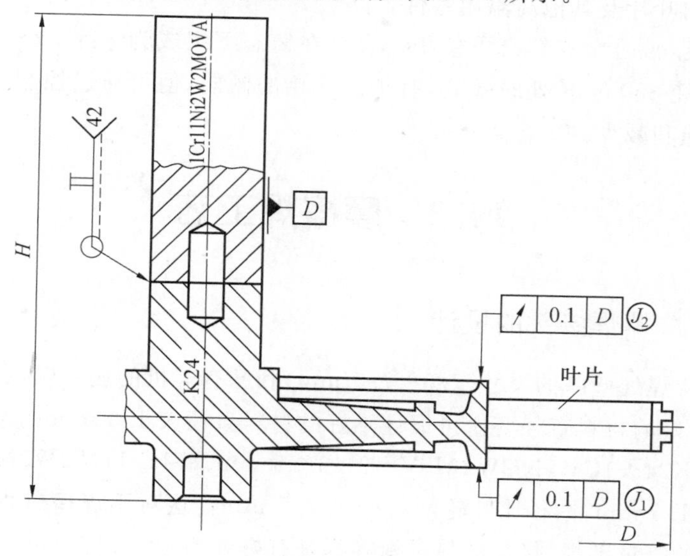


图 14.1 低压涡轮转子轴焊接结构图

## 14.2 材料性能

### 14.2.1 1Cr11Ni2W2MoV 马氏体不锈热强钢

1Cr11Ni2W2MoV 钢是马氏体型热强不锈钢,其室温抗拉强度、持久强度及蠕变性能均较高,并有良好的韧性和抗氧化性能,在淡水和湿空气中有较好的耐蚀性,但不适于在海水和海洋性大气中使用。

1Cr11Ni2W2MoV 钢通常含有少量的δ－铁素体,但质量分数大于5%时,横向力学性能(主要是韧性、疲劳性能和蠕变性能等)变差。为减少δ－铁素体含量,对钢的冶炼、加工和热处理等都应采取相应的措施。该钢的加工性能和焊接性能良好,可以制造形状复杂的模锻件和焊接结构件。350～550 ℃及620～660 ℃为该钢的回火脆性区,应避免在此温度范围内回火。

该钢适于制造550 ℃以下工作的承力件,如燃气涡轮机的机匣、压气机盘,压气机叶片和涡轮轴等;含有较多的淬硬倾向元素(Cr、Ni、W、Mo 和 V 等),有较大的淬硬倾向。在焊接热循环的条件下,在空气中就能淬火。该钢在摩擦焊前要进行调质处理即1 050 ℃油淬,560 ℃回火,以达到与K24合金在摩擦焊时接近等性能要求。

### 14.2.2　K24 铸造镍基高温合金

K24合金是高铝钛、低密度型的镍基铸造高温合金。与K417合金成分相比增加了1.5%钨和0.7%铌。在各种温度下100 h的持久强度略高于K417,中温(750 ℃)和高温(980 ℃)的持久强度与K417合金相当。该合金适于制作在800～950 ℃工作的燃气涡轮转子叶片和导向叶片及其他高温用零件。

热处理制度:该合金在铸态下使用。合金在铸态下组成为$\gamma$、$\gamma'$($\gamma-\gamma'$)共晶,MC和$M_3B_2$。该合金经850 ℃长期时效后,有析出$\sigma$相的倾向,但可通过控制合金成分和熔炼铸造工艺来防止和减少。

## 14.3　摩擦焊工艺

### 14.3.1　摩擦焊接头的设计

根据零件待焊处壁厚的尺寸(7.0+7.0 mm)和已有焊机的能力以及不同种材料焊接时,一般可锻性好的材料直径要比可锻性不好的材料直径大1.6 mm的经验,设计的摩擦焊接头壁厚为K24+1Cr11Ni2W2MoV=9+10.5 mm即1Cr11Ni2W2MoV钢轴外径比叶轮轴外径大1.6 mm,内径比叶轮轴内径小1.6 mm。这对于焊接过程中结合面的“自保护”、变形量的等量磨损、接头的热平衡等都是有好处的。

由于不同种材料的摩擦焊接,一般焊接时间要长一些,才能使可锻性不好的材料达到焊接温度,这样,可锻性好的材料变形量势必要大一些。经试验证明变形量$\Delta L\geqslant$ 5.5 mm,才能保证接头的焊接质量,其接头的结构和尺寸如图14.2所示。

### 14.3.2　摩擦焊接头的质量控制和检验标准

在焊接零件之前,必须先进行试棒的焊接,试棒焊接合格后,方能进行正式零件的焊接。

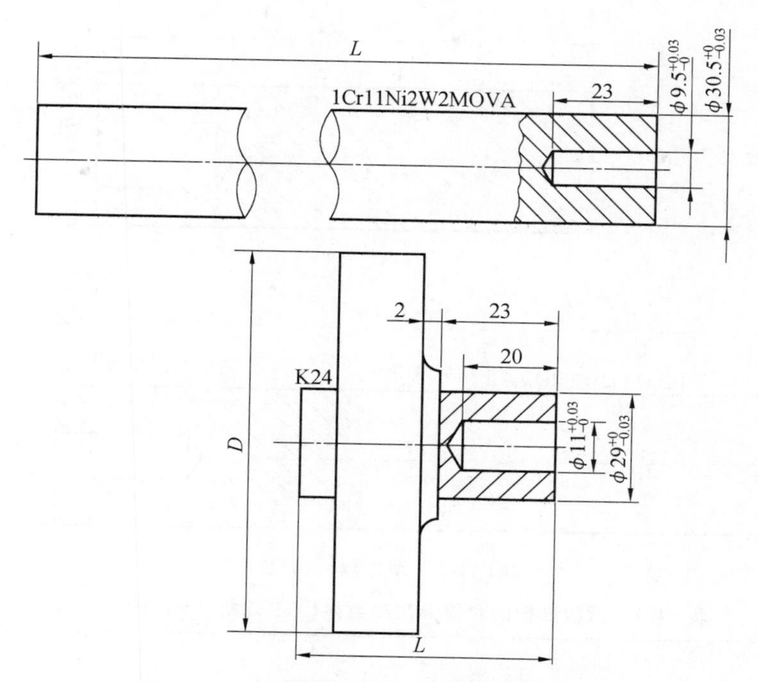


图 14.2　低压涡轮转子与轴摩擦焊接头尺寸

**1. 质量控制**

(1)试验试棒的焊接。

①试验试棒的数量和尺寸见表 14.1,试棒的结构如图 14.3 所示。

**表 14.1　焊前试棒尺寸测量**

| 编号 | | 外径 $D$ /mm | 内径 $d$ /mm | 孔深 $h$ /mm | 伸出夹具长度 $H$/mm | 单件长 $L_0$ /mm | 总长 $L_1$ /mm | 注 |
|---|---|---|---|---|---|---|---|---|
| F1 | K24 | 30.35 | 10.3 | 18 | 25 | 86.8 | 250.6 | 接头尺寸设计不合格① |
| | 1Cr11Ni2W2MoV | 30.40 | 11.3 | 18 | 7 | 163.8 | | |
| F2 | K24 | 30.46 | 10.34 | 18 | 25 | 87.0 | 251.9 | 接头尺寸设计不合格① |
| | 1Cr11Ni2W2MoV | 30.30 | 11.4 | 18 | 7 | 164.9 | | |
| F3 | K24 | 30.40 | 10.3 | 18 | 25 | 86.9 | 251.4 | 接头尺寸设计不合格① |
| | 1Cr11Ni2W2MoV | 30.35 | 11.4 | 18 | 7 | 164.5 | | |

注:① 刚开始焊接,还没有经验。

②焊接参数和试验结果。焊接参数和试验结果见表 14.2。

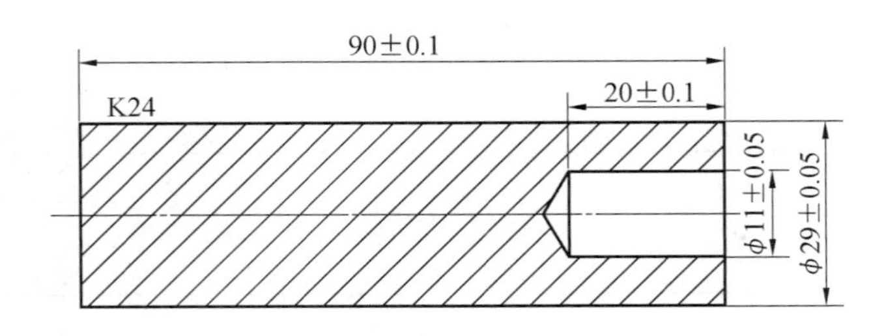


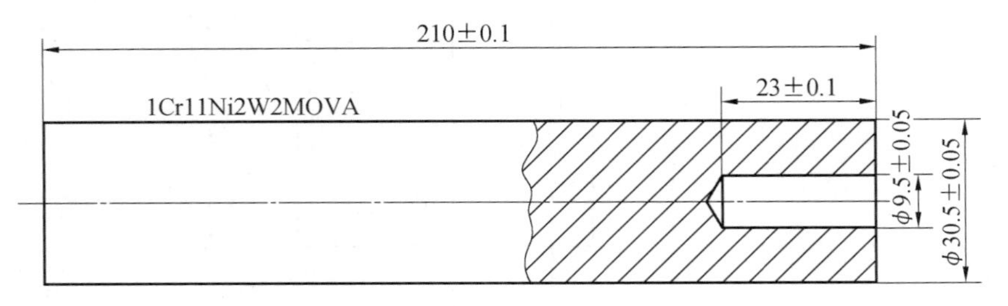


图 14.3 摩擦焊试棒尺寸

**表 14.2 试验试棒的焊接参数和结果(C25 焊机 $n$=1 250 r/min)**

| 编号 | 焊机参数 | | | | | | $L_1$/mm | $L_2$/mm | $\Delta L$/mm | 注 |
|---|---|---|---|---|---|---|---|---|---|---|
| | 一级摩擦 | | 二级摩擦 | | 顶锻 | | | | | |
| | $t_1$/s | $p_1$/MPa | $t_2$/s | $p_2$/MPa | $t_u$/s | $p_u$/MPa | | | | |
| $F_1$ | 5 | 20 | 20 | 34 | 8 | 50 | 298 | 291.3 | 6.7 | 加防边模 K24 有飞边 |
| $F_2$ | 5 | 20 | 20 | 34 | 8 | 50 | 297.85 | 291.6 | 6.25 | 加防边模 K24 有飞边 |
| $F_3$ | 5 | 20 | 20 | 34 | 8 | 50 | 297.7 | 290.6 | 6.8 | 加防边模 K24 有飞边 |

③焊后试棒热处理。

a.热处理前先车掉试棒的飞边和飞边之间的 V 形冶金缺口。

b.然后车成拉伸截面为 ϕ23 mm 的拉伸试样。

c.焊后热处理制度：

(a)室温装炉,组件要放在平台上。

(b)加热到 560 ℃。

(c)保温时间 3 h。

(d)空冷。

④室温拉伸试验。

室温拉伸试样热处理后,进行拉力试验。室温拉伸试验结果见表 14.3。

表 14.3　室温拉伸试验结果

| 编号 | 力学性能 | | | 断裂位置 |
|---|---|---|---|---|
| | 拉力/t | 拉伸截面面积/$mm^2$ | $\sigma_b$/MPa | |
| $F_1$ | 35.9 | 415.48 | 865.0 | K24 母材 |
| $F_2$ | 36.56 | 422.73 | 864.8 | K24 母材 |
| $F_3$ | 35.7 | 411.87 | 866.0 | K24 母材 |

**2. 接头的质量标准**

(1)外观检验标准。

①在切除飞边之前,先进行外观检验,观察有无 K24 面飞边从 1Cr11Ni2W2MoV 飞边和母材之间挤出,如果有,则该件合格,否则要切掉重焊。

②接头变形量标准:接头总的变形量 $\Delta L \geqslant 5.5$ mm。

(2)拉伸试验标准。

①拉伸试样的接头强度 $\sigma_b \geqslant 800$ MPa。

②不允许在焊缝上断裂。

(3)超声波和荧光检验标准。

摩擦焊接头焊缝区和热力影响区金属应是连续的,不允许有裂纹、未连接、气孔和夹杂等缺陷。按 14.3.2 节标准,检验表 14.3 中的三根试样,接头质量合格,可以按该参数焊接转子零件。

## 14.3.3　一批机转子与轴的焊接

**1. 焊前零件尺寸测量**

焊前零件尺寸测量见表 14.4。

表 14.4　一批机零件焊前尺寸

| 编号 | | 外径 $D$ /mm | 内径 $d$ /mm | 孔深 $h$ /mm | 伸出夹具长 $H$/mm | 单件长 $L_0$ /mm | 总长 $L_1$ /mm | 注① |
|---|---|---|---|---|---|---|---|---|
| 00－1 | 叶轮 | 31.3 | 11.0 | 18 | 21.6 | 21.6 | 181.1 | 叶轮与轴壁厚不合理 |
| | 轴 | 30.3 | 10.8 | 18 | 4.3 | 159.5 | | |
| 00－2 | 叶轮 | 31.2 | 11.0 | 18 | 20 | 20.0 | 180.0 | 叶轮与轴壁厚不合理 |
| | 轴 | 30.1 | 11.0 | 18 | 4.3 | 160.0 | | |
| 00－3 | 叶轮 | 31.2 | 11.0 | 18 | 21.6 | 21.6 | 181.4 | 叶轮与轴壁厚不合理 |
| | 轴 | 30.2 | 11.0 | 18 | 4.3 | 159.8 | | |

注:叶轮与轴刚开始焊接,还没有找出经验,接头尺寸设计不合理。

**2. 叶轮的装夹和定位**

以 E 和 A、B 定位,将叶轮装到叶轮夹具中,压紧 M,使六方凸销的 A 面压倒底,六方凸销与夹具的六方孔相配合,焊接过程中用以承受扭矩。然后将夹具装到焊机主轴夹套中，使可锻性不好的材料处于旋转运动中，以有利于焊接过程中的热平衡和机械变形平衡，找正 G 面，其径向跳动 TIR≤0.1 mm。

再将叶轮轴以 D 面定位，装到焊机尾座夹套中，找正 P 面，其端跳 Flat≤0.1 mm。叶轮和轴的装夹与定位如图 14.4 所示。

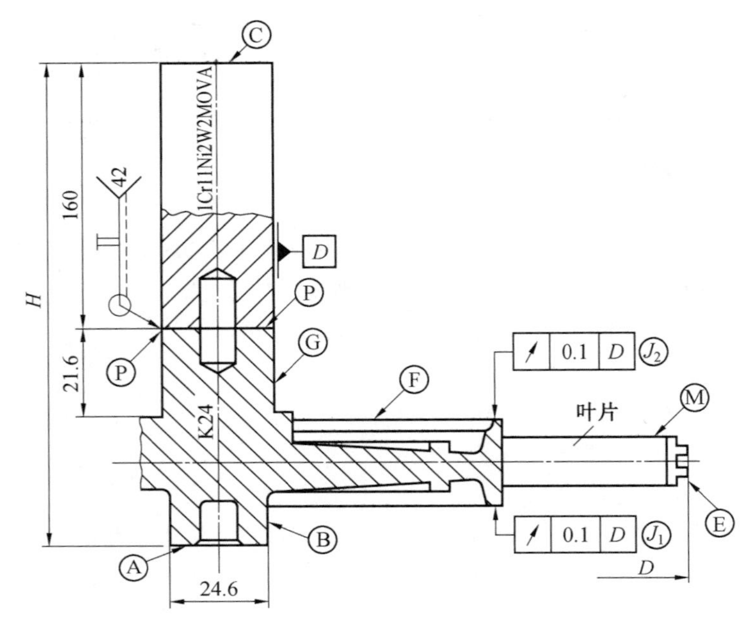


图 14.4　叶轮和轴的装夹与定位

### 3. 一批机转子与轴焊接参数和结果

一批机转子与轴焊接参数和结果见表 14.5。

**表 14.5　一批机转子与轴焊接参数和结果(C25 焊机 $n$=1 250 r/min)**

| 编号 | 焊机参数 | | | | | | 焊接结果 | | | 注 |
|---|---|---|---|---|---|---|---|---|---|---|
| | 一级摩擦 | | 二级摩擦 | | 顶锻 | | $L_1$/mm | $L_2$/mm | $\Delta L$/mm | |
| | $t_1$/s | $p_1$/MPa | $t_2$/s | $p_2$/MPa | $t_u$/s | $p_u$/MPa | | | | |
| 00—1 | 5 | 20 | 20 | 34 | 8 | 50 | 181.1 | 175 | 6.1 | 加水套<br>K24 产生飞边 |
| 00—2 | 5 | 20 | 20 | 34 | 8 | 50 | 180.0 | 174.4 | 5.6 | 加水套<br>K24 产生飞边 |
| 00—3 | 5 | 20 | 20 | 34 | 8 | 50 | 181.4 | 175.7 | 5.7 | 加水套<br>K24 产生飞边 |

由表 14.5 中看出，转子轴组合件经 14.3.2 节接头质量标准检验全部合格。

### 14.3.4　二批机转子与轴的焊接

**1. 试棒的焊接**

(1)焊前尺寸测量见表 14.6。

**表 14.6　试棒的数量和尺寸**

| 编号 | | 外径 $D$/mm | 内径 $d$/mm | 孔深 $h$/mm | 伸出夹具长 $H$/mm | 单件长 $L_0$/mm | 总长 $L_1$/mm | 注 |
|---|---|---|---|---|---|---|---|---|
| $F_1$ | K24 | 29 | 10.9 | 17.0 | 41.5 | 87.5 | 290 | 加防边模接头尺寸设计比较合理 |
| | 1Cr11Ni2W2MoV | 30 | 9.1 | 23.4 | 7.4 | 210.5 | | |
| $F_2$ | K24 | 28.9 | 11.1 | 17.5 | 41.5 | 87.7 | 297.85 | 加防边模接头尺寸设计比较合理 |
| | 1Cr11Ni2W2MoV | 29.8 | 9.1 | 23.0 | 4.5 | 210.15 | | |
| $F_3$ | K24 | 29.2 | 11.1 | 17.5 | 41.5 | 87.7 | 297.7 | 加防边模接头尺寸设计比较合理 |
| | 1Cr11Ni2W2MoV | 30 | 9.1 | 22.8 | 4.5 | 210 | | |

(2)焊接参数和结果见表 14.7。

**表 14.7　焊接参数和结果(C25 焊机 $n$=1 250 r/min)**

| 编号 | 焊机参数 | | | | | | 焊接结果 | | | 注 |
|---|---|---|---|---|---|---|---|---|---|---|
| | 一级摩擦 | | 二级摩擦 | | 顶锻 | | | | | |
| | $t_1$/s | $p_1$/MPa | $t_2$/s | $p_2$/MPa | $t_u$/s | $p_u$/MPa | $L_1$/mm | $L_2$/mm | $\Delta L$/mm | |
| $F_4$ | 8 | 20 | 15 | 36 | 8 | 44 | 250.6 | 240 | 10.6 | 加防边模K24 有飞边 |
| $F_5$ | 8 | 20 | 15 | 36 | 8 | 44 | 251.9 | 243 | 8.9 | 加防边模K24 有飞边 |
| $F_6$ | 8 | 20 | 15 | 36 | 8 | 44 | 251.4 | 242 | 9.4 | 加防边模K24 有飞边 |

(3)室温拉力试验。

将试棒车掉飞边后,按一批机要求进行回火,消除应力处理,然后加工成 $\phi$23 mm 拉力试样,进行拉力试验。拉力试验结果见表 14.8。

**表 14.8　室温拉力试验结果**

| 编号 | 拉力/t | 面积 $S$/mm$^2$ | $\sigma_b$/MPa | 断裂位置 |
|---|---|---|---|---|
| $F_4$ | 38.5 | 437.6 | 879.8 | 断于 K24 上 |
| $F_5$ | 38.5 | 434.2 | 886.7 | 断于 K24 上 |
| $F_6$ | 38.8 | 432.4 | 879.3 | 断于 K24 上 |

由表 14.8 中看出,拉力试样合格,可以按该参数焊接零件。

**2. 二批机转子与轴的焊接**

(1)转子零件焊前尺寸测量见表 14.9。

**表 14.9　转子和轴焊前零件尺寸**

| 编号 | | 外径 $D$ /mm | 内径 $d$ /mm | 孔深 $h$ /mm | 伸出夹具长 $H$ /mm | 单件长 $L_0$ /mm | 总长 $L_1$ /mm | 注 |
|---|---|---|---|---|---|---|---|---|
| 01－1 | 叶轮 | 29.4 | 10.8 | 20.0 | 23.5 | 23.5 | 233.5 | 接头尺寸设计比较合理 |
| | 轴 | 29.8 | 9.1 | 23.0 | 4.3 | 210 | | |
| 01－2 | 叶轮 | 29.4 | 10.8 | 23.8 | 23.1 | 23.1 | 233.0 | 接头尺寸设计比较合理 |
| | 轴 | 30.0 | 9.1 | 22.5 | 4.3 | 209.9 | | |
| 01－3 | 叶轮 | 29.5 | 10.8 | 20.0 | 22.6 | 22.6 | 232.6 | 接头尺寸设计比较合理 |
| | 轴 | 30.0 | 9.1 | 23.1 | 4.3 | 210 | | |
| 01－4 | 叶轮 | 29.4 | 10.8 | 20.3 | 23.4 | 23.4 | 233.4 | 接头尺寸设计比较合理 |
| | 轴 | 30.0 | 9.1 | 22.6 | 4.3 | 210 | | |
| 01－5 | 叶轮 | 29.3 | 10.8 | 20.0 | 23.2 | 23.2 | 233.2 | 接头尺寸设计比较合理 |
| | 轴 | 30.0 | 9.1 | 23.0 | 4.3 | 210 | | |

(2)焊接参数和结果见表 14.10。

**表 14.10　转子轴焊接参数和结果(C25 焊机 $n$=1 250 r/min)**

| 编号 | 焊机参数 | | | | | | 焊接结果 | | | 注 |
|---|---|---|---|---|---|---|---|---|---|---|
| | 一级摩擦 | | 二级摩擦 | | 顶锻 | | | | | |
| | $t_1$/s | $p_1$/MPa | $t_2$/s | $p_2$/MPa | $t_u$/s | $p_u$/MPa | $L_1$/mm | $L_2$/mm | $\Delta L$/mm | |
| 01－1 | 8 | 20 | 15 | 36 | 8 | 44 | 233.5 | 226.3 | 7.2 | 加防边模 K24 有飞边 |
| 01－2 | 8 | 20 | 15 | 36 | 8 | 44 | 233.0 | 226.3 | 6.7 | 加防边模 K24 有飞边 |
| 01－3 | 8 | 20 | 15 | 36 | 8 | 44 | 232.6 | 226.3 | 6.3 | 加防边模 K24 有飞边 |
| 01－4 | 8 | 20 | 15 | 36 | 8 | 44 | 233.4 | 226.4 | 7.0 | 加防边模 K24 有飞边 |
| 01－5 | 8 | 20 | 15 | 36 | 8 | 44 | 233.2 | 226.4 | 6.8 | 加防边模 K24 有飞边 |

由表 14.9 和表 14.10 中看出：

① 一组零件采用同一参数，为什么变形量不同呢？

② 为什么焊前总长度不同(232.6～233.5 mm)，会得到焊后总长度大致相当(226.3～226.4 mm)呢？

带着这些问题对五台份零件焊前尺寸、焊接过程进行了分析和研究。零件的装夹如图 14.5 所示。

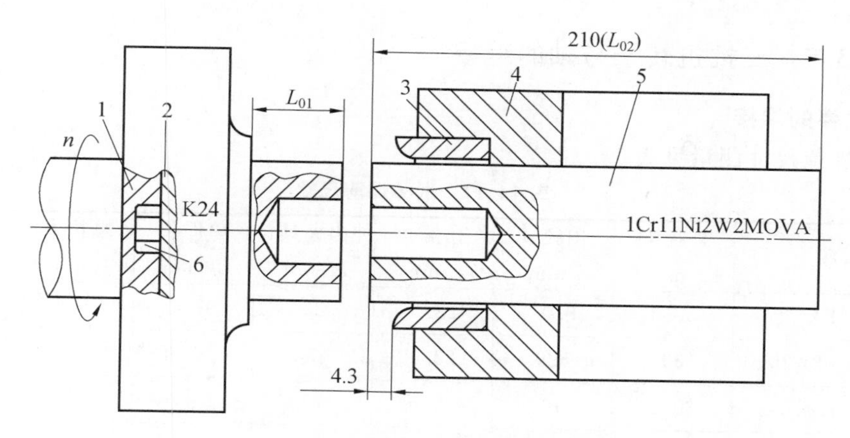


图 14.5　机床装夹叶轮与轴示意图

1—叶轮夹具；2—叶轮；3—防边模；4—轴夹具；5—轴；6—六方销以抵消扭矩

**3. 零件焊前、焊后尺寸变化**

零件焊前、焊后尺寸变化见表 14.11。

**表 14.11　零件焊前尺寸和焊后结果**

| 编号 | 单件长/mm | | 焊前总长 $L_1$/mm | 焊后总长 $L_2$/mm | 变形量 $\Delta L$/mm | K24 $S$/mm² | K24 磨损量 /mm |
|---|---|---|---|---|---|---|---|
| | K24 | 1Cr11Ni2W2MoV | | | | | |
| | $L_{01}$ | $L_{02}$ | | | | | |
| 01—1 | 22.6 | 210 | 232.6 | 226.3 | 6.3 | 591.88 | 1.3 |
| 01—2 | 23.1 | 209.9 | 233.0 | 226.3 | 6.7 | 587.26 | 1.8 |
| 01—3 | 23.2 | 210 | 233.2 | 226.4 | 6.8 | 582.65 | 1.9 |
| 01—4 | 23.4 | 210 | 233.4 | 226.4 | 7.0 | 587.26 | 2.1 |
| 01—5 | 23.5 | 210 | 233.5 | 226.3 | 7.2 | 587.26 | 2.2 |

由图 14.5 和表 14.11 中看出：

(1)由于防边模的影响，1Cr11Ni2W2MoVA 面只要焊前长度(209.9～210 mm)一致，焊后长度就不会有大的变化。

(2)K24 面由于导热性不好，伸出端($L_{01}$)越长(23.5－22.6＝0.9 mm)，散热越差，磨损量($\Delta L$＝7.2－6.3＝0.9 mm)越大。

(3)夹具吸热逐渐减少，相对结合面受热增加，磨损量增加。

因此，K24 叶轮的长度由小到大(22.6～23.5 mm)的排列顺序，恰好是焊接的先后顺序，再加上上述后两条的原因，造成了五个组合件焊后的总长度大致相当($L_2$＝226.3～226.4 mm)的局面。

### 14.3.5 三批机转子与轴的焊接

**1. 试棒的焊接**

(1)焊前尺寸测量见表 14.12。

**表 14.12 试棒焊前尺寸**

| 编号 | | 外径 $D$ /mm | 内径 $d$ /mm | 孔深 $h$ /mm | 伸出夹具长 $H$/mm | 单件长 $L_0$/mm | 总长 $L_1$ /mm | 注 |
|---|---|---|---|---|---|---|---|---|
| $F_7$ | K24 | 30.2 | 10 | 22.5 | 25 | 97.5 | 244.25 | 接头尺寸设计不合理 |
| | 1Cr11Ni2W2MoV | 30 | 8.9 | 23.0 | 7 | 146.75 | | |
| $F_8$ | K24 | 30.2 | 10 | 22.5 | 25 | 94.3 | 243.05 | 接头尺寸设计不合理 |
| | 1Cr11Ni2W2MoV | 29.9 | 9.1 | 21.5 | 7 | 148.75 | | |
| $F_9$ | K24 | 29.5 | 10 | 22.3 | 25 | 98.1 | 298.1 | 接头尺寸设计不合理 |
| | 1Cr11Ni2W2MoV | 30 | 8.7 | 20 | 7 | 200 | | |

(2)焊接参数和结果见表 14.13。

**表 14.13 试棒焊接参数和结果(C25 焊机 $n$=1 250 r/min)**

| 编号 | 焊机参数 | | | | | | 焊接结果 | | | 注 |
|---|---|---|---|---|---|---|---|---|---|---|
| | 一级摩擦 | | 二级摩擦 | | 顶锻 | | $L_1$/mm | $L_2$/mm | $\Delta L$/mm | |
| | $t_1$/s | $p_1$/MPa | $t_2$/s | $p_2$/MPa | $t_u$/s | $p_u$/MPa | | | | |
| $F_7$ | 15 | 20 | 25 | 40 | 5 | 50 | 244.25 | 235.75 | 8.50 | 顶锻提前 0.5 s |
| $F_8$ | 15 | 20 | 25 | 40 | 5 | 50 | 243.05 | 234.7 | 8.35 | 顶锻提前 0.5 s |
| $F_9$ | 15 | 20 | 25 | 40 | 5 | 50 | 298.1 | 287.2 | 10.9 | 顶锻提前 0.5 s |

(3)室温拉力试验。

将试棒车掉飞边后,按二批机要求进行退火,消除应力处理,然后加工成 $\phi$26 mm 拉力试样,进行拉力试验。拉力试验结果见表 14.14。

**表 14.14 室温拉力试验结果**

| 编号 | 拉力/t | 拉伸截面面积 $S$/mm$^2$ | $\sigma_b$/MPa | 断裂位置 |
|---|---|---|---|---|
| $F_7$ | 48.5 | 539.13 | 900 | K24 母材 |
| $F_8$ | 43.9 | 522.79 | 840 | K24 母材 |
| $F_9$ | 45.6 | 530.93 | 860 | K24 母材 |

由表 14.14 中看出,拉力试样合格,可以按该参数焊接零件。

**2. 三批机转子与轴的焊接**

(1)三批机转子零件焊前尺寸见表 14.15。

**表 14.15　三批机转子零件焊前尺寸**

| 编号 | | 外径 $D$ /mm | 内径 $d$ /mm | 孔深 $h$ /mm | 伸出夹具长 $H$/mm | 单件长 $L_0$ /mm | 总长 $L_1$ /mm | 注 |
|---|---|---|---|---|---|---|---|---|
| 02—1 | 叶轮 | 29.5 | 10 | 22.8 | 23.5 | 23 | 223 | 接头尺寸设计比较合理 |
| | 轴 | 30 | 8.72 | 20.1 | 4.3 | 200 | | |
| 02—2 | 叶轮 | 29.5 | 10 | 22.2 | 23.1 | 23 | 223 | 接头尺寸设计比较合理 |
| | 轴 | 30 | 9 | 20 | 4.3 | 200 | | |
| 02—3 | 叶轮 | 29.5 | 10 | 21.3 | 22.6 | 22.9 | 222.9 | 接头尺寸设计比较合理 |
| | 轴 | 30 | 9 | 20.2 | 4.3 | 200 | | |
| 02—4 | 叶轮 | 29.6 | 10 | 23.4 | 23.4 | 22.9 | 222.9 | 接头尺寸设计比较合理 |
| | 轴 | 30 | 8.8 | 20 | 4.3 | 200 | | |
| 02—5 | 叶轮 | 29.5 | 10 | 22.2 | 23.2 | 22.9 | 222.9 | 接头尺寸设计比较合理 |
| | 轴 | 30 | 9 | 20.1 | 4.3 | 200 | | |

(2)转子零件焊接参数和结果见表 14.16。

**表 14.16　转子零件焊接参数和结果(C25 焊机 $n$=1 250 r/min)**

| 编号 | 焊机参数 | | | | | | 焊接结果 | | | 注 |
|---|---|---|---|---|---|---|---|---|---|---|
| | 一级摩擦 | | 二级摩擦 | | 顶锻 | | | | | |
| | $t_1$/s | $p_1$/MPa | $t_2$/s | $p_2$/MPa | $t_u$/s | $p_u$/MPa | $L_1$/mm | $L_2$/mm | $\Delta L$/mm | |
| 02—1 | 15 | 20 | 25 | 40 | 8 | 50 | 223 | 213.3 | 9.7 | 加防边模<br>K24 有飞边<br>顶锻提前 0.5 s |
| 02—2 | 15 | 20 | 25 | 40 | 8 | 50 | 223 | 213.25 | 9.75 | 加防边模<br>K24 有飞边<br>顶锻提前 0.5 s |
| 02—3 | 15 | 20 | 25 | 40 | 8 | 50 | 222.9 | 213.1 | 9.8 | 加防边模<br>K24 有飞边<br>顶锻提前 0.5 s |
| 02—4 | 15 | 20 | 25 | 40 | 8 | 50 | 222.9 | 213.05 | 9.85 | 加防边模<br>K24 有飞边<br>顶锻提前 0.5 s |
| 02—5 | 15 | 20 | 25 | 40 | 8 | 50 | 222.9 | 213.0 | 9.9 | 加防边模<br>K24 有飞边<br>顶锻提前 0.5 s |

①由表 14.10 和表 14.16 中看出。三批机零件的焊接参数，无论是加热时间，还是焊接压力均比二批机零件的焊接参数有所增大，变形量也有所增大，主要原因是焊机更换了主油泵。

②由表 14.13 和表 14.16 中看出。焊接三批机三件试棒和转子零件，均采用了先顶锻、后刹车的焊接程序。刹车滞后顶锻 0.5 s。这种程序显然具有下列两大优点。

a. 先顶锻、后刹车，会造成较大的后峰值扭矩加在焊接接头上。实际上是采用了惯性焊的原理，将主轴和夹具的转动惯量都加到了焊接接头的形成过程中，有利于接头的塑性变形，使接头的金属组织更加细化。

b. 先顶锻、后刹车，使后峰值扭矩加到了焊接接头上，这样，就减少了对刹车片的破坏作用。这种焊接程序被称为混合驱动摩擦焊接方法。

### 14.3.6　组件焊后热处理

组件热处理前必须先将焊缝飞边和飞边之间的 V 形冶金缺口切掉，然后再进行消除应力处理。消除应力处理的制度如下。

(1)室温装炉，涡轮要放在夹具支架平面上。

(2)加热到 560 ℃。

(3)保温 3 h+AC。

### 14.3.7　组件焊后检验

**1. 外观检验**

每个组件焊后按 14.3.2 节标准进行外观检验。

**2. 附加拉伸试验**

每个组件在入库前都要进行附加拉伸试验，应力为 300 MPa，拉伸试验合格后按 14.3.2节标准进行荧光检查。

### 14.3.8　叶轮的焊接夹具

叶轮的焊接夹具如图 14.6 所示。由图 14.6 中看出，该夹具由以下 7 部分组成。

(1)装夹杆，用以装夹到焊机主轴夹套中。

(2)底盘。

(3)螺栓共 6 件。

(4)螺帽共 6 件。

(5)压板共 6 件，用以压紧叶轮，正好压在 51 个叶片的叶冠上。

(6)涡轮转子(叶轮)。

(7)为 24.6 mm 的六方孔，用以装配叶轮的六方凸销，焊接过程中以承受焊接扭矩和摩擦压力。

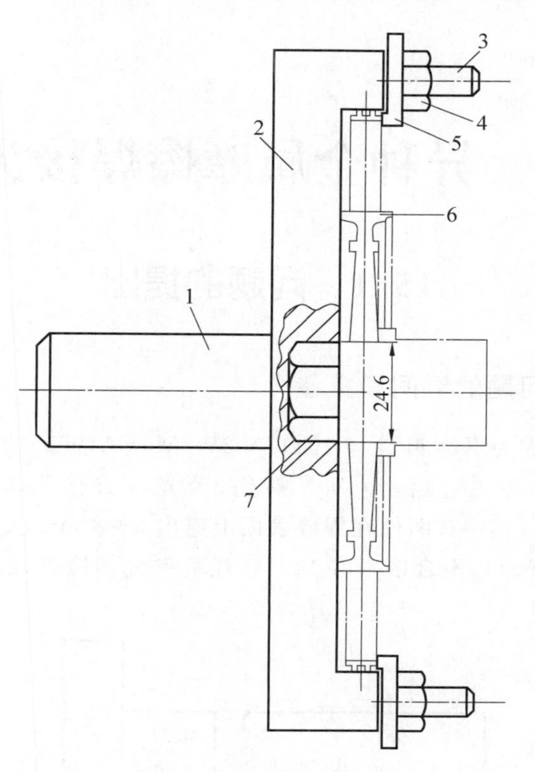


图 14.6　叶轮的焊接夹具

1—装夹杆；2—夹具底座；3—螺栓；4—螺帽；5—压板；6—叶轮；7—六方孔

# 第 15 章　异种金属摩擦焊接头的设计

## 15.1　问题的提出

### 15.1.1　发现问题的时间和批量

低压涡轮轴摩擦焊为 K24 叶轮与 1Cr11Ni2W2MoVA(961)轴的焊接，某年 2 月 1 日发现 14 件组件，加工掉飞边后，经 X 光探伤、荧光检查接头均合格，但周边加工掉 2.5 mm余量到成品后，其中有两件在焊缝表面上露出 5～8 mm 长，宽 0.05 mm 弯曲的，像“未焊合”缺陷(图 15.1)，不合格率占 14％。经解剖金相检查，缺陷的位置和大小如图 15.2 所示。

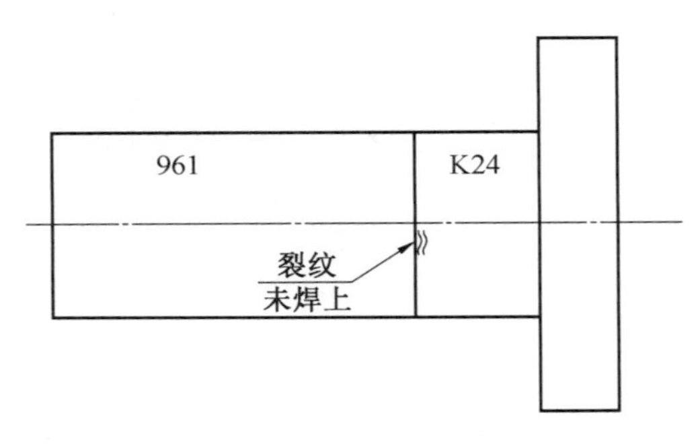


图 15.1　低压涡轮轴摩擦焊成品件接头表面缺陷

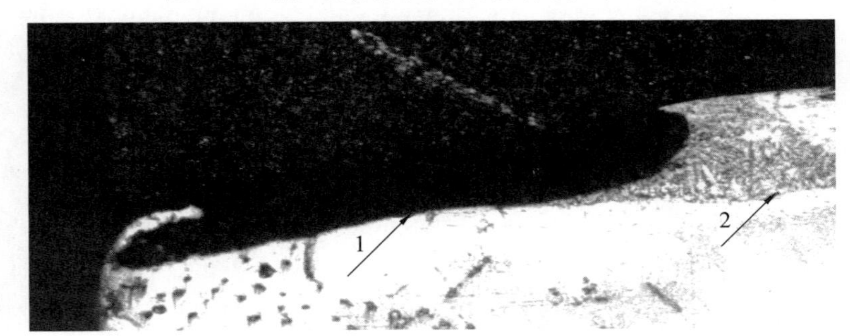


图 15.2　961＋K24 摩擦焊缝中近外径位置的缺陷×100

1—周边未焊满缺陷；2—焊缝

而到 11 月份 X 光探伤检查不合格的零件，经再次解剖发现焊缝中确实存在冶金缺陷(图 15.3)。

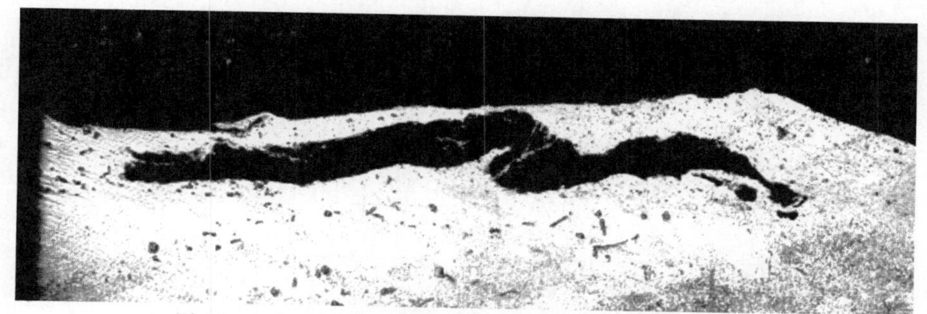

图 15.3　961＋K24 摩擦焊缝中靠内孔边缘的缺陷×100

### 15.1.2　缺陷的位置和尺寸

加工前后，焊接接头结构和缺陷的位置如图 15.4 所示。

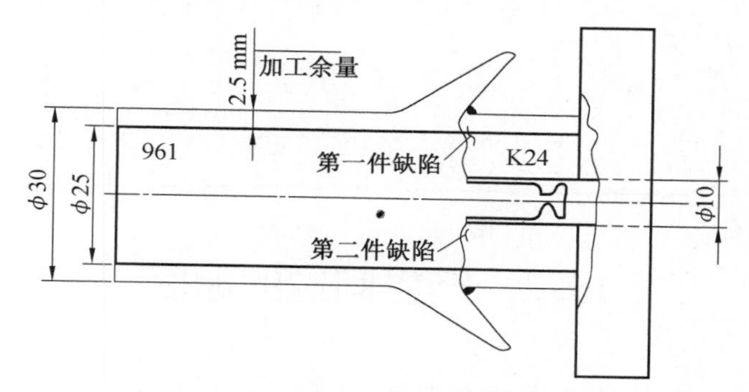


图 15.4　加工前后接头的结构及缺陷位置

由图 15.4 中看出，第一次解剖的零件，在外径加工掉 2.5 mm 余量后露出表面，缺陷位于接近零件外径方向上的焊缝中，缺陷尺寸为 8×1.2 mm；而第二次解剖的零件，缺陷位于焊缝内孔的边缘上，缺陷的尺寸为 2.2×0.15 mm，深度测不到。

### 15.1.3　缺陷的性质

由图 15.2 和图 15.3 中看出，缺陷位于 K24 面的焊缝中为扁孔型，两端均有圆角，不会产生应力集中，故初步认为摩擦焊未填满冶金缺陷，不是裂纹。

### 15.1.4　接头的结构

低压涡轮轴焊接前，961 轴和 K24 叶轮焊接接头的结构如图 15.5 所示。由图 15.5 中看出，低压涡轮轴为异种材料 961 与 K24 的焊接，961 轴焊前内部为 $\phi$10 mm 盲孔，深 20 mm，盲孔壁厚上还钻有 $\phi$3 mm 排气孔，叶轮内部焊前为 $\phi$10 mm 通孔，以排出焊接过程内孔中的气体。

### 15.1.5　焊接参数和焊机

焊机为新购进的 C25J 连续驱动摩擦焊机，焊接过程中能自动测出焊接速度、焊接压力和缩短量。焊接参数见表 15.1。

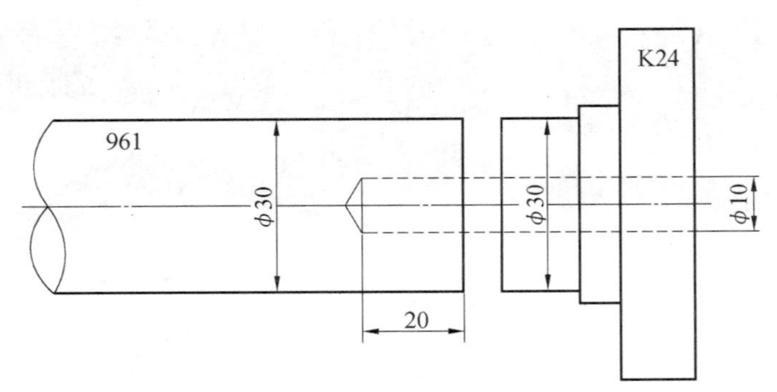


图 15.5　低压涡轮轴摩擦焊接头结构(961＋K24)

**表 15.1　新焊机焊接参数**

| 焊机 | 名称 | 一次摩擦 | | 二次摩擦 | | 顶锻 | | | 转速 $n$ /$(\mathrm{r \cdot min^{-1}})$ | 缩短量 $\Delta L$ /mm |
|---|---|---|---|---|---|---|---|---|---|---|
| | | $p_1$ /MPa | $t_1$ /s | $p_2$ /MPa | $t_2$ /s | $p_u$ /MPa | 提前 $t_u$/s | $t_u$ /s | | |
| C25J | 打印参数 | 1.2～1.3 | 5 | 1.6～1.7 | 15 | 5 | 0.2 | 10 | 1 400 | 7～8 |
| | 规范参数 | 1.4 | 5 | 2.8 | 15 | 5 | 0.2 | 10 | 1 400 | 7～8 |

## 15.2　产生问题的原因

### 15.2.1　解剖零件检查存在的问题

根据 2 月 1 日解剖成品零件加工露出的缺陷，初步认为是二级摩擦压力偏小造成焊缝周边的开口，见第 5 章图 5.6。

由图 5.6 中看出，当摩擦压力偏小时，由于接头周边的墩粗，压力进一步减小，中心压力大，同时中心高温黏塑性层金属外流将周边垫高，因此结合面周边往往容易产生张口。

为此，在 11 月 20 日产生第二批零件 X 光检查不合格时，决定再解剖一件零件，看缺陷位置是否在结合面周边产生。现将两次零件解剖检查结果列入表 15.2 中。

**表 15.2　两次解剖零件结果(焊机速度 $n$＝1 400 r/min)**

| 编号 | 一次摩擦 | | 二次摩擦 | | 顶锻 | | | 缩短量 $\Delta L$ /mm | 检查试样数 /件 | 缺陷数/个 | 金相检查结果 |
|---|---|---|---|---|---|---|---|---|---|---|---|
| | $p_1$ /MPa | $t_1$ /s | $p_2$ /MPa | $t_2$ /s | $p_u$ /MPa | 提前 $t_u$/s | $t_u$ /s | | | | |
| 2.1 | 1.4 | 5 | 2.8 | 15 | 5 | 0.2 | 10 | ≥7.5 | 2 | 1 | 缺陷 |

续表15.2

| 编号 | 一次摩擦 | | 二次摩擦 | | 顶锻 | | | 缩短量 | 检查试 | 缺陷 | 金相检查结果 |
|---|---|---|---|---|---|---|---|---|---|---|---|
| | $p_1$ /MPa | $t_1$ /s | $p_2$ /MPa | $t_2$ /s | $p_u$ /MPa | 提前 $t_u$/s | $t_u$ /s | $\Delta L$ /mm | 样数/件 | 数/个 | |
| 11.20 | 1.4 | 5 | 2.8 | 15 | 5 | 0.2 | 10 | ≥7.5 | 2 | 1 | 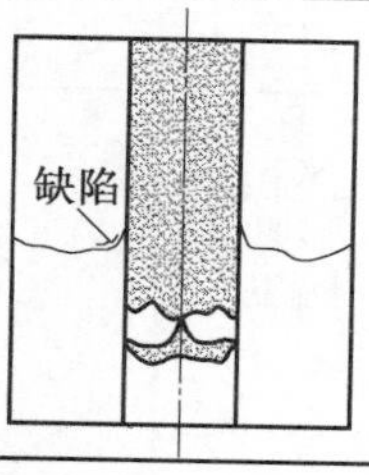 缺陷 |

由表 15.2 中看出，第二次解剖零件（编号 11.20）发现缺陷位置并不在结合面外径上，而是在结合面靠近内孔的边缘上。于是对由于压力偏小产生周边开口的想法产生了怀疑。

## 15.2.2 参数对比试验

为了处理三批 X 光检查不合格的零件，选一件 X 光检查“黑线”最为严重的零件进行第三次解剖检查，也为了寻找产生缺陷的原因，同时进行了工艺验证试验。增大二级摩擦压力和时间，与原规范参数试样进行对比试验。检查结果见表 15.3。

表 15.3 第三次解剖零件和工艺验证试验结果

| 编号 | 一次摩擦 | | 二次摩擦 | | 顶锻 | | | 缩短量 | 金相检查结果 | | |
|---|---|---|---|---|---|---|---|---|---|---|---|
| | $p_1$ /MPa | $t_1$ /s | $p_2$ /MPa | $t_2$ /s | $p_u$ /MPa | 提前 $t_u$/s | $t_u$ /s | $\Delta L$ /mm | 检查试样数/件 | 试样剖面图 | 缺陷数/个 |
| 26 | 1.4 | 5 | 2.8 | 15 | 5 | 0.2 | 10 | 8.2 | 2 | 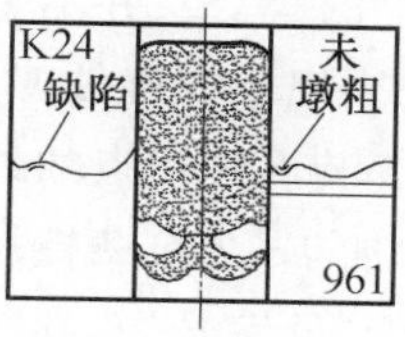 K24 缺陷 未墩粗 961 | 1 |
| 原规范试件 | | | | | | | | ↓1.05 | | | |
| 16 | 1.4 | 5 | 2.8 | 15 | 5 | 0.2 | 10 | 9.25 | 2 | 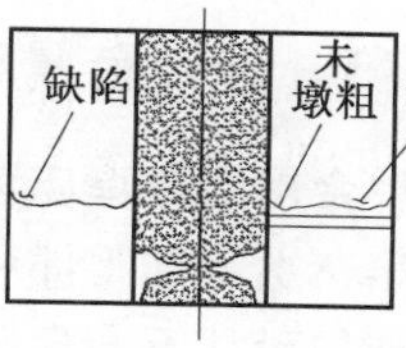 缺陷 未墩粗 缺陷 | 2 |
| 原规范试件 | ↓0.6 | | ↓0.6 | | | | | ↓0.65 | | | |

续表15.3

| 编号 | 一次摩擦 | | 二次摩擦 | | 顶锻 | | | 缩短量 $\Delta L$ /mm | 金相检查结果 | | |
|---|---|---|---|---|---|---|---|---|---|---|---|
| | $p_1$ /MPa | $t_1$ /s | $p_2$ /MPa | $t_2$ /s | $p_u$ /MPa | 提前 $t_u$/s | $t_u$ /s | | 检查试样数/件 | 试样剖面图 | 缺陷数/个 |
| 20 | 2.0 | 5 | 3.4 | 15 | 5 | 0.2 | 10 | 9.9 | 2 | 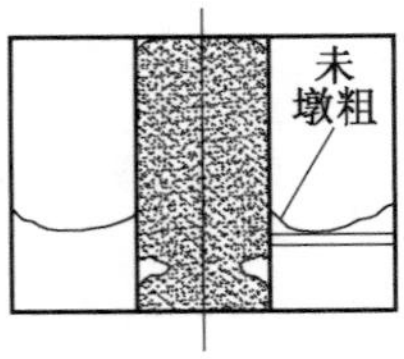 未墩粗 | 0 |
| 增大压力试件 | | | ↓0.2 | ↓3 | | | | ↓0.6 | | | |
| 22 | 2.0 | 5 | 3.6 | 18 | 5 | 0.2 | 10 | 10.5 | 2 | 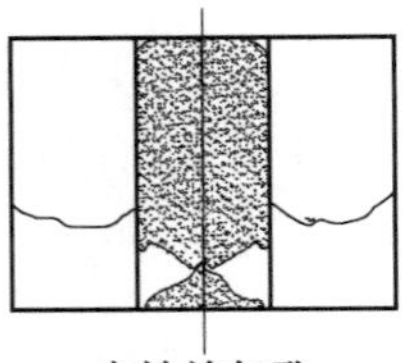 未钻放气孔 | 1 |
| 增大压力和时间试样 | | | | | | | | | | | |
| 19 | 1.4 | 5 | 2.8 | 15 | 5 | 0.2 | 10 | — | 2 | 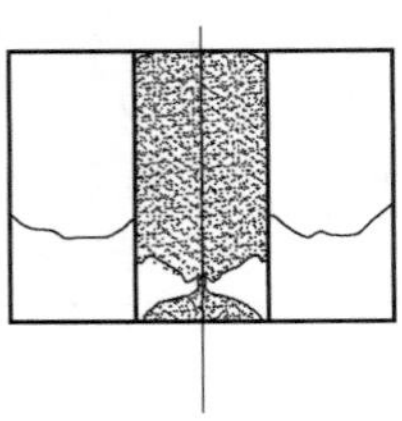 | 0 |
| 第三次解剖零件 | | | | | | | | | | | |

由表15.3中看出：

(1)“黑线”最为严重的零件，经第3次解剖检查并没有发现焊缝中有冶金缺陷，说明X光底片上的“黑线”并不是冶金缺陷。

(2)按原规范焊接的四对试棒(见编号为26和16)发现了三个冶金缺陷，缺陷主要产生在焊缝有漩涡或拐点的地方。

(3)增加1～2级摩擦压力和时间，焊缝流道上的漩涡和拐点有所改善，焊缝中冶金缺陷也在减少(见编号20和22)，但仍未消除焊缝流道上的漩涡和拐点，并且飞边、喷溅和缩短量($\Delta L$=9.9 mm、10.5 mm)较大，对机床和环境有一定影响。

### 15.2.3 异种金属摩擦焊接头的设计

**1. 异种金属摩擦焊应考虑的问题**

通过第三次解剖零件和验证试验，证明缺陷的产生虽然与压力有关，但更可能是异种金属接头结构设计不合理造成的。为什么焊缝流道上会产生漩涡和拐点呢？

叶轮方面的通孔只考虑了焊接时要排出内孔中的气体，防止焊缝中产生气孔，而忽略了异种金属摩擦焊时，如何使难熔金属K24尽早达到焊接温度和产生高温黏塑性变形层金属的关键问题。

**2. 异种金属的摩擦焊过程**

因为在两种金属开始摩擦时，随着界面温度的提高，961 钢耐高温性能差(工作温度到 550 ℃)，首先达到焊接温度，产生塑性变形层金属和飞边；大约在 800 ℃左右，金属的屈服强度几乎等于零，说明 961 面温度的提高是靠摩擦生热产生的；而 K24 面金属耐高温性能好(工作温度到 980 ℃)(见第 6 章图 6.10)，800 ℃时屈服强度还在 800 MPa 以上，这时 K24 与 961 金属的摩擦就相当于“和好的湿面”与“石头”的摩擦，K24 面很难达到焊接温度，产生塑性变形。为了使 K24 面尽快达到焊接温度，产生塑性变形层金属，只好借助于延长摩擦时间，增加飞边量。由于 K24 合金热导率低(800 ℃时相当 961 的 1/2)(见第 6 章图 6.10)，再加上 961 面高温飞边的包裹，K24 面热量散不出去，随着摩擦时间的加长，热量迅速积聚，温度急剧升高，因此摩擦界面温度场的最高温度点由 961 面转移到 K24 面，这时 K24 合金才迅速达到焊接温度，产生塑性变形层金属。从母材与 961 飞边之间挤出 K24 材料的飞边，说明 K24 面温度的提高是靠摩擦和热传导积聚、堆积起来的。因此，K24 材料的飞边可作为焊接接头达到焊接温度的标志，也就是说，叶轮 K24 面必须产生飞边，才能说明接头焊上了，否则要切掉重焊。

**3. 增加 K24 面的热量**

为了使 K24 面尽快达到焊接温度，焊接工作者就要从理论上、工艺上使 K24 面尽早达到焊接温度创造条件，如美国军用标准(MIL－STD－1252)中规定异种金属摩擦焊时，接头设计上要考虑达到以下两个平衡。

(1)机械摩擦平衡。

(2)摩擦生热和散热平衡(即热量平衡)。

叶轮方面内部钻的 $\phi$10 mm 通孔，正好削弱了摩擦焊界面中心部位的温度，延迟了 K24 面达到焊接温度的时间。由于 K24 面内外表面均能排出飞边，迅速降低了结合面的温度，因此 K24 面的流变金属温度降低，流道很不光滑，有漩涡和拐点。

## 15.3　改进措施

为了实现两个平衡，摩擦焊接头设计上规定：被焊软材料一边要比硬材料一边直径增大 3.2 mm，以达到机械摩擦平衡。钢轴和叶轮焊接时，为了达到热平衡，叶轮内部要钻盲孔，防止叶轮体积大、散热快，降低叶轮侧焊接温度；摩擦焊接时，盲孔中的气体对焊缝质量影响不大，但气体的压力不要超过 50 MPa。

### 15.3.1　改进接头结构设计之一

为此，将试验试件接头结构改为下列形式，以利于 K24 面温度的提高(图 15.6)。由图 15.6 中看到，961 轴外径大于 K24 面外径 2 mm，内径盲孔小于 K24 面内孔2 mm，摩擦焊接时，961 面产生的内外飞边可以将 K24 面接头包容起来，相当于加上一层高温保温层，防止温度的散失，有利于 K24 面温度的提高。

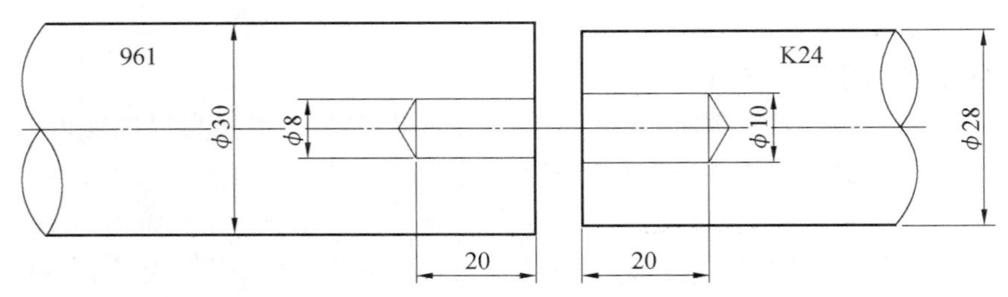


图 15.6　以 961 面飞边包容 K24 接头的结构设计

## 15.3.2　改进接头设计之二

(1)为了达到热平衡,考虑下面结构设计更为合理,将 961 面内孔取消,变成一个实心的接头与一个空心接头的摩擦焊接(图 15.7)。

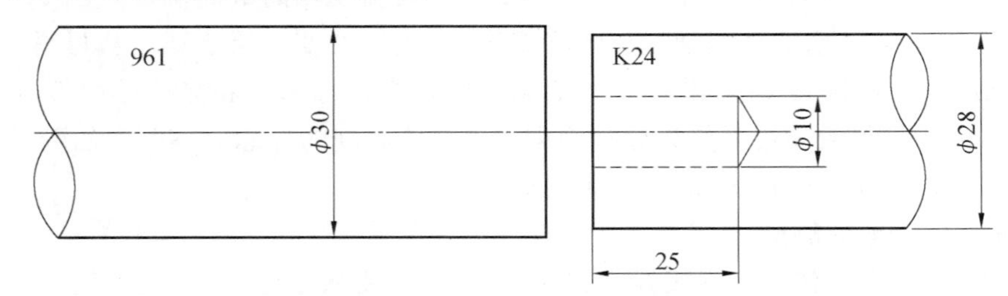


图 15.7　961 面设计实心接头

(2)将改进接头进行试验并优化参数。

为了验证异种接头结构设计的合理性和优化焊接参数,进行了焊接试验,其试验结果见表 15.4。

**表 15.4　工艺验证试验**

| 编号 | 一次摩擦 | | 二次摩擦 | | 顶锻 | | | 缩短量 $\Delta L$/mm | 金相检查结果 | | |
|---|---|---|---|---|---|---|---|---|---|---|---|
| | $p_1$/MPa | $t_1$/s | $p_2$/MPa | $t_2$/s | $p_u$/MPa | 提前 $t_u$/s | $t_u$/s | | 检查试样数/件 | 试样剖面图 | 缺陷数/个 |
| 3—1 | 1.4 | 5 | 3.2 | 20 | 5 | 0.5 | 10 | 10.6 | 未检查 | — | |
| 3—2 | 1.4 | 5 | 2.8 | 15 | 5 | 0.5 | 10 | 9.8 | 未检查 | — | |
| 3—3 | 1.4 | 5 | 2.4 | 10 | 4 | 0.5 | 10 | 7.5 | 2 | | 0 |
| 3—4 | 1.4 | 3 | 2.4 | 8 | 4 | 0.5 | 10 | 5.2 | 2 | | 0 |

由表 15.4 中看出：

①开始摩擦时，由于 961 面没有内孔，机械摩擦强度增高。因此，将二级摩擦压力由 2.8 MPa 提高到 3.2 MPa，焊接时间由 15 s 提高到 20 s，结果喷溅、飞边和缩短量均增大。K24 面的飞边呈明显的螺旋状(图 15.8 中 3.1)。原结构、原参数接头的飞边没有呈现螺旋状(图 15.9)。

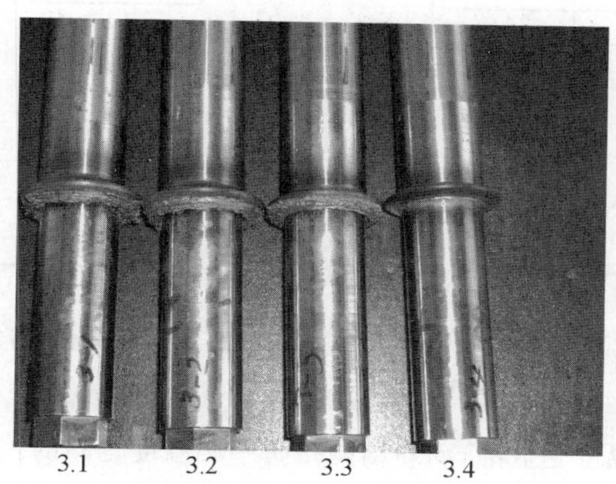


图 15.8　改进后结构、参数接头的飞边

图 15.9　原参数、原结构接头飞边

②将二级摩擦压力由 3.2 MPa 减少到 2.8 MPa，焊接时间由 20 s 减到 15 s，恢复到原有的焊接参数。结果喷溅、飞边和缩短量都有所减少，但不明显，总的缩短量($\Delta L$=9.8 mm)仍较大，K24 面飞边一层一层的，仍呈螺旋状(图 15.8 中 3.2)。同时也说明该接头虽然 961 面没钻内孔，但在同样参数下，仍比通孔接头容易受热，缩短量较大。反过来也说明原通孔接头对结合面产热影响很大。

③再继续减少二级摩擦压力，由 2.8 MPa 减少到 2.4 MPa，摩擦时间由 15 s 减少到 10 s，顶锻压力由 5 MPa 减少到 4 MPa，结果喷溅、飞边和缩短量均大幅减少，总的缩短量 $\Delta L$=7.5 mm，相当于原参数的缩短量。由此看出原结构的参数与新结构的参数有很大不同，结合面上的温度场也发生了变化(图 15.10)。

由图 15.10 中看出，在相同摩擦时间内，新结构接头的温度场整个基础要比原结构接头温度场高，原结构接头的温度场要想达到同样温度需要增加摩擦时间和压力；同时也看

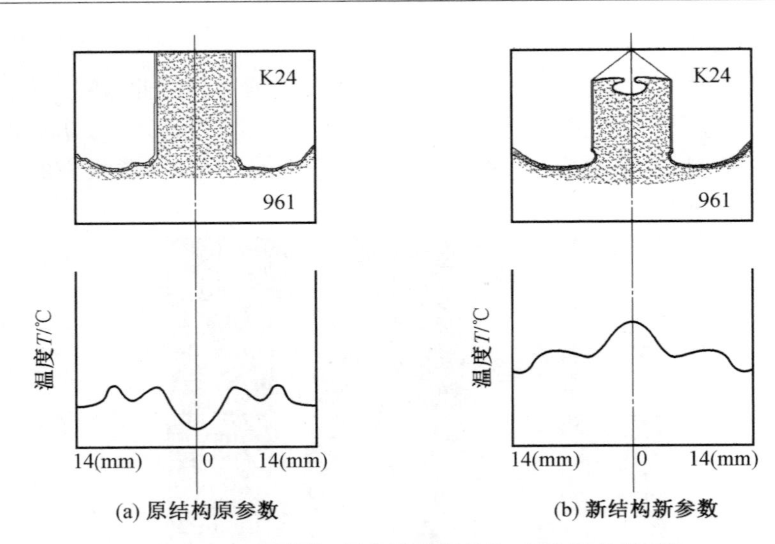

(a) 原结构原参数　(b) 新结构新参数

图 15.10　原结构、原参数和新结构、新参数的温度场

到原结构接头的中心温度是低的，而新结构接头中心温度是高的。

①为了验证 K24 面最小缩短量，将一级摩擦时间由 5 s 减少到 3 s，二级摩擦时间由 10 s 减少到 8 s，结果飞边、喷溅和缩短量都大幅度减少，但 K24 面的飞边仍伸出有 2～3 mm高(图 15.8 中 3.4)，总的缩短量 $\Delta L=5.2$ mm，从金相试样上看，结合面连接得非常好(图 15.14)。

②从上述飞边、喷溅和缩短量情况看认为，缩短量在 5.2～7.5 mm 范围参数为好，进行了金相检查。结果发现焊缝流道光滑，K24 结合面墩粗，产生塑性变形，基本上消除了焊缝流道上的漩涡和拐点，没有发现冶金缺陷。两个大缩短量试样，为了再试验一次，没有切金相试样。

## 15.3.3　改进接头结构设计之三

(1)为了验证缩短量为 5.2～7.5 mm 参数的稳定性，按此参数又焊了五对拉力试样，将 K24 叶轮的 $\phi$10 mm 内孔深度 25 mm，改为 15 mm，其焊接结果见表 15.5。

**表 15.5　K24 内孔深度改进(15 mm)试验结果**

| 编号 | 一次摩擦 | | 二次摩擦 | | 顶锻 | | | 缩短量 | 金相检查结果 | | |
|---|---|---|---|---|---|---|---|---|---|---|---|
| | $p_1$ /MPa | $t_1$ /s | $p_2$ /MPa | $t_2$ /s | $p_u$ /MPa | 提前 $t_u$/s | $t_u$ /s | $\Delta L$ /mm | 检查试样数/件 | 试样剖面图 | 缺陷数/个 |
| 4—1 | 1.4 | 3 | 2.4 | 9 | 4 | 0.5 | 10 | 4.68 | 2 | K24<br>961 | 0 |

续表15.5

| 编号 | 一次摩擦 | | 二次摩擦 | | 顶锻 | | | 缩短量 | 金相检查结果 | | |
|---|---|---|---|---|---|---|---|---|---|---|---|
| | $p_1$ /MPa | $t_1$ /s | $p_2$ /MPa | $t_2$ /s | $p_u$ /MPa | 提前 $t_u$/s | $t_u$ /s | $\Delta L$ /mm | 检查试样数/件 | 试样剖面图 | 缺陷数/个 |
| 4—2 | 1.4 | 5 | 2.4 | 10 | 4 | 0.5 | 10 | 7.43 | 1 | K24 961 | 0 |
| 4—3 | 1.4 | 3 | 2.4 | 10 | 4 | 0.5 | 10 | 6.92 | 1 | K24 961 | 0 |
| 4—4 | 1.4 | 3 | 2.4 | 10 | 4 | 0.5 | 10 | 6.52 | 1 | K24 961 | 0 |
| 4—5 | 1.4 | 3 | 2.4 | 10 | 4 | 0.5 | 10 | 7.12 | 1 | K24 961 | 0 |

从表 15.5 中解剖的接头看出，K24 面的 $\phi$10 mm 内孔，基本上被 961 面飞边塞满，这有利于 K24 面温度的提高和 K24 面产生塑性层金属填满整个摩擦表面，减少未填满冶金缺陷(图 15.11)。

由图 15.11(a)中看出，由于 K24 面内孔较深(25 mm)，容积较大，随着摩擦过程的进行，前期 961 材料的飞边一直向内孔和外径两方向排出，而到摩擦后期，由于内孔较深 961 面飞边未填满，K24 面产生飞边时也将向内孔和外径两方向排出，将内孔壁与塞满飞边金属柱之间顶出一个圆周间隙。由于排出飞边较快，使结合面温度降低，但 K24 面端头仍有些墩粗，产生了塑性变形，比通孔条件要好得多。而图 15.11(b)由于 K24 面内孔浅(15 mm)，在界面摩擦前期，961 面的飞边一直向内孔和外径两方向排出，而到摩擦后

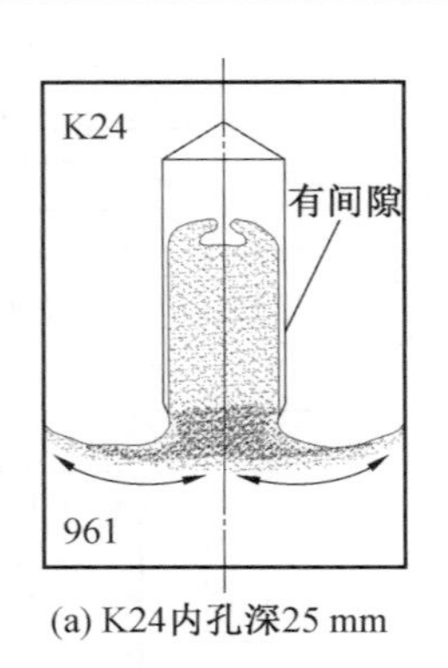

(a) K24内孔深25 mm

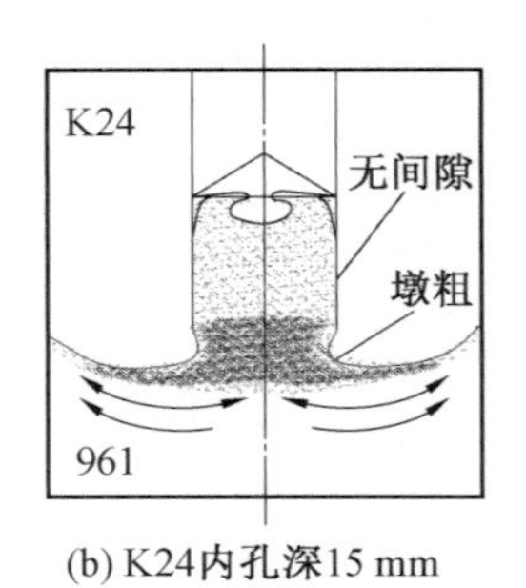

(b) K24内孔深15 mm

图 15.11　K24 内孔深度对飞边金属流动的影响

期，K24 面产生飞边时内孔已填满，内孔飞边柱与孔壁之间没有圆周形间隙，K24 面飞边只能由中心向外径方向呈螺旋状排出（改变了焊缝金属的流动方向），填满整个摩擦表面空穴。这时很像一对实心棒的摩擦界面，保持了摩擦界面中心的高温，使 K24 面端头墩粗，产生塑性变形。

从上述对比试验中看到，新结构焊缝形貌与原结构焊缝形貌有明显的不同：

（1）K24 端头墩粗，产生塑性变形。

（2）形成大压力焊缝，焊缝中心窄、周边宽，正好与原焊缝相反。

（3）焊缝和飞边呈螺旋状形貌，这有利于接头强度的提高。

（4）焊道光滑、平整，无任何冶金缺陷。

## 15.4　今后生产应注意的问题

### 15.4.1　防飞边模对缩短量的影响

由表 15.3 和表 15.4 中看出，当总的缩短量增加到 9.8～9.9 mm 以后，无论哪个参数再增加，缩短量都不会再增加多少，也就是说参数和缩短量之间已不呈对应关系了。如表 15.3 中二级摩擦压力由 3.4 MPa 增加到 3.6 MPa，摩擦时间由 15 s 增加到 18 s，缩短量只增加 0.6 mm，总的缩短量达到 10.5 mm；表 15.4 中二级摩擦压力由 2.8 MPa 增加到 3.2 MPa，摩擦时间由 15 s 增加到 20 s，缩短量只增加 0.8 mm，总的缩短量达到 10.6 mm，缩短量再增加不上去了，说明缩短量有个最大值，这是因为 K24 与 961 材料在摩擦焊过程中，缩短量大部分由 961 材料磨损构成，而 961 轴伸出防飞边模只有 5.5～6 mm 长度，当 961 轴磨损到 5.5～6 mm 时，再也磨不进去了，所以直接影响缩短量的增加。用表 15.4 中的数值，将摩擦时间和缩短量之间的关系绘成曲线，就可以得出下列的结果（图 15.12）。

由图 15.12 中看出，当缩短量达到 10.6 mm 时，已接近最大值，以后参数再增加，缩短量也不会增加多少。因此，建议摩擦焊工艺上要规定今后焊接时一定要固定 961 轴伸出防飞边模的长度，使其稳定，如伸出长度 $L$=5.5～6 mm，那么缩短量才能稳定。

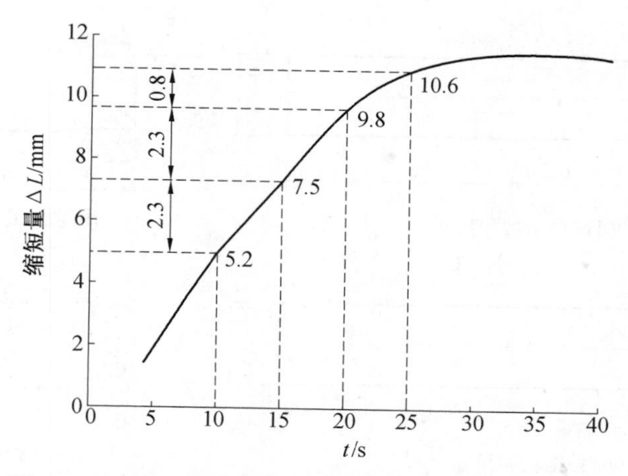


图 15.12　K24+961 材料摩擦时间与缩短量之间的关系

## 15.4.2　焊接顺序对缩短量的影响

由表 15.3、表 15.4 和表 15.5 中还能看到，在同一参数下，焊机刚开始焊接第一件与随后焊接第二件、第三件、…缩短量上有较大差别。如表 15.3 中焊接的第一件缩短量为 8.2 mm，第二件为 9.25 mm，之间相差 1.05 mm；表 15.4 中的最后一件焊接的缩短量为 5.2 mm，第二天用同一参数，二级摩擦时间还由 8 s 增加到 9 s，可是缩短量只有 4.68 mm，相差 0.52 mm。说明焊机在刚开始焊接第一件时，由于油温、床头和夹具都没有预热，它们要吸收一部分摩擦热量，因此缩短量减少；当随后焊接时，机床油温、床头和夹具都得到了预热，不再吸收摩擦热量，因而缩短量才稳定下来。因此，建议今后在摩擦焊工艺上应规定，在焊接零件和拉力试样之前，应先顶压和空转三次，每次间隔 5 min，然后焊接两件碳钢同结构和尺寸的试件，以预热油温、床头和夹具，焊后不做任何检查。

## 15.4.3　试件结构应与零件结构一致

新的试件接头结构应与零件的完全一致。因此，今后生产零件和试件应按以下工序加工：

(1)去掉 961 试件中 $\phi$3 mm 的放气孔。

(2)去掉 961 试件和轴的 $\phi$10 mm 内孔。

(3)去掉叶轮内部的 $\phi$10 mm 通孔，将叶轮和 K24 试件内部均钻 $\phi$10 mm×15 mm 的盲孔。试件和零件的结构和尺寸如图 15.13 所示。

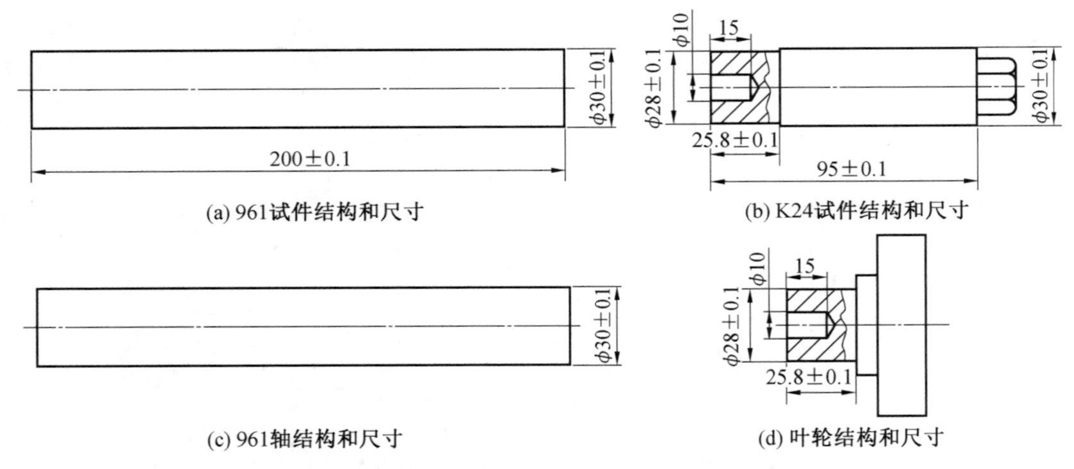


图 15.13 改进后的试件和零件结构和尺寸

# 15.5 验证试验

## 15.5.1 拉力试验和金相检查

为了验证接头的新结构和新参数，又焊了拉力和金相试样，其拉力试验结果见表 15.6、表 15.7，焊接参数见表 15.8。

**表 15.6 K24+961 接头室温拉伸性能**

| 试件编号 | 面积 $S$/mm² | 拉力 $F$/N | $\sigma_b$/MPa | 断裂位置 | 缩短量 $\Delta L$/mm |
|---|---|---|---|---|---|
| 1—3 | 19.625 | 15 420 | 785 | K24 母材 | 4.90 |
| 1—4 | 19.625 | 14 920 | 760 | K24 母材 | |
| 2—3 | 19.782 | 16 820 | 850 | K24 母材 | 7.46 |
| 2—4 | 19.782 | 16 220 | 820 | K24 母材 | |
| 3—3 | 19.704 | 15 970 | 810 | K24 母材 | 6.78 |
| 3—4 | 19.704 | 16 270 | 825 | K24 母材 | |
| 4—3 | 19.704 | 8 600 | 435 | 焊缝 | 7.28 |
| 4—4 | 19.782 | 11 650 | 590 | K24 母材 | |

**表 15.7　K24+961 接头高温拉伸性能(450 ℃)**

| 试件编号 | 面积 $S/mm^2$ | 拉力 $F/N$ | $\sigma_b/MPa$ | 断裂位置 | 缩短量 $\Delta L/mm$ |
|---|---|---|---|---|---|
| 1—1 | 19.625 | 15 699 | 800 | 961 母材 | 4.90 |
| 1—2 | 19.861 | 16 243 | 815 | K24 母材 | |
| 2—1 | 19.625 | 15 022 | 765 | 961 母材 | 7.46 |
| 2—2 | 19.625 | 16 118 | 820 | 961 母材 | |
| 3—1 | 19.704 | 10 800 | 550 | K24 母材 | 6.78 |
| 3—2 | 18.465 | 14 200 | 770 | 961 母材 | |
| 4—1 | 19.547 | 9 634 | 495 | K24 母材 | 7.28 |
| 4—2 | 19.547 | 8 272 | 425 | 焊缝 | |

**表 15.8　试样焊接参数**

| 焊接顺序 | 一次摩擦 | | 二次摩擦 | | 顶锻 | | | 转速 $n$ /(r·min$^{-1}$) |
|---|---|---|---|---|---|---|---|---|
| | $p_1/MPa$ | $t_1/s$ | $p_2/MPa$ | $t_2/s$ | $p_u/MPa$ | 提前 $t_u/s$ | $t_u/s$ | |
| 1 | 1.4 | 5 | 2.4 | 10 | 4 | 0.5 | 10 | 1 400 |
| 2 | 1.4 | 5 | 2.4 | 15 | 4 | 0.5 | 10 | 1 400 |
| 3 | 1.4 | 5 | 2.4 | 12.5 | 4 | 0.5 | 10 | 1 400 |
| 4 | 1.4 | 5 | 2.4 | 11.5 | 4 | 0.5 | 10 | 1 400 |

**1. 拉力试验结果**

由表 15.6 和表 15.7 中看出：

(1)缩短量由 4.9 mm 到 7.46 mm 变化，接头的室温和高温拉伸试样大部分断于母材上，说明其拉伸强度合格。

(2)其中缩短量 $\Delta L$=7.28 mm 的接头，其焊接参数接近 $\Delta L$=4.9 mm 的接头(表 15.8)，缩短量也应该如此。但室温和高温拉伸均有一件断在焊缝上，结合面金属粘连不牢，接头强度很低；而另两个接头拉伸，虽断在 K24 母材上，但接头强度也很低，说明 K24 母材上有疏松，材质偏软，因而导致缩短量 $\Delta L$ 增大到 7.28 mm。由于材质偏软，结合面的摩擦温度上不去，结合面焊得不牢，因此接头强度不合格。

(3)由第 6 章图 6.10 中看出，室温 961 强度大于 K24，因而焊接拉伸试样均应断于 K24 母材上；而高温(450 ℃)961 强度低于 K24，因而焊接拉伸试样均应断于 961 母材上，但如果这时 K24 铸材由于缺陷影响，强度低于 961，那么，自然断裂就可能在 K24 上产生。

(4)焊接过程中，由于 K24 材质和焊接参数波动较大，为保证今后拉力试样 100%合格，应适当增大焊接参数和缩短量，因此两者波动到最小时，焊出的拉力试样也能合格。

**2. 金相检查结果**

K24+961 摩擦焊接头焊缝组织和形貌，如图 15.14 所示。

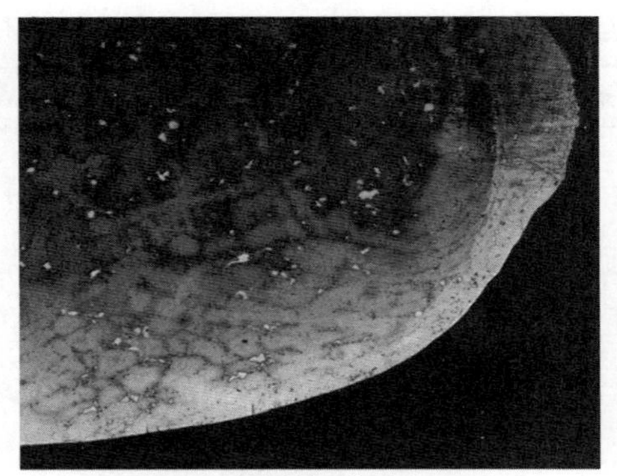

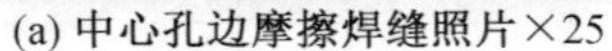

(a) 中心孔边摩擦焊缝照片×25　　(b) 低倍接头照片×5

图 15.14　K24+961 摩擦焊接头焊缝组织和形貌

由图 15.14 中看出：

(1)焊缝流道光滑、平整，无任何冶金缺陷。

(2)焊缝呈大压力焊缝形式，中间窄、周边宽，焊缝强度自然会提高。

(3)焊缝位在 K24 金属一边，晶粒细化、拉长、变形明显。

### 15.5.2　新接头的结构和优化的焊接参数

新设计的接头结构，经过参数验证试验、解剖金相检查、拉伸性能试验和 10 台份零件的焊接，确定的焊接参数见表 15.9。

**表 15.9　优化的焊接参数(焊机转速 $n$=1 400 r/min)**

| 一次摩擦 | | 二次摩擦 | | 顶锻 | | | 缩短量 $\Delta L$/mm |
|---|---|---|---|---|---|---|---|
| $p_1$/MPa | $t_1$/s | $p_2$/MPa | $t_2$/s | $p_u$/MPa | 提前 $t_u$/s | $t_u$/s | |
| 1.4±0.2 | $5^{+3}_{-2}$ | 2.8±0.2 | $15^{+3}_{-2}$ | 4.5±0.5 | 0.5 | 10±5 | 试样 $\Delta L \geqslant 7$<br>零件 $\Delta L \geqslant 6$ |

## 15.6　10 台份零件的焊接

### 15.6.1　焊接拉力试样

在焊接零件之前，先焊接两对室温和两对高温(450 ℃)拉力试样，经拉伸试验合格后，再焊接零件。焊接拉力试验的结果见表 15.10 和表 15.11，其焊接参数见表 15.12。

**表 15.10　K24+961 接头室温拉伸性能**

| 试件编号 | 面积 $S$/mm² | 拉力 $F$/N | $\sigma_b$/MPa | 断裂位置 | 缩短量 $\Delta L$/mm |
|---|---|---|---|---|---|
| 1-1 | 19.704 | 16 270 | 825 | K24 母材 | 6.68 |
| 1-2 | 19.782 | 16 220 | 820 | K24 母材 | 7.42 |

**表 15.11　K24＋961 接头高温拉伸性能(450 ℃)**

| 试件编号 | 面积 $S/\mathrm{mm}^2$ | 拉力 $F/\mathrm{N}$ | $\sigma_b/\mathrm{MPa}$ | 断裂位置 | 缩短量 $\Delta L/\mathrm{mm}$ |
|---|---|---|---|---|---|
| 1－3 | 18.465 | 14 200 | 770 | 961 母材 | 6.48 |
| 1－4 | 19.625 | 15 022 | 765 | 961 母材 | 7.32 |

**表 15.12　焊接零件前焊接拉力试样的参数**

| 一次摩擦 | | 二次摩擦 | | 顶锻 | | | 转速 $n$ /(r·min⁻¹) |
|---|---|---|---|---|---|---|---|
| $p_1/\mathrm{MPa}$ | $t_1/\mathrm{s}$ | $p_2/\mathrm{MPa}$ | $t_2/\mathrm{s}$ | $p_u/\mathrm{MPa}$ | 提前 $t_u/\mathrm{s}$ | $t_u/\mathrm{s}$ | |
| 14 | 5 | 2.8 | 15 | 4.6 | 0.5 | 10 | 1 400 |

由表 15.10 和表 15.11 中看出：

(1)室温拉伸时，断于 K24 母材上(断口几乎没有缩颈，材料塑性很差)，这是因为 961 钢强度($\sigma_b$＝1 100 MPa)高于 K24 合金强度($\sigma_b$＝850 MPa)。

(2)高温拉伸时，断于 961 母材上，这是因为高温(450 ℃)时，K24 合金的强度($\sigma_{450\ ℃}$＝850 MPa)高于 961 钢的强度($\sigma_{450\ ℃}$＝740 MPa)。从 961 母材上拉断的断口，呈径缩现象明显，说明材料塑性很好。

### 15.6.2　焊接零件前，先焊两对试样

焊接拉力试样，连加工带试验，需要一周的时间，因此，它已失去焊接零件前先焊接试样的作用。为了保证零件的焊接质量，焊接零件前必须再焊接两对试样，焊后检查下列项目。

(1)用拉力试样合格的参数焊接的试件，缩短量是否在要求的范围。

(2)焊接在已有的参数范围内运行焊机是否稳定。

如果这两项检查合格了，要马上焊接零件，使焊接零件的焊接状态与试件的完全一致。

### 15.6.3　焊接零件

(1)焊接试样和 10 台份零件的顺序、结构尺寸对缩短量的影响见表 15.13。

**表 15.13　焊接试样和零件的顺序、结构尺寸对缩短量的影响**

| 焊接顺序 | 件号 | 961 轴 | | K24 轴 | | | | | 缩短量 $\Delta L/\mathrm{mm}$ | 注 |
|---|---|---|---|---|---|---|---|---|---|---|
| | | 长度 $L_1/\mathrm{mm}$ | 直径 $\phi_1/\mathrm{mm}$ | 台高 $L_2/\mathrm{mm}$ | 直径 $\phi_2/\mathrm{mm}$ | 内孔 $\phi_3/\mathrm{mm}$ | 孔深 $L_3/\mathrm{mm}$ | 总高 $L_4/\mathrm{mm}$ | | |
| 试样 1 | $S_1$ | 199.82 | 30 | — | 29.86 | 10 | 20.5 | 95 | 5.12 | |
| 试样 2 | $S_2$ | 200.1 | 30 | — | 29.84 | 10.1 | 20 | 95 | 6.3 | |
| 1 | 06－8－1－4 | 199.9 | 29.8 | 22.7 | 28 | 9.9 | 19.9 | 62.5 | 6 | |
| 2 | 06－8－1－5 | 200.1 | 29.82 | 23.2 | 28.1 | 9.9 | 16.5 | 65.5 | 7.5 | |
| 3 | 06－8－1－6 | 200.1 | 29.86 | 22.9 | 28.1 | 9.8 | 16 | 63 | 7.7 | |

**续表15.13**

| 焊接顺序 | 件号 | 961轴 | | K24轴 | | | | | 缩短量 $\Delta L$/mm | 注 |
|---|---|---|---|---|---|---|---|---|---|---|
| | | 长度 $L_1$/mm | 直径 $\phi_1$/mm | 台高 $L_2$/mm | 直径 $\phi_2$/mm | 内孔 $\phi_3$/mm | 孔深 $L_3$/mm | 总高 $L_4$/mm | | |
| 4 | 06—8—1—7 | 200.1 | 29.74 | 22.9 | 27.9 | 10 | 15.5 | 62 | 7.6 | |
| 5 | 06—8—1—8 | 200 | 29.82 | 22.7 | 28.2 | 10 | 15 | 61 | 7.4 | |
| 6 | 06—8—1—9 | 200 | 29.80 | 22.2 | 28 | 10 | 16.9 | 64 | 7.1 | |
| 7 | 06—8—1—10 | 200 | 29.98 | 24.9 | 28 | 10 | 16.2 | 63 | 6.6 | |
| 8 | 06—8—1—1 | 200.1 | 29.74 | 22.2 | 28 | 9.8 | 20.7 | 65 | 9.1 | 961材质软，飞边大 |
| 9 | 06—8—1—3 | 200 | 29.74 | 21.7 | 28 | 9.9 | 19.2 | 62.5 | 6.4 | |
| 10 | 06—8—1—2 | 200.1 | 29.70 | 22.5 | 28.04 | 10 | 19.92 | 64.5 | 5.4 | |

由表15.13中看出：

①焊接顺序对缩短量有明显的影响，只有焊接三个试件以上，缩短量才能稳定。

②一般油箱油温工作在30～50 ℃范围为好，由于气温较高(31 ℃)，工作一定时间后，液压油温容易超过50 ℃以上，泵体容积效率降低，焊接压力降低，因此最后焊接的两件缩短量也降低。

③在接头尺寸大致接近，缩短量又较大情况下，看不出接头尺寸对缩短量的影响。

④在K24与961焊接过程中，K24合金的缩短量占的比例很少，因此，焊接K24试样直径为30 mm，而零件为28 mm，对整个缩短量影响不大。

(2)焊接参数对缩短量的影响见表15.14。

**表15.14　焊接参数对缩短量的影响**

| 名称 | 一次摩擦 | | 二次摩擦 | | 顶锻 | | | 缩短量(平均) $\Delta L$/mm |
|---|---|---|---|---|---|---|---|---|
| | $p_1$/MPa | $t_1$/s | $p_2$/MPa | $t_2$/s | $p_u$/MPa | $t_u$/s | 提前 $t_u$/s | |
| 拉力试样 | 14 | 5 | 2.8 | 15 | 4.6 | 10 | 0.5 | 7.9 |
| 焊前试样 | 14 | 5 | 2.8 | 15 | 4.6 | 10 | 0.5 | 5.71 |
| 零件 | 14 | 5 | 2.8 | 15 | 4.6 | 10 | 0.5 | 7.08 |
| 原试验参数 | 14±0.2 | $5^{+3}_{-2}$ | 2.8±0.2 | $15^{+3}_{-2}$ | 4.5±0.5 | 10±5 | 0.5 | — |
| 最后确定参数 | 14±0.2 | $5^{+3}_{-2}$ | 3.0±0.2 | $15^{+3}_{-2}$ | 4.8±0.5 | 10±5 | 0.5 | $\Delta L \geqslant 6$ |

由表 15.14 中看出：

①拉力试样的缩短量比焊前试件和零件的缩短量都大(7.9 mm)，这是正确的，否则拉力试样拉力不易合格，今后焊接拉力试样缩短量也应不小于 7.9 mm。

②同一个参数焊前试件和拉力试样是不同时间焊接的，缩短量会差 2.19 mm(7.9－5.71＝2.19 mm)。只有焊接拉力试样前先焊几个正常试件或者用较大公差参数焊接，才能得到拉力试样的缩短量。

③由表 15.13 和表 15.14 中还能看到，由于焊机参数波动、材质不稳定和焊接次序的影响，在 10 台份零件焊接中，其中第 10 件缩短量只有 5.4 mm，因此原试验参数在压力最小值方面还要提高一些，见表 15.14，最终确定参数。

④焊接的 10 台份零件经预拉伸试验，全部合格，所设计和验证的新结构、新参数可以投入生产。

## 15.7 结　论

(1)新的接头结构大大改善了接头的机械摩擦平衡和热平衡条件，为 K24 合金尽快达到焊接温度创造了有利条件。

(2)由于改善了 K24 面的受热条件，温度场、焊缝金属的流动方向和参数的优化，K24 端头墩粗，产生塑性变形，因此焊道光滑、平整，未见任何冶金缺陷。

(3)经大量的金相检查和室温与高温力学性能试验，证明接头连接牢固可靠，拉伸均断于母材上，接头强度等于或稍优于母材强度。

(4)采用新的接头结构和优化的焊接参数，焊接的 10 台份零件，经预拉伸试验合格，所设计和验证的新结构、新参数可以投入生产。

(5)对于攻关前出厂的零件，由于焊缝的缺陷为个别的未填满冶金缺陷，没有尖角效应，对焊缝性能影响不大，满足设计要求，可以继续使用。

# 附　　录

## 附录 A　航空材料的能量曲线

### 附表Ⅰ　材料系数和速度范围

| 材料组合 | 材料能量系数 $F_{me}$ | 材料载荷系数 $F_{ml}$ | 速度范围 | |
|---|---|---|---|---|
| | | | 棒材 /(m·min⁻¹) | 管材 /(m·min⁻¹) |
| 碳钢 | | | | |
| 1020(20 钢) | 1.0 | 1.0 | 366～549 | 152～915 |
| 1045(45 钢) | 1.15 | 1.2 | 335～518 | 152～915 |
| 1095 | 1.3 | 1.4 | 305～457 | 152～915 |
| 合金钢 | | | | |
| XX20(4320 钢) | 1.1 | 1.1 | 335～518 | 152～915 |
| XX50 | 1.25 | 1.3 | 335～518 | 152～915 |
| XX100 | 1.4 | 1.5 | 244～366 | 152～915 |
| 不锈钢 | | | | |
| 300 Series | 1.4 | 1.3 | 244～366 | 152～915 |
| 400 Series | 1.4 | 1.3 | 244～366 | 152～915 |
| 17－4 PH | 1.4 | 1.6 | 244～366 | 152～915 |
| 300 Maraging | 1.5 | 2.0 | 244～366 | 152～915 |
| 钛及钛合金 | | | | |
| 纯钛 | 0.72 | 0.27 | 610～914 | 610～1220 |
| TC4 | 0.8 | 0.3 | 610～914 | 610～1220 |
| TC17 | 0.9 | 0.3 | 610～914 | 610～1220 |
| 铜和铜合金 | | | | |
| 纯铜 | 0.54 | 0.54 | 610(最小) | 610(最小) |
| Cu－30％Zn(30％锌黄铜) | 0.62 | 0.62 | 610(最小) | 610(最小) |
| 铝青铜 | 0.7 | 0.7 | 610(最小) | 610(最小) |
| 铝合金 | | | | |
| 1100－0 | 0.4 | 0.4 | 244～915 | 457～915 |
| 2024－T6 | 0.5 | 0.6 | 244～915 | 457～915 |
| 6061－T6 | 0.5 | 0.5 | 244～915 | 457～915 |
| 7075－T6 | 0.8 | 1.3 | 244～915 | 457～915 |

**续表**

| 材料组合 | 材料能量系数 $F_{me}$ | 材料载荷系数 $F_{ml}$ | 速度范围 | |
|---|---|---|---|---|
| | | | 棒材 /(m·min$^{-1}$) | 管材 /(m·min$^{-1}$) |
| 镍基合金 | | | | |
| 纯镍 | 1.1 | 1.0 | 366～549 | 152～915 |
| Nickel 200 | 1.1 | 1.15 | 244～366 | 152～915 |
| Monel 400 | 1.1 | 1.6 | 244～366 | 152～915 |
| Inconel 600 | 1.8 | 1.7 | 305～457 | 152～915 |
| Inco 100 | 3.0 | 4.0 | 122～229 | 61～152 |
| Inco 718(GH4169) | 3.0 | 4.0 | 122～229 | 91～229 |
| Inco 901 | 2.0 | 3.0 | 183～305 | 91～457 |
| Waspalloy(GH 738) | 2.0 | 3.0 | 183～305 | 91～457 |
| Astraloy | 2.0 | 3.0 | 183～305 | 91～457 |
| Rene 41(GH 141) | 3.0 | 4.0 | 122～229 | 91～305 |
| Rene 95 | 3.0 | 4.0 | 122～229 | 91～305 |
| Inconel X | 3.0 | 4.0 | 122～229 | 91～457 |
| Hastelloy(GH 536) | 2.0 | 3.0 | 122～229 | 91～457 |
| 铅基合金 | | | | |
| 纯铅 | 0.6 | 0.27 | 61～305 | 122～457 |
| DS Lead | 0.7 | 0.3 | 61～305 | 122～457 |
| 锰基合金 | | | | |
| AZ80A | 0.5 | 0.75 | 244～914 | 457～914 |
| AZ61A | 0.28 | 0.58 | 244～914 | 457～914 |
| 高温合金同钢焊接 | | | | |
| Inco713LC 同 4140(40CrMnMo) | 1.0 | 1.0 | — | 76.2～152.4 |
| GMR235 同 4140 | 1.0 | 0.8 | — | 69～107 |
| Inco713 同 4140 | 1.0 | 1.0 | — | 69～107 |

# 附表Ⅱ　能量和载荷的几何系数

| 几何形状 | 接头图形 | 能量系数 $F_{ge}$ | 载荷系数 $F_{gl}$ |
|---|---|---|---|
| 管同管 | 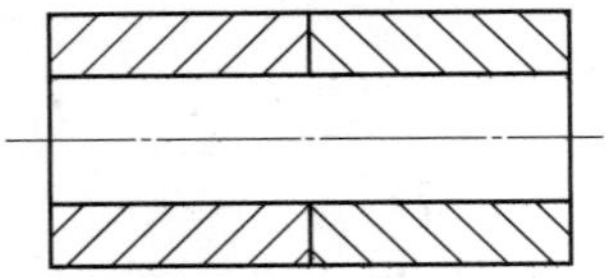 | 1.0 | 1.0 |
| 管同板 | 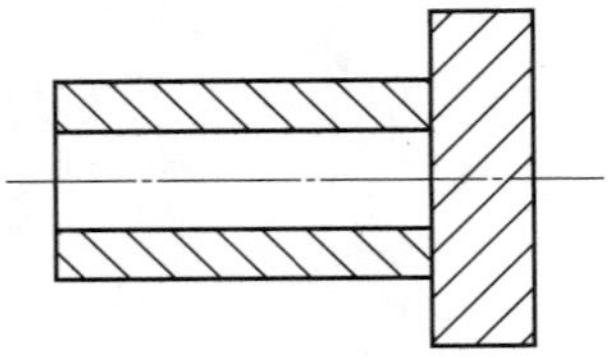 | 1.2 | 1.1 |
| 管同棒 | 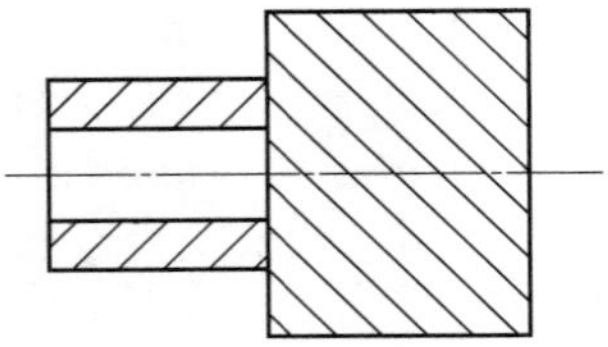 | 1.1 | 1.05 |
| 管同盘 | 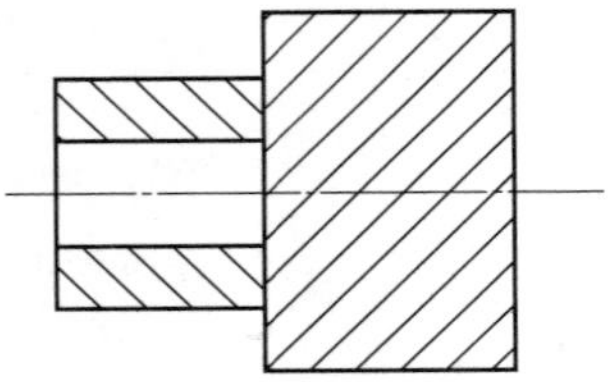 | 1.1 | 1.05 |
| 棒同棒 | 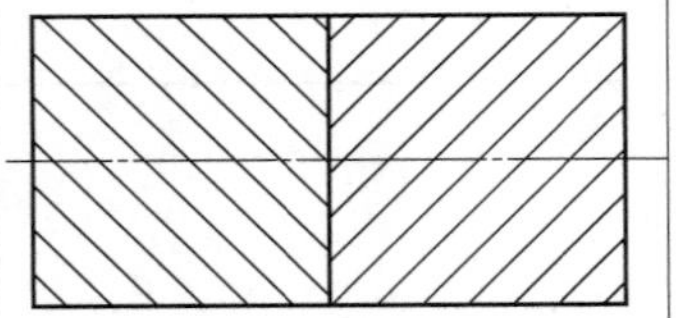 | 1.0 | 1.0 |
| 棒同板 | 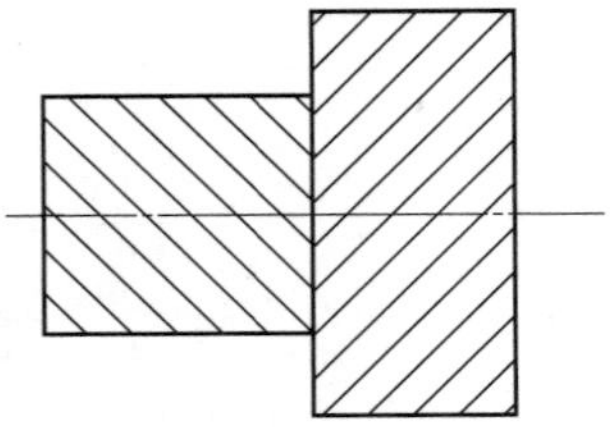 | 1.2 | 1.1 |

# 附图 I　能量和推力同棒形零件直径的关系

（低碳钢）

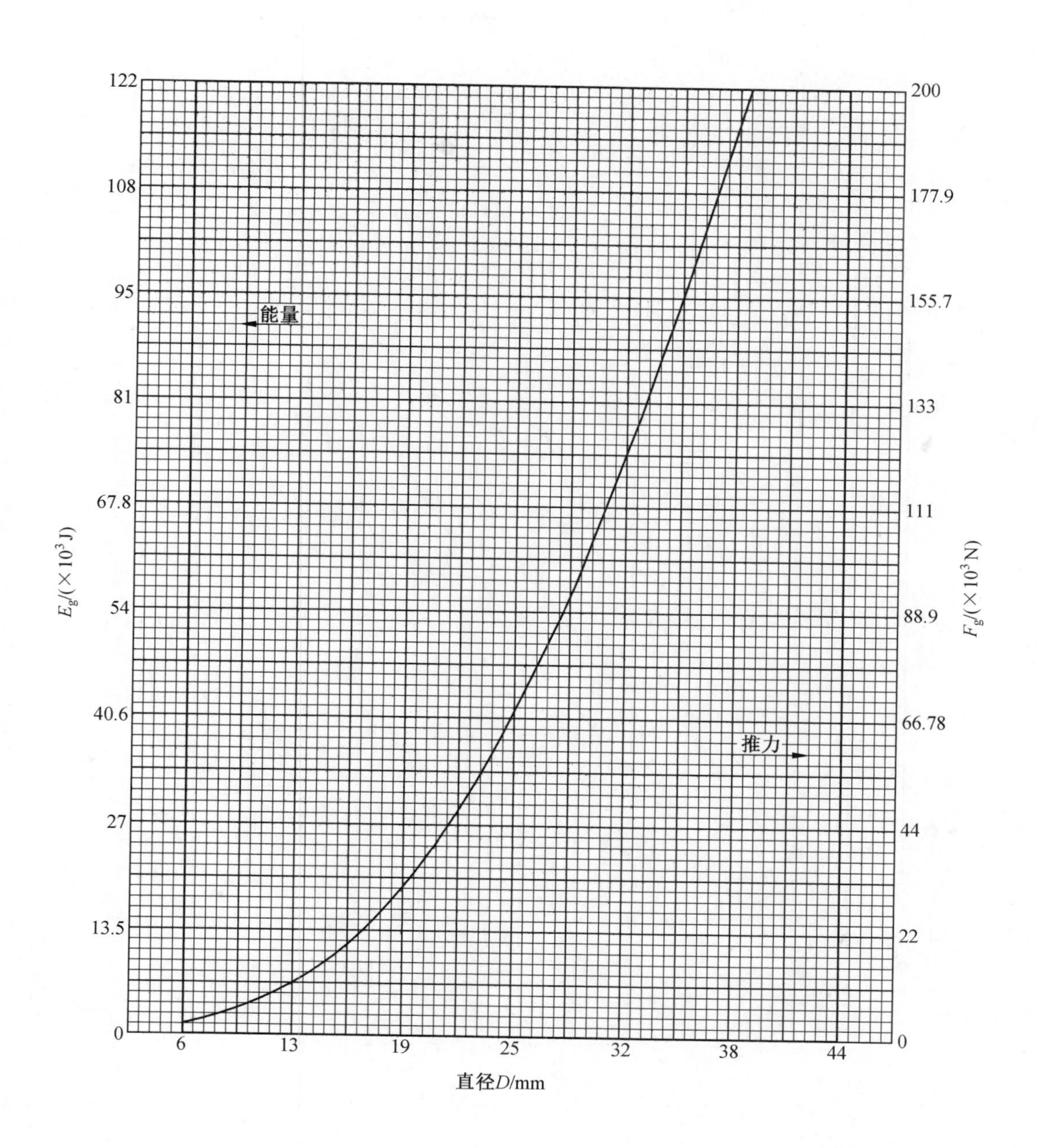

# 附图Ⅱ　能量和推力同棒形零件直径的关系

（低碳钢）

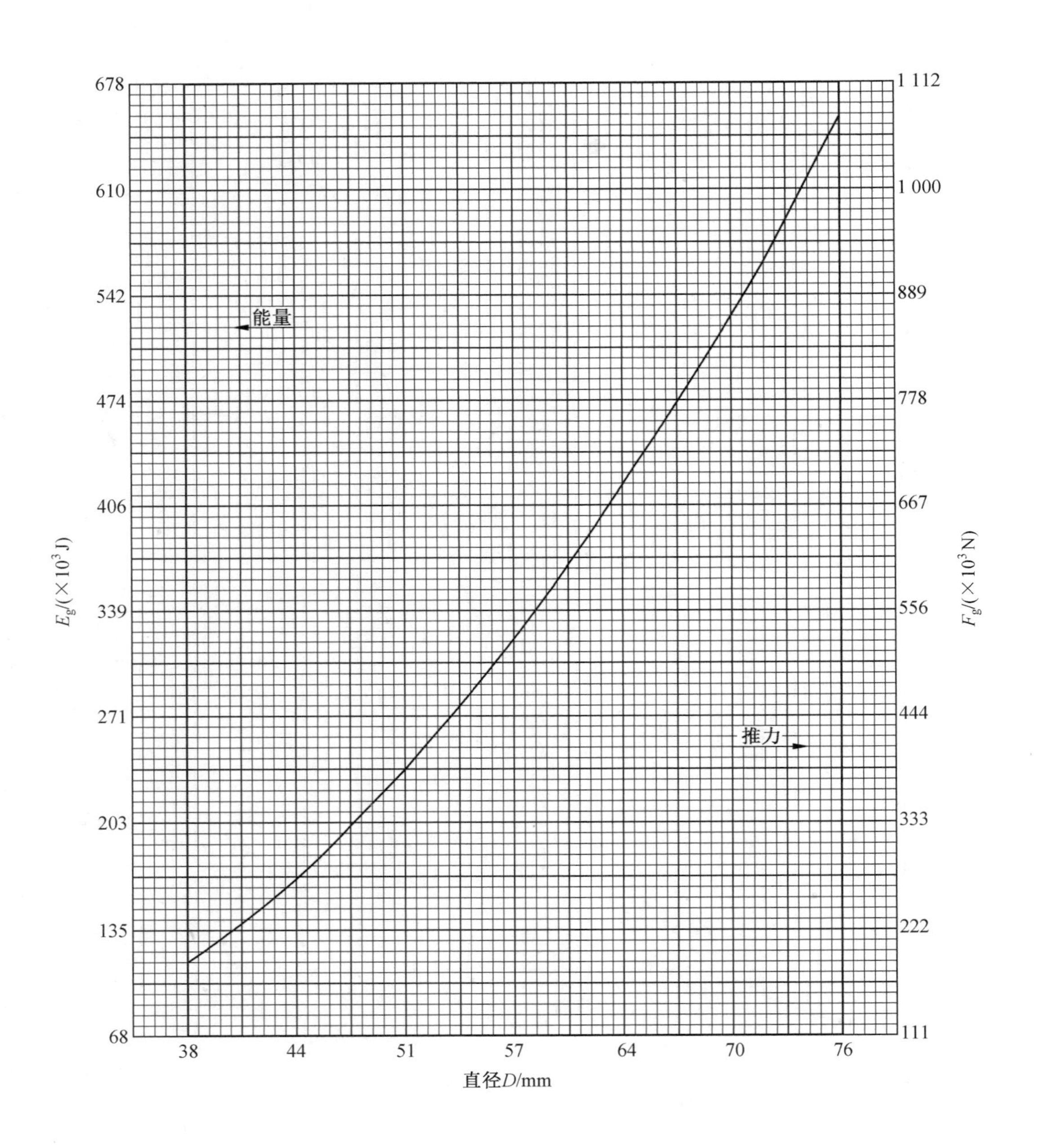

# 附图Ⅲ　能量和推力同棒形零件直径的关系

（低碳钢）

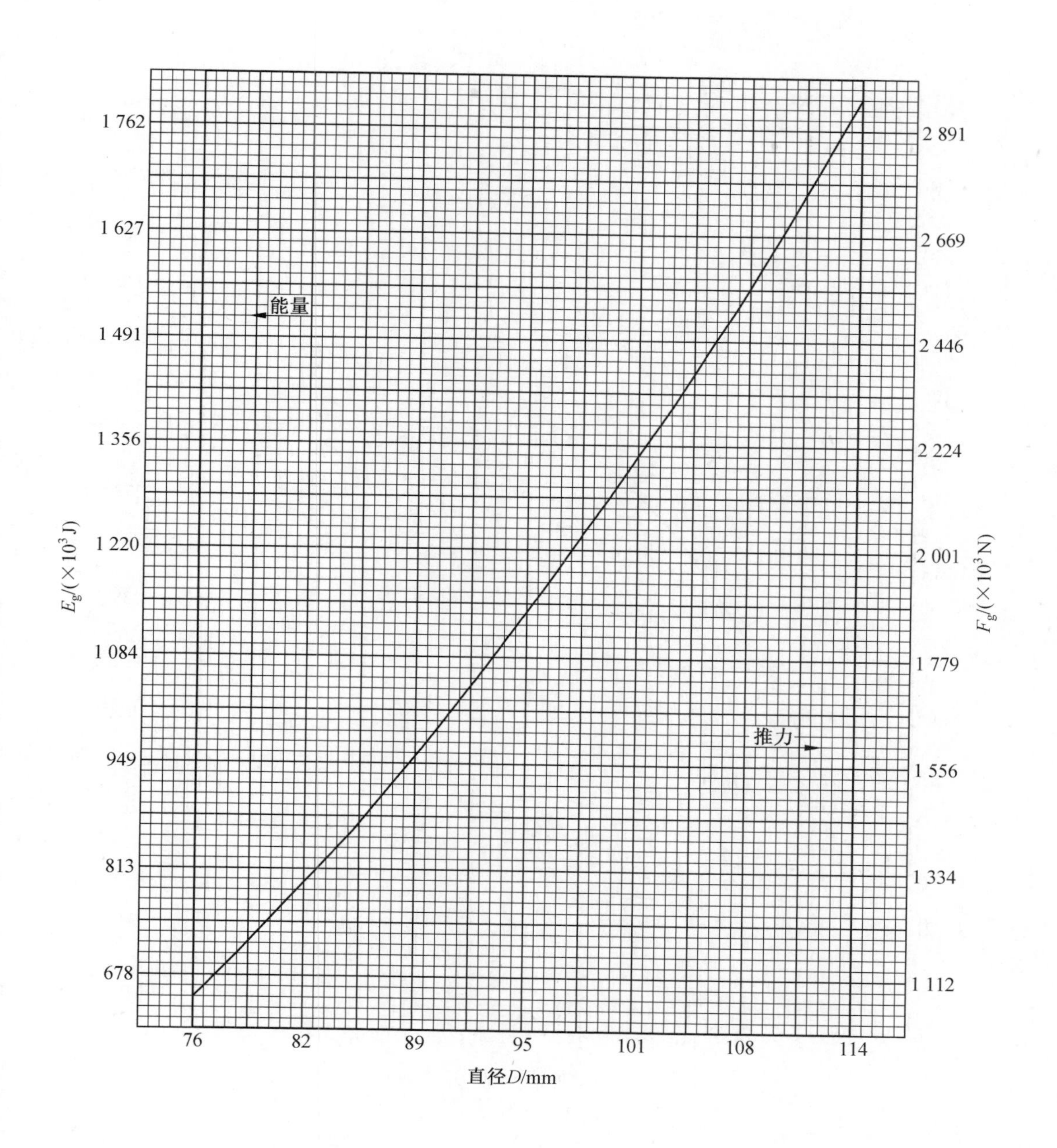

## 附图Ⅳ　能量和推力同管形零件壁厚之间的关系

（低碳钢）

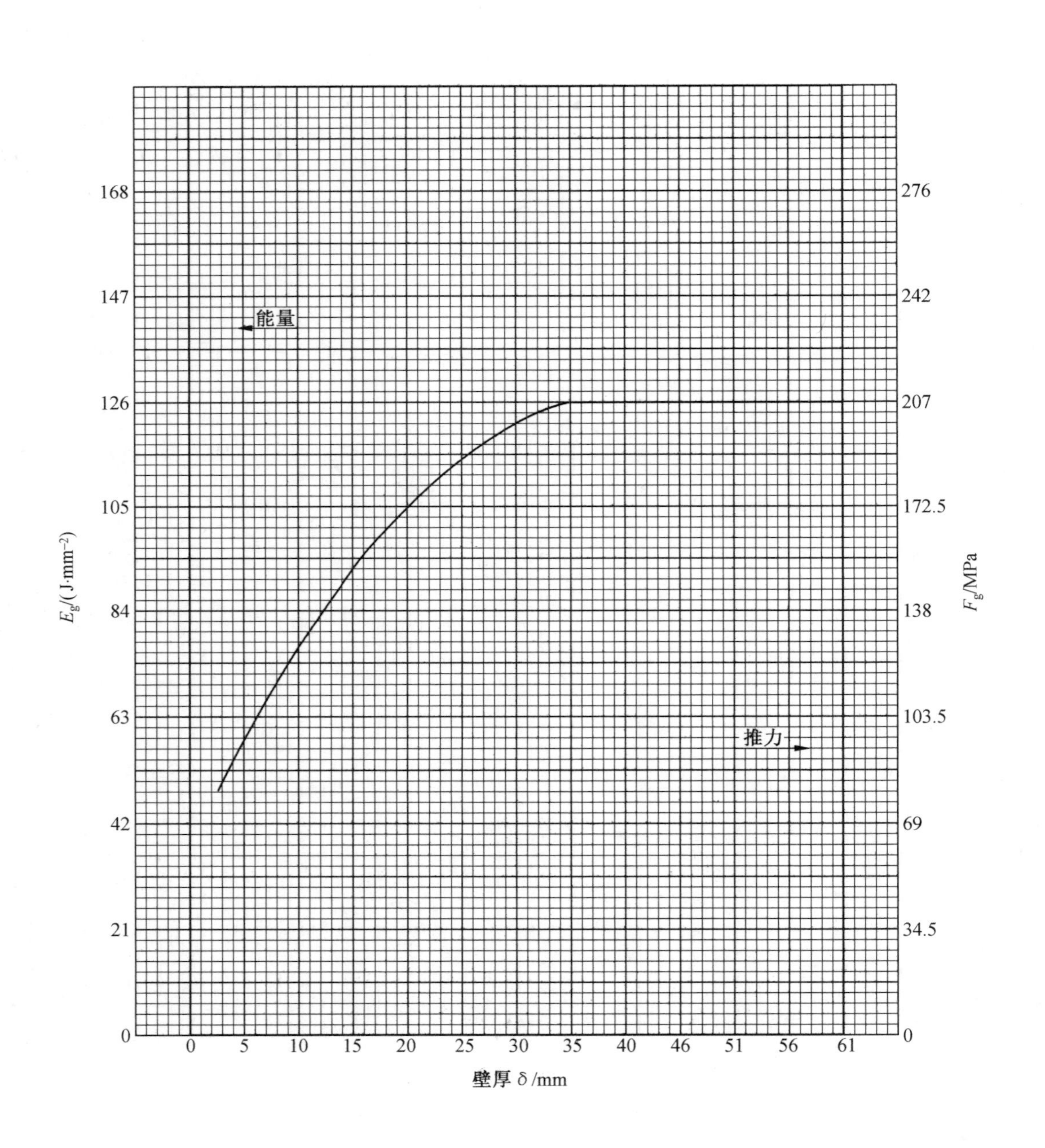

# 附图Ⅴ　能量和推力同棒形零件直径的关系

（低碳钢，双级压力规范）

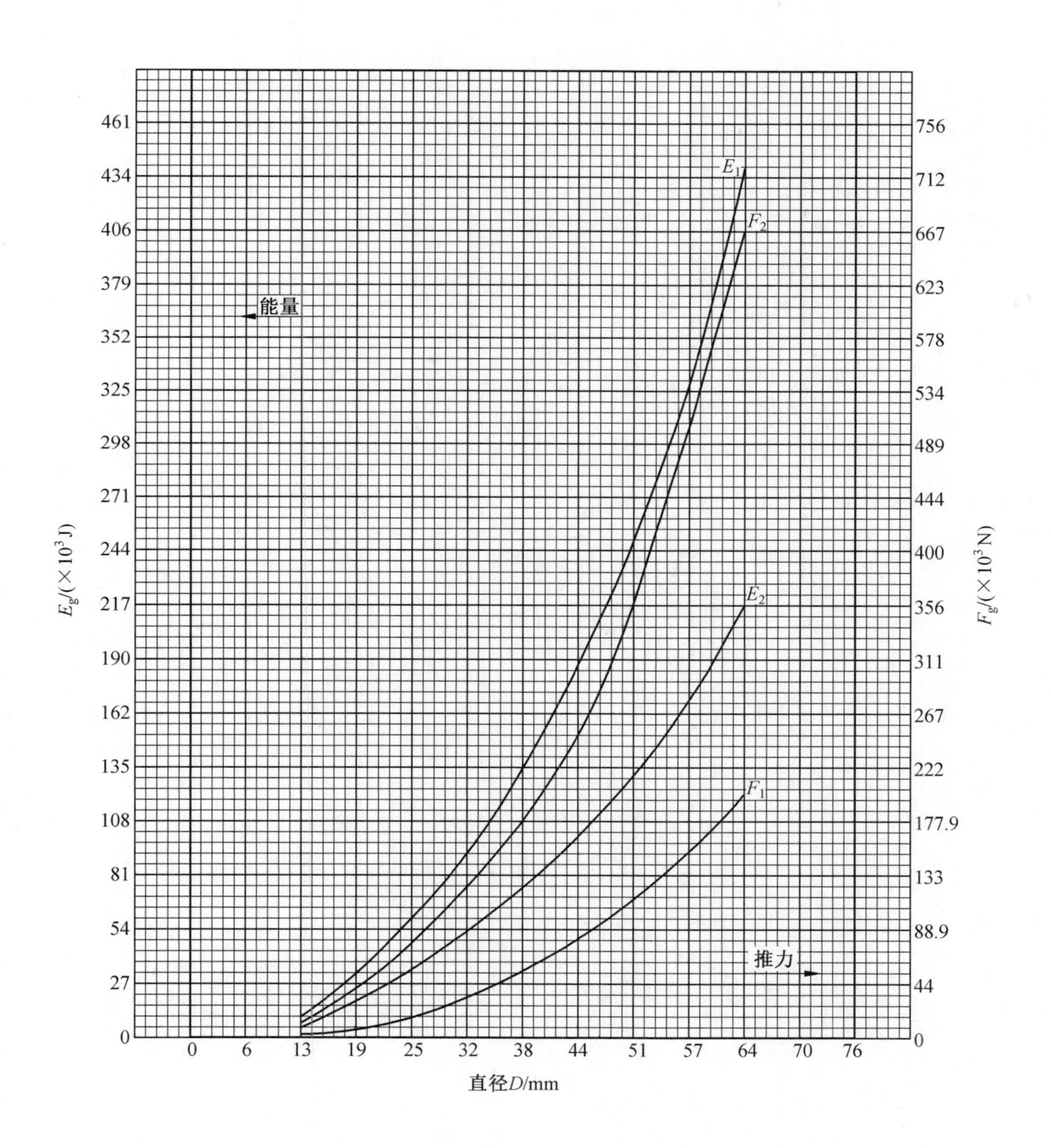

# 附图Ⅵ　能量和推力同棒形零件直径的关系

（低碳钢，双级压力规范）

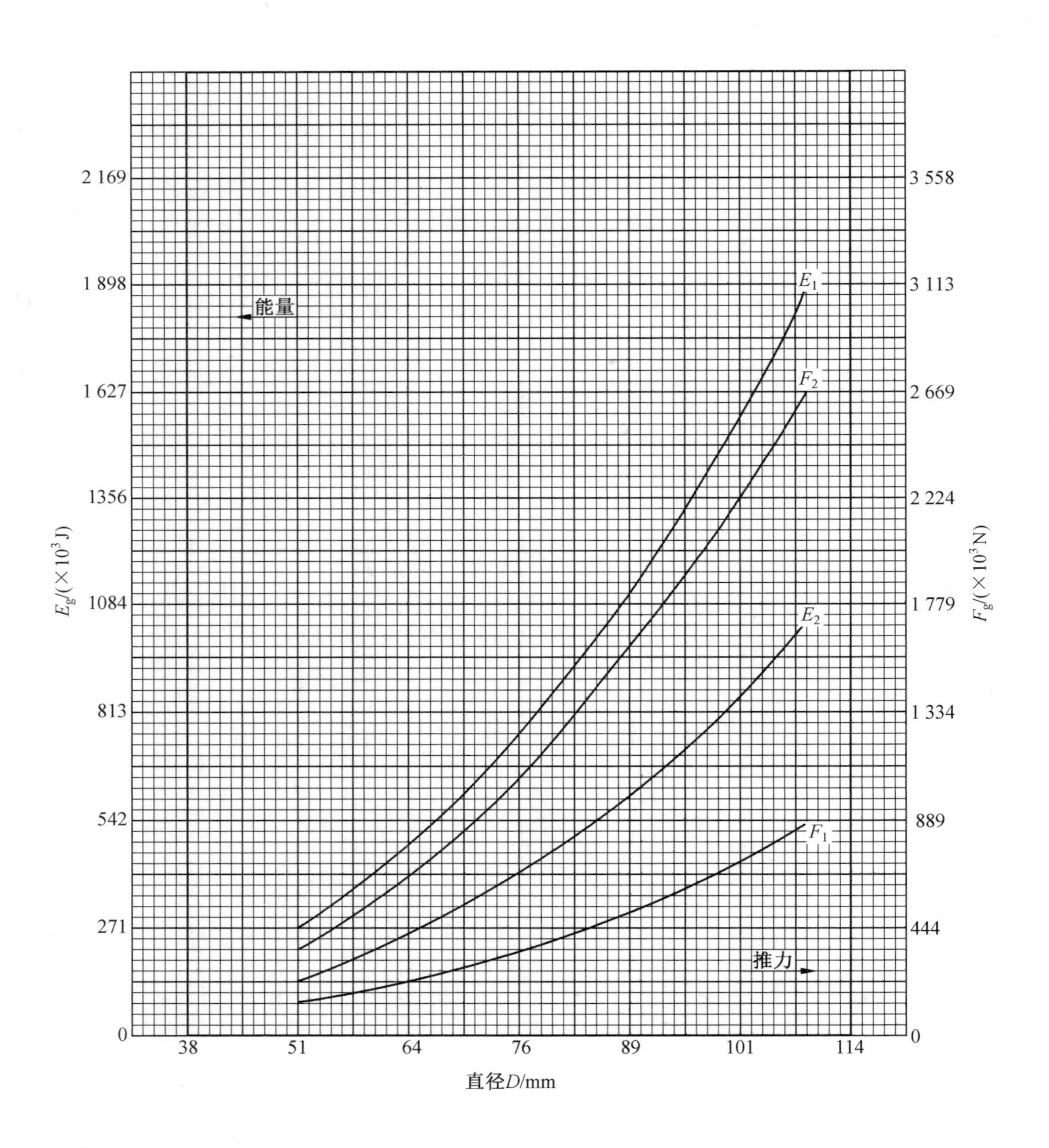

# 附图Ⅶ　能量和推力同管形零件壁厚的关系

（铝同铝，管同板接头）

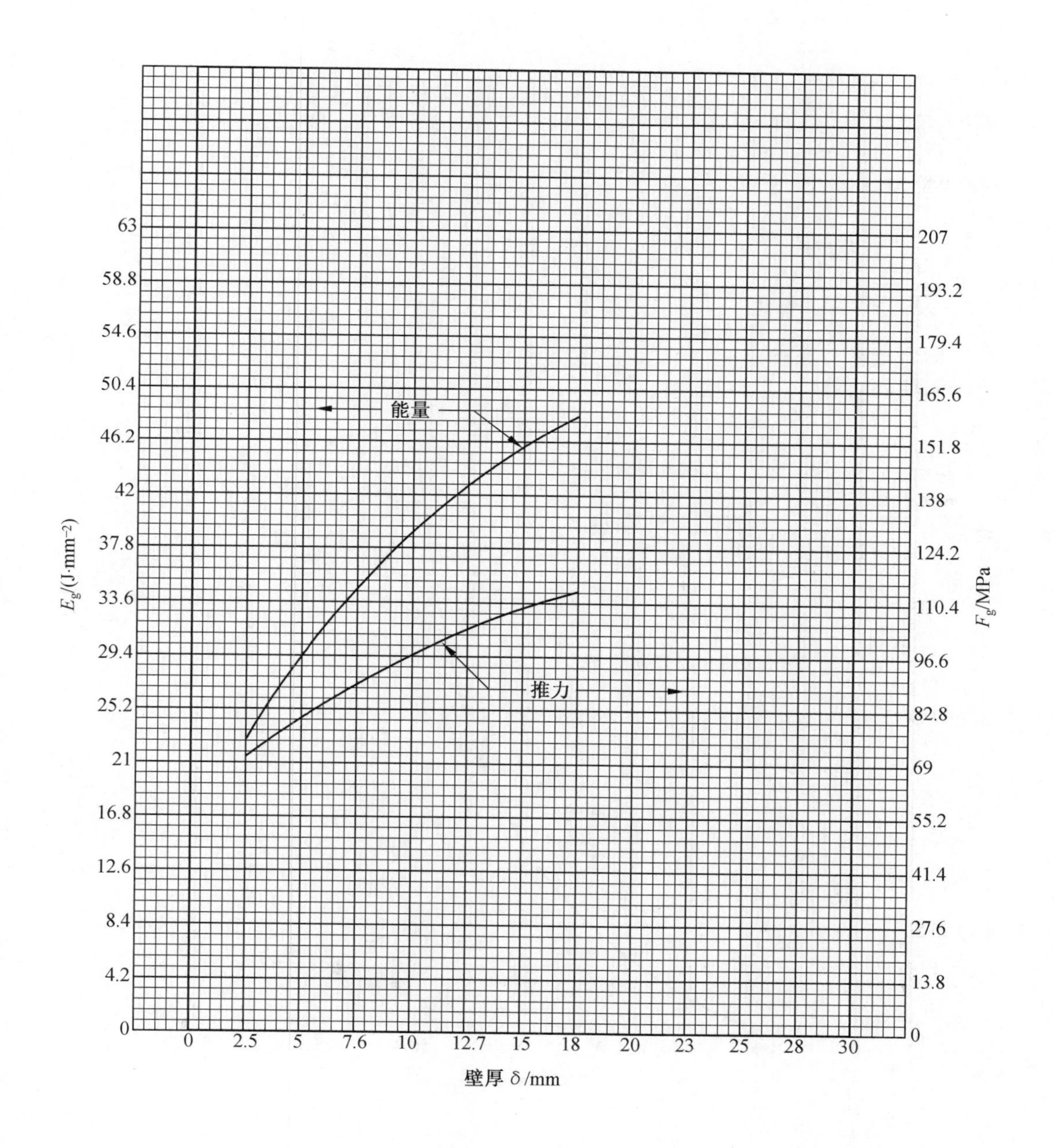

# 附图Ⅷ　能量和推力同棒形零件直径的关系

（铜同铝，棒和棒接头）

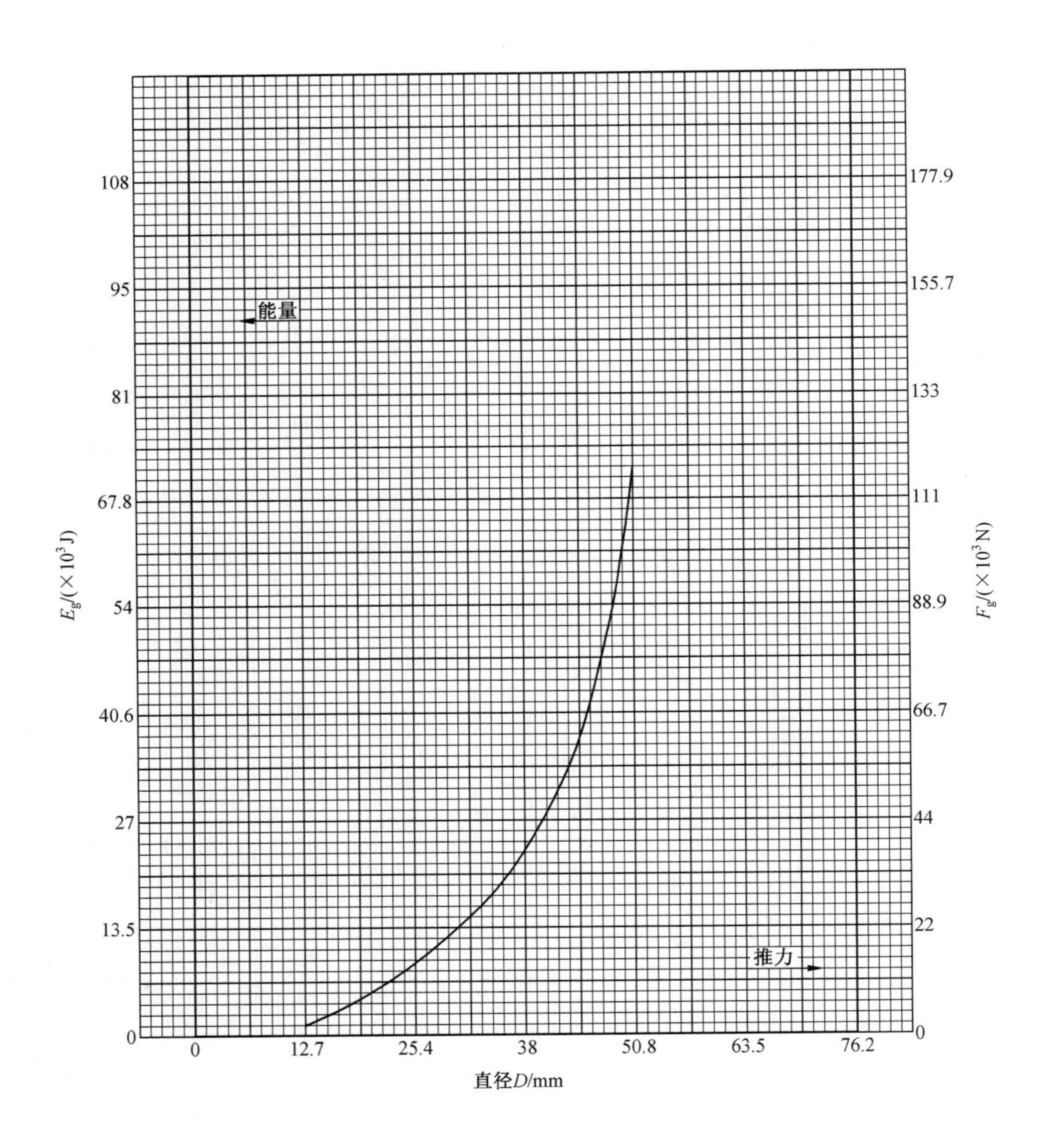

# 附图Ⅸ　能量和推力同管形零件壁厚的关系

（高温合金同钢，管形零件）

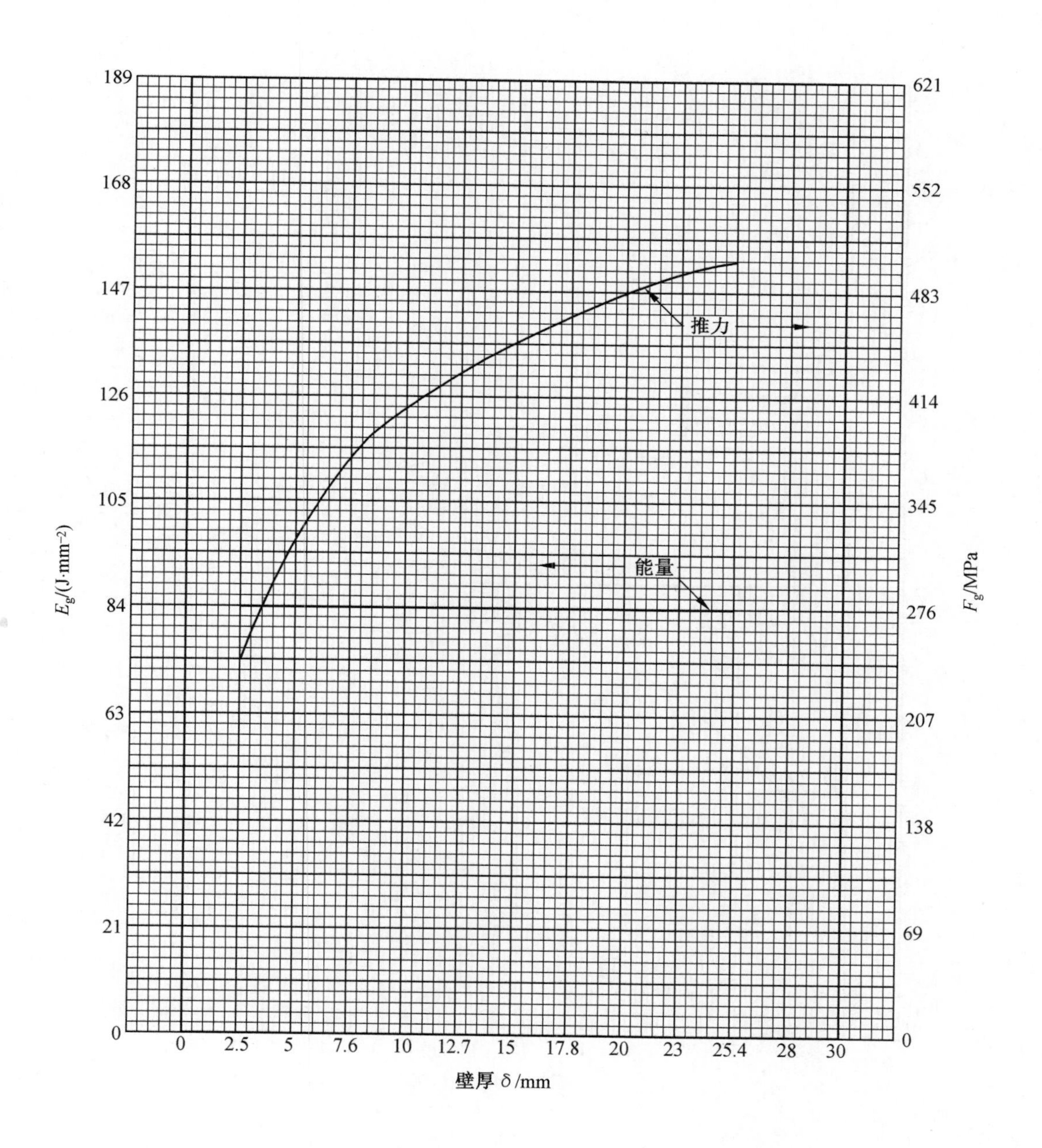

# 附图X　能量和推力同管形零件壁厚的关系

（高温合金同高温合金，管形零件）

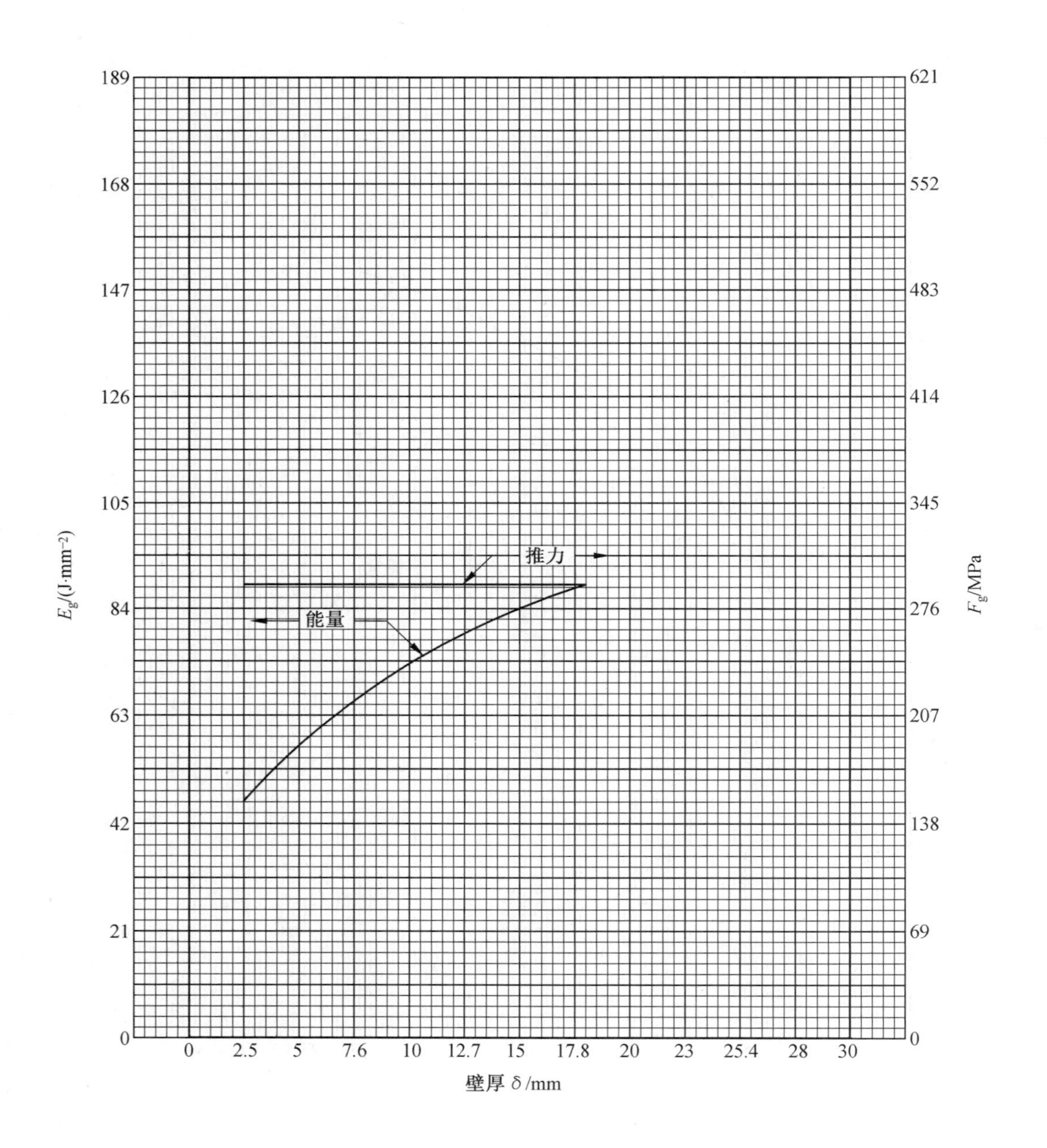

# 附图Ⅺ　GH4169 能量和载荷同壁厚之间的关系

（管同管）

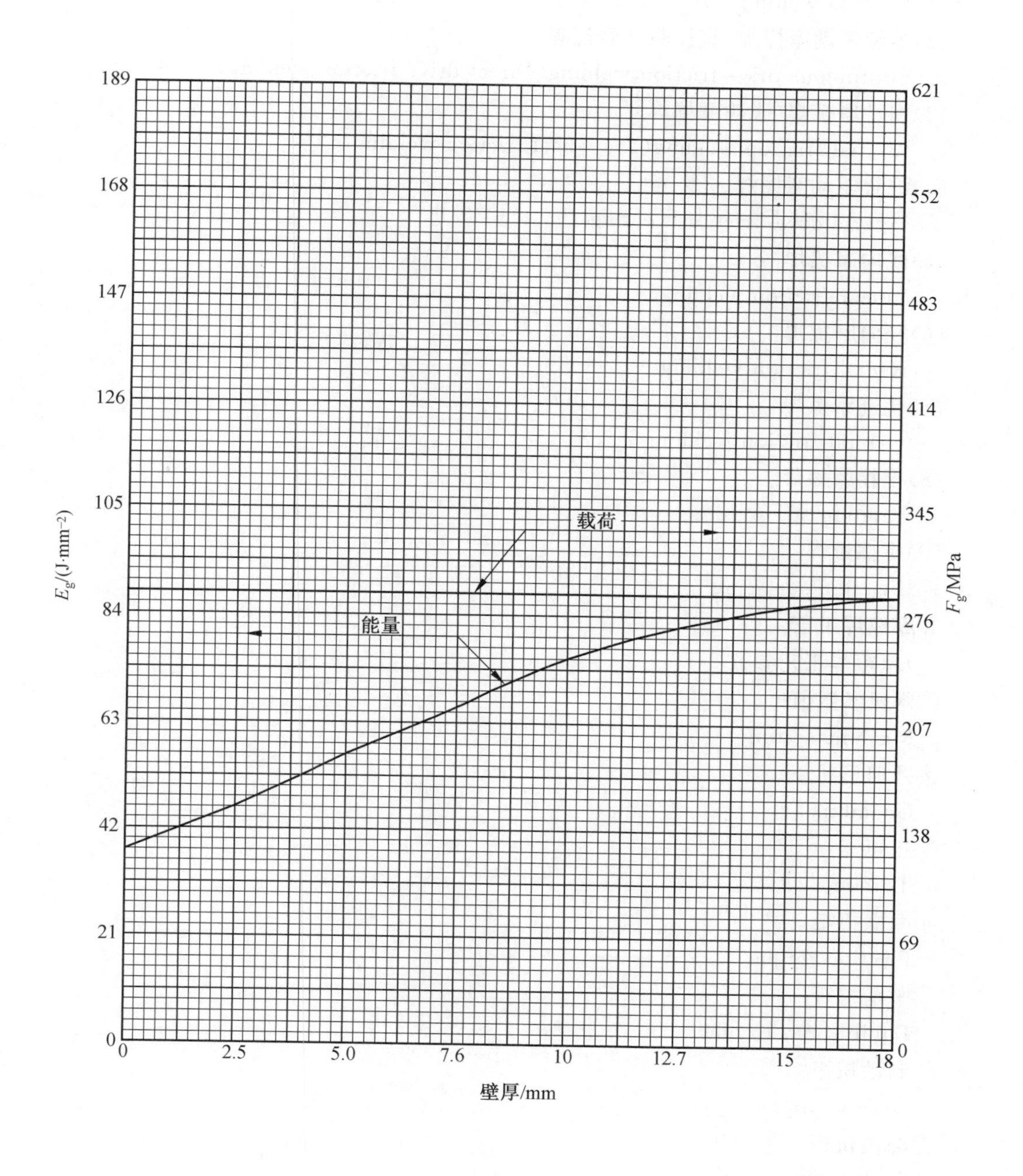

# 附录 B 摩擦焊接名词术语中英文对照

**1. 摩擦焊的分类**

(1)摩擦焊

Friction welding

(2)连续驱动摩擦焊(直接驱动摩擦焊)

Continuous drive friction welding(Direct drive friction welding)

(3)惯性摩擦焊(飞轮摩擦焊)

Inertial friction welding(Fly wheel friction welding)

(4)混合驱动摩擦焊

Hybrid drive friction welding

(5)线向摩擦焊

Linear friction welding

(6)径向摩擦焊

Radial friction welding

(7)轨迹摩擦焊

Orbital friction welding

(8)搅拌摩擦焊

Friction stir welding

(9)摩擦堆焊

Friction surfacing

**2. 摩擦焊工艺**

(1)摩擦焊工艺参数

①焊机参数值

Machine setting

②几何形状

Geometry

③扭矩

Torque

④摩擦扭矩

Friction torque

⑤平衡扭矩

Equilibrium torque

⑥制动扭矩

Arrest torque

⑦峰值扭矩

Peak torque

⑧前峰值扭矩
Initial torque peak
⑨后峰值扭矩
Second torque peak
⑩摩擦速度
Friction speed
⑪摩擦压力
Friction pressure
⑫摩擦时间
Friction time
⑬停车时间
Stopping time
⑭转动惯量($mr^2$)
Rotational inertia($Wk^2$)
⑮惯性焊机参数
Inertia welder parameters
⑯角速度
Angular velocity
⑰轴向推力载荷
Axial thrust load
⑱材料能量系数
Material energy factors
⑲材料载荷系数
Material load factors
⑳接头几何能量系数
Joint geometry factors for energy
㉑接头几何载荷系数
Joint geometry factors for load
㉒压力表值((表压)MPa)
Pressure gage setting(psig)
㉓顶锻载荷
Upset load(lb)
㉔顶锻压力
Upset pressure
㉕顶锻速度(r/min)
Upset speed(r/min)
㉖焊接能量值
Weld energy level(ft－lbs/$in^2$)

㉗焊接载荷
Weld load(lb)
㉘焊接压力(MPa)
Weld pressure(psi)
㉙焊接速度(r/min)
Weld speed(r/min)
㉚回转半径
Radius of gyration(ft)
㉛参数计算
Parameters calculation
㉜线速度
Surface velocity(ft/min)
㉝接触速度
Contact speed
㉞脱开速度
Disengage speed
㉟保压时间
Dwell time
㊱预连接间隙
Prebond gap
㊲缩短量的补偿量
Upset compensation
㊳速度上升时间
Rise time
㊴单位面积能量
Energy/Unit area
㊵标准件(模拟件)
Master part
㊶油缸压力(活塞压力)
Ram pressure
㊷油缸载荷(活塞载荷)
Ram load
㊸额定油缸负载
Rated ram load
㊹装配(调整)
Setup
㊺每分钟转速 r/min
Revolutions per minute

(2)摩擦焊连接过程。

①轴向缩短

Axial shortening

②变形量(缩短量)

Upset displacement

Axid displacement

③摩擦变形量(烧损量)

Burn off

Burnoff length

④镦锻量

Upset

⑤顶锻变形量

Forge length

⑥摩擦变形速度(烧损速度)

Burn off rate

⑦顶锻变形速度

Forge rate

⑧摩擦表面

Friction surface

⑨界面

Interface

⑩界面过量变形

Extensive flow of the interface

⑪减速阶段

Deceleration stage

⑫减速时间

Deceleration time

⑬制动器

Brake

⑭离合器

Clutch

⑮飞边

Flash

Weld flash

⑯飞轮连接器

Fly wheel adapter

**3. 摩擦焊设备**

(1)尾座滑道

Tailstock slide

(2)推力杆

Thrust bar

(3)主框架

Main frame

(4)热交换器

Heat exchanger

**4. 摩擦焊缺陷**

(1)未焊合

Lack of bond

(2)中心缺陷

Center defect

(3)淬火裂纹

Quench crack

(4)拘束裂纹

Restraint crack

(5)应力裂纹

Stress crack

(6)外径上裂纹

Outside diameter crack

(7)气孔

Porosity

(8)氧化物夹渣

Entrapment of oxides

(9)热脆性

Hot shortness

(10)碳化物的形成

Carbide formations

(11)吻接(完全机械接触)

Kissing bond

(12)冷焊

Cold weld

(13)局部连接

Partial bond

(14)V－形缺口(飞边之间的 V 形缺口)

V－notch

**5. 摩擦焊工艺装备**

(1)夹盘
Chuck

(2)弹簧夹套
Collet

(3)飞轮
Flywheel

(4)夹盘连接器
Chuck adapter

(5)主轴工装
Spindle tooling

(6)尾座工装
Tailstock tooling

(7)弹簧圈
Spring ring

(8)拉削转子工装
Broach rotor tooling

(9)油脂盘
Grease chuck

(10)地面提升机
Floor lift

(11)零件和工装机械手
Part and tooling manipulator

(12)导向轴承
Pilot bearing

(13)夹盘罩
Chuck housing

# 参考文献


[1] 一凡.摩擦焊基础知识讲座——一、摩擦焊的原理、二、摩擦焊的分类、三、摩擦焊的优点及应用范围[J].焊接,1977(6):40-46.

[2] 一凡.四、摩擦焊机[J].焊接,1978(1): 42-48.

[3] 一凡.五、摩擦焊焊接工艺[J].焊接,1978(2):37-49.

[4] 孙子键.异种金属摩擦焊接头结合的特点[J].焊接,1980(1): 12-15.

[5] 才荫先.国内外摩擦焊的应用概况[J].焊接,1980(6):1-7.

[6] 上海市机电设计院.摩擦焊接工艺参数的测量[J].焊接,1976(2):25-28.

[7] 陈建忠, 史耀武.摩擦焊接头常见缺陷及其超声检测[J].焊接,1999(1):5-7.

[8] 东方电机厂工艺科焊接组.大截面铜——不锈钢摩擦焊[J].焊接,1976(2):32-34.

[9] 段立宇.摩擦焊接的现状和展望[J].西北工业大学学报(增刊),1993:1-8.

[10] 段立宇.摩擦焊接物理研究进展[J].西北工业大学学报(增刊),1993:9-16.

[11] 段立宇.红外图象传感技术在摩擦焊接温度场实时检测中的应用[J].西北工业大学学报(增刊),1993:17-22.

[12] 杜随更.摩擦焊接头热力影响区初探[J]. 西北工业大学学报(增刊),1993:75-81.

[13] 鄢君辉.GH4169 合金摩擦焊接接头晶粒分布特征研究[J]. 西北工业大学学报(增刊),1993:128-134.

[14] 中国机械工程学会焊接学会.焊接词典[M].北京:机械工业出版社,1985.

[15] 金槿秀.GH4169 合金的锻造工艺对组织和性能的影响[C]//第六届全国高温合金年会论文集. 北京:北京钢铁研究总院,1987:755-762.

[16] 孙建文.GH4169 合金动态再结晶研究[C] // GH4169 合金应用研究文集.北京:航空工业总公司,第 621 研究所,1996:187-192.

[17] 孙建文.热加工参数对 GH4169 合金动态再结晶的影响[C] // GH4169 合金应用研究文集.北京:航空工业总公司,第 621 研究所,1996:193-199.

[18] 杜水仙.GH4169 合金涡轮盘锻造工艺研究[C] // GH4169 合金应用研究文集.北京:航空工业总公司,第 621 研究所,1996:291-296.

[19] 美国金属学会.金属手册,焊接与钎焊[M].8 版.北京:机械工业出版社,1984.

[20] 中国机械工程学会焊接学会. 焊接手册 第 1 卷 焊接方法及设备[M].北京:机械工业出版社,1992.

[21] 施纪泽.轮辐式扭矩传感器在摩擦焊中的应用[J]. 西北工业大学学报(增刊),1993:164-169.

[22] 邱宣怀. 机械设计手册[M].北京:机械工业出版社,1991.

[23] 庞韵虹,刘小文,段立宇.顶锻刹车制度对摩擦焊接后峰值扭矩的影响[J].焊接,1996(11):2-5.

[24] 祝文卉,王敬和.GH4169 合金惯性摩擦焊工艺参数的试验研究[J].航空制造工程,1994(5):23-24,27.

[25] 赵熹华.压力焊[M].北京:机械工业出版社,1995.

[26]《航空制造工程手册》总编委会.航空制造工程手册 焊接[M].北京:航空工业出版社,1996.

[27] 王文彬.摩擦焊机电液伺服施力系统设计方案探讨与性能分析[J].西北工业大学学报(增刊),1993:174-181.

[28] 周振丰,张文钺.焊接冶金与金属焊接性[M].北京:机械工业出版社,1988.

[29] 中国机械工程学会焊接学会.焊接手册 第 2 卷 材料的焊接[M].北京:机械工业出版社,1992.

[30] 梁海.GH4169 高温合金惯性摩擦焊焊接参数与接头显微组织关系的研究[C]// GH4169 合金应用研究文集.北京:航空工业总公司,第 621 研究所,1996:308-311.

[31] 刘效方.GH4169 合金摩擦焊接头的高温持久性能[C]// GH4169 合金应用研究文集.北京:航空工业总公司,第 621 研究所,1996:312-315.

[32] 刘效方.GH4169 合金电子束焊和摩擦焊接头组织特点[C]// GH4169 合金应用研究文集.北京:航空工业总公司,第 621 研究所,1996:351-356.

[33] 傅莉.摩擦焊温度场的有限元热力耦合分析[J].西北工业大学学报(增刊),1993:36-41.

[34] 杜随更.摩擦焊接过程中能量转换与相对角速度分布的研究[J].西北工业大学学报(增刊),1993:23-28.

[35] PETER B N, LASZLO A. Ultrasonic evaluation of solid-state bonds [J]. Materials Evaluation,1992(11):1328-1337.

[36] GELLIS O R. Continuous drive fiction welding of mild steel[J]. Welding Journal, 1972(51):183-197.

[37] NESSLER C G. Friction welding of titanium alloys [J]. Welding Research Supplement,1971(4):379-385.

[38] 张田仓.搅拌摩擦焊连接技术研究[C]//关桥.航空连接技术重点实验室论文选编.[S. l. :s. n. ],1998:56-60.

[39] KORTON G. Improved fabrication methods of Jet engine rotors[R]. Cincinnati, Ohio:Interim Engineering Report,1968.

[40] DANIEL L K. Joint design for the friction welding process[J]. Welding Journal, 1979,6.

[41] Anon. Inertia friction welding process procedure and performance qualification: MIL-STD -1252 [S]. [S. l. :s. n. ],1975,6.

[42] KSTALKER K W,JAHNKE L P. Inertial welded jet engine components[C]. [S. l. :s. n. ],1971.

[43] DOYCE J R, VOZZELLA P A, WALLACE F J, et al. Comparison of inertia bonded and electron beam welded joints in a nickel-base super alloy[J]. Welding Journal, 1969,11.

[44] MILLER J A. Inertia and electron bean welded turbine engine power shaft[J]. Welding Journal, 1980,5.

[45] NICHOLAS E D. Radial friction welding[J]. Welding Journal, 1983,7.

[46] 杨宝珍. 加强质量管理解决刃具摩擦焊裂纹问题[C]//第七届全国焊接学术会议论文集. 青岛:[s. n. ],1993.

[47] 刘效方. GH4169 合金惯性摩擦焊工艺研究[D]. 北京:中国航发北京航空材料研究院,1995.